中國近代建築史料匯編（第一輯）

第五册

中國近代建築史料匯編編委會 編

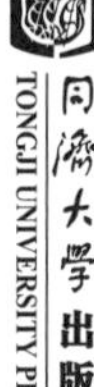

同濟大學出版社
TONGJI UNIVERSITY PRESS

第五册目録

中國近代建築史料匯編（第一輯）

建築月刊

第二卷　第十期

The BUILDER

建築月刊

VOL. 2 NO. 10
第二卷 第十期

上海建築協會
潤身潤屋
美奐美輪
朱文鑫敬題

大中機製磚瓦股份有限公司

製造廠浦東南匯縣下沙鎮

本公司因鑒於建築事業日新月異材料選擇尤關重要特聘專門技師購置德國最新式機器精製各種青紅磚瓦及空心磚等品質堅韌色澤鮮明自應銷以來已蒙各界推爲上乘樂予採購茲略舉一二以資參攷其他惠顧諸君因限於篇幅不克一一備載諸希鑒諒是幸

大中磚瓦公司附啟

曾經購用敝公司出品各戶台銜列后

本埠

工部局平涼路巡捕房　新蓀記承造
國立中央實驗館兆豐花園　和興公司承造
四行儲蓄會英大馬路　陶馥記承造
墾業銀行北京路　趙新泰承造
南京飯店山西路　新金記祥號承造
開成造酸公司軍工路　王鏡記承造
四海銀行北京路　惠記興承造
麵粉交易所民國路　元和興記承造
業廣公司歐嘉路　陳馨記承造
法教堂勞神父路　吳仁記承造
七層公寓霞飛路　吳仁記承造

外埠

中央飯店南京　新金記承造
金陵大學南京　利源建築公司承造
航空學校杭州　新金記康號承造

所出各品儲有大批現貨以備各界採用如蒙定製各色異樣磚瓦亦可照辦備有樣品如蒙索閱卽當送奉

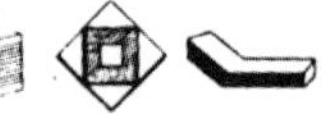

駐滬批發所

英租界牛莊路德興里四號　電話九〇三一一

DAH CHUNG TILE & BRICK MAN'F WORKS.

Sales Dept. 4 Tuh Shing Lee, Newchwang Road, Shanghai.

TELEPHONE 90311

The Robert Dollar Co.,

Wholesale Importers of Oregon Pine Lumber, Piling and Philippine Lauan.

美商

大來洋行

本行專售大宗洋松椿木及
菲律濱柳安烘乾企口板等

各種裝修如門窗等以及考究器具請
貴主顧須要認明大來洋行獨家經理
之菲律濱柳安有I.L.CO.標記者爲最優
美並請勿貪價廉而採購其他不合用
之劣貨統希
貴主顧注意爲荷

大來洋行木部謹啓

君必信用『雙耐克勞夫』牌運貨汽車。而後能解決運輸問題。

FAR EASTERN DECORA, LTD.

遠東雲石股份有限公司

New invented artificial marble

"DECORA"

德國專家新發明之

"德高拉"

雲石。已爲歐西各國建築界所一致公認之最優美而最經濟的石料。故現代建築。咸多樂用之。

現經本公司購得祕密製造方法。獨家出品。在中國全部及南洋各埠有專銷權。凡欲求建築之富麗雄壯。合用而經濟者。誠不可不採用焉。

for FLOORING,
DADO,
PANELLING WALL
EXTERIOR & INTERIOR

Permanent,
Durable,
Weather Proof including Sun Proof.

Low Cost and Economical.

Samples and quotations supplied on request.

"德高拉"雲石之特點，列下：

(一)石質　堅固耐久　不畏冰霜烈日

(二)顏色　各色皆有　任隨指定製造

(三)光彩　永遠不變　不忌磨擦污垢

(四)代價　極端低廉　適合時代經濟

Temporary Office:

169 Rue Port de l'Ouest, Shanghai, Tel. 85691

地　址

上海法租界西門路西成里一六九號

電話　八五六九一

新仁記營造廠

總賬房 愛文義路一四二三號 電話三〇五三一

事務所 江西路一七〇號二樓二五八號 電話一〇八八九

本廠承造工程之一斑：

沙遜大樓 南京路

漢彌爾登大廈 江西路

都城飯店 江西路

二十層百老匯大廈 本廠最近承造工程之一

Broadway Mansions

Sin Jin Kee & Company

Head office: 1423 Avenue Road Tel. 30531

Town office: Hamilton House Room No. 258 170 Kiangse Road Tel.10889

馥記營造廠

本廠承建之
四行儲蓄會二十二層樓

事務所　上海四川路三十三號
　　　　電話一七二三二六〇七五
總工廠　上海戈登路三五五號
　　　　電話三四五九七
本埠分廠　虹口兆豐路公和祥碼頭
本埠分廠　跑馬廳四行念二層大樓
外埠分廠　南京靈谷寺　廈門鼓浪嶼
外埠分廠　廣州德宣路　青島

建築月刊
第二卷 第十號

廣告索引

THE BUILDER

October 1934 Vol. 2 No. 10

LEADING CONTENTS

ILLUSTRATIONS

ARTICLES

目錄

插圖

譯著

本會建築叢書之一

英華華英合解建築辭典發售預約

▲備有樣本　函索即寄▼

英華華英合解建築辭典

建築界之顧問

英華華英合解建築辭典，是『建築』之從業者．研究者．學習者之顧問，指示「名詞」「術語」之疑義，解決「工程」「業務」之困難。爲

建築師及土木工程師所必備 藉供擬訂建築章程承攬契約之參考，及探索建築術語之釋義。

營造廠及營造人員所必備 倘簽訂建築章程承攬契約而發現疑難名辭時，可以檢閱，藉明含義，如以供練習生閱讀，尤能增進學識。

土木專科學校教授及學生所必備 學校課本，輒遇冷僻名辭，不易獲得適當定義，無論教員學生，均同此感，倘備本書一冊，自可迎刃而解。

公路建設人員及鐵路工程人員所必備 公路建設尙發軔於近年，鐵路工程則係特殊建築，兩者所用術語，類多艱澀，從事者苦之；本書對於此種名詞，亦蒐羅詳盡，以應所需。

律師事務所所必備 人事日繁，因建築工程之糾葛而涉訟者亦日多，律師承辦此種訟案，非購置本書，殊難順利。

此外如「地產商」，「翻譯人員」，「著作家」，以及其他有關建築事業之人員，均宜手置一冊。蓋建築名詞及術語，普通辭典掛一漏萬，即或有之，解釋亦多未詳，英華華英合解建築辭典則彌補此項缺憾之最完備之專門辭典也。

預約辦法

一、本書用上等道林紙精印，以布面燙金裝訂。書長七吋半，闊五吋半，厚計四百餘頁。內容除文字外，並有三色版銅鋅版附圖及表格等，不及備述。

二、本書在預約期內，每冊售價八元，出版後每冊實售十元，外埠函購，寄費依照書價加一收取。

三、凡預約諸君，均發給預約單收執。出版後函購者依照單上地址發寄，自取者憑單領書。

四、預約期限本埠本年十二月底止，外埠二十四年一月十五日截止。

五、本書在出版前十日，當登載申新兩報，通知預約諸君，準備領書。

六、本書成本昂貴，所費極鉅，凡書店同業批購，或用圖書館學校等名義購取者，均照上述辦理，恕難另給折扣。

七、預約在上海本埠本處爲限，他埠及他處暫不代理。

八、預約處上海南京路大陸商場六樓六二〇號。

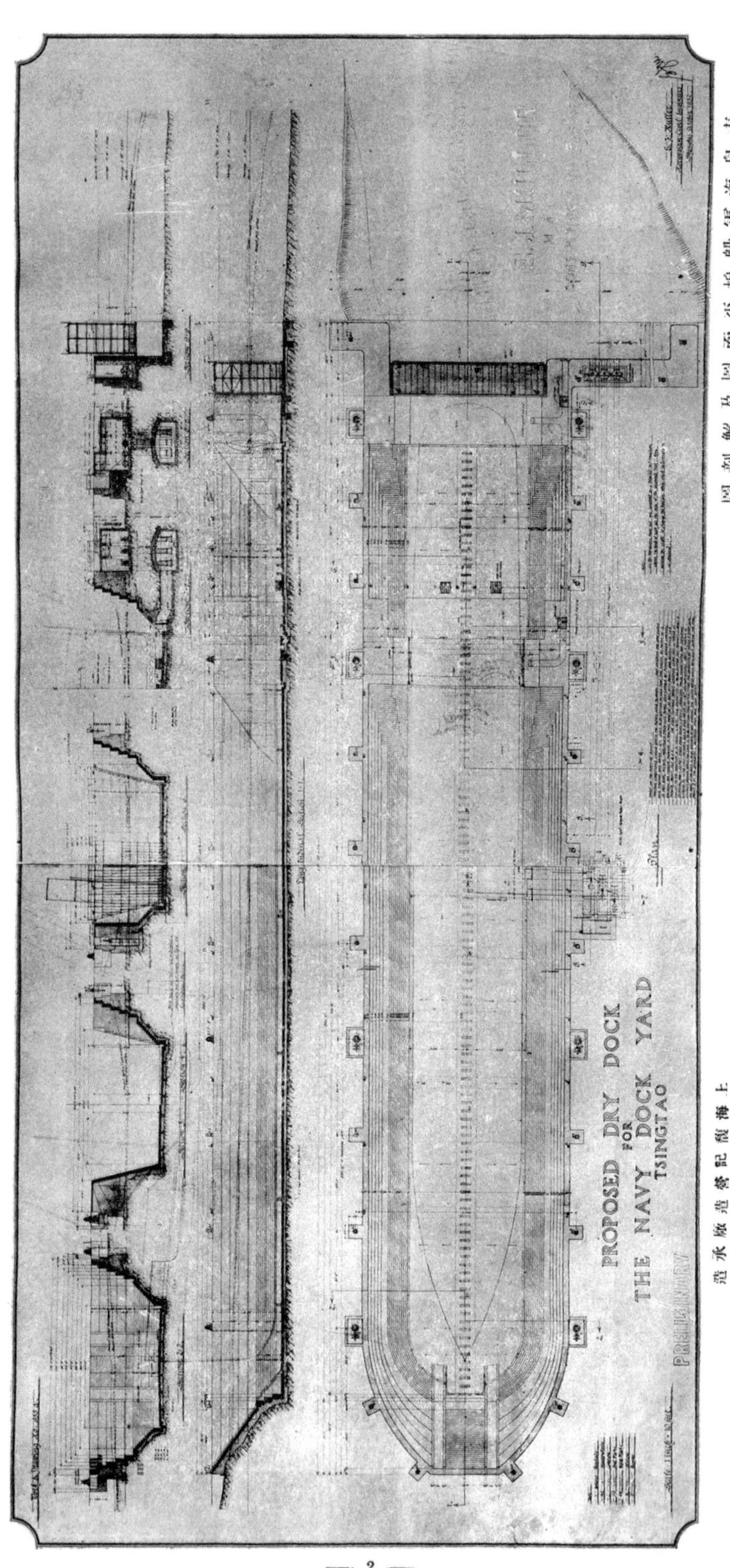

青島海軍船塢平面圖及剖解圖

上海馥記營造廠承造

青島海軍船塢土壩工程完竣攝影

搗注抽水機房平頂混凝土之攝影

Above: Picture showing the completion of the Cofferdam for the Navy Dock Yard at Tsingtao.

Below: Picture showing the reinforced concrete engineering work for the roof of the pumping quarter.

Voh Kee Construction Co., Contractor.

青島海軍船塢外口停泊塢門左耳石壁攝影

青島海軍船塢外口停泊塢門右耳石壁攝影

Above: Stone wall at the left side of the entrance to the dock.

Below: Stone wall at the right side of the entrance to the dock.

青島海軍船塢錨鍊坡弧壁及梯步攝影

Arch wall and steps for the chains and anchor slope of the dock.

青島海軍船塢石壁及梯步一部份攝影

View showing part of the stone wall and steps of the dock.

青島海軍船塢斜梯步及進出水管口攝影

青島海軍船塢舵坑墊木墩及石壁攝影

Above: The sloping steps and water pipe holes of the dock.

Below: Bilge blocks and stone wall of the dock.

Side view of the New Chung Wei Bank Building, Shanghai.
---Kow Kee Construction Co., Contractors.

新近完成之上海中匯銀行大樓側影

久記營造廠承造

The new apartment house on corner of Tsunming and North Kiangse Roads.
Republic Land Investment Co., Architects.
Yee Chong Tai, Building Contractor.

上圖爲北江西路崇明路角之德鄰公寓面樣，係五和洋行所設計，設備新穎，極合華人高尚習慣，因完成後將租給華人居住也。

高凡五層：下層爲汽車間及店面，二層與三層爲夫婦公寓，四層以上爲單身公寓；每層有寬暢之公共餐室及會客室。全部房間計五百餘個，租金最低者只每個月二十五元。並備有安置傢具之房間，以供各界租作小住。

造價共計國幣六十餘萬元，由怡昌泰營造廠承造，水電工程由漢與水電公司承辦。全部工程，業已完竣。

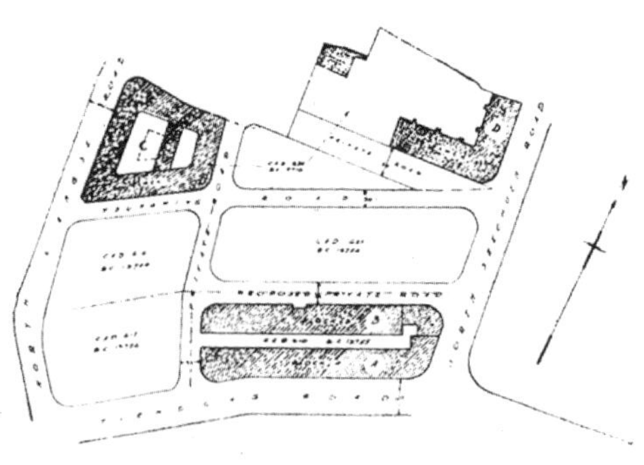

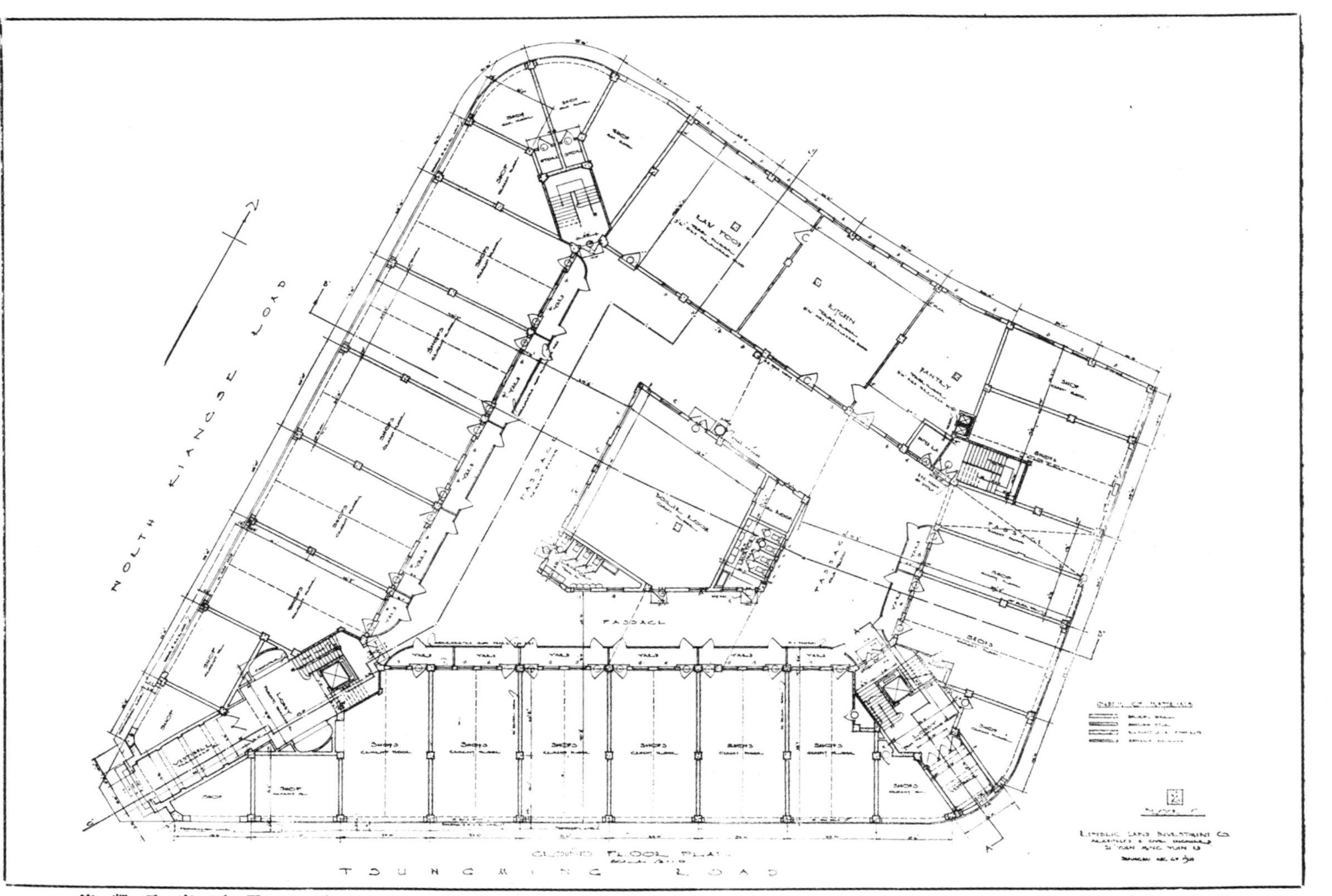

德鄰公寓下層平面圖

The new apartment house on corner of Tsunming and North Kiangse Roads.

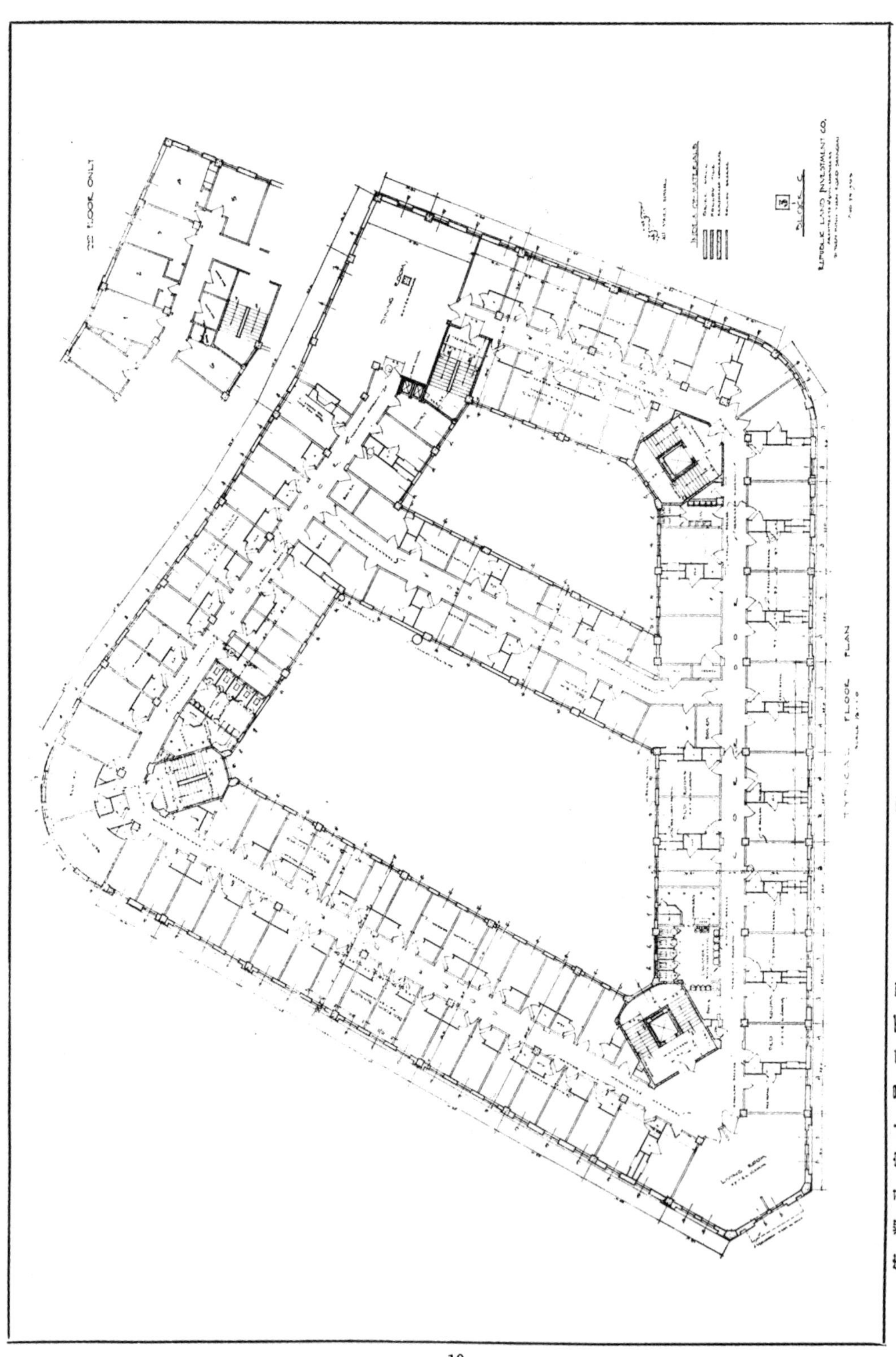

德鄰公寓上層平面圖

The new apartment house on corner of Tsunming and North Kiangse Roads.

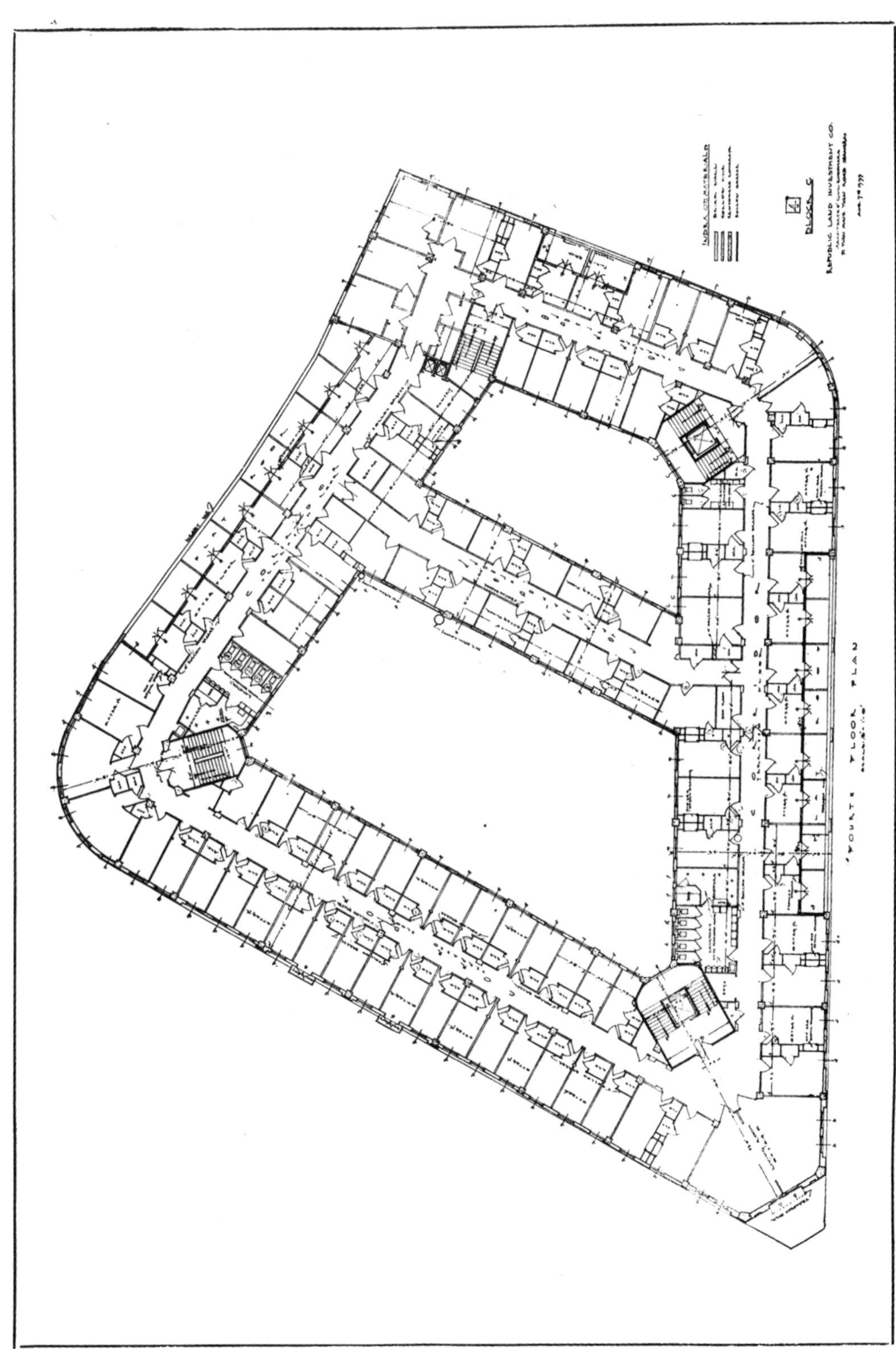

德鄰公寓第四層平面圖

The new apartment house on corner of Tsunming and North Kiangse Roads.

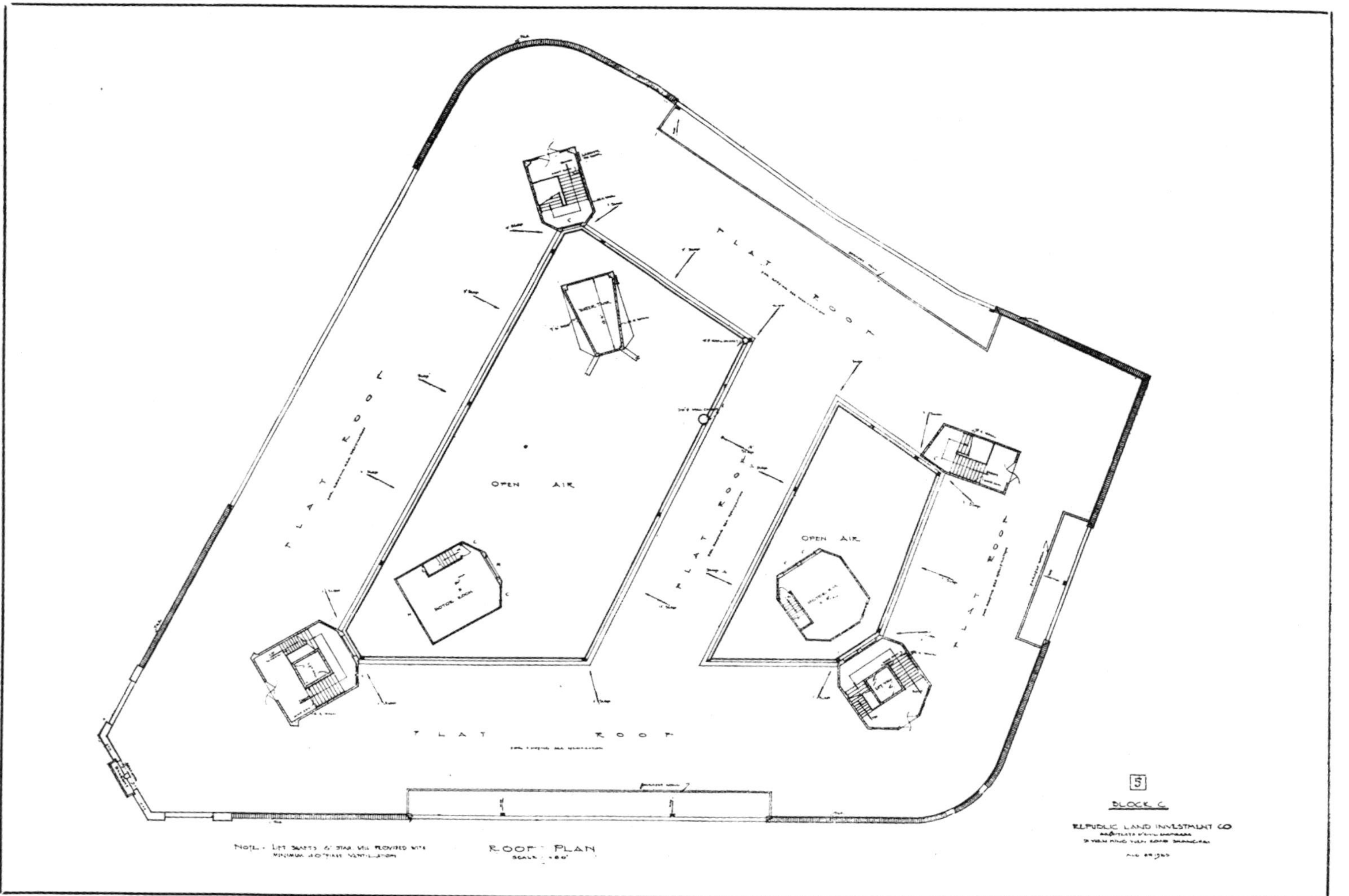

德鄰公寓屋頂平面圖　The new apartment house on corner of Tsunming and North Kiangse Roads.

ELEVATION ON NORTH KIANGSE ROAD

ELEVATION ON TSUNGMING ROAD

德鄰公寓正面圖

The new apartment house on corner of Tsunming and North Kiangse Roads.

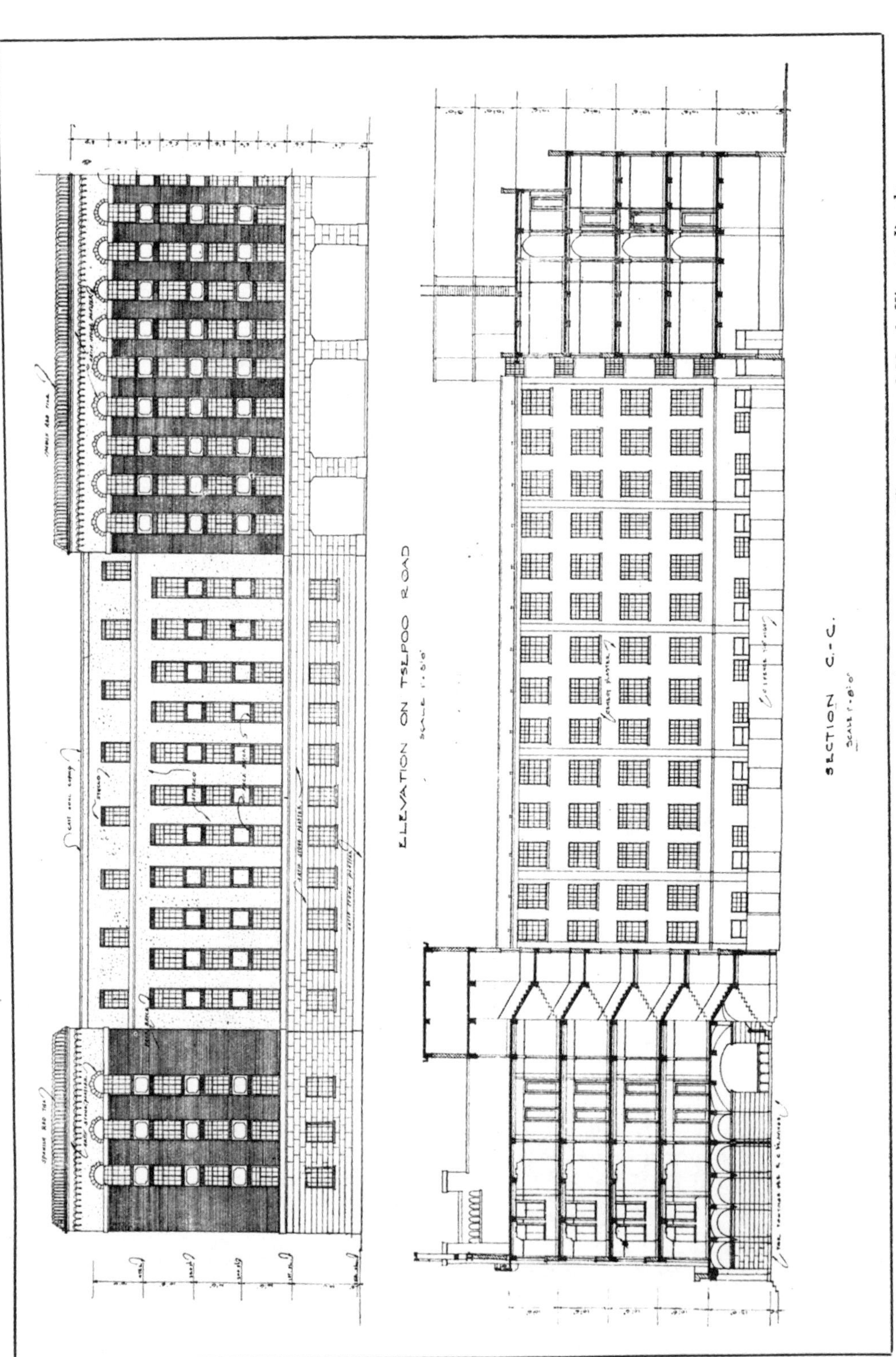

德鄰公寓正面圖及剖面圖

The new apartment house on corner of Tsunming and North Kiangse Roads.

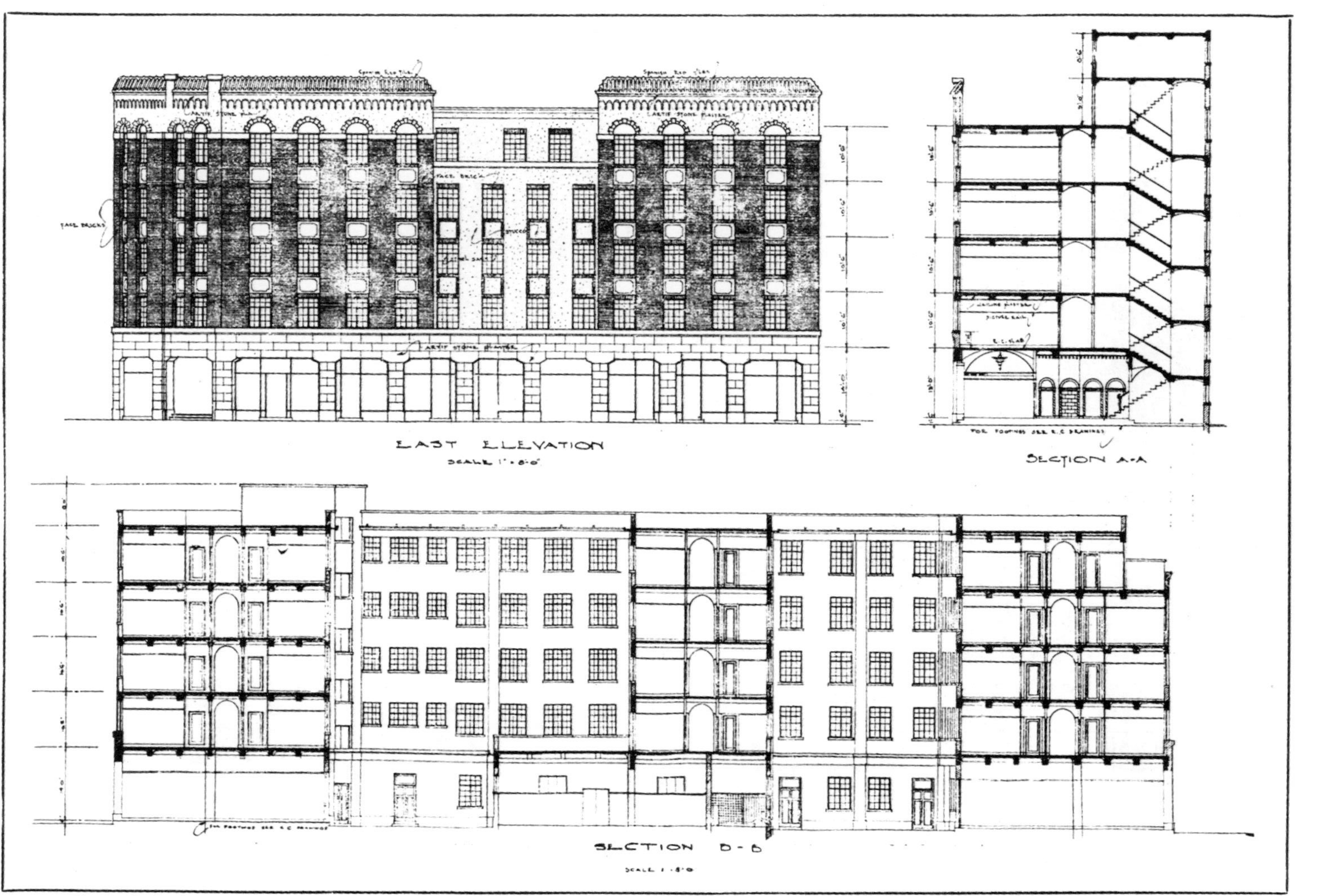

德鄰公寓東立面圖及剖面圖

The new apartment house on corner of Tsunming and North Kiangse Roads.

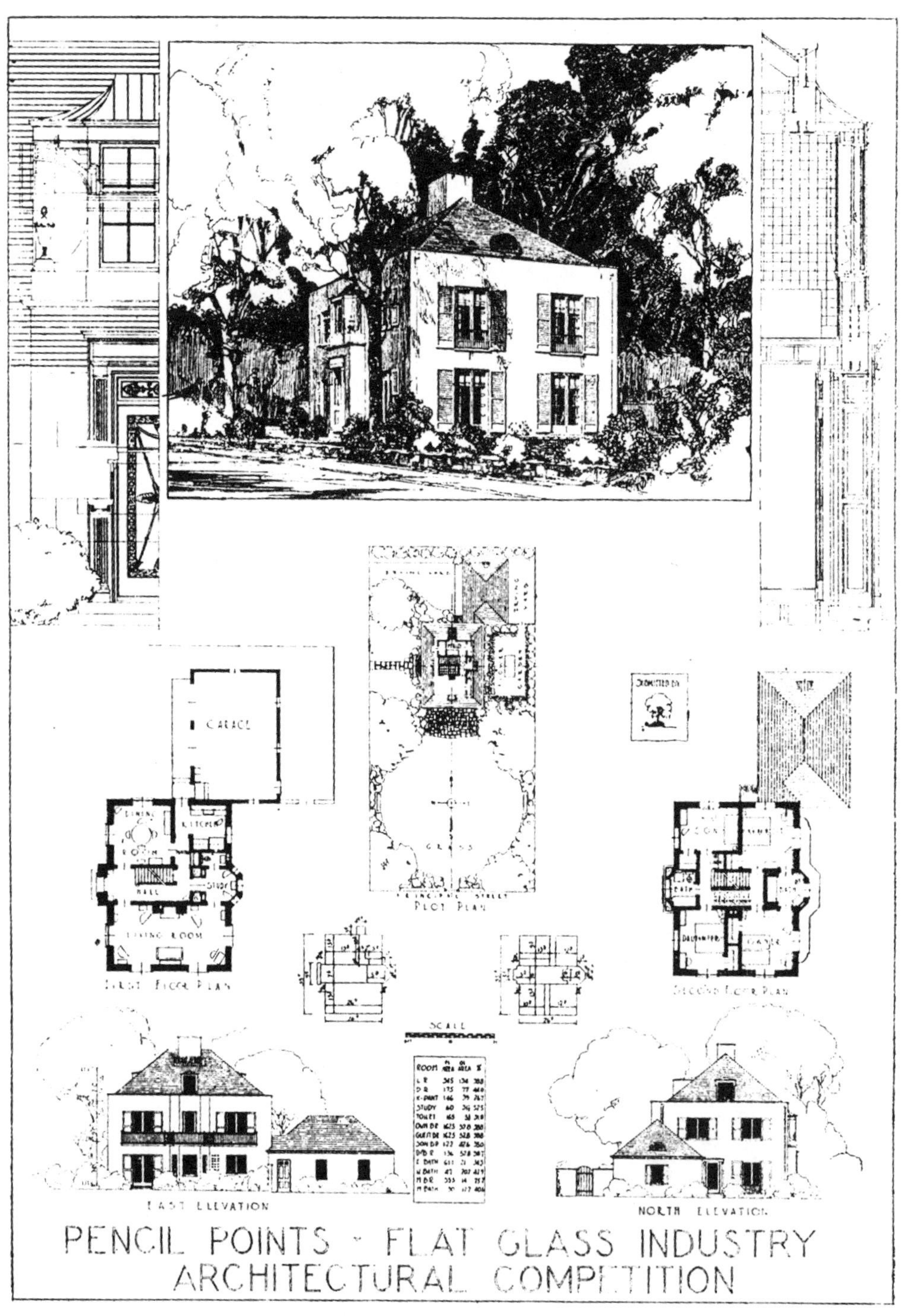

美國圖樣競賽　　附選之二十

FLOOR AREAS
FIRST FLOOR — 27½ x 32½ = 894¼
BAY — 7 x 2½ = 17½
PORTE COCHERE — 9 x 12¼ = 54
SECOND FLOOR — 27½ x 32½ = 894
TOTAL — 1859¼
NORTH ELEVATION
BRICK WALLS PAINTED WHITE
EAST ELEVATION
GARAGE
SERVICE YARD
COVERED PASSAGE
KITCHEN
MAID
HALL
LIVING ROOM
DINING ROOM
TERRACE
SECONDARY STREET
9 HOLE PUTTING GREEN
LAWN
LAWN BOWLING
FLOWERS
FLOWERS
MAIN STREET
GUEST
SON
DAUGHTER
MASTER
BATH
"A"—MIRROR
DETAIL·OF·FRONT·ENTRANCE
ROOM
LIVING ROOM
DINING ROOM
KITCHEN
MAID
MAID'S BATH
SUBMITTED BY
PENCIL POINTS–FLAT GLASS INDUSTRY ARCHITECTURAL COMPETITION

附選之十三

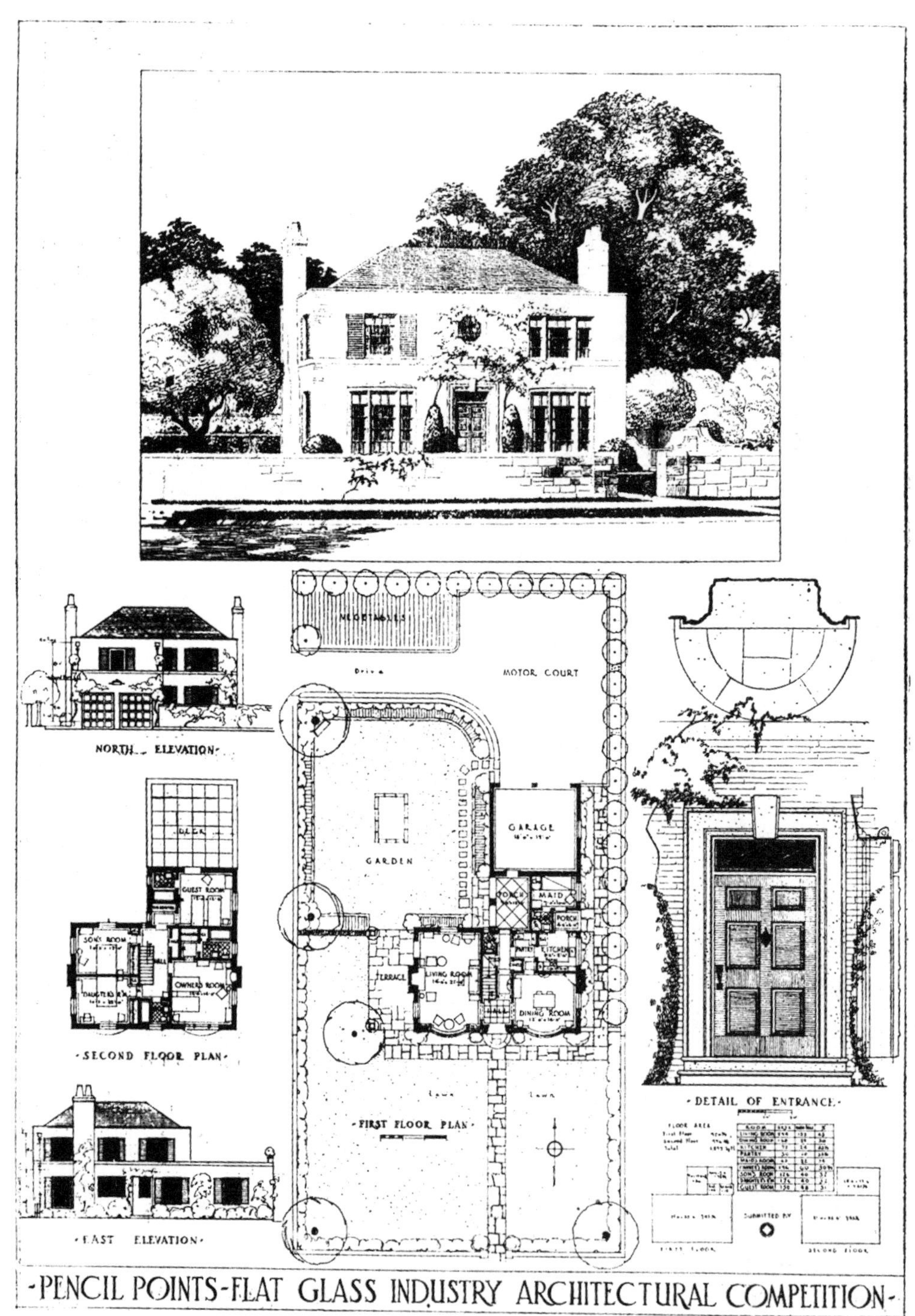
NORTH ELEVATION
SECOND FLOOR PLAN
EAST ELEVATION
VEGETABLES
MOTOR COURT
GARAGE
GARDEN
TERRACE
LIVING ROOM
DINING ROOM
KITCHEN
MAID
PORCH
GUEST ROOM
SON'S ROOM
DAUGHTER'S RM
OWNER'S ROOM
FIRST FLOOR PLAN
DETAIL OF ENTRANCE
SUBMITTED BY
FIRST FLOOR
SECOND FLOOR
-PENCIL POINTS-FLAT GLASS INDUSTRY ARCHITECTURAL COMPETITION-

附選之十四

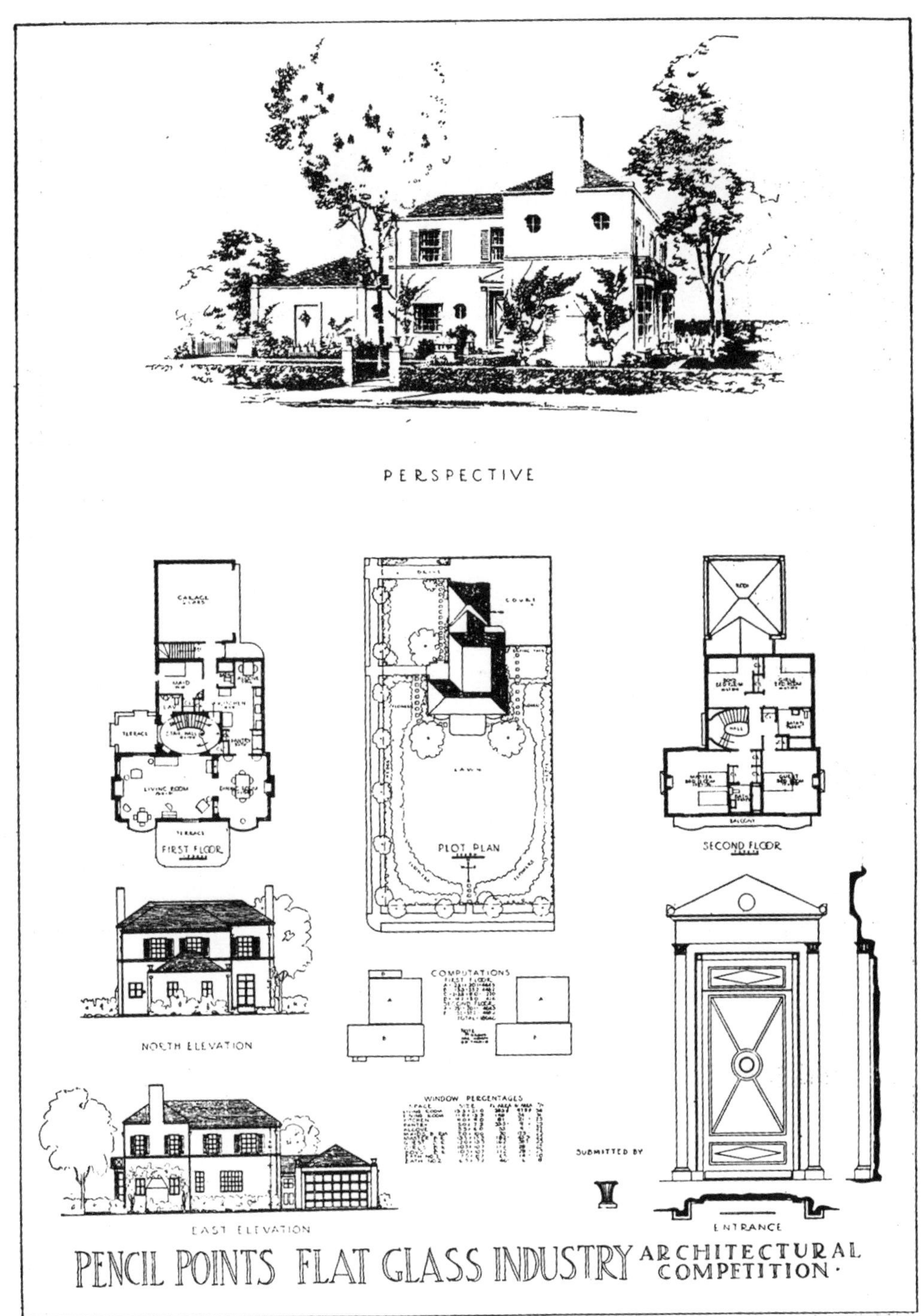
PERSPECTIVE
GARAGE
TERRACE
LIVING ROOM
TERRACE
FIRST FLOOR
COURT
LAWN
PLOT PLAN
BALCONY
SECOND FLOOR
NORTH ELEVATION
COMPUTATIONS
WINDOW PERCENTAGES
SUBMITTED BY
EAST ELEVATION
ENTRANCE
PENCIL POINTS FLAT GLASS INDUSTRY ARCHITECTURAL COMPETITION

附選之十五

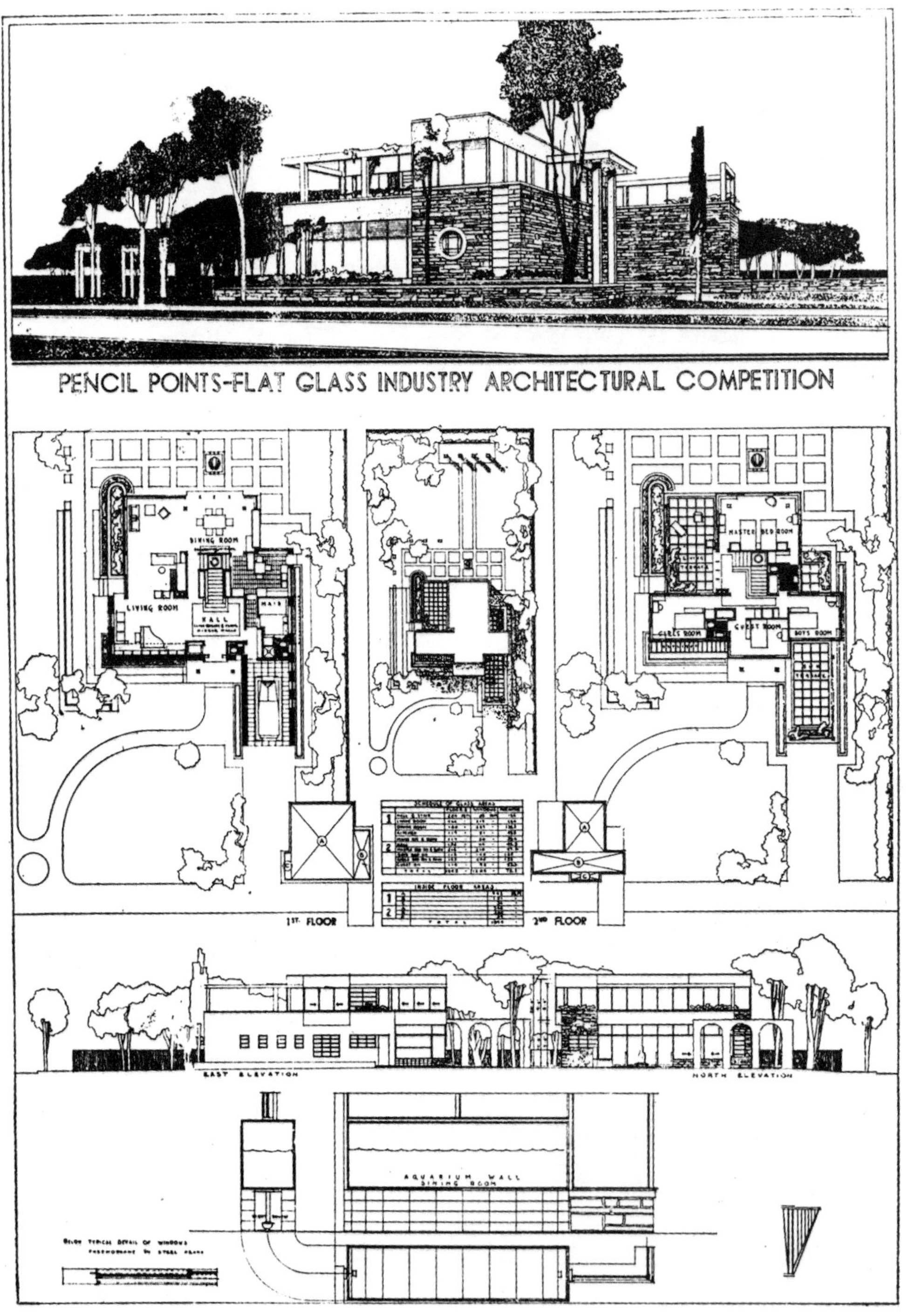
PENCIL POINTS-FLAT GLASS INDUSTRY ARCHITECTURAL COMPETITION
DINING ROOM
LIVING ROOM
HALL
MASTER BED ROOM
GIRLS ROOM
GUEST ROOM
BOYS ROOM
1ST FLOOR
2ND FLOOR
EAST ELEVATION
NORTH ELEVATION
AQUARIUM WALL
DINING ROOM

附選之十六

優良混凝土之基本要件

向華

今日拌製混凝土者，對於成分方面，均能分配適當，深切注意。故往日對於水泥沙石與水任意混合，並不察其比率者，殆不復存在。所謂混凝土者，卽粗細沙礫，集於水泥之漿澤 (Water-cement paste) 中者也。及至水泥乾硬時，則漿澤使沙礫結合，並充沙礫間之連結物。由是可知漿澤品質之好壞，可定混凝土品質之良窳；至於沙礫等物，不過爲一種塡補物，然亦爲製成混凝土之必需物也。其價值較廉，故用沙石後，其成本價值，亦較廉矣。漿澤本身之優劣，則決定於水之分量；換言之，卽所謂水泥比率是。(Water-cement ratio) 水愈多，則漿澤愈稀薄，而堅韌緊密之性質，亦愈減低。稀薄之漿，常使沙石內部不能結實，此理易明，無須解釋。再則如漿質內水分太多，則佔地亦大，而漿質本身，又無固定質地，故水稍受壓力，卽流動不定；如此漿澤造成之混凝土，而欲其具堅韌與緊密之性質，抑亦難矣。在昔日決定混合物成分制度之下，水泥比率恆以混合，堅力，與等級三項決定；而此三項，則以工作爲準，由是言之，水泥比率，不啻間接決定。職是之故，是以漿質時厚時薄，甚至同一工作上，漿澤尚有厚薄不同也。今則不然：每袋水泥，至多須放水若干，幾何分水之水泥，可得何種之混凝土品質，均詳細說明。其堅韌與緊密性質，則由工程師決定之，而加入沙礫之多少，則由成本價值與舖置地位而決定，包工承攬者，多注意及之。

在各等級之混凝土中，水與水泥之相關成分，多以工作情形爲準。有時以耐風雨剝蝕爲準；有時以堅力爲準；有時亦有以水壓力爲準者。後列水泥比率與堅力及耐久力之關係各則，均可應用於普通情形，而亦爲通常之基本法則也。至於混凝土之品質與價值，多成一正比例。

凡耐風雨剝蝕或佔有堅力，並每方寸具二千磅支力之混凝土，每袋水泥，滲水不得超過七又二分之一加倫，乃一種比較稀薄之漿質也。凡極端可耐風雨並具緊密之特性，及每方寸有三千磅支力之混凝土，則每袋水泥，滲水不得超過六加倫。

純水量者，卽沙石外表之水，加上滲入拌桶之水而言。若由純水量減去沙石等物所吸收之水，則爲水泥比率。若乾沙石放入拌桶，當攪拌時有若干水分，爲沙石等物所吸收，則從滲入拌桶之水，減去沙石等物所吸收之水，亦可得純水泥比率 (Net water cement ratio)。換言之，純水量可使水泥漿澤稀薄，並使沙石等物內部不能結實，因而減少堅力，而又產生虛隙。要之，多於水泥所需之水，卽產生孔隙；如多一加倫之水分，卽多產生一加倫之孔隙。

水泥爲混凝土中最需要之成分，故此物在混凝土成本價值中佔一重要分子。吾人如以相當等級與相當比率之沙石，用於特定之水泥漿澤中，卽可產出適用之混凝土，要之，水泥比率可助吾人以智慧眼光選擇材料，及工作方法。低水泥比率，非卽謂乾燥之混合物。若一種潮濕之沙石，而其分量又足以充某種工作之用，則不妨用低水泥比率，否則需多加水泥，以對銷其水分。

若所需之混凝土堅力，欲加改變時，可直接變更水泥比率。同時爲求混凝土實用起見，亦可改變其沙石成分，則目的卽可達到。盡人皆知沙石愈多，則結實愈堅；等級愈粗之沙石，則愈能產出高度堅力。換言之，卽每袋水泥加水不可過多。上述三項在實用時亦可變更，惟須注意所希望變更之水泥比率，以收效果。若水泥比例不變，而沙石之等級與分量變更，則此種變更可以影響所產生之混凝土。若多加沙石，則結實愈堅；若多用粗等級之沙石，則結實亦愈堅也。

今有不得已於言者，卽如以漿澤或水泥比率而討論混凝土時，須知水與水泥所成立之相互關係，僅能用於各種混合物富有黏性及適用時。若拘守公式，不顧是二者，恐將發生意外，蓋若太少或缺乏細沙之混合物，惟有再加水量或漿澤，始克應用；又若混合物太粗或太濕時，則混凝土卽將分爲數層矣。

凡經常不變之水泥比率，可担保堅力一致。此種比率之得到，可直接計算拌桶內之水量。此種水量再加上沙石本身之水分，卽爲水泥比率。至於計算沙石之重量，是不過爲求一致故耳。決定沙石本身之水分，乃一簡單工作。如用直接樣子試驗法，試放少數之沙，於天平上秤之，得其重量，然後再放於鐵盤內，以火燻之，使其乾燥；乾後再放於天平上復秤，卽可知該沙所含之水分。由是以推，亦不難測大量沙石所含之水分；除斯法外，亦有用特別計算法者。當製合混凝土時，水泥比率不變，而欲使混凝土之緊密特性變更，祇須改變沙石等物，前已明白言之。惟若以邏輯方法表示混凝土混合物之比率，可以6 gal.：1：2：3說明之。意卽六加倫之水，一袋水泥，二立方尺黃沙，三立方尺粗礫。若水與水泥總量不變，混合物之總量，按其性質，亦可變更。此種形式之表示，乃承認水爲混合物中之重要成分也。

普通混凝土之水泥比率，每袋水泥，大概需水自五加倫至八加倫。三加倫爲化合水泥之用，其餘則爲聯絡與滑潤大量沙石之用。此剩餘水分，以學理論，雖非必需，然以經驗論，並以工程之牢固論，則不可少也。

當混凝土已經製成而又無須加添水量時，若能吸出任何水分，可使混凝土緊結，並能增加密度與堅力。惟吸取時絕不可使沙石與水泥篏盪，亦不可使細沙與水泥攪至上面。及至硬失去黏性時，則不可再吸水分，否則混合物難以結合，自後所需以化合水泥之水分，非但不能再有蒸發，而且須設法保護，以增進其品質。所謂保護者，卽使堅硬之混凝土，保持濕度，並使混凝土有更進步之化合。當水泥沙石等物逐漸化合時，因而在漿澤內固體物質，亦逐漸增加。若無保護之法，則結果如何，頗難預計。至於普通保護法，厥爲水之運用。惟此種運用，不可太遲，遲則無效；再則另加之水，並不入混凝土內，僅供潤濕而已。但水泥表面，不可因加添水分時而洗去，此又不可不愼也。

製　　磚

王壯飛

編者按：王壯飛君現供職於南京軍政部軍需署工程處。近被派至河南彰德，督造該部之營房建築工程，昨於公務倥偬中，以彰德製磚業概況見寄，亟刊之以餉讀者。

築窰　先劃地界，表示窰位及烟囪。此間所築之窰，每座約可出磚一萬五千塊，占地一丈五尺方或圓，烟囪三只，約如圖一。地位固定後，卽開始挖去窰位，約深三尺至四尺。窰位挖出後，於窰之正面，挖一寬約六尺，深約六尺之走道（卽窰門），上砌圓法圈，——兩旁 Springing 用磚嵌入泥內，如土質堅實，省去亦可，　法圈之上堆土，壓實。走道砌就後，於窰位處留門約寬四尺，做踏步數級，或用板搭跳，以供搬運進出之用。　以上工作完畢後，卽以磚坯砌窰牆，厚約十寸，用英國式砌法，黃泥爲膠砌料，漸高，漸收小作圓形或環形，約廣六尺見方。外堆泥土，窰身高約一丈。

製坯　製坯須先調泥，擇土性之含沙量較少之黃泥，用釘鈀掘起打鬆，加水至適當濕度，用　形鉄鏟横打濕泥，使無未調和之泥粒，然後用鏟將泥一片片另擲一堆，（其作用如拌混凝土之由此至彼，反覆攪拌同），此時泥土大致己「熟」（和勻也），卽可分切，用手捧起，不致淋漓。於是將沙一把，灑於地面，切泥一塊，用手在沙上和成一光團，擲入磚模內（亦用沙一層），用鋼絲切平，將模持至，預先碾平，上舖細沙一層之晒坯場，將濕泥覆出。

做瓦坯時情形

於濕磚坯尚未完全乾燥之時，須用板向磚面上平拍，俾獲得光面（磚坯覆出時，常因地面欠平，手術輕重等因而不平）。平拍後，將磚横排成列，再平拍一次，然後用　形之木板横拍一次，如此則得四角平整。　此時磚坯卽己製成，堆積成皮，上覆蘆席以避風雨及烈日。俟完全乾燥後卽可裝窰

瓦坯場

装窰　磚坯進窰之前，窰底應先舖青磚一皮（平舖，以免泥土潮性上侵，致磚坯還潮，不能載重。如為舊窰則可不必。）然後將磚坯堆置如晒坯時同　，以達窰頂。燒煤處則仍留孔。此時，燒煤處可用黃泥略和柴草，做成爐條，粗約三寸。爐條下用磚架砌，使流通空氣，並不致塌入。爐條架就後，用大塊烟煤擱於其間，下置乾柴或他種引火物，然後用柴泥將爐門封閉，留長方形或銳角三角形之空隙二三處如圖，以便觀望。

磚瓦窰及出窰之青磚

燒窰　磚窰內磚坯既已裝竣，爐門亦已封就，卽可開始「點火」。點火時，煤烟皆穿過坯縫而達頂口，上騰空中，至煤火完全燒紅(Perfect combustion)時，黑烟卽不復見。如此燃燒約一晝夜，頂口之磚坯已足紅色，乃漸次用磚平舖，逐漸將頂口封沒，用泥密封，使燃燒之烟回下，透過磚坯，由烟囱內透出。如此燃燒約五日(頭窰七八日)共用煤三噸（頭窰約五噸），由觀望孔內可以察改全部磚坯皆呈透明之紅色，卽可停止加煤，俟內部已加燃料完全燃燒後，用柴泥將各孔封沒，(應稍留一小孔，略緩封沒。)並將烟囱堵住，使熱氣不得發洩，卽可從事加水。

加水　封窰頂時，用泥將窰頂口圍作環形水池狀，此時例入清水，使緩緩滲入窰內，水氣收入燒紅之磚坯，磚坯卽漸呈青色，加水量約為四日，用水二百餘擔。水量若過少，則呈紅色，土黃色，淺青色等；如水量過多，則青色較深，質亦欠佳。不加水卽成紅磚。加水宜緩，否則磚面有水紋，有礙美觀。

騾車運貨

出窰　加水之手續完畢，任其「悶」一天，然後折去頂口之封蓋，及打破窰門，使熱氣散發一日，始可出窰。

建築工程中之一角

經濟住宅區計劃

喚弱

居留於大都會中之市民，除擁有雄厚資財者外，咸日蹙於嚴重之「住的問題」一，良以「不勝負担」與「不宜生活」之痛苦，已成為租屋居住者一般之感覺也。

千篇一律之里弄房屋，地位既狹隘，建築又簡陋，偪促其中，於生活上自不合宜；且外界環境惡劣，如市聲喧囂，空氣汚濁，影響精神之舒適及身體之健康者匪淺。試覘久居都市中人之缺乏活躍氣息而可憎焉。

至於「義務」，則未能與「權利」平衡，房屋之不合理既如彼，租居之代價，却異常昂貴，每個家庭之開支，毋庸深思而知房租佔最大數額也。處於目前社會經濟狀況之下，小市民惟有望而却步，今歲上海市民之減租運動，亦高價房租壓迫下所產生之反響也。

然減租之呼聲雖高，而業主之予以實行者殊不多覯，推原其故，因多數業主受「押欵利息」「造價折舊」以及「地價稅」等等之牽掣，各具有內在之苦衷耳。

默察趨勢，欲市民之房租開支，躋於經常收入中支配各項開支之平衡地位，恐非短時期中所易實現。故一般深思遠慮者，正另闢新路，以挽桑榆，年來公寓之勃興，新村之提倡，即此種計劃實施之初步，蓋欲以「新的居住方式」改善「舊有的租屋制度」也。

顧公寓之供應既操諸業主，新村之建設又需資過鉅，猶未能謂為盡臻良善而謀大衆之福利。其最大錯悞，厥為新村之建築太華貴，公寓之租費仍未減。欲彌此弊，惟有於減低負担上繼續籌謀妥善之策。經濟住宅區計劃，即所以謀進一步之救濟者。

建築經濟住宅區之目的，在使各個居戶，將最經濟之費用，建造自己所有之住屋，以減輕最感困難之負担。試以計劃大綱，摘要錄下：（下列設計，均以上海為標準，各地可參酌當地情形損益之。）

（一）地點

經濟住宅區之居戶，多屬服務於同一地段內而經濟能力相若之市民，為顧全往返便利起見，應注意地點之適中與交通之便利。同時，因上海地價昂貴，購置不易，故以租賃為宜；而租賃時尤須選擇租費較低之地段。

寶山路位於中心區之北，滬戰以後，百廢待興，地租較戰前跌落，比之熱鬧地帶以及滬西住宅區域，相差甚鉅。交通又極便捷，空氣比較清新。在此覓定若干畝地，最為合宜。（倘有其他比較適當之地位，自亦相宜，可視全體村民需要情形而定。）

（二）建築

經濟住宅區中關於房屋之建築及設備，不必高唱如何完美如何寬暢之口號，蓋區內居戶，因不勝負担昂貴之房租而參加者，自以力事撙節為宜。建築既不求華麗禽皇，但謀雅緻簡潔；設備除電話，水電，警備，及衛生器具外，非必要者一概不加濫靡。

如地基係屬租賃，則建築亦不必過於堅固，因依法律不動產租期不能逾二十年，屋滿即須退租，故堅固性但求適當已可。

普通里弄出租房屋，每畝建十四幢，經濟住宅區，根據此種建築方法，以為標準，不必多多浪費基地，藉免增加成本。惟於精神與身體之健康，則須切實注意。

（三）安全與衛生

都市之社會組織繁複，五方雜處，良莠不齊，居戶安全，亟宜保障；經濟住宅區除按宅裝置警鈴等各種防警設備，並請市公安局飭警嚴密保護外，更另行設置請願警，防守村口大門，以免竊盜之患。

又各處里弄中每多小販闖入叫賣，白日擾人清思，深宵驚人好夢，且皮核雜穢，狼藉滿地，住戶多苦之；經濟住宅區爲保障村民舒適起見，對於此類小販，着崗警阻止入內，以求安靜清潔。

其他傳染疾病之媒介物，如垃圾桶等各種不良設備，亦必儘量改良；以重居戶衞生。

（四）組織

目前一般新村之組織，多由少數人發起而由少數人主持，故一切設計及管理等事務，未免難愜衆意；經濟住宅區計劃，則先由若干人發起，徵求同志參加，集合全體意見，籌議一切適合公共需要與各個能力之標準，妥愼規劃，精心設計，以達經濟合理之目的。

故於發起之初，先組織一發起人會；招集相當人數後，再產生一籌備會；一俟籌備就緒，再行產生一區務委員會及監察委員會。先後主持設計建造管理監督等一切事務。各會委員，均由全體公舉，其執行職務須秉諸全體共通之意見。如是：各方「住的幸福」，庶幾可冀。

（五）負担

經濟住宅區住戶，除繳納建造費洋一千四百元，及些少籌備費外，每月消費之負担極輕，分別如下：

地租　每畝四十元　每畝以十四幢計，每幢應負担三元。

造價　每幢以一千四百元計，每月折舊五元一角弱。

房捐　以房租估價二十元計，每月應納二元。

管理費　請願警清潔伕等工資，每月三元。

保險　房屋保險費，以一千四百元保險額計，每年應付保險費四元，平均每月三角三分。

總計每月消費十二元四角三分。

依上統計，較住在租界之消費，自屬減低不少；全部開支尚不及房租之半數，蓋租界住屋非三十元以上不堪居住也。且租界房捐亦較華界爲高，按公共租界爲一成四，法租界爲一成二，華界則僅一成；加以房租估價較低，尤屬便宜。又如普通里弄住屋，租戶須付巡捕掃街等費，故管理費收取三元，已屬省廉。

（六）村政

經濟住宅區一切設施，由全體住戶組織「區政辦事處」，負責進行；如房屋必要之修葺，衞生警備之管理等事務，統歸主持。

辦事處可設一區務委員會，（委員人數，視居戶多少而酌定之。）會中並推舉主席委員一人。區政之處理，由委員會斟酌情形，決議後交由主席委員施行。辦事處並設監察委員會，委員三人。區務委員會及監察委員會委員，由全體住戶大會中公舉之；任期一年，連選得連任，但不得逾三年。兩會主席委員，各由該委員會公舉一人担任之。住戶對區務委員會一切措施，如有不滿意處，得隨時提出意見於監察委員會，經審查屬實，認爲確有不合時，應予糾正。

辦事處並雇用職員僕役各一人；職員得兼職，略予津貼。

（七）結論

總理建國大綱第二條云：「建國之首要在民生，故對於全國之衣食住行四大需要，政府當與人民協力，……………建築大計劃的各式房屋，以樂民居……………」按之實際情形，信斯言之勿誣。惟現在計劃者，乃本於住戶自己之力量以謀居住之安全，且全體住戶之經濟能力又必薄弱，「大計劃」談何容易，不得從經濟的「小計劃」進行，上文所述，乃小計劃的大要，凡有「居大不易」之感者，盍起圖之，共籌具體的詳細之計劃也。

工程估價（十八續）

杜彥耿

第六節 五金工程（續）

茲將最近鋼條市價列表如下

（每噸合二二四〇磅）

長度	直徑(寸數)	名稱	重量	價格
四十尺	三分	方竹節鋼	每噸	$ 115.00
,, ,,	四分	,, ,, ,,	,,	$ 115.00
,, ,,	五分	,, ,, ,,	,,	$ 115.00
,, ,,	六分	,, ,, ,,	,,	$ 125.00
,, ,,	七分	,, ,, ,,	,,	$ 110.00
,, ,,	一寸	,, ,, ,,	,,	$ 110.00
,, ,,	三分	圓竹節鋼	,,	$ 125.00
,, ,,	四分	,, ,, ,,	,,	$ 116.00
,, ,,	五分	,, ,, ,,	,,	$ 116.00
,, ,,	六分	,, ,, ,,	,,	$ 116.00
,, ,,	七分	,, ,, ,,	,,	$ 116.00
,, ,,	一寸	,, ,, ,,	,,	$ 116.00
,, ,,	二分	光圓鋼條	,,	$ 124.00
,, ,,	二分半	,, ,, ,,	,,	$ 124.00

附註：上列表內價格，送力在外。

建築高層大廈，利用鋼筋水泥，既極普遍；然更有鋼幹一門，亦為近代高層建築之主要物，如最近落成之上海跑馬廳畔四行二十二層大廈，將近工竣之蘇州河畔百老匯大廈及建築中之永安公司添建新廈，中國通商銀行新屋等，無不採用之。故推測目前之趨勢，可以逆料將來利用鋼幹建造數十層以上之大廈，絡繹不絕，是以各種鋼幹之重量，當亦為讀者所樂聞歟。

爰根據英國道門鋼廠（Dorman, Long & Co.）工字鐵之尺寸及重量，列表如後：

乙字鐵之尺寸及重量表
(Dorman, Long & Co.)

大小（寸數）				每一英尺重量（磅）
J	K	L	M	
4	3	3/8	3/8	11.78
5	3	3/8	3/8	13.05
6	3½	3/8	3/8	15.61
8	3½	3/8	3/8	18.15

Z SECTION

三角鐵之寸尺及重量表
(Dawnay & Sons, Ltd., London)

斷面	每一英尺重量（磅）
2 × 2 × ¼	3.19
2 × 2 × 5/16	3.92
2¼ × 2¼ × ¼	3.61
2¼ × 2¼ × 5/16	4.45
2½ × 2½ × ¼	4.04
2½ × 2½ × 5/16	4.98
2½ × 2½ × 3/8	5.89
3 × 3 × ¼	4.90
3 × 3 × 5/16	6.05
3 × 3 × 3/8	7.18
3 × 3 × ½	9.36
3½ × 3½ × 3/8	8.45
3½ × 3½ × ½	11.05
4 × 4 × 3/8	9.72
4 × 4 × ½	12.75
5 × 5 × ½	16.15
5 × 5 × 5/8	19.92
6 × 6 × ½	19.55
6 × 6 × 5/8	24.18
6 × 6 × ¾	28.70

英國標準工字鐵斷面表
(British Standard Section)

大小（寸數）				每一英尺重量（磅）
A	B	C	D	
3	1½	.16	.248	4
3	3	.20	.332	8.5
4	1¾	.17	.240	5
4	3	.22	.336	9.5
4¾	1¾	.18	.325	6.5
5	3	.22	.376	11
5	4½	.29	.448	18
6	3	.26	.348	12
6	4½	.37	.431	20
6	5	.41	.520	25
7	4	.25	.387	16
8	4	.28	.402	18
8	5	.35	.575	28
8	6	.44	.597	35
9	4	.30	.460	21
9	7	.55	.924	58
10	5	.36	.552	30
10	6	.40	.736	42
10	8	.60	.970	70
12	5	.35	.550	32
12	6	.40	.717	44
12	6	.50	.883	54
14	6	.40	.698	46
14	6	.50	.873	57
15	5	.42	.647	42
15	6	.50	.880	59
16	6	.55	.847	62
18	7	.55	.928	75
20	7½	.60	1.010	89
24	7½	.60	1.070	100

水落鐵之尺寸及重量表
(Dorman, Long & Co.)

大小（寸數）				每一英尺重量（磅）
E	F	G	H	
4	3	½	9/16	16.36
5⅛	2⅞	7/16	½	15.86
6	3	3/8	7/16	15.69
7	3	½	½	20.40
8	3½	½	½	23.79
10	3	7/16	7/16	22.49
12	3½	½	½	30.60

CHANNEL

丁字鐵之尺寸及重量表

⊥ 斷面 (寸數)	每一英尺重量(磅)
2½ × 2½ × 5/16	5.01
2½ × 2½ × 3/8	5.92
3 × 3 × 3/8	7.21
3 × 3 × ½	9.38
3½ × 3½ × 3/8	8.49
3½ × 3½ × ½	11.10
4 × 3 × 3/8	8.49
4 × 3 × ½	11.10
4 × 4 × 3/8	9.77
4 × 4 × ½	12.80
5 × 3 × 3/8	9.78
5 × 3 × ½	12.80
4 × 4 × 3/8	11.10
5 × 4 × ½	14.50
6 × 3 × 3/8	11.10
6 × 3 × ½	14.50
6 × 4 × 3/8	12.40
6 × 4 × ½	16.20
6 × 6 × ½	19.60
6 × 6 × 5/8	24.20

三角鐵(不等邊)之尺寸及重量表

(Dawnay & Sons, Ltd.)

⌐ 斷面 (寸數)	每一英尺重量(磅)
2½ × 2 × ¼	3.61
2½ × 2 × 5/16	4.45
3 × 2 × ¼	4.04
3 × 2 × 5/16	4.98
3 × 2½ × ¼	4.46
3 × 2½ × 5/16	5.51
3 × 2½ × 3/8	6.53
3½ × 2½ × 5/16	6.04
3½ × 2½ × 3/8	7.18
3½ × 3 × 5/16	6.58
3½ × 3 × 3/8	7.81
4 × 3 × 5/16	7.11
4 × 3 × 3/8	8.45
5 × 3 × 5/16	8.17
5 × 3 × 3/8	9.72
5 × 3½ × ½	12.75
5 × 3½ × 3/8	10.37
5 × 3½ × ½	13.61
6 × 3 × 3/8	11.00
6 × 3 × ½	14.50
6 × 3½ × 3/8	11.60
6 × 3½ × ½	15.30
6 × 4 × 3/8	12.30
6 × 4 × ½	16.45

(待續)

本會出借圖書

第三次續購新書目錄

［第一次第二次書目請閱本刊第二卷第八期及第九期］

Reinforced Concrete Design–Sutherland & Clifford
Relief from Floods–Alvord & Burdick
Report of the Joint Committee on Standard Specifications for Concrete & Reinforced Concrete
Resistance of Materials–Seely
River and Harbor Construction–Townsend
River Discharge–Hoyt & Grover
Rivington's Notes on Building Construction, Part I & II–Twelvetrees
Roads & Pavements–Baker
Rural Highway Pavements Maintenance & Reconstruction–Harger
Sewerage–Folwell
Sewerage & Sewage Disposal–Metcalf & Eddy
Sewerage & Sewage Treatment–Babbitt
Specification for Steel Bridge
Standard Methods of Water Analysis
Statically Indeterminate–Parcel & Mancey
Steam Turbines–Church
Steel Construction–A. I. S. C.
Strength of Material–Boyd
Strength of Material–Poorman
Strength of Material–Timoshenko
Structural Engineering–Kirkham
Structural Engineers Handbook–Kitchum
Structural Geology–Leith
Structural Theory–Sutherland & Rowman
Surveying Elementary, Higher–Breed Hosmer
Surveying Manual–Pence & Ketchum
Town Planing in Practice–Raymond Unwin
A Trestice on Masonry Construction–Baker
Tunneling–Laughli
Water Power Engineering–Barrows
Water Supply Engineering–Babbitt and Doland

本會會員韞嶽泉先生，年少英俊，爲我營造界不可多得之人才。今竟溘然長逝，痛哉！特將韞君遺像，製版刊出，用誌哀悼。

△暫行借書規則

一、本會所置圖書，搜集未豐，不能完備，故借閱書籍，暫以本會會員爲限。
一、會員借閱書籍，須照本會公佈書目，註明書名及類別，備函隨帶會員證至本會取書。
一、外埠會員借書，須開明書名連同會員證寄來，本會即將書掛號郵寄；爲優待起見，並不收取寄費。
一、書籍出借後，會員證暫由本會司事員保存，俟歸還書籍時，再行領取會員證。
一、每會員每次至多得借書兩册。
一、借閱期間至多不得逾一星期。
一、先借者，如未到期，有優先借閱權，其他會員如欲借閱同一書籍，本會未便索回應命。
一、書籍如有毀損遺失塗抹删註等情，概須照原價賠償。
一、本規則如有更改，得隨時由本會常委核准後施行，不另通知之。

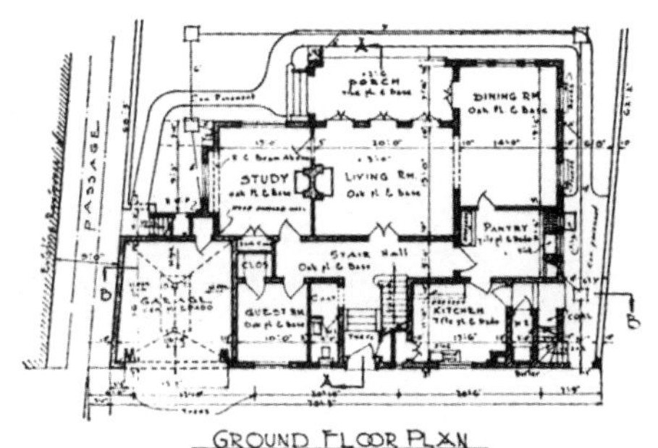

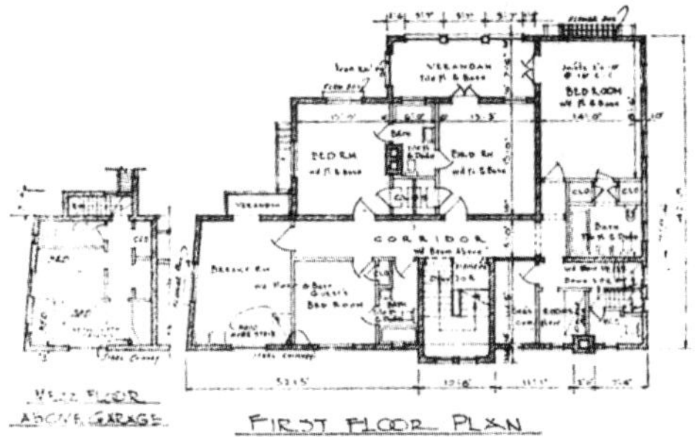

A residence on Route de Sieyes, Shanghai.

<——上海西愛咸斯路一住宅

A residence on Hungjao Road, Shanghai.

上海虹橋路一住宅——▷

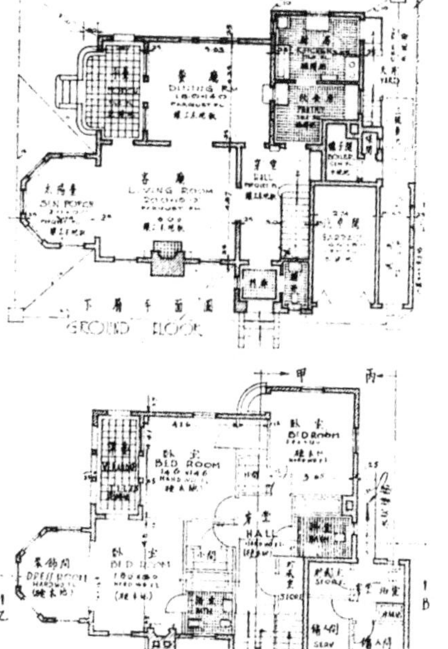

G. Rabinovich, Architect.

羅平建築師設計

閘北一住屋

此屋位於上海閘北中興路畔，建築異常堅固，外觀一如城堡。二十一年春滬變時，曾燬於炮火，距初造時僅二載耳。幸驅身雖燬，基礎頗固，最近重行設計改造，得復舊觀。茲將該屋落成後攝影，及平面圖等錄載本刊。

——槃寶昌設計——

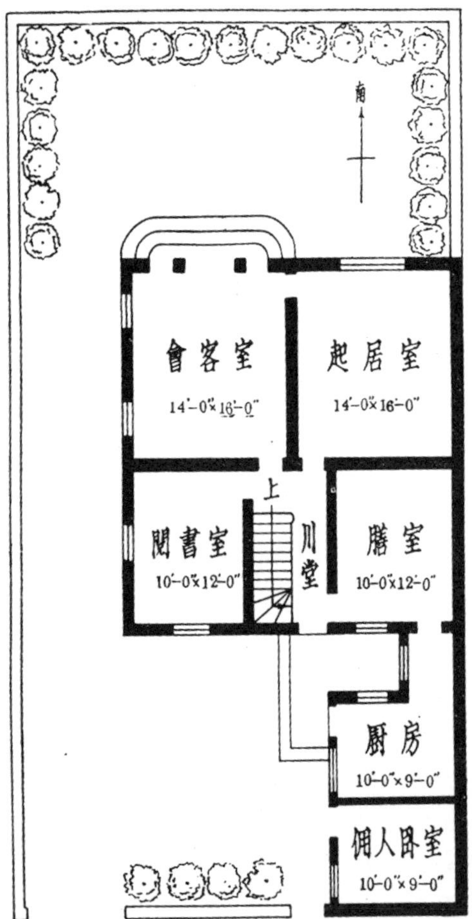

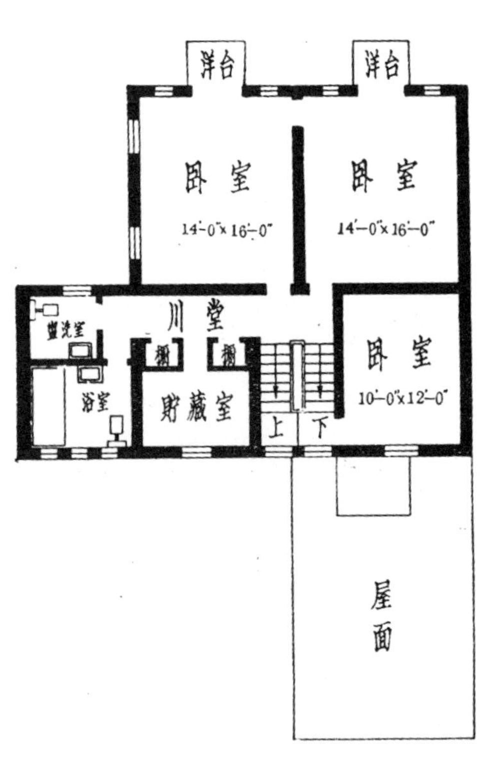

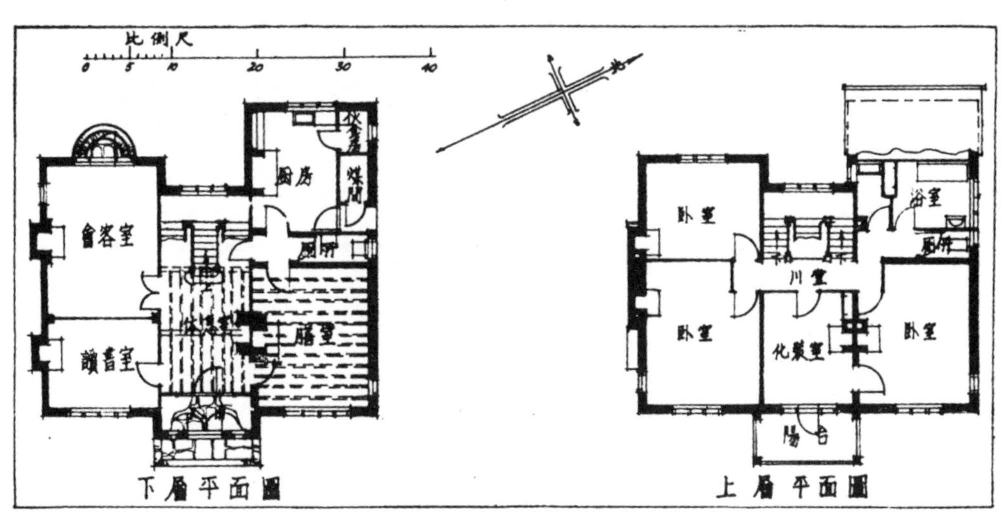

此屋一部份係用舊料改建，屋瓦則全用舊瓦。屋前洋台寬敞，居住其中，頗感暢適。

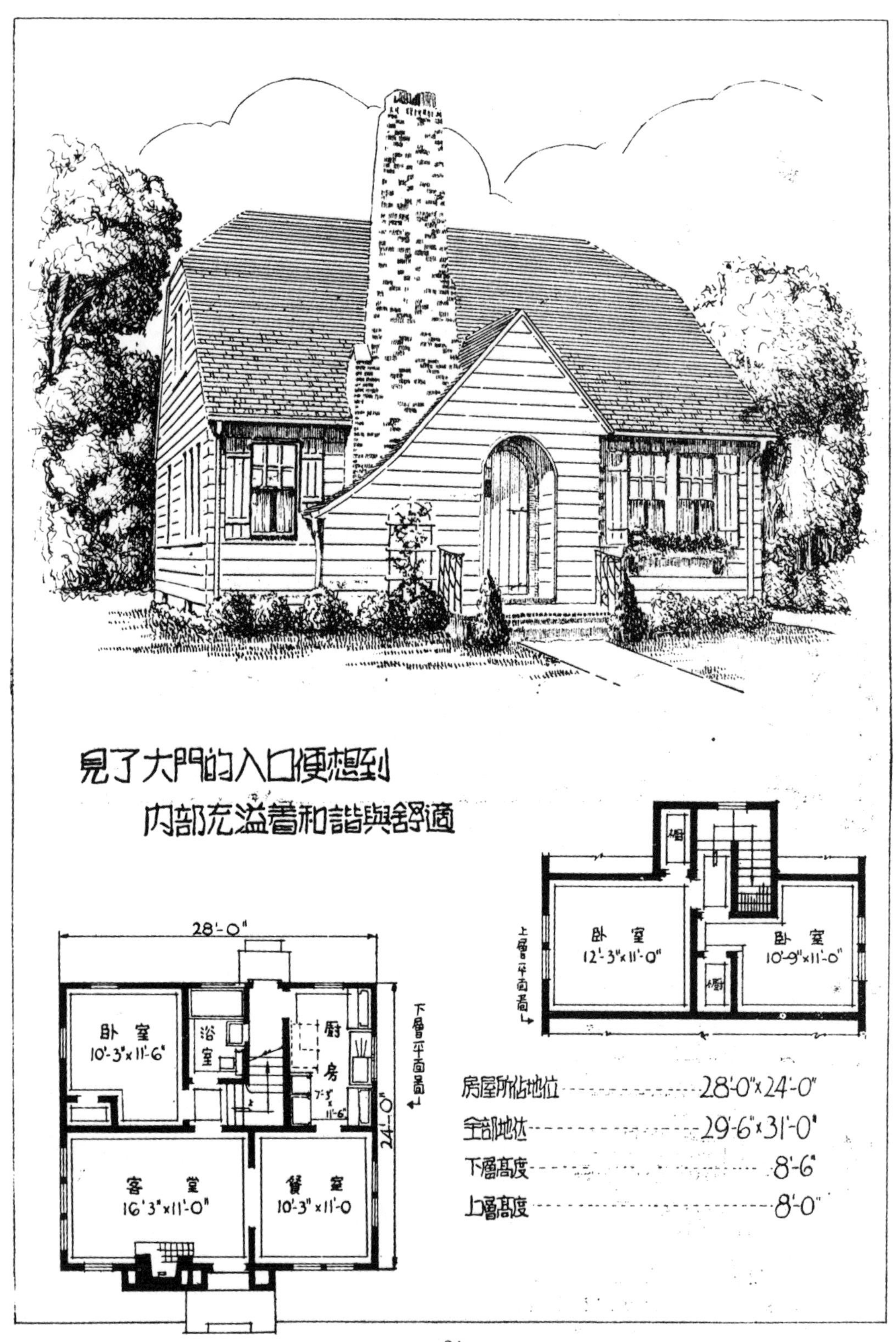
見了大門的入口便想到
內部充溢着和諧與舒適
28'-0"
臥室
10'-3"×11'-6"
浴室
廚房
7'-3"×11'-6"
客堂
16'3"×11'-0"
餐室
10'-3"×11'-0
24'-0"
下層平面圖
臥室
12'-3"×11'-0"
臥室
10'-9"×11'-0"
上層平面圖
房屋所佔地位 28'-0"×24'-0"
全部地位 29'-6"×31'-0"
下層高度 8'-6"
上層高度 8'-0"

建築材料價目表

磚瓦類

貨名	商號	大小	數量	價目	備註
空心磚	大中磚瓦公司	12″×12″×10″	每千	$250.00	車挑力在外
,, ,, ,,	,, ,, ,, ,,	12″×12″×9″	,, ,,	230.00	
,, ,, ,,	,, ,, ,, ,,	12″×12″×8″	,, ,,	200.00	
,, ,, ,,	,, ,, ,, ,,	12″×12″×6″	,, ,,	150.00	
,, ,, ,,	,, ,, ,, ,,	12″×12″×4″	,, ,,	100.00	
,, ,, ,,	,, ,, ,, ,,	12″×12″×3″	,, ,,	80.00	
,, ,, ,,	,, ,, ,, ,,	9¼″×9¼″×6″	,, ,,	80.00	
,, ,, ,,	,, ,, ,, ,,	9¼″×9¼×4½″	,, ,,	65.00	
,, ,, ,,	,, ,, ,, ,,	9¼″×9¼″×3″	,, ,,	50.00	
,, ,, ,,	,, ,, ,, ,,	9¼″×4½″×4½″	,, ,,	40.00	
,, ,, ,,	,, ,, ,, ,,	9¼″×4½″×3″	,, ,,	24.00	
,, ,, ,,	,, ,, ,, ,,	9¼″×4½″×2½″	,, ,,	23.00	
,, ,, ,,	,, ,, ,, ,,	9¼″×4½″×2″	,, ,,	22.00	
實心磚	,, ,, ,, ,,	8½″×4⅛″×2½″	,, ,,	14.00	
,, ,, ,,	,, ,, ,, ,,	10″×4⅞″×2″	,, ,,	13.30	
,, ,, ,,	,, ,, ,, ,,	9″×4⅜″×2″	,, ,,	11.20	
,, ,, ,,	,, ,, ,, ,,	9″×4⅜″×2¼″	,, ,,	12.60	
大中瓦	,, ,, ,, ,,	15″×9½″	,, ,,	63.00	運至營造場地
西班牙瓦	,, ,, ,, ,,	16″×5½″	,, ,,	52.00	,, ,,
英國式灣瓦	,, ,, ,, ,,	11″×6½″	,, ,,	40.00	,, ,,
脊瓦	,, ,, ,, ,,	18″×8″	,, ,,	126.00	,, ,,
空心磚	振蘇磚瓦公司	9¼×4½×2½″	,, ,,	$22.00	空心磚照價送到作
,, ,, ,,	,, ,, ,, ,,	9¼×4½×3″	,, ,,	24.00	場九折計算
,, ,, ,,	,, ,, ,, ,,	9¼×9¼×3″	,, ,,	48.00	紅瓦照價送到作場
,, ,, ,,	,, ,, ,, ,,	9¼×9¼×4½″	,, ,,	62.00	
,, ,, ,,	,, ,, ,, ,,	9¼×9¼×6″	,, ,,	76.00	
,, ,, ,,	,, ,, ,, ,,	9¼×9¼×8″	,, ,,	120.00	
,, ,, ,,	,, ,, ,, ,,	9¼×4¼×4½″	,, ,,	35.00	
,, ,, ,,	,, ,, ,, ,,	12×12×4″	,, ,,	90.00	

貨名	商號	大小	數量	價目	備註
空心磚	振蘇磚瓦公司	12×12×6″	每千	$140.00	
,, ,, ,,	,, ,, ,, ,,	12×12×8″	,, ,,	190.00	
,, ,, ,,	,, ,, ,, ,,	12×12×10	,, ,,	240.00	
青平瓦	,, ,, ,, ,,	144	平方塊數	70.00	
紅平瓦	,, ,, ,, ,,	144	,, ,,	60.00	
紅磚	,, ,, ,, ,,	10×5×2¼″	每千	12.50	
,, ,,	,, ,, ,, ,,	10×5×2″	,, ,,	12.00	
,, ,,	,, ,, ,, ,,	9¼×4½×2¼″	,, ,,	11.50	
白水泥花磚	華新磚瓦公司	8″×8,6″×6,4″×4″	每方	24.00	送至工場
紅大紅磚	,, ,, ,, ,,	16″×10″	每千	67.00	,, ,, ,,
青大平瓦	,, ,, ,, ,,	16″×10″	,, ,,	69.00	,, ,, ,,
青小平瓦	,, ,, ,, ,,	12⅜″×9²/8	,, ,,	50.00	,, ,, ,,
紅脊瓦	,, ,, ,, ,,	18″×8″	,, ,,	134.00	,, ,, ,,
青脊瓦	,, ,, ,, ,,	18″×8″	,, ,,	138.00	,, ,, ,,
紅西班牙筒瓦	,, ,, ,, ,,	16″×5½	,, ,,	46.00	,, ,, ,,
青西班牙筒瓦	,, ,, ,, ,,	16″×5½	,, ,,	49.00	,, ,, ,,

鋼條類

貨名	商號	標記	數量	價目	備註
鋼條		四十尺二分光圓	每噸	一百十八元	德國或比國貨
,, ,,		四十尺二分半光圓	,, ,,	一百十八元	,, ,, ,,
,, ,,		四二尺三分光圓	,, ,,	一百十八元	,, ,, ,,
,, ,,		四十尺三分圓竹節	,, ,,	一百十六元	,, ,, ,,
,, ,,		四十尺普通花色	,, ,,	一百〇七元	鋼條自四分至一寸方或圓
,, ,,		盤圓絲	每市擔	四元六角	

水泥類

貨名	商號	標記	數量	價目	備註
水泥		象牌	每桶	六元三角	
水泥		泰山	每桶	六元二角半	
水泥		馬牌	,, ,,	六元二角	

貨名	商號	標記	數量	價格	備註
水泥		英國"Atlas"	〃 〃	三十二元	
白水泥		法國麒麟牌	〃 〃	二十八元	
白水泥		意國紅獅牌	〃 〃	二十七元	

木材類

貨名	商號	說明	數量	價格	備註
洋松	上海市同業公會公議價目	八尺至卅二尺再長照加	每千尺	洋八十四元	
一寸洋松	〃 〃 〃		〃 〃	〃八十六元	
寸半洋松	〃 〃 〃		〃 〃	八十七元	
洋松二寸光板	〃 〃 〃		〃 〃	六十六元	
四尺洋松條子	〃 〃 〃		每萬根	一百二十五元	
一寸四寸洋松一號企口板	〃 〃 〃		每千尺	一百〇五元	
一寸四寸洋松副號企口板	〃 〃 〃		〃 〃	八十八元	
一寸四寸洋松二號企口板	〃 〃 〃		〃 〃	七十六元	
一寸六寸洋松一頭號企口板	〃 〃 〃		〃 〃	一百十元	
一寸六寸洋松副頭號企口板	〃 〃 〃		〃 〃	九十元	
一寸六寸洋松二號企口板	〃 〃 〃		〃 〃	七十八元	
一二五四寸一號洋松企口板	〃 〃 〃		〃 〃	一百三十五元	
一二五四寸二號洋松企口板	〃 〃 〃		〃 〃	九十七元	
一二五六寸一號洋松企口板	〃 〃 〃		〃 〃	一百五十元	
一二五六寸二號洋松企口板	〃 〃 〃		〃 〃	一百十元	
柚木(頭號)	〃 〃 〃	僧帽牌	〃 〃	五百三十元	
柚木(甲種)	〃 〃 〃	龍牌	〃 〃	四百五十元	
柚木(乙種)	〃 〃 〃	〃 〃	〃 〃	四百二十元	
柚木段	〃 〃 〃	〃 〃	〃 〃	三百五十元	
硬木	〃 〃 〃		〃 〃	二百元	
硬木(火介方)	〃 〃 〃		〃 〃	一百五十元	
柳安	〃 〃 〃		〃 〃	一百八十元	
紅板	〃 〃 〃		〃 〃	一百〇五元	
抄板	〃 〃 〃		〃 〃	一百四十元	
十二尺三寸六八皖松	〃 〃 〃		〃 〃	六十五元	
十二尺二寸皖松	〃 〃 〃		〃 〃	六十五元	

貨名	商號	說明	數量	價格	備註
一二五四寸柳安企口板	上海市同業公會公議價目		每千尺	一百八十五元	
一寸六寸柳安企口板	” ” ”		” ”	一百八十五元	
二寸一半建松片	” ” ”		” ”	六十元	
一丈字印建松板	” ” ”		每丈	三元五角	
一丈足建松板	” ” ”		” ”	五元五角	
八尺寸甌松板	” ” ”		” ”	四元	
一寸六寸一號甌松板	” ” ”		每千尺	五十元	
一寸六寸二號甌松板	” ” ”		” ”	四十五元	
八尺機鋸杭松板	” ” ”		每丈	二元	
九尺機鋸甌松板	” ” ”		” ”	一元八角	
八尺足寸皖松板	” ” ”		” ”	四元六角	
一丈皖松板	” ” ”		” ”	五元五角	
八尺六分皖松板	” ” ”		” ”	三元六角	
台松板	” ” ”		” ”	四元	
九尺八分坦戶板	” ” ”		” ”	一元二角	
九尺五分坦戶板	” ” ”		” ”	一元	
八尺六分紅柳板	” ” ”		” ”	二元二角	
七尺俄松板	” ” ”		” ”	一元九角	
八尺俄松板	” ” ”		” ”	二元一角	
九尺坦戶板	” ” ”		” ”	一元四角	
六分一寸俄紅松板	” ” ”		每千尺	七十三元	
六分一寸俄白松板	” ” ”		” ”	七十一元	
一寸二分四寸俄紅松板	” ” ”		” ”	六十九元	
俄紅松方	” ” ”		” ”	六十九元	
一寸四寸俄紅白松企口板	” ” ”		” ”	七十四元	
一寸六寸俄紅白松企口板	” ” ”		” ”	七十四元	

五金類

貨名	商號	標記	數量	價目	備註
二二號英白鐵			每箱	五十八元八角	每箱廿一張重四〇二斤
二四號英白鐵			每箱	五十八元八角	每箱廿五張重量同上
二六號英白鐵			每箱	六十三元	每箱卅三張重量同上

貨名	商號	標記	數量	價目	備註
二八號英白鐵			每箱	六十七元二角	每箱廿一張重量同上
二二號英瓦鐵			每箱	五十八元八角	每箱廿五張重量同上
二四號英瓦鐵			每箱	五十八元八角	每箱卅三張重量同上
二六號英瓦鐵			每箱	六十三元	每箱卅八張重量同上
二八號英瓦鐵			每箱	六十七元二角	每箱廿一張重量同上
二二號美白鐵			每箱	六十九元三角	每箱廿五張重量同上
二四號美白鐵			每箱	六十九元三角	每箱卅三張重量同上
二六號美白鐵			每箱	七十三元五角	每箱卅八張重量同上
二八號美白鐵			每箱	七十七元七角	每箱卅八張重量同上
美方釘			每桶	十六元〇九分	
平頭釘			每桶	十六元八角	
中國貨元釘			每桶	六元五角	
五方紙牛毛毡			每捲	二元八角	
半號牛毛毡		馬牌	每捲	二元八角	
一號牛毛毡		馬牌	每捲	三元九角	
二號牛毛毡		馬牌	每捲	五元一角	
三號牛毛毡		馬牌	每捲	七元	
鋼絲網		27″×96″ 2¼lb.	每方	四元	德國或美國貨
,, ,, ,,		27″×96″ 3lb.rib	每方	十元	,, ,, ,,
鋼版網		8′×12′ 六分一寸半眼	每張	三十四元	
水落鐵		六分	每千尺	四十五元	每根長廿尺
牆角線			每千尺	九十五元	每根長十二尺
踏步鐵			每千尺	五十五元	每根長十尺或十二尺
鉛絲布			每捲	二十三元	闊三尺長一百尺
綠鉛紗			每捲	十七元	,, ,, ,,
銅絲布			每捲	四十元	,, ,, ,,
洋門套鎖			每打	十六元	中國鎖廠出品 黃銅或古銅色
洋門套鎖			每打	十八元	德國或美國貨
彈弓門鎖			每打	三十元	中國鎖廠出品
,, ,, ,,			每打	五十元	外貨

〇二二六七

貨名	商號	標記	數量	價目	備註
彈子門鎖	合作五金公司	3寸7分(古銅色)	每打	四十元	
〃 〃 〃	〃 〃 〃 〃	〃 〃 (黑色)	〃 〃	三十八元	
明螺絲彈子門鎖	〃 〃 〃 〃	3寸5分(古銅色)	〃 〃	三十三元	
〃 〃 〃	〃 〃 〃 〃	〃 〃 (黑色)	〃 〃	三十二元	
執手插鎖	〃 〃 〃 〃	6寸6分(金色)	〃 〃	二十六元	
〃 〃 〃	〃 〃 〃 〃	〃 〃 (古銅色)	〃 〃	二十六元	
〃 〃 〃	〃 〃 〃 〃	〃 〃 (克羅米)	〃 〃	三十二元	
彈弓門鎖	〃 〃 〃 〃	3寸 (黑色)	〃 〃	十元	
〃 〃 〃	〃 〃 〃 〃	〃 〃 (古銅色)	〃 〃	十元	
迴紋花板插鎖	〃 〃 〃 〃	4寸5分(金色)	〃 〃	二十五元	
〃 〃 〃	〃 〃 〃 〃	〃 〃 (黃古色)	〃 〃	二十五元	
〃 〃 〃	〃 〃 〃 〃	〃 〃 (古銅色)	〃 〃	二十五元	
細邊花板插鎖	〃 〃 〃 〃	7寸7分(金色)	〃 〃	三十九元	
〃 〃 〃	〃 〃 〃 〃	〃 〃 (黃古色)	〃 〃	三十九元	
〃 〃 〃	〃 〃 〃 〃	〃 〃 (古銅色)	〃 〃	三十九元	
細花板插鎖	〃 〃 〃 〃	6寸4分(金色)	〃 〃	十八元	
〃 〃 〃	〃 〃 〃 〃	〃 〃 (黃古色)	〃 〃	十八元	
〃 〃 〃	〃 〃 〃 〃	〃 〃 (古銅色)	〃 〃	十八元	
鐵質細花板插鎖	〃 〃 〃 〃	〃 〃 (古色)	〃 〃	十五元五角	
瓷執手插鎖	〃 〃 〃 〃	3寸4分(棕色)	〃 〃	十五元	
〃 〃 〃	〃 〃 〃 〃	〃 〃 (白色)	〃 〃	〃 〃 〃	
〃 〃 〃	〃 〃 〃 〃	〃 〃 (藍色)	〃 〃	〃 〃 〃	
〃 〃 〃	〃 〃 〃 〃	〃 〃 (紅色)	〃 〃	〃 〃 〃	
〃 〃 〃	〃 〃 〃 〃	〃 〃 (黃色)	〃 〃	〃 〃 〃	
瓷執手靠式插鎖	〃 〃 〃 〃	〃 〃 (棕色)	〃 〃	〃 〃 〃	
〃 〃 〃	〃 〃 〃 〃	〃 〃 (白色)	〃 〃	〃 〃 〃	
〃 〃 〃	〃 〃 〃 〃	〃 〃 (藍色)	〃 〃	〃 〃 〃	
〃 〃 〃	〃 〃 〃 〃	〃 〃 (紅色)	〃 〃	〃 〃 〃	
〃 〃 〃	〃 〃 〃 〃	〃 〃 (黃色)	〃 〃	〃 〃 〃	

會務

本會第三屆會員大會紀詳

愧安

本會第三屆會員大會，已於十月二十日下午三時，在法租界八仙橋青年會九樓西廳舉行。是日下午二時許，會員即已陸續蒞至，敏體尼蔭路上，車馬喧闐，熱鬧非凡。會員一經招待入門，自下午三時開始會員大會，七時起入席歡宴，佐以大同樂社及工業電影等餘興，至深夜十二時始賦歸歟，實足盤桓有十餘小時之久。融洩一堂，不覺時間之久長，反嫌駒光之易逝。記者參預盛會，特將經過分別詳紀如后，以誌鴻爪。

嚴肅整齊大會開始

是日下午三時，開始舉行會員大會，嚴肅整齊，氣象壯穆。除到全體會員外，並有市黨部代表毛霞軒，市教育局代表聶海帆，出席指導監督。公推謝秉衡，江長庚，湯景賢，陳松齡，殷信之，杜彥耿，盧松華等爲主席團。主席領導行禮如儀後，由杜彥耿委員報告會務進行狀況及經濟概要。次由湯景賢委員報告附設正基建築工業補習學校校務概況（另見本期報告）。繼由市黨部毛代表，市教育局聶代表相繼訓詞，語多激勉。次

修訂會章

由殷信之委員逐條宣讀，經衆討論，修正多處：（一）市黨部毛代表霞軒指導：將「會址」項移前，與「定名宗旨會址」順序並列，俾符法令。（二）將「職員任期」修改爲：各項委員任期以二年爲限，連舉得連任，但至多以四年爲限。各項委員未屆期滿而因故解職者，以候補委員遞補之，但以補足二年爲限。（三）將「大會」修改爲：本會每年舉行會員大會一次，討論重要會務，報告賬畧；於第二年舉行大會時，並修訂會章，選舉執監委員，其日期由執行委員會議決通告之。（四）市黨部毛代表霞軒指導：將「附則」修改爲：本章程如有應行修正之處，須俟大會決定之，並呈請當地政府核准後發生效力。繼即照章

改選職員

由市黨部及市教育局代表監選。選舉結果，計（一）執行委員九人：竺泉通（六四票）姚長安（五九票）陳松齡（五四票）應興華（五四票）陳壽芝（五〇票）賀敬第（五〇票）殷信之（四七票）孫德水（三五票）孫維明（三三票）（二）候補執行委員三人：汪敏章（三二票）陳士範（三二票）王法鎬（二六票）（三）監察委員三人：江長庚（五五票）陶桂林（三四票）盧松華（三四票）（四）候補監察委員二人：湯景賢（三一票）杜彥耿（一六票）。當場宣誓就職，由市黨部及市教育局代表監誓。至七時攝影散會。

融融洩洩入席歡讌

會員大會既畢，已鐘鳴七下，九樓遠眺，已滿城燈火矣。於是即告入席歡讌，來賓如上海市教育局局長潘公展，新近由美講學歸國之江亢虎博士，及許嘯天，謝福生，趙深，顧道生，許貫三等，亦先後蒞至，蹌濟一堂，不下三百餘人。嚴肅壯穆之空氣，此時一變而爲歡諧融洩之景象，欣逢知己，談笑風生，敍前話舊，樂此良晤。廳中四壁，滿懸許嘯天先生夫人高劍華女士所書橫披立軸，琳瑯滿

目，美不勝收，蓋分贈上屆徵求會員大會徵求成績優良之各隊長者也。所書語句，多爲許先生所撰，意味雋永，足銘座右。會員領受之餘，無不認爲雅緻宜人，珍同拱璧。是日宴會，係承

大陸實業公司

款待。所備菜餚殊豐。該公司顧海，王劍芬，周問奚諸君殷懃招待，盛情可感。按該公司出品「固木油」，爲唯一國貨建築材料，木材所屬，一經使用該油，即可免除蛀腐。故時不數載，已風行國內，各界無不樂於採用，獲得美滿結果。際此國貨建築材料未能振作暢銷，全被外貨壟斷，而固木油應運產生，殊足國人注意，而有竭力提倡之必要也。餐至半餉，來賓江亢虎博士起立演說，對於建築與文化之關係，發揮頗多，闡明無遺。繼由上海市教育局局長

潘公展先生演講

略謂上海爲世界通商大都，握中國商業金融之樞紐。然外人觀光中國者，必先羣趨北平故都，對此繁榮衝要之上海，並不十分注意。此蓋上海所見者，爲畸形發展之摩天高樓與皇皇巨廈，建築法式，多抄襲歐美，此在其本國已司空見慣，遠勝之而無不及。若至北平，則宮殿院宇，壇圃寺觀，其建築無不表示東方數千年來之文化精神。營造法式，壯嚴偉大，渾樸絕倫，其格調不落尋常窠臼。故外人欲知東方文化之眞面目，必先羣趨北平，瞻望建築，藉此並可覘吾民族雍容華貴之精神。又建築爲綜合的藝術，融數技於一爐，始克表顯其特長。且吾人參觀建築，見其外表，知其內容，一任風霜雨露之剝蝕，亦能經歷相當期間，巍然存在。非若金石書畫等藝術，必供之淸案，懸之高壁，始克供人鑑賞，事後又須妥愼保存，始克延續其生命也。潘氏繼又謂本埠公私立中小學林立，爲數頗多。建築設備，雖不乏完善良好者，然就一般言，均因陋就簡，狹隘不堪。於是里弄居屋，暫充學舍，荒地百步，即成操場，侷促之狀，難以描述。當局屢擬發行教育公債，以其所得用於改進一般學校之建築設備。在座諸君，盡爲建築界之實力份子，若能每人担任建築校舍一座，非但教育公債可不必發行，且明年今日，不復再見弄堂學校矣。慷慨陳詞，聽者無不動容。（潘先生演辭大意如此，文責由作者自負）。繼由許嘯天謝福生諸先生相繼演說，尤以謝君演辭突梯滑稽，博得全場笑聲不少。繼由

大同樂會奏演助興

按大同樂會爲本埠唯一研究古樂團體。在國內負有盛名，是日蒙全體社員蒞場奏演助興。先奏霓裳羽衣曲，時全場靜寂異常，但聞樂聲，悠悠之音，忽如萬馬奔騰，忽如珠走玉盤。時窗外月色，分外皎潔，倍增雅趣。到場來賓及會員，側耳恭聽，心神俱往，幾疑此身尚在十里洋場之高樓中也。繼奏春江花月夜，綺麗之音，旎旎動聽，千迴百轉，殊饒幽趣。迨樂終席散，繼之以

開映工業電影

關於建築材料，如鋼鐵之融冶，水泥之拌製等，歷歷如繪，詳盡無遺。傍及北平阿拉斯加冰國之風景畫片等，清晰異常，觀衆極感興趣。放映歷二小時之久，至深夜十二時許，始興盡賦歸，各會員赴會時間，蓋已實足十小時矣。

樣本贈品紛然雜陳

是日本埠各建築材料廠行，如吉星洋行，大陸實業公司，上海棕櫚公司，興業磁磚公司，元豐油漆公司，英豐洋行，中華鐵工廠，亞光電木製造公司，及萬國函授學校等，在場分發樣本及贈品等，並當日出版之二卷九期本刊各一冊，故到會者無不滿載而歸。

執監聯席會議產生常委

本會第三屆會員大會自改選職員後，當選各職員卽於十月二十三日下午五時，在會召集第一次執監委員聯席會議，到執監委員湯景賢、應興華、盧松華、陳壽芝、竺泉通、殷信之、江長庚、姚長安、陳松齡、孫維明、賀敬第、孫德水等十二人。照章在執行委員九人中推選常務委員三人，爲殷信之(得八票)應興華、賀敬第（各七票）。並在三常委中互舉殷信之爲主席委員。並議決：（一）規定每月第一星期之星期二下午五時爲本會常會時間，（二）組織月刊刊務委員會及夜校校務委員會，以助長月刊及校務之發展。並推竺泉通、江長庚、陳松齡爲月刊刊務委員；賀敬第、應興華、姚長安爲夜校校務委員。(三)組織經濟委員會，並推陳壽芝、殷信之、孫維明、姚長安、盧松華等五人爲委員。及其他要案多起。

正基建築工業補習學校概況

湯景賢

過去追溯

本校成立於民國十九年秋季，以歷史言，不能謂爲久長，以性質言，實爲本市唯一建築工業夜校。當時夜校之數極夥，工程夜校則實不多覯；蓋文商等科輕而易舉，避實就文，爲一般辦學者之常情也。

回憶本校成立之初，建築協會尙在籌備時期，原名建築協會附設職業夜校，（二十二年四月，奉市敎育令，加題專名，改稱正基。）校址卽附設於九江路十九號會所內，係由泰康行撥助，不出租費。當時學生二十餘人，校具設備僅方桌數隻，櫈椅若干，校中敎職員多由會中職員兼任；一切組織因陋就簡，課程設備，多不切當。現在經過五年之努力整頓，積極改善，校舍已擴充至二院，（第一院在牯嶺路長沙路口十八號，第二院在牯嶺路南陽西里十二號）有六學級，學生增至百餘名，敎職員十四人，各級開設學程計有二十餘種；設備方面如理化儀器，測量器械，製圖桌板，建築圖書等均略備具，雖未能謂爲完全，但一補習夜校能具此規模，自問尙能過去。至於現在課程內容之充實，師資之愼選，與管敎之嚴格，自有社會公評，毋庸多述。惟敎育事業至重且大，十年樹木，百年樹人，本校達於理想之境，距離尙遠，前途改進，多待繼續努力也。

組織狀況

本校辦事組織，現分敎務註冊訓育總務等四處，另設祕書一人，商承校長意志，擘劃校務改進事宜。敎務處審定每屆開設學科，查核學生成績，及其他敎務事宜。註册處編排課程表格，保管學生成績，主持招生事宜等。訓育處主持學生懲獎事項，尤注意學生缺課之調查。凡不屬於上述三處之職務，均由總務處管理之，如會計庶務等是。

須注意者，上述四處職員，除總務一人外，餘均由敎員中指定兼任，俾輕車駕熟，增進辦事效能，復可撙節經費，以濟他用。

程度編制

本校編制，現分初高二部；每部各三年，修業年限共六年。初級部授以中英文數學，及理化等基本學科，以爲升入高級部時再求深造之準備。工業敎育以數理學科爲基礎，故各年級對此，每週鐘點特多，極爲重視。若自問對於數理學科缺乏興趣，入學後殊難造就。高級部所授學科，俱爲切於實際應用者，其程度與大學之工科無甚差異，情形特殊，在招考時極感困難。各級入學資格爲：

初級一年級　須在高級小學畢業，或具同等學力者。

初級二年級　須在初級中學肄業，或具同等學力者。

初級三年級　須在初級中學畢業，或具同等學力者。

高級一年級　須在高級中學工科肄業，或具同等學力者。

高級二年級　須在高級中學工科畢業，或具同等學力者。

高級三年級　照章概不招考新生或插班生。

課程改進

本校各年級課程，經歷五年之改進，已漸上軌道，切合需要。在創立之初，因無過去經驗，各年級課程繁複廣博，名目極多；此種情形，或僅適宜於讀書爲專責之日校，殊不能應用於業餘補習夜校。現憑過去經驗，觀察實際需要，將課程審愼修訂，務期簡切實用，去蕪存菁，將各年級上下學期課程，設法自成段落，集中精神，順序而進。此種情形，尤以高級各年級爲然，力戒貪多務得，致顧此失彼，難求深造。茲爲明瞭起見，將各年級課程附錄如左：

初級一年級課程表

第一學期	每週時數	第二學期	每週時數
算術	5	算術	5
英文	4	英文	4
國文	3	國文	3

初級二年級課程表

第一學期	每週時數	第二學期	每週時數
代數	7	幾何	8
英文	3	英文	3
國文	2	國文	1

初級三年級課程表

第一學期	每週時數	第二學期	每週時數
三角	5	解析幾何	6
化學	4	化學	4
英文	3	英文	2

高級一年級課程表

第一學期	每週時數	第二學期	每週時數
微積分	4	微積分	4
物理	4	物理	4
商業英文	4	商業英文	4

高級二年級課程表

第一學期	每週時數	第二學期	每週時數
應用力學	6	材料力學	8
機械畫	4	測量學	4
房屋建築	2		

高級三年級課程表

第一學期	每週時數	第二年級	每週時數
結構力學	6	結構計劃	4
鋼筋混凝土	6	鋼筋混凝土計劃	4
		建築規程	4

（附註）「每週時數」係指每週講授鐘點而言，學科中遇須課外實習者，其時間另定之。

經費情形

本校自民國二十一年秋遷入牯嶺路後，積極擴充，開支浩繁，校中經費，每屆不敷，由建築協會及本人與熱心校務諸先生籌措之。經費收支詳況，總務處另有書面報告。就二十一年秋季至二十三年春季二載中大概情形而言，學費收入爲七千四百元，支出方面，教員薪金及房租兩項，已佔全部收入之總數。其他費用不敷尙鉅，均待籌措者也。

本校學費，初級各生每學期繳二十元，高級各生二十六元，（初高級各生如係建築協會會員子弟或學徒，經會員具函證明，得減免學費四元。）在此社會經濟衰落之時，此數在各生之負担，不可謂爲不重，但一般夜校按月交費亦達五六元之數，化零爲整，其數亦屬可觀，遑論本校係屬工業性質，開支浩大，情形特殊；專科教員每小時之待遇，其數與大學教授相差無幾，故每屆收費雖多，虧折更巨。此種情形，深得學生家長瞭解，均樂予贊助，以維護此亟待提倡之工業補習教育也。

入學統計

本校學生人數雖歷屆增加，但均淘汰低劣，錄取優良，無論有無畢業證書及介紹函件，均須經過嚴格之甄別。蓋本校創設之初，即抱重質輕量，甯缺毋濫之宗旨也。工業教育以數理學科爲基礎，故各年級對此每週鐘點特多，極爲重視。如上學期（二十三年春季）各年級學生因數學成績不良，或缺乏興趣，難以造就，因此降級或飭其退學者，不下三十餘人，而缺課逾上課時間四分之一，照章不准參與學期考試者，又佔其次多數。本校之所以如此澈底整頓，存菁去蕪者，實亦有不得已之苦衷，外界固不能以苛擇峻拒相責也。茲將歷屆入學人數列表統計於後：

年份／人數／年級	十九年	二十年		二十一年		二十二年		二十三年	
	秋季	春季	秋季	春季	秋季	春季	秋季	春季	季秋
初級一年級	5	23	14	因	24	42	28	44	31
初級二年級	8	19	19	滬	26	30	31	26	26
初級三年級	9	7	8	亂	4	5	26	20	18
高級一年級			12	停	16	12	10	10	15
高級二年級				辦			16	11	4
高級三年級				半					7
總計	22	49	53	載	70	89	111	111	101

學生分析

（一）職業方面　入學各生現在營造廠，建築公司，打樣間等處任職者，約佔十分之八。餘爲商界及現在供職他業，準備入建築界者。

（二）費用方面　學生費用由廠主或公司經理保送者，約佔半數；餘多爲自費。

（三）年齡方面　最小者十五歲，最大者二十七八歲不等。

（四）出路方面　本校尙未舉辦畢業（二十四年夏舉辦第一屆畢業）同時入學各生日間均有職業，故於出路方面並無問題。本年夏季，南京參謀本部城塞組要塞築城技術訓練班，招考學生，函囑本校選送學生數名，赴京應考，當有學生朱光明杜駿熊沈耀祖等志願入學，由校保送前往。現該生等入班訓練，將及半載，派至全國各處要塞實地工作，頗感興奮，聞平日學科成績，亦稱良好云。

辦學感念

本人憑已往五年辦學經驗，有下列感念報告諸君：

（一）夜校學生多數能利用業餘時間，努力向學，其精神爲日校學生所不能及。各生工作地點，有遠在浦東江灣高昌廟虹橋飛機場等處者，每日下午六時，工作始告完畢，即須趕程來校受課，間有風雨無阻，從不缺課者。

（二）少數營造廠學徒，因工作地點遷移無定，忽在本埠，忽在外埠，聽受廠主派遣。學生因職業關係，有時不得不中途輟學前往，未能竟其所學，殊引爲憾。此種現象，在其他夜校則較少見。

（三）投考學生，中英文程度低落，數學根基不良，此殆亦爲大中小學共同之現象，不獨夜校如此也。舊生中因數學成績不良，或缺乏興趣，因此降級或退學者，每學期動輒數十人。

（四）建築工程用書，缺乏完善本國文教本，於是不得不採用英文原版。此舉實屬增加學生負担，又不適合國情，從事工業教育者，亟宜設法補救。且英文原版工程用書，均屬高級性質，缺乏中等程度者，故本校高級部用書，幾盡爲國內各著名大學之工科用書，外界不察，或將疑爲炫耀高深，不務實際也。

（五）對於建築工程之譯名，不能統一，故無固定之名詞可資遵循，在施教時頗感困難。

（六）初級部學生人數，每感過剩，高級部程度特殊，投考困難，故來源極少，人數缺乏。本學期高級二三年級入學人數共僅十一人，（見統計表）照常開課。犧牲之巨，可見一斑。

北行報告（續）

杜彥耿

徵求北平市溝渠計劃意見報告書（續）

李耕硯先生覆函

——天津國立北洋工學院院長——

前奉大函，並北平市溝渠建設設計綱要及北平市污水溝渠初期計劃綱要一冊，囑即詳評見復等因；當即與敝院衛生工程教授徐世大先生，共同研究，對於原計劃綱要，微有鄙見，茲約略述之：謹按原計劃綱要所定各節，尚屬妥善；惟每小時最大雨量，較青島為高，似可不必。又估計人口，亦嫌太密。蓋污水溝之最小者，有一定限度。人口估計太密，尚屬無礙；若總管及支管埋設既深，人口過密，不免糜費；且北平並非工商業重要市區，人口未必增加甚多；即或某一區域有增加之時，亦可安設支管，隨時應付。清理廠之估計似太低，但因未知其計劃，無從懸斷。又查吾國人向以人糞溺為肥料，事不可忽視。如用因姆好夫池，即不能得肥料之用。上海所用促進污泥法 Activated Sludge Pro-cess，雖或用費稍增，而保全利益頗厚，似應加以調查，以定清理之法。以上數端，鄙見如是，是否有當，尚祈卓裁。

（二十二年十二月十五日）

嚴仲絜先生覆函

——青島市工務局局長——

頃奉大函，附北平市溝渠建設設計綱要及污水溝渠初期建設計劃，拜讀之下，具見規模宏遠，擘劃周詳，無任欽佩。猥以謭陋，辱荷垂詢，殊愧無以報命，惟念千慮一得，或有補於高深，謹將管見所及，略陳如左：

（一）污水溝渠初步計劃，採用分流制，並規定各清理廠地點，市置甚為妥善周密，惟第一清理分廠之東南一帶，地勢仍趨低下，若該處人口繁盛，市面發達，有宣洩污水之必要，似可於朝陽門附近，另擇適當地點，移建第一清理分廠於該處，兼可吸收由朝陽門向西一帶之污水。（二）污水管橫過護城河或大溝，如該溝內流水橫斷面有限不容污水管直穿，似宜用反吸虹管由河底穿過。（三）計算缸管流量應用庫氏公式時，係數（N）可減為〇•〇一三，尚不嫌小也。（四）污水缸管接口用一比二洋灰漿，確屬堅實省費，滲水亦少，較之用柏油與麻絲為優，以上各節是否有當，敬乞卓裁，肅箋奉復，即希查照為荷。

（二十二年十二月六日）

陶葆楷先生覆函

——清華大學衛生工程教授——

接讀來函，並北平溝渠建設設計綱要及污水溝渠初期建設計劃一冊，藉悉貴府計劃北平溝渠系統，有裨民生，自非淺鮮。承囑批評討論，謹就管見所及，逐條敍述如下：

（一）整理北平市溝渠系統，大體採用分流制，卽利用舊溝渠，以宣洩雨水，建築新溝管，以排除汚水，爲極合理之辦法。不過汚水溝管之安設，需款甚鉅，値此社會經濟，異常窘困之時，卽有汚水溝渠，恐市民接用者，亦屬少數。北平自來水之飲用，尙未普及，以內一區而論，僅百分之二十，接用自來水，其餘均恃井水。且糞汚均須作爲肥料，如建築汚水溝渠，導汚水至附近農地，以供灌漑，究當如何應用亦須先作相當之研究。故鄙意今日北平欲整頓溝渠制度，宜先從雨水着手，換言之，北平市宜暫時集中財力與人力，整理並完成全市之雨水溝渠制度。倘欲建築汚水溝渠管，亦當分區進行，如內一區需要較大，不妨先事安設，次則內二區，內三區，逐漸推廣。計劃幹渠時，當顧到將來之發展，自無待言。

（二）整理舊溝渠，宜同時疏濬護城河，高亮橋以上，如暫時不加疏濬，則宜在該處設閘。目下平市舊溝渠淤塞者過多，故第一步在疏濬舊溝，其不能再用，或容量不足者，則須另設新溝。

（三）設計新溝，用「準理推算法」最爲合宜。惟該項計劃中所算得之洩水係數，繁盛區爲〇•八三，住宅區爲〇•四九，似嫌稍高。平市柏油路面尙少，住宅中亦多空地，卽使路政逐漸改善，但各胡同馬路之改爲灑靑面，恐爲極遠之事。繁盛區域，如因降雨量用五年循環方程式，而加高其洩水係數，尙有特別理由。至住宅區域，用降雨率五年循環方程式，已稱充裕，故洩水係數〇•四九，似可稍事減低，藉省經費。

（四）汚水溝渠，宜分區進行，已如上述。通惠河流量，能否冲淡汚水，使不致發生汚穢現象，須先作試驗，視通惠河水所含氧之成分而定。設河水之冲淡力不足，始設汚水調治廠，蓋設廠需費頗大，不可貿然決定也。計劃書有汚水淸理分廠三處，查宣武門內等處人烟稠密，汚水調治廠，不免稍有臭味，故地點宜愼重選擇。天壇旁地廣人稀，頗稱相宜，不過本市汚水量暫時不致過多，設一淸理總廠，已足應付，如此可省經費不少也。

（五）唐山產缸管，如用口徑稍大者，最好先作試驗較爲可靠。

（六）敝校土木工程系，設有材料試驗室及衞生工程試驗室，將來貴府進行溝渠建設，如需試驗上之帮忙，自當效勞。

（七）是項設計綱要，尙係初步研究，故鄙人所述，亦屬普通的理論。將來實際測量設計時，如須共同研究，亦所歡迎。

（二十二年十二月十八日）

胡贇予先生覆函

——上海市工務局技正——

昨由贛至滬，接奉上年十一月三十日　惠函，及附寄北平市溝渠建設設計綱要及汚水溝渠初期建設計劃一册，拜讀之餘，具仰　擘畫精當，無任欽佩，尤以「溝渠系統，採用分流制，利用什刹海三海護城河及舊溝渠之一部分宣洩雨水，另設小徑溝管專排汚水」一點，鄙意以爲確爲經濟合理之辦法。至關於護城河之疏浚，舊溝渠之整理，污水溝渠之建設等計劃，自屬初步性質，須待詳細測量調查後，始能製成具體圖樣預算爲逐步實施張本，惟「溝渠建設設計綱要」第五章第五節內，假定將來商業繁盛區之人口最大密度，爲每公頃六百人，普通住宅區每公頃三百人，揆諸現代城市設計，力趨人口分散之原則，及平市公安局人口密度統計，似嫌稍多。按二十二年平市公安局之調查統計，人口最密之外一區每公頃四百〇五人，普通住宅區每公頃一百五十人，此種情形在最近若干年內，似不至有多大變動，即將來工商業發達，人口激增，亦宜限制建築面積與高度，及闢設新市區以調劑之，不宜聽其自然發展，致蹈吾國南方城市及歐美若干舊市區人烟過於稠密之覆轍，使文化古都成爲空氣惡濁交通擁擠之場所，而失其向來幽雅之特色。鄙意平市商業區將來之人口密度仍宜以每公頃四百人爲限，住宅區以增至每公頃二百人爲限，一切市政施設與規章均以此爲目標，則不僅建設溝渠之費用可以節省已也。楫學識譾陋，猥蒙垂詢，用抒管見，拉雜奉陳，當否仍祈　卓奪爲幸。

(二十三年一月三日)

盧孝侯先生覆函

——中央大學工學院院長——

前奉台函，敬悉　貴市府爲規劃平市溝渠，卓樹大計，猥蒙　垂詢芻蕘，將所擬北平市溝渠建設設計綱要及污水溝渠初期建設計劃兩種，囑爲具列意見函復，等由；按查　貴市府所擬溝渠原計劃，備極詳盡，至堪欽佩，惟管見所及，尚有兩點，茲附陳於下：

(一)圓形缸管是否較省，其省出之經費，是否足以抵償將來沉澱淤塞之損害(按蛋形洋灰管不易沉澱淤塞)又是否能儘量購用國貨。(開灤管子雖佳然非國貨)

(二)可否在各街口設鋼筋混凝土霉爛箱，將污水先局部清理，節省管子費用，(可用較小口徑管子)使用污水管者擔負較大，不用污水管者減輕擔負。

上述謹備　參酌，自慚學術譾陋，無補高深，尚祈見原爲幸，耑復。

(二十三年一月十八日)

關富權先生建議書

——中央大學衛生工程教授——

(1)蛋形管與圓形管之比較

在水力學理論上着想，蛋形管之水力半徑Hydraulic Radius較優於圓形管；故水中固體物在蛋形管中不易澱，其沉在圓形管中，如滿或半滿時，雖亦不易沉澱，然實際不易適遇全滿或半滿之流量，故圓形管普通之水力半徑不如蛋形管之優，結果在同一圓周中，圓形管所載之流量易生沉澱。

至在費用上着想，蛋形管多用洋灰大砂子，就地用模型製造，如監視配料及製造合宜，不特可工精價廉，且因就地製造可免碰壞傷損，及車船運費。且如用八英吋至二十四英吋口徑之大管，其質料必須極佳，如為永久起見，目下自推開灤雙釉缸管為最佳，然利潤流入外商，諸多不宜，至北平地勢，雖極平坦，然坡度並不致圓形管或蛋形管有所增減，至在已舖馬路處之掘地費用，多半費在傷毀路面，（此在土瀝青路為尤甚）至污水管下多掘尺餘，所增費用較之全體工價相差甚微。

(2)集用戶數家合設一霉腐桶之利益

污水之設置，其經費無論出自募集公債或增加捐稅，其結果皆使凡用自來水污水管者，與不用該項設備者，同負一樣擔負，此則未免使市民之擔負，有畸重畸輕之弊。今為使不用自來水之用戶減輕擔負，且為減輕穢水清理費用起見，可使數家或一胡同內之住戶聯合出資，照指定圖樣各建一鐵筋混凝土霉腐桶 Rein. Conc. Septic Tank。

使其污水先注入此桶內，經過微菌作用，將一部份污水變成氣體，經過照指定圖樣構成之管子放出，結果再將餘留液體，注入市設穢水支管（此際已成極稀之液體且臭氣大減）如此有以下三利

（甲）凡有污水管之住戶擔負較多（建築霉腐桶用）而不設污水管之住戶可以大減擔負，因經霉腐桶流出之液體，不特體積大減，（多半已化成氣體）且質已由濃變稀，如此管子之口徑可大減，換言之，即費用大減。

（乙）污水已經過局部清理，則最後之處理設備及經費可以大減，亦可使一般不用污水制度者減輕擔負。

（丙）將來污水管用之年久必生滲漏，如已局部整理，過後即偶有滲漏亦不致大妨井水之清潔。

(3)污水管為防凍起見有〇•六公尺深之埋深即足。因污水管起微菌作用時，發生多量之熱，故不易受凍，且污水結冰點，亦較普通淨水為低。

（二十二年一月二十日）

預定

全年	十二冊 大洋伍元
郵費	本埠每冊二分,全年二角四分;外埠每冊五分,全年六角;國外另定
優待	同時定閱二份以上者;定費九折計算。

建築月刊

第二卷・第十號

中華民國二十三年十月份出版

編輯者 上海市建築協會 南京路大陸商場

發行者 上海市建築協會 南京路大陸商場

電話 九二〇〇九

印刷者 新光印書館 上海聖母院路聖達里三一號

電話 七四六三五

投稿簡章

1. 本刊所列各門，皆歡迎投稿。翻譯創作均可，文言白話不拘。須加新式標點符號。譯作附寄原文，如原文不便附寄，應詳細註明原文書名，出版時日地點。
2. 一經揭載，贈閱本刊或酌酬現金，撰文每千字一元至五元，譯文每千字半元至三元。重要著作特別優待。投稿人却酬者聽。
3. 來稿本刊編輯有權增刪，不願增刪者，須先聲明。
4. 來稿概不退還，預先聲明者不在此例，惟須附足寄還之郵費。
5. 抄襲之作，取消酬贈。
6. 稿寄上海南京路大陸商場六二〇號本刊編輯部。

廣告價目表
Advertising Rates Per Issue

地位 Position	全面 Full Page	半面 Half Page	四分之一 One Quarter
底封面外面 Outside back cover.	七十五元 $75.00		
封面及底面之裏面 Inside front & back cover	六十元 $60.00	三十五元 $35.00	
封面裏頁及底面裏頁之對面 Opposite of inside front & back cover.	五十元 $50.00	三十元 $30.00	
普通地位 Ordinary page	四十五元 $45.00	三十元 $30.00	二十元 $20.00
小廣告 Classified Advertisements	每期每格一寸高三寸半闊洋四元 — $4.00 per column		

廣告概用白紙黑墨印刷，倘須彩色，價目另議；鑄版彫刻，費用另加。

Designs, blocks to be charged extra. Advertisements inserted in two or more colors to be charged extra.

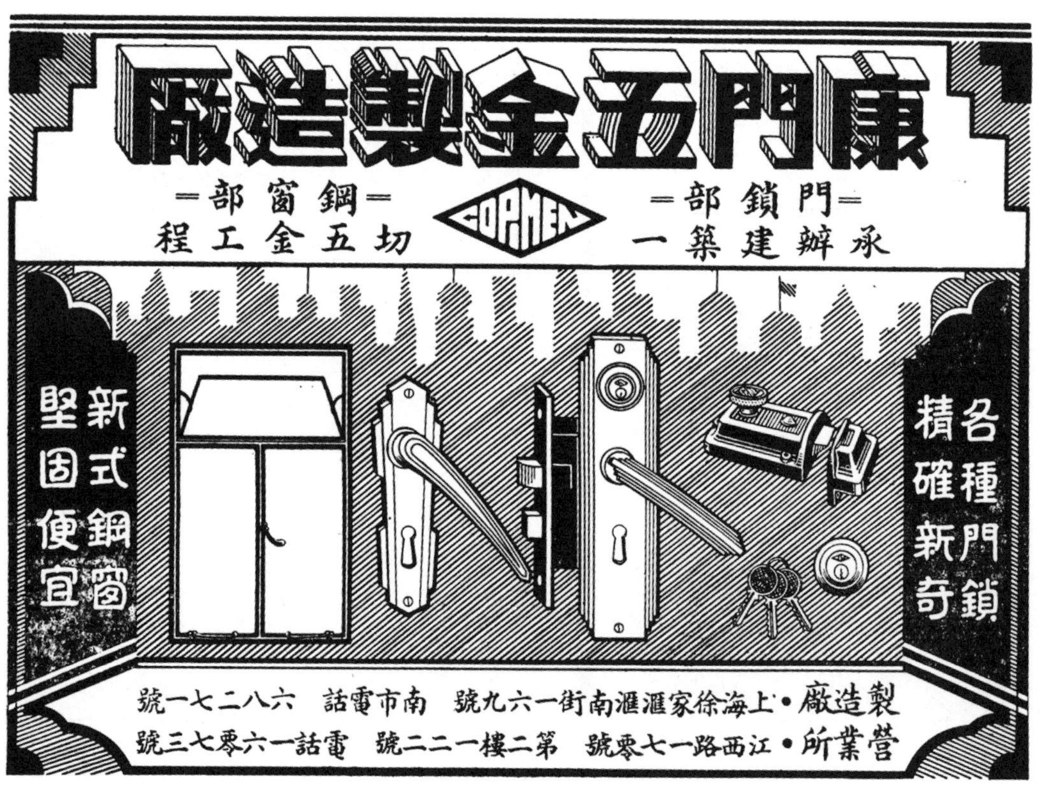

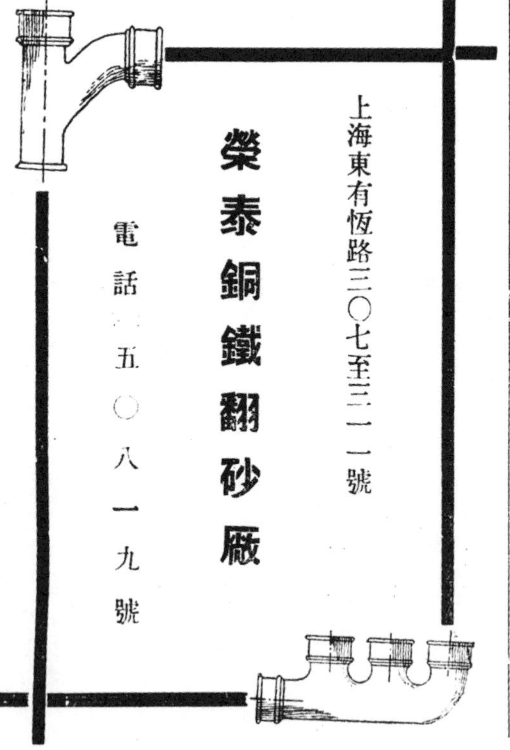

順泰洋行

上海四川路三四〇號　　電話 一六五四八

唯一建築材料承包商

本行專做磨石子水泥地，各種舖地及砌牆用釉面光磁磚，及瑪賽克等，存貨充足，供客選購。備有樣品及價目單，承索卽寄。

Building Supplies & Contractors.

Manufacturers of Terrazzo flooring and panelling, Glazed tiles of all colors and sizes, for wall and floors, mosaics, etc. Individual designs also supplied. Stock carried.

Samples, prices supplied on request.

CITY BUILDING SUPPLY Co.

340 SZECHUEN ROAD　　Tel. 16548

Hong Name **"Mei Woo"**

Certainteed Products Corporation
Roofing & Wallboard
The Celotex Company
Insulating Board
California Stucco Froducts Company
Interior & Exterior Stuccos
Midwest Equipment Company
Insulite Mastic Flooring
Mundet & Company, Ltd.
Cork Insulation & Cork Tile

Richards Tiles Ltd.
Floor, Wall & Coloured Tiles
Schlage Lock Company
Lock & Hardware
Simplex Gypsum Products Company
Plaster of Paris & Fibrous Plaster
Toch Brothers Inc.
Industrial Paint & Waterproofing Compound
Wheeling Steel Corporation
Expanded Metal Lath

Large stock carried locally.
Agents for Central China

FAGAN & COMPANY, LTD.

Telephone
18020 & 18029

261 Kiangse Road

Cable Address
KASFAG

美商 **美和洋行**

承辦屋頂及地板工程并經理石膏粉石膏板甘蔗板避水漿鐵絲網磁磚牆粉門鎖等各種建築材料備有大宗現貨如蒙垂詢請打電話一八〇二〇或駕臨江西路二六一號接洽爲荷

茂昌煟記銅鐵工廠

上海最大商號公司裝置銅鐵燈架建築工程多爲本廠出品

事務所與樣子間

上海芝罘路十一至十二號

電話九三八〇二

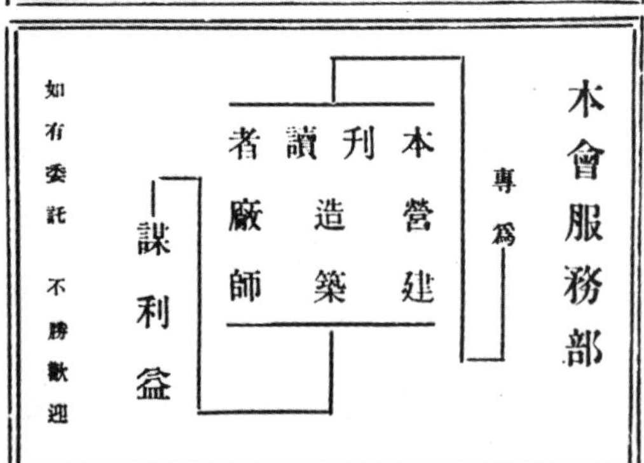

上海最大商號公司裝置銅鉄燈架建築工程爲多廠本出品

We are the manufacturers of lighting equipments and metal products of leading stores and companies in Shanghai.

新藝製造廠

專門製造或裝配各種車花玻璃料器及製造各種美術掛燈壁燈電光招牌等等

上海北成都路九八八弄第四號

電話三三八三二

MODERN ART METAL & GLASS WORKS.

SHANGHAI MANUFACTURING CO.

North Chengtu Road, Lane 988, House No. 4

Tel. 33832

合豐行 總經理

國貨天棚玻璃磚

經理：油毛毡，柏油　各色磁磚　衛生器具　紙柏隔音板　各種鋼絲網

承包：馬路柏油工程　屋頂油毡工程　柏油沙工程　磁磚瓷磚工程

HAH FOONG & CO.
BUILDING SUPPLIES
ROAD & ROOFING
CONTRACTORS
47 NINGPO ROAD, Shanghai.
Tel. 18254

新成鋼管製造股份有限公司

HSIN CHENG CONDUITS MFG. CO., LTD.

專製各種黑白鋼管
大小灣頭及鋼板
本埠存貨充足
俾供各界需求
價目函索即寄

MANUFACTURERS OF
HIGH GRADE BLACK &
GALVANIZED CONDUITS
OF VARIOUS SIZES
STOCK CARRIED
SAMPLES AND PRICE
LIST SUPPLIED ON
ERQUEST.

總事務所及製造廠
設在閘北東橫浜路德培里十八號
閘北電話四一二四六

營業所
利泰電料行
有恆路口吳淞路三百七十五號
電話四三四七九號

MAIN OFFICE AND FACTORY:
No. 18 EAST WOUNG PANG ROAD
CHAPEI, SHANGHAI.
TEL. 41246

BRANCH OFFICE:
LEE TAI ELECTRIC CO.
375 WOOSUNG ROAD
Telephone 43479
SHANGHAI

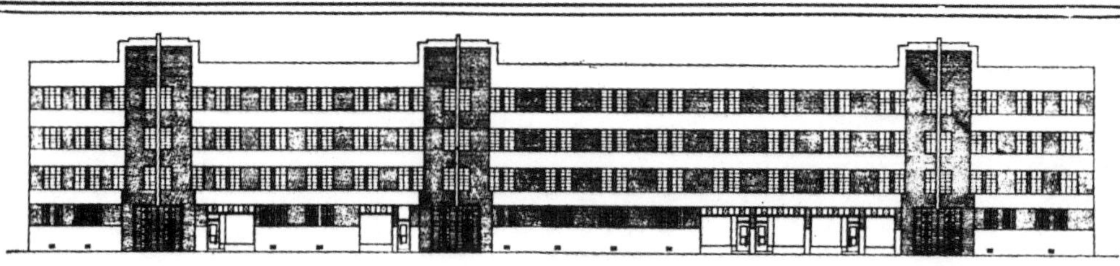

呂班路公寓……普益地產公司設計

上列房屋內之**衛生器管工程**由

本公司承辦

毛榮記水電公司

本公司專門承包各種水電工程及衛生器具

冷熱水管裝置如蒙賜顧毋任歡迎

上海華德路二〇六至八號　電話五〇三一六

MAO YUNG KEE & CO.

206-208 WARD ROAD.　Telephone 50316

華興機窰公司廣告

本公司創立十餘年，專製各種手工坯紅磚。行銷各埠。質優價廉。素蒙建築界所稱道，茲為應付需要起見。于本年夏季起。擴充製造。計有大小樣四面光機磚空心磚及瓦片等多種。均經高尚技師精心研究。完善監製。故其品質之優良光潔。實非一般粗製濫造者可比。至定價之低廉。運送之迅速，猶其餘事。如蒙惠顧。無任歡迎。

上海辦事處　貴州路一零七號
電話　九二八五五
廠址　崐山大西門外九里亭
電話　崐一六九

如何解決水的問題？
清潔
衛生
省費
耐用
ARTESIAN WELL
自流井
工廠大廈公寓及弄里房屋等之業主請毋忘經驗豐富成績最佳之
唯一鑿井專家
英商 中華機器鑿井有限公司
地址：九江路一一三號
電話：一二七二四號
CHINA DEEP WELL DRILLING CO., LTD.
ROOM 805, 113 KIUKIANG ROAD
SHANGHAI. TEL. 12724

倫敦柏雷兒油漆有限公司

創辦於西歷一千八百五十二年

本公司著名出品

『西摩近』水門汀漆爲海上著名各大公寓大廈所採用，質堅耐久，光澤豔麗。

『勿落近』袪銹漆專供露天鐵器及白鐵屋頂之用。

鴨牌磁漆專供上等木器及屋外門窗塗飾之用。

鴨牌手牌各色油漆，調合漆

金銀粉漆，乾濕牆粉，魚油，燥頭及油灰等。

"Arm" Brand
註册商標

存貨充足

倘蒙賜顧，無任歡迎

註册商標

"加拿大"自動燃煤機"用最新的科學管理能自動的日夜燃燒；經濟，清潔，安全，兼而有之。

CANADIAN IRON STOKER

(一)煤塊由爐底加入

(二)起火時極易燃燒

(三)煤塊預先溫熱，逐漸燃燒

(四)熱度保持常態，煤能自動加入

(五)熱度頗高

(六)煤塊能完全燒盡，並無浪費

(七)可以不必留意

"加拿大，自動燃煤機"自一九三一年創造以來，因效用卓著，久爲各界認爲有價值之創造品，而樂用也。今由敝行首先運滬，務希　駕臨參觀，無任歡迎。

總經理

上海英豐洋行

北京路一〇六號　　電話一三六三六

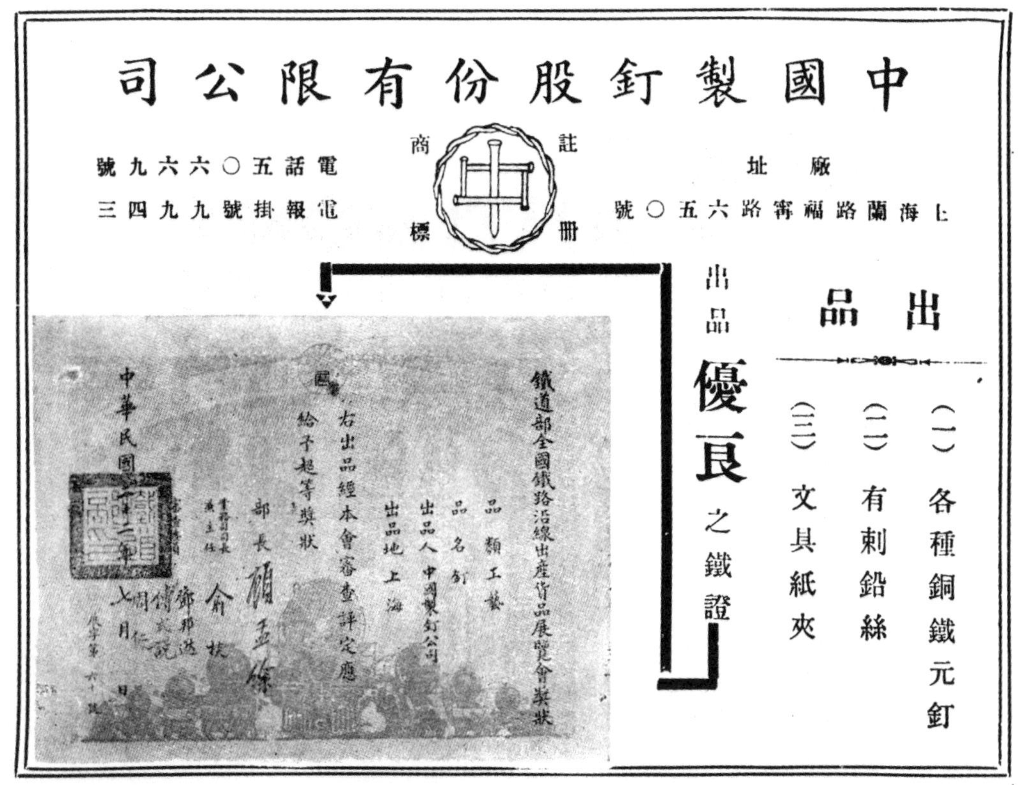

中國製釘股份有限公司
註冊商標
廠址 上海蘭路福寧路六五〇號
電話 五〇六六九號
電報掛號 九四九三
出品
（一）各種銅鐵元釘
（二）有刺鉛絲
（三）文具紙夾
出品優良之鐵證
鐵道部全國鐵路沿線出產貨品展覽會獎狀
品類 工藝
品名 釘
出品人 中國製釘公司
出品地 上海
右出品經本會審查評定應給予超等獎狀
部長 顧孟餘
中華民國二十二年七月 日

瑞昌銅鉄五金工廠
承辦建築一切銅鉄工程
滬上各大建築無不採用本廠是項門鎖以其新異而堅固也
新異 堅固
漢口路二六一號 電話九四四六号
靜安寺路六八七號 電話三一九六七號
工廠 同孚路二四三號

中華郵政特准掛號認爲新聞紙類
內政部登記證警字第二五五四號

LEAD AND ANTI·MONY PRODUCTS

各種鉛銻出品

英國聯合鉛丹製造公司製造

紅白鉛丹 各種成份，各種質地，（乾粉，厚質及調合）

黃鉛養粉（俗名金爐底） 質地清潔，並無混雜他物。

活字鉛 「耐磨」「耐力」「司的了」等，合任何各種用途。

鉛片及鉛管 用化學方法提淨，合種種用途。

鉛線 合鋼管接連處釬錫等用。

硫化銻（養化鉛） 合橡膠廠家等用。

如蒙垂詢詳情及價目等請駕

中國總經理處

英商吉星洋行

四川路三二〇號

WILKINSON, HEYWOOD & CLARK
SHANGHAI – TIENTSIN – HONGKONG

中國近代建築史料匯編（第一輯）

建築月刊

第十一十二期合訂本

The BUILDER

建築月刊

VOL. 2, NOS. 11 & 12

第二卷
第十一十二期
合訂本

建築協會

歡庇萬方

胡庶華敬題

新仁記營造廠

總賬房

愛文義路一四二三號

電話三〇五三一

事務所

江西路一七〇號二樓二五八號

電話一〇八八九

本廠承造工程之一斑：

沙遜大樓　南京路

漢彌爾登大廈　江西路

都城飯店　江西路

二十層百老匯大廈　本廠最近承造工程之一

Broadway Mansions

Sin Jin Kee & Company

Head office: 1423 Avenue Road Tel. 30531

Town office: Hamilton House, Room No. 258, 170 Kiangse Road Tel.10889

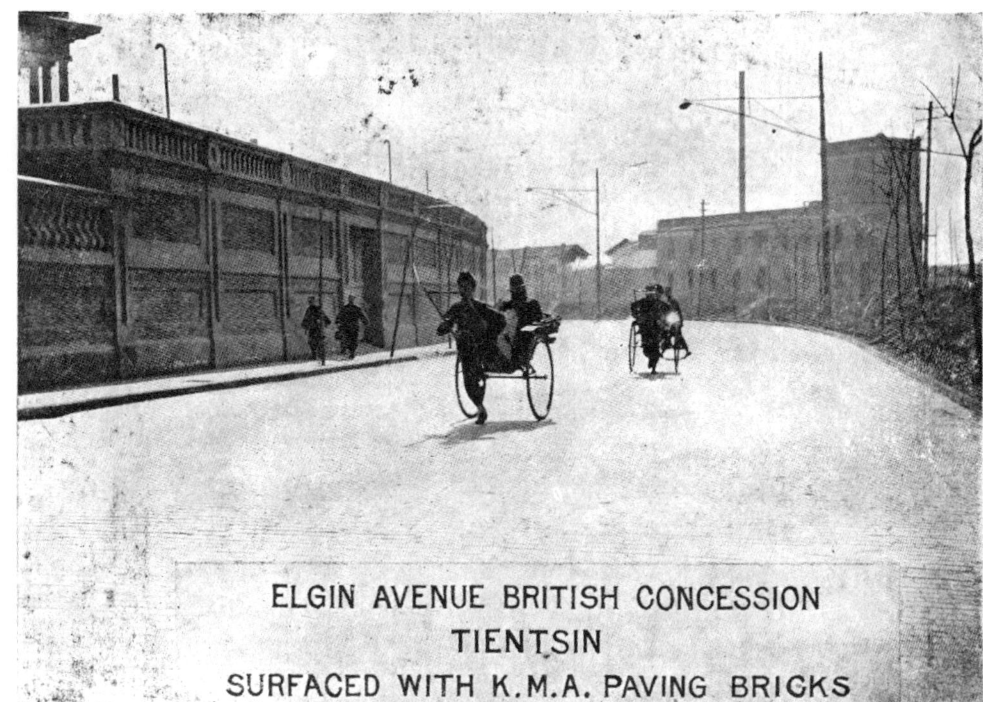

欲求街道整潔美觀惟有用

開灤路磚

價廉物美，經久耐用，平滑乾燥

A Modern City needs

K. M. A. Paving Brick

Rigidity & Flexibility

Dense, Tough, Durable, low maintenance

The Kailan Mining Administration

12 the Bund　　Tel. 11070

FAR EASTERN DECORA, LTD.

遠東雲石股份有限公司

New invented artificial marble

"DECORA"

德國專家新發明之

"德高拉"

雲石。已爲歐西各國建築界所一致公認之最優美而最經濟的石料。故現代建築。咸多樂用之。

現經本公司購得祕密製造方法。獨家出品。在中國全部及南洋各埠有專銷權。凡欲求建築之富麗雄壯。合用而經濟者。誠不可不採用焉。

for FLOORING,
DADO,
PANELLING WALL
EXTERIOR & INTERIOR

Permanent,
Durable,
Weather Proof including Sun Proof.

Low Cost and Economical.

Samples and quotations supplied on request.

"德高拉"雲石之特點，列下：

（一）石質　堅固耐久　不畏冰霜烈日

（二）顏色　各色皆有　任隨指定製造

（三）光彩　永遠不變　不忌磨擦污垢

（四）代價　極端低廉　適合時代經濟

Temporary Office:

169 Rue Port de l'Ouest, Shanghai, Tel. 85691

地　址

上海法租界西門路西成里一六九號

電話　八五六九一

The Robert Dollar Co.,

Wholesale Importers of Oregon Pine Lumber, Piling and Philippine Lauan.

美商

大來洋行

本行專售大宗洋松椿木及菲律濱柳安烘乾企口板等

各種裝修如門窗等以及考究器具請
貴主顧須要認明大來洋行獨家經理
之菲律濱柳安有 I.L.CO. 標記者爲最優
美並請勿貪價廉而採購其他不合用
之劣貨統希
貴主顧注意爲荷

大來洋行木部謹啓

C. S.

振蘇磚瓦公司

上海靜安寺路六八八弄二號　電話三一八六〇號

第一廠址崑山南鄉張浦港口電話第二百〇五號　第二分廠址設在崑山南鄉蘇州河西吳淞港北岸

本公司營業已十有餘載廠設崑山南鄉自建最新式德國窰兩座近因出貨供不應求特設第二分廠於吳淞港北岸更添購機械專製各種機製紅磚空心磚青紅機製平瓦及德式筒瓦質料細靭烘製適度是以堅固遠出其他磚瓦之上且價格低廉交貨迅速久爲各大建築公司營造廠家所贊許推爲上乘爭相購用信譽昭著茲將曾購用敝公司出品各戶台銜略舉一二以資備考其他因限於篇幅不克一一備載諸希鑒諒是幸如承賜顧請逕與上海總公司接洽可也

振蘇磚瓦公司附啓

大舞台	九江路
百樂門跳舞場	愚園路
麥特赫司脫公寓	靜安寺路
中國銀行宿舍	南京
金城銀行	江西路
大陸銀行	九江路
國華銀行	北京路
證劵交易所	漢口路
大陸商場	南京路
德士古火油棧	定海橋
光華火油棧	高橋
中新紗廠	宜昌路
酒精製造廠	浦東
永安紗廠	吳淞
公益紗廠	曹家渡
公大紗廠	軍工路
裕豐紗廠	楊樹浦
華生電氣廠	周家嘴路
大生紗廠	南通
富安紗廠	崇明
寶五洋棧	甘肅路
茂昌堆棧	十六浦
豫康堆棧	光復路
華華中學	愚園路
中央研究院	亞爾培路
動物研究院	愛文義路
榮金大戲院	康悌路
北火車站	界路
四明別墅	愚園路
靜安別墅	靜安寺路
金城別墅	靜安寺路

模範邨	福煦路
四明邨	巨籟達路
綠楊邨	康腦脫路
大陸新邨	施高脫路
古拔新邨	古拔路
和合坊	霞飛路
天樂坊	斜橋路
鴻運坊	愛多亞路
來安坊	新閘路
愚園坊	愚園路
聯安坊	愚園路
鄰聖坊	福煦路
福煦坊	福煦路
愛文坊	愛文義路
基安坊	同孚路
興業里	霞飛路
永安里	北四川路
興業里	天主堂街
同福里	靜安寺路
均益里	界路
德仁里	浙江路
福綏里	天津路
百祿里	大西路
正明里	赫德路
蘭威里	湯恩路
恆豐里	施高脫路
恆德里	赫德路
四達里	施高脫路
大通里	白克路
多福里	福煦路
恆茂里	八仙橋
懋益里	山海關路
同昌里	海甯路
興業里	施高塔路
泰安里	山西路
明德里	蘇州觀前

CHEN SOO BRICK & TILE MFG. CO.

BUBBLING WELL ROAD. LANE 688 NO. F2

TELEPHONE 31860

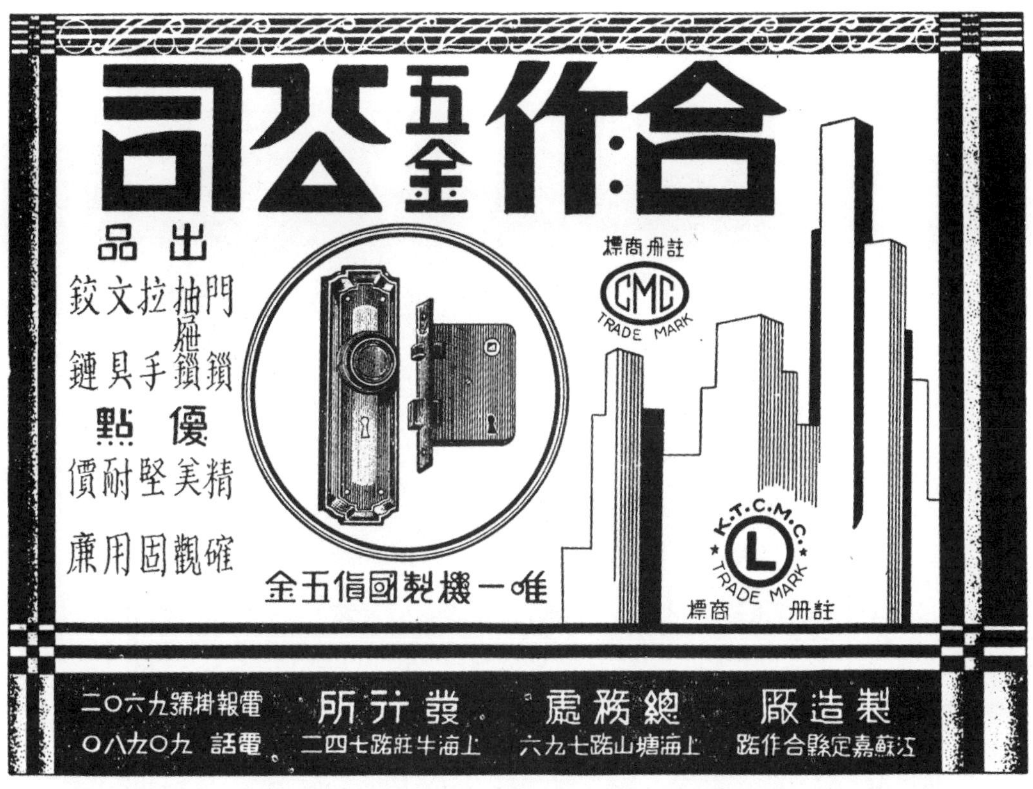

新成鋼管製造股份有限公司

HSIN CHENG CONDUITS MFG. CO., LTD.

專製各種黑白鋼管

大小灣頭及鋼板

本埠存貨充足

俾供各界需求

價目函索即寄

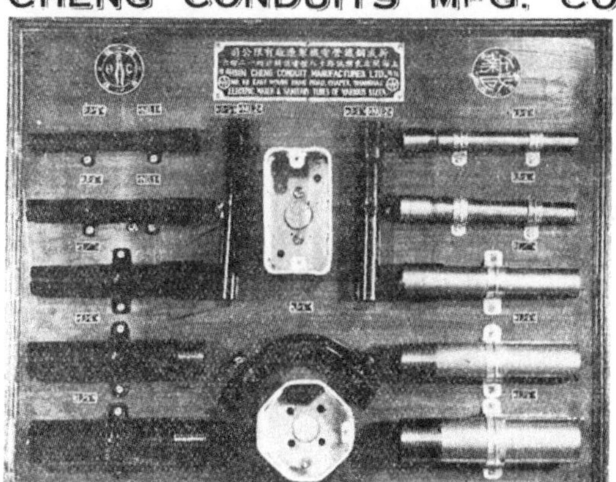

MANUFACTURERS OF
HIGH GRADE BLACK &
GALVANIZED CONDUITS
OF VARIOUS SIZES
STOCK CARRIED
SAMPLES AND PRICE
LIST SUPPLIED ON
ERQUEST.

總事務所及製造廠

設在閘北東橫浜路德培里十八號

閘北電話四一二四六

營業所

利泰電料行

有恆路口吳淞路三百七十五號

電話四三四七九號

MAIN OFFICE AND FACTORY:
No. 18 EAST WOUNG PANG ROAD
CHAPEI, SHANGHAI.
TEL. 41246

BRANCH OFFICE:
LEE TAI ELECTRIC CO.
375 WOOSUNG RAOD
Telephone 43479
SHANGHAI

上海百樂門跳舞廳——由本公司承裝樓地板工程

唐山

啓新磁廠

專製各種陶器衛生器皿應用各樣隔電磁以及舖地磚等無不堅固精良如蒙賜顧無任歡迎

駐滬批發所

上海江西路一七〇號　電話一九九一七

CHEE HSIN POTTERY

SANITARY—APPLIANCES, QUARRY—TILES, MOSAIC—TILES

Big improvement regarding quality.

Quick delivery either from stock or Factory at Tangshan, North China.

For Particulars please apply to:

CHEE HSIN POTTERY—Shanghai Agency

170 Kiangse Road, Hamilton House

1st floor R. 128—129

Tel. 19917

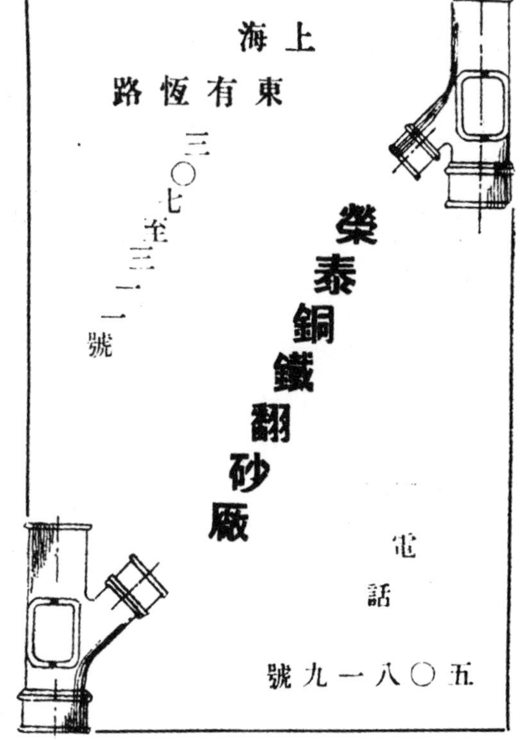

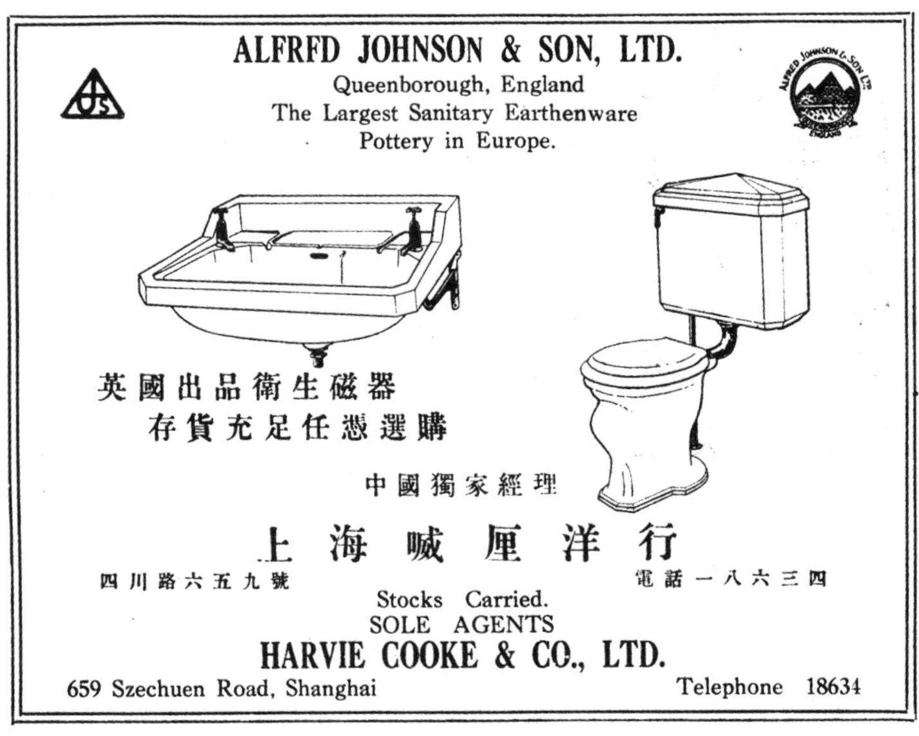
ALFRFD JOHNSON & SON, LTD.
Queenborough, England
The Largest Sanitary Earthenware
Pottery in Europe.
英國出品衛生磁器
存貨充足任憑選購
中國獨家經理
上海嘁厘洋行
四川路六五九號
電話一八六三四
Stocks Carried.
SOLE AGENTS
HARVIE COOKE & CO., LTD.
659 Szechuen Road, Shanghai
Telephone 18634

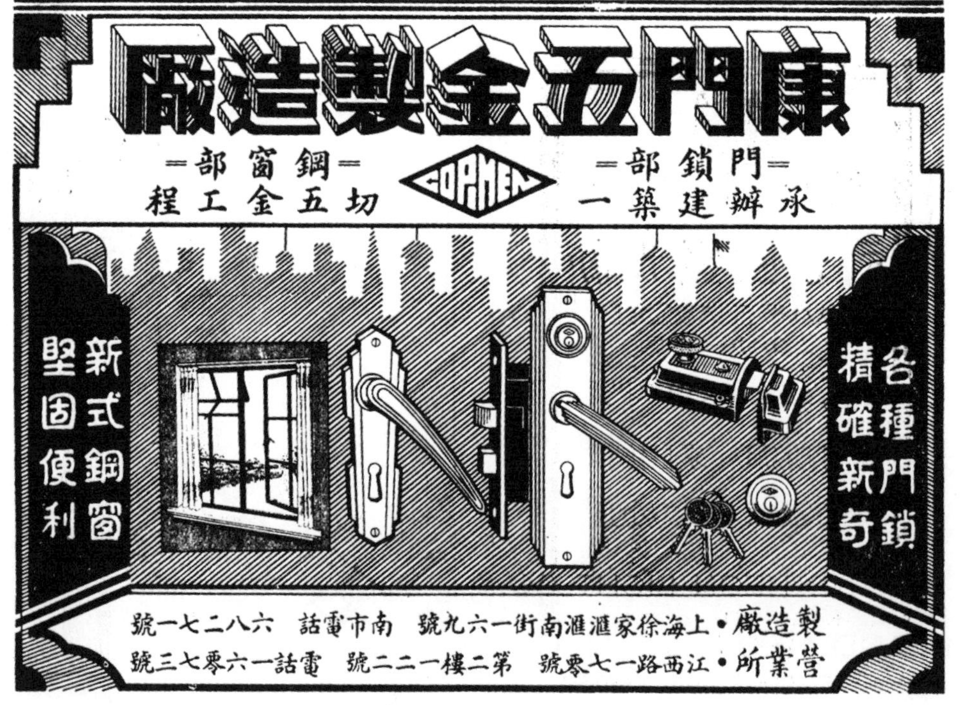
康門五金製造廠
鋼窗部
門鎖部
COPMEN
承辦建築一切五金工程
新式鋼窗
堅固便利
各種門鎖
精確新奇
製造廠・上海徐家滙滙南街一六九號 南市電話六八二七一號
營業所・江西路一零七一號 第二樓一二二號 電話一六零七三號

Union Commerciale Belge de Metallurgie, S.A.
No. 150 Kiukiang Road.
Telegraphic Address
UCOMETAL-Shanghai
Telephone
12197
UCOMETAL
上海九江路一五零號
敝社係比國七大鋼廠駐滬總分銷處經售全屬用品承造鋼鐵工程擧凡：
鐵路鋼軌工業機械
電車鋼軌電氣用品
各式橋樑鋼窗材料
採礦工具鋼條鋼板
等等莫不應有盡有色色俱備
如蒙賜顧竭誠歡迎
電話一二一九七
比國鋼業聯合社

華新磚瓦公司

營業部 上海牛莊路六九二號

電話 九四七三五號

We manufacture and can supply immediately.

Cement Floor Tiles

Sizes 8" × 8," 6" × 6," 4" × 4,"

Variety of design and colors.

Roofing Tiles

Red or black

Estimates, Samples & Catalogs Supplied on request.

Your enquiry will have our careful attention.

出品項目

白水泥花磚
式樣 八寸方六寸方四寸方大小六角形
特色 磚面光潔顏色鮮豔花紋清朗質地堅實

青紅色平筒瓦
式樣 大小各色俱備
特色 質地堅實色澤鮮明

備有樣本樣品及價目單承索即寄如欲改變現有花紋顏色或有特別新樣花磚見委本公司均可承製備荷賜顧無不竭誠歡迎

Hwa Sing Brick & Tile Co.

692 Newchuang Road, Shanghai.

Tel. 94735

Factory - Kashan, Chekiang.

益中福記機器磁電公司

事務所 上海漢口路一百十號

電話 一四四〇八 一六七〇六

所出各種瑪賽克地磚及各種釉面牆磚新穎美麗經久耐用各大建築上一經舖用富麗堂皇無與倫比

出品項目

各種瑪賽克磚

各種路面牆磚

鋼精踏步磚

製造廠

第二廠 浦東洋涇鎮

第一廠 霍必蘭路

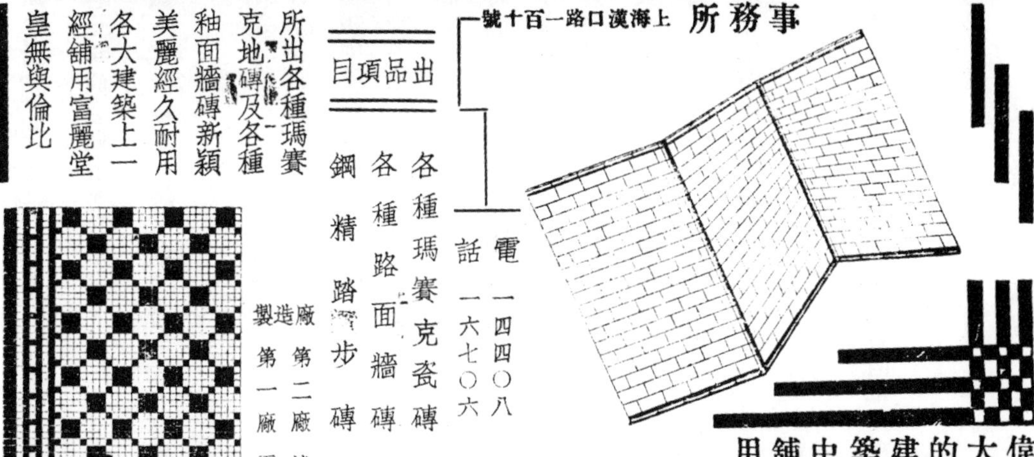

偉大的建築中舖用

瑪賽克瓷磚及釉光牆磚

則富麗堂皇自無倫比

上海市建築協會附設
私立正基建築工業補習學校招生

民國十九年秋創立〇上海市教育局登記

宗旨 利用業餘時間進修建築工程學識（授課時間每日下午七時至九時）

編制 參酌學制設初級高級兩部每部各三年修業期限共六年

招考 本屆招考初級一二三年級及高級一二年級（高級三年級照章概不招考新生或插班生）各級投考資格爲

初級一年級　須在高級小學畢業或具同等學力者

初級二年級　須在初級中學肄業或具同等學力者

初級三年級　須在初級中學畢業或具同等學力者

高級一年級　須在高級中學工科肄業或具同等學力者

高級二年級　須在高級中學工科畢業或具同等學力者

報名 即日起每日上午九時至下午五時攜帶學歷証明文件親至南京路大陸商場六樓六二〇號建築協會內本校辦事處填寫報名單隨付手續費一元正（錄取與否概不發還）領取應考証憑証於指定日期入場應試

考科 各級入學試驗之科目　（初一）英文・算術　（初二）英文・代數　（初三）英文・幾何（高一）三角・解析幾何・物理　（高二）微積分・初級力學

考期 一月廿七日（星期日）上午九時起在牯嶺路本校舉行

校址 牯嶺路長沙路口八十號

附告 （一）函索詳細章程須開具地址附郵二分寄大陸商場建築協會內本校辦事處空函恕不答覆

（二）錄取學生除在校審定公佈外並於考試後三日直接通告投考各生

中華民國二十四年一月　日　校長　湯景賢

建築月刊

第二卷 第十一，十二號合刊

廣告索引

THE BUILDER

December 1934 Vol. 2 Nos. 11 & 12

LEADING CONTENTS

ILLUSTRATIONS

ARTICLES

目錄

插圖

論著

本會建築叢書之一

英華華英合解建築辭典發售預約

▲備有樣本　函索卽寄▼

杜彥耿編

英華華英合解建築辭典是建築界之顧問

英華華英合解建築辭典，是「建築」之從業者・研究者・學習者之顧問，指示「名詞」「術語」之疑義，解決「工程」「業務」之困難。爲

建築師及土木工程師所必備 藉供擬訂建築章程承攬契約之參考，及探索建築術語之釋義。

營造廠及營造人員所必備 倘簽訂建築章程承攬契約而發現疑難名辭時，可以檢閱，藉明含義，如以供練習生閱讀，尤能增進學識。

土木專科學校教授及學生所必備 學校課本，輒遇冷僻名辭，不易獲得適當定義，無論教員學生，均同此感，倘備本書一冊，自可迎刃而解。

公路建設人員及鐵路工程人員所必備 公路建設尚發軔於近年，鐵路工程則係特殊建築，兩者所用術語，類多艱澀，從事者苦之；本書對於此種名詞，亦蒐羅詳盡，以應所需。

律師事務所所必備 人事日繁，因建築工程之糾葛而涉訟者亦日多，律師承辦此種訟案，非購置本書，殊難順利。

此外如「地產商」，「翻譯人員」，「著作家」，以及其他有關建築事業之人員，均宜手置一冊。蓋建築名詞及術語，普通辭典掛一漏萬，卽或有之，解釋亦多未詳，英華華英合解建築辭典則彌補此項缺憾之最完備之專門辭典也。

預約辦法

一、本書用上等道林紙精印，以布面燙金裝訂。書長七吋半，闊五吋半，厚計四百餘頁。內容除文字外，並有三色版銅鋅版附圖及表格等，不及備述。

二、本書在預約期內，每冊售價八元，出版後每冊實售十元，外埠函購，寄費依照書價加一收取。

三、凡預約諸君，均發給預約單收執。出版後函購者依照單上地址發寄，自取者憑單領書。

四、預約期限，應各界要求，展期一月，本埠一月底截止，外埠二月十五日截止。爲日無多，幸勿失之交臂。

五、本書在出版前十日，當登載申新兩報，通知預約諸君，準備領書。

六、本書成本昂貴，所費極鉅，凡書店同業批購，或用圖書館學校等名義購取者，均照上述辦理，恕難另給折扣。

七、預約在上海本埠本處爲限，他埠及他處暫不代理。

八、預約處上海南京路大陸商場六樓六二〇號。

年來市政當局，對於市中心區大上海之建設，努力進展，規模備具。最近圖書館及博物館二大建築，又於十二月一日舉行奠基典禮，由吳市長親自奠基，出席者並有王雲五錢新之王曉籟等。此二大建築動工於本年九月，準備於二十四年雙十節前竣工。造價各三十萬元，費用由所發之市政公債中動支，博物館佔地一千七百方尺，高二層。有閱讀室一間，可容百人，講堂一座，容三百人。圖書館式樣相同，但內部係爲東方色調。除儲藏室與辦事室外，有閱報室一間，借書室一間，展覽室一間，閱書室二間，各容一百五十人。儲藏室中書架長凡九千尺，足容書四十萬卷，規模之大，可見一斑！設計者爲上海市中心區建設委員會，承造者爲張裕泰建築事務所。

CORNERSTONES OF LIBRARY AND MUSEUM LAID

Soon after the unprovoked Japanese invasion of Shanghai the reconstruction plan has been carried on in Kiangwan with rapid progress. One of the recent outstanding feature was the laying of the corner stones of the Shanghai City Government's new library and museum buildings at the Kiangwan Civic Center by Mayor Wu Teh-chen on December 1 with appropriate ceremonies and before a large audience. Speeches were made by Mayor Wu Teh-chen, Messrs. Wang Yung-wu, Chien Hsing-tze and Wang Shiao-lai. The construction of these two buildings were begun in September of this year and will be completed before October 10 of next year, the cost being $300,000 each with funds secured from the public bond issue of the Shanghai City Government. The museum will cover 1,700 square feet and will be two storeys high. One hundred seats will be provided in the reading room and 300 seats in the auditorium. The library will be similar in size but its interior will be Oriental in style. Besides storage room and offices, it will contain one newspaper reading room, one book lending room, an exhibition room and two book reading rooms with a capacity of 150 seats each. A case 9,000 feet long capable of containing 400,000 volumes will be constructed in the book storage room.

上海市圖書館博物館之位置圖

General View of the Civic Centre of the Municipality of Greater Shanghai

1. Municipality Administration Building
2. The Bureaus
3. The Bureaus
4. Staff Quarters
5. Recreation Ground
6. Library
7. Museum
8. Public Hospital
9. Sanitary Research Building
10. Primary Public School

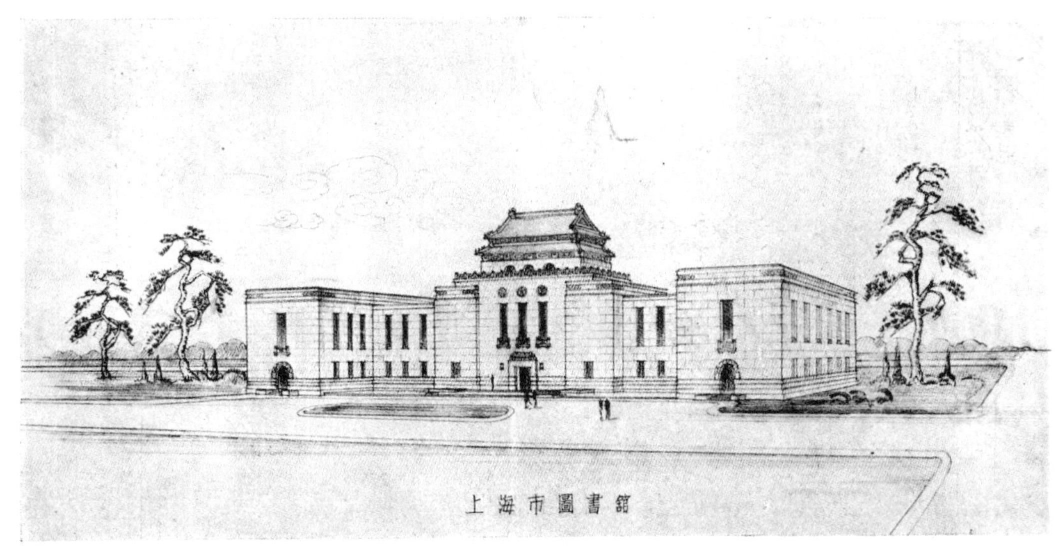

初期建築之上海市圖書館　　The Library

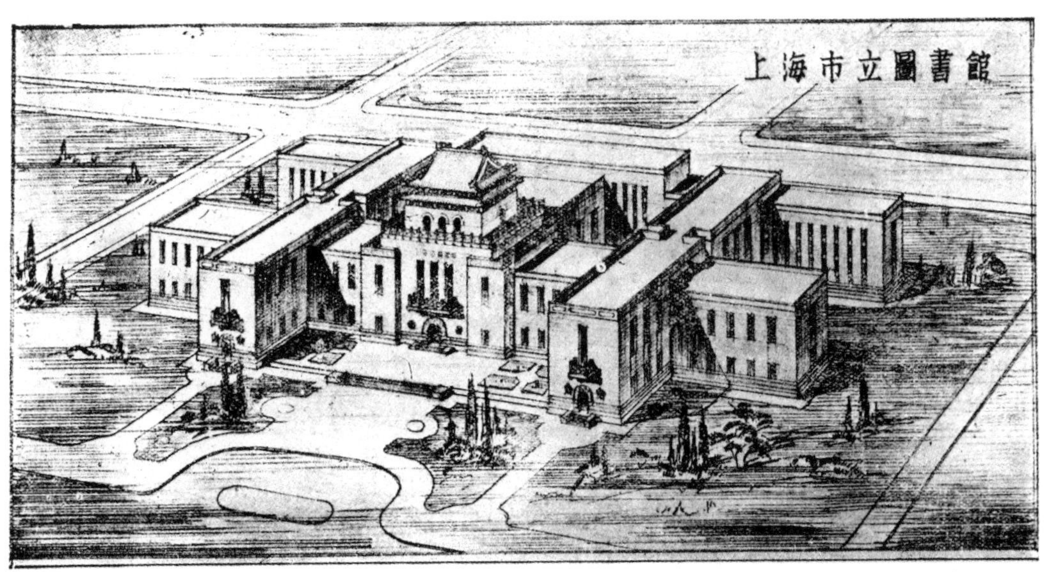

完成後之上海市圖書館　　The Annex to be Built to the Library

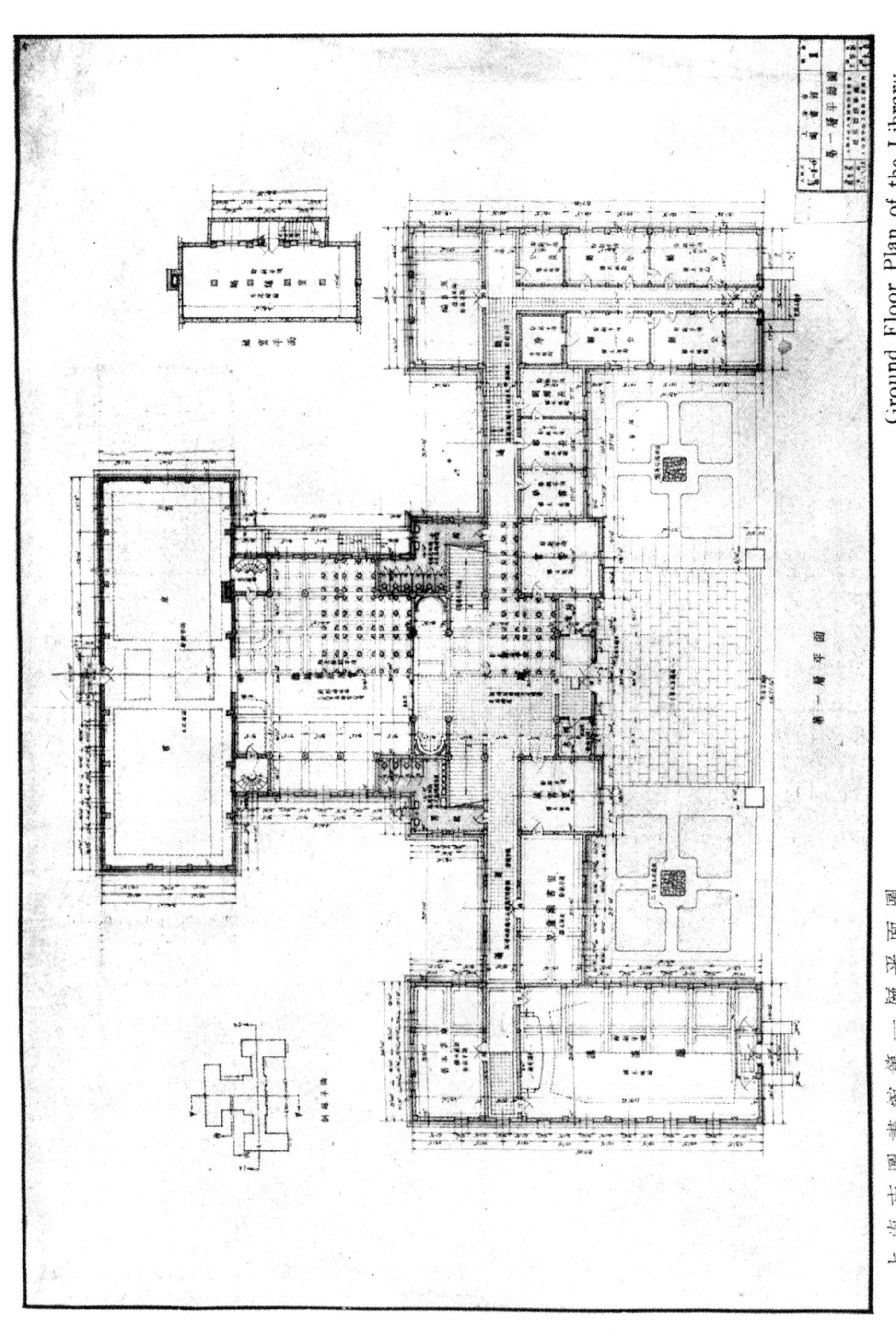

上海市圖書館第一層平面圖

Ground Floor Plan of the Library

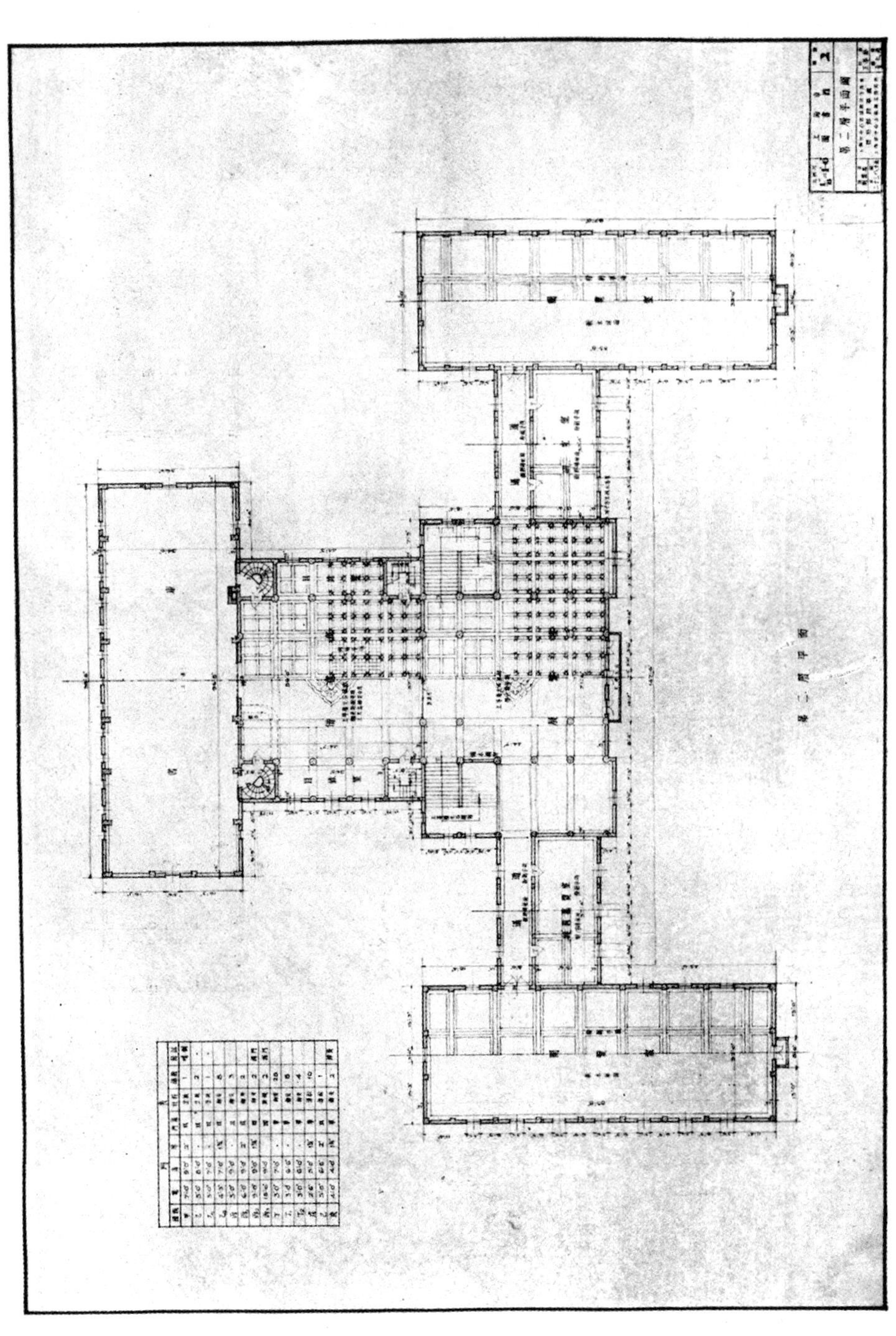

上海市圖書館第二層平面圖

First Floor Plan of the Library

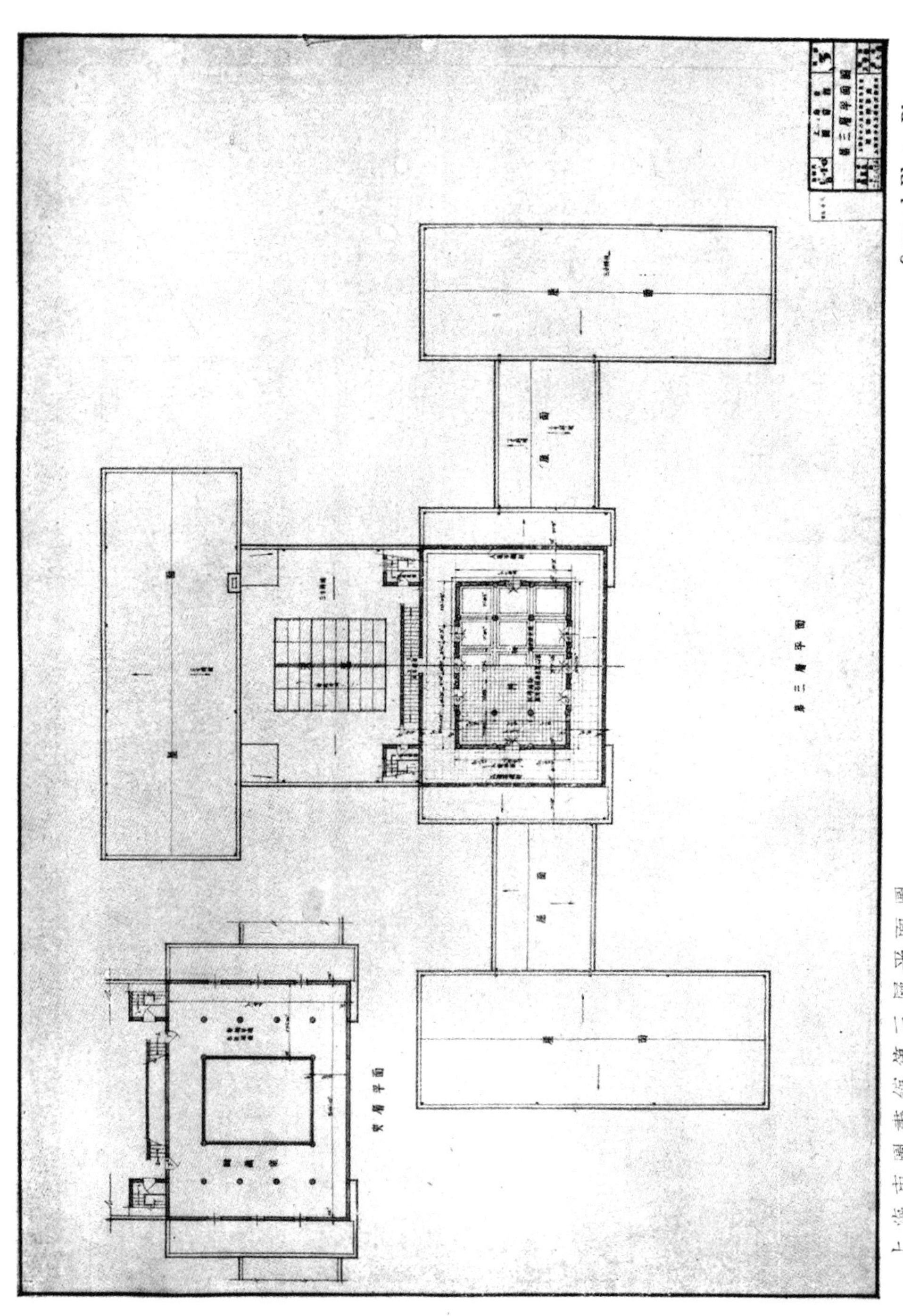

上海市圖書館第二層平面圖

Second Floor Plan

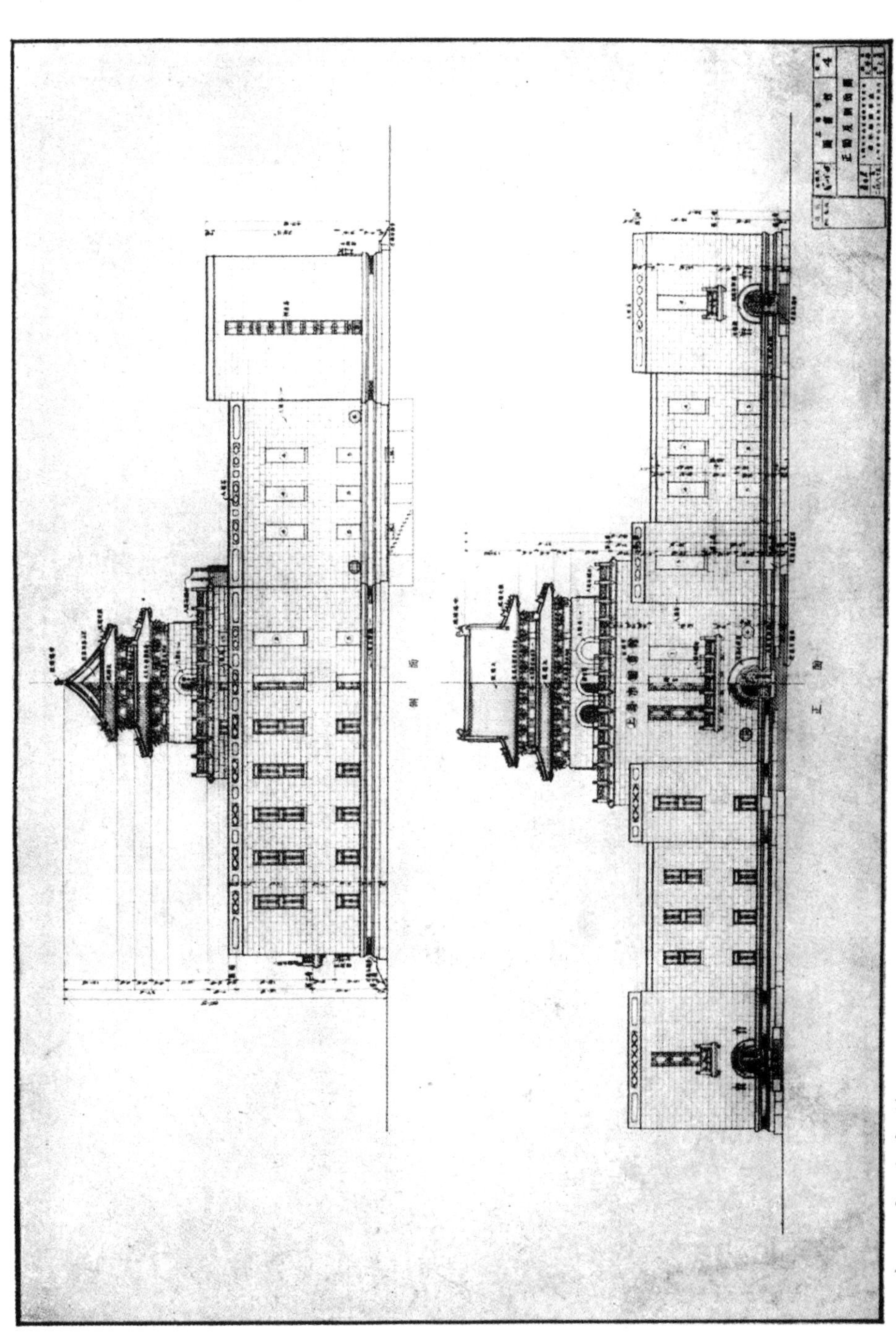

上海市圖書館正面及側面圖

Front and Side Elevation

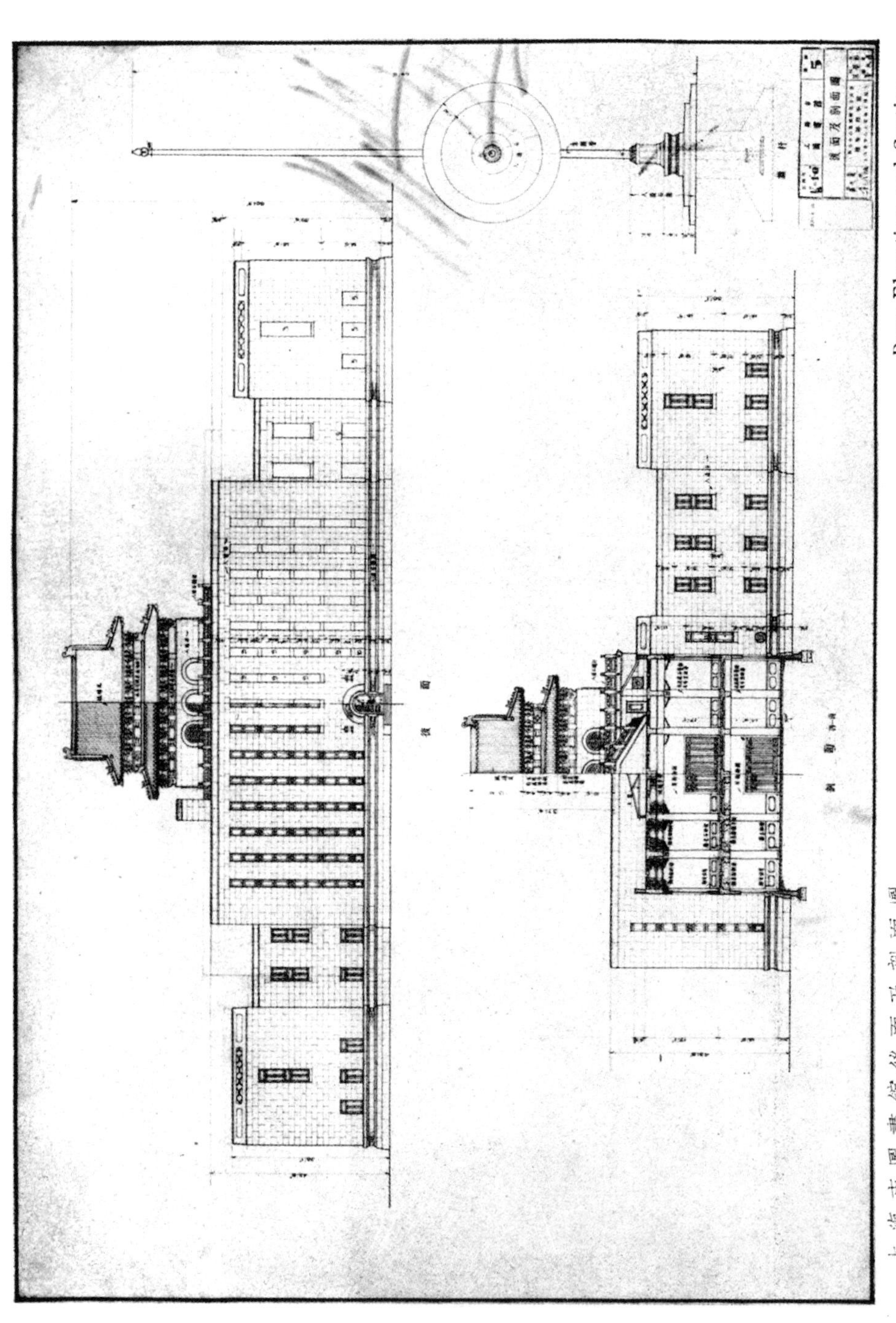

上海市圖書館後面及剖面圖

Rear Elevation and Section

〇一三二一〇

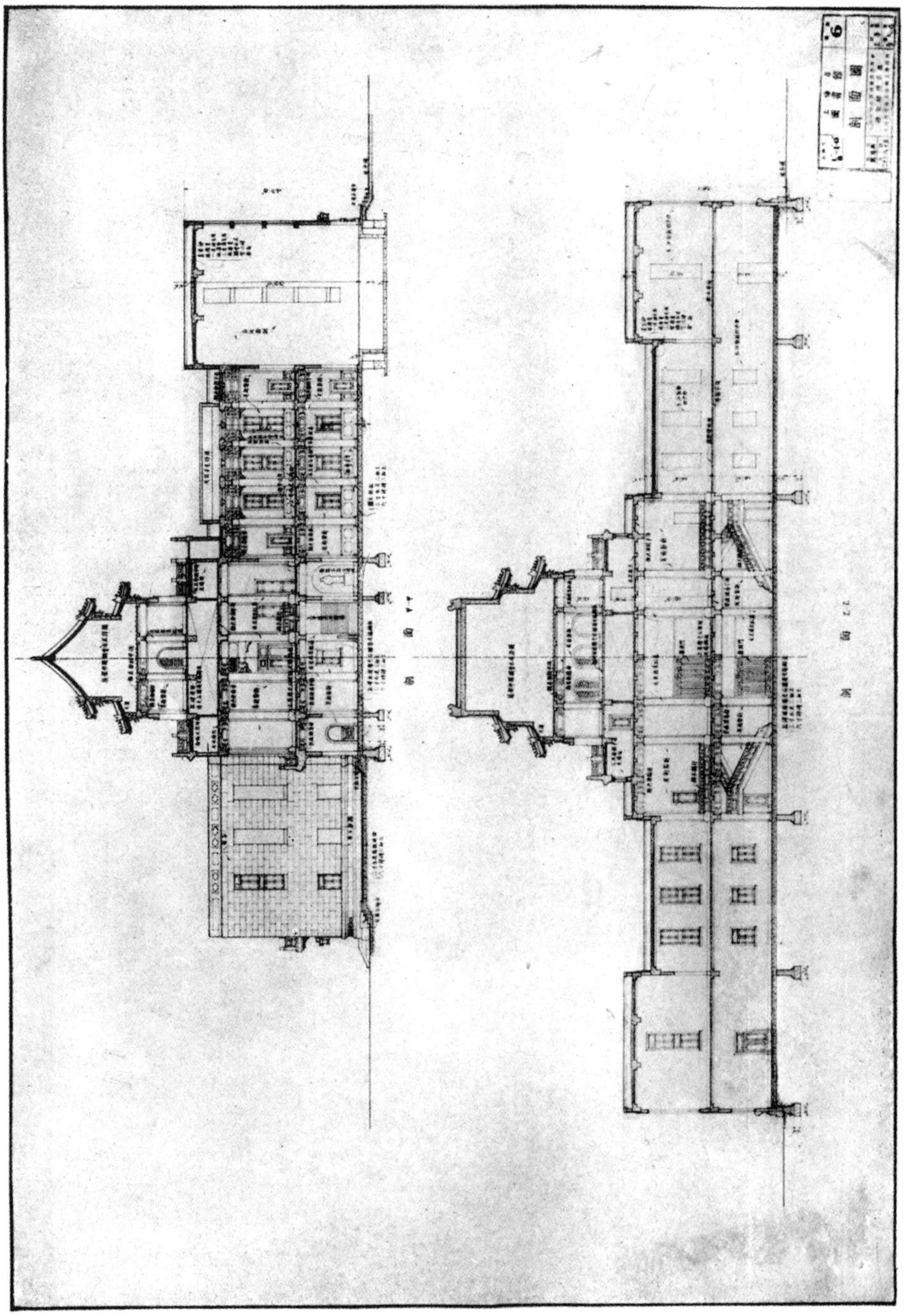

Section

上海市圖書館剖面圖

初期建築之上海市博物館　　The Museum

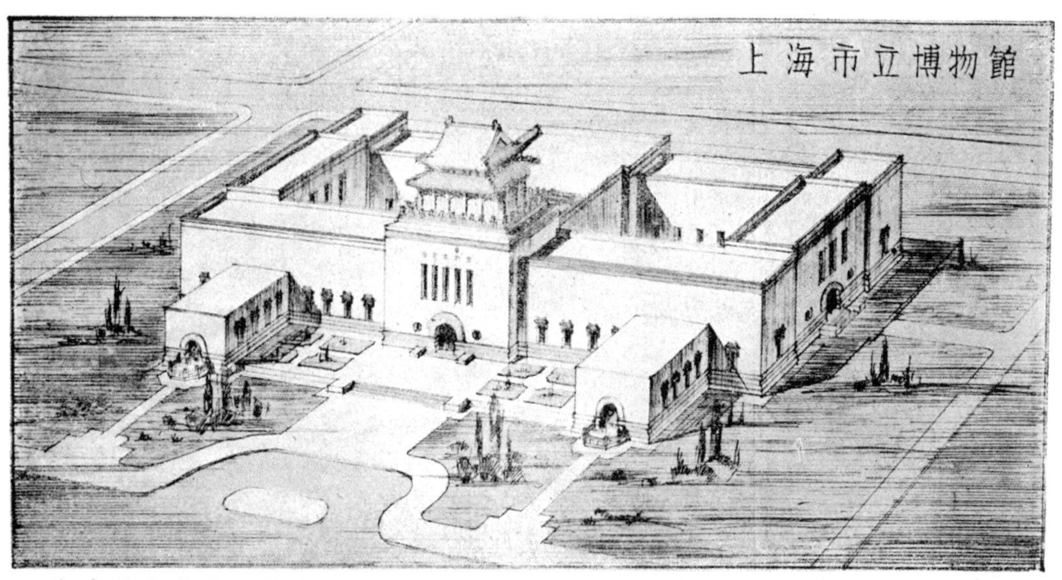

完成後之上海市博物館　　The Annex to be Built to the Museum

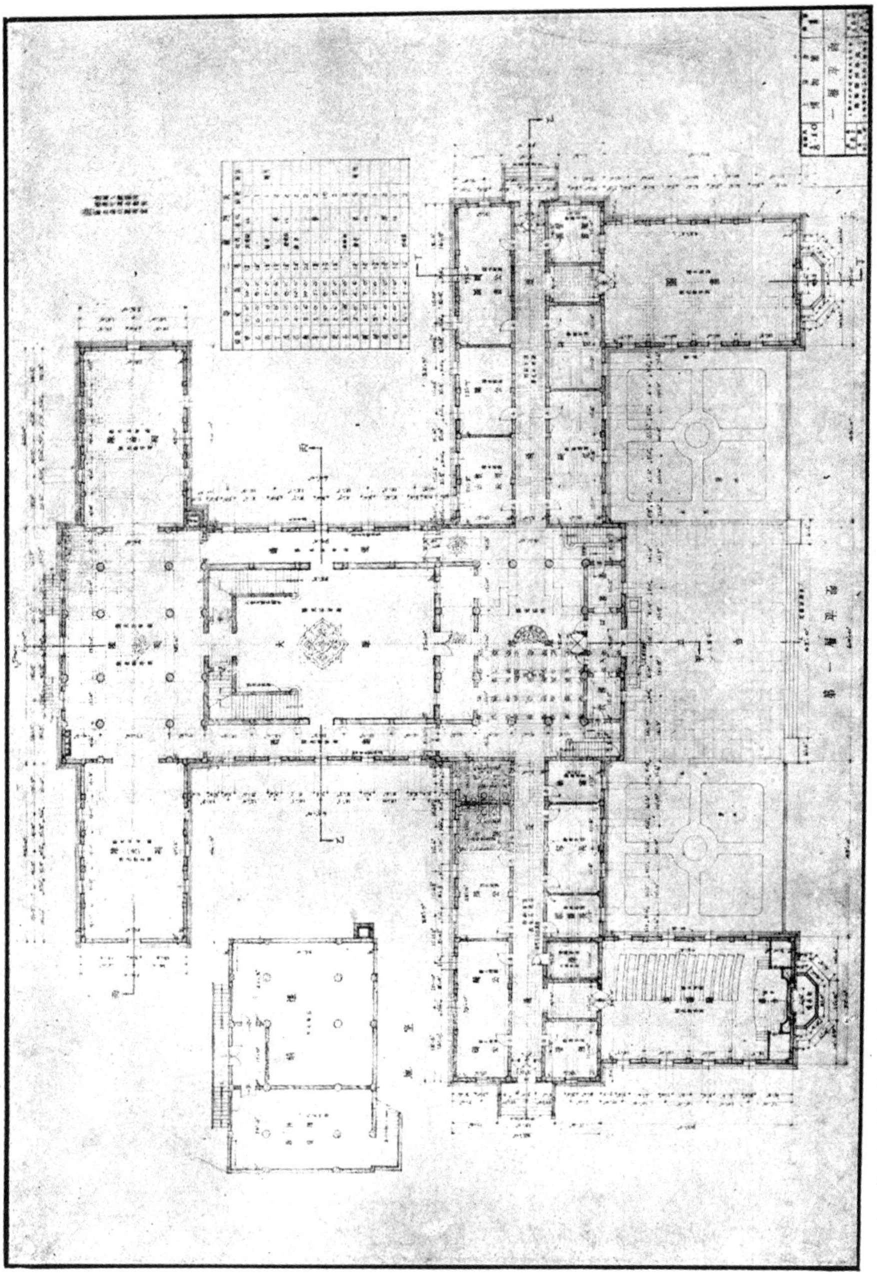

上海市博物館第一層平面圖

Ground Floor Plan of the Museum.

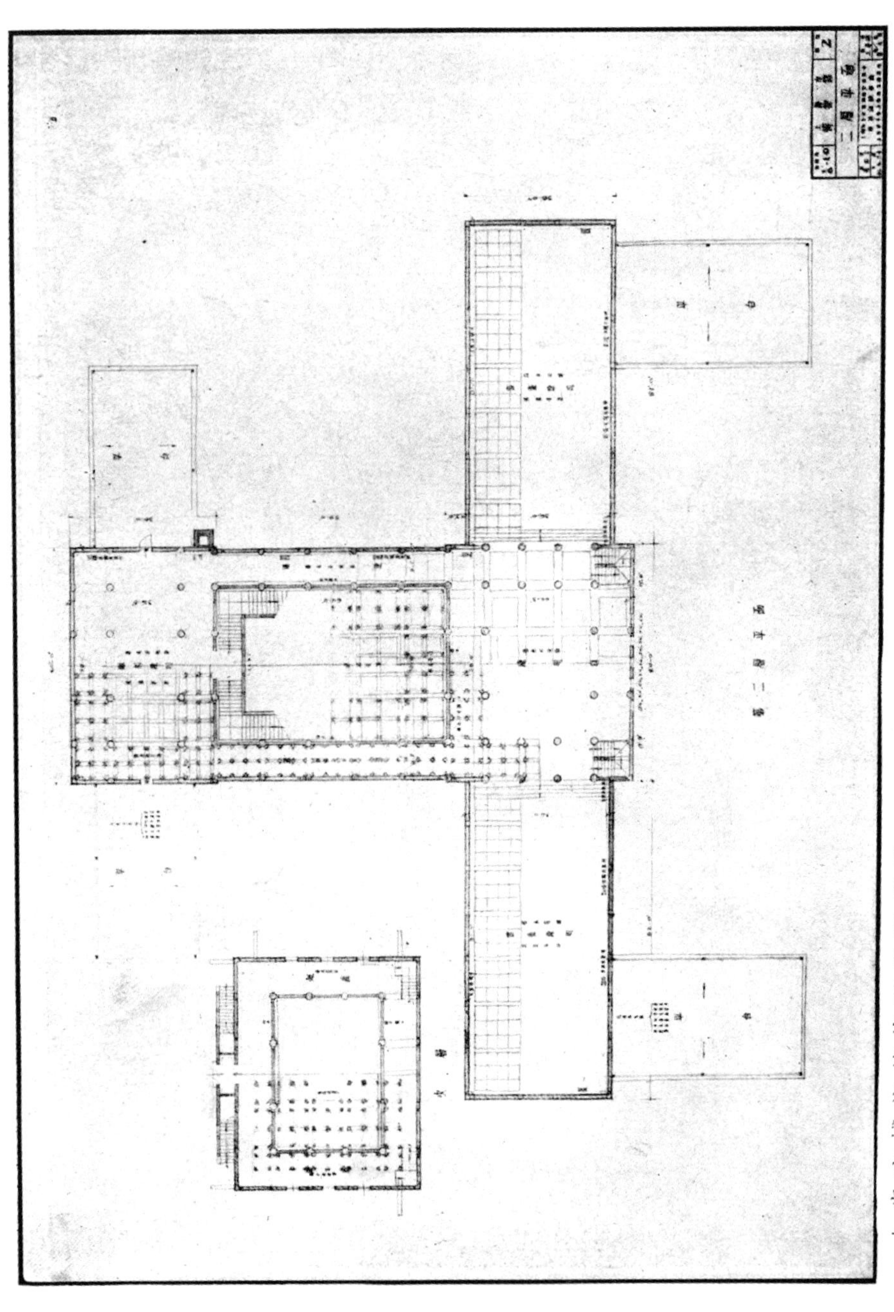

上海市博物館第二層平面圖

First Floor Plan of the Museum

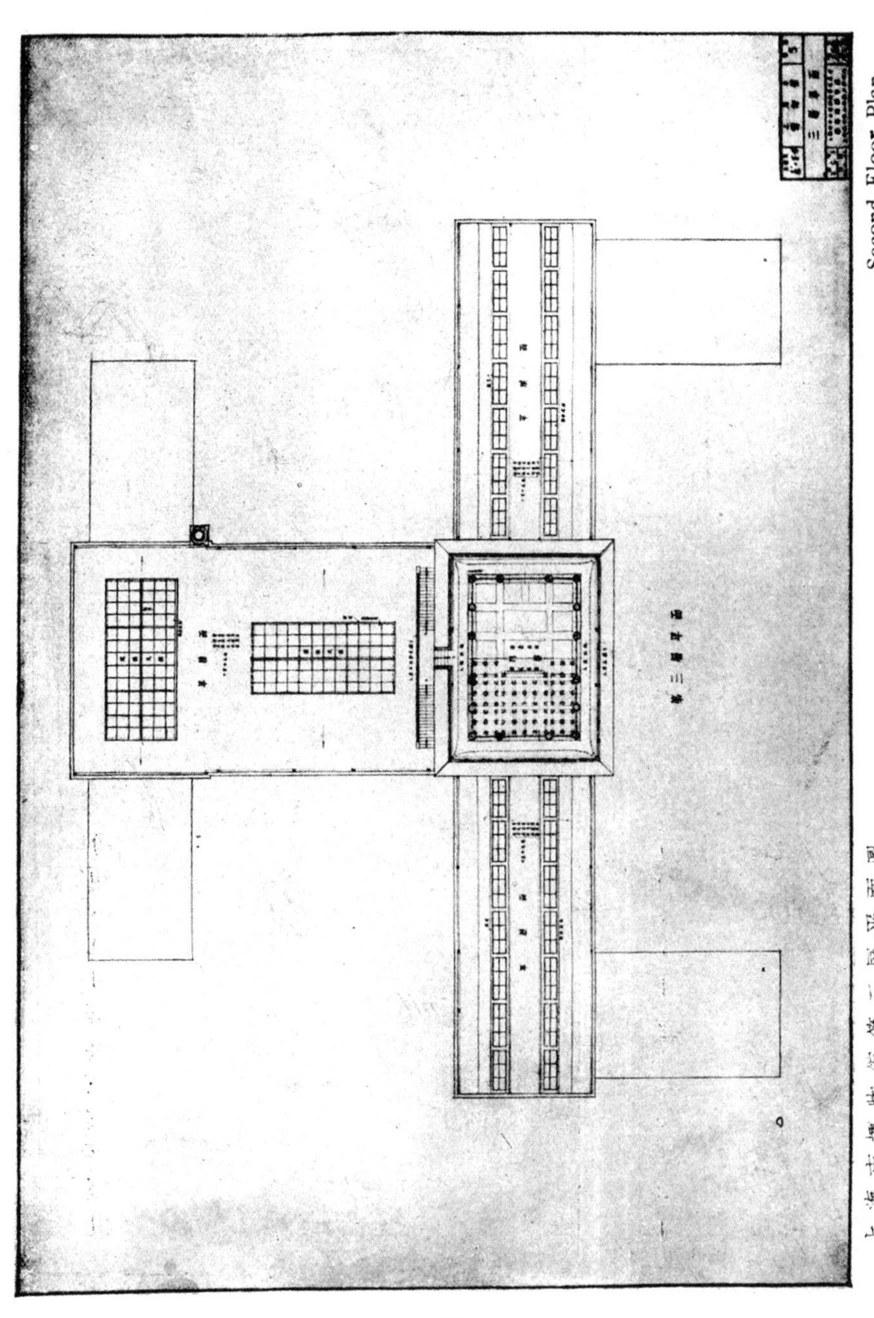

上海市博物館第三層平面圖

Second Floor Plan

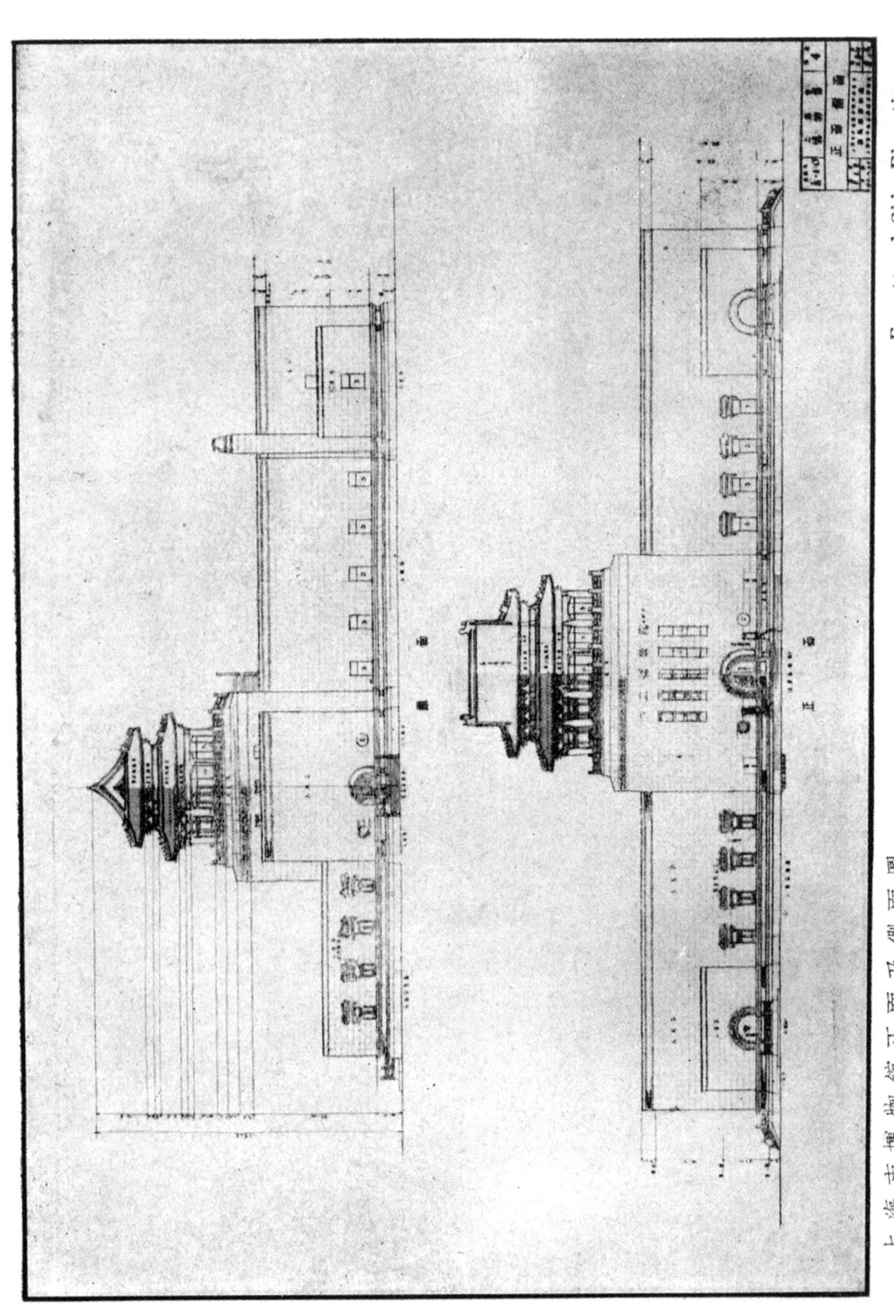

上海市博物館正面及側面圖

Front and Side Elevation

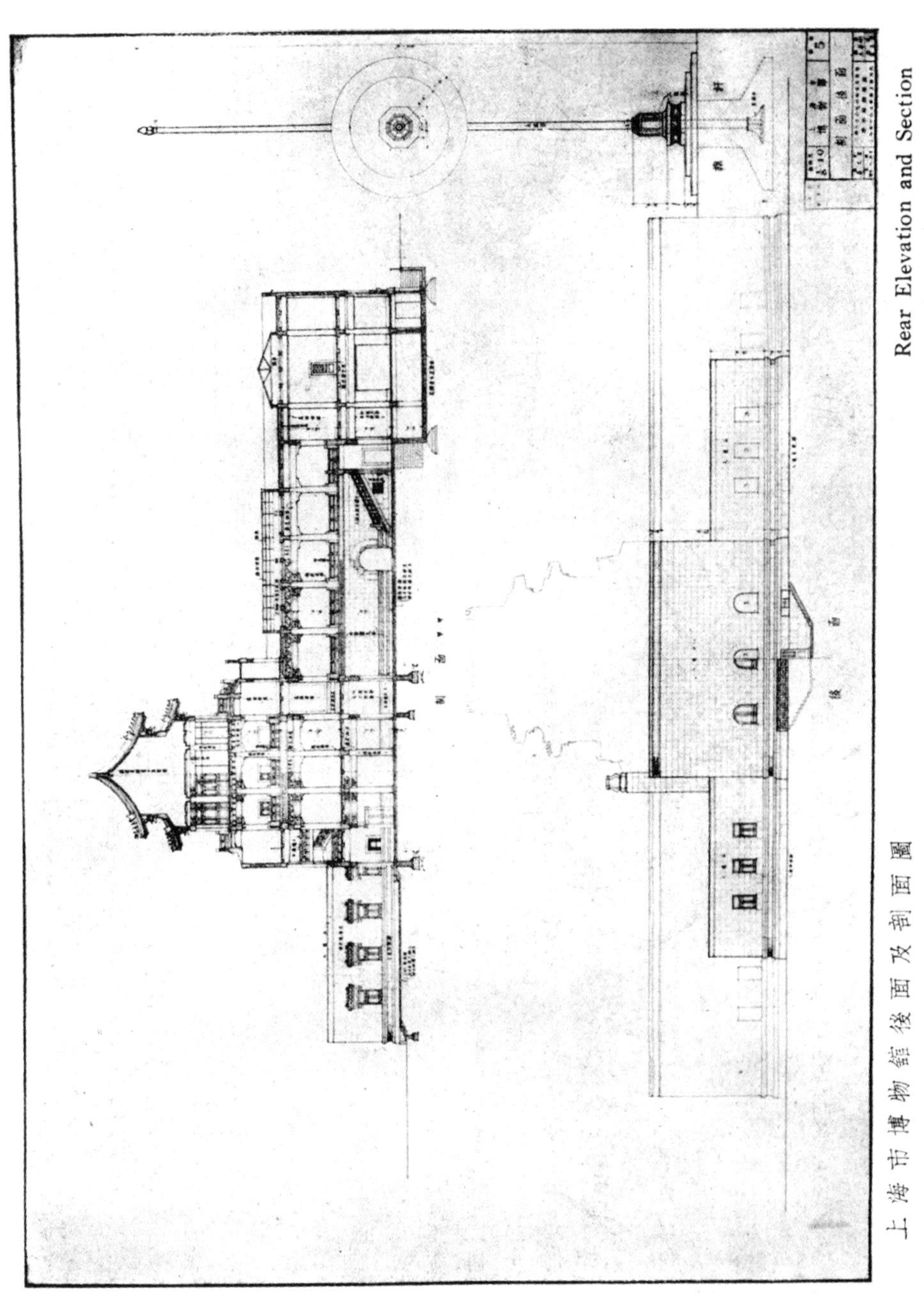

上海市博物館後面及剖面圖

Rear Elevation and Section

上海市圖書館博物館工程概要

一　弁言

文化與人生不可須臾離，都市爲人口集中之地，文化建設，尤爲當務之亟。上海市居民已達三百四十餘萬，而前此各項文化設備，或規模過小，或竟付缺如，詎非憾事！上海市政府有鑒于此，爰經于市中心區域，劃定面積廣大之行政區，以一部分爲文化設備之用，並獎勵私人團體於此租地創辦關係文化教育之陳列場所。民國二十三年初，市政府及所轄多數局處既遷入市中心區，爲實現大上海計劃之張本，以文化建設不容或緩，除於行政區西南籌設市體育場以供市民鍛鍊體魄之需要外，並議於行政區內興築市立圖書館與博物館，爲市民學藝上研究觀摩之資。乃者市體育場已告興工，其內容梗概亦經露佈。茲值兩館奠基，爰將其建築佈置之一斑，略述如次，以餉各界人士。

二　圖書館

本館位于市中心區域行政區，在府前右路與府南右路之間。府西外路之南，坐西朝東，與博物館相對。平面作「工」字形，而於前部兩端橫展向前後突出，成廂屋狀（參閱圖書館平面圖）。南北兩端最大距離約六十六公尺，東西兩端最大距離約五十一公尺，建築面積約一千六百二十平方公尺，各層面積合計約三千四百七十平方公尺，容積約一萬六千立方公尺。

本館之大部分爲二層建築，外牆平均高約十二公尺。惟正面中央設門樓，其屋脊高出地面約二十五公尺（參閱圖書館正面側面圖）。將來擴充。毋需將現有館屋加高，僅須就後面餘地添建層數相同之房屋，即可增加容量至二倍以上。

館屋之外觀（參閱正面側面圖）。取現代建築與中國建築之混合式樣，因純採中國式樣，建築費過昂，且不盡合實用也。門樓則用黃色琉璃瓦覆蓋，附以華麗之簷飾，其四週之平台圍以石欄杆，充分顯示中國建築色彩。全部建築物係鋼筋混凝土防火構造，外牆則用人造石砌築，大門前設大平臺種植花木，平臺前兩邊各豎旗杆，以壯觀瞻。

關於內部地面層之佈置（參閱平面圖），中央入門處爲大廳，寬約十二公尺，深約十三公尺，旁通兩翼之過道及登樓大梯。大廳後爲雜誌報紙閱覽廳，寬約十七公尺，深約十四公尺。再後爲書庫，寬約三十公尺，深約十一公尺，直通後門，此項書庫，爲特高之一層式（外牆約高十三公尺半）以便裝置五層二公尺餘高之鋼製書架，其書籍排列之總長約一萬五千公尺，容書約四十萬卷。左翼之下層爲各項辦公室，右翼之下層爲兒童圖書室，繕本書庫，演講廳（約寬十公尺長約十八公尺）。

第二層中央分兩部，前面爲展覽室，寬約二十二公尺，長約十三公尺半，後面爲借書室及目錄室，寬約十七公尺，長與上同。左右翼爲過道，研究室，特別閱覽室，其兩端橫展部分各爲閱覽室，寬約二十六公尺，長約十公尺，可各容一百五十座位。

第二層中央前部上，有夾層，爲儲藏室，由此達後面平屋面，藉露天梯級以登門樓。此項門樓可用作陳列廳，其四週平臺，則備登臨遠眺之需。雜誌報紙閱覽廳下面，開挖一部分，建地下室，爲裝置鍋爐之用。

大廳，借書室；陳列廳內部均用純粹中國式富麗裝飾，設硃紅色之柱。樓梯及過道地圖舖磨光石，閱覽室樓面舖軟木塊，其餘部分之地面樓面用花舖柚木及樹膠塊。

三　博物館

本館在市中心區域行政區府前左路與府南左路之間，府東外路之南，坐東向西，與圖書館相對。平面形狀與圖書館相彷，惟前翼兩端僅向前突出耳（參閱博物館平面圖）。南北兩端最大距離約六十八公尺，東西兩端最大距離約五十八公尺，建築面積約一千七百平方公尺，各層面積合計約三千四百三十平方公尺，容積約一萬九千立方公尺。

本館之中部及前面兩翼，為二層建築，外牆高十公尺有半。另有門樓，屋脊約高二十四公尺。其前面兩翼之突出部分及後面兩翼，則為單層建築，其外牆高六公尺半許（參閱博物館正面側面圖）。本館將來擴充之計劃，亦以就餘地加建為目標，擴充後之建築面積可增加二倍。

館屋之外觀，大致與圖書館同。惟門樓梁柱外露，並於左右兩翼凸出部分之前，各設噴水池，以資點綴。全部建築物亦為鋼筋混凝土防火構造，外牆用人造石砌築。

就內部佈置而言（參閱博物館平面圖），地面層中央入口處為門廳，寬約十七公尺半，長約十四公尺，登樓之梯級及衣帽售品等室附焉。由此向內為大廳寬約十一公尺半，長約十八公尺，主要樓梯在焉。大廳兩旁為過道通前部左右兩翼之辦公，研究，庫藏等室。左翼突出處為圖書室，寬約十公尺，長約十五公尺，約容座位一百。右翼突出處為演講室，長寬與圖書室同，約容座位三百。

第二層佈置，中央分三部為陳列廳及雕刻陳列廳，其中以在前面者為最大，計寬約十七公尺，長約十四公尺。兩翼為書畫陳列廳，各寬約十一公尺半，長約二十五公尺。上蓋玻璃頂棚。

中央二層前面陳列廳之上有夾層。地面與後部平屋頂齊平，由此循露天梯級以達第四層之門樓，門樓四週亦設平臺，以便遠眺。門廳之下有地室，為設置鍋爐等之用。

內部裝飾以形成陳列物之適當背景為目標。門廳及主要陳列廳飾以紅柱及宮殿式之彩畫欄柵平頂。大部分地面，用磨光石，重要陳列廳地面用花舖柚木，過道亦舖磨光石。各陳列廳室之採光，以多數光線投射於陳列品，而無反光入觀衆眼目為鵠的。懸掛繪畫作品之處由上方側面納光，使斜射牆面，俾觀衆於陰影中面對亮畫，更覺明晰。燈光設備，採「間接式」，其旨趣與上同。因上層各陳列廳不設窗牖，而藉玻璃天棚採光；故須用人工方法更換空氣。館屋內置換氣設備，隨時序之遞遷，分別放送冷暖空氣。

四　施工

圖書館博物館工程經費預算共計六十萬元，設備費在外設計監工由市中心區域建設委員會主任建築師董大酉及助理建築師王華彬主持鋼骨水泥圖樣由工務局技正俞楚白設計建築工程由張裕泰得標承辦，於二十三年九月間開工；十二月一日行奠基禮預定二十四年八月落成。

五　論結

以上所述，僅就上海市中心區圖書博物兩館之工程方面而言。至若設備方面，如圖書雜誌之採集，陳列物品之搜求，自當力求完備，以應促進文化之需要。惟茲事體大，須可一蹴而成，倘望各界從旁協助，共襄厥成，不勝馨香祝禱之至矣！

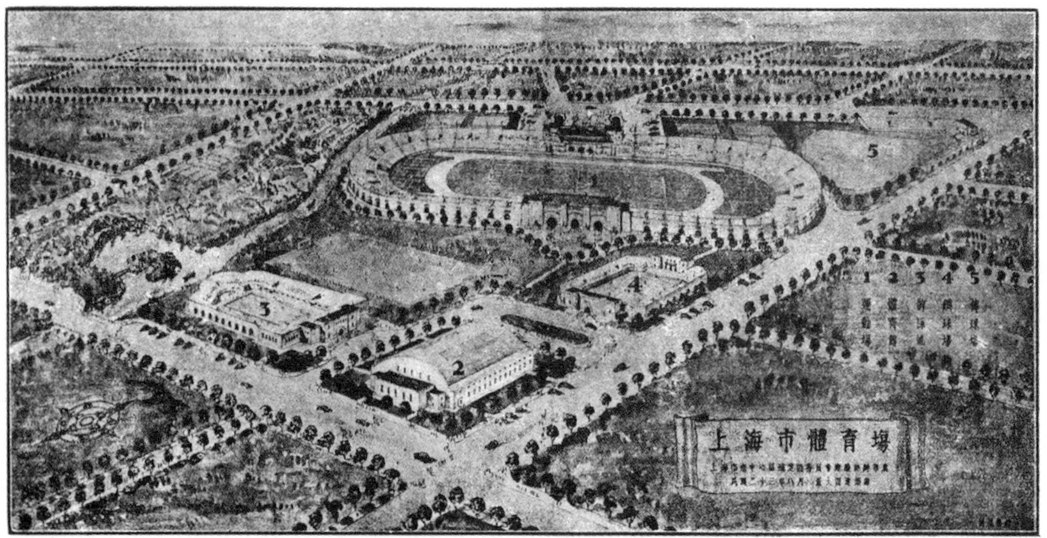

上海市體育場鳥瞰圖

General view of the Recreation Ground in the Civic Center of the Municipality of Greater Shanghai.

1. Recreation Ground. 2. Gymnasium.

3. Swimming Pool. 4. Tennis Court. 5. Base ball Ground.

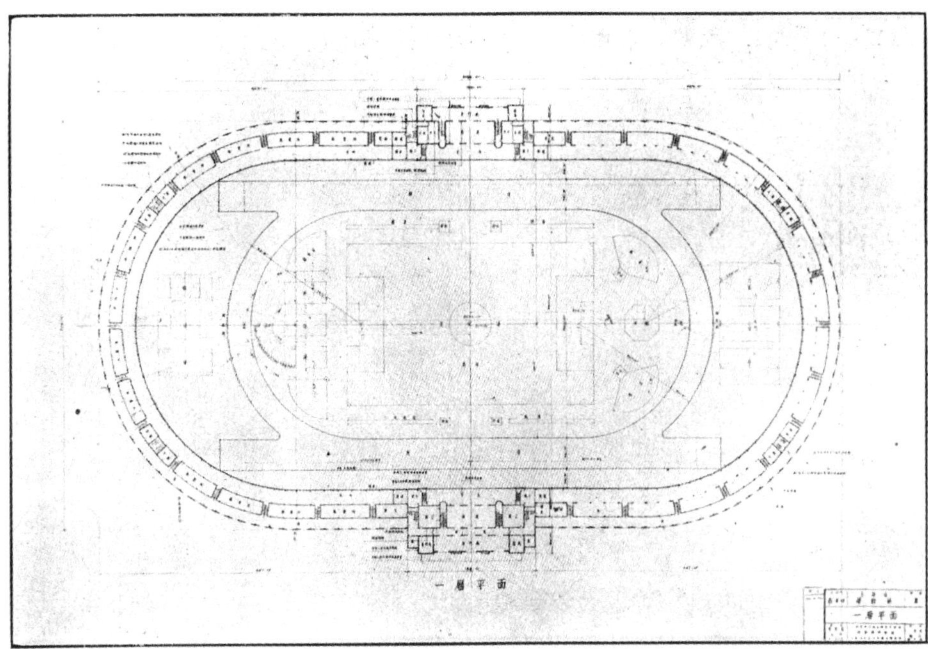

運動場平面圖　　Plan of Recreation Ground

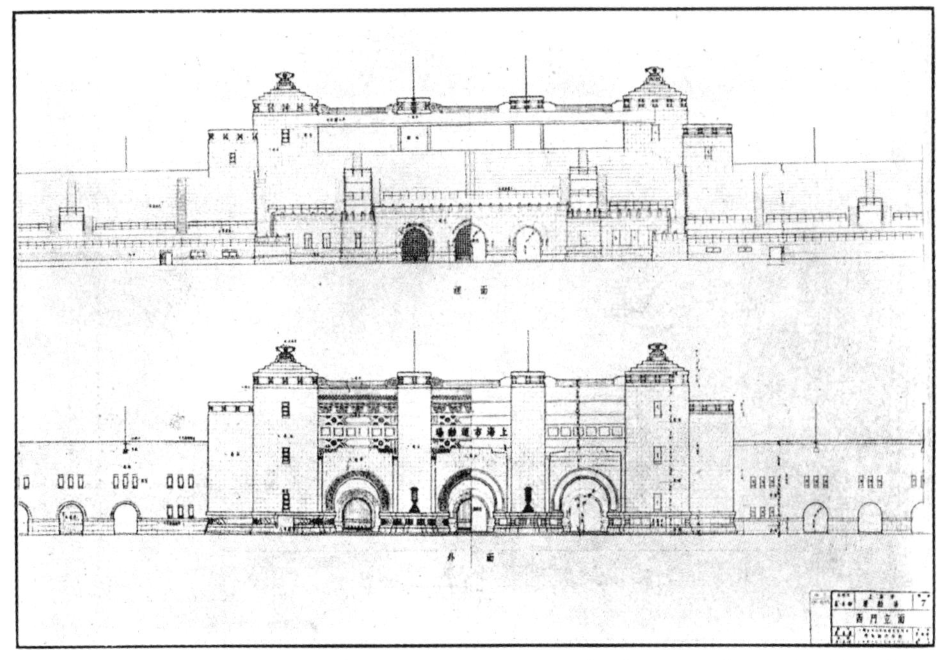

運動場立面圖　　Elevation showing the entrance leading to the Recreation Ground.

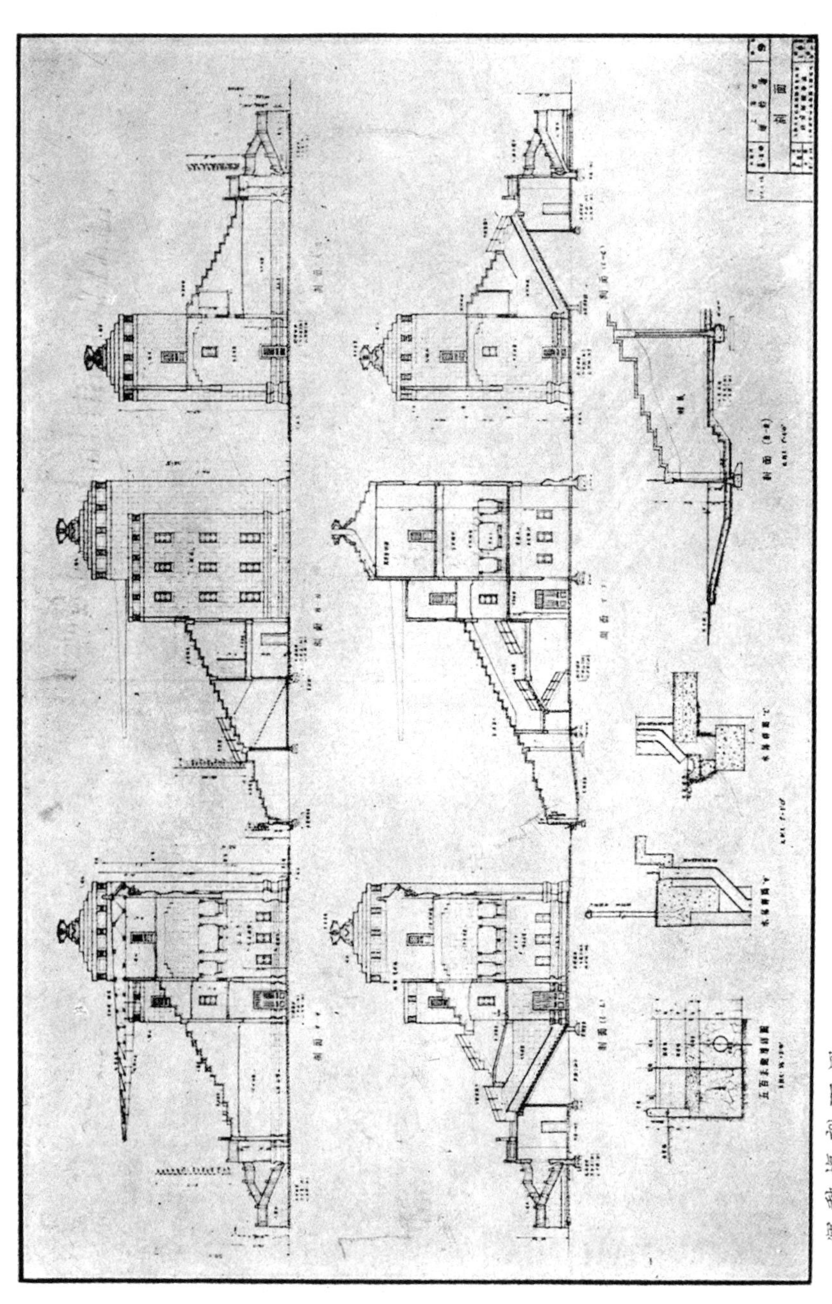

運動場剖面圖

Sections

體育館　　Gymnasium

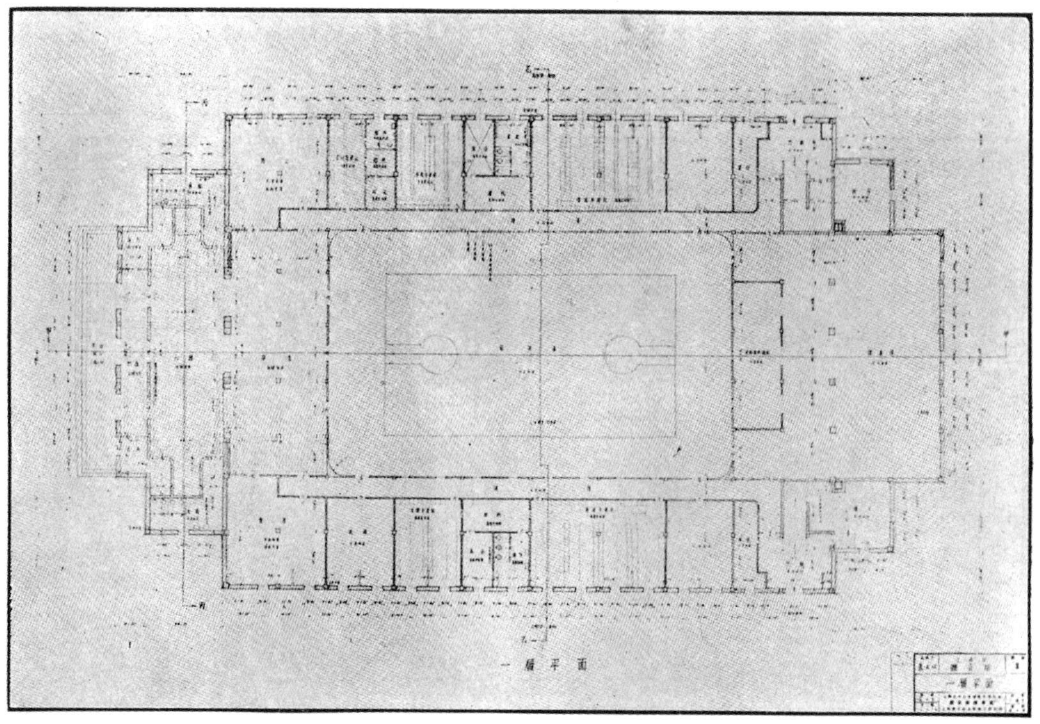

體育館第一層平面圖　　Plan of the Gymnasium

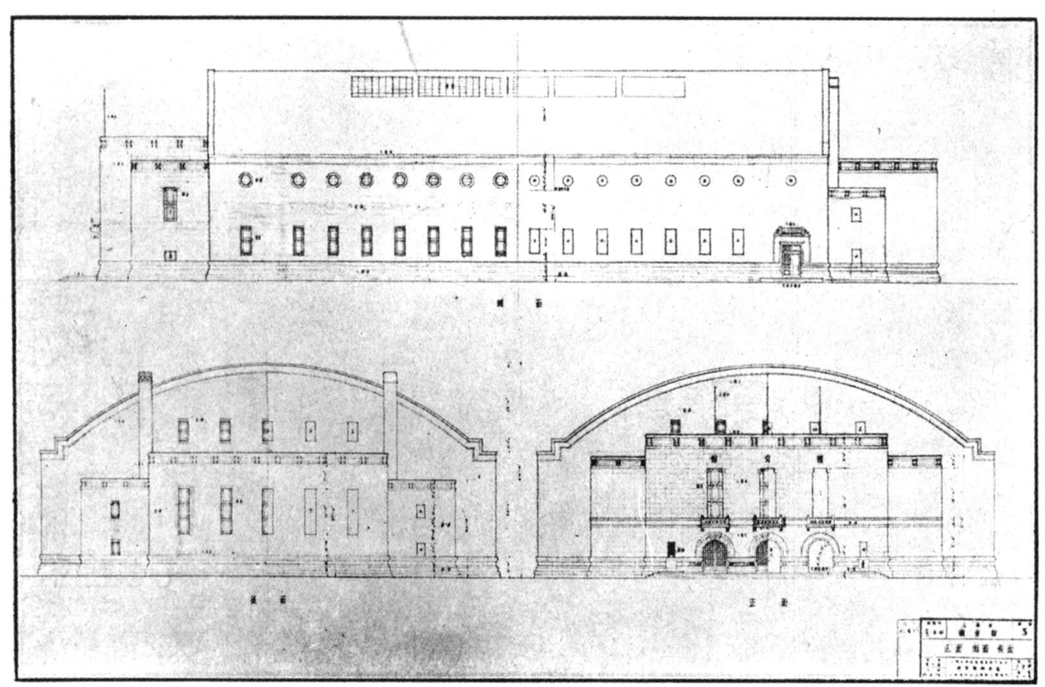

體育館立面圖　　Elevation of the Gymnasium

游泳池　　Swimming Pool

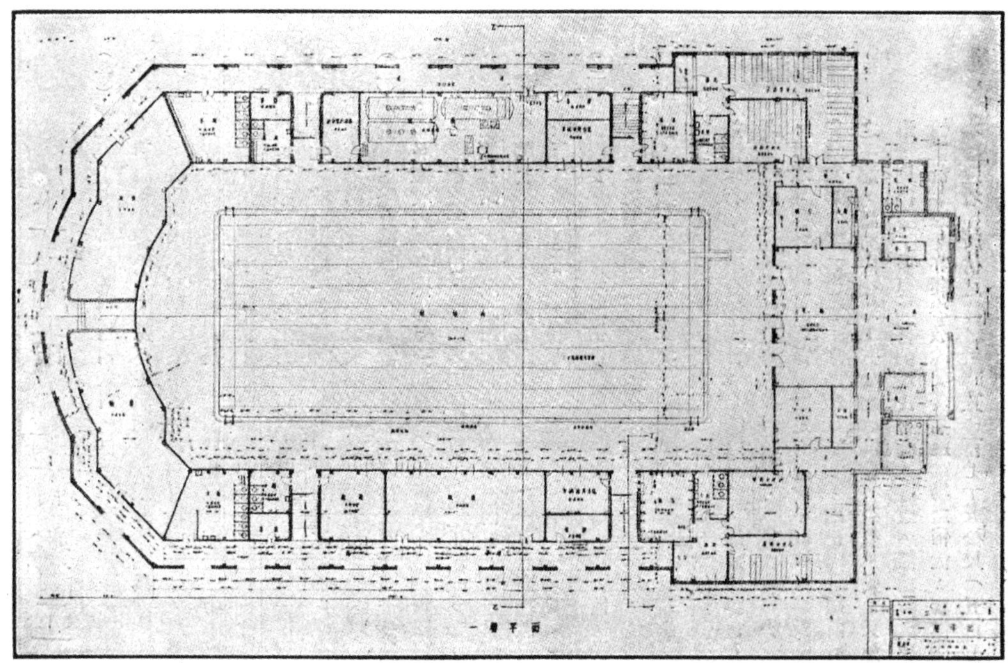

游泳池平面圖　　Plan of the Swimming Pool

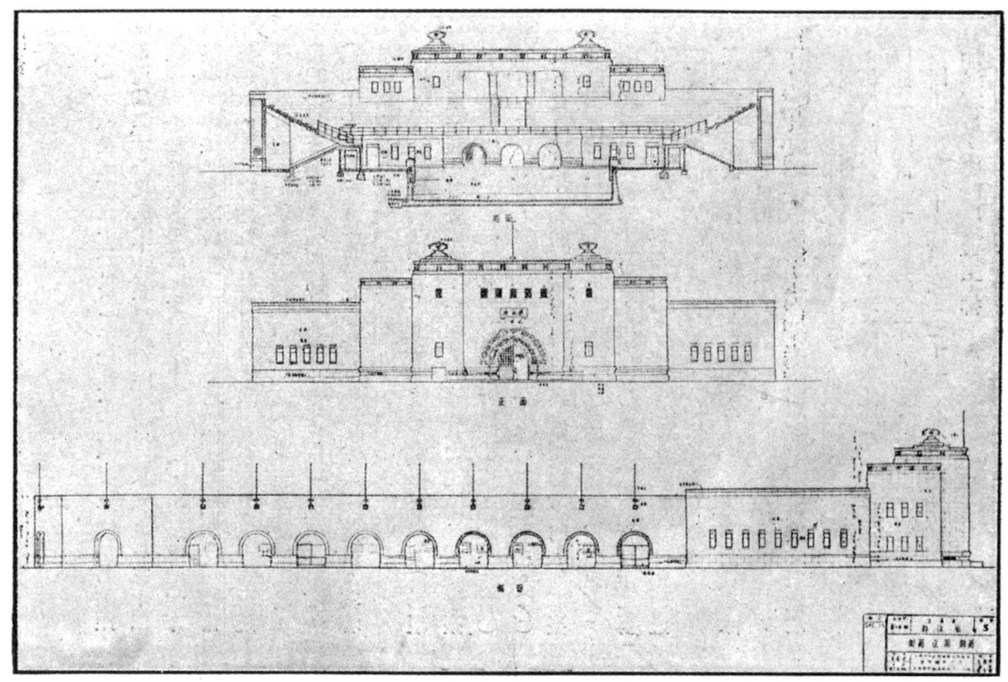

游泳池立面及剖面圖　　Section and Elevation of the Swimming Pool

上海市體育場工程概要

（一）緣起　上海市政府鑒於市內人口，已達三百萬以上，而大規模之體育場，尙付缺如，殊不足以應市民鍛鍊體魄與業餘娛樂之需要，復以市中心區域成立伊始，必須有種種設施，以新市民之觀感，而促進該區之繁榮，爰籌於此建設市體育場，謀一舉而兩得。民國二十三年初，卽由市中心區域建設委員會建築師辦事處着手設計。同年七月，市政府呈准中央發行公債三百五十萬元，並指定以一百萬元爲建築市體育場之用。此建設上海市體育場籌備經過情形之大略也。

（二）位置　市體育場既須具相當規模，故所佔地面須在千公畝以上。爲免徵收民地及撙節經費起見，爰以市中心區域行政區西南第一公園之一部份，爲該場之建築地址（第一圖中「5」）。該處東面國和路，西通淞滬路，北接政同路，南界虬江、其南有淞滬，翔殷，其美，黃興，四幹道之交叉點，北有將來淞滬鐵路通至三民路淞滬路口之車站，故往來交通稱便。

（三）計劃概要　市體育場包括目前設置之運動場，體育館，游泳池三部，及將來加建之網球場，棒球場兩部（第一圖），佔地約三百畝，茲述其設計要點其次：

（甲）運動場　運動場（第一圖中「1」）除供市民日常鍛鍊體魄外，並備舉行學校聯合運動會，全國運動會，遠東運動會乃至世界運動會之用。其建築形式及各項尺寸大都視田徑賽及足球，籃球，網球等競賽之需要而定。場址不取U字形及圓形而作鏈環形（第二圖）者，以如作U字形，則正門勢須設於凸出之一端，而對向交通上次要之政同路，殊覺不妥，又如作圓形，則徑賽上需要二百公尺長之直線跑道，無法設置也。其他設計要點，亦經參攷歐美著名運動場之佈置，審愼擬定。本場連看臺所佔之地位，總寬一百七十五公尺（五百七十四呎），總長三百三十公尺（一千零八十二呎）。場屋最高點距地面約二十公尺（六十六呎），看臺圍牆高約十公尺（三十二呎）。場地面積約三萬七千五百平方公尺（四十萬零四千方呎）。中央爲足球場，排球場及跳高，跳遠，擲鐵餅，國術等場地，圍以環跑道，長約五百公尺。環跑道又於東西兩邊分歧爲直跑道，各長二百公尺。跑道外南北兩端設網球場，籃球場各三處。看臺周圍長約七百六十公尺（二千五百呎），寬約十七公尺（五十五呎），可坐四萬人，立二萬人。其容量較南京運動場大約一倍。

爲使數萬觀衆出入迅捷有序起見，設交通路線兩種：（甲）環繞交通路綫，計分兩條：一設於收票地點之外，卽環繞看臺下之過道（第二圖）及場外四周之人行道與車馬道（寬九公尺），另一設於場內，卽看臺上一•八公尺寬之環繞通路。（乙）上下交通路綫，聯絡環繞交通路線與看臺座位之間，卽看臺各段間之出入門道，下九看臺下之過道，上達各座位邊者。此項門過，共設三十四處，勻佈全場，每處以通行一千二百人計，數萬觀衆，至多於五分鐘內，卽可全數退出。每門道口設鐵質拉門，以便觀衆擁擠時，收票員易於維持秩序。

在本場之東西長邊中央，各設莊麗之大門，以便運動員整隊出入，車輛亦可由此通過直達場內。

爲使觀衆視線得由看臺遍及場地各部起見，看臺支承座位之樓板。係按曲線佈置，其坡度自下往上繼續加激。構造之法，係將每段樓級較下段各增高六公釐，（四分之一吋）。前後座位之距離計七十一公分（二十八吋），故每一座位所佔面積爲四十五公分（十八吋）寬，七十一公分（二十八吋）深。按照前述容量，應設座位二十排。

運動場備有充分宿所，足容納運動員二千五百人，以應舉行大運動會時之需要。又設壯麗之大門與大廳休息辦公室，陳列室，訪事處，無線電播音站，餐室等。其佈置之完備，即全世界運動場中亦鮮有較勝者。

特別看臺凡兩處，東西遙遙相對，專備特別觀客及報館記者之座位。本場看臺以經濟關係，概不設置木椅，惟在西面平頂下之特別看臺爲例外。

另一特別之點，爲利用看臺下地位設置店房，公廁，售票房(第二圖)。其四周之過道，除輔助此項店房遮蔽風日外，又足資暴雨時觀衆引避之需。按照現定計劃，看臺下地位僅利用一半，其餘一半則留備他日加建店房等之用。

運動場用鋼筋混凝土作架，用紅磚砌牆，而以人造石爲外牆之勒脚及壓頂。東西大門採用中國形式，以人造石砌成。其餘構造頗屬簡單。

運動場備有多數旗桿，於舉行運動會時頗關重要。場地及場屋正面設泛射燈。

本場之立面及剖面見第五及第六圖。

(乙)體育館　本館(第一圖中「2」)除應市民各項戶內運動之需要外，兼供集會之用，並可舉行展覽會及演劇。

容量爲座位三千五百及立位一千五百。必要時可加設臨時座位於運動廳四周沿牆之處。運動廳設於廳屋之中央，地面用威木鋪蓋。寬約二十三公尺(六十三呎)，長約四十公尺(一百三十一呎)，可排設普通籃球場三處，爲正式比賽計，可置較大之場位於中央，而於四邊多留餘地(第六圖)。館屋之總寬約四十六公尺(一百五十呎)，長約八十二公尺(二百七十呎)。運動廳四週之看臺支於堅固之鋼筋混凝土樑及磚牆。寬約十一公尺(三十六呎)，凡十三級，每級寬六十六公分(二十六吋)，高三十六公分(十四吋)至四十一公分(十六吋)。設計時假定之活儀爲每平方公尺六百一十公斤(每方呎一百二十五磅)，連同靜儀每平方公尺一百二十公斤(每方呎二十五磅)，總儀重爲每平方公尺七百三十公斤。

正門內大廳兩旁，各設階級一座，觀衆由此直達看臺。館屋後面兩邊，各設旁門及較狹階級，以便觀衆由此出館。

館屋之正面(第七圖)牆垣用人造石塊砌成，其形式含現代藝術色彩，而參以本國之圖案裝飾。於此開拱門三座，即館屋之正門。其餘外牆用紅磚砌築，而壓頂及勒脚鑲以人造石塊。

自正門入內，爲門廳，兩旁設售票房，再進爲大廳，兩旁設男女廁所及前述通看台之階級。再進爲穿堂，直通運動廳(籃球場)及後面之健身房，旁達辦公室及會客室，又由兩邊各另闢一門(第六圖中「丁」)，分別達男女運動員之更衣，淋浴，等室，由此可通運動廳，健身房及運動器儲藏室。健身房兩旁設廚房及鍋爐間，以及前述旁門之門廳與階級。

館屋之前後牆，高出平台以上者，上邊成圓弧形，最高點高二十公尺(六十六呎)，兩邊外牆高約十二公尺(三十九呎六吋)。屋頂架前後排列，相距各六公尺七公寸(二十二呎)，爲三樞紐式鋼鐵拱形構架，其跨度(即兩端樞紐點之距離)計四十二公尺七公寸(一百四十呎)，矢度(即中央樞紐點與兩端樞紐點之垂直距離)計十九公尺半(六十四呎)，上弦之曲線半徑爲三十公尺(九十九呎)。邊部垂桿之高度，自兩端樞紐點起，計約十二公尺半(四十一呎)。

運動廳及健身房之採光，取高射式，以免運動員感眩目之弊。故於穹頂設固定排窗十孔，兩邊外牆高出看台處開八角小窗各十六孔，又於前後牆高出平台處設長方形窗各五孔。後兩種窗扇可以開啓，以使空氣流通。至於電燈，則裝於鋼鐵屋頂架之下。

館屋內之熱氣設備，採低壓式，熱氣冷凝之水，藉自動唧筒還入汽鍋。運動廳與健身房藉摩托通風機散佈暖氣，其他部分則直接利用熱之輻射作用以取暖。

(丙)游泳池　本游泳池(第二圖中「3」)之設，以供市民水上運動及舉行游泳競賽爲目的，池爲露天式，四周圍以看台，可容座五千。看臺下設更衣室，淋浴室，休息室，店房，公廁，鍋爐間，濾水機間等。看臺之北邊設宏麗之正門，門內設辦公室，客廳，大廳，售票房等。看臺下沿東，西，南三面建走廊通過，以應觀衆避雨之需(第九圖)。關於游泳池之尺寸，按照美國大學游泳競賽規例，池面至少應爲長十八公尺(六十呎)，寬六公尺(二十呎)，池之深度在較淺之一端至少應爲九公寸(三呎)，在較深一端至少應爲一公尺半(五呎)●本池之尺寸，經與本市體育界商酌，擬定計長五十公尺，寬二十公尺；池底於長邊方向作匙形，由一端深約一公尺一公寸(三呎半)起，向中央漸漸加深至一公尺七公寸(五呎半)，然後由中央至距他端五公尺(十六呎)之處，陡降至三公尺半(十一呎半)之深度。(此項深度，爲遠東運動會所採用者)。

池身用鋼筋混凝土及防水材料構造，以足以抗禦池滿時之「水壓」及池空時之「土壓」爲度●池底打樁七百二十五根爲基。池底及池邊鋪白色瑪賽克，四壁砌白磁磚。

本池之容量約爲二千二百立方公尺(六十萬加侖)。此項鉅大水量，若時時更換，所費勢必不貲，且每次更換須閱十小時，亦殊不便。爰置濾水設備，使濁水出池復變爲清，再返入池，循環不已。計每次循環，凡五階段，即：(一)消毒，(二)濾清。(三)入池，(四)流通，(五)出池。此項濾清工作，可於游泳季節內繼續不停。每經過一次消毒與濾清，水質益形潔淨。

池內燈光設備，採最新式，即於水面下池壁內置强光燈泡，使燈光水色打成一片，而成整個「光源」，於夜間觀之，至爲悅目賞心。反之，若以燈光下照池內，則因水面之反射作用，池外雖極明亮，徒眩游泳者之目，水內則顯幽暗，足滋發生意外時救護之困難。故燈光設於池內水面以下之辦法，有便利游泳與救護兩優點，當今夏夜游泳漸成風習之際，殊有採用之必要。本池及附屬建築物之設計，固以實用爲旨歸，而對於美觀一點亦經加以注意，大門牆垣用人造石塊砌成，上加雕刻，顯示本國文化色彩（第十圖）。其餘牆垣用紅磚砌築，而以人造石爲勒脚及壓頂，以資經濟。就本池全部建築觀之，所有建築形式與運動場及體育館互相適應。

查歐美各國之游泳池，往往附帶小池，深度在一公尺二公寸以下，專供兒童游泳之用。本池以限於經費預算之故，未能兼顧此項設備，殊屬缺憾。

(丁)網球場及棒球場　體育場之中部及西北角，擬建網球場（設球場三處及座位四千之看臺等）及棒球場（附座位四千之看臺）各一處(第一圖中「4」及「5」)，留待將來興工，不在此次舉辦工程之範圍內。

(四)施工　運動場，體育館及游泳池之建築圖案，經市中心區域建設委員會建築師董大酉君及助理建築師王華彬君主持設計完成，並呈奉　市政府核准後，即於二十三年七月由工務局招標。投標人十一家中，由成泰以最廉標價得標承辦。旋於八月間開工，於十月一日舉行奠基典禮，預定於二十四年五月落成。

(五)餘言　本工程設計上不乏新穎之點，如關於鋼筋混凝土屋架，出入交通路線宿舍佈置，看臺下店房等設備以及內外裝璜等，在在足供本國其他各處設計體育場者之參攷。而以本場規模之大，容量之多，佈置之完備，乃能以百萬元左右之經費完成之，尤見設計者之苦心孤詣焉！

THE LIBRARY
OF
THE TOKYO IMPERIAL UNIVERSITY

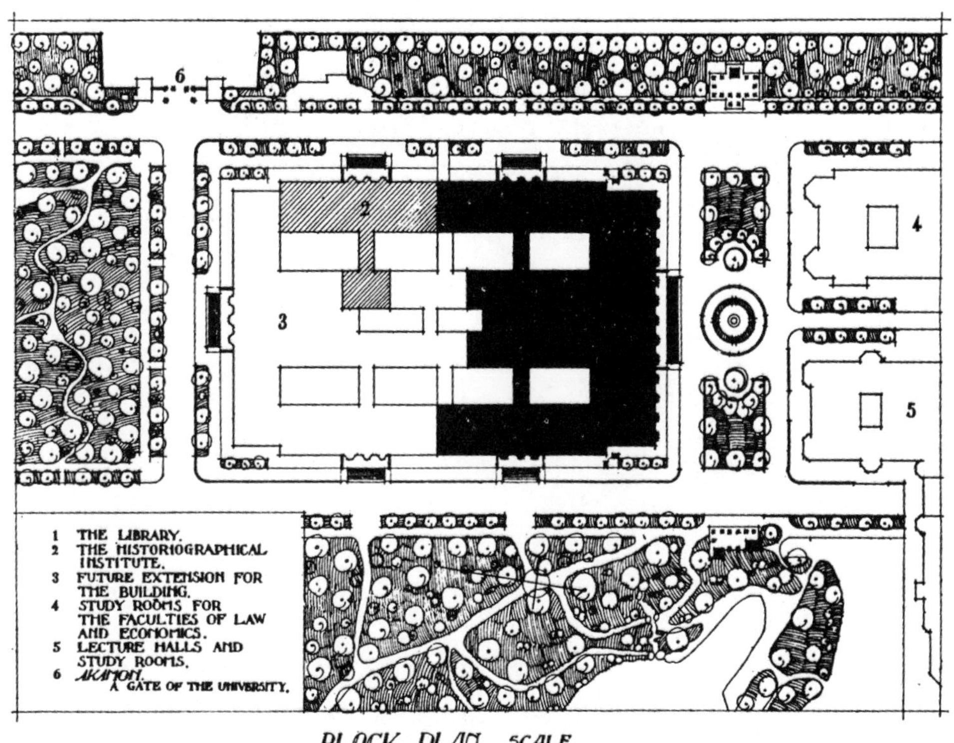

BLOCK PLAN SCALE

日本東京

帝國大帝圖書館

第一圖　總地盤圖

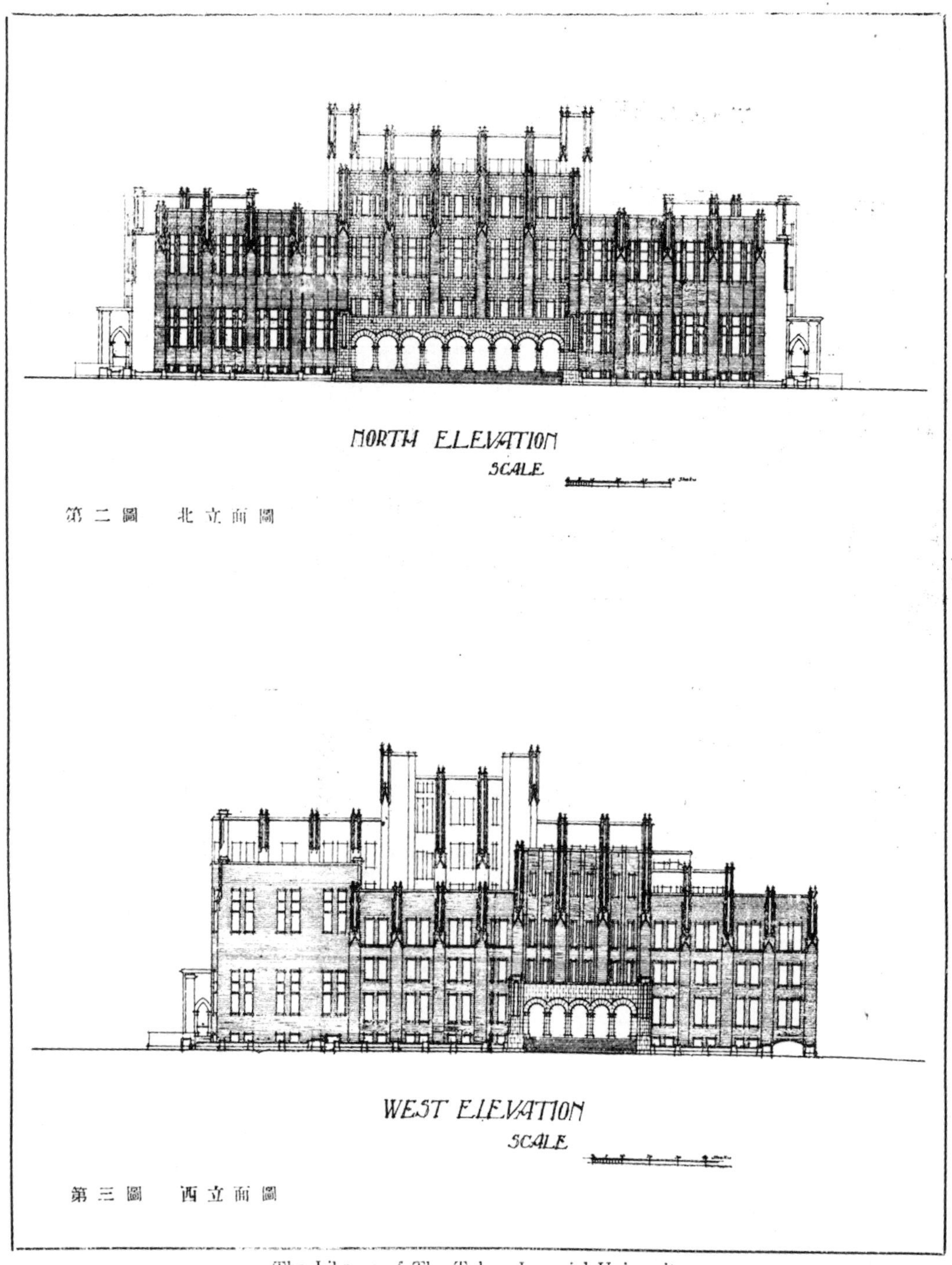

第二圖　北立面圖

第三圖　西立面圖

The Library of The Tokyo Imperial University

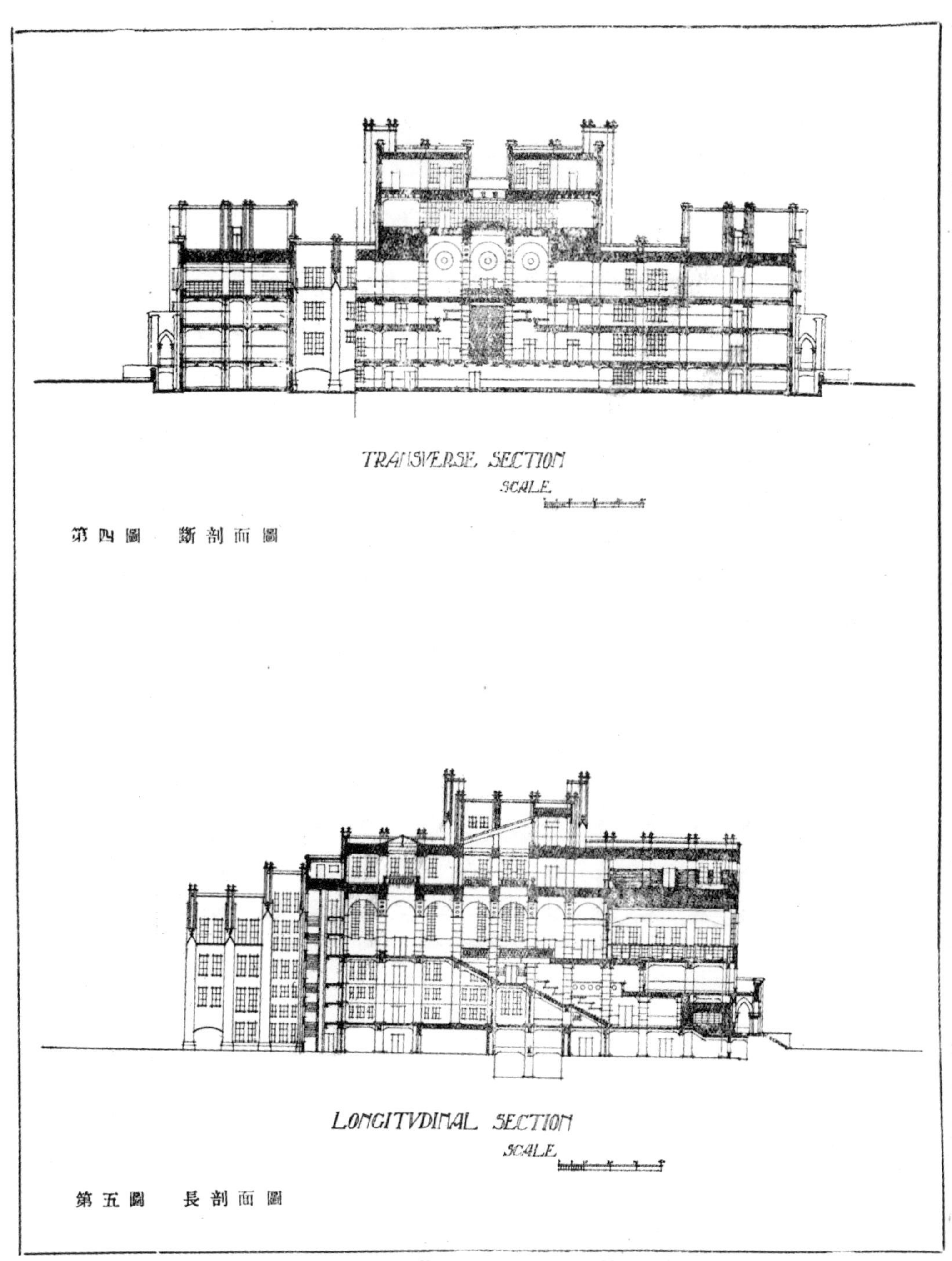

第四圖　斷剖面圖

第五圖　長剖面圖

The Library of The Tokyo Imperial University

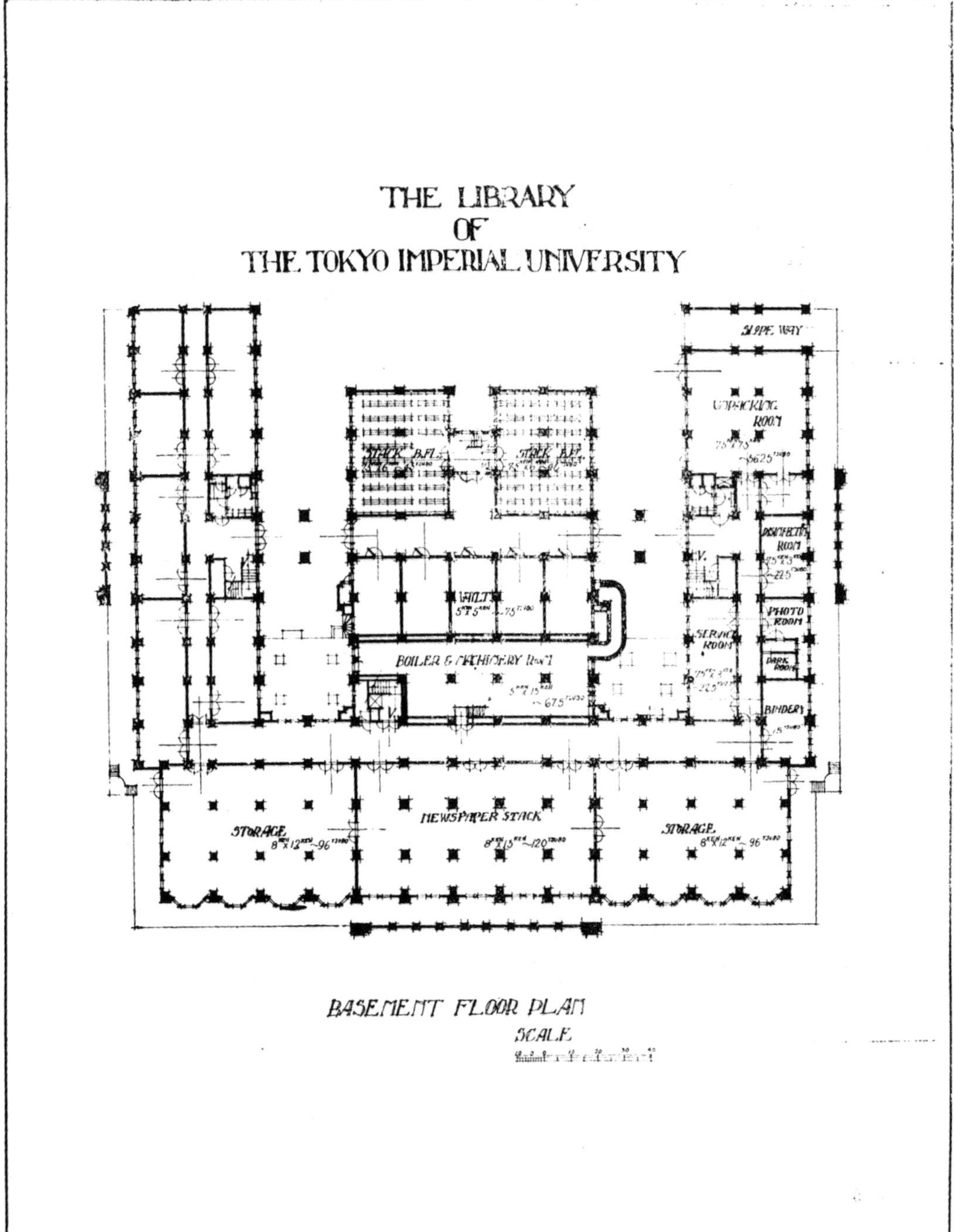
THE LIBRARY
OF
THE TOKYO IMPERIAL UNIVERSITY
SLOPE WAY
NEWSPAPER STACK
STORAGE
STORAGE
BOILER & MACHINERY ROOM
PHOTO ROOM
BINDERY
BASEMENT FLOOR PLAN
SCALE

第六圖　地層平面圖

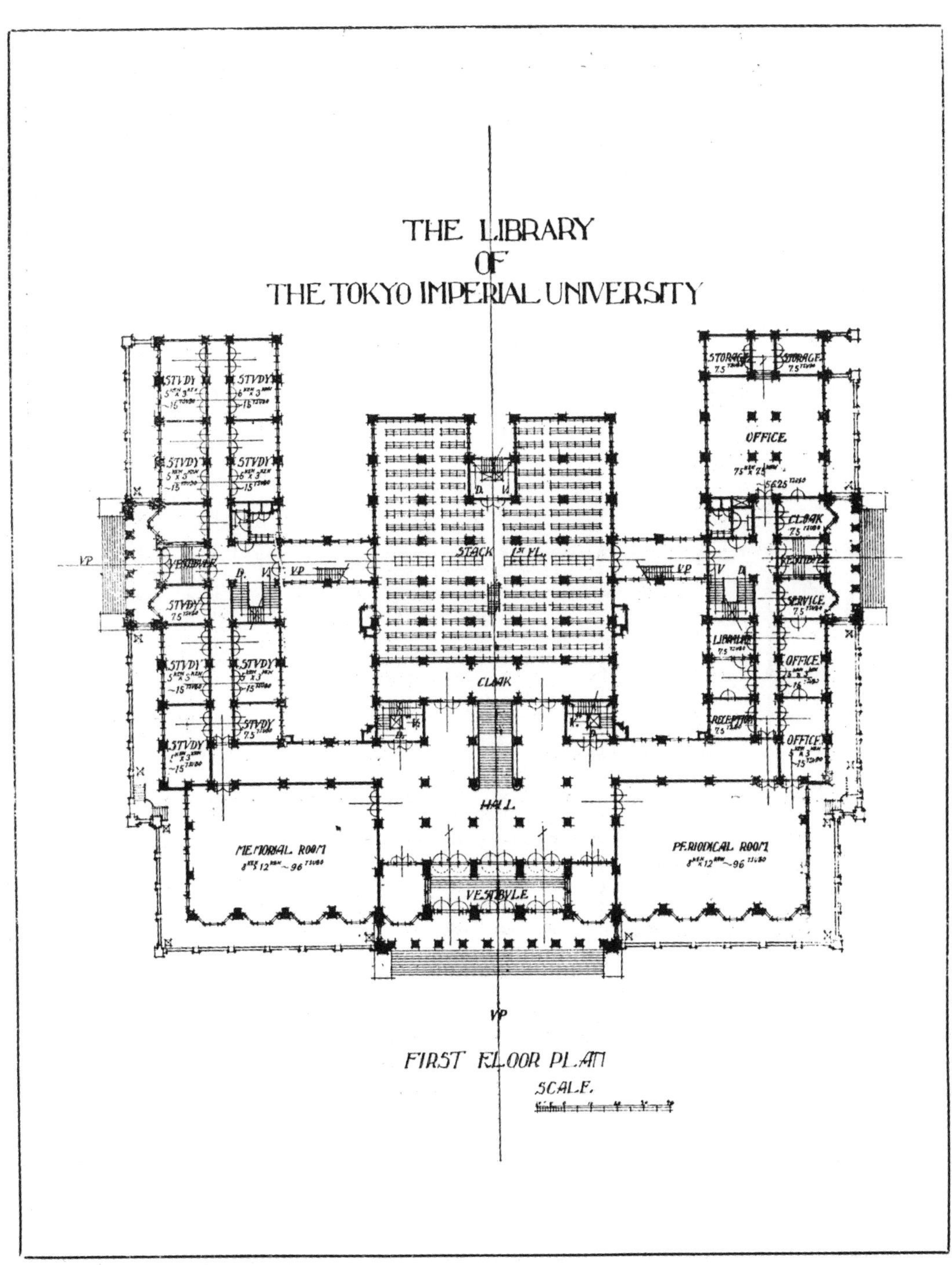
THE LIBRARY
OF
THE TOKYO IMPERIAL UNIVERSITY
STUDY
STORAGE
OFFICE
CLOAK
VESTIBULE
SERVICE
LIBRARIAN
RECEPTION
STACK 1st FL.
CLOAK
HALL
MEMORIAL ROOM
PERIODICAL ROOM
VESTIBULE
VP
FIRST FLOOR PLAN
SCALE.

第七圖　二層平面圖

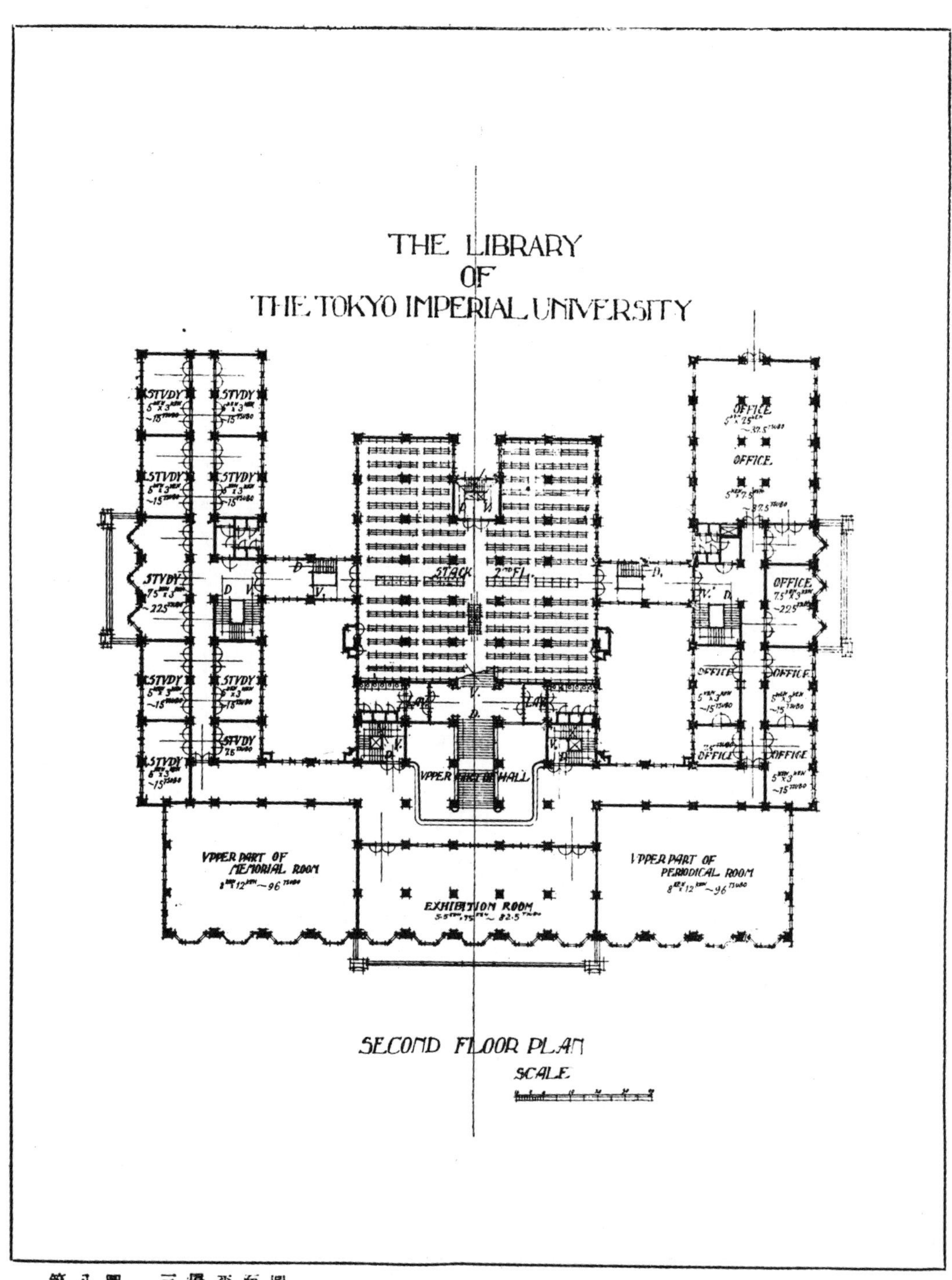
THE LIBRARY
OF
THE TOKYO IMPERIAL UNIVERSITY
STUDY
OFFICE
STACK 2ND FL.
UPPER PART OF HALL
UPPER PART OF MEMORIAL ROOM
EXHIBITION ROOM
UPPER PART OF PERIODICAL ROOM
SECOND FLOOR PLAN
SCALE

第八圖　三層平面圖

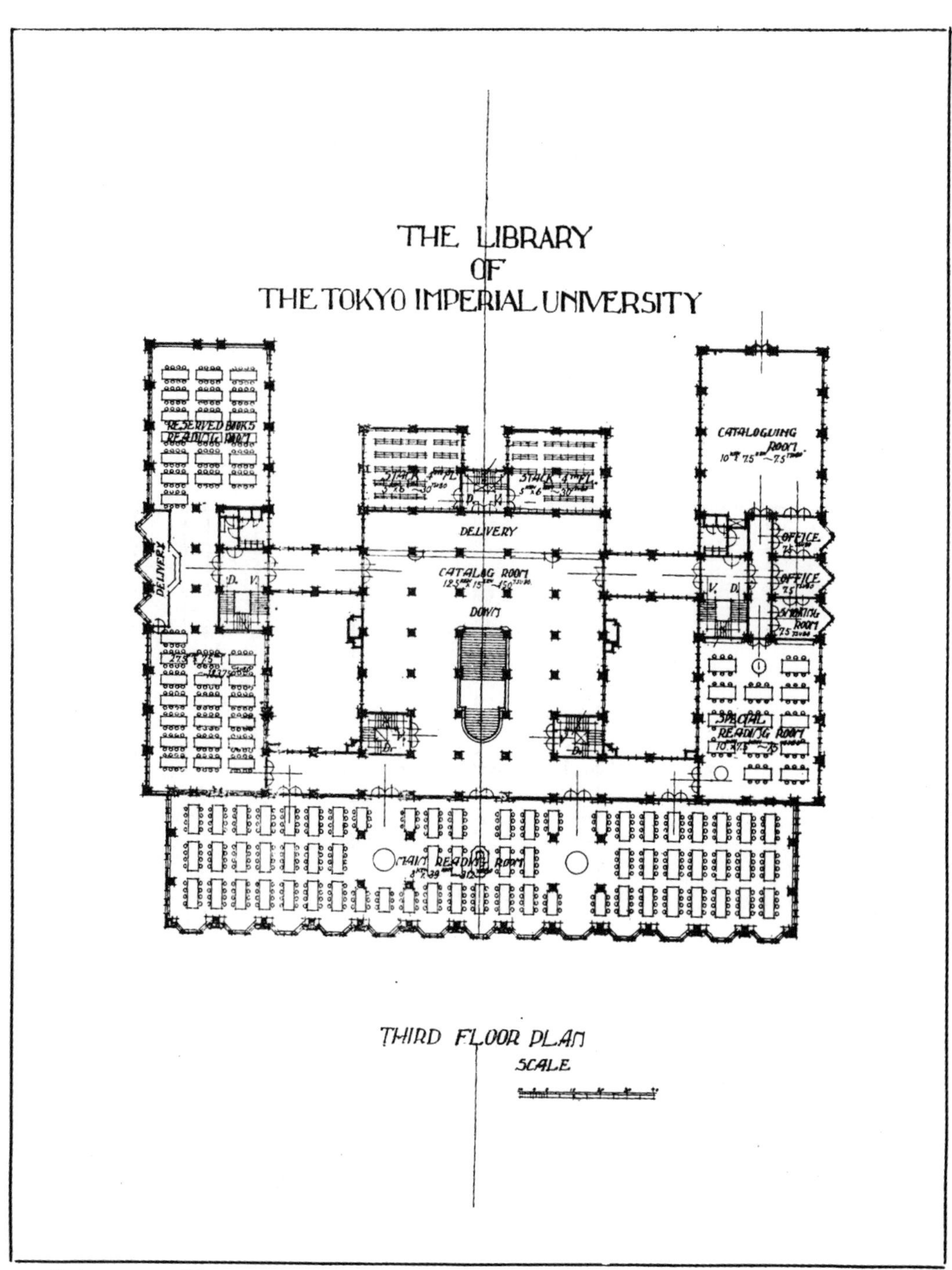
THE LIBRARY
OF
THE TOKYO IMPERIAL UNIVERSITY
RESERVED BOOKS READING ROOM
DELIVERY
STACK
CATALOGUING ROOM
DELIVERY
CATALOG ROOM
DOWN
OFFICE
OFFICE
SPECIAL READING ROOM
MAIN READING ROOM
THIRD FLOOR PLAN
SCALE

第九圖　四層平面圖

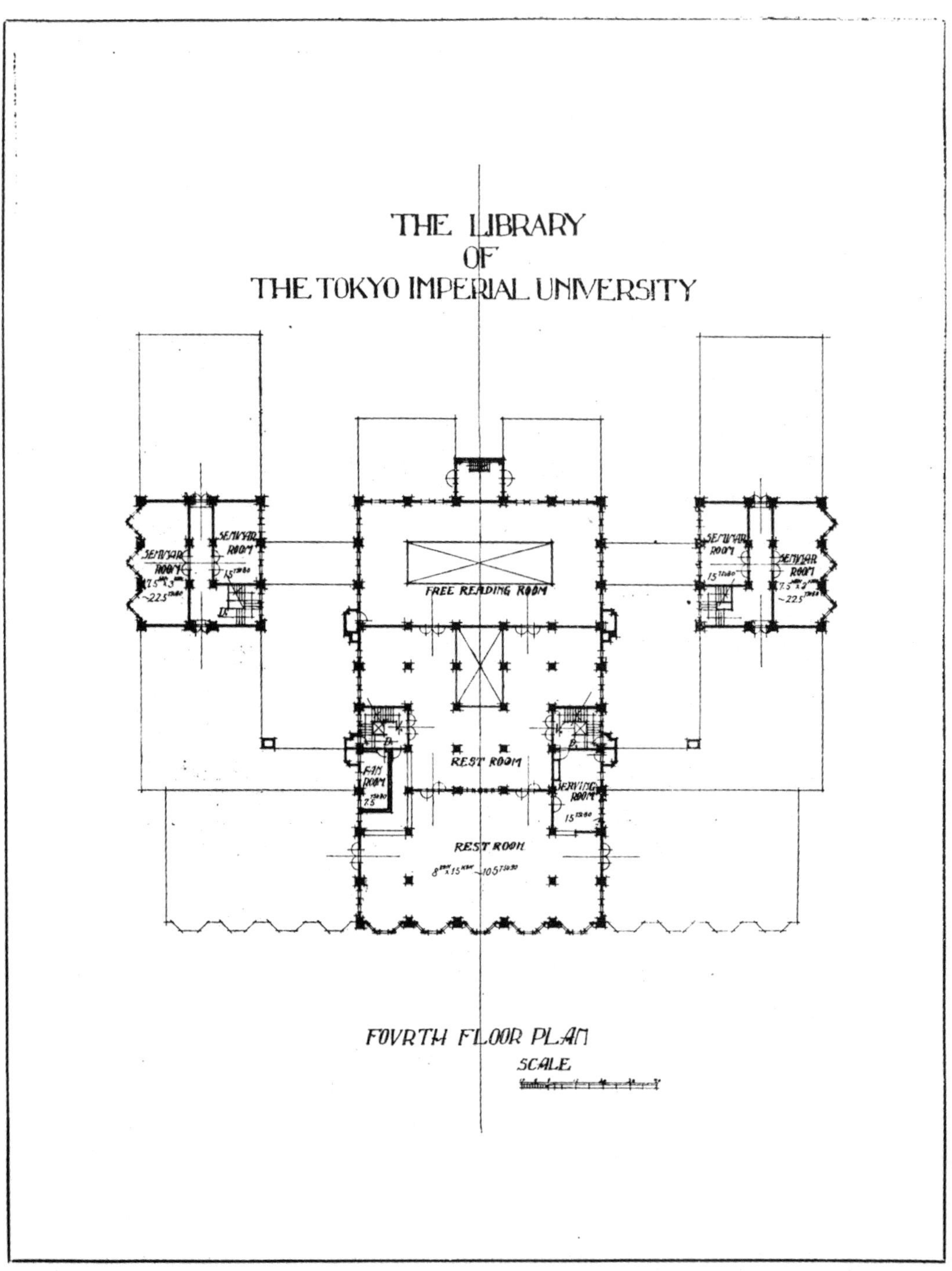
THE LIBRARY
OF
THE TOKYO IMPERIAL UNIVERSITY
FREE READING ROOM
REST ROOM
REST ROOM
FOVRTH FLOOR PLAN
SCALE

第十圖　五層平面圖

日本東京共同建物株式會社新屋

第一圖 外觀攝影

New Allied Building, Tokyo, Japan

第二圖 屋頂攝影

View of Tokyo from the Roof of the Allied Building

第三圖 第一層走廊及電梯

Elevators and Girl Operators in the Building

第四圖 一層走廊全景

First Floor Corridor

第五圖 電氣間 Switch Room

第六圖 冷氣機間

Cold System

Dining Room

第七圖 會食堂

Smoking Room

第八圖 喫煙室

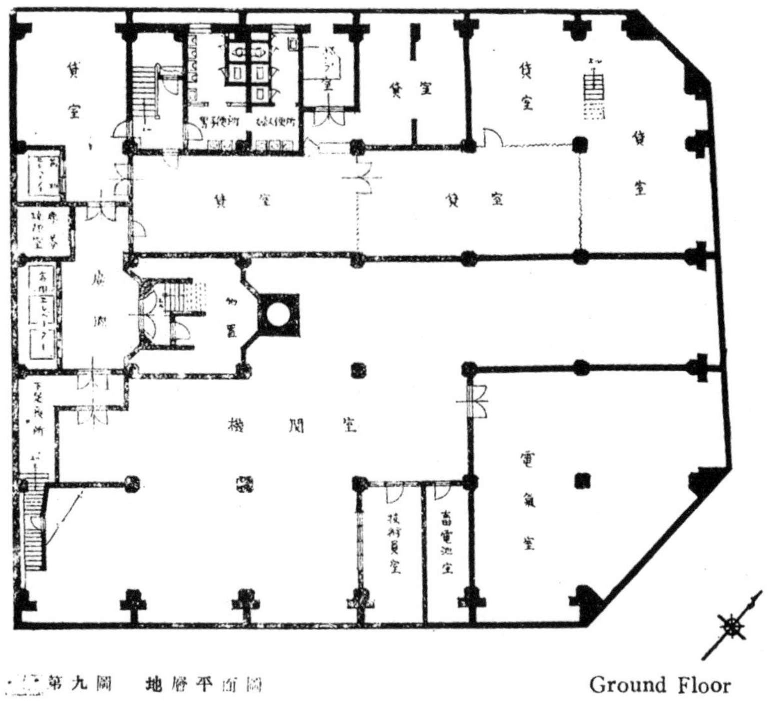

第九圖 地層平面圖 Ground Floor

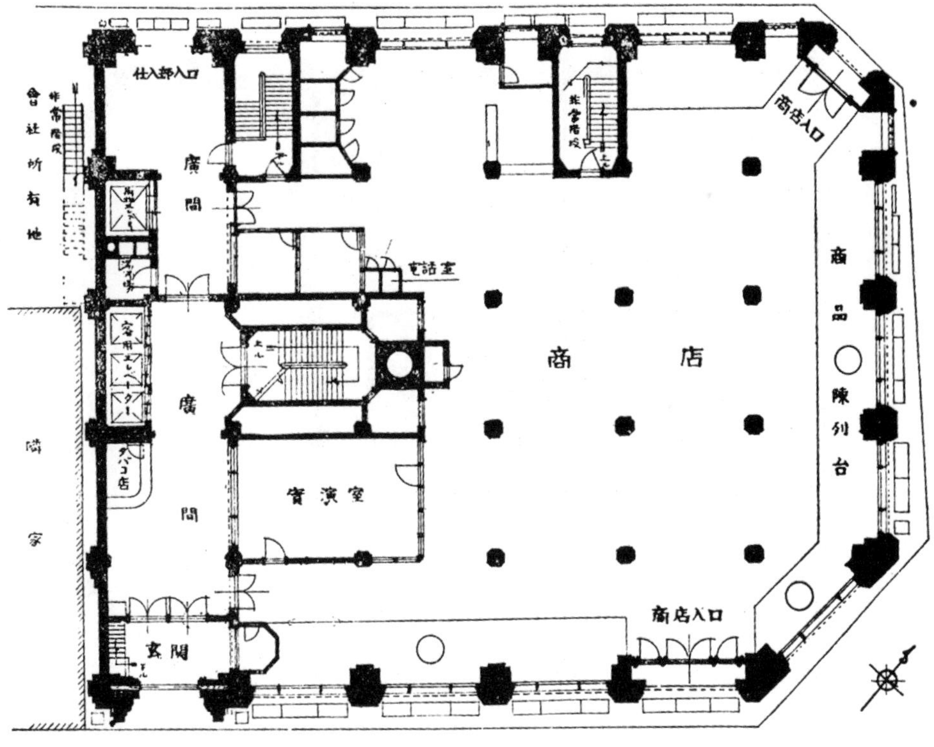

第十圖 一層平面圖 First Floor

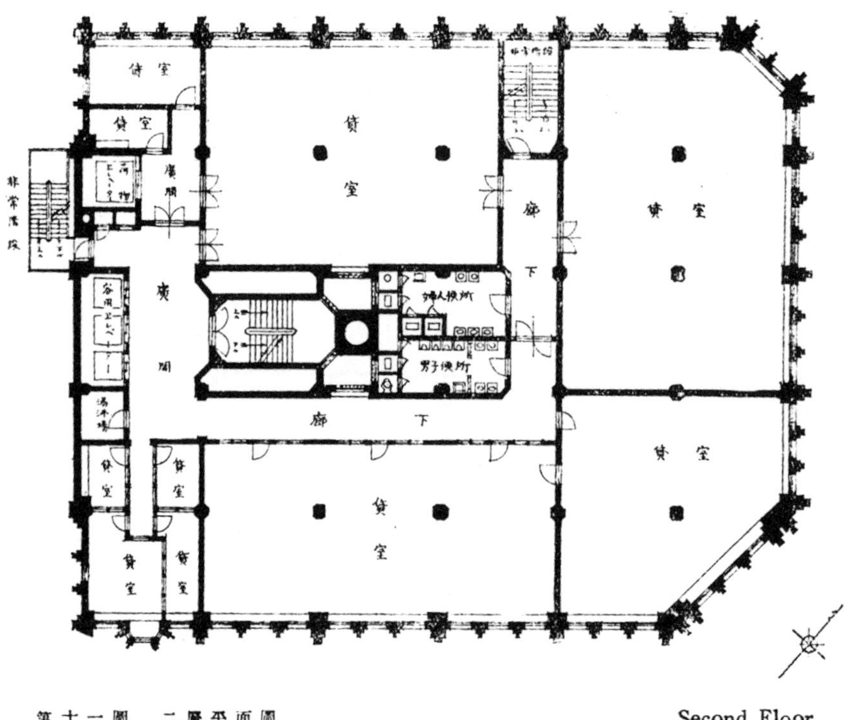

第十一圖　二層平面圖　Second Floor

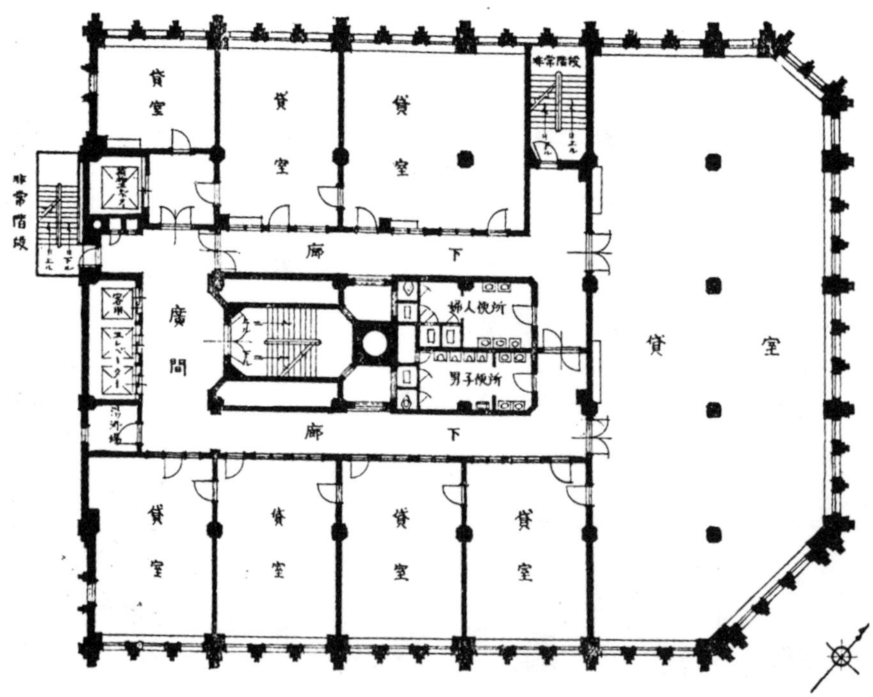

第十二圖　三層至五層平面圖　Third, Fourth and Fifth Floors

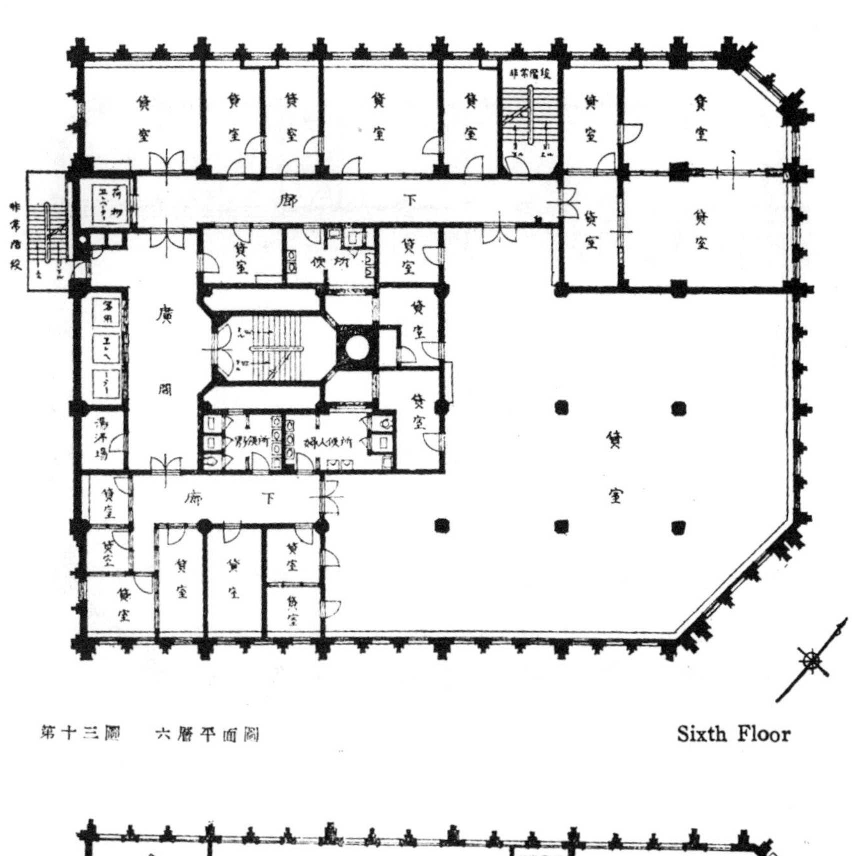

第十三圖　六層平面圖　　Sixth Floor

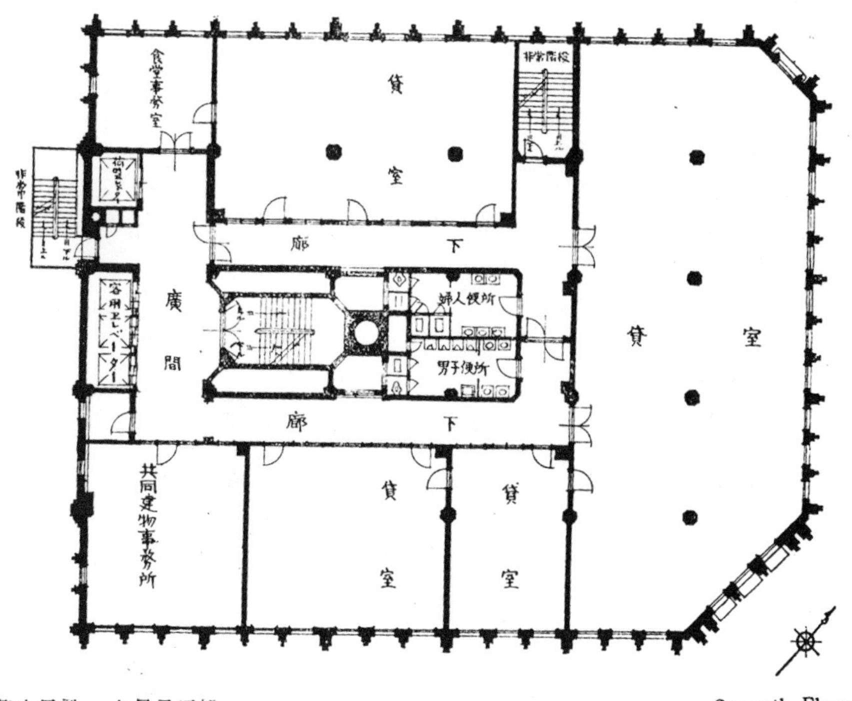

第十四圖　七層平面圖　　Seventh Floor

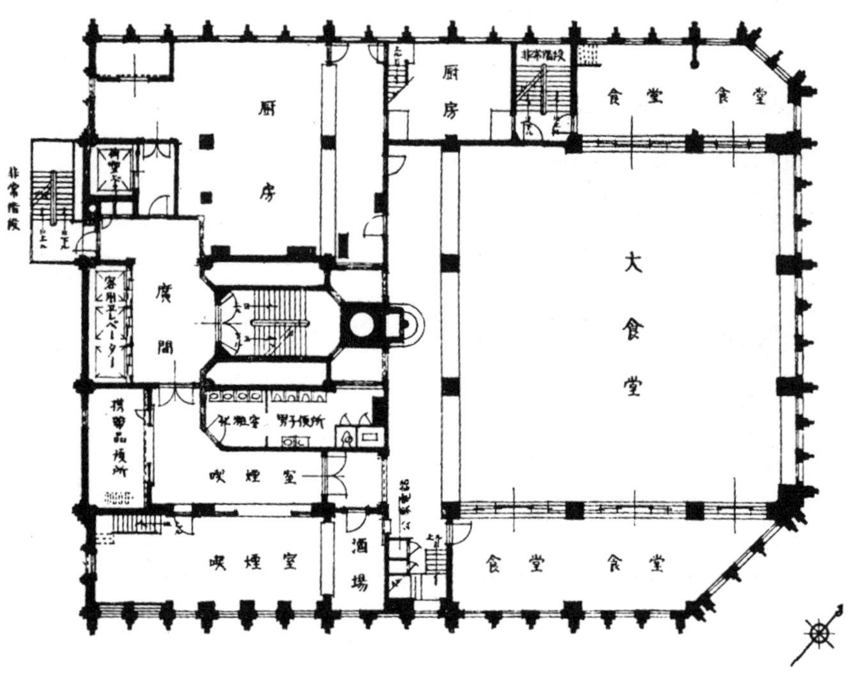

第十五圖 八層平面圖　　Eighth Floor

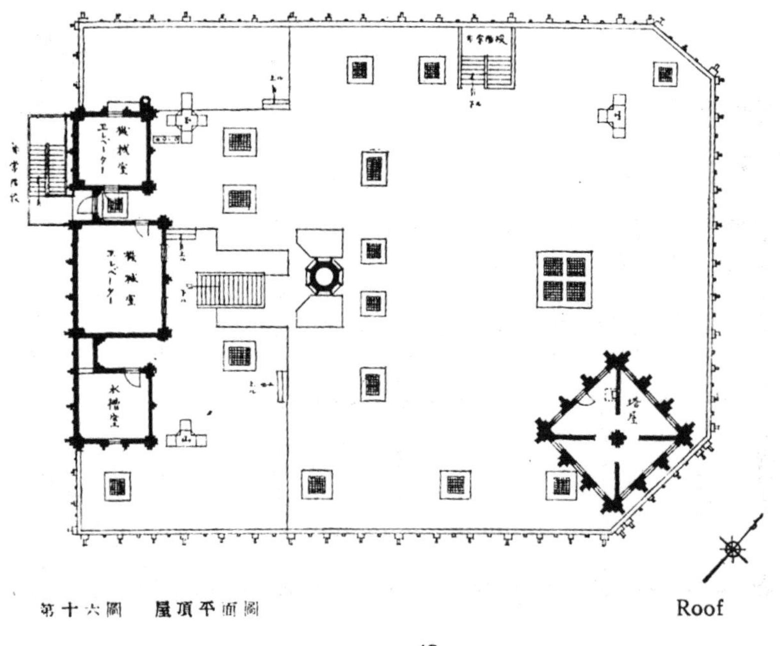

第十六圖 屋頂平面圖　　Roof

上圖爲重慶四川美豐銀行總行模型，下圖爲平面圖，係由上海基泰工程師設計，馥記營造廠承造，模型則爲上海藝生模型社所製云。

The Mei Feng Bank of Szechuen Chungking

Above: The Model.
Below: The Plan.

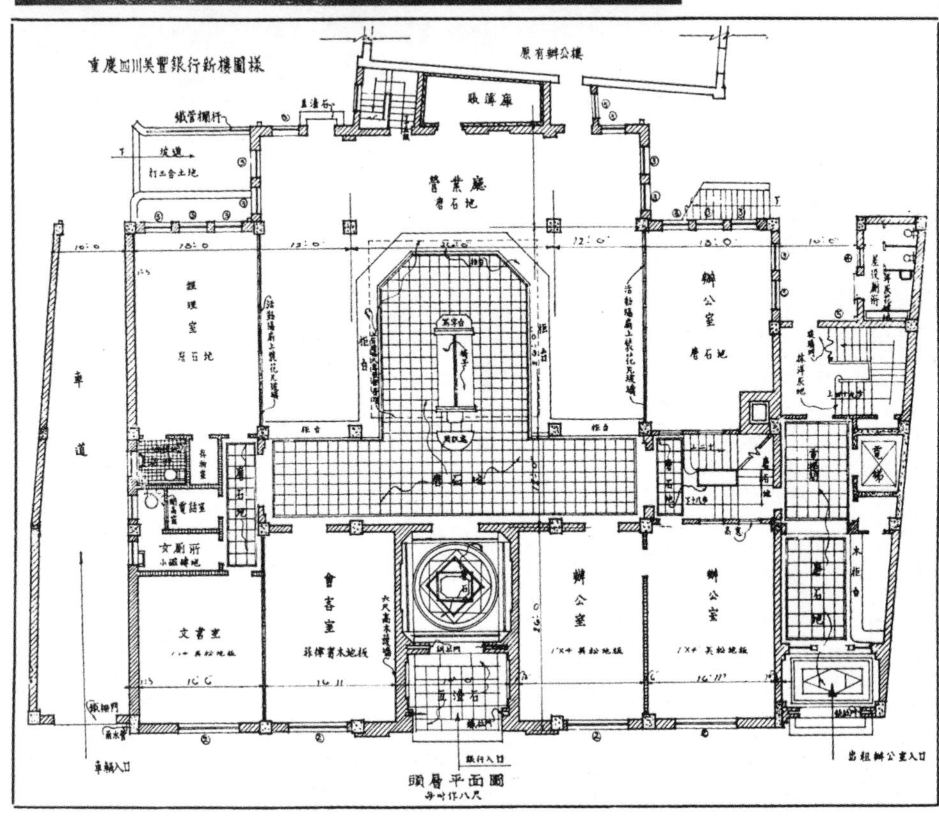

建築中之上海派克路白克路角新式公寓

凱司洋行設計

Modern Apartment Building now under Construction on Corner of Park & Burkill Roads, Shanghai.

Messrs. Keys & Dowdeswell, Architects.

派克路白克路角公寓下層平面圖

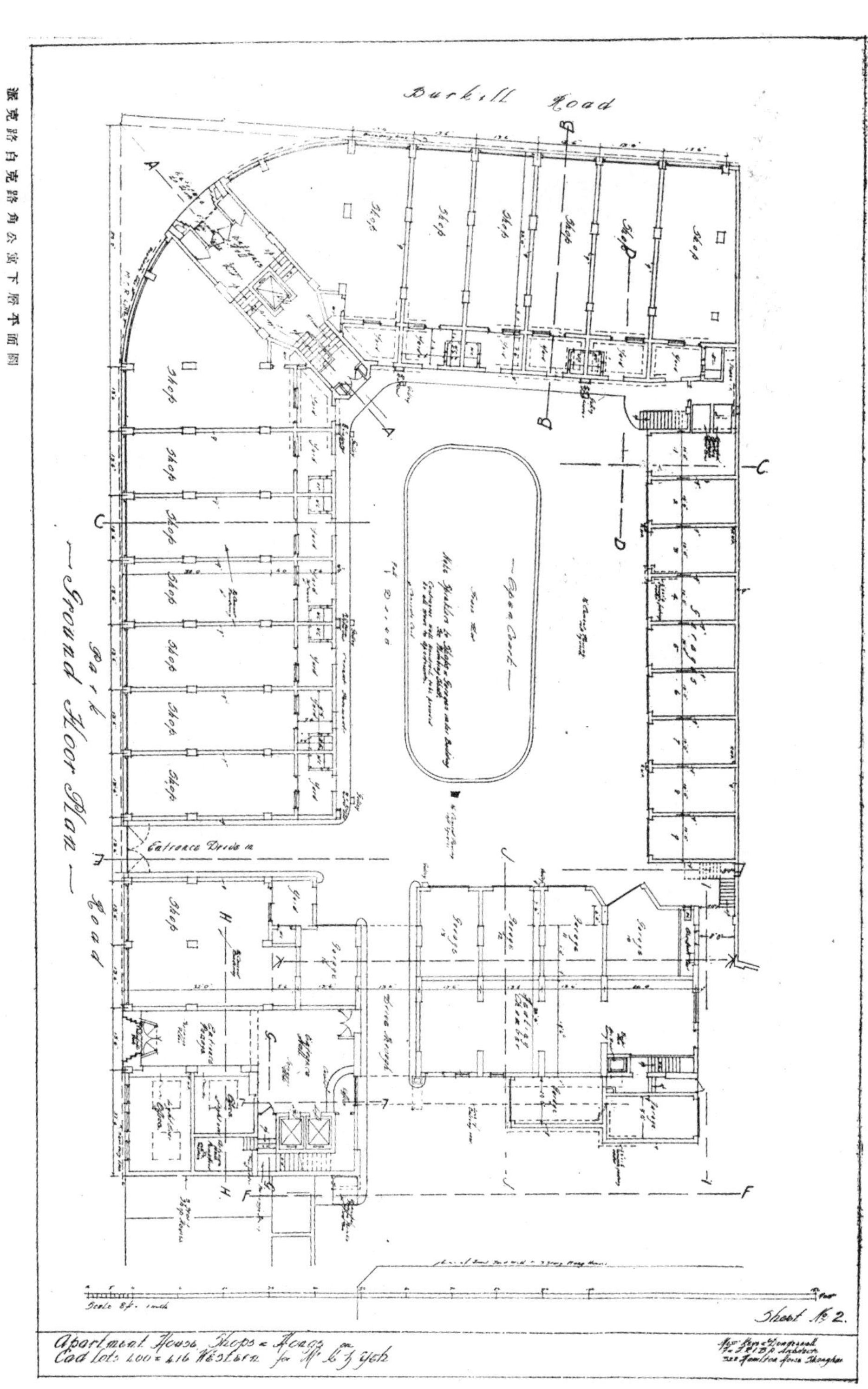

派克路白克路角公寓二層平面圖

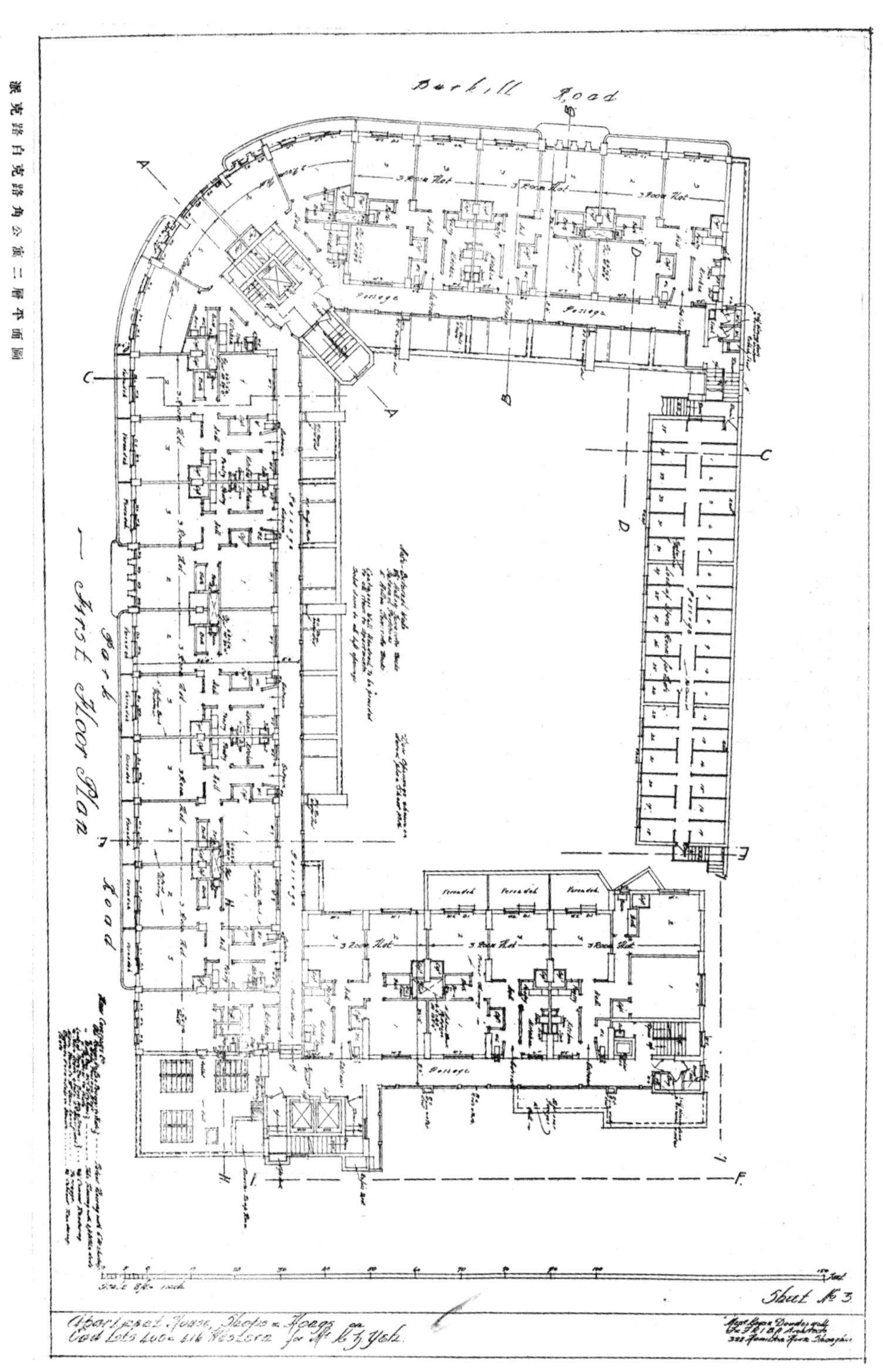

我國有數千里之海岸，自直魯蘇浙閩粵凡六省，漁業範圍，至爲龐大，每年水產，約値六千萬元。惟各漁商，俱係各自買賣，旣無組織，又乏保護；因之國內漁業不振，外貨侵入，前途日蹙。補救之道，惟有設立一大規模有組織之市場，以管轄全國漁業。如是則非獨振興國內漁業，幷裨益整個民生經濟；實業部有鑒於此，特在上海楊樹浦定海橋北，濬浦局新塡灘地，籌設上海魚市場一所。蓋因上海爲國際及全國市場，外能控制沿海鹹水魚，可管理沿江淡水魚之集散。該魚市場經實部委本埠興業建築師事務所徐敬直李惠伯等設計，工程浩大，經一年之運籌擘劃，現始開工，計佔地四十八畝，重要部份有(一)魚市場辦事處三層水泥鋼骨建築一座，(二)魚市競賣場一座，(三)經紀人辦事處二層建築一座，(四)新式倉庫一所，內分(甲)冷藏庫，(乙)冰凍室，(丙)製冰室，(丁)機器間，(戊)凝結器室；(五)六百尺之岸壁碼頭一座。其外若氣象台，無線電室等，無不俱備；可與英美日各國之大漁市場相媲美，誠我國建築界中之創舉也。

FISH MARKET TO BE ERECTED ON WHANGPOO

A significant step taken by the Ministry of Industry towards the protection of China's fishing industry is seen in construction of the largest fish market in China located on 48 mow of delta land reclaimed by the Whangpoo Conservancy Board north of the Tinghai Bridge, at the terminus of Yangtszepoo Road. The initial current expenses for the administration of the fish market is learned to be fixed at $100,000 with the sanction of the Central Political Council. A trunk railway line will link the fish market with the main line to facilitate transportation. The building is divided into seven departments. They are the administrative offices, the fish market itself, which will be located on the ground floor, the offices for retailers, the cold storage, an ice-making factory, a machinery installation room, and several godowns for the unloading of fish. There will be six pontoons which jut out into the Whangpoo for the anchorage of fishing junks. A weather signal office with a radio broadcasting office will be located on the upper floor of a tower attached to the main building. Market prices will be broadcast daily fixing the official prices for the fish. The administrative offices will have a research laboratory equipped with scientific apparatus for research purposes. Dormitories will be provided for the administrative staff. The fish market has a water frontage of 600 feet. The ice storage rooms will have a capacity for 1,500 tons of fish besides godowns for that purposes. A tender has been awarded by the Ministry of Industry to the Hsin Chang Tai Building Contractors at a total cost of $300,000 and the building will be completed after six months. The fish market and attached buildings are designed by Su, Yang and Lei architects.

建築中之上海蒲石路三層公寓

承造者：新明記營造廠　　設計者：建安測繪行陸志剛建築師

Three Storied Apartment House on Rue Bourgeat, Shanghai.

Hsu Chun Yuen & Co., Building Contractors. Mr. T. K. Loh of the Kien An Co., Architect.

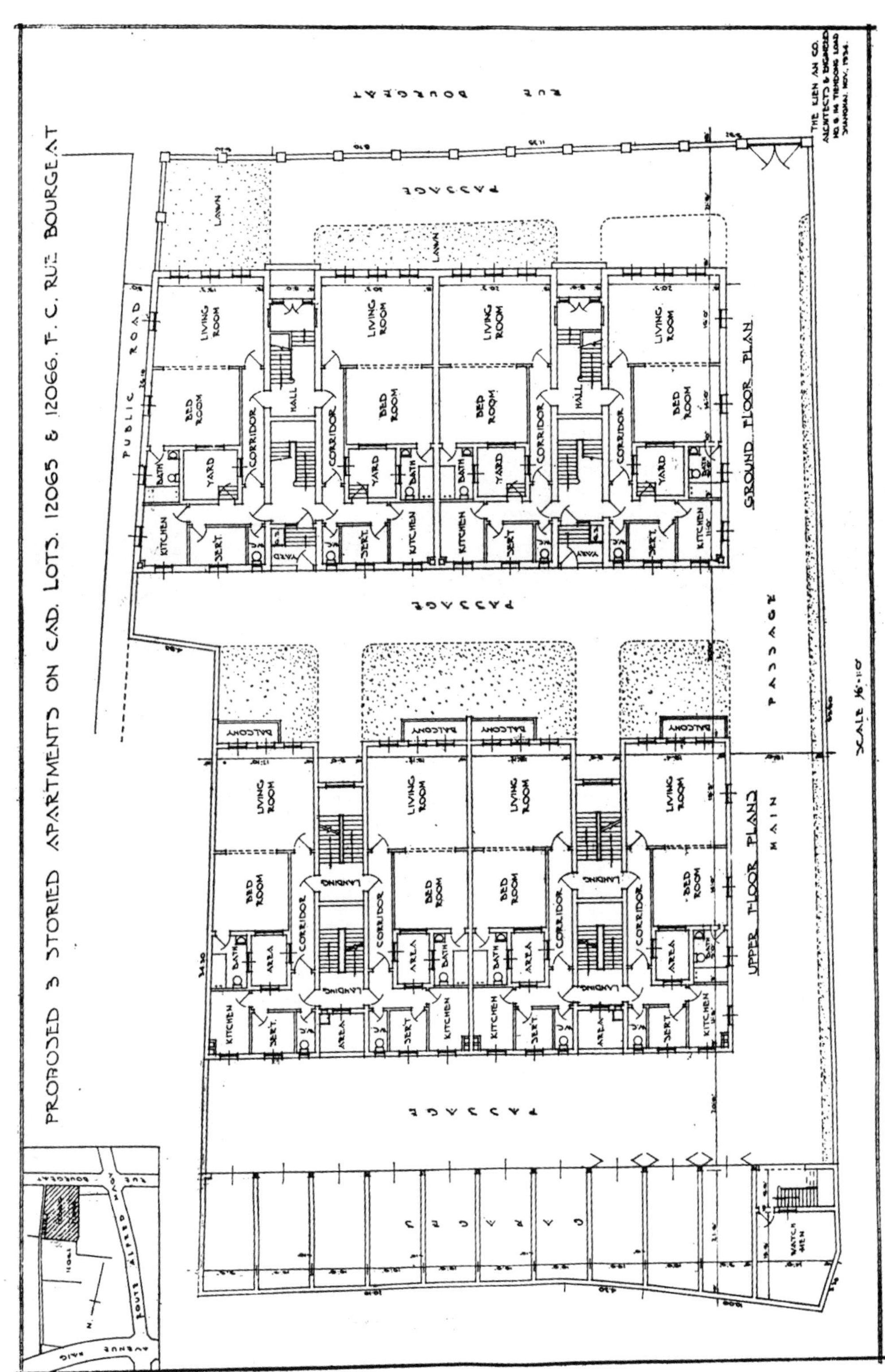

建築中之蒲石路三層公寓平面圖

菲律賓嘉年華會中國陳列館

Above is a proposed building to be erected in Manila for the exhibition of Chinese products during the Carnival in the Island.

本市吳市長鐵城，發起參加一九三五年二月一日菲律濱嘉年華會中國物品展覽會，囑製陳列館建築圖案。圖成，因該會指撥場地不敷應用，更因時間太促，故決議中止參加，待一九三六年春再議云。

高等構造學定理數則

林 同 棪

第一節 緒論

高等構造學之定理，本非深奧難明。不幸各著名教授及理論家，皆好引用繁雜算式，以證明之。致普通工程師以及工程學生，望之而生畏；卽不敢從事研究，遂指爲無用之公式，謂其徒合理論而無補於實際之設計。殊不知理論確對，則必與實際相合。今欲使工程設計，立基於科學，則必由理論實際，兩方面同時着手。是以最近工程學之趨勢，不但求設計理論之準確，更注意設計方法之簡易。蓋如是則普通工程師，方能引用而實施之也。

本文用工作不滅定理(The law of conservation of energy)證明高等構造學定理數則。其證法之簡單，雖在一二構造學書中，亦可見及；然總未有如本文範圍之廣者。

第二節 兩點互生撓度之關係

(Maxwell's Law of Reciprocal Deflections)

設：任何構架(第一圖a–b)，A及B爲架上任何兩點。

在A點加以力量δP_A使之向δP_A方向發生撓度δD_A而B點向δP_B方向發生撓度δD_{BA}。(第一圖a)(註一)

在B點加以力量δP_B使之向δP_B方向發生撓度δD_B而A點向δP_A方向發生撓度δD_{AB}。(第一圖b)

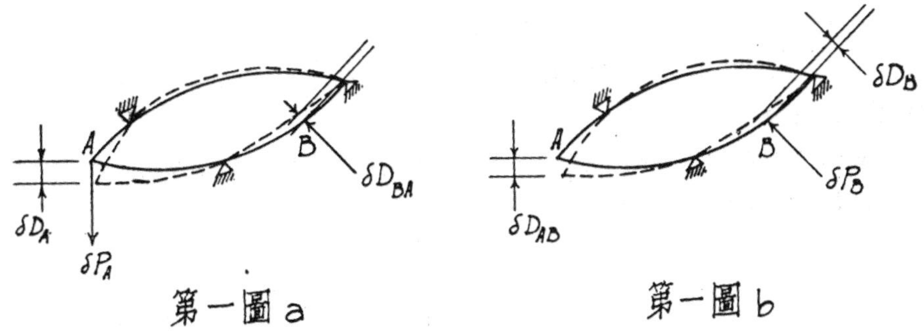

第一圖 a　　第一圖 b

求證：$\dfrac{\delta D_{AB}}{\delta P_B}=\dfrac{\delta D_{BA}}{\delta P_A}$

證：設在A點加以δP_A，則δP_A之工作爲

$$\tfrac{1}{2}\delta P_A \delta D_A$$

然後在B點再加以δP_B則δP_B之工作爲

$$\tfrac{1}{2}\delta P_B \delta D_B$$

而δP_A又因之而做工作，

(註一)本文各圖中之虛線，係指構架變形後之曲線。支座符號係代表支座。ㄟ代表動率。符號代表坡度。

$\delta P_A \delta D_{AB}$

故δP_A與δP_B之總工作爲，

$$W_1 = \tfrac{1}{2}\delta P_A \delta D_A + \tfrac{1}{2}\delta P_B \delta D_B + \delta P_A \delta D_{AB}$$

設在B點先加以δP_B，而後在A點添以δP_A，則δP_A與δP_B之總工作當爲

$$W_2 = \tfrac{1}{2}\delta P_B \delta D_B + \tfrac{1}{2}P\delta_A \delta D_A + \delta P_B \delta D_{BA}$$

今者δP_A與δP_B之總工作，與其加於架上之先後次序，當無關係，故，

$$W_1 = W_2$$

$$\therefore \tfrac{1}{2}\delta P_A \delta D_A + \tfrac{1}{2}\delta P_B \delta D_B + \delta P_A \delta D_{AB} = \tfrac{1}{2}\delta P_B \delta D_B + \tfrac{1}{2}\delta P_A \delta D_A + \delta P_B \delta D_{BA}$$

$$\therefore \quad \delta P_A \delta D_{AB} = \delta P_B \delta D_{BA}$$

$$\therefore \quad \frac{\delta D_{AB}}{\delta P_B} = \frac{\delta D_{BA}}{\delta P_A} \qquad \cdots\cdots\cdots (1)$$

附註(一)：如δP_A爲動率，δD_{AB}爲坡度；或如δP_B亦爲動率，δD_{BA}亦爲坡度，本公式亦可應用。

附註(二)：如δP_A或δP_B爲多數力量用於各點所組成，同理可證之。.

附註(三)：如$\delta P_B = \delta P_A = 1$，則$\delta D_{AB} = \delta D_{BA}$，其意義可譯之如下：A點向$\delta P_A$方向因B點向$\delta P_B$方向受力$\delta P_B = 1$所生之撓度，等於B點向$\delta P_B$方向因A點向$\delta P_A$方向受力$\delta P_A = 1$所生之撓度。此卽爲尋常之麥氏定理(Maxwell's law)。

第三節　兩支點互生力量之關係

(Law of Reciprocal Reactions)

設：任何構架(第二圖a-b)，A及B爲任何兩支點。

在A點向δD_A方向加以力量δP_A使之發生撓度δD_A；B點向δD_B方向因之發生力量δP_{BA}(但B點向δD_B方向並不發生撓度)(第二圖a)

在B點向δD_B方向加以δP_B使之發生撓度δD_B，A點向δD_A方向因之發生力量δP_{AB}。(但A點向δD_A方向並不發生撓度)。(第二圖b)

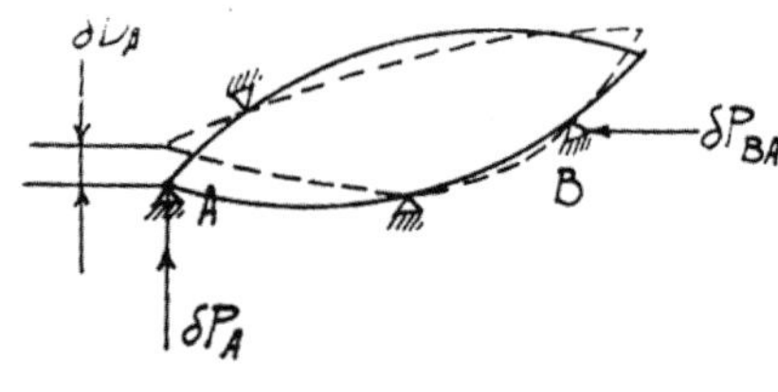

第二圖 a

第二圖 b

求證：$\dfrac{\delta P_{BA}}{\delta D_A} = \dfrac{\delta P_{AB}}{\delta D_B}$

證：設在A點先加以δP_A，後在B點添以δP_B，則δP_A與δP_B之總工作爲

$$W_1 = \tfrac{1}{2}\delta P_A \delta D_A + \tfrac{1}{2}\delta P_B \delta D_B + \delta P_{BA} \delta D_B$$

設先在B點加以δP_B，後在A點添以δP_A，則δP_A與δP_B之總工作為

$$W_2 = \tfrac{1}{2}\delta P_B \delta D_B + \tfrac{1}{2}\delta P_A \delta D_A + \delta P_{AB} \delta D_A$$

$$\therefore W_1 = W_2$$

$$\therefore \tfrac{1}{2}\delta P_A \delta D_A + \tfrac{1}{2}\delta P_B \delta D_B + \delta P_{BA} \delta D_B = \tfrac{1}{2}\delta P_B \delta D_B + \tfrac{1}{2}\delta P_A \delta D_A + \delta P_{AB} \delta D_A$$

$$\therefore \delta P_{AB} \delta D_B = \delta P_{AB} \delta D_A$$

$$\therefore \frac{\delta P_{BA}}{\delta D_A} = \frac{\delta P_{AB}}{\delta D_B} \qquad \text{(1)}$$

附註(一)：如δP_{BA}為動率，δD_B為坡度；或δP_{AB}亦為動率，δD_A亦為坡度，本公式仍可應用。

附註(二)：如δD_A或δD_B為各點撓度所組成，同理可證之。

附註(三)：如$\delta D_A = \delta D_B = 1$，則$\delta P_{BA} = \delta P_{AB}$其意義如下：

B點向δD_B方向因A點發生$\delta D_A = 1$所生之力量，

等於A點向δD_A方向因B點發生$\delta D_B = 1$所生之力量。

附註(四)：本定理與麥氏定理相類似。然作者尚未能在各構造書中見及此定理。其是否為一新鮮定理，則不可得知矣。

第四節　支點力量與他點撓度之關係

(Influence Lines and Begg's Deformeter)

設：任何構架(第三圖a-b)A為任何支點，B為任何其他其一點。

在A點加以力量δP_A使之向δP_A方向發生撓度δD_A，而B點向δP_B方向發生撓度δD_{BA}。(第三圖a)

在B點加以力量δP_B使之向δP_B方向發生撓度δD_B，而A點向δP_A方向發生力量δP_{AB}。(第三圖b)

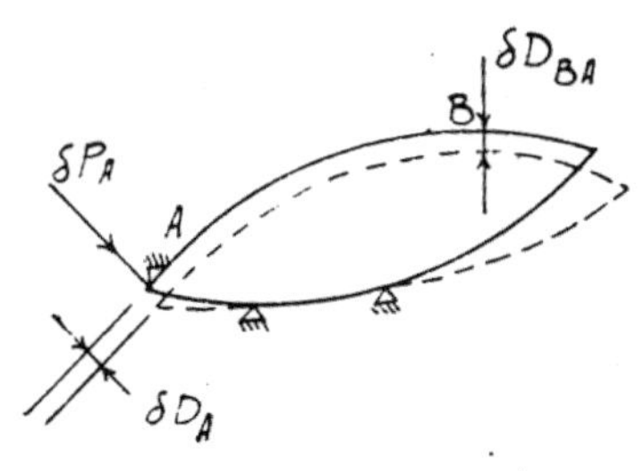

第三圖a

δP_B　δD_B　B　δP_AB　A

第三圖b

求證：$\dfrac{\delta P_{AB}}{\delta P_B} = \dfrac{-\delta D_{BA}}{D_A}$

證：設先在A點加以δP_A，後在B點添以δP_B，則δP_A與δP_B之總工作為

$$W_1 = \tfrac{1}{2}\delta P_A \delta D_A + \tfrac{1}{2}\delta P_B \delta D_B$$

設先在B點加以δP_B，後在A添以δP_A，則δP_A與δP_B之總工作為，

$$W_2=\tfrac{1}{2}\delta P_B\,\delta D_B+\tfrac{1}{2}\delta P_A\delta D_A+\delta P_{AB}\,\delta D_A+\delta P_B\,\delta D_{BA}$$

$$\therefore W_1=W_2$$

$$\therefore \tfrac{1}{2}\delta P_A\delta D_A+\tfrac{1}{2}\delta P_B\,\delta D_B=\tfrac{1}{2}\delta P_B\,\delta D_B+\tfrac{1}{2}\delta P_A\delta D_A+\delta P_{AB}\,\delta D_A+\delta P_B\,\delta D_{BA}$$

$$\therefore \delta P_{AB}\,\delta D_A+\delta P_B\,\delta D_{BA}=0$$

$$\therefore \frac{\delta P_{AB}}{\delta P_B}=\frac{-\delta D_{BA}}{\delta D_A} \quad \cdots\cdots (3)$$

附註(一)：如δP_{AB}為動率，δD_A為坡度；或δP_{AB}亦為動率，δD_A亦為坡度，本公式仍可應用。

附註(二)：如δP_B為數點之力量，或δD_A為數點之撓度，同理可證之。

附註(三)：如$\delta P_B=1$，$\delta D_A=-1$，則$\delta P_{AB}=\delta D_{BA}$，其意義如下

"A點向δD_A方向因B點受力$\delta P_B=1$所生之力量，等於B點向δP_B方向因A點發生撓度$\delta D_A=-1$所生之撓度。"故如使A點向δD_A方向發生撓度$=-1$，則任何一點向任一方向之撓度，即為該點向該點方向受力$=1$後，A點向δD_A方向所因之而生之力量。此即為Mueller-Breslan及D.B.Steinman 先後所宣佈之影響線定理；亦即為Begg's Deformeter之原理。

附註(四)：A點可為架內之任何一點，本公式仍可通用。

第五節　各定理之應用

以上各定理，不但變化不盡，亦且應用無窮。茲姑舉數例如下。讀者得暇，可自設數目，算出以證實之。(I) 公式(1)之應用

(1)

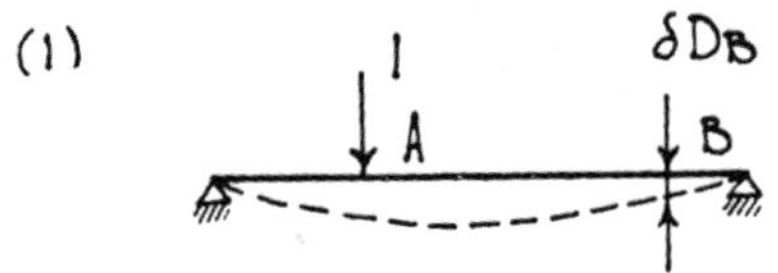

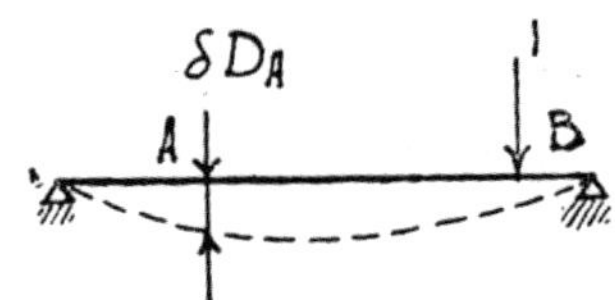

第四圖　$\delta D_B=\delta D_A$

(2)

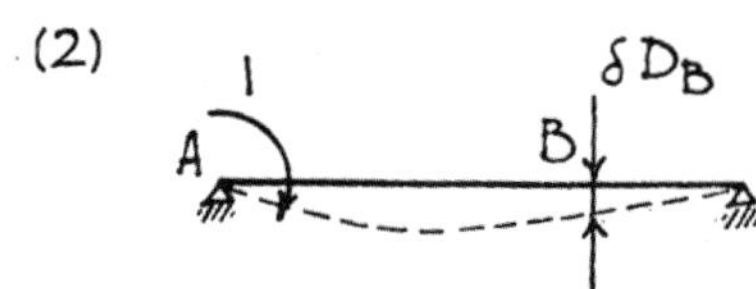

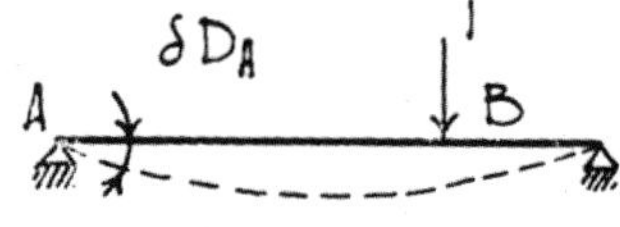

第五圖　$\delta D_B=\delta D_A$

(3)

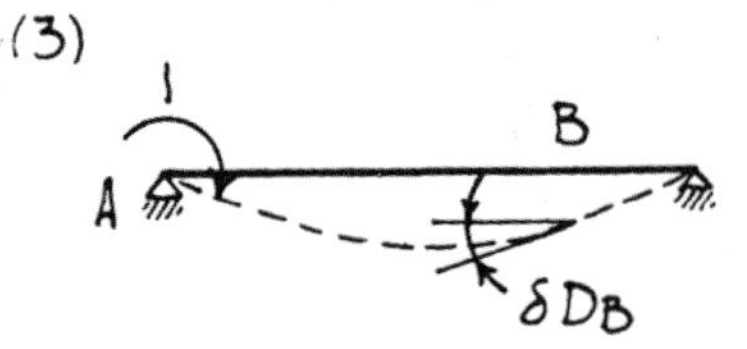

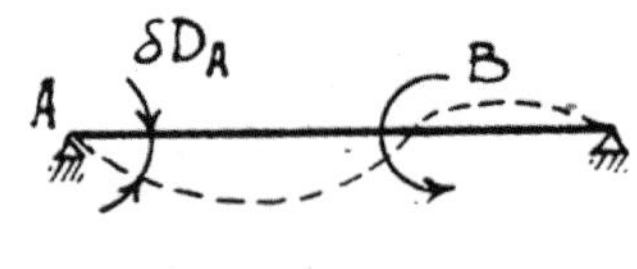

第六圖　$\delta D_B=\delta D_A$

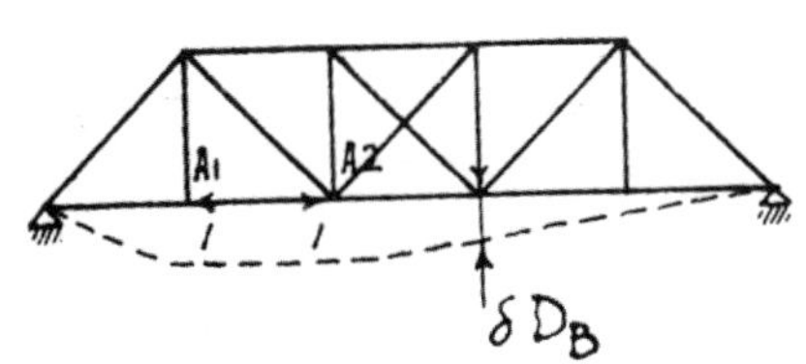

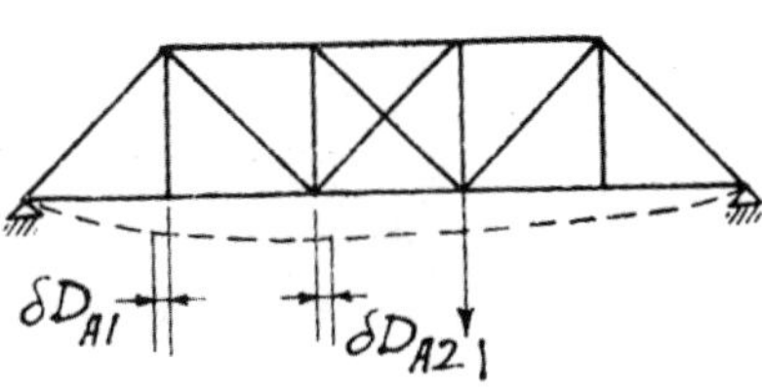

第七圖 $\delta D_B = \delta D_{A1} + \delta D_{A2}$

(5)

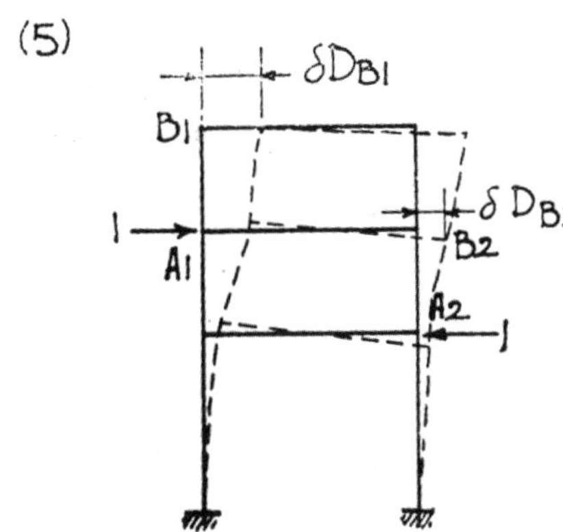

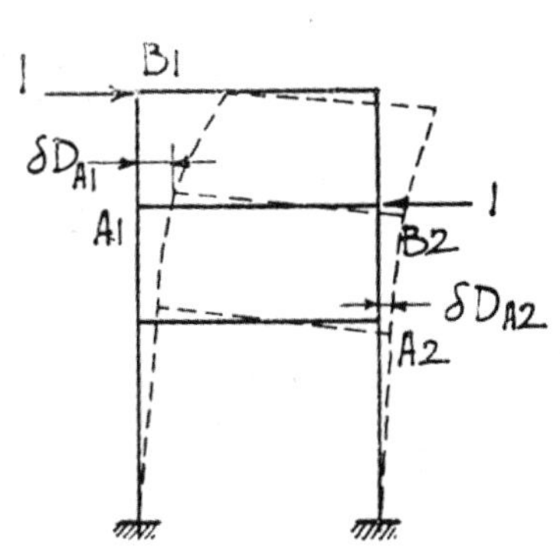

第八圖 $\delta D_{B1} - \delta D_{B2} = \delta D_{A1} - \delta D_{A2}$

(6)

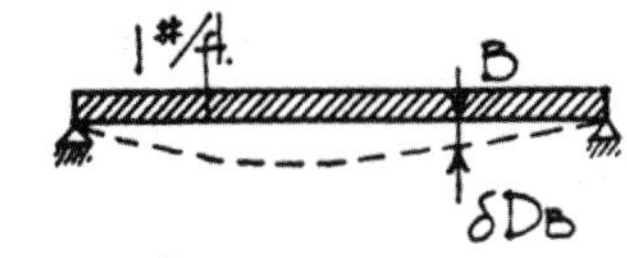

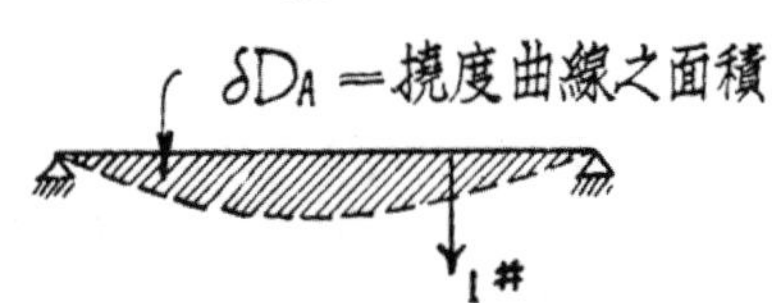

第九圖 $\delta D_B(\text{ft.}) = \delta D_A$

(II) 公式(2)之應用

(1)

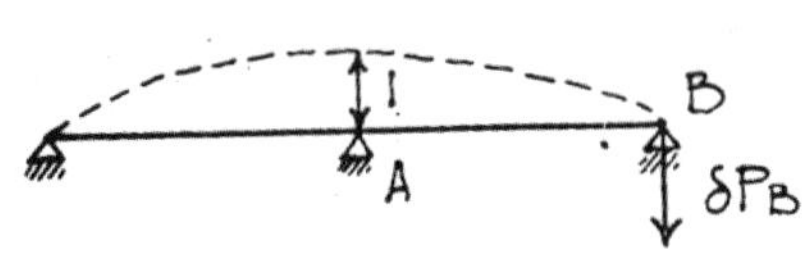

第十圖 $\delta P_B = \delta P_A$

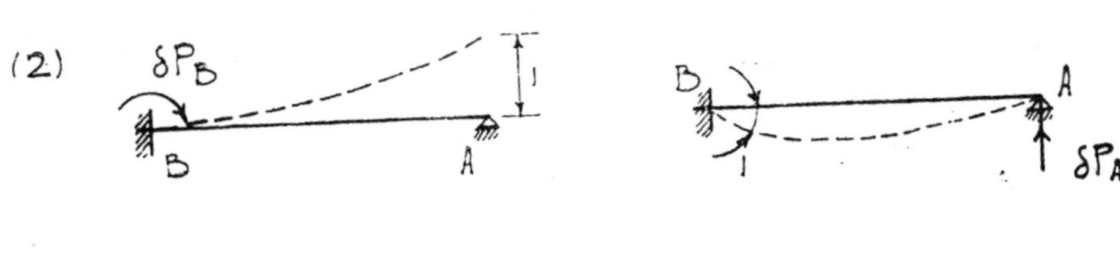

第十一圖 $\delta P_B = \delta P_A$

（III）公式（3）之應用

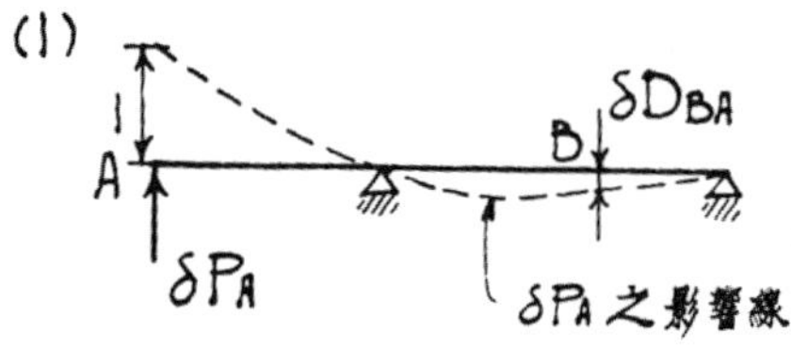

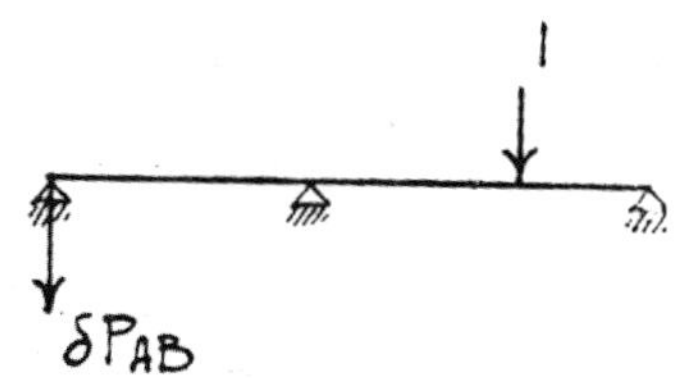

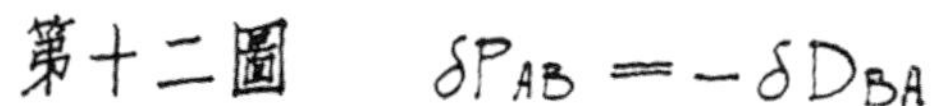
第十二圖 $\delta P_{AB} = -\delta D_{BA}$

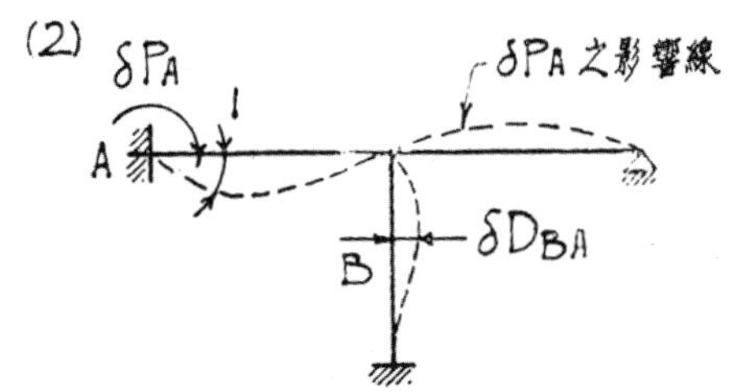

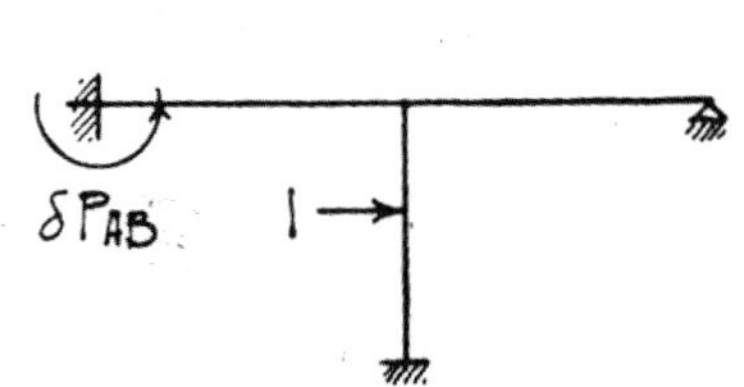

第十三圖 $\delta P_{AB} = \delta D_{BA}$

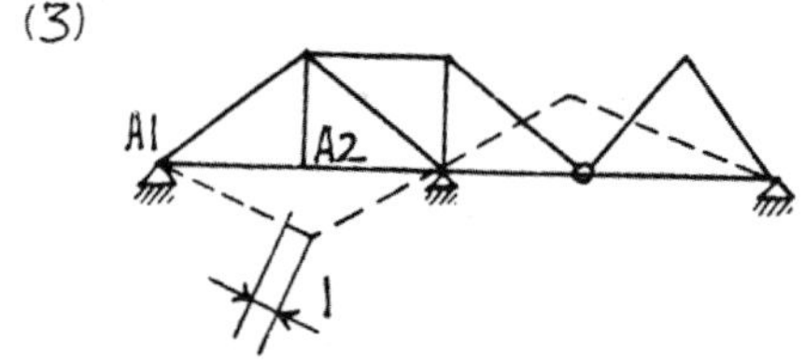

第十四圖 虛線為 A_1-A_2 桿件之影響線

第六節 推論

由以上三个基本公式，可推算得其他主要公式如下

(I) 撓度與構造架內部工作 W_I 之關係(Castigliano's second theorem)

如將公式(1)寫爲：

$$\delta D_{AB} = \frac{\delta D_{BA}\,\delta P_B}{\delta P_A}$$

$$\therefore\ D_{AB} = \frac{\delta D_{BA}\cdot P_B}{\delta P_A}$$

P_B可指爲構架各部之應力，D_{BA}爲因P_A所生之變形，故

$$W_I = D_{BA}\,P_B$$

$$\therefore D_{AB} = \frac{\delta W_I}{\delta P_A} \cdots\cdots\cdots\cdots\cdots(4)$$

(II)最少工作定理(Theory of Least Work)

如$D_{AB}=0$，則

$$\frac{\delta W_I}{\delta P_A} = 0 \cdots\cdots\cdots\cdots\cdots(5)$$

此公式卽所謂最少工作定理。

(III)普通撓度公式(General Deflection Formula)

公式(3)可寫爲，

$$-\delta D_{AB} = \delta D_B\,\frac{\delta P_{BA}}{\delta P_A} = D_B\,.\,u \cdots\cdots\cdots\cdots\cdots(6)$$

此中u爲B點因A點受力=1所生之力量。由此公式可算出A點因B點撓度所生之撓度。

公式(1)可寫爲

$$\delta D_{AB} = \delta P_B\,\frac{\delta D_{BA}}{\delta P_A} = \delta P_B\,.\,V \cdots\cdots\cdots\cdots\cdots(7)$$

此中V爲B點因A點受力=1所生之撓度。由此公式可算出A點因B點受力所生之撓度。

第七節　結　論

本文內容從簡。許多更可深究各點，如確定各定理之範圍，其所受之限制及假設，皆未在本文提出。欲究之者，可在推算公式中，步步察之。更可用較繁方法，以審查之。

因圖書之缺乏，作者未能將參考書，一一錄出。雖則提及，亦恐國內讀者，不易覓得，故均從略。希讀者原諒。

工程估價

（十九續）

杜彥耿

第六節　五金工程（續）

白鐵皮爲片金屬之一，有平白鐵與瓦輪白鐵之分。平白鐵用以製器物如噴桶，鉛壺及擔水桶等。房屋上之水落，管子，水斗及還水等，亦咸用平白鐵製之。白鐵最薄者雖有三十二號與三十號，（按：號數爲白鐵之厚度及衡量，號數益大，厚度益薄。）然用者咸以二十八號爲最薄，普通用二十六號或用二十四號，用二十二號厚度者殊鮮。瓦輪白鐵用以鋪蓋屋面或作壁護，其厚度及衡量與平白鐵相同。白鐵之大小，爲三尺闊與七尺長；瓦輪鐵之闊度則爲二尺半，蓋因瓦輪起伏，故縮狹半尺。

茲將平白鐵與瓦輪鐵，每箱之重量，張數及價格，列表如后：

（甲）平白鐵

△張數，重量及價格均以每箱計

號數	張數	重量	價格
二十二號（英）	二十一張	四〇二斤	五十八元八角
二十四號（英）	二十五張	四〇二斤	五十八元八角
二十六號（英）	三十三張	四〇二斤	六十三元
二十八號（英）	三十八張	四〇二斤	六十七元二角
二十二號（美）	二十一張	四〇二斤	六十九元三角
二十四號（美）	二十五張	四〇二斤	六十九元三角
二十六號（美）	三十三張	四〇二斤	七十三元五角
二十八號（美）	三十八張	四〇二斤	七十七元七角

（乙）瓦輪鐵

△張數，重量及價格均以每箱計

號數	張數	重量	價格
二十二號（英）	二十一張	四〇二斤	五十八元八角
二十四號（英）	二十五張	四〇二斤	五十八元八角
二十六號（英）	三十三張	四〇二斤	六十三元
二十八號（英）	三十八張	四〇二斤	六十七元二角

白鐵水落、管子及還水等工程，概由鉛皮號承包，故上項工程之計値，不必分鐵皮，人工，焊錫炭火等，蓋鉛皮號以每丈（卽十英尺）計値也。茲特列表如后：

白鐵號數	名稱	每丈價格
二十四號	九寸水落管子	一元九角五分
二十四號	十二寸水落管子	二元三角
二十六號	九寸水落管子	一元六角五分
二十六號	十二寸水落管子	一元九角五分
二十四號	十四寸方管子	二元九角
二十六號	十四寸方管子	二元二角五分
二十四號	十八寸方水落	三元四角
二十六號	十八寸方水落	二元六角
二十四號	十八寸天斜溝	三元一角
二十六號	十八寸天斜溝	二元四角五分
二十四號	十二寸還水	二元三角
二十六號	十二寸還水	一元九角五分

紫銅皮與黃銅皮，對於建築，並非主要材料，故用銷不大。銅皮之尺寸，以三尺長爲最短，十五尺濶爲最狹；現在市價，紫銅皮每擔洋四十六元，黃銅皮每擔洋二十七元。

鐵板亦屬片金屬之一，茲特將其每方尺之重量，列表如后：

厚度	每方尺重量（磅）
1/23"	1.275
1/16"	2.55
3/32"	3.825
1/8"	5.1
5/32"	6.375
3/16"	7.65
7/32"	8.925
1/4"	10.2

鐵板現在市價，每擔需洋六元五角。

鋼絲網之於現代建築，爲用殊廣。現在房屋內部之分間牆，平頂，假大料及柱子等，用鋼絲網包釘，用代以前之板條子。因板條子當粉刷乾燥時，板條每易收縮，以致粉刷罅裂；況板條子易於着火，故現代建築，咸以鋼絲網代之。蓋時代演進，用鋼漸多，用木漸少，爲必然之趨勢也。

鋼絲網每張之大小，長八尺，闊二尺三寸。價格以每方（卽一百平方尺）計，二磅二五者每方洋四元，三磅有筋者每方十元。

筋肋鋼絲網

(Hy-rib mesh)

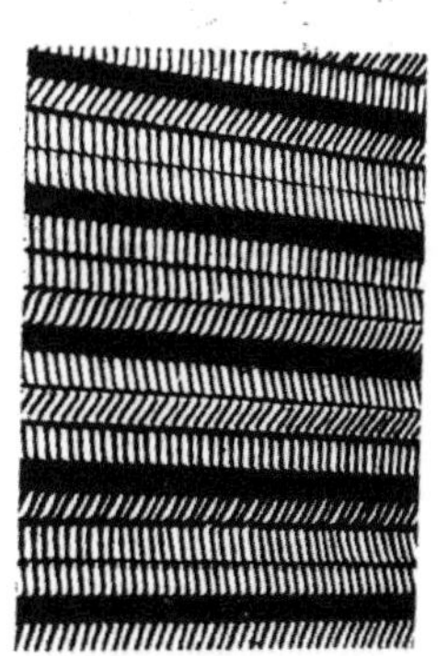

寇恩氏特種鋼絲網

(Kuehn's special mesh)

平鋼絲網

(Sheet mesh)

第七節 屋面工程

屋面有平面與坡面兩種，平屋面多數用於城市中之高樓大廈，離市廛稍遠之住屋，則以用坡形之屋面爲多。平屋面大概以鋼筋水泥構築者居多，亦有用欄柵木板鋪蓋，上覆柏油牛毛毡者，但現在已不多覩。

水泥平屋面。因水泥不能完全禦水滲漏，故必於面上澆置柏油牛毛毡；更有進者，水泥傳熱，若不鋪置特種隔絕設備，屋面下之一層室中，在暴熱氣候時，實難居住。因之水泥平屋面上，鋪砌空心磚一皮，上置甘蔗板或其他隔熱材料，更於其上澆松香柏油，鋪紙牛毛毡；松香柏油一層，一層厚牛毛毡一皮；松香柏油，二層厚牛毛毡；松香柏油，石卵子。如是則屋面既可保無滲漏之慮，冷，熱及聲亦可爲甘蔗板隔絕，且更可行於屋面，眺望四野景色，蓋下有石卵子保護，不致破及牛毛毡也。

國外輸入之牛毛毡，牌號甚多；其價格最佳者每方（百平方英尺）需洋十八元，普通者十二，十三元不等；隔熱甘蔗板半寸厚，每方需洋十三元，可保用十五年至二十年。

鋪蓋坡形屋面之材料綦多，如西式青瓦與紅瓦，西班牙瓦，中國牙，捲筒瓦，琉璃瓦，石棉瓦，片瓦，石版瓦及瓦輪白鐵等，不下數十種；然普通應用者，則以上述數種爲多。因將其每方需數及價格列后：

紅瓦	每方一五〇張	每千洋六十三元	計洋九•四五元
青瓦	每方一五〇張	每千洋七十元	計洋一〇•五〇元
西班牙瓦	每方三六〇張	每千洋五十二元	計洋一八•七二元
中國蝶瓦	每方一千張	每萬五十五元加力	計洋五•五〇元
中國琉璃瓦	每方四百張	每千洋五百元	計洋二百元
瓦輪白鐵	每方六張半	每張一•七八元（二四號）	計洋一一•五七元

第八節　粉刷工程

粉刷分裏粉刷與外粉刷兩種，外粉刷有粉水泥，汰石子，毛水泥，粉黃沙，擺石子，粉斬水泥假石等。裏粉刷有粉白石灰，粉水沙，粉石膏等。

粉刷之量算，依照現在一般普通營造廠，粉刷包括於牆垣內。倘將牆垣與裏外粉刷分別估算，似較詳盡清晰。更有特製一表，分載室內各種不同之長闊高尺寸，積成方數，可以節省於估算時衡量計算之麻煩。

量算粉刷，最碻切者，莫如先結算粉刷有若干方，隨後除去空堂如門窗等所佔之地位。倘空堂益大或益多，不妨將粉刷之價額，略爲提高。

粉刷，普通均需三塗，即括草，二塗及末塗是。而同爲三塗粉刷，又有濕三塗與乾三塗之別。濕三塗者：括草後即粉二塗，隨之以末塗。如白石灰粉刷，第一塗係泥紙筋括草，第二塗亦然，第三塗則爲紙筋灰粉光，用毛柴帚或排筆拭刷，使牆面平衡，無起伏不平之鐵板痕。乾三塗者，如內牆粉柴泥括草，待乾後，出豎頭括二塗，待乾透後方可蓋水沙。

茲將內外粉刷之材料，需值等，製表如下：

各種粉刷材料及價格表

水泥粉刷（一）

（一寸厚）

水泥細砂(一•一合)	數量	價格	結計
水泥	一•七桶	每桶六元三角	洋一〇•七一元
黃砂	六•八立方尺	每噸三元二角	〇•九〇元
		共計洋	一一•六一元

水泥粉刷（二）

（一寸厚）

水泥細砂(一•二合)	數量	價格	結計
水泥	一•一三	每桶六元三角	七•一一九元
黃砂	九•〇立方尺	每噸三元二角	一•一九七元
		共計洋	八•三一六元

水泥粉刷（三）

（一寸厚）

水泥細砂(一•三合)	數量	價格	結計
水泥	•八五桶	每桶六元三角	五•三五五元
黃砂	一〇•二五立方尺	每噸三元二角	一•三五六元
		共計洋	六•七一一元

水泥粉刷（四）

（一寸厚）

水泥細砂(一•四合)	數量	價格	結計
水泥	•六八桶	每桶六元三角	四•二八四元
黃砂	一〇•九立方尺	每噸三元二角	一•四四九元
		共計洋	五•七三三元

粉灰筋蔴

（每百立方尺可粉二分厚四十八平方）

種類	數量	價格	結計	備註
石灰	一四•九八担	每担洋一元五角	二二•四七元	
蔴絲	四四•五〇斤	每担洋六元	二•六七元	
水	一二五介侖	每千介侖六角三分	〇•〇七九元	
化灰人工	二•三八工	每工洋•八〇元	一•九〇元	
		共計洋	二七•一一九元	

粉灰筋紙

（每百立方尺可粉二分厚四十八平方）

類種	數量	價格	結計	備註
石灰	一二•七〇担	每担洋一元五角	一九•〇五元	
草紙	二三•八〇捆	每捆二角六分	六•一八八元	草紙每捆大 9½"×12"×13"
水	一二五介侖	每千介侖六角三分	〇•〇七九元	
化灰人工	二•三八工	每工洋八角	一•九〇元	
		共計洋	二七•二一七元	

草括絲蔴灰石砂黃

（一寸厚）

種類	數量	價格	結計	備註
石灰	八四•一磅＝•七七一担	每担一元五角	一•一五六元	
黃沙	八•五立方尺＝•三五四噸	每噸三元二角	一•一三二元	
蔴絲	一磅	每担六元	•〇五四元	
水	一〇介侖	每千介侖六角三分	•〇〇六元	
粉刷工	二•五工	每工九角	二•二五〇元	
		共計洋	四•五九八元	

泥沙及灰石草稻泥柴

（每百立方尺可粉一寸半厚十二平方）

種類	數量	價格	結計	備註
沙泥	一方（即一百立方尺）	每方四元	四•〇〇元	黑色爛糊沙
石灰	每担（即一一〇・二三磅）	每担一•五〇元	一•五〇元	
稻草	一担	每担•八一六元	•八一六元	
水	三〇介侖	每千介侖六角三分	•〇一八元	
搗泥工	一工	每工八角	•八〇〇元	粉刷工另外
		共計洋	七•一三四元	

上列表中之估算，係依照上海安記營造廠歷年承造工程之實例。若以淨計，一寸厚水泥粉刷一•二合，每方應需水泥〇•八三三桶；而表中須需一•一三桶計多〇•二九七桶，其原因係水泥不盡粉於牆上，每有失落損耗之故•

水沙粉刷

(每百立方尺可粉一百二十平方)

種類	數量	價格	結計	備註
沙泥	一方	每方六元	六•〇〇元	粗粒與淞砂
石灰	六担	每担一元五角	九•〇〇元	
水	一二五介侖	每千介侖六角三分	〇•〇七八元	
化煉工	一•五工	每工八角	一•二〇元	
		共計洋	一六•二七八元	

石膏粉刷

(粉半分厚每平方需工料表)

種類	數量	價格	結計	備註
石膏	二一磅半	每担三元六角	•七二二元	
麻筋灰	一寸厚一方	每方二•三四八元	二•三四八元	
粉刷工	二•五工	每工九角	二•二五〇元	
		共計洋	五•三二〇元	

汰石子粉刷

種類	數量	價格	結計	備註
三•四號石子對合	一桶	每桶三元	三•〇〇〇元	
水泥	一桶	每桶六元三角	六•三〇〇元	
粉刷工	一方	每方七元	七•〇〇〇元	連括草工在內
一•三合水泥底脚	一方	每方六•七一一元	六•七一一元	括草硬底脚
		共計洋	二三•〇一一元	

(待續)

中國水泥工業的過去現在及將來

呂驥蒙

中國水泥工業自從啓新洋灰公司創始以來。迄今已有三四十年歷史。其間不知經過幾許困難。如洋貨之壓迫。如內亂之連續。如交通之阻隔。均爲斯業發展上之重大打擊。新興之公司因此停頓者。不知凡幾。九一八以後。東北銷路斷絕。各業感受影響。水泥工業當然亦不能例外。差幸最近剿匪軍事已大獲勝利。國內市塲或可以望有相當的開展。而海關新稅則實施以後。進口水泥數量銳減。亦爲斯業之福音。然而遂謂中國水泥工業已上坦途。則猶有考慮餘地。茲試根據過去現在的狀況。以推測其將來之梗概。

(一)進口水泥的趨勢

水泥爲現代建築上三大要素之一。舉凡橋樑•碼頭•船塢•水池•堤防•水管以及高樓大廈等建築之欲經濟美觀而又耐久者。殆無不唯水泥是賴。故一國建設事業之盛衰。亦可於此覘之。吾國所需水泥。其初均來自國外。光緒二十四年開平礦務局就其煤礦附近創辦水泥工廠。旋以管理不善。於光緒三十三年讓歸華商經營。卽今日之啓新洋灰公司。亦卽中國有水泥工業之始。其後國內水泥消費漸增。國人自辦之水泥廠乃續有興起。在清季有廣東士敏土廠。湖北大冶水泥廠。(後改爲華記歸併於啓新)民九民十之間又有華商水泥公司及中國水泥公司等。故民九以後。洋貨水泥進口大減。惜內政不修。未能使斯業有長足的發展。而歐戰告終後。各國努力恢復戰前市塲。於是水泥進口又復大振。民十四以後。幾有不可嚮邇之勢。固然國內新式建築較前亦有所增進。但國產水泥之遭受壓迫。則爲事實之至顯著者。自最近增加進口稅以後。洋貨水泥受一打擊。進口始銳減。茲將自民元至廿三年十月止進口水泥之量與值。列表如下。以資參考。

進口水泥數值統計表

年份	數量 擔	金額 兩
民國元年	四八九、一五六•▲	五〇七、〇七九•
民國二年	六一八、〇一九•	六〇八、二二一•
民國三年	八八九、五三〇•	九〇一、二四一•
民國四年	五一八、二七八•	四五七、〇七〇•
民國五年	二三九、三二八•	一八五、七三三•
民國六年	七〇五、七三四•	七九一、四四六•
民國七年	八六二、三二〇•	九五三、八二〇•
民國八年	一、五一五、一八九•	一、六一二、三五一•
民國九年	一、七五一、八五四•	一、八六〇、一七〇•
民國十年	七〇、七〇六•	七七、七〇七•
民國十一年	四、三五五•	四、七九〇•
民國十二年	二六七、四八一•	二〇九、四五三•
民國十三年	四〇七、七四〇•	四〇三、六四六•
民國十四年	一、七六一、〇九九•	一、八七九、七二五•
民國十五年	二、四一六、九四八•	二、四三六、〇八五•
民國十六年	一、九一五、五三三•	二、〇九五、〇一八•
民國十七年	二、二八〇、五〇九•	二、七〇〇、六〇九•
民國十八年	二、八三二、八五七•	三、四六〇、八一四•
民國十九年	三、〇四四、八三九•	三、八四〇、四九七•
民國二十年	三、二八八、七七三•	四、六二五、六〇八•
民國廿一年	三、六七〇、二〇一•	五、六五六、一六五•

民國廿二年	二、二七八、七〇一・	三、七一六、七五二・
◉民國廿三年	九八四、二三三・	九五二、一五九・

註（◉）廿三年係一月至十月十個月之數字

（▲）民國元年的數量係鐵與水泥混合統計

吾國進口水泥歷年總量已如上述。然其內容究竟如何。孰爲大宗進口國家。亦頗値得注意。按水泥爲値低而體重之物。隔離過遠。或運輸不便之地。在經濟上往往不易發生貿易關係。故進口水泥均以距離較近之國家所產者爲最大。當吾國水泥工業初興之時。英法德日等國紛起競爭。而其所設之廠則均環我國境或竟在我國內。如香港・海防・澳門・九龍・大連・青島等處是。而我國進口水泥之大宗來路。亦卽爲安南香港與日本。其他各國雖有相當進口。但分之則爲數寥寥矣。玆列表如左。

▲進口水泥國別統計表

	二十年 擔	廿一年 擔	廿二年 擔	廿三年▲
安南	一三三、九二七	一、一五七、七四六	五八八、六三三	三七六、五四〇
香港	一、九四八、九〇六	一、四〇五、一九一	五一〇、一四八	一二七、四三三
日本	六五三、九六六	二八九、九〇〇	四五三、三六〇	三三五、〇七六
朝鮮	四八、七六八	一三一、八五三	—	—
澳門	三〇三、五一三	三七三、五一六	三一一、六三〇	三三、八六六
蘇聯（歐洲各口）	—		—	四五
關東租借地	—		一六九、〇七六	六六、七六一
其他各國	二〇九、七九三	三三一、九九五	二四六、八七五	五五、五一〇
合計	三、二六八、七七三	三、六七〇、二〇一	二、二七八、七〇一	九八四、二三三

註▲廿三年係一月至十月的數量且由公擔化爲擔以便與前數年比較

（二）國產水泥的狀況

我國國內水泥廠自啓新洋灰公司創始以後。繼起者雖不乏其人。但迭經風浪。迄今尙能屹然存在者。已屈指可數。玆就所知。臚列於下。

工廠名稱	廠址	成立年	資本	商標	每年之生產能力
啓新洋灰公司	河北唐山	光緒廿四年	一千四百萬元	馬牌	一百六十萬桶
廣東士敏土廠	廣州	光緒三十四年	一百二十萬元	獅球牌	二十萬桶
華記湖北水泥公司	湖北大冶	宣統二年	銀一百萬兩	塔牌	三十萬桶
上海華商水泥公司	江蘇龍華	民國九年	一百六十三萬餘元	象牌	六十四萬桶
中國水泥公司	江蘇龍潭	民國十年	二百萬元	泰山牌	九十萬桶
西村士敏土廠	廣州	民國十八年	二百萬元（港幣）	五羊牌	五十萬桶
致敬水泥公司	山東濟南		二十萬元	—	九萬桶

上表所列七家。其每年之生產力共爲四百二十三萬桶。但此乃可能產量。實際產額往往不足此數。其實際產量究竟若何。所可得而考者。僅啓新・華記・中國・上海四家而已。其餘三家均從闕。玆先將此四家近三年之生產額列表如下・

廠名	二十年七月至廿一年六月止	廿一年七月至廿二年六月止	廿二年七月至廿三年六月止	廿三年七月
中國	四五六、六七九桶	六七七、六五〇桶	七九三、九三五桶	六七、八四七桶
上海	四六八、六四〇桶	四三四、九六三桶	四三三、二八二桶	七八、一九九桶

華記	一四九、〇六三桶	一〇八、六〇九桶	三九、七五三桶	三三、五六六桶
啓新	一、四九一、二九五桶	一、四三三、三五〇桶	一、五五七、二五三桶	二四九、三五三桶

又據統稅局調查。龍華・龍潭・大冶・唐山四廠產銷數量如下。（單位公斤每桶水泥約一百七十公斤）

	產額	銷量
龍華		
二十二年上半期	三五、四八六、八二〇	三三、九四七、二二五
二十三年上半期	三三、四七二、八三〇	三一、七九五、四六八
龍潭		
二十二年	五八、一三二、五三〇	五九、七九七、八二一
二十三年	五七、一五一、四二五	五八、六五四、八一六
大冶		
二十二年	九、三二六、一三〇	八、五九七、三九〇
二十三年	二四、三三三、二八〇	二〇、三九七、八七五
唐山		
二十二年	一四八、九五七、八六七	八四、三七七、七七一
二十三年	一三一、一八〇、七七五	一二六、〇〇四、〇三五
合計		
二十二年	二五一、九〇六、三三七	一八六、七〇三、一八七
二十三年	二四六、〇二七、二八〇	二三八、九三三、一九四

以上兩表產額與前項可能產額相較。則知各廠產額均在其生產能力以下。換言之。卽各廠固有能力尙未能發揮盡量。不僅此也。海關新税則實行以後。進口水泥較昔銳減。論理國產水泥應比較增加。始合邏輯。乃證諸統稅局統計。二十三年上半年四廠產量較二十二年同期反減百分之十一强。此種情形。殊足發人深省。

又從出口水泥之數量而論。就關册所載。民國二十年之出口量有四十四萬餘擔。二十一年減爲三十二萬八千餘擔。二十二年更減爲一萬八千餘擔。去年一月至十月則僅六千七百餘擔矣。此種現象。有兩面觀察。一爲國內銷路增加。移國外銷數於國內。二爲外國水泥進口減少後。以其剩餘傾注於國外市塲。致我國水泥國外銷路驟落。惟目前我國水泥工業尙未至爭奪國外市塲的時期。故無論其起因若何。對於我國水泥工業之影響。並不重大。吾人所期望者。惟國內市塲能有所發展耳。

國內各埠水泥消費情形如何。雖無完備統計可資參考。但水泥工業國內祇此數家。海關所列土貨轉口統計。亦頗足以表現水泥移動槪況。惟最近關册尙未公布。僅能就廿二年度之數字以觀其槪。

據二十二年關册所示。土貨轉口統計中各埠(計二十九關)進口水泥合計爲三百八十二萬八千餘擔。內中上海占一百五十餘萬擔居第一。廣州次之。占五十八萬四千餘擔。汕頭第三。占五十萬四千餘擔。膠州第四。約四十萬擔。廈門第五。占二十六萬七千餘擔。甯波第六。約十六萬擔。烟台第七。占十二萬餘擔。其餘則等諸自鄶。均在五萬擔以下矣。至於出口方面。則以天津居第一。在各埠出口總計四百四十五萬二千餘擔中佔三百八十餘萬擔。鎭江次之。佔二十八萬五千擔。上海第三佔二十萬擔。廣州第四。占五萬餘擔。漢口第五。佔三萬餘擔。惟進出不經由海關之移動。則無從估計耳。

又據統稅局統計。二十三年上半年啓新華記華商中國四廠銷數共爲一百四十萬桶强。較諸前年同期約增百分之二十八云。

(三)水泥工業之前途

年來國內建設計劃甚囂塵上。水泥需要之增加自爲意中事。自新稅則實行以後。進口水泥受一打擊。國產水泥之前途似覺更有希望，以吾國幅員之廣。人口之衆。城市建設之繁。區區七家工廠所產水泥。何足以資應付。無論從事實上從理論上推測。水泥工業俱應有突飛猛進之發展。顧從統計數字所示，則去年(二十三年)進口水泥固已大減而特減矣，而國產水泥亦較上年減色。其故何哉。間嘗思之。國民經濟之一般的衰落。當然爲各種要因之一環。而過重的負担與不合理之壓迫。則尤爲斯業不能發展之重要因素。關於前者。可以中華水泥廠商聯合會之呈文爲證。民國二十二年十二月五日財部增加水泥統稅。該會具呈呼籲。略謂『查水泥統稅。原徵國幣六角。現改徵國幣一元二角。其用包袋裝置者。照原稅加倍計算。……使消費者不勝負荷。生產者難於維。……國產水泥徵稅始於前清光緒三十三年。國內海關值百抽五。通行全國。概不重征。計每桶實征關平銀一錢。合國幣一角五分。至民國十六年。始加附稅百分之二•五。仍祇合國幣二角三分之譜。上年統稅實行。每桶驟增至國幣六角。今施行未久。忽又加倍徵收。較之舊額，增至八倍。即較十六七年之稅額。亦增六倍……若就屬會會員公司而論。年來國產水泥因受環境影響。創痛正深。雖蒙政府增加外貨進口稅。以資保護，特因國內多故。民生困窘。謀食不遑。安論建設。故水泥出品祇有通商巨埠尚見行銷。內地銷塲已日見狹隘。全國產額素感供過於求。若復困以重稅。則用戶方面除萬不得已之用途外。必將別謀替代……』云云。則水泥工業苦於捐稅負擔之重。概可想見。乃橫逆之來，更有甚於捐稅者。則新興的省統制之壓迫是已。查四廠水泥運往廣東。本須另納大學捐九角。長途電話捐四角五分。並須領取進口允許證。較之粵省水泥廠產品之負擔已經加重。去年七月粵省政府又飭建設廳擬水泥統制法。凡機關建築及人民建築在萬元以上者。必須用五羊牌士敏土。其未經准許入口之水泥。固不得在省內私銷。即允許入口之水泥。亦一律止發允許證。不得再行入口。於是華北長江一帶所產水泥乃不得入粵境。溯自九一八以來。東北之銷路斷絕。自去年七月以來。西南之銷路又告停頓。如是而欲中國水泥工業發展。其可得乎。且所謂省統制經濟之風。方始萌動。各省倘或尤而效之。則國際保護貿易將見於國內。甯非一大怪事。吾人根據過去現在的狀況。雖深信水泥工業前途極有希望。然而參諸人事。則殊未敢自信。而以爲尚有考慮餘地。固然就水泥工業本身而論。應待改善之處甚多。但政府待遇之合理化，終當先一切改進而成立。庶幾可以樹整個的統制經濟之丕基乎。

(轉載一月一日新聞報)

胡熾期　黃元仁
侯春懋　李國樑
李嘏眉　陳向誠

徐嘉平
劉雲書 } 諸君均鑒：

本刊按期依照所開尊址由郵寄奉，近被退回，無法投遞；即希示知現在通訊處，俾便更正，而免悞遞。爲盼

本刊發行部啓

東行記

杜彥耿

記者在二十一年的冬季創編建築月刊以來，便認定要週遊各處，採取材料，獻給讀者。此議蓄計已久，故便有今春的北行，與秋季的東行。並預定明春擬南行一次，如時機的許可，明秋更欲往歐美一走。

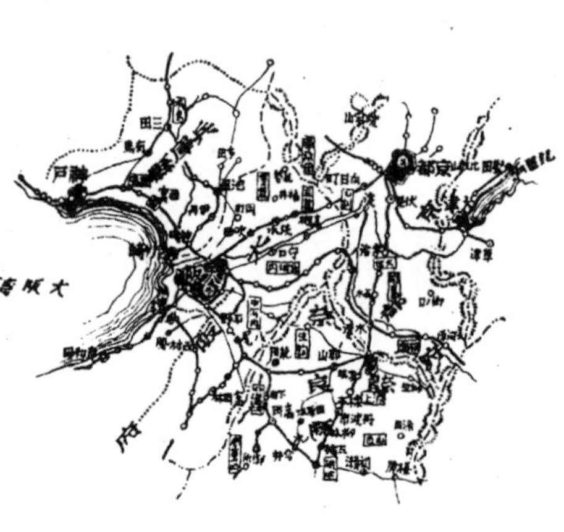

在上海時，聞得日本奈良縣屬的丹波市區裏，新近建築一所天理教的神社。據日人說，這是全日本最偉大的一所神社建築。記者於是決計前往一觀，由滬起行。在船抵神戶時，便登岸換車轉至丹波市區，時已萬家燈火，由日友導往日本橋的教會住下。

晚上未有好好睡着，故在晨光曦微之中，便起身到外面去，傾眾山川的秀色。回來洗浴，於早餐後去瞻仰那偉大的神社。這時雨伯也知趣，下着斷續的微雨。四架飛機，像蜻蜓般在天空迴環低飛。記者在這時體念着已往滬戰時的餘悸，但今日他們所表演的，却是散發繽紛的彩紙，祝賀神社的落成典禮。

教中的事務員導我去見教本部建築工事設計監督，技師高田清一郎氏，他把全部建築圖樣翻給我看，並導往地下層參觀。據說這地下層，非教中重要人員，不容輕易進去。出地下層後，復到外面攝取神殿的照片。

丹波市天理教神殿正面

建築的式制，大別爲東西洋二大系統。東方建築要以中國與印度爲體系。日本的建築式樣，實淵源於中國，所以在日本所見的宮室廟宇神社，與中國的都相類似。在佐藤佐氏所著日本建築全史中，曾說飛鳥時代的建築，都依照中國六朝直寫，鎌倉時代則直襲宋元，桃山時代則影響明清，現代則浸於歐美。這話是很確切的。

神殿邊面

神殿的位置，離丹波市車站約一里餘。殿外一片廣場，面積極大。在春秋二季廟會時，廣場的兩傍，豎着五萬餘盞燈籠。在燈上題着每一分教會的名字，故在日本國內或國外，每新設一分教會，便多添一座燈籠，神殿的方向係屬正南。這神殿亦稱甘露台，台上可容數千人。殿的東西兩埭長廊，可通後殿，亦稱教祖殿。殿前也是一片廣場。在教祖殿的西首又有教友殿，係為紀念過去教友而建的。在教祖殿的東首，有辦事處一座，從這辦事處的梯畔，可通至地道。這是教本部的大概情形。在廟會時，各方信徒專到本部來參拜的，足有三十萬衆，從這一點便可推想前後殿容積的偉大。還有一點是值得注意的，日人進殿，必先在廊下脫去木屐。試想同時有這許多人去參拜，廊下的木屐勢必混雜，或有遺失的可慮。但事實却是不然，一雙雙的木屐，自己依着順序排列，在參拜完畢，出殿穿屐時，依舊好好的擺着，從無凌亂或遺失的弊病。記者至此，又不禁想到上海每年四月初八靜安寺浴佛節的那種混亂狀態了！

神殿外圍牆

從本部神殿直南，則有天理學校，天理外國語學校，圖書館，暨寄宿舍等。往東則有天理男女中小學校，天理青年會，講堂，及天理教高級人員的住宅。往西為天理療養院與印刷所。更西為丹波市火車站，或稱天理驛。往北為教祖墓與教友墓地。站在這裏向四面瞭望，只見羣山環繞，幽境天成。

在丹波市盤桓了幾天，便向第二目的地——東京進發。在東京見着日本建築士會的會長中村傳治氏，他連稱巧極，因為該日適值共同建物株式會社的新屋舉行落成（全套圖樣見三五至四二頁）。兩人便同去該廈參觀。入門見兩傍滿立招待員，身上一律穿着西洋禮服。會長把請柬授給一個招待員，並聲明他帶着一個朋友同來。招待員便連說請！請！並各送紀念冊一份，冊上並有黃瓣紅心的花朵一枚。我初不知這是什麼用處，迨折了一個灣，門口兩傍又站滿着招待員，一邊是男招待，對面是盛裝的女招待。見客步入，便趨前把書上的花朵取下，替來賓插在襟上，然後至各部詳細參觀，最後至八層進茶點，復乘電梯至地下層，參觀爐機電氣冷氣等裝置。

共同建物株式會社新廈，位置在東京市京橋區銀座西五丁目貳番地。地面計佔一，四八〇粁九五一（每粁四平方公尺）高凡八層。地下層用作機氣，電氣，倉庫，事務，守衛，燒化垃圾爐等。下層爲店舖，電氣器具等之試驗室，及出租辦事室之入門口。二層至七層爲出租事務室。八層爲大食堂，小食堂，喫烟室，酒室，攜帶物寄放室，廚房，配膳室及冷藏室。八層暗層爲食堂，使用人更衣室，預備室，送信機室及排氣機室。屋上正面塔屋，爲電梯機房及水箱室。

該屋全用鋼幹構架，並以鋼筋水泥建築，是一所避火避地震的新構造，內部的設置，極稱完備，如：（一）煖房冷房裝置，（二）換氣裝置，（三）給水排水設備，（四）熱水設備，（五）救火設備，（六）鑿井設備，（七）電氣設備，（八）電話設備，（九）電氣時計設備，（十）無線電收音機設備，（十一）避電針設備，（十二）昇降機設備，（十三）垃圾燃燒設備，（十四）瓦斯設備，（十五）信箱設備，（十六）警火裝置，（十七）衛生設備。此屋之設計並監工者，爲佐藤功一與內藤多仲兩建築事務所。承包建築者，係合資會社清水組。工程開始於去年四月二十六日，至今年九月三十日竣工。

東京帝國大學，號稱東京郊外公園，校址很大，承建築課長清水幸重氏伴至各部參觀，並贈總圖一張，及圖書館建築圖樣全套。（見二七至三四頁）

在東京尚有一處巨大之工程，正在建築中，這便是帝室博物館。主持該工程者，爲帝室博物館營造課長，宮內技師北村耕造氏。據云該館建築圖樣，係用懸賞競選方式徵得者。當選者渡邊仁建築師，得獎金一萬元。二名海野浩太郎，得獎七千元。三名塚田達，得獎五千元。此外四五等獎及選外佳作，各賞三千元二千元一千元不等。這種公開徵選的方法，以及鉅大的獎額，實足誘進投稿者奮發的心理，因此並可發見無名的佳作。應徵章程，簡要異常，足供吾人的參考，茲擇要抄錄如下：

東京帝室博物館新廈建築圖案懸賞徵集章程

第一條　帝室博物館復興翼替會，爲帝室博物館新廈建築圖案懸賞徵集。

第二條　本規程應徵人應以日本國籍人民爲限。

第三條　應徵圖案，經審定後分左列等級贈賞：

一等賞　金一萬圓一名

二等賞　金七千圓一名

三等賞　金五千圓一名

四等賞　金三千圓一名

五等賞　金二千圓一名

第四條　選外佳作，經審定若干名，各贈金一千圓。

第五條　應募圖案，須於昭和六年四月三十日正午，送達東京市麴町區丸內一丁目二番地，日本工業俱樂部內，財團法人帝室博物館復興翼贊會事務所。

第六條 應募圖案，須具備下列圖面及書類：

一、配置圖 縮尺五百分之一

二、各平面圖 縮尺二百分之一

三、立面圖 四面 縮尺百分之一

四、斷面圖（陳列室部分顯示） 二面 縮尺百分之一

五、詳細圖（主要部） 一面 縮尺二十分之一

六、透視圖 一面 全張紙大

七、說明書

第七條 圖面及書類，應依左記作成：

一、設計須別出心裁

二、紙用白色製圖原紙，繪黑墨。陰影自由，透視圖可著色。

三、寸法依前條規定寸法收縮。

四、文字用國字明瞭記入。遇有用外國字必要處，祇得用註音字代之。

五、平面圖各室尺寸應註明

六、配置圖示建築物以外之出入口等位置，庭園道路等關係，詳細圖示。

七、說明書載明設計要旨，意匠，材料，及構造概略；並全屋面積，各室面積，陳列室面積等，務使一目瞭然。

第八條 平面圖計劃，於其光線支配，尤爲重要，應募者應特別注意。

第九條 應募者於圖案等處簽註暗號，勿書眞實姓名。所註暗示，以國字爲限。

第十條 應募者於繳送圖案時，應分二個封筒。甲封筒書明應募者住所姓氏（若係共同應募，則書代表者之姓氏），乙封筒內封送圖案暗記。迨經審定當選，或選外佳作，自當依照原地址姓氏寄還。住址若有搬移，應以書面通知，並須與前投之暗記及姓氏地址符合。

第十一條 應募者於其圖案及文件，須嚴加固封。

第十二條 應募所費，由應募者自己負担。

第十三條 應募圖案，須經左記審查委員審定：

審查委員長 財團法人帝室博物館復興翼替會副會長，侯爵細川護立。

審查員 東京帝國大學名譽教授，工學博士伊東忠太。

帝室博物館總長大島義修。

財團法人帝室博物館復興翼替會理事荻野仲三郎。

大藏次官河田烈。

京都帝國大學教授，工學博士武田五一。

東京帝國大學教授，文學博士瀧精一。

東京帝國大學名譽教授，工學博士塚本清。

東京帝國大學教授，工學博士內田祥三。

東京帝國大學教授，文學博士黑板勝美。

早稻田大學教授，工學博士佐藤功一。

宮內技師北村耕造。

東京帝國大學教授，工學博士岸田日出刀。

關於應募條例尚有十四條，茲不贅錄。該館預算需欵八百五十萬元，用鋼鐵六千噸。開工以來，已有三載。鋼幹構架，本年底可以完成。明年年底完成水泥混凝土工程，全廈完竣須待一九三七年終云。

其他新建築如建築會館，建築圖館也是用競選方法徵得的。造價預算一百四十五萬元。帝室博物館同軍人會館的圖案，當選的經過嚴格的鑑定，洵屬佳構，擬在下期本刊發表，想讀者亦是樂聞的。

日本東京建築會館

因爲時間關係，不能在東京多加逗遛，便乘火車直回大阪。所以預定要往橫濱，名古屋，京都等處參觀建築材料工廠的，都憑火車約略而過，沒有下車參觀。便在大阪也沒多耽擱，祇去訪晤日本建築協會的西谷師氏與村田幸一郎建築師。大阪的日本建築協會，設在大同生命大廈四樓。在協會辦公室外，闢材料陳列室，凡入阪各廠所出之建築材料，都羅列室中。陳列室外爲俱樂部。記者於俱樂部壁上，見一秩序單，題爲「關西風水害關於建築通俗大演講會」。主持該演講會者，爲日本建築協會與建築學會二社團。十一月九日映演關西大風水害之慘狀影片。講演者，日本建築協會會長片岡安，講題爲「都市建築之重大性」。大阪府建築課長中誠一郎，講「將來之學校建築」。東京帝國大學教授工學博士濱田稔講「鋼筋混凝土之實力」，及東京工業大學教授工學博士田邊平學講「耐震耐風之家屋建築」。十一月十四日下午六時，又爲演講會，並開始映演「關西大風水害慘狀」影片。繼各講演主講者，爲京都帝國大

日本東京建築士會大門

學講師工學士池田實講「建築重要性之認識」，兵庫縣建築課長工學山崎英二講「因近畿風水害而對監督制度觀」。建築學會副會長，早稻田大學教授工學博士內籐多仲，講「災害與人力」，及東京帝國大學教授，工學博士武籐清講「地震與颶風」。十一月十五日午後六時，映「關西大風水害慘狀」影片，繼演講者爲日本建築協會副會長，工學士葛野壯一郎講「風水害之因鑑」。京都帝國大學教授，工學博士坂靜夫講「建築構造設計技能」。建築協會副會長早稻田大學教授工學博士內籐多仲，講「災害與人力」。及東京帝國大學教授工學博士武籐清講「地震及颶風」。記者所以不厭細煩，將這張秩序單詳爲抄錄，是因爲他們遇到這樣一次災害，便鄭重將事地舉行映畫，演講，及討論下次同樣災害襲來時的抵禦方法。回憶記者在四年前起草上海市建築協會會章時，曾在職務項第十一條列入「舉辦建築方面之研究會及演講會」。現在協會成立多年，研究會及演講會的舉行，尙待時日，所以見了他人演講會秩序單，不禁有了無限的悵觸。

在這張秩序單上，主講的有大學教授，市政機關的負責人員，學術團體的職員等。在演講廳裏，有建築師，工程師，及技術人員等，互敍一堂，切磋琢磨，欲謀建築的改良，與交誼的增進，眞是易事。反觀國內，又另有一種情境。建築工程界的服務人員，分道揚鑣，各不相謀。有的且因業務上的衝突，不惜假公攻擊對方；或是一二人的私憤，不惜破壞團體以逞。本會的組織雖稱健全，但有時也不免被這種普遍的惡劣環境所熏陶，這是無可諱言的。記者在艱苦的局面中，先後編行建築月刊，籌備圖書館，及組織服務部等。在計劃中擬急待舉辦的，如建築學術演講會，及建築工業傳習所等。但這種事必須衆力舉辦，獨人難以支持的。現在協會職員已經改選，有了新的轉機，很希望會章中職務項下所列舉辦事項，在可能範圍內促其實現。「爲政不在多言」，空發議論究屬無濟於事，希望本屆職員對於會務的進行，能有具體的表現，以與那蓬勃的日本建築工程學術集團相媲美。

日本建築協會的幹事西谷萠氏，邀記者參加十一月九日的演講會，據說那時有很多建築師工程界的重要人員蒞會參加，趁此可以多多介紹。但記者恐交接一廣，延遲旅程，特謝却參加，由大阪乘地底電車至神戶，擬搭輪返國。知該駛華輪船正在長崎小修，故改乘火車經下關門司至長崎；搭乘上海丸返滬。

建築材料價目表

本刊所載材料價目，力求正確；惟市價瞬息變動，漲落不一，集稿時與出版時難免出入。讀者如欲知正確之市價者，希隨時來函詢問，本刊當代爲探詢詳告。

磚瓦類

貨名	商號	大小	數量	價目	備註
空心磚	大中磚瓦公司	12″×12″×10″	每千	$250.00	車挑力在外
〃 〃 〃	〃 〃 〃 〃	12″×12″×9″	〃 〃	230.00	
〃 〃 〃	〃 〃 〃 〃	12″×12″×8″	〃 〃	200.00	
〃 〃 〃	〃 〃 〃 〃	12″×12″×6″	〃 〃	150.00	
〃 〃 〃	〃 〃 〃 〃	12″×12″×4″	〃 〃	100.00	
〃 〃 〃	〃 〃 〃 〃	12″×12″×3″	〃 〃	80.00	
〃 〃 〃	〃 〃 〃 〃	9¼″×9¼″×6″	〃 〃	80.00	
〃 〃 〃	〃 〃 〃 〃	9¼″×9¼×4½″	〃 〃	65.00	
〃 〃 〃	〃 〃 〃 〃	9¼″×9¼″×3″	〃 〃	50.00	
〃 〃 〃	〃 〃 〃 〃	9¼″×4½″×4½″	〃 〃	40.00	
〃 〃 〃	〃 〃 〃 〃	9¼″×4½″×3″	〃 〃	24.00	
〃 〃 〃	〃 〃 〃 〃	9¼″×4½″×2½″	〃 〃	23.00	
〃 〃 〃	〃 〃 〃 〃	9¼″×4½″×2″	〃 〃	22.00	
實心磚	〃 〃 〃 〃	8½″×4⅛″×2½″	〃 〃	14.00	
〃 〃 〃	〃 〃 〃 〃	10″×4⅞″×2″	〃 〃	13.30	
〃 〃 〃	〃 〃 〃 〃	9″×4⅜″×2″	〃 〃	11.20	
〃 〃 〃	〃 〃 〃 〃	9〃×4⅜″×2¼″	〃 〃	12.60	
大中瓦	〃 〃 〃 〃	15″×9½″	〃 〃	63.00	運至營造場地
西班牙瓦	〃 〃 〃 〃	16″×5½″	〃 〃	52.00	〃 〃
英國式灣瓦	〃 〃 〃 〃	11″×6½″	〃 〃	40.00	〃 〃
脊瓦	〃 〃 〃 〃	18″×8″	〃 〃	126.00	〃 〃
空心磚	振蘇磚瓦公司	9¼×4½×2½″	〃 〃	$22.00	空心磚照價送到作
〃 〃 〃	〃 〃 〃 〃	9¼×4½×3″	〃 〃	24.00	場九折計算
〃 〃 〃	〃 〃 〃 〃	9¼×9¼×3″	〃 〃	48.00	紅瓦照價送到作場
〃 〃 〃	〃 〃 〃 〃	9¼×9¼×4½″	〃 〃	62.00	

貨名	商號	大小	數量	價目	備註
空心磚	振蘇磚瓦公司	9¼×9¼×6"	每千	$76.00	
, , ,	, , , ,	9¼×9¼×8"	, ,	120.00	
, , ,	, , , ,	9¼×4¼×4½"	, ,	35.00	
, , ,	, , , ,	12×12×4"	, ,	90.00	
, , ,	, , , ,	12×12×6"	, ,	140.00	
, , ,	, , , ,	12×12×8"	, ,	190.00	
,, , ,	, , , ,	12×12×10	, ,	240.00	
青平瓦	, , , ,	144	平方塊數	70.00	
紅平瓦	, , , ,	144	, ,	60.00	
紅磚	, , , ,	10×5×2¼"	每千	12.50	
, ,	, , , ,	10×5×2"	, ,	12.00	
, ,	, , , ,	9¼×4½×2¼"	, ,	11.50	
, ,	, , , ,	9¼×4½×2"	, ,	10.00	
光面紅磚	, , , ,	10×5×2¼"	, ,	12.50	
, , ,	, , , ,	10×5×2"	, ,	12.00	
, , ,	, , , ,	9¼×4½×2¼"	, ,	11.50	
, , ,	, , , ,	9¼×4½×2"	, ,	10.00	
, , ,	, , , ,	8½×4⅛×2½"	, ,	12.50	
青筒瓦	, , , ,	400	平方塊數	65.00	
紅筒瓦	, , , ,	400	, ,	50.00	
白水泥花磚	華新磚瓦公司	8"×8,6"×6,4"×4"	每方	24.00	送至工場
紅大紅磚	,, ,, ,, ,,	16"×10"	每千	67.00	,, ,, ,,
青大平瓦	,, ,, ,, ,,	16"×10"	,, ,,	69.00	,, ,, ,,
青小平瓦	,, ,, ,, ,,	12⅜"×$9^{2}/8$	,, ,,	50.00	,, ,, ,,
紅脊瓦	,, ,, ,, ,,	18"×8"	,, ,,	134.00	,, ,, ,,
青脊瓦	,, ,, ,, ,,	18"×8"	,, ,,	138.00	,, ,, ,,
紅西班牙筒瓦	,, ,, ,, ,,	16"×5½	,, ,,	46.00	,, ,, ,,
青西班牙筒瓦	,, ,, ,, ,,	16"×5½	,, ,,	49.00	,, ,, ,,

鋼條類

貨名	商號	標記	數量	價目	備註
鋼條		四十尺二分光圓	每噸	一百十八元	德國或比國貨
„ „		四十尺二分半光圓	„ „	一百十八元	„ „ „
„ „		四二尺三分光圓	„ „	一百十八元	„ „ „
„ „		四十尺三分圓竹節	„ „	一百十六元	„ „ „
„ „		四十尺普通花色	„ „	一百〇七元	鋼條自四分至一寸方或圓
„ „		盤圓絲	每市擔	四元六角	

水泥類

貨名	商號	標記	數量	價目	備註
水泥		象牌	每桶	六元三角	
水泥		泰山	每桶	六元二角半	
水泥		馬牌	„ „	六元二角	
水泥		英國"Atlas"	„ „	三十二元	
白水泥		法國麒麟牌	„ „	二十八元	
白水泥		意國紅獅牌	„ „	二十七元	

木材類

貨名	商號	說明	數量	價格	備註
洋松	上海市同業公會公議價目	八尺至卅二尺再長照加	每千尺	洋九十元	下列木材價目以普通貨爲準揀貨及特種鋸貨另定價目
一寸洋松	„ „ „		„ „	九十二元	
寸半洋松	„ „ „		„ „	九十三元	
洋松二寸光板	„ „ „		„ „	七十六元	
四尺洋松條子	„ „ „		每萬根	一百五十五元	
一寸四寸洋松一號企口板	„ „ „		每千尺	一百十元	
一寸四寸洋松副頭號企口板	„ „ „		„ „	九十四元	
一寸四寸洋松二號企口板	„ „ „		„ „	八十元	
一寸六寸洋松一號企口板	„ „ „		„ „	一百二十元	
一寸六寸洋松副頭號企口板	„ „ „		„ „	九十八元	
一寸六寸洋松二號企口板	„ „ „		„ „	八十四元	
一二五四寸一號洋松企口板	„ „ „		„ „	一百五十元	
一二五四寸二號洋松企口板	„ „ „		„ „	一百元	

貨名	商號	標記	數量	價格	備註
一二五六寸一號洋松企口板	上海市同業公會公議價目		每千尺	一百六十五元	
一二五六寸二號洋松企口板	，，		，，	一百十五元	
柚木（頭號）	，，	僧帽牌	，，	五百四十元	
柚木（甲種）	，，	龍牌	，，	四百六十元	
柚木（乙種）	，，	，，	，，	四百三十元	
柚木段	，，	，，	，，	三百六十元	
柚木	，，	旗牌	，，	四百元	
，，	，，	盾牌	，，	三百六十元	
硬木	，，		，，	二百元	
硬木（火介方）	，，		，，	一百五十元	
柳安	，，		，，	二百元	
杉松（伐方）	，，		，，	無市	
紅板	，，		，，	一百三十元	
抄板	，，		，，	一百四十元	
十二尺三寸六八皖松	，，		，，	六十五元	
十二尺二寸皖松	，，		，，	六十五元	
一二五，四寸柳安企口板	，，		，，	一百八十五元	
一寸六寸柳安企口板	，，		，，	一百八十五元	
一二五，四寸企口紅板	，，		，，	一百四十元	
建松片	，，		，，	七十元	市尺
九尺四分建松板	，，		每丈	四元七角	，，
九尺八分建松板	，，		，，	八元	，，
六尺半五分青山板	，，		，，	四元三角	，，
本松毛板	，，		每塊	二角六分	，，
本松企口板	，，		，，	二角七分	，，
六尺半，二分杭松板	，，		每丈	二元二角	，，
七尺半，二分甌松板	，，		，，	二元	，，
六尺半，八分皖松板	，，		，，	四元四角	，，
九尺，八分皖松板	，，		，，	五元五角	，，

貨名	商號	說明	數量	價格	備註
六尺半，五分皖松板	上海市同業公會公議價目		每丈	洋四元三角	市尺
台松板	，，，		，，	四元二角	，，
七尺半，四分坦戶板	，，，		，，	三元	，，
七尺半，三分坦戶板	，，，		，，	二元八角	，，
六尺二分機鋸紅柳板	，，，		，，	二元五角	，，
六尺三分毛邊紅柳板	，，，		，，	二元三角	，，
六尺二分俄松板	，，，		，，	二元三角	，，
六尺半，二分俄松板	，，，		，，	二元八角	，，
七尺半，毛邊二分坦戶板	，，，		，，	二元	，，
六尺半，五分機介杭松	，，，		，，	四元四角	，，
六分一寸俄紅松板	，，，		每千尺	七十八元	
一寸二分，四寸俄紅松板	，，，		，，	七十四元	
六分一寸俄白松板	，，，		，，	七十六元	
一寸二分，四寸俄白松板	，，，		，，	七十二元	
俄紅松板	，，，		，，	八十元	
一寸四寸俄紅白松企口板	，，，		，，	七十九元	
一寸六寸俄紅白松企口板	，，，		，，	七十九元	
俄麻栗光邊板	，，，		，，	一百三十元	
俄麻栗毛邊板	，，，		，，	一百二十元	
六分一寸俄黃花松板	，，，		，，	七十八元	
一寸二分，四分俄黃花松板	，，，		，，	七十四元	
四尺俄條子板	，，，		每萬根	一百二十元	

五金類

貨名	商號	標記	數量	價格	備註
二二號英白鐵			每箱	五十八元八角	每箱廿一張重四〇二斤
二四號英白鐵			，，	五十八元八角	每箱廿五張重量同上
二六號英白鐵			，，	六十三元	每箱卅三張重量同上

貨名	商號	標記	數量	價目	備註
二八號英白鐵			每箱	六十七元二角	每箱廿一張重量同上
二二號英瓦鐵			每箱	五十八元八角	每箱廿五張重量同上
二四號英瓦鐵			每箱	五十八元八角	每箱卅三張重量同上
二六號英瓦鐵			每箱	六十三元	每箱卅八張重量同上
二八號英瓦鐵			每箱	六十七元二角	每箱廿一張重量同上
二二號美白鐵			每箱	六十九元三角	每箱廿五張重量同上
二四號美白鐵			每箱	六十九元三角	每箱卅三張重量同上
二六號美白鐵			每箱	七十三元五角	每箱卅八張重量同上
二八號美白鐵			每箱	七十七元七角	每箱卅八張重量同上
美方釘			每桶	十六元〇九分	
平頭釘			每桶	十六元八角	
中國貨元釘			每桶	六元五角	
五方紙牛毛毡			每捲	二元八角	
半號牛毛毡		馬牌	每捲	二元八角	
一號牛毛毡		馬牌	每捲	三元九角	
二號牛毛毡		馬牌	每捲	五元一角	
三號牛毛毡		馬牌	每捲	七元	
鋼絲網		27"×96" 2¼lb.	每方	四元	德國或美國貨
” ” ”		27"×96" 3lb.rib	每方	十元	” ” ”
鋼版網		8'×12' 六分一寸半眼	每張	三十四元	
水落鐵		六分	每千尺	四十五元	每根長廿尺
牆角線			每千尺	九十五元	每根長十二尺
踏步鐵			每千尺	五十五元	每根長十尺或十二尺
鉛絲布			每捲	二十三元	闊三尺長一百尺
綠鉛紗			每捲	十七元	” ” ”
銅絲布			每捲	四十元	” ” ”
洋門套鎖			每打	十六元	中國鎖廠出品 黃銅或古銅色
洋門套鎖			每打	十八元	德國或美國貨
彈弓門鎖			每打	三十元	中國鎖廠出品
” ” ”			每打	五十元	外貨

貨名	商號	標記	數量	價目	備註
彈子門鎖	合作五金公司	3寸7分(古銅色)	每打	四十元	
,, ,, ,,	,, ,, ,, ,,	,, ,, (黑色)	,, ,,	三十八元	
明螺絲彈子門鎖	,, ,, ,, ,,	3寸5分(古銅色)	,, ,,	三十三元	
,, ,, ,,	,, ,, ,, ,,	,, ,, (黑色)	,, ,,	三十二元	
執手插鎖	,, ,, ,, ,,	6寸6分(金色)	,, ,,	二十六元	
,, ,, ,,	,, ,, ,, ,,	,, ,, (古銅色)	,, ,,	二十六元	
,, ,, ,,	,, ,, ,, ,,	,, ,, (克羅米)	,, ,,	三十二元	
彈弓門鎖	,, ,, ,, ,,	3寸 (黑色)	,, ,,	十元	
,, ,, ,,	,, ,, ,, ,,	,, ,, (古銅色)	,, ,,	十元	
迴紋花板插鎖	,, ,, ,, ,,	4寸5分(金色)	,, ,,	二十五元	
,, ,, ,,	,, ,, ,, ,,	,, ,, (黃古色)	,, ,,	二十五元	
,, ,, ,,	,, ,, ,, ,,	,, ,, (古銅色)	,, ,,	二十五元	
細邊花板插鎖	,, ,, ,, ,,	7寸7分(金色)	,, ,,	三十九元	
,, ,, ,,	,, ,, ,, ,,	,, ,, (黃古色)	,, ,,	三十九元	
,, ,, ,,	,, ,, ,, ,,	,, ,, (古銅色)	,, ,,	三十九元	
細花板插鎖	,, ,, ,, ,,	6寸4分(金色)	,, ,,	十八元	
, , ,	, , , ,	, , (黃古色)	, ,	十八元	
, , ,	, , , ,	, , (古銅色)	, ,	十八元	
鐵質細花板插鎖	, , , ,	, , (古色)	, ,	十五元五角	
瓷執手插鎖	, , , ,	3寸4分(棕色)	, ,	十五元	
, , ,	, , , ,	, , (白色)	, ,	, , ,	
, , ,	, , , ,	, , (藍色)	, ,	, , ,	
, , ,	, , , ,	, , (紅色)	, ,	, , ,	
, , ,	, , , ,	, , (黃色)	, ,	, , ,	
瓷執手靠式插鎖	, , , ,	, , (棕色)	, ,	, , ,	
, , ,	, , , ,	, , (白色)	, ,	, , ,	
, , ,	, , , ,	, , (藍色)	, ,	, , ,	
, , ,	, , , ,	, , (紅色)	, ,	, , ,	
, , ,	, , , ,	, , (黃色)	, ,	, , ,	

北行報告（續）

杜彥耿

北平市建築規則 民國二十一年三月二日公佈

第一條 在本市區內新建改建修理及其他一切雜項工程統名曰建築均須遵照本規則辦理

第二條 建築所用度量衡應爲中央頒佈之標準制其折算定式詳附表

第三條 本規則所稱公路係指兩房基綫間之地面而言工務局所定公路界標建築人不得擅自移動

房基綫規則另定之

第四條 建築不得越過房基綫其原來基址越過者遵照房基綫規則之規定退讓之但關於古蹟紀念及其他另有規定之建築物（如汽油泵廣告物等）不在此限

第五條 建築人所委託之土木技師技副以工務局發給執行業務執照者爲限承攬工程廠商以社會局核准營業及工務局發給註冊證書者爲限

土木技師技副執行業務取締規則及廠商承攬工程取締規則另定之

第六條 建築應先向工務局或所屬工區領取建築呈報單逐項填寫呈送局區請領執照於核准繳費給照後動工

建築呈報單式樣另定之

第七條 建築得於呈報前先到工務局領取房基綫請示單（每件繳費五角）逐項填明請示該戶房基綫尺度但持有產權證明文件來局面詢者一律免費 民國二十二年一月七日修正公布

房基綫請示單式樣另定之

第八條 建築之呈報人應爲本業主如係租戶代報應取具業主同意之證明文件或切實保結負完全責任

保結式樣另定之

商舖已經稅舖底者其臨街房屋抅抹補漏及油飾粉刷各工程得由有舖底權之租戶呈報

第九條 工務局於必要時得調閱房地契或其他證明文件幷得通知呈報人來局或工區接洽辦理前條第二項之工程祗調驗舖底契據

第十條 各項工程應領執照之種類及請領日期如左

（甲）左列工程應於開工前十五日請領建築執照

一、新建房屋

二、改建房屋

三、新建臨街牆垣

四、其他一切新建築

（乙）左列工程應於開工前七日請領修理執照

一、臨街牆垣改建或修理

二、臨街房屋翻修或修理

三、院內房屋翻修或更換樑柱

四、其他建築物之翻修或修理

（丙）左列工程應於開工前五日請領雜項執照

一、臨街修造籬笆木壁

二、修砌臨街台階或公用樓梯
三、臨街房屋抅抹補漏油飾粉刷
四、臨街開門或堵門
五、臨街或毗鄰戶開窗堵窗
六、修砌廁所
七、鑿井
八、修造院內溝道
九、清除空地磚石泥土
十、拆除房屋或圍牆
十一、修造商店門前牌坊
十二、修造巷口公共柵欄
十三、紮搭臨街彩棚或彩牌坊
十四、紮搭臨街涼棚
十五、臨街或屋頂裝設廣告
十六、其他臨街雜項小工程

公共廁所及鑿井須先向公安局呈報勘准

建築執照修理執照及雜項執照式樣另定之

第十一條　左列工程免予呈報

一、院內房屋抅抹粉飾或補漏
二、院內房屋揭瓦換箔
三、修理院內牆壁
四、修理院內門窗
五、修理院內或室內地面
六、修理室內隔斷裝修或地板
七、院內紮搭各種棚架
八、其他院內零星工程

第十二條　呈報人請領建築執照時應依左列規定繳納照費

(甲)樓房按工程估價繳納千分之十五
(乙)平房按工程估價繳納千分之十
(丙)營業性質公共場所之建築不論樓房平房按工程估價繳納千分之十五其種類如左

一、商場
二、市場
三、遊藝場雜技場
四、戲院電影院
五、工廠
六、貨棧
七、旅館公寓
八、私立醫院
九、各項事務所
十、各項交易場所
十一、銀行銀號
十二、拍賣行
十三、茶館飯館
十四、浴堂
十五、理髮館

十六、球房

十七、妓館

十八、其他具有營業性質之公共場所

(丁)非營業性質公共場所之建築不論樓房平房按工程估價繳納千分之五其種類如左

一、公立醫院

二、會館

三、各項會所

四、廟社

五、教堂

六、公墓

七、其他非營業性質之公共場所

(戊)新建臨街牆垣并無其他建築物者比照乙款辦理

第十三條　呈報人請領修理執照時應按工程估價千分之十繳納執照費

第十四條　呈報人請領雜項執照應依左列規定繳納執照費

一、工程估價自二十元起至一百元者每照繳費五角

二、工程估價在一百元以上至三百元者每照繳費一元

三、工程估價在三百元以上者每照按千分之十繳費

第十五條　左列各項免納執照費但仍須照章呈報

一、雜項工程估價在二十元以內者

二、各項執照請求展期者

三、更換核准圖樣未增加工程估價者

四、衙署局所學校公園圖書館博物館運動場以及公益善堂等一切工程

第十六條　沿公路紮搭臨時喜棚祭棚應於開工前三日請領臨時建築執照一律免費

臨時建築執照式樣另定之

第十七條　請領建築執照者須于塡送呈報單時備具圖樣及中文說明書各二份重大工程並須備具計算書一份隨同呈核其圖樣應載事項如左

(甲)地盤圖

一、建築地點四至道路名稱或鄰戶姓氏

二、建築地面深濶及方向

三、建築地基四至丈尺

四、毘連鄰戶房屋交錯形狀

五、改建舊屋者須用虛線標明舊址

(乙)建築物圖

一、正面圖側面圖縱橫剖面圖各層平面圖屋架圖基礎圖等

二、建築物各部之尺寸構造材料及用途

三、建築物內部之地面較公路面高低尺寸

四、新舊溝渠與溝井之地位大小及出水方向

五、設計之土木技師技副姓名

六、承攬工程之廠商

七、其他便利審查之補助圖件

前項各圖所用比例尺地盤圖不得小於五百分之一建築物圖不得

小於百分之一

第十八條　建築圖說應由呈報人照左列規定分別委託註冊廠商及技師或技副署名負責

(甲)工程估價自五百元起至二千五百元之平房工程得由廠商或技師技副單獨署名負責

(乙)工程估價在二千五百元以上至五千元之平房工程應由廠商及技師或技副連署負責

(丙)左列各項工程應由廠商及技師連署負責

一、新蓋或接蓋樓房及地窖工程

二、鐵筋混凝土及鋼骨工程

三、公共場所重要部份之工程

四、工程估價在五千元以上之一切工程

修理及雜項工程圖說工務局認為必要時得令呈報人委託註冊廠商或技師技副署名負責

第十九條　建築圖說經核准後發給執照時發還一份呈報人應就工作地點懸掛

第二十條　建築圖說一經核准呈報人與技師技副承攬廠商應即完全遵守不得變更如實有特別情形必須更正時應向工務局或工區領取更正建築圖說呈請單逐項填寫並另繪圖說兩份將變更處以紅色表明附加註解連同原發建築執照呈候工務局復查核准發給更正執照并發還圖說一份再行動工其工程估價如因變更工程有所增加應照前後差額補繳執照費

更正建築圖說呈請單式樣另定之

第二十一條　請領修理執照或雜項執照者工務局視工程之必要得隨時通知補送圖說或計算書

第二十二條　各項執照領到後于六個月未動工中止者該項執照作廢但呈報人於期內呈經核准展期者不在此限

第二十三條　各項執照遺失應由原呈報人呈請補領每張繳費五角

第二十四條　凡娛樂場所及工廠建築經工務局查明與公共安全或衛生有礙時得會同主管官署禁止設立

第二十五條　房屋全部或一部改換用途如以普通住宅舖房改作公共場所之用無論興工與否應先呈報工務局勘查經核准後方可遷入使用其新建房屋未經使用即改作公共營業場所者並應按照第十二條丙項規定補繳執照費

第二十六條　每年七八九三月多雨期內左列工程因雨坍塌或發生危險急待修復者得一面呈報一面動工

一　臨街山牆或簷牆頭一部份之修理

二　臨街牆垣距地面一公尺以上部份之修理

三　臨街房屋之補漏

第二十七條　工務局發給各項執照時應審查工程情形如係新建或與房基綫及公共安全有關係者附發各部施工報告單及全部完工報告單呈報人應於施工完工各三日前分別檢具原給報告單報請復驗

施工報告單完工報告單式樣另定之

第二十八條　工務局對於前條各工程應飭查工員依查工規則遞查工證隨時查驗如發見侵佔公路及妨礙鄰居交通或與核准圖說不符時應即令其停工由查工員填具查工報告呈局核辦

查工規則查工證另定之

第二十九條　修築門前步道應依整理步道規則辦理

整理步道規則另定之

第三十條　凡工程有左列各款情形之一者由工務局代爲辦理其費用由業主或呈報人繳償之

一、因修造房屋或其他建築物損壞路面及公共建築物者

二、院內溝道接通街溝者

三、建築物一部或全部發生危險經工務局查出警告仍不遵限制設法防禦修理或拆卸者

四、違反規則之建築經工務局屢戒仍不遵令修改或拆卸者

前項第一款工程工務局得限期令其自行修復

第三十一條　凡因工掘動地基發見街溝時應依整理溝渠規則呈報工務局核辦

整理溝渠規則另定之

第三十二條　凡因工掘動公路應依掘路規則辦理

掘路規則另定之

第三十三條　建築期內所搭架木圍障佔用公路不得超過一公尺五公寸并須遮蔽嚴密圍障以外不得堆積物料

第三十四條　工程完竣後所有工地內外剩料及渣土呈報人及廠商須負責清除運往不礙交通及衛生地點存放

第三十五條　市內建築工務局每年檢查一次遇有危險情形卽通知修理并警告週知但公共場所得隨時派員檢查之

第三十六條　建築上之罰則如左

一、隱匿不報私自開工或已呈報未經領照先行開工者除令補完手續外呈報人及廠商各按執照費處以一倍至三倍之罰金其有礙房基綫者應勒令拆讓并各處以五倍之罰金

二、建築工程與核准圖說不符除令更換不符部份外呈報人及廠商各按執照費處以一倍至三倍之罰金

三、施工或完工報告單如不遵照呈報或執照逾期并不呈請展限仍行施工者除令補報外呈報人按執照費處以一倍至二倍之罰金

四、不遵照核定房基綫尺寸退讓或退讓不足數者除勒令拆讓外呈報人及廠商各按執照費處以五倍之罰金

五、估價在二十元以下之雜項工程違反前四項規定呈報人處以五角以上五元以下之罰金其越過房基線部份并應勒令拆讓

六、凡屬於第十五條第四項之免費工程如違反建築規則呈報人及廠商各按工程估價處以千分之五至千分之二十五之罰金

七、凡因工掘動地基發見街溝隱匿不報按溝長每公尺處以五元之罰金其私將街溝毁壞或填斷者按該部份長度每公尺加處十五元至三十元之罰金

八、其他違反建築規則未經上列各項規定者得處以一元以上百元以下之罰金

第三十七條　前條罰款如呈報人或廠商延不繳納工務局得函知公安

局限期追繳

第三十八條　工務局核准之各項工程應隨時通知公安局轉飭各區署協助稽查如有違反本規則情事該管區署應即逕報工務局核辦其新建房屋工務局并應同時通知財政局稅契

第三十九條　工務局發給之各項執照不得視爲產業授與權之證明并不得解除或減輕呈報人暨關係人之責任（例如工作上發生危害人畜之責任）

第四十條　建築限制暨設計標準規則另定之

第四十一條　本規則未盡事宜得隨時修正

第四十二條　本規則自市政府公佈之日施行

（待續）

高爾泰搪瓷暢銷一時

高爾泰搪瓷廠，自一九三三年十一月成立以來，時僅一年，進步奇速，所有出品，極獲當地建築師及工程師之信仰及贊許。最近新出之搪瓷水泥面磚及搪瓷鋼筋窗檻，更能獲得成功，風行一時。搪瓷水泥面磚，顏色深淺俱備，價格低廉，分量極輕，不吸水份。搪瓷鋼筋窗檻，則設計精良，與鋼窗自然配合。此外如人造浪形面石，及空心磚等，均爲價廉質美；經久耐用之建築材料。該公司製造廠設在億定盤路二號，聘請專門技師，悉心督造，所有出品，概由本埠公大洋行經理云。

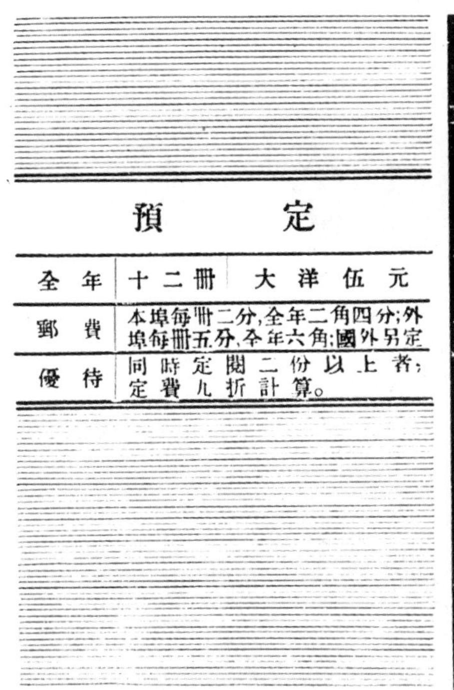

預 定

全 年	十二冊	大洋伍元
郵 費	本埠每冊二分，全年二角四分；外埠每冊五分，全年六角；國外另定	
優 待	同時定閱二份以上者；定費九折計算。	

投 稿 簡 章

1. 本刊所列各門，皆歡迎投稿。翻譯創作均可，文言白話不拘。須加新式標點符號。譯作附寄原文，如原文不便附寄，應詳細註明原文書名，出版時日地點。
2. 一經揭載，贈閱本刊或酌酬現金，撰文每千字一元至五元，譯文每千字半元至三元。重要著作特別優待。投稿人却酬者聽。
3. 來稿本刊編輯有權增删，不願增删者，須先聲明。
4. 來稿概不退還，預先聲明者不在此例，惟須附足寄還之郵費。
5. 抄襲之作，取消酬贈。
6. 稿寄上海南京路大陸商場六二〇號本刊編輯部。

建 築 月 刊

第二卷第十一 • 十二期合刊

中華民國二十三年十二月份出版

刊務委員會 竺泉通 江長庚 陳松齡

主 編 杜彥耿

廣 告 藍克生 (A. O. Lacson)

發 行 上海市建築協會

南京路大陸商場六二〇號
電話九二〇〇九號

印 刷 新光印書館

上海聖母院路聖達里三一號
電話七四六三五號

廣告價目表
Advertising Rates Per Issue

地位 Position	全面 Full Page	半面 Half Page	四分之一 One Quarter
底封面外面 Outside back cover.	七十五元 $75.00		
封面及底面之裏面 Inside front & back cover	六十元 $60.00	三十五元 $35.00	
封面裏頁及底面裏頁之對面 Opposite of inside front & back cover.	五十元 $50.00	三十元 $30.00	
普通地位 Ordinary page	四十五元 $45.00	三十元 $30.00	二十元 $20.00
小廣告 Classified Advertisements	每期每格一寸高三寸半闊洋四元 $4.00 per column		

廣告概用白紙黑墨印刷，倘須彩色，價目另議；鑄版彫刻，費用另加。
Designs, blocks to be charged extra. Advertisements inserted in two or more colors to be charged extra.

飛虎牌油漆
飛虎牌
WINGED TIGER BRAND
各種建築舟車橋梁
飛虎牌油漆
無不盡量貢獻其功能
宜為社會風行
振華油漆有限公司
總公司 上海北蘇州路四七八號
電報三三四四 電話四三一一六

COL-COTTA GLAZING Co., Inc.

Manufacturers of:

GLAZED WALL TILES,
GLAZED SLABS,
GLAZED FACING BRICKS,
GLAZED ORNAMENTAL WORK
of every description made according to drawing

Artificial Stone Spray Surfacing

Jointless Wall Glazing

Sole Manufacturers of:

"SPUNCRETE" HOLLOW CEMENT BLOCKS

for Floors, Curtain and Partition Walls

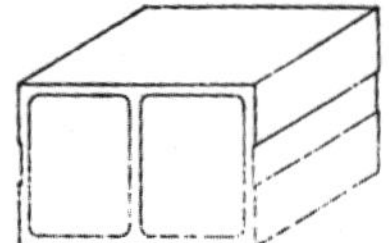

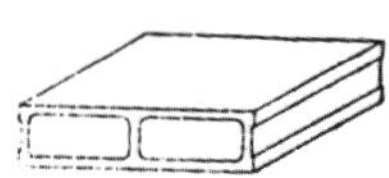
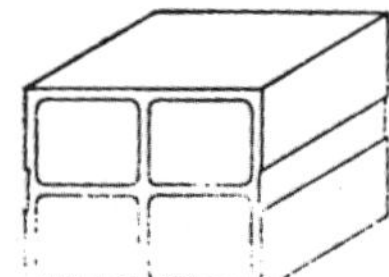

Factory:
2 Edinburgh Road. Tel. 20992

Town Office:
24 The Bund. Tel. 16764

General Managers and Sales Agents:

KIENHUIZE & CO., 24 The Bund

鋼窗各種鋼鐵建築材料

瓦紋板，屋頂，或牆壁用「亞爾德克司」

阻絕雜聲，及保守溫度

各種顏色油漆及噴漆

電氣材料

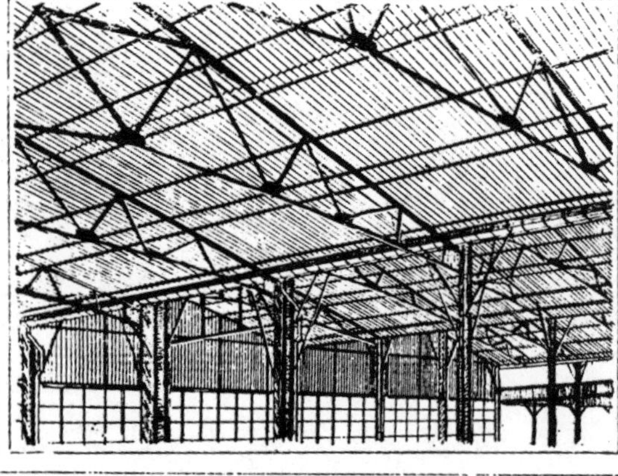

新井洋行

上海漢口路一百三十號

電話一七二七七・一四六八七

合豐行

總經理

上海甯波路四十七號

國貨天棚玻璃磚

承包

馬路柏油工程
屋頂油毛毡工程
柏油沙工程
磁磚瓷磚工程

經理

油毛毡，柏油
各色磁磚
衛生器具
紙柏隔音板
各種鋼絲網

HAH FOONG & CO.
BUILDING SUPPLIES
ROAD & ROOFING
CONTRACTORS
47 NINGPO ROAD, Shanghai.
Tel. 18254

各種大小油漆工程
及
房屋內部裝飾
都來歸我

嘉豐藝術公司

事務所 圓明園路二〇九號 電話 一〇〇八六 一九〇一四

廠址 東百老匯路六六〇弄A字九十四號

For your Next PAINTING JOB
Big or Small
Consult
ANCHIA BROTHERS
Decorators Painters and General Contractors
209 Yuen Ming Yuen Road -Tel. 10086 19014
Works-Lane 660, House A94 East Broadway
P. O. Box 1103

上海最大商號公司裝置銅鐵燈架建築工程多為本廠出品

We are the manufacturers of lighting equipments and metal products of leading stores and companies in Shanghai.

新藝製造廠

專門製造或裝配各種車花玻璃料器及製造各種美術掛燈壁燈電光招牌等等

上海北成都路九八八弄第四號

電話三三八二三

MODERN ART METAL & GLASS WORKS.
SHANGHAI MANUFACTURING CO.
North Chengtu Road, Lane 988, House No. 4
Tel. 33823

民國十一年創辦
絲釘工業之鼻祖
公勤鐵廠股份有限公司出品
三戟牌
註冊商標
REGISTERED
釘
釘
頭圓整
身堅挺
尖鋒利
網
以作籬
可禦侮
家庭生趣社會安寧胥以是賴
總廠
上海楊樹浦臨青路五十三號
電話
五〇二一四 營業課
五〇一六七 經理室
分廠
廣州河南南華中路六十六號
電話
五〇四一二
備有樣本
承索即寄

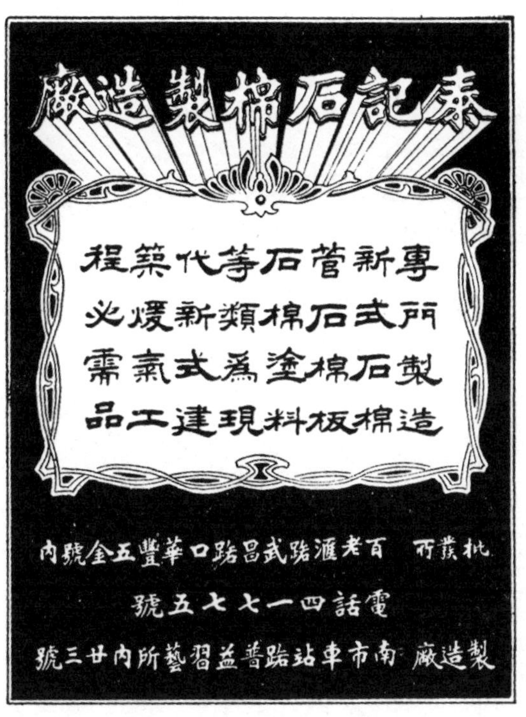

合衆水泥花磚廠

辦事處：上海湯恩路三十七號 電話四三八七二

廠設：閘北西寶興路倫敦路口

專製上等水泥花磚色樣新穎任憑惠顧諸君選購交貨迅速如需目錄估價樣本及樣磚請即函知寄奉不誤

Manufacturers of
High Grade Cement and Tiles.
Stock Carried for immediate orders.
Catalog, Estimates and Samples
Supplied on Request.

THE UNION CEMENT TILE CO.

Office: Thorne Road, House 3, Lane 37,
Dial 43872
Factory: West Paoshing Road, Chapei.
Shanghai

順泰洋行

上海四川路三四〇號 電話 一六五四八

唯一建築材料承包商

本行專做磨石子水泥地，各種舖地及砌牆用釉面光磁磚，及瑪賽克等，存貨充足，供客選購。備有樣品及價目單，承索即寄。

Building Suppliers & Contractors.

Manufacturers of Terrazzo flooring and panelling, Glazed tiles of all colors and sizes, for wall and floors, mosaics, etc. Individual designs also supplied. Stock carried.
Samples, prices supplied on request.

CITY BUILDING SUPPLY CO.

340 SZECHUEN ROAD *Tel. 16548*

SLOANE·BLABON

司隆百拉彭

印花油毛氈毯

此為美國名廠之出品。今歸秀登第公司獨家行銷。中國經理則為敝行。特設一部。專門為客計劃估價及舖設。備有大宗現貨。花樣顏色。種類甚多。尺寸大小不一。司隆百拉彭印花油毛氈毯。質細耐久。終年光潔。既省費。又美觀。室內舖用。遠勝毛織地毯。

美商 美和洋行

上海江西路二六一號

Tung Nan Brick & Tile Co.

Office: 396 Kiangse Road

Telephone 13760

東南磚瓦公司

出品

牆面磚
顏色鮮豔尺寸整齊毫不灣曲
花樣繁多貼於牆面華麗雄壯

地缸磚
性質堅硬毫不吸水平面光滑
不染污垢花紋種類聽憑選擇

踏步磚
品質優良式樣美觀
面有條紋不易滑跌

紅平瓦
泥料細膩火力勻透
耐用經久永不滲漏

耐火磚
原料上等製造精密
能耐極高熱度

事務所　江西路三百九十六號

電話　一三七六〇

WE MANUFACTURERS OF

FACING BRICKS

PAVING BRICKS

STEP TILES NOSING

RED TILES

& FIRE BRICKS.

THE CHINA IMPORT & EXPORT LUMBER COMPANY, LIMITED

(INCORPORATED UNDER THE COMPANIES' ORDINANCES OF HONGKONG.)

FLOORING DEPARTMENT

英商祥泰木行有限公司地板部

上海之有美術地板本公司實爲首創嗣後互相效尤凡各商埠之高樓大廈莫不採用本公司以二十年之經驗中外技師之策劃堅固美妙允稱獨步如蒙賜顧定獲稱心滿意本公司購備最新式砂磨機器十五部括垢磨光平滑無比

已竣工程

本埠

美國鄉下總會
法國總會
江海關
安利洋行
月宮飯店
辣斐跳舞場
自來水公司
上海跑馬總會
仁濟醫院
孫科住宅
惠羅公司
匯豐銀行
義泰洋行
禮查飯店
都城飯店
新聞報館
西人青年會
辣斐飯店
十三層公寓
萬國儲蓄會
麥特赫司脫路大廈

漢彌爾登大廈
金城銀行
華懋飯店
中國體育會
字林西報館
英國總會
花旗總會
宜昌路救火會
楡林路巡捕房
江灣路工部局學校
廣西路格致公學
王家沙花園工部局住宅
華德路巡捕醫院
永安公司
台灣銀行
怡和洋行
英美烟公司
徐家匯天主堂
海格路公寓
大西路工部局醫院
中匯銀行

外埠

南京　蔣委員長住宅
南京　何應欽住宅
香港　救火會

南京　汪精衛住宅
汕頭　太古公司
青島　萬國總會

進行工程

靜安寺路四行儲蓄會
外白渡橋堍大廈
博德連新廠
漢口安利新廈

青島海濱大廈
華業公寓
萊斯德工藝學校
白賽仲公寓

其餘工程繁多不及備載

總行　上海楊樹浦路第壹千肆百念六號

電話第五〇〇六八號　三線轉接各部

興業美術雕花瓷磚
色澤大小齊備
鋪裝室內室外
無不富麗堂皇
本公司出品繁
多備有各種雕
花瓷磚樣版樣
本承索即寄
興業瓷磚股份有限公司
河南路五〇五號
電話九五六六六
南京郵政署大廈所用之雕花瓷磚
協隆建築師設計

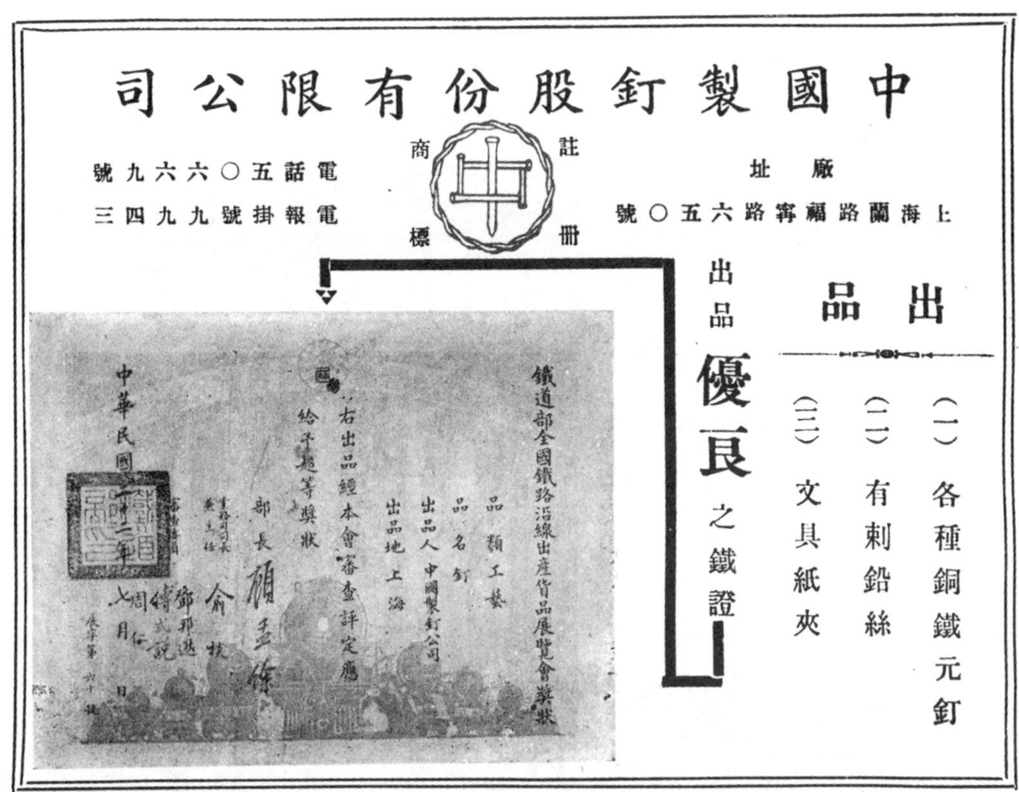
中國製釘股份有限公司
註冊商標
廠址 上海蘭路福寧路六五〇號
電話五〇六六九號
電報掛號九四九三
出品
(一)各種鋼鐵元釘
(二)有刺鉛絲
(三)文具紙夾
出品優良之鐵證
鐵道部全國鐵路沿線出產貨品展覽會獎狀
品類 工藝
品名 釘
出品人 中國製釘公司
出品地 上海
右出品經本會審查評定應給予超等獎狀
部長 顧孟餘
中華民國二十二年七月

瑞昌銅鉄五金工廠
承辦建築一切銅鉄工程
滬上各大建築無不採用本廠是項門鎖以其新異而堅固也
新異
堅固
漢口路二六一號 電話九四四六〇号
靜安寺路六八七號 電話三一九六七號
工廠 同孚路二四三號

英商吉星洋行油漆服務部

上海四川路三二〇號　電話一九五四〇

香港——上海——天津

中國近代建築史料匯編（第一輯）

建築月刊

第三卷　第一期

建築月刊
二十四年
SECOND-ANNIVERSARY
中國銀行
THE BUILDER
19

大中機製磚瓦股份有限公司

製造廠浦東南匯縣下沙鎮

本公司因鑒於建築事業日新月異材料選擇尤關重要特聘專門技師購置德國最新式機器精製各種青紅磚瓦及空心磚等品質堅韌色澤鮮明自應銷以來已蒙各界推爲上乘樂予採購茲略舉一二以資參攷其他惠顧諸君因限於篇幅不克一一備載諸希鑒諒是幸

大中磚瓦公司附啟

曾經購用敝公司出品各戶台銜列后

本埠

工部局平涼路巡捕房　新蓀記承造
國立中央實驗館兆豐花園　和興公司承造
四行儲蓄會英大馬路　陶馥記承造
鹽業銀行北京路　趙新泰承造
南京飯店山西路　新金記祥號承造
開成造酸公司軍工路　王鏡記承造
四海銀行北京路　惠記興承造
麵粉交易所民國路　元和興記承造
業廣公司歐嘉路　陳馨記承造
法教堂勞神父路　吳仁記承造
七層公寓霞飛路　吳仁記承造

外埠

中央飯店南京　新金記承造
金陵大學南京　利源建築公司承造
航空學校杭州　新金記康號承造

所出各品儲有大批現貨以備各界採用如蒙定製各色異樣磚瓦亦可照辦備有樣品如蒙索閱卽當送奉

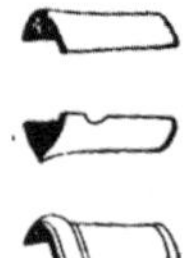

駐滬批發所

英租界牛莊路德興里四號　電話九〇三一一

DAH CHUNG TILE & BRICK MAN'F WORKS.
Sales Dept. 4 Tuh Shing Lee, Newchwang Road, Shanghai.
TELEPHONE 90311

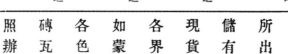

振蘇磚瓦公司

上海靜安寺路六八八弄二號　電話三一八六〇號

第一廠址崑山南鄉張浦港口電話第二百〇五號　第二分廠址設在崑山南鄉蘇州河西吳淞港北岸

本公司營業已十有餘載廠設崑山南鄉自建最新式德國窰兩座近因出貨供不應求特設第二分廠於吳淞港北岸更添購機械專製各種機製紅磚空心磚青紅機製平瓦及德式筒瓦質料細韌烘製適度是以堅固遠出其他磚瓦之上且價格低廉交貨迅速久爲各大建築公司營造廠家所贊許推爲上乘爭相購用信譽昭著茲將曾購用敝公司出品各戶台銜略舉一二以備資考其他因限於篇幅不克一一備載諸希鑒諒是幸如承賜顧請逕與上海總公司接洽可也

振蘇磚瓦公司附啓

大舞台　九江路
百樂門跳舞場　愚園路
麥特赫司脫公寓　靜安寺路
中國銀行宿舍　南京
金城銀行　江西路
大陸銀行　九江路
國華銀行　北京路
證券交易所　漢口路
大陸商場　南京路
德士古火油棧　定海橋
光華火油棧　高橋
申新紗廠　宜昌路
酒精製造廠　浦東
永安紗廠　吳淞
公益紗廠　曹家渡
公大紗廠　軍工路
裕豐紗廠　楊樹浦
華生電氣廠　周家嘴路
大生紗廠　南通
富安紗廠　崇明
寶五洋棧　甘肅路
茂昌堆棧　十六浦
豫康堆棧　光復路
華華中學　愚園路
中央研究院　亞爾培路
動物研究院　愛文義路
榮金大戲院　康悌路
北火車站　界路
四明別墅　愚園路
靜安別墅　靜安寺路
金城別墅　靜安寺路

模範邨　福煦路
四明邨　巨籟達路
綠楊邨　康腦脫路
大陸新邨　施高脫路
古拔新邨　古拔路
和合坊　霞飛路
天樂坊　斜橋路
鴻運坊　愛多亞路
來安坊　新閘路
愚園坊　愚園路
聯安坊　愚園路
鄰聖坊　福煦路
福煦坊　福煦路
愛文坊　愛文義路
基安里　同孚路
興業里　霞飛路
永安里　北四川路
興業里　天主堂街
同福里　靜安寺路
均益里　界路
德仁里　浙江路
福綏里　天津路
百祿里　大西路
正明里　赫德路
蘭威里　湯恩路
恆豐里　施高脫路
恆德里　赫德路
四達里　施高脫路
大通里　白克路
多福里　福煦路
恆茂里　八仙橋
懋益里　山海關路
同昌里　海甯路
興業里　施高塔路
秦安里　山西路
明德里　蘇州觀前

CHEN SOO BRICK & TILE MFG. CO.

BUBBLING WELL ROAD. LANE 688 NO. F2

TELEPHONE 31860

ELGIN AVENUE BRITISH CONCESSION
TIENTSIN
SURFACED WITH K.M.A. PAVING BRICKS

Union Commerciale Belge de Metallurgie, S.A.
No. 150 Kiukiang Road.
Telegraphic Address UCOMETAL-Shanghai
Telephone 12197
UCOMETAL
上海九江路一五零號
敝社係比國七大鋼廠駐滬總分銷處經售全廠出品承造鋼鐵工程舉凡：
鐵路鋼軌 工業機械
電車鋼軌 電氣用品
各式橋樑 鋼窗材料
採礦工具 鋼條鋼板
等等莫不應有盡有色色俱備如蒙賜顧竭誠歡迎
電話一二一九七
比國鋁業聯合社

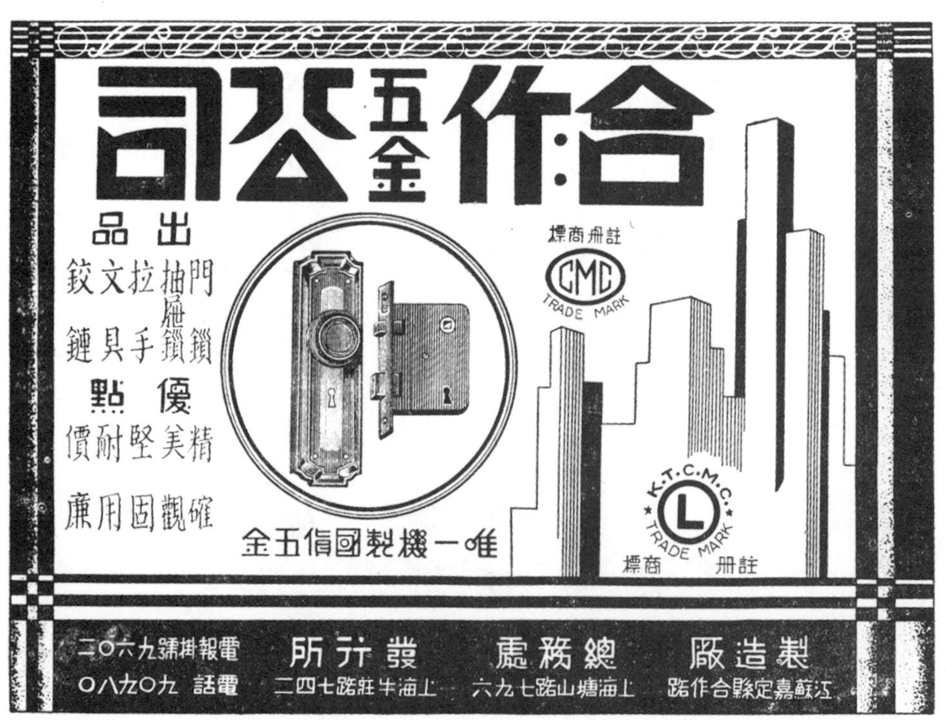
合作五金公司
出品
門鎖
抽屜鎖
拉手
文具
鉸鏈
優點
精確
美觀
堅固
耐用
價廉
註冊商標
CMC TRADE MARK
K.T.C.M.C.
L TRADE MARK
註冊商標
唯一機製國貨五金
製造廠 江蘇嘉定縣合作路
總務處 上海塘山路七九六
發行所 上海牛莊路七四二
電報掛號九六〇二
電話 九〇九八〇

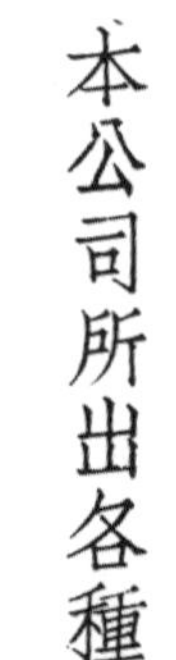

本公司所出各種油漆光亮耐久如汽車漆綢品漆木器漆以及建築房屋及牆頭所用之各種油漆一一俱備存貨豐富如欲色樣及價目請投函下列地址即班郵奉

Mr. Berger made Fine Colours in London in 1760

No complaints with BERGER Paints

英國北嘉油漆公司

總經理上海五馬路十七號

老公茂洋行

Lewis Berger & Sons, Ltd.

HOMERTON :: LONDON, E.9

PARIS DURBAN SYDNEY WELLINGTON

"Arm" Brand
註冊商標

倫敦柏雷兒油漆有限公司

創辦於西歷一千八百五十二年

註冊商標

本公司出品「西摩近」水門汀漆，質堅耐久，光澤豔麗，頗適宜於塗刷新水泥，鋼骨混凝土及磚牆面等。並監製鴨牌各色磁漆，上白油漆，貢藍，魚油，凡立水，紅丹，及各色調合漆等。存貨充足，倘荷賜顧，無任歡迎。

總經理

上海英豐洋行

北京路一〇六號　電話一三六三六

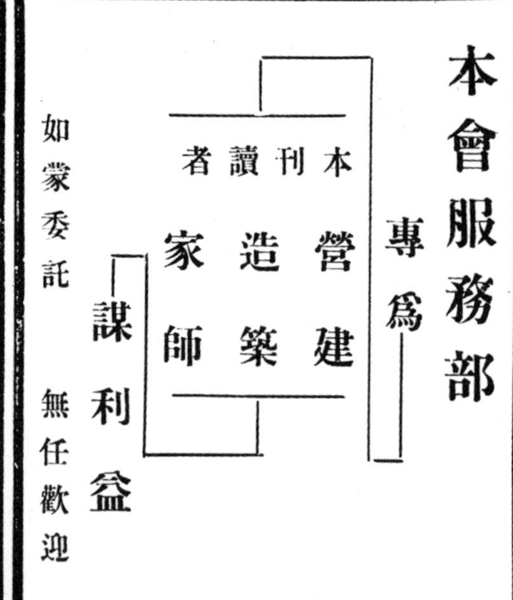

〇二四二八

POMONA PUMPS

凡裝自流井而欲求最經濟之水源請採用最新式

「普摩那」電機抽水機

最新式之抽水設備

PUMPING WATER

THE MODERN WAY

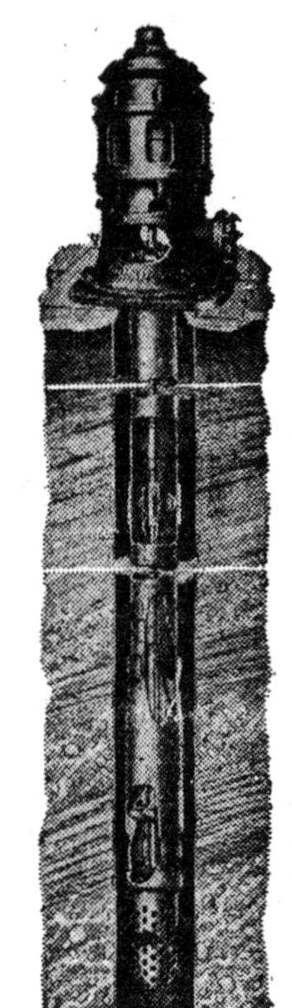

「普摩那」透平式抽水邦浦。利用機械與水壓原理製成。適得其宜者。

「普摩那」透平邦浦。絕對可靠。費用儉省。而出水量較多。

常年運用。幾無需耗費管理或修理等費。

時間減少。出水量增多。無需裝置價格昂貴之壓氣機等設備。大小邦浦。皆可裝置自動機件。

出水量。每分鐘自十五伽倫至五千伽倫。大小俱備。

抽水機軸。每隔十尺。裝有橡皮軸承。用水潤滑。靈便。可靠。

所佔裝置地位極小。

用美國威斯汀好司廠馬達發動之。

滬上各處裝置。成績優良。咸皆贊美。

總經理美商茂和公司

上海圓明園路一八五號　電話一一三一〇

目錄

一週紀念特大號
(第三卷第一號)

插圖

論著

廣告索引

上海外灘中國銀行計劃改建新屋，面積總額達六萬方尺，其高度將爲滬上冠。（按報載美領署擬建高凡三十八層之聯合辦公署，則又更上一層樓矣。）該行地址狹長，面臨黃浦之濱，後部直達圓明園路，其間距離近六百尺，故在設計時頗費苦心。在面臨狹長街道之處，將高度減低，兩翼則特別升高，如此則光線與空氣，兩皆充足；此外如何利用極長度之走廊等問題，諸待考慮者也。

將來落成後，銀行大門入口處，卽在臨黃浦之面。其次則在圓明園路與仁記路之間。底層除客廳，樓梯間電梯等外，餘皆供銀行本部辦公廳之用，而此廳亦卽爲全部建築中聚精會神之點也。全部房屋用空氣調節。所有庫房保管箱等，均在地下層，並有汽車間一所；足容私人汽車六十四輛之多，規模之大，可見一斑。

全部房屋用鋼骨水泥建築，外牆用國產花崗石。因接近浦濱，故對於防禦水災各點，予以特別注意。該屋四週盡屬高樓大廈，故底基及打樁頗感困難；地址四週將圍以四十尺長之鋼板樁。屋之兩翼，樁深一百六十尺，正中輕低部份則深入八十五尺，全部造價預計一千萬元云。

又見報載該行當局鑒於社會百業蕭條，經濟衰落，費貲千萬，建造高廈，尙非當急之務；故已酌量減低層數，以求撙節云。

FIRST SKYSCRAPER TO DOMINATE THE SHANGHAI BUND

Proposed New Building for the Bank of China

Palmer & Turner, Architects.

杭州國立浙江大學農學院實驗教室之新屋

NEW LABORATORY-BUILDING FOR COLLEGE OF AGRICULTURE, NATIONAL UNIVERSITY OF CHEKIANG, HANGCHOW

盛家翰建築師設計
馥記營造廠承造

Mr. K. H. Suhr, Shanghai architect.
Voh Kee Construction Co., Contractor

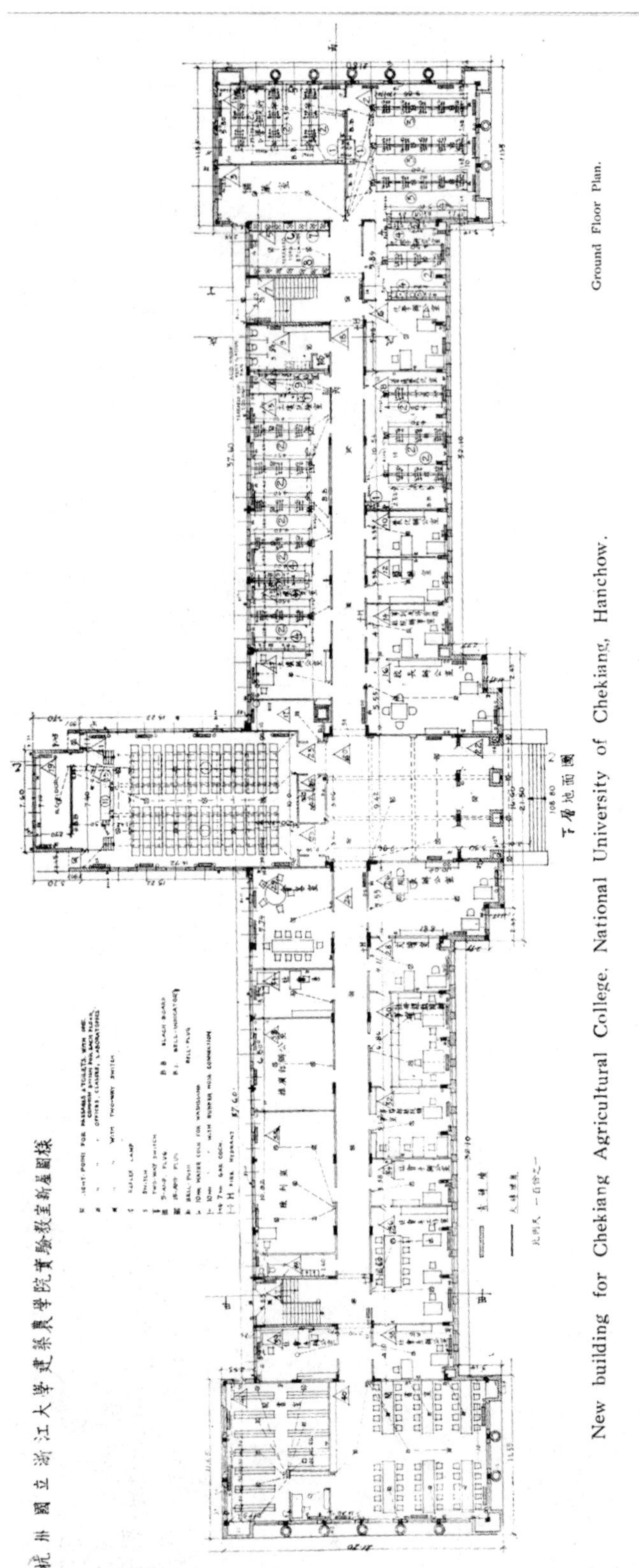

杭州國立浙江大學農學院實驗教室新屋圖樣

下層地面圖

New building for Chekiang Agricultural College, National University of Chekiang, Hanchow.

Ground Floor Plan.

杭州國立浙江大學建築農學院實驗教室新屋圖樣

二層樓面圖

比例尺 一百份之一

New building for Chekiang Agricultural College, National University of Chekiang, Hanchow.

First floor plan.

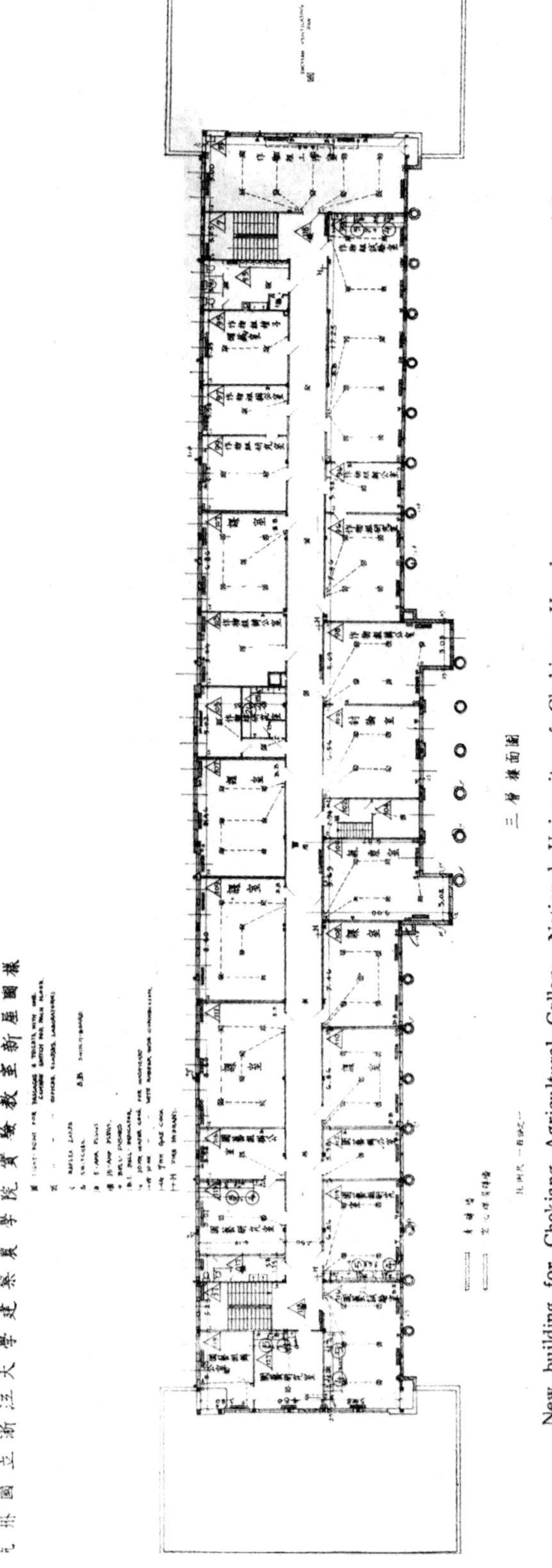

三層樓面圖

Second floor plan.

New building for Chekiang Agricultural College, National University of Chekiang, Hanchow.

建築中之上海九江路十四層大廈

馬海洋行設計
余洪記營造廠承造

New 14 storey office building for Shanghai Land Investment Co., Ltd. on Kiukiang Road near Kiangse Road now under construction.

Messrs. Spence, Robinson & Partners, Architects.
Ah Hong & Co., Contractors.

A proposed bank building of 23 storeys for the Central District, Shanghai

Wm. A. Kirk, Architect.

計擬中之上海公共租界中區二十三層銀行新屋

高爾克建築師設計

天津將建之戲院

上海鴻達建築師設計

A New Cinema Theatre to be Erected in Tientsin.

Design by C. H. Gonda, Shanghai architect.

New Apartment House on Tifeng Road near Jessfield Road.

Messrs. Davies, Brooke & Gran, Architects.

上海地豐路新建之公寓

新瑞和洋行設計

10

行將建築之上海法捕房新屋

賴安工程師設計

"Poste Mallet" New French Police Station now being built immediately behind the old French Municipal offices.

Messrs. Leonard, Veysseyre & Kruze, Architects

Proposed Hospital for Peiping-Liaoning Railway Chinese Staff in Tientsin.

計擬中之天津北寧路局醫院

Wm. A. Kirk, Architect.

高爾克建築師設計

(上)上海西區計擬中之一公寓

(下)建築中之上海西區一住宅

海其渴建築師設計

Proposed Apartment Building in the Western District, Shanghai.

H. J. Hajek, B. A. M. A. & A. S., Architect.

Modern Private Residence Now Under Construction in the Western District, Shanghai.

H. J. Hajek, B. A. M. A. & A. S., Architect.

南通天生港大生電廠

上海揚子建築公司設計及承造

揚子江發電廠全景

Ceneral View of the Nantung Power Plant for Yangtse River.

進水管水泥橋建築時工作情形

Concrete Bridge for Inlet Pipe in Progress.

進水間建築時工作情形

Pumping House of the Nantung Power Plant in Progress.

Yangtse Development Co., Architects and Contractors

德國橋梁

林同棪

橋梁式樣之多，當以德國為最。蓋德國工程師，不但理論高深，其膽量之大，每敢將理論上研究之結果，施於實用，輒以因襲勦同為恥，此其所以日新月異，進步迅速也。美國富甲天下，工程規模之大，固非他國所能及，然其於橋梁之精細與創作，則頗有遜於德國。茲將在德遊覽之餘，攝得橋梁照片十數，付印以供參考。

萊茵河兩岸工廠林立，而風景尤勝；沿河下流大城市：其跨河長橋，不下十餘座。下列第一圖至第七圖，示其一部焉。

第一圖　Hohenzollern Brucke。科隆(Koln)之三孔鋼拱，蓋一老式紀念橋也。橋架之結實，似頗不合於近代之設計，然其能經數十年而不朽者，蓋亦以此乎。橋之下游，尚有鋼索懸橋一座，跨度頗長，惜未得其影焉。

第二圖　Deutz Brucke Koln。此為自拉式眼桿懸橋(Selfanchored eyebar suspension bridge)，圖中祇示其半。橋搭用搖動式(rocker tower)，以減少其彎曲率(bending moment)。據云此橋係在歐戰時造成。蓋戰時軍運繁忙，舊有橋梁，不足應付。德國工程師遂於九月之內，造成此橋以暢運輸，而利行軍。當時橋梁學之發達，尚不如今，而其建築術，竟已有如此之効率，可不畏哉。

柏林市之斯布雷河(Spree)，與巴黎之桑河(Seine)，倫敦之泰姆河(Thames)，頗相彷彿。民國二十二年夏，余至柏林，承劉君文華之領導，沿河而行，共見橋梁廿餘。(下列第八圖至第十四圖)中除舊式拱橋數座外，多係鋼橋。當時德國經濟恐慌，數座橋梁之修理，皆因而中止；橋上亦不得通行，不識今者如何？

第三圖　Bonn Brucke。中為穿式拱橋以便行舟；旁為托式，以求經濟。

第四圖　Linz Brucke：萊茵河上之鐵路橋，蓋所謂臂式拱橋，在美國所未見者也。圖示橋之半及其右邊之隧道門口。

第五圖　科布楞茲(Koblenz)之浮橋。

第六圖　科布楞茲之半穿式鋼架拱橋，共三孔。

第七圖　Horaheim Brucke。此係二孔老拱橋。橋已舊，不堪載重，正在加固中。

第八圖　Dortmunderstrasse Brucke。人行鋼索懸橋，其加硬衕梁，係二鉸鏈華倫式（2-hinged Warren stiffening truss）。旁孔則非懸式。

第九圖　橋式與第二圖之Deutz Brucke相同。圖示橋之旁孔。

第十圖　弓式鋼架人行橋，其後爲鐵路拱橋一座。

第十一圖　拱橋之鉸鏈。

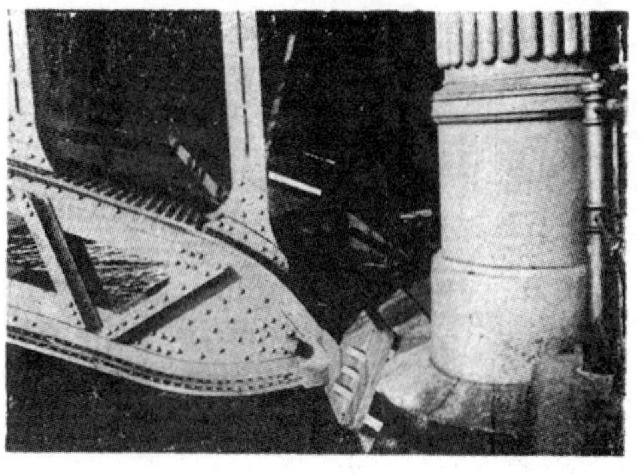

第十三圖　Jannowitz Brucke柏林鋼架拱橋，多係此式。

第十四圖　Jannowitz Brucke——自其端視之。橋之中心，用弔桿數條，以減橋面橫梁之跨度。

第十二圖　硬架鐵橋之柱及鉸鏈，橋下通街道。

第十六圖　Frankfurt a. Main之人行橋。

第十五圖　此種混凝拱橋，惟此圖則係在比國攝得者。

Winning Dasigns of the Imperial Museum of Japan

PP.19--36

東京帝室博物館

日本東京帝室博物館，爲巨大工程之一，現正在建築中。開工以來，已達三載，全部工程，將於一九三七年年終告成。該館建築圖樣，係用懸賞競選方式徵得者；當選者渡邊仁建築師，得獎金一萬元，第二名七千元，第三名五千元，第四名三千元，第五名二千元，附選各獎一千元。茲將該館前十名之圖樣，依次列后。

第一名　渡邊仁作

東京帝室博物館

第一名　渡邊仁作

20

東京帝室博物館

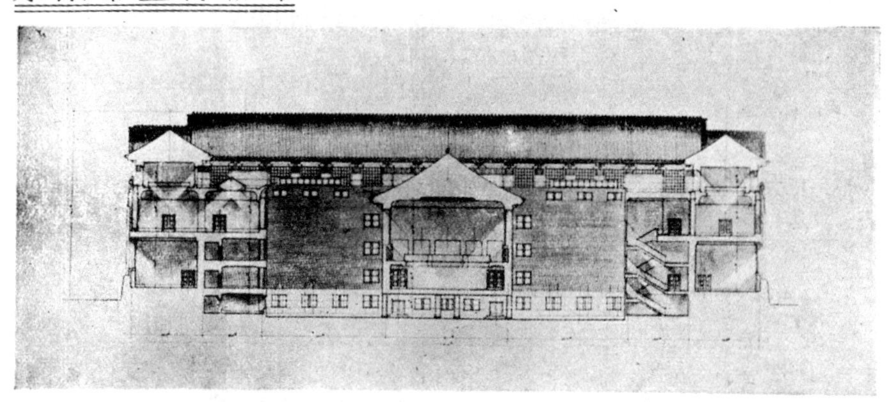

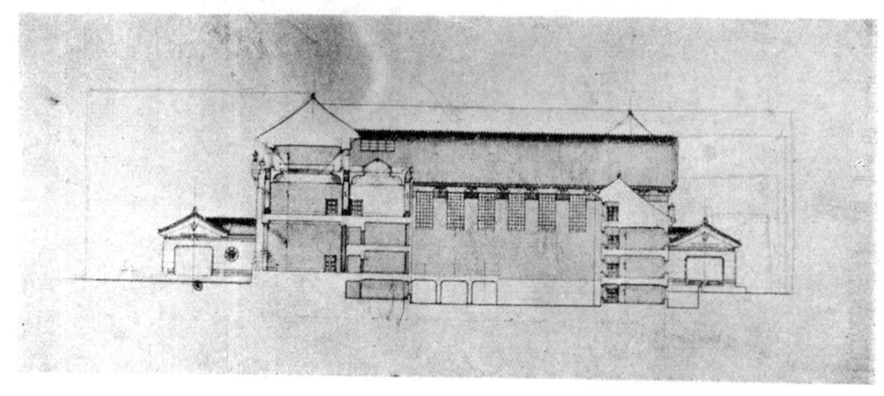

第一名　渡邊仁作

東京帝室博物館

第一名　渡邊仁作

22

東京帝室博物館

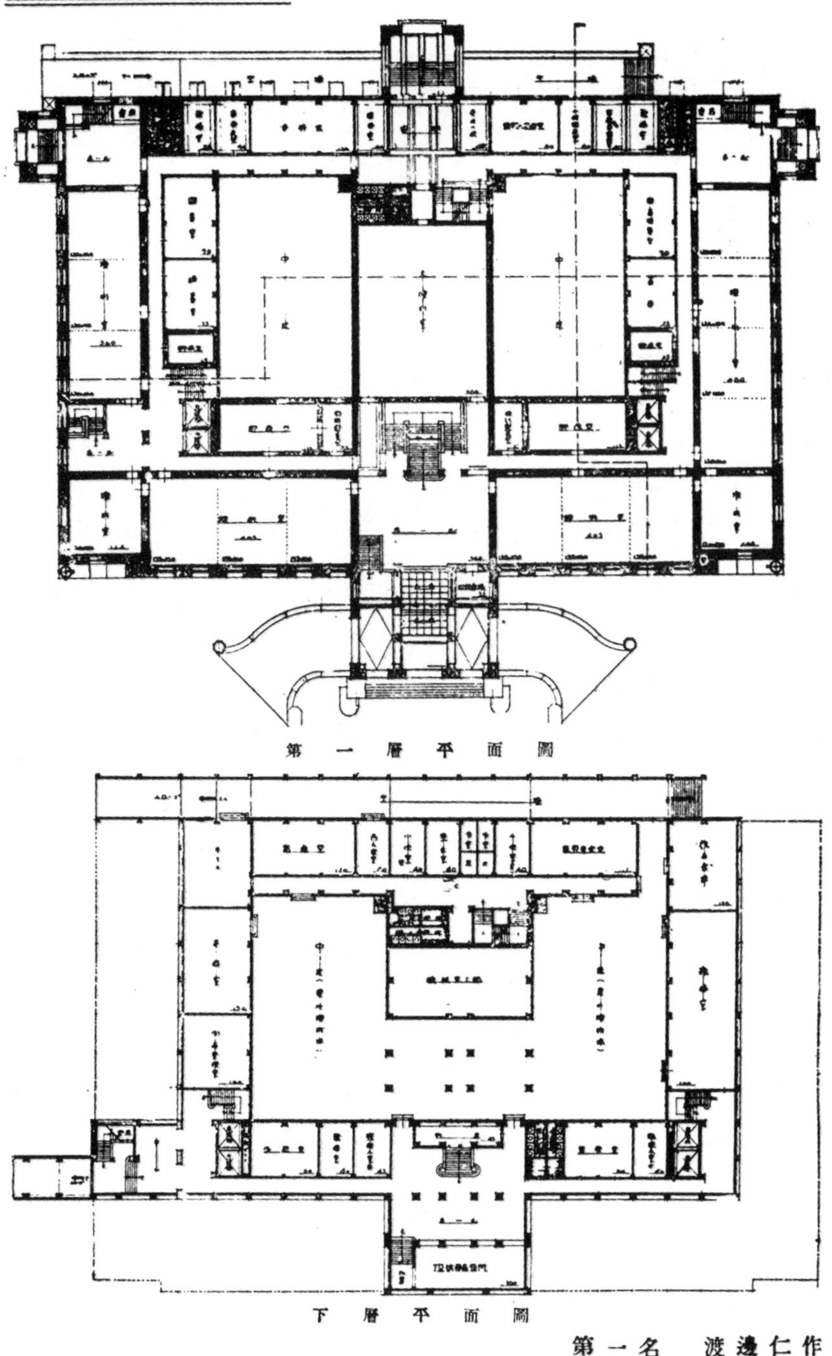

第一層平面圖

下層平面圖

第一名 渡邊仁作

東京帝室博物館

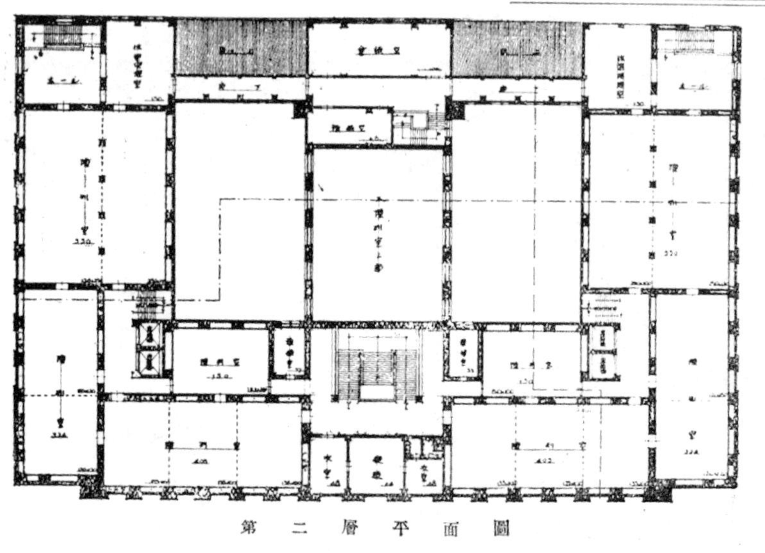

第二層平面圖

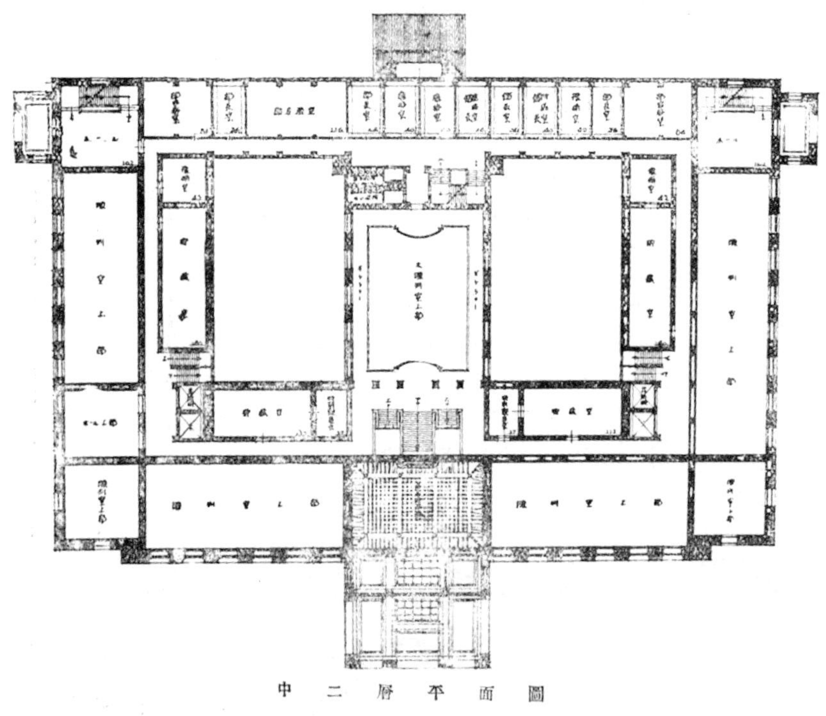

中二層平面圖

東京帝室博物館

第二名　海野浩太郎作

東京帝室博物館

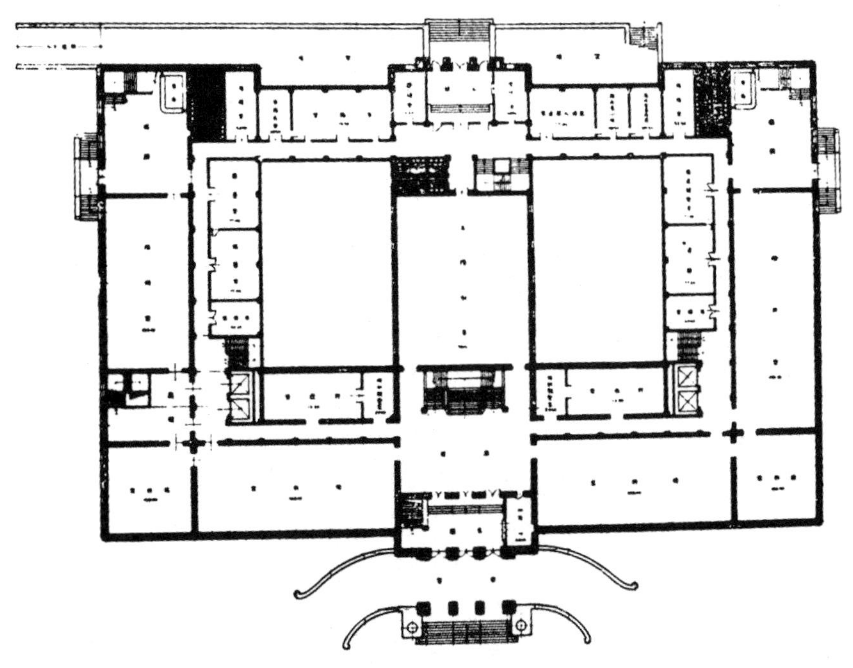

第二名　海野浩太郎作

東京帝室博物館

第二名　海野浩太郎作

東京帝室博物館

第三名　塚田達作

28

東京帝室博物館

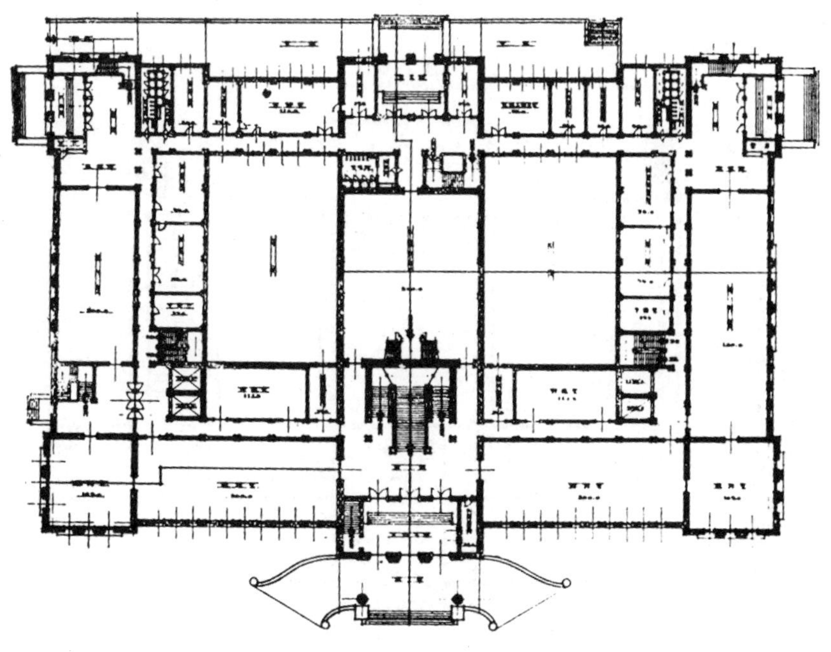

第三名　塚田達作

東京帝室博物館

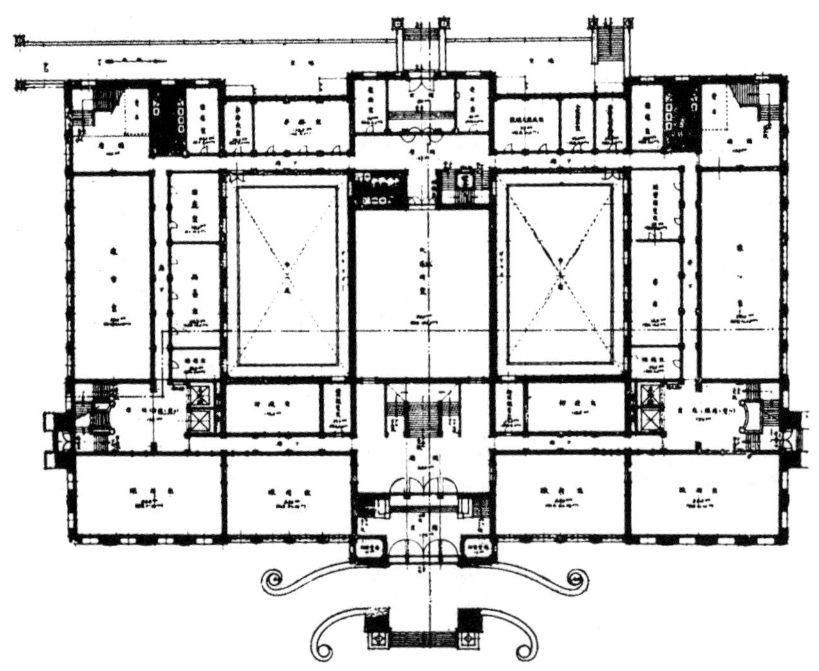

第四名　前田健二郎作

30

東京帝室博物館

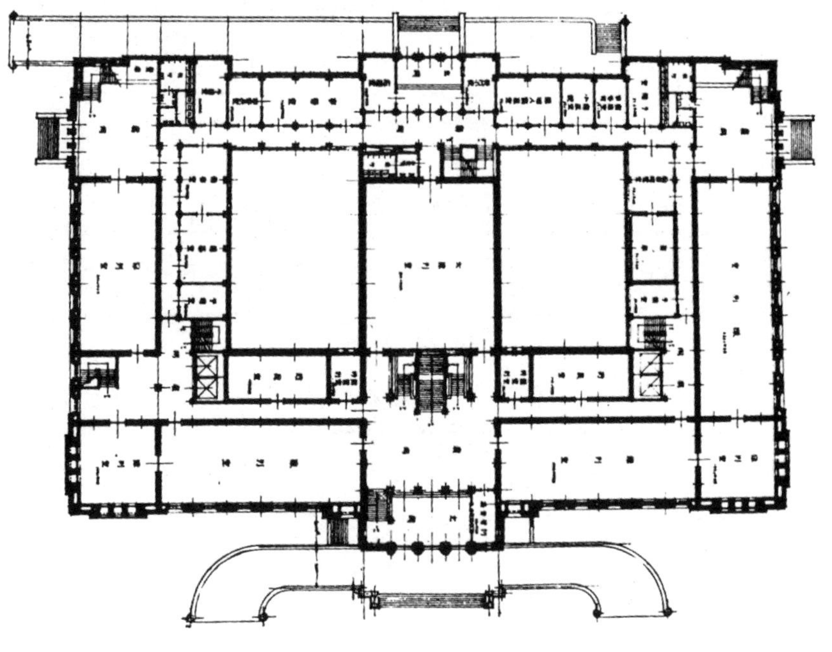

第五名　荒木榮一作

東京帝室博物館

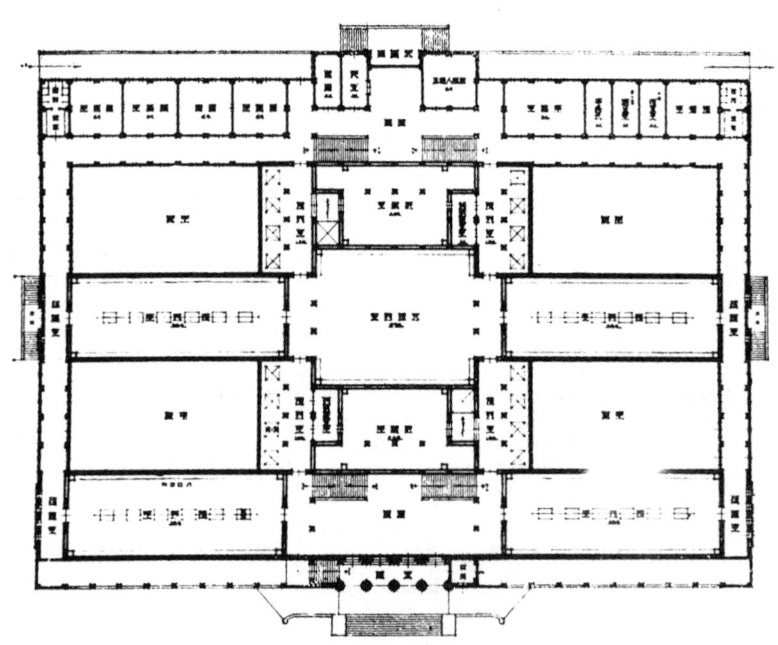

附選之一　　橋本舜介作

東京帝室博物館

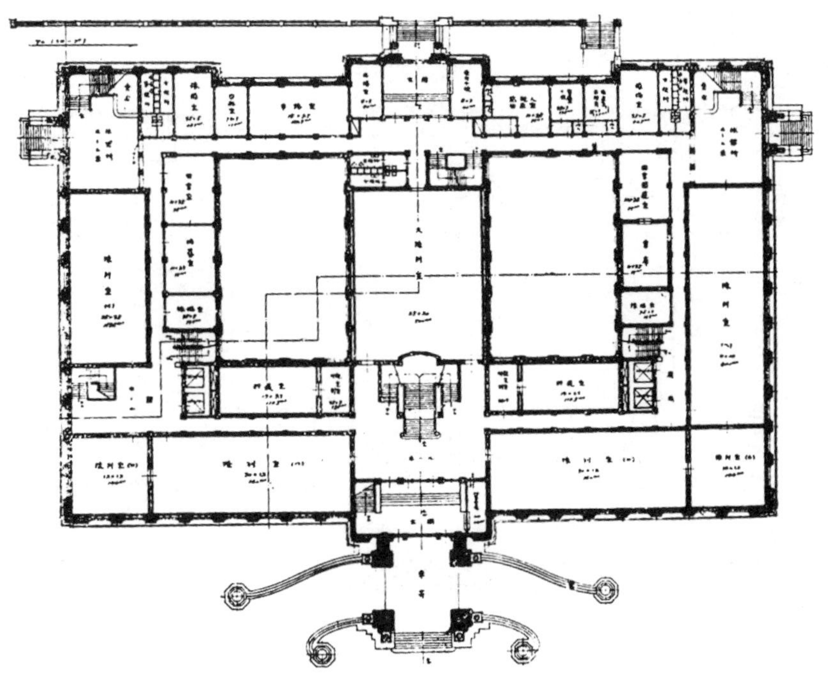

附選之二　大島一雄作

東京帝室博物館

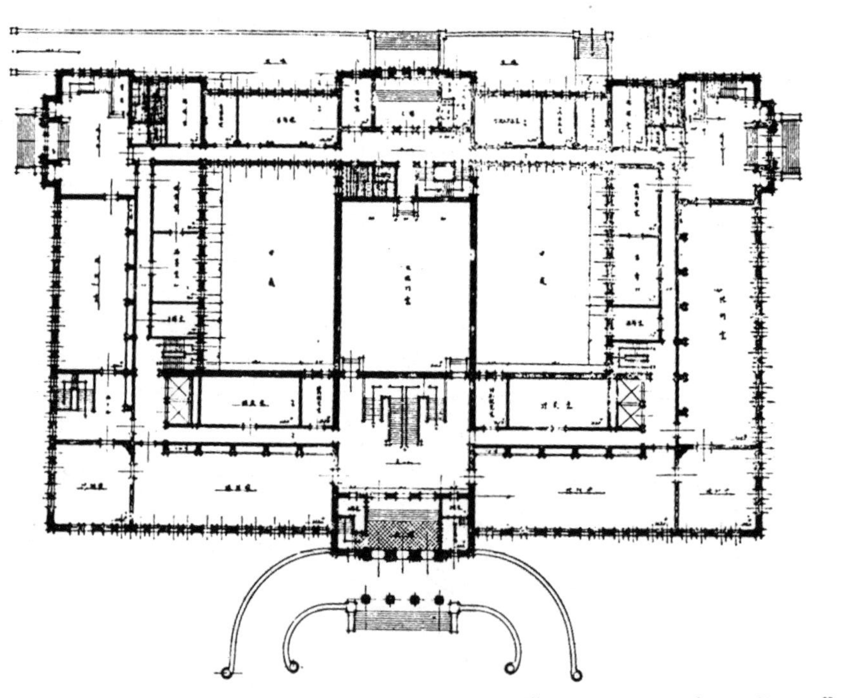

附選之三　大原芳知作

東京帝室博物館

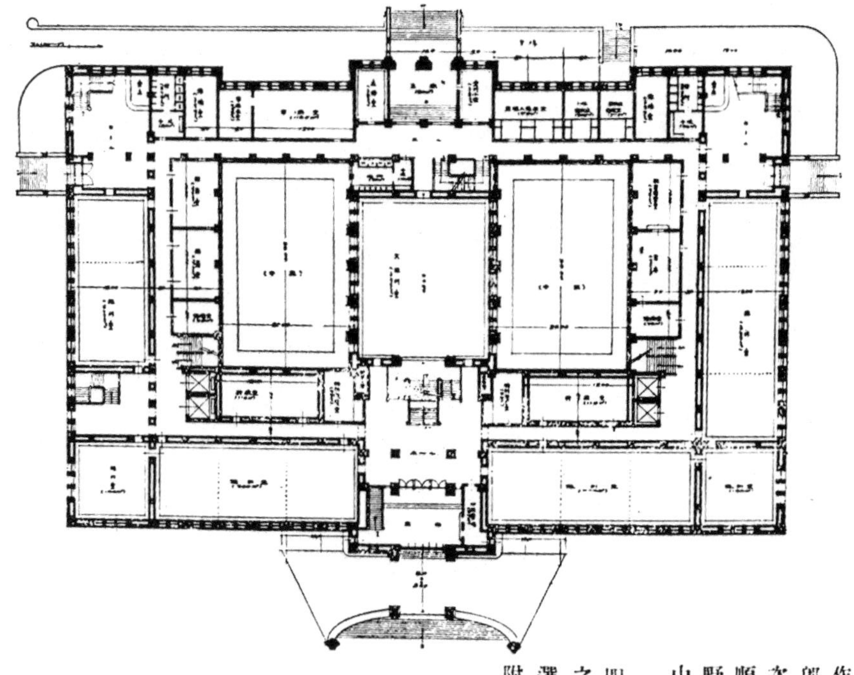

附選之四　中野順次郎作

東京帝室博物館

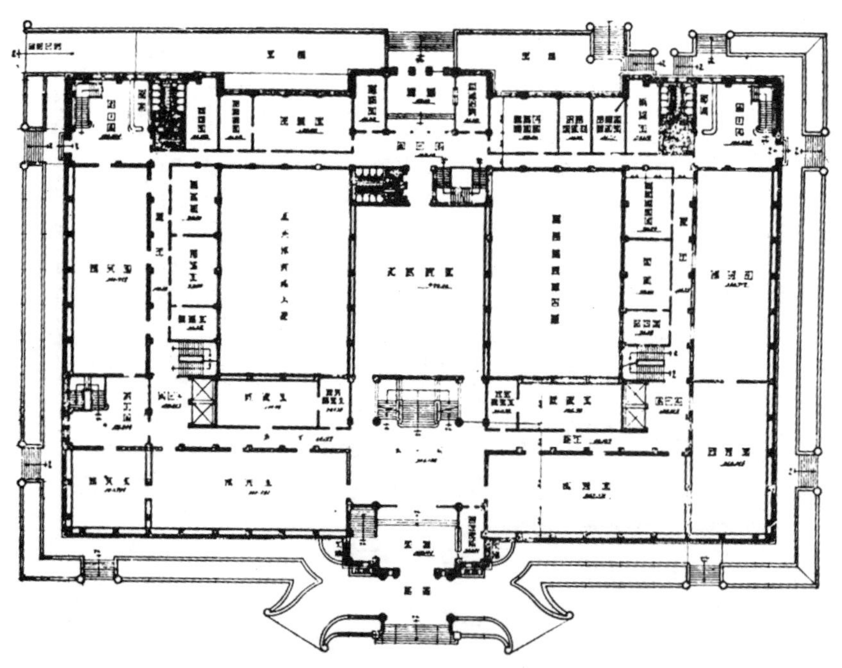

附選之五　木村平五郎作

Winning Designs of Japanese Military Clubhouse.

Pp. 37--42

日本軍人會館

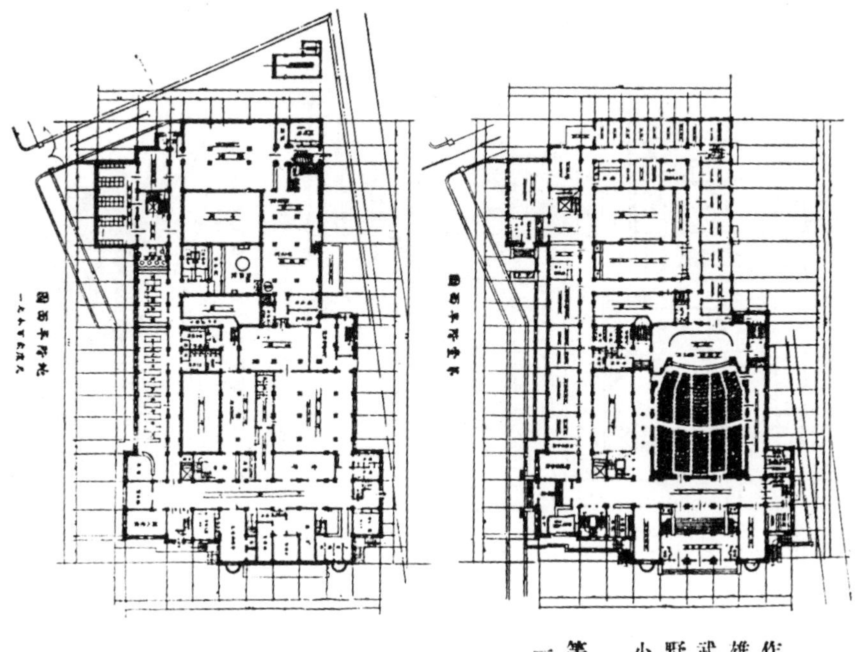

一等　小野武雄作

日本軍人會館

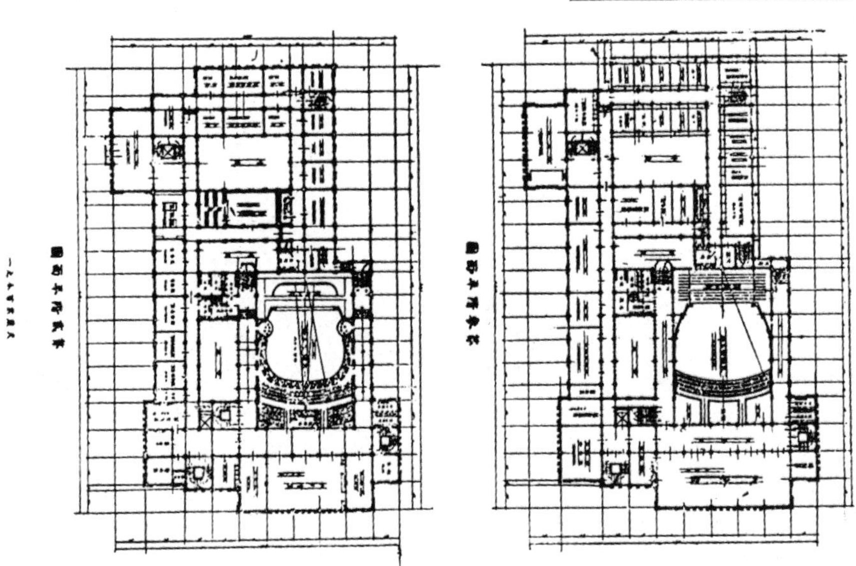

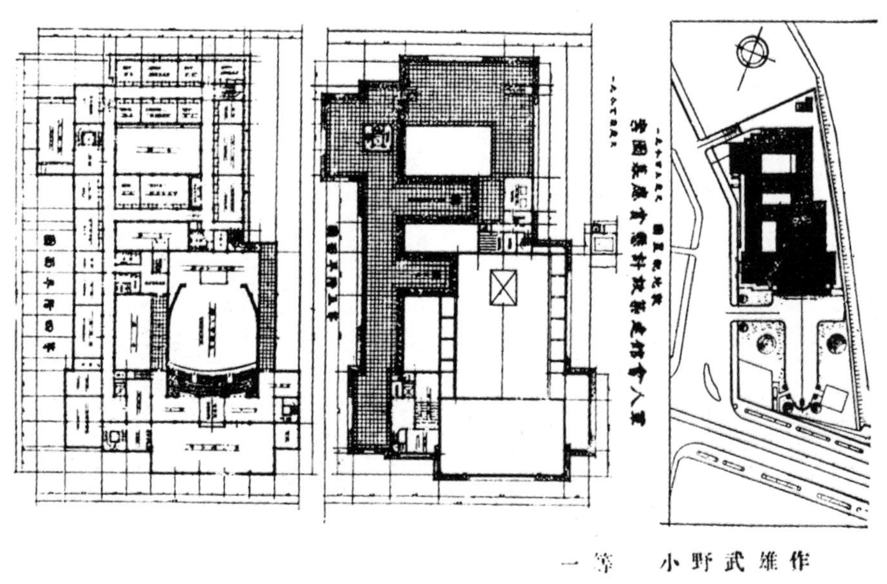

一等　小野武雄作

日本軍人會館

二等之一 吉永京藏 黑川仁三 作

二等之二 木村平五郎作

日本軍人會館

三等之一　大手市太郎 島崎豐壽 作

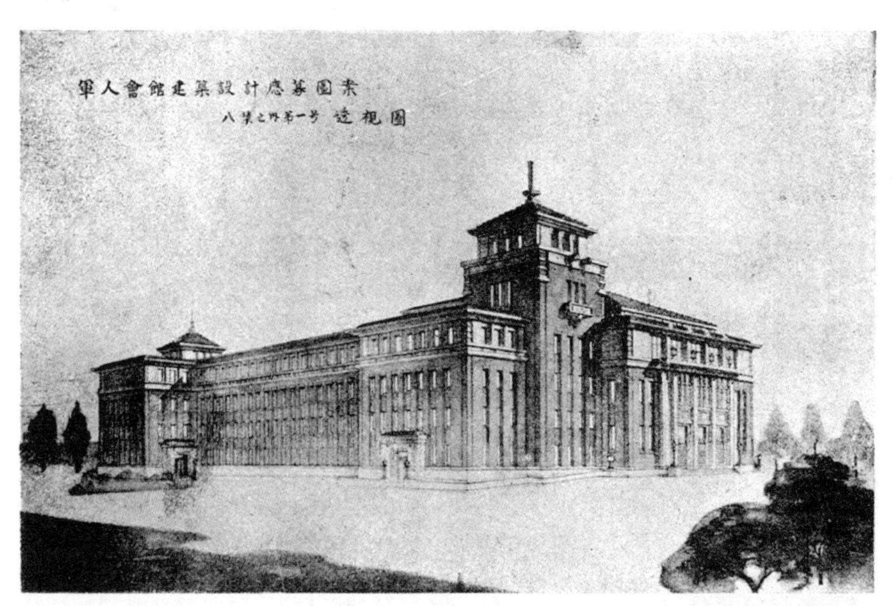

三等之二　小林武夫 堀武雄 作

日本軍人會館

三等之三　前田健二郎作

附選之一　渡邊仁作

日本軍人會館

附選之二 黑川仁三 大久保春忠 作

附選之三 小尾嘉郎 作

附選之四 堀越三郎 作

連拱計算法

林同棪

林君爲負有國際盛譽之工程專家，公餘爲本刊撰稿，備受讀者贊許，允爲不易多觀之專著。本刊二卷十期所載林君"直接動率分配法"一文，（A Direct Method of Moment Distrbution）其英文稿已於上年十二月在美國土木工程學會會刊（Proceedings, American Society of Civil Engineers, December, 1934）登出。按此刊爲美國土木工程刊物中之權威，林君之著作，受世人重視，可見一斑。用誌數語，兼爲介紹。

（編者）

第一節　緒論

我國沿海各省及黃河長江下流，土質較鬆，岩石較深，是以橋梁多用椿基。但一至內地，山石突出，近於地面之處，堪爲拱橋之基礎。而因山谷之形勢，更有宜於連架拱橋者，如粵漢路株韶段是也。按株韶段現已建有連拱數座，其美觀與經濟，固過於鋼架，而造築之省時，國產之利用，尤爲其特點。往昔工程師之不敢建造連拱，乃以不明拱中應力之眞相，或又嫌其計算之困難。今者經驗與實驗，既已證明連拱計算之可靠；而計算法之進步，又可節省時間；則連拱之大受工程界之歡迎，非無因而然也。

連拱計算法，幾爲高等構造學之最深學理，故雖常見於工程雜誌及構造書中（註一），知之者則寥寥無幾。惟應用克勞氏動率分配原理（註二）以計算之，頗爲簡便。最近能氏 Hrennikoff 應用此原理，在美國土木工程學會月刊發表（註三）。作者以其手續之簡單，爲各法之冠，故畧爲修改一二，譯出以供讀者之參考。

第二節　能氏法之原理及其應用之步驟

能氏之應用動率分配原理，實與林氏法（註四）大同小異。其主要意義，皆在將桿件之遠端放鬆，而將不平動率直接分盡。惟林氏法爲普通用法，雖宜於他處，獨用於連拱，則不若能氏法之簡便。蓋能氏法爲各法之雜湊所成，雖仍須求拱端之坡度撓度，乃最適用於連拱焉。

（註一）參看"Elastic Arch Bridges," McCullough and Thayer

（註二）參看"Continuous Frames of Reinforced Concrete" Cross and Morgan.

（註三）"Analysis of Continuous", Alexander Hrennikoff, Proceedings, A. S. C. E., December, 1934。

（註四）"直接動率分配法"，林同棪，建築月刊第二卷第九號。

能氏計算連拱，共有兩種手續。其第一種手續之步驟如下：

第一步：求每一桿件(拱或柱)之桿端係數。即每一桿件每端受單位撓度△=1或單位坡度∽=1後，兩端所生之橫力Horizontal Force與動率(此與克勞氏之硬度及移動數相似)。計每桿端所須要之係數所有八，

$m_{N\propto}$＝一端因本端發生單位坡度所生之動率(本端之撓度及他端之坡度撓度均等於零)，

第一圖a-b。

$h_{N\propto}$＝一端因本端單位坡度所生之橫力，

$m_{N\triangle}$＝一端因本端單位撓度所生之動率，(本端之坡度等於零)

$h_{N\triangle}$＝一端因本端單位撓度所生之橫力。

$m_{F\propto}$，$h_{F\propto}$，$m_{F\triangle}$，$h_{F\triangle}$＝因他端變形所生之力量。

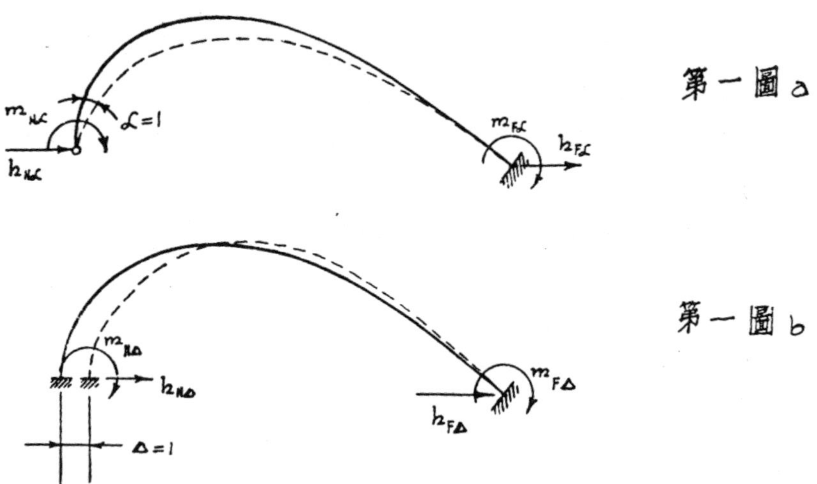

第一圖a

第一圖b

第二步：求每節點joint之節點係數，即每一節點因本點發生單位坡度或撓度所生之動率與橫力。此爲交在該點，各桿端係數之和，$\Sigma m_{N\propto}$，$\Sigma h_{N\propto}$，$\Sigma m_{N\triangle}$，$\Sigma h_{N\triangle}$。（此兩步只求連拱之係數，尙未涉及連拱之受力。）

第三步：計算每桿件因受力或其他原因所生之定端力量，(定端動率M及定端橫力H)。

第四步：計算每節點之不平動率ΣM及不平橫力ΣH。

第五步：將節點一一放鬆。用二次聯立方程求出每節點因不平動率ΣM及不平橫力所生之坡度∞及撓度△，

$$-\Sigma H=\infty\Sigma h_{N\propto}+\triangle\Sigma H_{N\triangle}$$

$$-\Sigma M=\infty\Sigma m_{N\propto}+\triangle\Sigma m_{N\triangle}$$

第六步：計算每桿端因∞及△所生之動率與橫力。加之於其定端力量。其得數便爲各桿端之眞正動率及橫力。

能氏第二種手續，係將第五步之聯立方程，在第二步後一次解決之。即求出各節點因受力H=1或M=1所生之∞及△而得各桿端之h及m。由，

$$-1=\infty\Sigma h_{N\infty}+\triangle\Sigma h_{N\triangle}$$

$$O=\infty\Sigma m_{N\infty}+\triangle\Sigma m_{N\triangle}$$

求出H=1之∞及△。再由，

$$O=\infty\Sigma h_{N\infty}+\triangle\Sigma h_{N\triangle}$$

$$-1=\infty\Sigma m_{N\infty}+\triangle\Sigma m_{N\triangle}$$

求出M=1之∞及△。

如此則在第四步之後卽可將不平動率及橫力直接分盡，而須再用聯立方程式。如所計算受力情形甚多，則第二種手續較爲便利。

第三節　正負號

所用動率及橫力之正負號，以外來力量之方向爲標準。外來動率之順鐘向者爲正，反者爲負(第二圖a)外來橫力之向右者爲正，向左爲負(第二圖b)。撓度與坡度之正負號亦然。

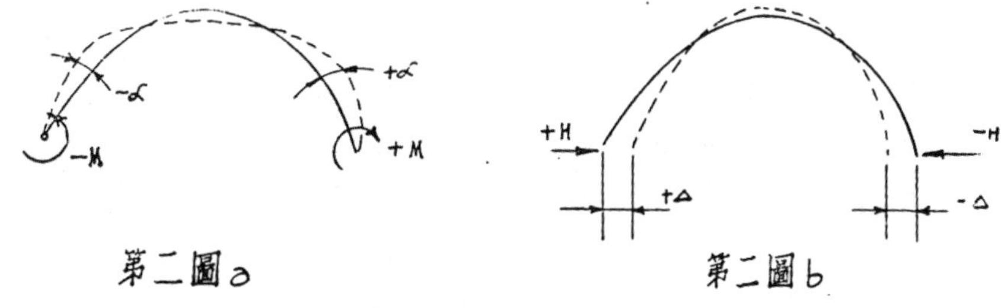

第二圖a　　第二圖b

第四節　實　例

本文實例係自能氏文中(註三)譯出，爲便於明瞭起見，加以三點修解如下：—

(1)本文桿端動率及橫力形正負號，係按本文第二節所云，與原文適相反。

(2)本文一切長短單位，均用英寸，不用英尺。

(3)本文所設之單位撓度爲$\triangle=\frac{1}{E}$，單位坡度亦爲$\infty=\frac{1}{E}$。

桿端係數及定端力量之求法，可在他書中見及(註一)，將來再爲介紹。本文先假定此項數目均已

求得，但將能氏手續，一一說明如下：

實例一：—— 兩孔連拱如第三圖

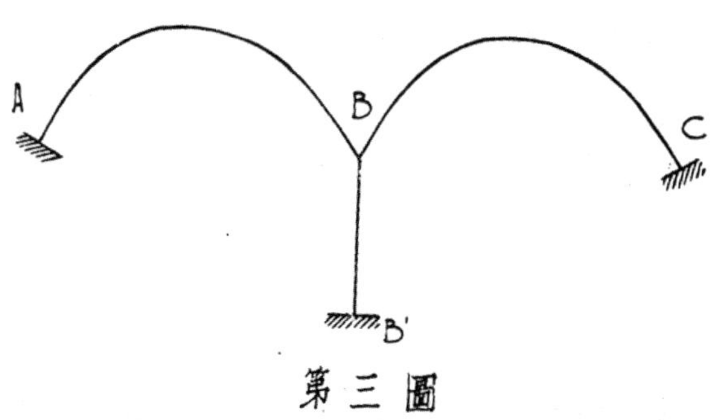

第三圖

第一步：假定AB，BC，BB'，各桿件之桿端係數如第一表。

第 一 表

	坡度 $\infty=\frac{1}{E}$		撓度 $\triangle=\frac{1}{E}$	
拱 AB, BC,	$h_{F\infty}$	—.574 in.²	$h_{F\triangle}$	—.00404 in.
	$h_{N\infty}$	+.574 in.²	$h_{N\triangle}$	+.00404 in.
	$m_{N\infty}$	+121.2 in.³	$m_{N\triangle}$	+.574 in.²
	$m_{F\infty}$	—57.8 in.³	$m_{F\triangle}$	—.574 in.²
柱 BB'	$h_{N\infty}$	—17.19 in.²	$h_{N\triangle}$	+.0599 in.
	$m_{N\infty}$	+7371 in.³	$m_{N\triangle}$	—17.19 in.²

第 二 表

行數	B點之受力或變形	AB	B點								C_B
			B_A		B_B		B_C		B點		
		m	h	m	h	m	h	m	h	m	m
1	$\infty=\frac{1}{E}$	−57.8	+0.574	+121.2	−17.19	+7371	+0.574	+121.2	−16.04	+7613.4	−57.8
2	$\triangle=\frac{1}{E}$	−0.574	+0.00404	+.574	+.0599	−17.19	+.00404	+0.574	+.0680	−16.04	−0.574
3	定端力量	+300.2	−4.482	+148.8	○	○	+8.964	+151.4	+4.48	+300.2	−151.4
4	∞=−0.3541	+20.5	−0.203	−42.9	+6.09	−2610	−.203	−42.9	+5.68	−2696	+20.5
5	△=−149.4	+85.8	−0.603	−85.8	−8.95	+2568	−.603	−85.8	−10.16	+2396	+85.8
6	眞正力量	+406.5	−5.288	+20.1	−2.87	−42	+8.158	+23.7	0.0	0.0	−45.1
7	∞=.000262	−0.0151	+.0001495	+.0316	−.00449	+1.924	+.0001495	+.0316			−.0151
8	△=.0616	−0.0353	+.000249	+.0353	+.00369	−1.058	+.000249	+.0353			−.0353
9	m=1	−0.0504	+.000399	+.0669	−.0008	+0.866	+.000399	+.0669			−.0504
10	∞=.0616	−3.56	+.0353	+7.46	−1.058	+454.3	+.0353	+7.46			−3.56
11	△=29.21	−16.75	+.1180	+16.75	+1.750	−502.7	+.1180	+16.75			−16.75
12	h=1	−20.31	+.154	+24.21	+0.692	−48.4	+.154	+24.21			−20.31

第二步：求B點之節點係數如第二表1,2兩行，例如

$\Sigma h_{N\alpha}=0.574-17.19+0.574=-16.04$

$\Sigma m_{N\alpha}=121.2+7371+121.2=+7613.4$

第三步：假設BA，BC，因載重而生定端力量如第3行。

第四步：求B點之不平力量：

$\Sigma h=-4.482+8.964=+4.48$

$\Sigma m=+148.8+151.4=+300.2$

第五步：將B點放鬆，用聯立方程式求B點之眞正∞及△如下，

$-4.482=-16.04\infty+.0680\triangle$

$-300.2=7613.4\infty-16.04\triangle$

$\therefore \infty=-0.3541$

$\triangle=-149.4$

第六步：將第1行乘以—0.3541寫於第4行；將第2行乘以—149.4寫於第5行。再將3,4,5三行相加而得桿端之眞正力量，如第6行。

如用第二種手續，則使B點受單位動率或單位横力，而求各桿端之力量。如B點受單位動率，則

—H=O=—16.04∞+.0680△

—M=—1=7613.4∞—16.04△

∴∞=0.000262

△=0.0616

如B點受單位横力，則

—1=—16.04∞+.0680△

O=7613.4∞—16.04△

∴△=29.21

∞=0.0616

將第1行乘以∞=.000262(寫於第7行)第2行乘以△=0.0616(寫於第8行)而加之如第9行，可得B點受力m=1後各桿端之力量。同樣求得第10至第11行各數。此後如有不平動率或不平横力，只用9行12行，各數分之，可不用聯立方程矣。

實例二：—— 四孔連拱如第四圖。計算列於第三表。

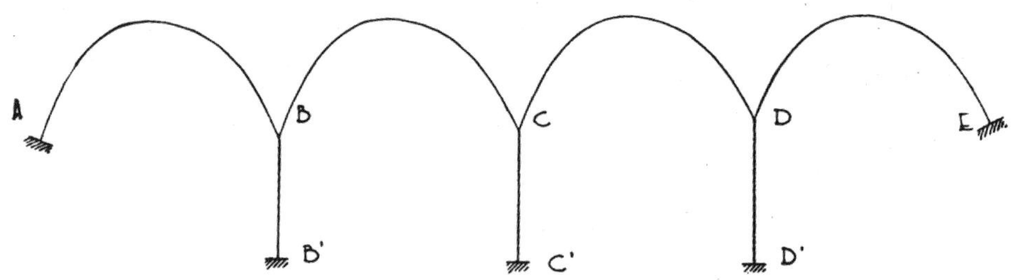

第四圖

第一步：設AB，BC，CD，DE，各拱，BB'，CC'，DD'各柱均如第一表。將第二表之1,2行抄下……………………第三表1,2行

第二步：使單拱BC之C點發生$\infty=\frac{1}{E}$求BC之桿端係數……………………………第3行

將B點放鬆，求其∞，△，

第 三

	受力或變形	假設之拱架有○號代表受力或變形之點。	A_B	B_A		$B_{B'}$		B_C		節點B		C_B		$C_{C'}$	
			m	h	m	h	m	h	m	h	m	h	m	h	m
1	$\infty=\frac{1}{E}$		−57.8	+.574	+121.2	−17.19	+7571	+.574	+121.2	−16.04	+7613.4		−57.8		
2	$\triangle=\frac{1}{E}$	〃	−.574	+.00404	+.574	+.0599	−17.19	+.00404	+.574	+.0680	−16.04		−.574		
3	$\infty=\frac{1}{E}$							−.574	−57.8			+.574	+121.2		
4	$\infty=.0505\frac{1}{E}$		−2.92	+.029	+6.12	−0.868	+372	+.029	+6.12			−.029	−2.92		
5	$\triangle=20.35\frac{1}{E}$	〃	−11.71	+.082	+11.71	+1.218	−350	+.082	+11.71	+1.385	−327	−.082	−11.71		
6	$\infty=\frac{1}{E}$		−14.63	+.111	+17.83	+.350	+22	−.463	−40.0			+.463	+106.6	−17.19	+7371
7	$\triangle=\frac{1}{E}$							−.00404	−.574			+.00404	+.574		
8	$\infty=.000399\frac{1}{E}$		−.0231	+.000229	+.0484	−.00686	+2.94	+.000229	+.0484	−.00641	+3.04	−.000229	+.0231		
9	$\triangle=.1533\frac{1}{E}$	〃	−.0880	+.000619	+.0880	+.00920	−2.64	+.00319	+.0880	+.001043	−2.46	−.000619	−.0880		
10	$\triangle=\frac{1}{E}$		−.1111	+.000848	+.1361	+.00234	+0.30	−.00319	−.438			+.00319	+0.463	+.0599	−17.19
11	定端力量							+4.482	+300.2			−4.482	+148.8		
12	$\infty=-.3541$		+20.5	−.203	−42.9	+6.09	−2610	−0.203	−42.9			+.203	+20.5		
13	$\triangle=-149.5$	〃	+85.8	−.603	−85.8	−8.95	+2568	−0.603	−85.8			+.603	+85.8		
14	11+12+13		+106.3	−.806	−128.7	−2.87	−42	+3.676	+171.5			−3.676	+255.1		
15	$\infty=.1800\frac{1}{E}$		−2.64	+.020	+3.20	+.067	+3.96	−.0835	−7.20			+.0835	+19.2	−3.09	+1328
16	$\triangle=99.6\frac{1}{E}$	〃	−11.06	+.0844	+13.57	+.233	+29.85	−.317	+43.6			+.317	+46.1	+5.96	−1715
17	14+15+16		+92.6	−.701	−112.0	−2.57	−8.2	+3.276	+120.7			−3.276	+320.4	+2.87	−387
18	m=1		−.0504	+.000399	+.0669	−.0008	+.866	+.000399	+.0669				−.0504		
19	h=1	〃	−20.31	+.154	+24.21	+.692	−48.4	+.154	+24.21				−20.31		
20	$\infty=.000279\frac{1}{E}$		−.00409	+.000031	+.00498	+.000098	+.00613	−.000129	−.01118			+.000129	+.0298	−.0048	+2.06
21	$\triangle=.0682\frac{1}{E}$	〃	−.00758	+.000058	+.00931	+.000160	+.0205	−.000218	−.0299			+.000218	+.0316	+.00409	−1.17
22	m=1	〃	−.01167	+.000088	+.01429	+.000257	+.0266	−.000347	−.04108			+.000347	+.0614	−.00071	+0.88
23	$\infty=.0682\frac{1}{E}$	〃	−1.00	+.00758	+1.217	+.0238	+1.50	−.0316	−2.73			+.0316	+7.28	−1.171	+503
24	$\triangle=31.82\frac{1}{E}$	〃	−3.54	+.027	+4.35	+.0745	+9.55	−.1015	−13.92			+.1015	+14.7	+1.905	−547
25	h=1	〃	−4.54	+.0346	+5.57	+.0983	+11.05	−.1331	−16.65			+.1331	+21.98	+0.734	−44
26	定端力量							+4.482	+300.2			−4.482	+148.8		
27	m=−300.2		+15.12	−.120	−20.1	+.240	−260	−.120	−20.1			+.120	+15.12		
28	h=−4.482	〃	+91.2	−.690	−108.5	−3.10	+217	−.690	−108.5			+.690	+91.2		
29	26+27+28		+106.3	−.810	−128.6	−2.86	−43	+3.672	+171.6			−3.672	+255.1		
30	m=−255.1		+2.93	−.0226	−3.64	−.0656	−6.79	+.0885	+10.5			−.0885	−15.7	+.181	−224.5
31	h=+3.672	〃	−16.7	+.1270	+20.5	+.3610	+40.6	−.490	−61.2			+.490	+80.7	+2.69	−161.2
32	29+30+31		+92.5	−.706	−111.7	−2.57	−9.2	+3.27	+120.9			−3.27	+320.1	+2.87	−385.7

第　　三　　表

C_B		$C_{C'}$		C_D		節點 C		D_C		$D_{D'}$		D_E		節點 D		E_D
h	m	h	m	h	m	h	m	h	m	h	m	h	m	h	m	m
	−57.8															
	−.574															
+.574	+121.2							−16.04∞+.0680△=.574 +7613.4∞−16.04△=57.8								
−.029	−2.92															
−.082	−11.71															
+.463	+106.6	−17.19	+7371	+.463	+106.6	−16.26	+7584	−.463	−40.0	+.350	+22	+.111	+17.83			−14.63
+.00404	+.574							−16.04∞+.0680△=.00404 +7613.4∞−16.04△=.574								
−.000229	+.0231															
−.000619	−.0880															
+.00319	+0.463	+.0599	−17.19	+.00319	+0.463	+.0661	−16.25	−.00319	−.438	+.00234	+0.30	+.000848	+.1364			−.1111
−4.482	+148.8							−16.04∞+.0680△=−4.482 +7613.4∞−16.04△=−300.2								
+.203	+20.5															
+.603	+85.8															
−3.676	+255.1							−16.26∞+.0661△=3.676 +7584∞−16.25△=−255.1								
+.0835	+19.2	−3.09	+1328	+.0835	+19.2			−.0835	−7.20	+.063	+3.96	+.020	+3.20			−2.64
+.317	+46.1	+5.96	−1715	+.317	+46.1	+6.58	−1617	−.317	−43.6	+.233	+29.85	+.0844	+13.57			−11.06
−3.276	+320.4	+2.87	−387	+.401	+65.3			−.401	−50.8	+.296	+33.8	+.104	+16.77			+13.70
	−.0504															
	−20.31															
+.000129	+.0298	−.0048	+2.06	+.000129	+.0298			−16.26∞+.0661△=0 +7584∞−16.26△=−1								
+.000218	+.0316	+.00409	−1.17	+.000218	+.0316											
+.000347	+.0614	−.00071	+0.88	+.000347	+.0614											
+.0316	+7.28	−1.171	+503	+.0316	+7.28			−16.26∞−.0661△=−1 +7584∞−16.26△=0								
+.1015	+14.7	+1.905	−547	+.1015	+14.7											
+.1331	+21.98	+0.734	−44	+.1331	+21.98											
−4.482	+148.8															
+.120	+15.12															
+.690	+91.2															
−3.672	+255.1															
−.0885	−15.7	+.181	−224.5	−.0885	−15.7			+.0885	+10.5	−.0656	−6.79	−.0226	−3.64			+2.93
+.490	+80.7	+2.69	−161.2	+.490	+80.7			−.490	−61.2	+.3610	+40.6	+.1270	+20.5			−16.7
−3.27	+320.1	+2.87	−385.7	+.402	+65.0			−4.02	−50.7	+.296	+33.9	+.1044	+16.9			−13.8

$-16.04\infty+.0680\triangle=0.574$

$7613.4\infty-16.04\triangle=57.8$

$\therefore \infty=0.0505$

$\triangle=20.35$

將第1行乘以.0505…………………………………第4行

將第2行乘以20.35…………………………………第5行

將第3,4,5行相加而得第6行

求C點$\triangle=\frac{1}{E}$之各桿端m,h,………………第7—10行

第三步：假設BC因載重而生之定端力量…………………第11行

第四步：B點，C點之不平動率卽等於BC定端動率。

第五步：將B點放鬆，求其∞與△並其所生之力量……………12,13行

求B點放鬆後而C點固定着之各桿端力量……………14行

將C點放鬆求其∞與△(聯立方程寫於表中)並其所生之力量……………15,16行

第六步：求各桿端之眞正力量…………………17行。

如用第二種手續，其步驟如下(第三表18行至32行)：——

抄第二表9，12兩行爲18，19行。

從6，10兩行之C點係數求C點受m=1或h=1之各桿端力量……………20—25行。

假設定端力量…………………………26行

先將B點放鬆。用18,19兩行分配其力量……………27,28行

求B點放鬆後之各桿端力量將26,27,28相加……………29行

再將C點放鬆，用22,25兩行分配之…………………30,31行

求各桿端眞正力量，將29,30,31行相加…………………32行

第五節　核對得數

以上之計算，有數點可用麥氏及其他定理核對之(註五)。例如第三表，

第1,2行，節點B，　$h=m=-16.04$

第6,10行，C_B桿端，$h=m=-+0.463$

第21,23行，　　$\triangle=\infty=0.0682$

(註五)參看"高等構造學定理數則"林同棪，建築月刊第二卷第11,12月號

第六節　用林氏法

直接動率分配法，其應用於連拱，手續亦有多種，然似不如能氏法之簡便，故不多及。但拱端硬度因他端拘束情形所受之影響，則可用林氏公式求之。設連拱如第三圖，求C點之改變硬度。使C點發生$\infty=\frac{1}{E}$，其動率爲121.2。設B點被放鬆，則C點所須之動率將因他端之∞，△而改變，其改變硬度如下：——

(1)改變動率硬度

$$K_m=K\left(1-\frac{C_{mm}C_{mm}}{R_m}-\frac{C_{mh}C_{hm}}{R_h}\right)$$

$$=121.2\left(1-\frac{\frac{-57.8}{121.2}\times\frac{-.0504}{.0669}}{\frac{1}{.0669}}-\frac{\frac{20.31}{-0.154}\times\frac{.574}{121.2}}{\frac{1}{-.154}}\right)$$

$$=106.7$$

(2)改變橫力硬度，

$$K_M=0.00404\left(1-\frac{-1\times-1}{\frac{1}{0.154}}-\frac{\frac{-.574}{.00404}\times\frac{0.154}{24.21}}{\frac{1}{0.0669}}\right)$$

$$=0.00318$$

從此可以看出一端係數因他端情形所出之變更。

第七節　結　論

本文只介紹能氏應用動率分配法之兩種手續，至於其他手續，一概從略。作者意此種計算法，實最爲簡便。上列二，三兩表，至多不過費數小時製成。至於畫影響線及其他計算，讀者自能明白；且熟能生巧，殊無庸一一介紹。學習此法、費時不過數小時，而用之則不但省時甚多，且能令人明瞭連拱傳力情形焉。

現代美國的建築作風

楊哲明

現代美國的建築界，大致可分爲兩派：一係墨守陳規的因襲式樣，一係注重實驗力求創造接近工業社會生活的式樣。這兩派，武斷的說一句，可以稱前者爲保守派，後者爲現代派。但是介乎此二者之間的，還大有人在，此人是誰？就是東吹西倒的騎牆派，他們既不屬於保守派，亦不屬於現代派。他們並不摒棄因襲式的建築，同時他們却希望比現代更美滿的一種建築式樣。

美國建築界競爭的幕後，有兩種强有力的因素：一種是反對一味因襲舊式希望產生新式樣；一種是要在計劃建築時務以極少的投資而獲得極大的利潤。但是這兩種强有力的因素，美國的建築界，却始終並沒有注意到。

現在有一部份人，仍盲然崇拜十九世紀的後期及二十世紀初期的建築意匠，於是應時代需要的摩登建築式樣的創造，便因之而大受這一班盲目者的影響。亨脫Richard Morris Hunt華脫Stanfard White和卡納爾John M. Carrère 諸人竭力以鼓吹『爲藝術而藝術』相號召。在他們看來，以爲『建築是美的創造』，祗要以此爲原則，力求美麗堂皇，其他關於經濟方面的種種問題，一切都可以置之不聞不問之列。於是建築界日以模仿古代羅馬式的建築意匠爲能事，甚至門窗圖案等等，亦非極度的模仿羅馬式不爲功。這樣的相習成風，便造成了建築界的開倒車與浪費。但是這種責任，不能完全要美國一班建築擔負，至少那一班暴發戶的商人與地主，也要負一半的責任呢。這一班暴發戶不知善用其財，於是大興土木，建築輝煌華美的高樓大廈，以示闊綽，那一班因襲舊式的建築師，便極端的模仿以投這一班暴發戶的心之所好。我們看美國各大都市——尤其是紐約——中的大廈，矗立於街道的兩旁者，就是暴發戶與因襲舊式的建築師互相利用的成績品，

畢竟經濟問題是一切問題的中心，後來那一班暴發戶，也漸漸的覺悟了。於是放棄了華麗大廈的建築，而移轉其目光注意到分租房屋的建築了。這是美國現代建築作風的一大轉變。因爲這一種轉變，也受了經濟問題的影響。因爲建築分租式的房屋，可以用極少的投資而獲得極豐富的利潤。主持這一種分租房屋計劃的建築師，也不是從前那一班專門因襲舊式的建築師了。他們反對因襲派，他們反對華麗的巨大建築，他們的中心思想，是『經濟實用』爲原則。於是美國的建築事業，便漸漸從那一班因襲舊式的建築師手中，轉移到新興的建築師的手中了。

經過了這一度的轉變，經濟的要求，便產生了一種新典型的建築師，他們精心於經濟的設計，却往往忽視了審美的觀念。同時，他們的顧主，對於審美一層，也不注意，祇求所要建築的房屋，佔據法律所許的最大地位並有最大的出租面積就滿足了。這種轉變的結果，便使一班建築師趨於極端，一概不講求審美。

許多精美的建築式樣，隨着時代的潮流

而淘汰，漸被商業化的建築作代替，但比較著名的守舊派建築家所設計的建築物，却依然存在。紐約市的摩根圖書館與哥倫比亞大學圖書館便是很顯然的實例。此外，據事實的着例，美國各大學校的建築，仍保持古典式建築的作風。

保守派建築師的陣地，經過了很久的時期而絲毫不見動搖。其間雖不時亦有異軍突起的建築家，但大都如曇花之一現而不能夠持久，如三十年前芝加哥建築家路易賽利文 Louis Sullivan竭力排斥一切傳統式樣，曾使全國震驚，然其特創一格的建築作風，畢竟隨着他而同歸於消逝。又有一位朴資茅的建築師亨利杭卜司 Henry Hornbostel在計劃阿爾巴尼地方的國立教育館時所用的柱頭及頂閣，悉摒棄成法而特創新式。同業爲之譁然。從此可以證明保守派的建築師勢力的雄厚。

在這種環境中，也有多數的青年建築師，不滿意於保守派而力圖特創一格。他們的主張，是『現代的建築作風，須打倒「爲藝術而建築」的口號』。因爲保守派的主張，是爲藝術而藝術的建築，爲求外觀之美麗，不惜犧牲多數的金錢以赴之也。

現代派中有一支派，他的主張是建築須以實用爲原則，不求精美。他們在計劃建築物時，先決定圖樣。圖樣決定以後，便從事於材料的選擇。至於裝飾則力求簡單與經濟。此種辦法，雖爲保守派所攻擊，但爲了「效用建築」的口號，在美國建築界也有了相當的實力。

近代式的建築，間亦有不顧成本而完全排斥一般歷史的背景者，亦往往不能令人滿意。此種建築物，以極嚴正的構圖，幾何圖形的裝飾，我們看紐約市歐文信託公司的房屋，就可以代表。該屋自頂至底，全部用昂貴的石灰石所築成，沿街的門面作V字形凹槽，以爲增進觀瞻而採用者。甚至窗門亦一律作V字形，以示調和一致。石灰石以及此種特式窗門的代價極大，然遍觀全部房屋，能引起觀感之興趣者，唯有一間採用彩色鑲嵌細工的銀行辦公室而已。

無論那一種建築式樣，皆具有某種基本要素。譬之音樂，諧和之音使人聞之而感到愉悅。建築亦然。美好之線條與美好之配色使人見之心悅。凡偉大的建築物，莫不具有一種人目所渴求之形體美，線條美以及色彩美。近代的建築家，惟以象徵主義相號召而不能使人滿意者，其故卽在此。

根據上述的種種，可知建築作風的造成，實以時代潮流爲基礎，絕對非偶然之事。目前美國的建築作風，雖日趨於轉變之途，但經濟問題之中心，實爲轉變建築作風的原動力。研究經濟問題與建築作風關係之結論，卽爲舊式模仿式的建築物過於浪費而不切實用。因此，美國近代的建築作風，除少數特殊階級的建築師外，大都傾向於經濟住屋設計之改進的一途，故表示建築作風之另一現象，卽爲小家庭住宅的組織。此種建築物，亦以經濟爲主要的因素。

經濟的狂潮，影響於世界上的一切事業，建築界亦不能例外。但美國的建築界却受了經濟狂瀾的洗禮而不至於向後轉，開倒車，却因此而力趨於實用之途。則今後美國建築界的作風之如何轉變，我們亦不難於想像中得之矣。

工程估價（二十續）

杜彥耿

第八節 油漆工程

量算油漆工程，要以面積方數或件數計，如油漆以方數計算，門窗等則以堂數計算者是。廣漆與油漆(Paint)，漆於屋之內外咸宜。油漆則以用鉛粉魚油化合者，成效最著。

漆工亦有內外作之別：內作專漆木器傢具，外作則承漆房屋輪船火車等者。漆作既有內外之分，故內外作所用之漆，自亦稍有不同。況油漆種類色澤之繁多，何者宜於木，何者宜於金，何者宜於土石，以及耐潮耐熱，平光透光，釉光磁光等等，選擇偶一不愼，則木材之腐朽，鋼鐵之銹蝕，接踵而至。故擇較普通者，列表於后：

油漆蓋方及價格表

漆名	每桶裝量	用途	調法	蓋方量	價格	每方每塗單價	備註
白厚漆	二十八磅	木質打底	以八桶白油加燥頭十四磅快燥魚油八介侖成打底白漆二十一介侖	每介侖約四公斤可蓋三方（三百方尺）	每介侖$2.235	$0.7616	漆工利潤均未計
上白厚漆	二十八磅	蓋面	以二桶白油加燥頭七磅淺色魚油六介侖成上白蓋面漆九介侖	每介侖約四公斤可蓋五方（五百方尺）	每介侖$4.190	$0.8380	同前
上白磁漆	二介侖	蓋面	開桶便可應用	每介侖可蓋六方（六百方尺）	每介侖$6.750	$1.1250	同前
紅厚漆	二十八磅	鋼鐵打底	同白厚漆	每介侖可蓋四方	每介侖$2.285	$0.5712	同前
紅丹油	五十六磅	防銹	開桶便可應用	一桶可蓋四方	每桶$19.500	$4.8750	同前
鋼窗灰色油	五十六磅	防銹	同前	一桶可蓋五方	每桶$21.500	$4.3000	同前
水汀金銀漆	二介侖	汽管汽爐	同前	一桶可蓋十方	每桶$21.000	$2.1000	同前
發彩油	一磅	配色	加入白漆而成各種顏色		每磅$1.450		
魚油	六介侖	調合原漆	厚漆調薄如用魚油則面呈釉光		每桶$16.500		
香水	五介侖	調合原漆	厚漆調薄如用香水則面呈木光		每桶$8.000		香水即松節油英文名Turpentine
凡立水	二介侖	罩光	開桶便可應用	每介侖可蓋五方	每桶$9.000	$0.9000	
廣漆	一斤	漆內外裝修	每一介侖火酒約用一磅餘雪南(Shellac)浸於火酒	每斤可蓋一方至一方半	每斤自九角至一元六角		
泡立水	一介侖	漆內部裝修傢具等		每介侖十方至十五方	每介侖約$4.000		

避水材料價格表

品名	容量 一介侖聽	容量 五介侖聽	用途	用法	蓋方量	價格	備註
避水漿	八磅	四十磅	避水	每桶水泥(四百磅)加避水漿八至十六磅法先以漿一份和水三十份滲於水泥		每介侖$1.95	每八磅作一介侖 雅禮製造廠出品
避水粉	八磅	四十磅	避水	每百磅水泥用二磅避水粉拌和		每介侖$1.95	同前
避水漆	八磅	四十磅	止漏	開桶便可應用凡屋頂罅裂牛毛毡破壞刷漆二塗漏卽止	水泥面一介侖半漆一方白鐵面一介侖	每介侖$3.25	同前
紙筋漆	十磅	五十磅	嵌補隙裂	專嵌水泥裂縫及修補破爛白鐵	每方需廿五磅	每介侖$3.95	同前
避潮漆	八磅	四十磅	避潮	將牆刷清使燥後刷漆二塗	每方需一介侖	每介侖$3.25	同前
透明避水漆	八磅	四十磅	避水	刷於滲水之牆面使不滲水法先將牆面刷清	每方需一介侖	每介侖$4.20	同前
膠珞油	八磅	四十磅	使水泥屋面避水	水泥屋面須乾燥無油漬刷三塗每塗相隔廿四小時	每方需一介侖	每介侖$4.00	同前
保地精	八磅	四十磅	使水泥地面堅硬耐久	法與上同	每方需一介侖	每介侖$4.00	同前
快燥精	八磅	四十磅	促速水泥快燥	法將快燥精和滲清水每桶水泥用精一介侖		每介侖$2.00	同前
萬用黑漆	八磅	四十磅	塗漆	開聽便可應用	每介侖二方至三方	每介侖$2.25	同前
保木油	八磅	四十磅	保木防腐	同前	每介侖二方至三方	每介侖$2.25	同前
固木油	八磅		同前	同前	每介侖二方至三方	每介侖$3.32	大陸實業公司出品

關於油漆之漆於木，鐵，磚灰等建築物上，其手續及應注意之點，分別如下：

木建築物及木器 新成之木建築物及木器，均不可洗濯，亦不可漆於潮濕之木上。若欲油漆潮濕之木，則何甯施之以任何顏色，因其根本不能保護木材，失却油漆之效用。當油漆之前，木上必先潤以清油一塗，俾減木之吸油量，而增油漆蓋方之面積也。

鐵器 髹漆於鐵器，切不虛耗金錢，施於鐵銹之面；蓋油漆之效用，藉止鐵銹，以保持鐵之耐久性。故於未漆之前，必將鐵銹先行刷去，隨後施漆。當施漆時，尤應注意管子，鉚釘及接疊縫隙等處。新的白鐵，不必卽行施漆，須待六個月後，俟其精光之面，變成呆光，再行刷漆，方奏實效。再者，漆鐵之第一塗，應用上品紅丹，庶免上品之面漆，漆於劣質底漆之弊。茲更將油漆鐵器與白鐵之手續，詳爲解說如下：

鋼鐵建築物之表暴於外，須歷悠長歲月者，如鐵路，橋梁，水塔，煤氣棧等等。此項鋼鐵於未曾架置之初，必完全將鐵銹塵垢等，用鋼絲帚，刷除潔淨，隨後用琉酸礦汞洗刷，方漆紅丹一塗；追架置後，仍如前法將塵垢洗去，漆紅丹一塗或色油一塗，再漆色油二塗，每塗漆之前後時間，距離至少須隔二十四小時。根據吉星油漆公司法爾康(Falcon)牌紅丹，每磅可漆四十方尺之面積。潑來密克斯(Primix)油漆，每磅可漆五十方尺之面積，與法爾康牌油漆，每磅五十五方尺。

凡舊鋼鐵建築物，經過相當時期後，須再修漆者，應將起殼之漆，發銹或浮爛等處，用鋼絲帚刷除，再用硫酸礦汞洗刷清新後，將鋼鐵顯露之處，補漆紅丹或潑來密克斯油一塗，隨後再施色油二塗。

白鐵如欲於新時卽行施漆，則應用礆水洗之，後再用熱水將礆水之留漬洗去，方可漆以紅丹一塗及色油二塗。

鋼鐵之面，欲漆金色或銀色，如電車鐵柱，街燈柱子，汽管，汽帶，機器，床架，脚踏車，爐子，油池，欄杆，電車及公共汽車之車頂等油漆，其手續與上述同，卽先將銹漬塵垢用帚刷清，漆一塗紅丹，二塗金粉或銀粉。銀粉之蓋方，每介侖可漆十方，金粉之蓋方亦然。每介侖之重量爲十二磅，係依英國法律所規定者。

水泥粉刷等 新成之水泥或粉刷上，亦不可卽行施漆，須俟至六個月後，待其乾燥，方可油漆。蓋黃砂中含有鹽份，及還潮之弊，必待相當時間，俟其消失也。倘以特殊緣故，不能久待，則須用特製之油漆，方克奏效；若吉星洋行之(Cementilk)槳狀之漆，每磅祇能漆五方尺；若用特製之油調薄之，則每介侖可蓋三方。惟上述之蓋方量，係屬大略，初不能據爲圭臬，須視牆面之光平抑毛草爲判也。

牆面欲漆成磁光白漆，必先將隙縫用粉嵌平，待乾後用砂皮紙砂打，潤油一塗或二塗後，漆有光白漆一塗，越二十四小時後，漆木光白漆一塗，再間二十四小時，漆磁光白漆一塗，則牆面自呈晶瑩光潔之狀。此項磁光白漆，最適宜於廚房，浴室及醫院等處。

室內牆面，自以塗刷色粉，較油漆爲經濟；況人每有厭舊觀念，日久必以舊色爲不愜，擬改他色。又如出租房屋，老房客遷出，另易新房客，則以前室中牆上所粉之色，未必盡能愜意，勢須更換。故刷粉自較油漆爲輕易經濟。色粉之持久性，至少可用二年；每磅色粉，可蓋牆面四十方尺，價每磅洋五角半；裝量有十磅桶及十五磅桶。

牆面粉刷之手續，如係新牆，則單刷色粉一塗，此爲臨時性質；新牆潮濕，任其透出，經六個月之後，牆已乾燥，再用老粉和膠，將隙裂嵌平，待乾用砂皮砂打，乾布揩拭，潤油一塗。如牆面仍不滋潤，則再油一塗後，刷粉二塗。

火車，電車，公共汽車，及傢具如桌椅，寫字檯，門，窗，竹器及籐器等，須漆凡立水者，先用砂皮砂打，再以潔淨之布揩拭，潤油一塗，待乾再用砂皮打光，漆平光凡立水一塗，後用細砂皮或木賊草砂打，漆亮光凡立水一塗；每一介侖(十二磅)之蓋方約九百方尺，平亮凡立水每介侖洋十八元半；亮光者每介侖價洋二十元；裝桶平光者每桶裝四分之一介侖，亮光者每桶有四分之一介侖及半介侖兩種。

普通油漆，係用漆帚蘸油漆刷；亦有用絲頭蘸漆者。惟此項絲頭，除漆廣漆(或稱金漆)，尚可施用外；油漆必須用刷，不可用絲頭。漆之佳者，尚有用噴漆器噴射，及烤漆或稱浸漆者，如此非特可免刷帚痕跡，且亦清潔美觀。

茲更將英商吉星洋行出品諸項油漆，列表如下，俾與國產油漆作一比較，藉資借鏡，或亦爲讀者所樂聞歟。

英國名廠出品油漆表

品名	裝桶重量	用途	調法	蓋方	價格	每方每塗單價	備註
紅丹（Falcon牌）	五十六磅或一一二磅	漆鐵器	開桶可用	每磅漆四十方尺	每112磅洋六十三元	$1,406	
色油（Primix牌）	同前	同前	同前	每磅漆五十方尺	每211磅洋七十元	$1,250	
色油（Graphite）	同前	同前	同前	每磅五十五方尺	每112磅洋八十四元	$1,365	
灰色油（Bell牌）	同前	漆白鐵	同前	每磅四十五方尺	每112磅洋六十三元	$1,248	
朱紅油（Falcon牌）	同前	漆救火龍頭等標物	同前	每磅四十方尺	每112磅洋一四四元	$3,212	漆中國式朱門及欄杆等
深綠油（F & E）	同前	漆外部鉄	同前	每磅四十方尺	每112磅洋一〇五元	$2,343	
磁光油（Falconite）	半介侖	同前	同前	每介侖六方半	每介侖洋三十元	$4,615	
銀色（Falcon牌）	八分之一四分之一	內外鐵器	同前	每介侖十方	每介侖洋二十三元	$2,300	
金色（Falcon）	同前	同前	同前	每介侖十方	每介侖洋四十元	$4,000	
木光油（Falcon）	半介侖	內部鐵器	同前	每介侖七方	每介侖洋十三元	$1,857	
耐熱黑油	同前	烟囱灶等鐵	同前	每介侖九分	每介侖洋十二元半	$1,399	Cooker Black
噴漆底漆	同前	汽車等	同前		每介侖洋二十八元		Vulcose Primer
噴漆底漆	同前	同前	同前		每介侖洋二十一元至二十六元		Vulcose Grounding Lacquer
噴漆色油	同前	同前	同前		每介侖洋二十一元至二十六元		Vulcose Colour Lacquer
噴漆亮光油	同前	同前	同前		每介侖洋二十元至二十一元半		Vulcose Glaze Lacquer
頭塗潤油	十介侖	牆面平頂等	同前	每介侖五方	每桶洋十元半	$0,210	Transparent Petrifying Kiquid
草漆	五十六磅及一一二磅	同前	同前	每磅四十方尺	每112磅洋八十六元	$1,919	"Cygnite" White R.M.Paint
白油	半介侖	同前	同前	每介侖七方	每介侖洋十八元半	$2,643	"Oblito" Under-coatiug White
香水白	同前	同前	同前	每介侖七方	每介侖洋十三元	$1,857	Super Durable Flat Patnt
磁光	同前	同前	同前	每介侖六方半	每介侖洋十九元	$2,923	"Falconite" Enamel

色粉	十磅及十五磅	牆面平頂等	開桶和清水	每磅四十方尺	每磅洋五角半	$1,375	"Synoleo" Distemper
Gripon Priming	半介侖	水泥磨石子等	開桶可用	每介侖四方	每介侖洋七十五元	$18,750	Clear Priming Coat
Gripon Finishing	同前	同前	同前	每介侖六方半	每介侖洋十七元半	$2,692	
其他油漆類目繁多不及備載							

第九節　管子工程

關於管子工程，如煤氣管之裝置，及水汀管，自來水管，浴缸，面盆，抽水馬桶等，自可交承接水電工程之商行估算，較為可靠。茲為便於讀者參考起見，故特不厭周詳，聊備一格也。

六分管之供水量，已足普通一家庭之需用；惟裝置管子，自以稍餘為妙，蓋六分管與一寸管之價值，相差極微。自來水管之材料，以白鐵不生銹者為最佳，反之，自不適用。但黑鐵管之於管子工程，頗佔重要地位，以其可供水汀管之需求，而價較白鐵為廉也。

管子工人之工值，每工自九角至一元五角，須視其工作技能與勤勞為別。間亦有論月計薪之長工，每月俸給自三十元至三十五元不等。工作時間普通自晨八時至十二時，下午一時至五時或六時；然中國工人除工廠中有一定之上工散工時間外，在建築場地或野外工作之工人，每有視天色者。再就工資而論，除短工長工之分外，尚有包工者，其計算之法，係以頭子計者，如裝一浴缸，有冷水頭子一個，熱水頭子一個，及落水頭子一個，是共三個頭子，每個頭子包工約洋五元左右，惟須視工作之巨細，而酌定包價之大小。是以較大工程，咸以包工計，蓋既可省却督責之麻煩，又可增加工作之速率。

室中高處，有於屋頂汽樓下置有冷水箱者，藉使水力平均。法自街管引水至屋頂汽樓下，或其他房屋之任何高處，水之洩入水箱，須經球鍵，自能啓閉自如，蓋彼能於水箱貯水已滿時閉塞，需水時開啓也。由是室中各部需水，即接自水箱，此制非特放水平均，倘街中修理水管，將總開關閉時，仍可用水箱存水，俾給水不致完全斷絕也。

冷水供給，尚可直接街管，不需水箱；但熱水爐子必須裝置水箱及透氣管，否則危險特甚。水箱之大小，普通一個浴室，三十介侖或三十五介侖，已可適用。

茲將各種衞生器管之價格，列表如下：

各種衛生器管之價格表

名稱	數量	價格	備註
四分白鐵管	每尺	$ 0.145至$ 0.150	此係按照現在市面蓋市面依照匯兌上下也
六分白鐵管	,,	$0.185	,, ,,
一寸白鐵管	,,	$0.250	,, ,,
一寸二分白鐵管	,,	$0.330	,, ,,
四分黑鐵管	,,	$0.130至$0.135	,, ,,
六分黑鐵管	,,	$0.167	,, ,,
一寸黑鐵管	,,	$0.225	,, ,,
一寸二分黑鐵管	,,	$0.297	,, ,,
面盆	每隻	$11.50	英國"Johnson"牌 16×22
面盆(附龍頭等另件)	,,	$18.00	,, ,,
浴缸	,,	$54.00	英國"Johnson"牌 加龍頭出水加洋五元半
馬桶(低水箱)	,,	$58.00	美國"Standard"牌 倘附蓋頭加洋三元
高水箱連銅管等	,,	$10.至$11	美國"Standard"牌
水盤	,,	$23.00	美國"Standard"牌(18×20)
水箱	每介侖	$0.40	
熱水爐子	每介侖	$1.150	中國貨
龍頭	每隻	$1.20至$3.00	
尿斗(立體式)	,,	$100.00至$110.	加便斗銅器七元半至八元
尿斗(簡便式)	,,	$8.00至$12.50	
四寸生鐵坑管	每尺	$0.50至$0.55	
六寸生鐵坑管	,,	$0.75至$0.80	
氣帶	每方尺	$1.05至$1.10	

（待續）

全國鋼鐵業概況

微中

鋼鐵之於建築，爲用至廣；近代建築，多趨崇樓峻宇，尤非鋼鐵不爲功也。惜我國新式製鐵廠之寥寥，礦藏雖富，多未開採，以致貨棄於地，良可慨也。夫近代建築，採用多量之鋼鐵，既如上述，而究其來源，多爲舶來，利權外溢，莫此爲甚；尚望我國諸大實業家，注意於此，倡設新式製鐵廠，以開發富源，絕此漏巵也。

據外人調查，我國鐵礦，約有三九六•○○○•○○○噸，居全世界之第十位；惜鋼鐵廠不多，生產能力薄弱，於下表中，可窺見一斑焉：

(一)國人獨資創辦者

廠名	冶鐵爐	每日產鐵能力(單位噸)	每日產鋼能力(單位噸)	全年最低產鐵量(單位千噸)
漢口六河溝公司	一	—	三六	—
石景山龍煙公司	一	二五○	—	—
浦東和興鐵工廠	二	四五	八○	三○
陽泉保晉公司	一	二○	五•四	七•五
高昌廟上海機器公司	—	二	二○	一○
太原育才鋼廠	—	一	二○	七
唐山啓新洋灰公司	—	一	—	—
瀋陽兵工廠	—	一	—	—
鞏縣兵工廠	—	一	—	—
上海江南造船廠	—	一	—	—
新鄉宏育公司	一	二五	—	—

(二)有日資關係者

廠名	冶鐵爐	每日產鐵能力（單位噸）	每日產鋼能力（單位噸）	全年最低產鐵量（單位千噸）
漢陽漢冶萍公司	四	六五〇	二三〇	七〇
大冶漢冶萍公司	二	九〇〇	三二〇	—
本溪湖本溪湖煤鉄公司	四	三二〇	九〇	—
鞍山	二	五〇〇	—	—

茲再將民國十五年至二十二年，吾國製鉄廠歷年產額，列表如下：

廠名	產額（單位噸）							
	十五年	十六年	十七年	十八年	十九年	二十年	二十一年	二十二年
石景山龍煙公司	停	停	停	停	停	停	停	停
漢陽漢冶萍公司	停	停	停	停	停	停	停	停
大冶漢冶萍公司	停	停	停	停	停	停	停	停
揚子廠	七•四九八	停	五•八一四	四•七五〇	七•三一〇	八•四〇〇	六•三〇〇	一〇•〇〇〇
鞍山製造所	一六三•五〇〇	二〇三•四四五	二二四•四六一	二一〇•四三三	二六八•四三三	二九三•四〇〇	三二四•五三〇	
本溪湖煤鐵公司	五一•〇〇〇	五〇•五〇〇	六三•〇三〇	七六•三〇〇	八五•〇六〇	八七•〇八〇	九一•〇〇五	
陽泉保晉公司	四•八〇〇	四•〇〇〇	四•八一四	四•二五〇	六•四六〇	停	停	七•〇〇〇
新鄉宏豫公司	停	停	停	停	停	停	停	停
浦東和興鋼鐵廠	停	停	停	三•〇〇〇	四•八三〇	五•二〇〇	三•五〇〇	停
合計	二二六•七九八	二五七•九四五	二九八•一一九	二九八•七四三	三七二•〇九三	三九四•〇八〇	四二五•三三五	一七•〇〇〇

上表所載鞍山製造所及本溪湖煤鐵公司所製鋼鐵，悉銷往日本，若僅就國人經營之鋼鐵廠產額計，則為數更少。茲列表如下：

年次	產額（單位噸）
十五年	一二•二九八

十六年	四•〇〇〇
十七年	一〇•六二八
十八年	一四•〇〇〇
十九年	一八•六〇〇
二十年	一三•六〇〇
二十一年	九•八〇〇
二十二年	一七•〇〇〇
合計	九九•九二六

近年來世界鋼鉄業日漸衰落，此蓋受經濟恐慌及縮減軍備之影響也。最近三年產額如下表：

一九三〇年	九三•〇〇〇•〇〇〇噸
一九三一年	六八•〇〇〇•〇〇〇噸
一九三二年	四九•〇〇〇•〇〇〇噸

由上表觀之，世界鋼鉄之總產量，一九三二年較一九三〇年幾減一半；然在此四九•〇〇〇•〇〇〇噸中，中國產量，不過佔百分之〇•〇二，即萬分之二而已。其他各國如美佔百分之四十五，英佔百分之八，德佔百分之十五，日佔百分之一•五，其他爲百分之二九•九八。

國產鋼鐵，除前表所列各種西法製煉廠外，尚有土法製煉。土法製煉生鐵之數量，雖無確實統計，然據大約估計，民國十八年十三萬五千餘噸，十九年爲十六萬二千餘噸，二十年爲十二萬六千餘噸，二十一年降至十一萬餘噸，二十二年更降至十萬餘噸，其製煉地點以山西河南四川較爲發達。

吾國所用鋼鐵數量，年有增加，而以近年爲尤甚。當民八九年間，每年進口鋼鐵爲三十餘萬噸，十八年增至六十四萬噸，較十年前增加一倍，二十二年除東北不計外，共爲四十六萬餘噸，較五年前約減十八萬噸；但將國內西法土法有製煉者合計之，總量達六十萬噸，價在八九千萬元；而其大部概係仰給舶來，玆將二十年及二十一年度鋼鐵之進口量，列表如下，由此足見利權外溢之一斑。

年度	數量	價值
二十年	九•三三三•七五〇担	六七•四〇五•三七二元(美金)
二十一年	七　三九四•四八六担	四一•八六七•二〇一元(美金)

按：上文內之數值等，均係根據實業部之報告。

鋼筋混凝土化糞池之功用及建築

趙育德

緒論

近人對於汚水之處置，實爲一迫切之問題。一般學校當局及市鎭鄉村之居民，因處於無汚水系統之辦法下，致不能設置新式而方便之厠所，浴室，及濯洗池等。同時因科學與教育之進步，足以證明無汚水處置之辦法，對於人類衞生具有極大之危險；故時欲達到其希望，期與居住於有汚水系統之大都市者，同様享受新式厠所，浴室等一切衞生設備。但不適當之汚水處置法，對於家庭衞生，甚或整個社會，均有不良之影響，有時致引起各種時疫疾病，如傷寒，痢疾等，而致死亡之數，日益增高。一流汚水，戕賊人類，吾儕對此，誠宜知所防患矣！

抽水設備之厠所，可謂較任何類厠所爲進步。因此一般屋主皆喜設置此類室內之新式厠所。其他如浴室，濯洗池等，屋主因欲保持其清潔起見，當然設法處理從上述等處所流出之汚水。而化糞池(Septic Tank)，即爲處理此種從住宅中流出汚水之最適當方法也。但此僅限於有自來水設備，及新式厠所，浴室等之學校，住家，或一區之住家等。若處於無汚水系統之環境，則用化糞池，實爲最簡單，最見效之方法。

死水塘，滲水塘，或湖池等處，皆不可用爲處理汚水之地，因此類池底，均有滲水性；若不滲水，將發生臭氣惡味，鄰近居民，俱有不快之感。若任其滲濾，則附近之水井，又受其害，實一亟待考慮之問題也。

化糞池之解釋

化糞池爲不滲水之建築物。通常將池分爲二部，使流入之汚水，在池中沉澱其所含固體物質；其中大部份，因由於附長在汚水中之菌類，發生細菌作用，化成流體。此流體連同汚水中之水份，經出水管而流出，稱爲「出水」(Effluent)。其中未經化成流體而沉澱於池底之物，謂爲「糞渣」(Sludge)。另外一部浮游於水面之上者，稱爲「浮游層」(Scum)。

化糞池之効用

化糞池之效用，爲使汚水經過此一定之處理後，得到較安全之程度，而流入河溝內。但汚水之安全清理，可分作五步，化糞之功效祇其中之初步工作而已。因此我人不能謂爲經此處理後，各種有關疾病之病源完全消滅也。

化糞池之容量

化糞池之容量，可依使用人數之多少而建造。一池之容量不可過多於計算時之使用人數，而致汚水內之有機體，不能按照比例化爲流體。在另一方面言，若建造一較大之池，而供少數人之使用，非但太不經濟，並能得到不良之結果。但無論如何，建造一較大之池，當較小者爲佳。（適當之大小，請參閱附表。）

學校用之化糞池

學校用之化糞池，在中小學校，因學生多在未成年時代，故化糞池之設計，應較通常略大；可按學生人數，乘以五分之三倍，然後依此容數，查附表內之使用人數項，而決定池之大小。

化糞池之選擇及出水之處置

化糞池之構造，通常分成二部，使流入之污水中之大塊固體，難解之體，難沉之體等，沉凝或沉澱或解化於此二部之中，再由污水中之細菌，發生作用，分解其有機體，以預備作再進一步之處理。油質流入池內，不但不能解化浮游層，並致變成十分濃密，因而阻礙有機體之解化。但此可用一避油井，置於含有油質之污水流出之處，如廚房等處，以避去其油質。（避油井之建造，如第三圖所示。）化糞池若建築及管理適當，其出水通常不含有固體物質，並且水質大致清淨；但無論如何，出水中常含有微細之浮游物，此浮游物中長生無數細菌，其中一部份或對衞生上具有極大之危險性。此外尙有許多污水中倘剩下之微小有機體，若此有機體流入地面或乾坑內而不能流洩，則經過腐爛後，必發生可惡之臭氣。

設使一河有充足之水量，能將污水經過化糞池處理後之出水，沖稀(Dilute)至適當比例，並此河下流一帶，不用此河水作爲家用，則出水之處置，最簡單之方法，莫若將其導入河內，（用此法之池，如第一圖並第五圖所示。）用沖稀之法，其河之流量至少應有出水流出量之六十倍，如此方足免除菌類及蚊虫之生殖。

若無上述之天然河流可供應用時，池之出水必需再設法作進一步之清理。設出水之流出量不甚大時，如地質適宜，可將此出水吸入地內。其法在地面下十八吋，按排平口之排水管數道，使出水流入排水管內，經平口管之空縫中，漸漸滲入地內，在管之上部泥土中，含有無數之細菌，此可使爲較進解化有機體之用。出水經平口排管吸入地內後，可無最後出水管排水外出。（化糞池用於此法，如圖一二所示。）

用地土吸收所流出之出水，其構造如第三圖所示。此種辦法謂之「地土吸收法」(Ground Absorption Method)；但須注意第一圖小號家庭化糞池內，無集量池及水壓管 (Dosing chamber and Siphon)之設置。第二圖則有此設置，水壓管之作用，爲使出水流入集量池，達到適當高度，由水壓作用將集量池內之出水，完全排出至排洩地，如此能使所出之水，平均達到其地內之排管各點。若無此集量池及水壓管之設置，則其出水，將滴滴流出，而祇能流及池之鄰近之地，致將此鄰近之土地即刻變成飽和之狀，而使出水內之餘剩有機體，不能按照比例作進一步之解化。在此情形之下，應立刻改按排管；最要之點，將出水按照排管口徑大小，平均流達所有管子之內，而地土方可達到平均的吸收。再因小池容量較小，故污水流入池內，有沖洗其池及沖滿排洩地之趨勢；但大池則反是。故如第一圖所示之小池，因此項設置之價格關係，可以不用；但第二圖所示之地，則必需應用者也。

當化糞池之出水，不能用河道之水量沖稀，及地土不能吸收時，當需用其他方法處理之。此法稱爲「地下過濾法」(Subsoil Filtration)。其法築十五吋寬，三十吋深之土槽數道，內塡以十五吋高之碎石或其他適當材料，作爲濾層。池之出水由出水管引入，置於濾層上之平口排洩管，再從管縫中流出，而濾過此濾層。在濾層下按置下層管一道，濾下之水，經此管而導入小溝之中；在濾層上長生許多細菌，其生活和作用，與生長在池中者不同。池中細菌作用，不過專爲解化有機體，而預備在濾層上作再進之解化。此二步皆爲清理污水上所必要者，而實有效於適宜管理之下，在短期之內，使其天然解化。在排洩管之尾，用一彎管使之升出地面，以通空氣，因空氣內之氧氣，爲生於濾層上之細菌所必需要者。從下層管導出之出水，尙可用更進之法處清，但本文並不論及，因通常經如此之處理後，已足滅除病源矣。

化糞池之清理

若化糞池內之糞渣，其容積至超過全池容量之百分之三十以上時，則其池應加清理，卽將糞渣取去。在設計完善之池，每年清理，一次已足，不宜過多。本文所附圖生尺寸皆以一年糞渣沉積之容量而計算；但亦不可視爲定則，須按照使用程度而定，大約每一至三年必需清理一次。清理之時間在冬季最爲適宜，因無蒼蠅等之虫類也。

清理手續，先將人孔蓋移去，將池內之水份用抽水機打出或用水桶汲出。假若池底按有放水管，則可將管子開放，將水份放出。放盡之後，池內餘留之糞渣及浮游層，可將桶類提出淨除之。

關係化糞池之要點

（一）不可建造一無法進內清理之化糞池；假若偶然需要清理而無人孔蓋之預留，則其頂必當破壞也。

（二）若在可能地形之下，不可忘記按置放水管於池底。

（三）不可將出水流入地面上，因此可引起臭氣或成爲蚊虫生殖之地，致傳時疫疾病。

（四）不可使化糞池之出水流近水井旁之地面上。

（五）不可加入藥品於化糞池內，而藉此欲增加其效力；蓋因此能阻礙池內細菌之生活也。

（六）不可建造一有裂縫之化糞池。

（七）不可嘗試以舊水井作爲化糞池之用。

（八）不可用一火頭暴露於外之燈類，於人孔蓋方移去後，卽入池內。

（九）除非發生阻礙之時，不可時常清理化糞池。

〔附圖見後〕

姚士章君鑒：來函已悉。請示通訊處，以便答復。　賀敬第

張福記營造廠鑒：現有曹家渡北曹家宅廿一號曹三弟者，不知尊處地址，函詢本會。用代轉達，可卽示復曹君不誤。

本會服務部啓

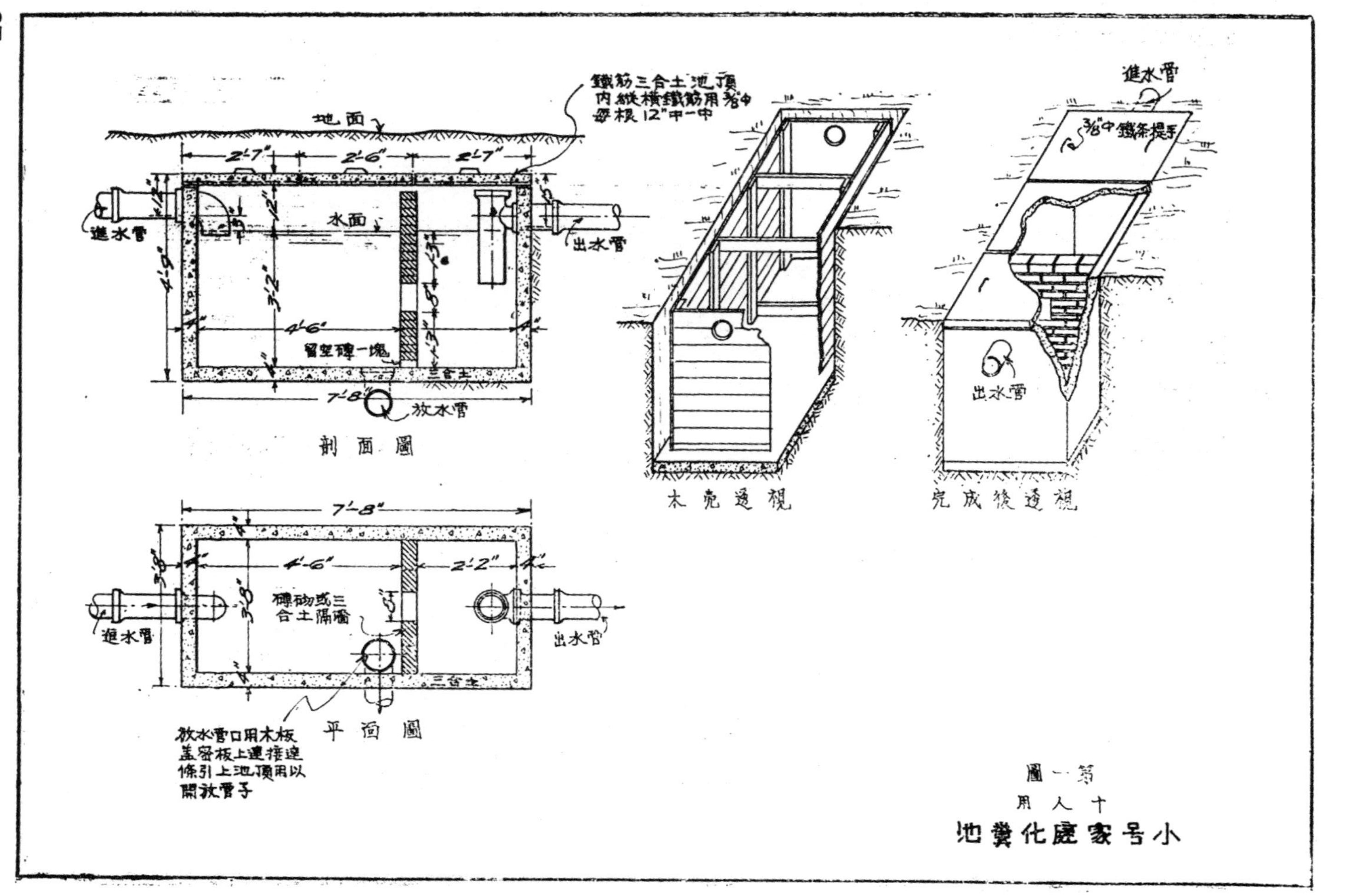

第一圖
十人用
小号家庭化糞池

〇二四九九

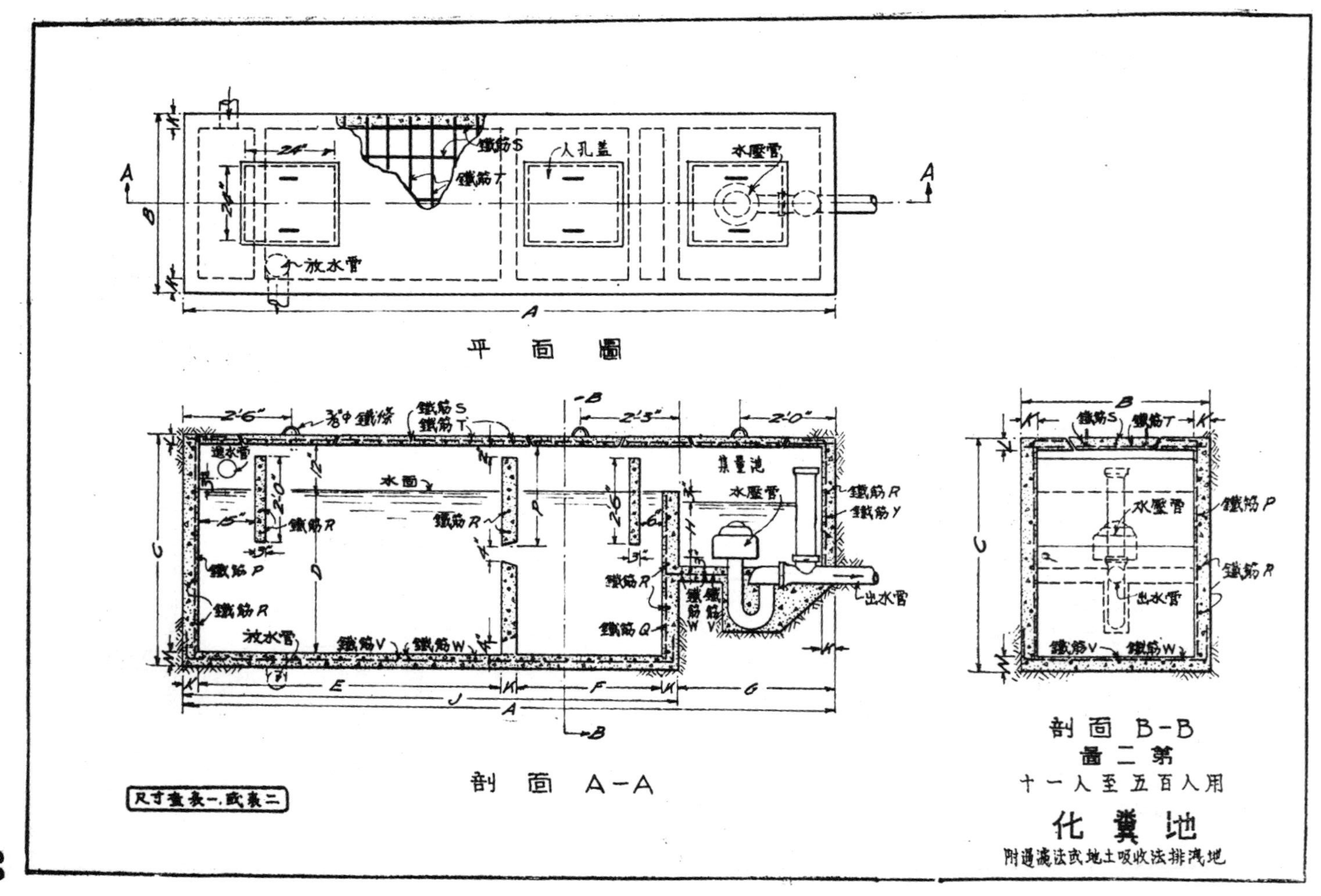

剖面 B-B
第二圖
十一人至五百人用
化糞池
附通濾法或地土吸收法排洩池

(表 一)

使用人數	池之容量	尺寸													水壓管吋數	進水管與出水管相差尺數	集量池之容量
		A	B	C	D	E	F	G	H	J	K	L	N	P			
11-15	750	12'-0"	4'-0"	5'-3"	3'-8"	5'-6"	2'-9"	2'-9"	1'-3"	9'-3"	4"	3"	4"	2'-3"	3"	2'-6"	75
16-20	1000	14-9	4'-0"	5-6	3-11	6-9	3-3	3-9	1-3	11-0	4	3	4	2-3	3	2-6	105
21-25	1250	15-3	4-9	5-6	3-10½	7-0	3-6	3-9	1-3	11-6	4	3½	4	2-3	3	2-6	130
26-30	1500	16-6	5-0	5-9	4-1½	7-6	3-9	4-3	1-3	12-3	4	3½	4	2-3	3	2-6	160
31-40	2000	17-9	5-3	6-3	4-7	8-3	4-3	4-3	1-5	13-6	4	4	4	2-3	4	2-8	200
41-50	2500	19-3	5-9	6-9	5-1	8-9	4-6	5-0	1-5	14-3	4	4	4	2-3	4	2-8	250
51-60	3000	21-0	6-0	7-0	5-3½	9-6	4-9	5-9	1-5	15-3	4	4	4½	2-6	4	2-8	310
61-80	4000	21-9	6-9	7-6	5-8½	10-3	5-3	5-3	1-11	16-6	4	4½	5	2-6	5	3-2	430
81-100	5000	23-6	7-3	7-6	5-7½	11-3	5-9	5-6	1-11	18-0	4	5	5½	2-6	5	3-2	500
101-125	6250	26-0	8-0	8-0	6-1	12-3	6-3	6-6	1-11	19-6	4	5	6	2-6	5	3-2	650
126-150	7100	28-6	8-3	8-6	6-7	13-0	6-6	7-9	1-11	20-9	5	5	6	2-6	5	3-2	780
151-175	8300	28-6	8-9	8-9	6-9	14-0	6-9	6-6	2'-6	22-0	5	5½	6½	2-6	6	3-9	910
176-200	9500	30-0	9-3	9-0	6-11½	14-6	7-3	7-0	2-6	23-0	5	5½	7	2-9	6	3-9	1040
201-250	11300	32-9	10-0	9-3	7-1½	15-6	7-10½	8-0	2-6	24-9	5½	6	7½	2-9	6	3-8	1280
251-300	13500	35-0	10-6	10-0	7-10	16-0	8-3	9-3	2-6	25-9	6	6	8	2-9	6	3-9	1560
301-400	17500	39-9	11-6	10-6	8-2½	18-0	9-3	11-0	2-6	28-9	6	6½	9	2-9	6	3-9	2060
401-500	21200	44-0	12-9	10-3	7-10½	20-0	10-3	12-3	2-6	31-9	6	7	9½	2-9	6	3-9	2580

此表用於第二圖所示之化糞池附用
過濾法排洩地之尺寸.

(表 二)

使用人數	池之容量	尺寸													水壓管吋數	進水管與出水管相差尺數	集量池之容量
		A	B	C	D	E	F	G	H	J	K	L	N	P			
鬆質之地																	
11-15	750	14'-6"	4'-0"	5'-3"	3'-8"	5'-6"	2'-9"	5'-3"	1'-3"	9'-3"	4"	3"	4"	2'-3"	3"	2'-6"	150
16-20	1000	16-9	4-3	5-6	3'-11"	6-9	3-3	5-9	1-3	11-0	4"	3"	4"	2-3	3	2-6	190
21-25	1250	17-9	4-9	5-6	3-10½	7-0	3-6	6-3	1-3	11-6	4	3½	4	2-3	3	2-6	226
26-30	1500	19-9	5-0	5-9	4-1½	7-6	3-9	7-6	1-3	12-3	4	3½	4	2-3	3	2-6	290
31-40	2000	21-9	5-3	6-3	4-7	8-3	4-3	8-3	1-5	13-6	4	4	4	2-3	4	2'-8"	384
41-50	2500	23-6	5-9	6-9	5-1	8-9	4-6	9-3	1-5	14-3	4	4	4	2-3	4	2-8	480
51-60	3000	25-6	6-0	7-0	5-3½	9-6	4-9	10-3	1-5	15-3	4	4	4½	2-6	4	2-8	560
61-80	4000	25-9	6-9	7-6	5-8½	10-3	5-3	9-3	1-11	16-6	4	4½	5	2-6	5	3-2	780
81-100	5000	28-0	7-9	7-6	5-7½	11-3	5-9	10-0	1-11	18-0	4	5	5½	2-6	5	3-2	980
實質之地																	
11-15	750	17'-6"	4'-0"	5'-3"	3'-8"	5'-6"	2'-9"	8'-3"	1'-3"	9'-3"	4"	3"	4"	2'-3"	3"	2'-6"	247
16-20	1000	21'-0	4-3	5-6	3-11	6-9	3-3	10-0	1'-3"	11-0	4	3	4	2-3	3	2-6	324
21-25	1250	22-3	4-9	5-6	3-10½	7-0	3-6	10-9	1'-3"	11-6	4	3½	4	2-3	3	2-6	400
26-30	1500	24-6	5-0	5-9	4-1½	7-6	3-9	12-3	1'-3"	12-3	4	3½	4	2-3	3	2-6	485
31-40	2000	26-9	5-3	6-3	4-7	8-3	4-3	13-3	1-5	13-6	4	4	4	2-3	4	2-8	630
41-50	2500	29-3	5-9	6-9	5-1	8-9	4-6	15-0	1-5	14-3	4	4	4	2-3	4	2-8	800
51-60	3000	32-3	6-0	7-0	5-3½	9-6	4-9	17-0	1-5	15-3	4	4	4½	2-6	4	2-8	950
61-80	4000	31-6	6-9	7-6	5-8½	10-3	5-3	15-0	1-11	16-6	4	4½	5	2-6	5	3-2	1280
81-100	5000	34-3	7-9	7-6	5-7½	11-3	5-9	16-3	1-11	18-0	4	5	5½	2-6	5	3-2	1620

此表用於第二圖所示之化糞池附用
地土吸收法之排洩地之尺吋

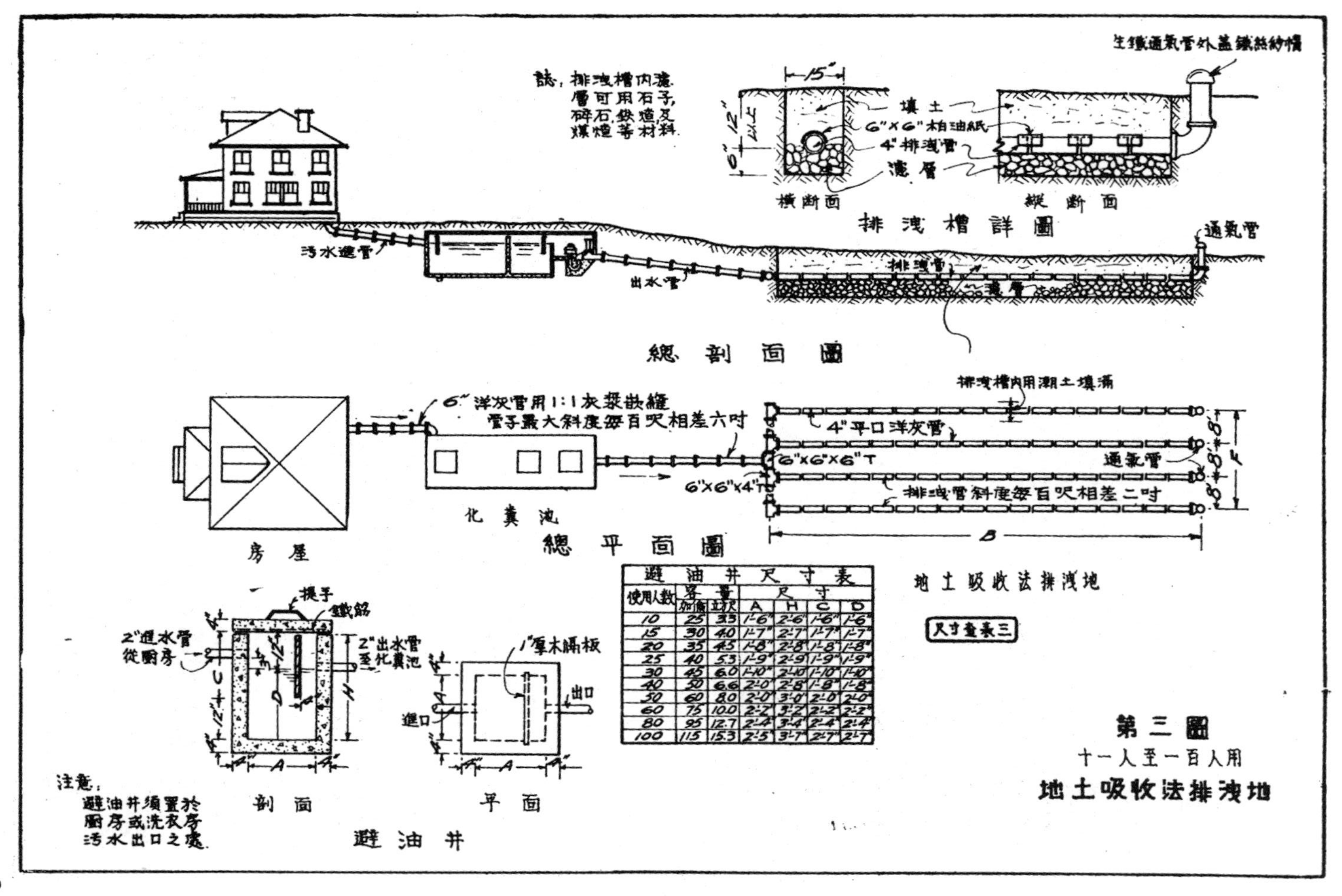

避油井尺寸表						
使用人數	容量		尺寸			
	加侖數	立方尺	A	H	C	D
10	25	3.3	1'-6"	2'-6"	1'-6"	1'-6"
15	30	4.0	1'-7"	2'-7"	1'-7"	1'-7"
20	35	4.5	1'-8"	2'-8"	1'-8"	1'-8"
25	40	5.3	1'-9"	2'-9"	1'-9"	1'-9"
30	45	6.0	1'-10"	2'-10"	1'-10"	1'-10"
40	50	6.6	2'-0"	2'-8"	1'-8"	1'-8"
50	60	8.0	2'-0"	3'-0"	2'-0"	2'-0"
60	75	10.0	2'-2"	3'-2"	2'-2"	2'-2"
80	95	12.7	2'-4"	3'-4"	2'-4"	2'-4"
100	115	15.3	2'-5"	3'-7"	2'-7"	2'-7"

02

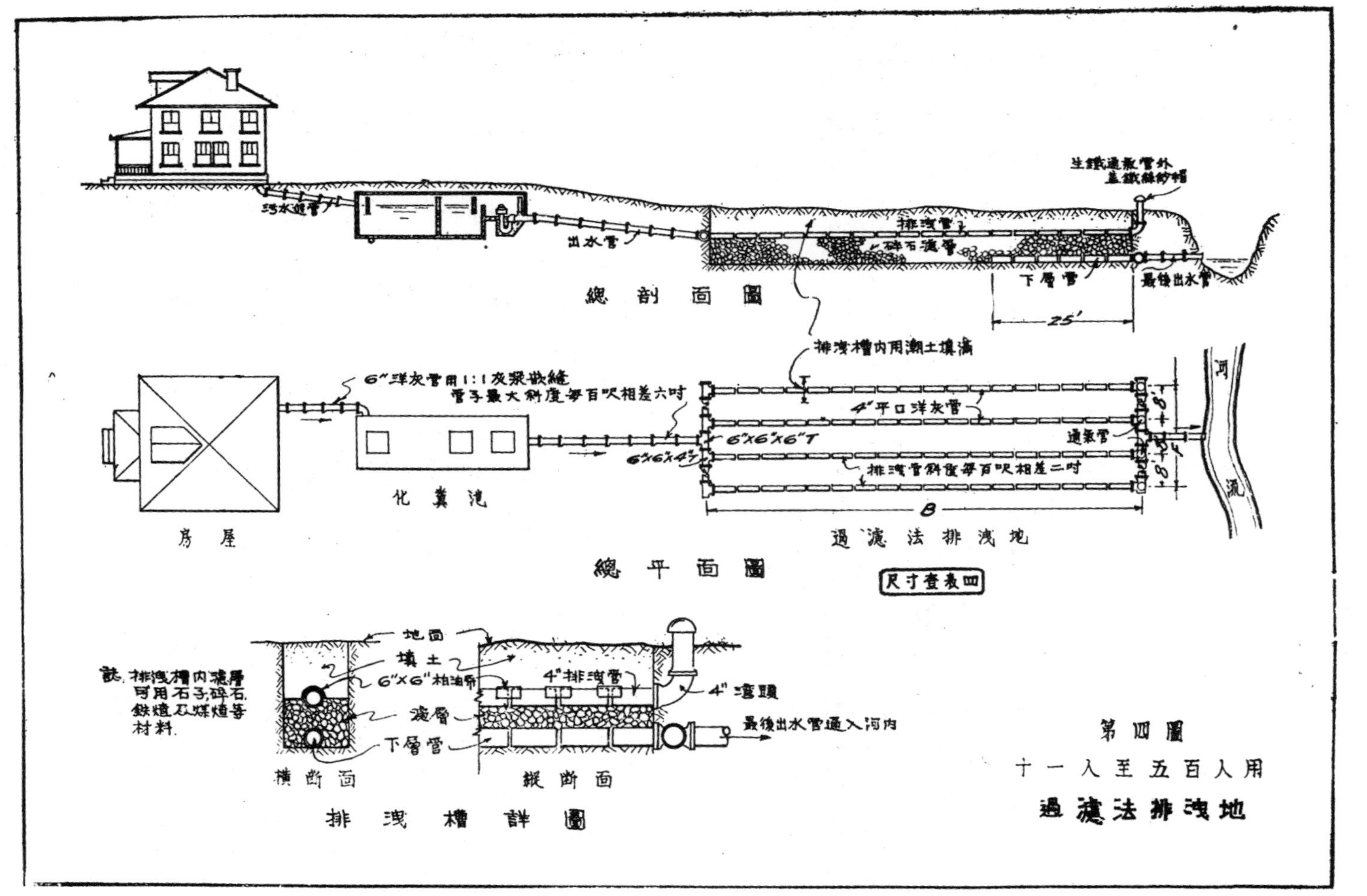
生鐵通氣管外蓋鐵絲紗帽
污水進管
出水管
排洩管
碎石濾層
下層管
最後出水管
25'
總剖面圖
排洩槽內用潮土填滿
6"洋灰管用1:1灰漿嵌縫
管子最大斜度每百呎相差六吋
4"平口洋灰管
6"x6"x6"T
6"x6"x4"T
通氣管
排洩管斜度每百呎相差二吋
8'
8
河流
房屋
化糞池
過濾法排洩地
總平面圖
尺寸查表四
地面
填土
6"x6"柏油T
4"排洩管
4"灣頭
濾層
下層管
最後出水管通入河內
註:排洩槽內濾層可用石子,碎石,鐵爐及煤爐等材料.
橫斷面
縱斷面
排洩槽詳圖
第四圖
十一人至五百人用
過濾法排洩地

（表　三）

使用人數	尺寸			用料															
	B	F		土槽數		4"管所用數		6"×6"×4"T Tees數		通氣灣頭數		6"管所用數		挖土碼數		濾料碼數	
		鬆土	實土	鬆土	實土	鬆土	實土	鬆土	實土	鬆土	實土	鬆土	實土	鬆土	實土	鬆土	實土
11-15	90'	32'	56'	5'	8'	450	720	5	8	5	8	24	42	31	50	16	26
16-20	100	40	72	6	10	600	1000	6	10	6	10	30	54	41	70	21	36
21-25	100	48	88	7	12	700	1200	7	12	7	12	36	66	48	83	25	43
26-30	100	64	112	9	15	900	1500	9	15	9	15	48	84	62	104	32	53
31-40	100	88	152	12	20	1200	2000	12	20	12	20	66	114	83	140	43	72
41-50	100	112	192	15	25	1500	2500	15	25	15	25	84	144	108	174	53	86
51-60	100	136	232	18	30	1800	3000	18	30	18	30	102	174	125	208	64	107
61-80	100	184	312	24	40	2400	4000	24	40	24	40	138	234	167	278	85	143
81-100	100	232	392	30	50	3000	5000	30	50	30	50	174	294	210	347	107	177

此表用於第三圖"地土吸收法排洩地"

（表　四）

使用人數	尺寸		用料						
	B	F	土槽數	4"管所用數	6"×6"×4" Tees數	4"通氣灣管	6"管所用數	挖土碼數	濾料碼數
11-15	40	16	3	195	6	3	24	7	12
16-20	40	24	4	260	8	4	36	9	17
21-25	50	24	4	300	8	4	36	11	21
26-30	60	24	4	340	8	4	36	13	25
31-40	80	24	4	420	8	4	36	17	33
41-50	80	32	5	525	10	5	48	21	41
51-60	80	40	6	630	12	6	60	25	50
61-80	80	56	8	840	16	8	84	34	66
81-100	100	56	8	1000	16	8	84	43	83
101-125	100	72	10	1250	20	10	120	53	104
126-150	100	88	12	1500	24	12	132	64	125
151-175	100	104	14	1750	28	14	144	74	145
176-200	100	120	16	2000	32	16	180	85	166
201-250	100	152	20	2500	40	20	228	106	207
251-300	100	184	24	3000	48	24	276	127	250
301-400	100	248	32	4000	64	32	372	170	332
401-500	100	312	40	5000	80	40	468	212	415

此表用於第四圖"過濾法排洩地"

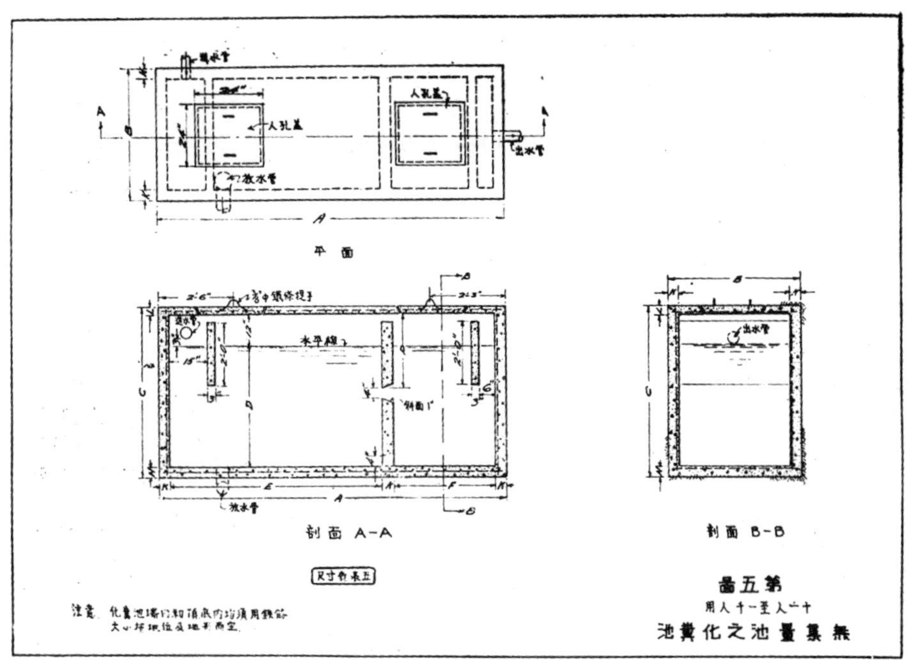

第五圖

十一人至一千人用

無集量池之化糞池

使用人數	池之容量	尺					寸				
		A	B	C	D	E	F	K	L	N	P
11-15	750	9'-3"	4'-0"	5'-3"	3'-8"	5'-6"	2'-9"	4"	3"	4"	2'-3"
16-20	1000	11-0	4-0	5-6	3-11	6-9	3-3	4	3	4	2-3
21-25	1250	11-6	4-9	5-6	3-10½	7-0	3-6	4	3½	4	2-3
26-30	1500	12-3	5-0	5-9	4-1½	7-6	3-9	4	3½	4	2-3
31-40	2000	13-6	5-3	6-3	4-7	8-3	4-3	4	4	4	2-3
41-50	2500	14-3	5-9	6-9	5-1	8-9	4-6	4	4	4	2-6
51-60	3000	15-3	6-0	7-0	5-3½	9-6	4-9	4	4	4½	2-6
61-80	4000	16-6	6-9	7-6	5-8½	10-3	5-3	4	4½	5	2-6
81-100	5000	18-0	7-3	7-6	5-7½	11-3	5-9	4	5	5½	2-6
101-125	6250	19-6	8-0	8-0	6-1	12-3	6-3	4	5	6	2-6
126-150	7100	20-9	8-3	8-6	6-7	13-0	6-6	5	5	6	2-6
151-175	8300	22-0	8-9	8-9	6-9	14-0	6-9	5	5½	6½	2-9
176-200	9500	23-0	9-3	9-0	6-11½	14-6	7-3	5	5½	7	2-9
201-250	11300	24-9	10-0	9-3	7 1½	15-6	7-10½	5½	6	7½	2-9
251-300	13500	25-9	10-6	10-0	7-10	16-0	8-3	6	6	8	2-9
301-400	17500	28-9	11-6	10-6	8-2½	18-0	9-3	6	6½	9	2-9
401-500	21200	31-9	12-9	10-3	7-10½	20-0	10-3	6	7	9½	2-9
501-750	30000	37-3	15-6	10-3	7-9	24-0	11-9	6	8	10	2-9
751-1000	40000	42-9	17-3	10-9	8-0	27-3	13-10½	6½	9	12	2-9

第五表

此表用於第五圖所示之
"無集量池之化糞池"

鋼骨水泥梁求K及P之簡捷法

成　熹

計算鋼骨水泥建築，水泥梁的計算須佔其大半；甚而在小的建築中，祇有梁及樓板的計算，沒有他種計算。同時梁的計算，是最複雜的一種，所以工程師們，都設法製成各種表格與圖解等，以資計算簡捷；但這種圖表，大都是用於覆核工作的，對於實際幫助計算工作的很少。下列二種表格，在計算時可以省去不少手續。如下例：

T形梁，

B. M. ＝ 230,000 in. lbs.

$$\left.\begin{array}{l} b=36'' \\ d=8\frac{1}{2}'' \end{array}\right\} K=\frac{B.M.}{bd^2}\ (\text{此數在甲表中查得})=88.5$$

再由乙表中即得P_1＝0.553%

註：在B.M.(彎轉量)求得之後計算尺上的答數不必拉去，隨手寫下假定的剖面，b及d的吋數。然後在表中查出bd^2的値，去除彎轉量，就是K的答數，K在f_s＝18000※/□",f_c＝600※/□"，的地方不可超過88.9；在f_s＝16000※/□",f_c＝600※/□" 的地方不可超過94.4。或由表中約之，譬如上例中已知B.M.爲230,000 in. lbs. 在T形梁中的b,大都是由建築規則規定的，所以是已知數；上例中爲36",則祇須在b＝36"項中試幾個，即假使用d＝6½",則K＝151.2已超過88.9不可用，再試d＝8½",則K＝88.5,適與規定者相近，甚爲經濟，如果再用大，那就徒耗材料了。現在K已求得，再在乙表中，查得P的百分率，但須注意P_1是用於f_s＝18000※/□"及f_c＝600※/□"的地方，P_2是用於f_s＝16000※/□"及f_c＝600※/□"的地方。

表"甲"bd^2乘積

d吋數 / b吋數	6½	8½	10½	12½	14½	16½	18½	20	22	24	26
6	253.5	433.5	661.5	937.5	1261.5	1633.5	2053.5	2400	2904	3456	4056
8	338	578	882	1250	1682	2178	2738	3200	3872	4608	5408
10	422.5	722.5	1102.5	1562.5	2102.5	2722.5	3422.5	4000	4840	5760	6760
12	507	867	1323	1875	2523	3267	4107	4800	5808	6912	8112
14	591.5	1011.5	1543.5	2187.5	2943.5	3811.5	4791.5	5600	6776	8064	9464
16	676	1156	1764	2500	3364	4356	5476	6400	7744	9216	10816
18	760.5	1300.5	1984.5	2812.5	3784.5	4900.5	6160.5	7200	8712	10368	12168
20	845	1445	2205	3125	4205	5445	6845	8000	9680	11520	13520
22	929.5	1589.5	2425.5	3437.5	4625.5	5989.5	7529.5	8800	10648	12672	14872
24	1014	1734	2646	3750	5046	6534	8214	9600	11616	13824	16224
26	1098.5	1878.5	2866.5	4062.5	5466.5	7078.5	8898.5	10400	12584	14976	17576
28	1183	2023	3087	4375	5887	7623	9583	11200	13552	16128	18928
30	1267.5	2167.5	3307.5	4687.8	6307.5	8167.5	10267.5	12000	14520	17280	20280
32	1352	2312	3528	5000	6728	8712	10952	12800	15488	18432	21632
34	1436.5	2456.5	3748.5	5312.5	7148.5	9256.5	11636.5	13600	16456	19584	22984
36	1521	2601	3969	5625	7569	9801	12321	14400	17424	20736	24336
38	1605.5	2745.5	4189.5	5937.5	7989.5	10345.5	13005.5	15200	18392	21888	25688
40	1960	2890	4410	6250	8410	10890	13690	16000	19360	23040	27040
42	1774.5	3034.5	4630.5	6562.5	8830.5	11434.5	14374.5	16800	20328	24192	28392
44	1859	3179	4851	6875	9251	11979	15059	17600	21296	25344	29744
46	1943.5	3323.5	5071.5	7187.5	9671.5	12523.5	15743.5	18400	22264	26496	31096
48	2028	3468	5292	7500	10092	13068	16428	19200	23232	27648	32448

d吋數 / b吋數	28	30	32	34	36	38	40	42	44	46	48
6	4704	5400	6144	6936	77776	8664	9600	10584	11616	12696	13824
8	6272	7200	8192	9248	10368	11552	12800	14112	15488	16928	18432
10	7840	9000	10240	11560	12960	14440	16000	17640	19360	21160	23040
12	9408	10800	12288	13872	15552	17328	19200	21168	23232	25392	27648
14	10976	12600	14336	16184	18144	20216	22400	24696	27104	29624	32256
16	12544	14400	16384	18496	20736	23104	25600	28224	30976	33856	36864
18	14112	16200	18432	20808	23328	25992	28800	31752	34848	38088	41472
20	15680	18000	20480	23120	25920	28880	32000	35280	38720	42320	46080
22	17248	19800	22528	25432	28512	31768	35200	38808	42592	46552	50688
24	18816	21600	24576	27744	31104	34656	38400	42336	46464	50784	55296
26	20384	23400	26624	30056	33696	37544	41600	45864	50336	55016	59904
28	21952	25200	28672	32368	36288	40432	44800	49392	54208	59248	64512
30	23520	27000	30720	34680	38880	43320	48000	52920	58080	63480	69120
32	25088	28800	32768	36992	41472	46208	51200	56448	61952	67712	73728
34	26656	30600	34816	39304	44064	49096	54400	59976	65824	71944	78336
36	28224	32400	36864	41616	46656	51984	57600	63504	69696	76176	82944
38	29792	34200	38912	43928	49248	54872	60800	67032	73568	80408	87552
40	31360	36000	40960	46240	51840	57760	64000	70560	77440	84640	92160
42	32928	37800	43008	48552	54432	60648	67200	74088	81312	88872	96768
44	34496	39600	45056	50864	57024	63536	70400	77616	85184	93104	101376
46	36064	41400	47104	53176	59616	66424	73600	81144	89056	97336	105984
48	37632	43200	49152	55488	62208	69312	76800	84672	92928	101568	110592

表"乙"

K的數值	5	5.5	6	5.6	7	7.5	8	85	9	9.5	10	10.5	11	11.5	12	12.5	13	13.5	14	14.5
P_1的百分率	.031	.034	.038	.041	.044	.047	.050	.053	.056	.059	.063	.066	069	.072	.075	.078	.081	.084	.088	.091
P_2的百分率	.035	.039	.043	.046	.050	.053	.057	.060	.064	.067	.071	.075	.078	.082	.085	.089	.092	.096	.099	.103
K的數值	15	15.5	16	16.5	17	17.5	18	18.5	19	19.5	20	20.5	21	21.5	22	22.5	23	23.5	24	24.5
P_1的百分率	.094	.097	.10	.103	.106	.109	.113	.116	.119	.122	.125	.128	.131	.134	.138	.141	.144	.147	.150	.153
P_2的百分率	.106	.110	.114	.117	.121	.124	.128	.131	.135	.138	.142	.145	.149	.153	.156	.160	.163	.167	.170	.174
K的數值	25	25.5	26	26.5	27	27.5	28	28.5	29	29.5	30	30.5	31	31.5	32	32.5	33	33.5	34	34.5
P_1的百分率	.156	.159	.163	.166	.169	.172	.175	.178	.181	.184	.188	.191	.194	.197	.20	.203	.206	.209	.213	.216
P_2的百分率	.177	.181	.185	.188	.192	.195	.199	.202	.206	.209	.213	.216	.220	.224	.227	.231	.234	.238	.241	.245
K的數值	35	35.5	36	36.5	37	37.5	38	38.5	39	39.5	40	40.5	41	41.5	42	42.5	43	43.5	44	44.5
P_1的百分率	.219	.222	.225	.228	.231	.234	.238	.241	.244	.247	.25	.253	.256	.259	.263	.266	.269	.272	.275	.278
P_2的百分率	.248	.252	.256	.259	.263	.266	.270	.273	.277	.280	.284	.287	.291	.295	.298	.302	.305	.309	.312	.316
K的數值	45	45.5	46	46.5	47	47.5	48	48.5	49	49.5	50	50.5	51	51.5	52	52.5	53	53.5	54	54.5
P_1的百分率	.281	.284	.288	.291	.294	297	.30	.303	.306	.309	.313	.316	.319	.322	.325	.328	.331	.334	.338	.341
P_2的百分率	.319	.323	.326	.330	.334	.337	.341	.344	.348	.351	.355	.358	.362	.366	.369	.373	.376	.380	.383	.387
K的數值	55	55.5	56	56.5	57	57.5	58	58.5	59	59.5	60	60.5	61	61.5	62	62.5	63	63.5	64	64.5
P_1的百分率	.344	.347	.35	.353	.356	.359	.363	.366	369	.372	.375	.378	.381	.384	.388	.391	.394	.397	.40	.403
P_2的百分率	.390	.394	.397	.401	.405	.408	.412	.415	.419	.422	.426	.429	.433	.436	.440	.444	.447	.451	.454	.458
K的數值	65	65.5	66	66.5	67	67.5	68	68.5	69	69.5	70	70.5	71	71.5	72	72.5	73	73.5	74	74.5
P_1的百分率	.406	.409	.413	.416	.419	.422	.425	.428	.431	.434	.438	.441	.444	.447	.45	.453	.456	.459	.463	.466
P_2的百分率	.461	.465	.468	.472	.476	.479	.483	.486	.49	.493	.497	.501	.504	.508	.511	.515	.519	.522	.526	.529
K的數值	75	75.5	76	76.5	77	77.5	78	78.5	79	79.5	80	80.5	81	81.5	82	82.5	83	83.5	84	84.5
P_1的百分率	.469	.472	.475	.478	.481	.484	.488	.491	.494	.497	.5	.503	.506	.509	.513	.516	.519	.522	.525	.528
P_2的百分率	.533	.536	.54	.543	.547	.55	.554	.558	.561	.565	.568	.572	.575	.579	.585	.586	.589	.593	.597	.6
K的值數	85	85.5	86	86.5	87	87.5	88	88.5	89	89.5	90	90.5	91	91.5	92	92.5	93	93.5	94	94.5
P_1的百分率	.531	.534	.538	.541	.544	.547	.55	.553	.556											
P_2的百分率	.604	.607	.611	.614	.618	.621	.625	.628	.632	.636	.639	.643	.646	.65	.653	.657	.66	.664	.668	.671

建築材料價目

本刊所載材料價目，力求正確；惟市價瞬息變動，漲落不一，集稿時與出版時難免出入。讀者如欲知正確之市價者，希隨時來函詢問，本刊當代爲探詢詳告。

磚 瓦

▲大中磚瓦公司出品

名稱	大小	價格	備註
空心磚	12"×12"×10"	每千洋二五〇元	車挑力在外
空心磚	12"×12"×9"	每千洋二三〇元	
空心磚	12"×12"×8"	每千洋二〇〇元	
空心磚	12"×12"×6"	每千洋一五〇元	
空心磚	12"×12"×4"	每千洋一〇〇元	
空心磚	12"×12"×3"	每千洋八〇元	
空心磚	9¼"×9¼"×6"	每千洋八〇元	
空心磚	9¼"×9¼"×4½"	每千洋六五元	
空心磚	9¼"×9¼"×3"	每千洋五〇元	
空心磚	9¼"×4½"×4½"	每千洋四〇元	
空心磚	9¼"×4½"×3"	每千洋二四元	
空心磚	9¼"×4½"×2½"	每千洋二三元	
空心磚	9¼"×4½"×2"	每千洋二二元	
實心磚	8½"×4⅛"×2½"	每千洋一四元	
實心磚	10"×4⅞"×2"	每千洋十三元三角	
實心磚	9"×4⅜"×2"	每千洋十一元二角	
實心磚	9"×4⅜"×2¼"	每千洋十二元六角	
大中瓦	15"×9½"	每千洋六三元	運至營造地
西班牙瓦	16"×5½"	每千洋五二元	
英國式灣瓦	11"×6½"	每千洋四〇元	
脊瓦	18"×8"	每千洋一二六元	

▲振蘇磚瓦公司出品

名稱	大小	價格	備註
空心磚	9¼"×4½"×2½"	每千洋二三元	（空心，照價送到作場九折計算）（紅瓦照價送到作場）
空心磚	9¼"×4½"×3"	每千洋二四元	
空心磚	9¼"×9¼"×3"	每千洋四八元	
空心磚	9¼"×9¼"×4½"	每千洋六二元	
空心磚	9¼"×9¼"×6"	每千洋七六元	
空心磚	9¼"×9¼"×8"	每千洋一二〇元	
空心磚	9¼"×4¼"×4½"	每千洋二五元	
空心磚	12"×12"×4"	每千洋九〇元	
空心磚	12"×12"×6"	每千洋一四〇元	
空心磚	12"×12"×8"	每千洋一九〇元	
空心磚	12"×12"×10	每千洋二四〇元	
青平瓦	144塊	每平方洋七〇元	
紅平瓦	144塊	每平方洋六〇元	
紅磚	10"×5"×2¼"	每千洋十二元五角	
紅磚	10"×5"×2"	每千洋十二元	
紅磚	9¼"×4½"×2¼"	每千洋十一元五角	
紅磚	9¼"×4½"×2"	每千洋一〇元	
光面紅磚	10"×5"×2¼"	每千洋十二元五角	
光面紅磚	10"×5"×2"	每千洋十二元	
光面紅磚	9¼"×4½"×2¼"	每千洋十一元五角	
光面紅磚	9¼"×4½"×2"	每千洋十元	
光面紅磚	8½"×4⅛"×2½"	每千洋十二元五角	
青筒瓦	四〇〇塊	每平方洋六五元	
紅筒瓦	四〇〇塊	每平方洋五〇元	

鋼 條

名稱	大小	價格	備註
鋼條	四十尺二分光圓	每噸一一八元	德國或比國貨

名稱	大小	價格	備註
鋼條	四十尺二分半光圓	每噸一一八元	仝前
鋼條	四十尺三分光圓	每噸一一八元	仝前
鋼條	四十尺三分圓竹節	每噸一一六元	仝前
鋼條	四十尺普通花色	每噸一〇七元	自四分至一寸
鋼條	盤圓絲	每市擔四元六角	方或圓

水泥

名稱	數量	價格
象牌	每桶	洋六元三角
泰山	每桶	洋六元二角五分
馬牌	每桶	洋六元二角
英國"Atlas"	每桶	洋三十二元
法國麒麟牌白水泥	每桶	洋二十八元
意國紅獅牌白水泥	每桶	洋二十七元

木材

▲上海市木材業同業公會公議價目

名稱	標記	價格	備註
洋松	八尺至卅二尺再長照加	每千尺洋九十元	下列木材價目以普通貨爲準
一寸洋松		每千尺洋九十二元	揀貨及特種鋸
寸半洋松		每千尺洋九十三元	貨另定價目
洋松二寸光板		每千尺洋七十六元	
四尺洋松條子		每萬根洋一百五十五元	
一寸四寸洋松一號企口板		每千尺洋一百十元	
一寸四寸洋松副頭號企口板		每千尺洋九十四元	
一寸四寸洋松二號企口板		每千尺洋八十元	
一寸六寸洋松一號企口板		每千尺洋一百二十元	
一寸六寸洋松副頭號企口板		每千尺洋九十八元	
一寸六寸洋松二號企口板		每千尺洋八十四元	
一二五四寸一號洋松企口板		每千尺洋一百五十元	
一二五四寸二號洋松企口板		每千尺洋一百元	
一二五六寸一號洋松企口板		每千尺洋一百六十五元	
一二五六寸二號洋松企口板		每千尺洋一百十五元	
柚木（頭號）	僧帽牌	每千尺洋五百四十元	
柚木（甲種）	龍牌	每千尺洋四百六十元	
柚木（乙種）	龍牌	每千尺洋四百三十元	
柚木段	龍牌	每千尺洋三百六十元	
柚木	旗牌	每千尺洋四百元	
柚木	盾牌	每千尺洋三百六十元	
硬木		每千尺洋二百元	
硬木	火介方	每千尺洋一百五十元	
柳安		每千尺洋二百元	
紅板		每千尺洋一百三十元	
抄板		每千尺洋一百四十元	
一二尺三寸六八皖松		每千尺洋六十五元	
一二尺二寸皖松		每千尺洋六十五元	
一二五四寸柳安企口板		每千尺洋一百八十五元	

名稱	標記	價格	備註
一寸六寸柳安企口板		每千尺洋一百八十五元	
一二五四寸企口紅板		每千尺洋一百四十元	
建松片		市尺每千尺洋七十元	
九尺四分建松板		市尺每丈洋四元七角	
九尺八分建松板		市尺每丈洋八元	
六尺半五分青山板		市尺每丈洋四元三角	
本松毛板		市尺每塊二角六分	
本松企口板		市尺每塊洋二角七分	
六尺半二分杭松板		市尺每丈洋三元二角	
七尺半二分甌松板		市尺每丈洋二元	
六尺半八分皖板板		市尺每丈洋四元四角	
九尺八分皖松板		市尺每丈洋五元五角	
六尺半五分皖松板		市尺每丈洋四元三角	
台松板		市尺每丈洋四元二角	
七尺半四分坦戶板		市尺每丈洋三元	
七尺半三分坦戶板		市尺每丈洋三元八角	
六尺二分機鋸紅柳板		市尺每丈洋三元五角	
六尺三分毛邊紅柳板		市尺每丈洋三元三角	
六尺二分俄松板		市尺每丈洋三元三角	

名稱	標記	價格	備註
六尺半二分俄松板		市尺每丈洋三元八角	
七尺半毛邊二分坦戶板		市尺每丈洋二元	
六尺半五分機介杭松		市尺每丈洋四元四角	
六分一寸俄紅松板		每千尺洋七十八元	
一寸二分一寸俄白松板		每千尺洋七十六元	
一寸二分四寸俄紅松板		每千尺洋七十四元	
一寸二分四寸俄白松板		每千尺洋七十二元	
俄紅松方		每千尺洋八十元	
一寸四寸俄紅松企口板		每千尺洋七十九元	
一寸六寸俄白紅松企口板		每千尺洋七十九元	
俄麻栗光邊板		每千洋一百三十元	
俄麻栗毛邊板		每千洋一百二十元	
六分一寸俄黃花松板		每千尺洋七十八元	
一寸二分四分俄黃花松板		每千尺洋七十四元	
四分俄條子板		每萬根洋一百二十元	
一寸五分杭桶木		每根洋三角	以下市尺
一寸九分杭桶木		每根洋四角	
二寸三分杭桶木		每根洋五角七分	
二寸七分杭桶木		每根洋六角七分	
三寸杭桶木		每根洋八角	
三寸四分杭桶木		每根洋九角五分	

名稱	標記	價格	備註
三寸八分杭桶木		每根洋一元一角五分	
二寸三分連半		每根洋六角八分	
二寸七分連半		每根洋八角三分	
三寸連半		每根洋一元	
三寸四分連半		每根洋一元二角	
三寸八分連半		每根洋一元四角五分	
二寸三分雙連		每根洋八角五分	
二寸七分雙連		每根洋一元二角五分	
三寸雙連		每根洋一元二角五分	
三寸四分雙連		每根洋一元五角	
三寸八分雙連		每根洋一元八角	
三尺半寸半杉木條子		每萬 大洋八十五元 小洋五十五元	

五　金

（一）鐵皮

號數	張數	重量	價格
二二號英白鐵	每箱二一張	四〇二斤	洋五十八元八角
二四號英白鐵	每箱二五張	四〇二斤	洋五十八元八角
二六號英白鐵	每箱三三張	四〇二斤	洋六十三元
二八號英白鐵	每箱三八張	四〇二斤	洋六十七元二角
二二號英瓦鐵	每箱二一張	四〇二斤	洋六十九元三角
二四號英瓦鐵	每箱二五張	四〇二斤	洋六十九元三角
二六號英瓦鐵	每箱三三張	四〇二斤	洋六十三元
二八號英瓦鐵	每箱三八張	四〇二斤	洋六十七元二角

（二）釘

名稱	標記	價格	備註
美方釘		每桶洋十六元〇九分	
平頭釘		每桶洋十六元八角	
中國貨元釘		每桶洋六元五角	

（三）牛毛毡

名稱	標記	價格	備註
五方紙牛毛毡		每捲洋二元八角	
半號牛毛毡	馬牌	每捲洋二元八角	
一號牛毛毡	馬牌	每捲洋三元九角	
二號牛毛毡	馬牌	每捲洋五元一角	
三號牛毛毡	馬牌	每捲洋七元	

（四）門鎖

名稱	標記	價格	備註
洋門套鎖	中國鎖廠出品 黄銅或古銅式	每打洋十六元	
洋門套鎖	德國或美國貨	每打洋十八元	
彈弓門鎖	中國鎖廠出品	每打洋三十元	
彈弓門鎖	外　貨	每打洋五十元	
彈子門鎖	三寸七分古銅色	每打洋四十元	以下合作五金公司出品
彈子門鎖	三寸七分黑色	每打洋三十八元	
明螺絲彈子門鎖	三寸五分古黑色	每打洋三十三元	
明螺絲彈子門鎖	三寸五分黑色	每打洋三十二元	
執手插鎖	六寸六分（金色）	每打洋二十六元	
執手插鎖	古銅色	每打洋二十六元	
執手插鎖	克羅米	每打洋三十二元	
彈弓門鎖	三寸黑色	每打洋十元	
彈弓門鎖	三寸古銅色	每打洋十元	
迴紋花板插鎖	四寸五分金色	每打洋二十五元	
迴紋花板插鎖	四寸五分黄古色	每打洋二十五元	
迴紋花板插鎖	四寸五分古銅色	每打洋二十五元	
細花板插鎖	六寸四分金色	每打洋十八元	
細花板插鎖	六寸四分黄古色	每打洋十八元	

名稱	標記	價格	備註
細花板插鎖	六寸四分古銅色	每打洋十八元	
鐵質細花板插鎖	六寸四分古色	每打洋十五元五角	
瓷執手插鎖	三寸四分(各色)	每打洋十五元	
瓷執手靠式插鎖	三寸四分(各色)	每打洋十五元	

(五)其他

名稱	標記	價格	備註
鋼絲網	27"×96" 2 1/4lb.	每方洋四元	德國或美國貨
鋼版網	8"×12" 六分一寸半眼	每張洋卅四元	
水落鐵	六分	每千尺五十五元	每根長二十尺
牆角線		每千尺九十五元	每根長十二尺
踏步鐵		每千尺五十五元	每根長十尺或十二尺
鉛絲布		每捲二十三元	闊三尺長一百尺
綠鉛紗		每捲洋十七元	同上
銅絲布		每捲四十元	同上

小貢獻

建築師及工程師所用說明書，合同，標賬等文件，往往因需要多份，故不得不寫於印寫紙(Tracing paper)上，然後用晒圖紙曬出。此法既覺麻煩，亦不經濟。若用打字機打出，則晒圖後未能明晰。茲有一簡便巧捷之法，卽在打字時，於印寫紙背面，襯一黑色複寫紙。卽將複寫紙面貼於印寫紙之背面(見圖)，於是在打畢時，印寫紙之二面，均有顯明之字跡，則晒圖後卽非常清晰矣。

(寯)

沙市福興營造公司問：

(一)聞滬地地下樁多用桐木，不知確否？該木出產何地，是否較他種打樁用之木質爲佳？又未知桐是否卽爲梧桐？

(二)洪家灘新三號磚受壓力幾何？價目若干？

本會服務部答：

(一)桐木產地，係在福建。質料堅固，頗合樁基之用。比種桐木亦稱桶木，或稱杉木，非卽梧桐。更有一種圓桶，係美國產，滬地高度建築，其樁基多用桐木者。

(二)洪家灘新三號磚壓力，無化煉單可憑。惟按照本埠工部局定章，用石灰沙泥砌者，每方尺壓重三十一磅。價每萬塊六十七元，車力在外。

南京梅園新村民鐘建築廠問：

茲有地坑一只，面積三百二十方尺。現因坑面破裂，致告滲漏，水力極大，水泥未能抗禦。雖於事後在坑旁掘井汲水及重貼牛毛毡，地面幸無漏水。惟半月後四週陰角仍屬滲漏。請示修補方法，及水在地平下其重量每方尺若干磅。

本會服務部答：

查地坑面裂破，係因鋼筋水泥之抗力不足，以致反被地下水力湧起。爲今之計，宜在地坑外掘一深井，將水抽乾，重做避水牛毛毡及重量鋼筋水泥，或可補救。再水在地下每伸下一尺，其重量每平方尺爲六十二磅半。

本埠舟山路蕃興里周克剛君問：

(一)平面門之內部如何構成？

(二)活載重與定載重之計算方法如何？

(三)何謂凡水？

(四)何謂地龍牆？

(五)三角測量如何計算，請舉一例以告。

本會服務部答：

(一)平面門之做法，先敲圈檔後，兩面釘膠夾板卽成。

(二)活載重與定載重之計算，應依照當地工務主管機關之規定計算之。(如上海市工務局建築規律)

(三)凡水爲屋面同出簷山牆銜合之處。(參閱建築辭典中之Flashing)

(四)地龍牆爲砌於地板底下，承當地擱柵之牆堵。

(五)三角測量頗爲繁複，非簡單可答。

無錫東新路許家驊君問：

(一)樹膠地面及樓面之做法如何？有何益處？需價若干？並請賜樣品一份。

(二)柏油煤屑地之做法及價格如何？

本會服務部答：

(一)樹膠地英文名Mastic floor,係一種膠黏質料，黏貼於木板或水泥地面上。樹膠地面之性質，堅潔耐火，是其特長。每百方尺面積，需價約八十元。

(二)柏油煤屑適用於地板底下，以實地擱柵間隙。其做法將柏油燒溶，澆於煤屑，混拌應用。玆附上樣本及樣品各一份，以備參閱。

閘北寶山路高福坊杭鞏義君問：

水泥平屋頂下用六寸空心磚，其平頂粉石灰如何做法？

本會服務部答：

先以空心磚舖放平台壳子板上，然後紮鋼筋澆水泥即可。

「西摩近」水門汀漆之特點

上海英豐洋行經理倫敦柏雷兒油漆公司出品之「西摩近」水門汀漆，爲純粹之胡麻子油漆，具有與水門汀化合之特殊質料，與普通之油漆不同。故在澆置水門汀後一二星期內，即可塗刷此漆，無虞損壞，此在其他普通油漆所不能也。

「西摩近」水門汀漆並能彌補裂縫，填注罅隙，故用以塗刷外牆，可免風雨之滲漏。最近著名建築若香港半島飯店，天津回力球場，上海麥特赫司脫公寓，大西路郎達德公寓，回力球場，工部局，馬斯南路隔離病院，帝羅路白恩公寓，倫昌漂染刷花公司浦東廠，以及地豐路住宅五所等，均曾採用此項水門汀漆云。

上海市建築協會通告各會員注意

本會接奉　上海市政府第一二七九一號訓令略開准內政部咨奉　行政院令以據外交內政交通司法行政四部呈擬糾正租界稱呼辦法一案以我國民衆間有將外人在華之租界略去租字而簡稱某界某大馬路或竟稱某國地此非出於疏忽即屬不知大體無論口頭上或文字上均應立予糾正以免誤會(下略)等由並附件准此除分令外合行抄發原附件令仰該會即便遵照辦理此令等因奉此遵將原令轉達即請遵照糾正以正觀聽而明主權此請

各會員　公鑒

北行報告（續）

北平市建築規則（續）

杜彥耿

度量衡換算表

長度	1 公尺	3.000 市尺	3.125 營造尺	3.181 英尺
	1 市尺	0.333 公尺	1.042 營造尺	1.094 英尺
	1 營造尺	0.320 公尺	0.960 市尺	1.050 英尺
	1 英尺	0.305 公尺	0.914 市尺	0.952 營造尺
面積	1 平方公尺	9.000 平方市尺	9.766 平方營造尺	10.764 平方英尺
	1 平方市尺	0.111 平方公尺	1.086 平方營造尺	1.197 平方英尺
	1 平方營造尺	0.102 平方公尺	0.922 平方市尺	1.102 平方英尺
	1 平方英尺	0.093 平方公尺	0.835 平方市尺	0.907 平方營造尺
	1 公畝	0.150 市畝	0.163 畝	0.025 英畝
	1 市畝	6.667 公畝	1.086 畝	0.165 英畝
	1 畝	6.144 公畝	0.922 市畝	0.152 英畝
	1 英畝	40.468 公畝	6.070 市畝	6.587 畝
重量	1 公斤	1.676 斤	2.205 磅	
	1 斤	0.597 公斤	1.316 磅	
	1 磅	0.454 公斤	0.760 斤	
	1 公噸	16.756 擔	0.984 噸	
	1 擔	0.060 公噸	0.059 噸	
	1 噸	1.016 公噸	17.024 擔	

備攷

1 公畝＝100平方公尺
1 市畝＝10市分＝60平方市丈＝6000平方市尺
1 畝＝10分＝60平方丈＝6000平方營造尺
1 英畝＝4840平方碼＝43560平方英尺
1 公噸＝1000公斤
1 擔＝100斤
1 噸＝2240磅

北平市工務局建築呈報單

呈報人	住　區　街胡同　門牌第　號電話局
建築地點	區　街胡同　門牌第　號電話局
用途	
業主	姓名；籍貫；文契（所發機關、發給年月、號數）；住址　電話局
土木技副師	姓名；籍貫；執照號數；住址　電話局
廠商	字號；經理人；註冊等級號數；廠址　電話局
施工部份	臨街；院內
工程估價	元　角　分
同意聲明	所報右列建築工程業經本業主鄰人同意嗣後永無轇轕特此聲請備案　業主（簽名蓋章）　鄰人（簽名蓋章）
附件	
注意	（一）此單務用毛筆楷書填寫清楚否則本局不受理（二）用途欄內應將名稱及種類等詳細填明（三）呈報人如不能親自呈遞可將本單暨附件交郵掛號寄至本局
	呈報建築人（業主抑係租戶）簽名蓋章
	中華民國　年　月　日

北平市工務局房基線請示單

請示人	住址 區 街胡同 門牌第 號電話 局 號
請示地點	區 街胡同 門牌第 號電話 局 號
地	四至丈尺
基	四鄰之街路里巷名稱
附註	

請示房基線人（簽名蓋章）

中華民國 年 月 日

第 號

北平市工務局請示房基線知照單

區 街胡同 門牌 號房基線藍圖 份

應行退讓房基線之尺寸	

注意 請示人呈報建築時應將領回房基線圖樣隨同建築圖樣呈送本局備核

右給請示人

中華民國 年 月 日

保結單

為出具保結事今保得

均有本舖保擔負完全責任是實謹呈

北平市工務局

所保人 住址 區 街胡同 號

具保結人舖保 舖址 區 街胡同 號

經理或舖掌姓名

中華民國 年 月 日

北平市工務局建築執照

建字第 號

呈報人	
建築地點	
用途	
執照費	
呈報工程 臨街部份	
呈報工程 院內部份	
限制事項	
附註	本工程附發報告單 件領照人應遵章於施工及完工各三日前分別報請覆驗如違反上項規定按執照費處以一倍至二倍之罰金

右給 收執

中華民國 年 月 日

原呈報單甲字第 號

北平市工務局修理執照

修字第　　號

呈報人	
建築地點	
用途	
執照費	
呈報工程　臨街部份	
呈報工程　院內部份	
限制事項	
附註	本工程附發報告單三件領照人應遵章於施工及完工各三日前分別報請覆驗如違反上項規定按執照費處以一倍至二倍之罰金

右給　　收執

中華民國　　年　　月　　日

原呈報單乙字第　　號

北平市工務局雜項執照

雜字第　　號

呈報人	
建築地點	
用途	
執照費	
呈報工程　臨街部份	
呈報工程　院內部份	
限制事項	
附註	本工程附發報告單三件領照人應遵章於施工及完工各三日前分別報請覆驗如違反上項規定其工程估價在二十元以上者按執照費處以一倍至二倍之罰金其不及二十元者處以五角以上五元以下之罰金

右給　　收執

中華民國　　年　　月　　日

原呈報單丙字第　　號

北平市工務局臨時建築執照

臨字第　　號

呈報人	
建築地點	
用途	棚長
	棚寬
	棚高
	施工日限
	撤除日限

右給　　收執

中華民國　　年　　月　　日發

北平市工務局更正建築圖說呈請單

呈報人	住　區　街胡同　門牌第　號電話　局　號
建築地點	區　街胡同　門牌第　號電話　局　號
土木技師副	姓名　籍貫　執照號數　住址　電話　局　號
廠商	字號　經理人　註冊等級號數　廠址　電話　局　號
工程　原報工程	
工程　更正工程	
工程加價	
用途有無變更	
請予展期	
注意	(一)所有更正工程應在原圖內用紅線標明附加註解 (二)此單務用毛筆楷書填寫清楚否則本局不予受理 (三)呈報人如不能親自呈遞可將本單暨附件交郵掛號寄至本局
附件	原領執照　字第　號　件 更正圖兩份每份　件又工料規範　件共　件

中華民國　　年　　月　　日　業主（簽名蓋章）　呈報人（簽名蓋章）具

施工報告單

為報告事竊　前報在　門牌第　號
工程業經核准發給　字第　號執照在案
現准於　月　日　理合報請
派員驗勘謹上
北平市工務局
（附註）全部工程約計於　年　月　日完竣
呈報人　簽名蓋章
年　月　日

覆勘報告

中華民國　年　月　日查勘員

完工報告單

為報告事竊　前報在　門牌第　號
工程業經核准發給　字第　號執照在案
現此項工程於　月　日完工理合報請
派員驗勘謹上
北平市工務局
呈報人　簽名蓋章
年　月　日

覆勘報告

中華民國　年　月　日勘查員

北平市工務局查工證　第　號

職名
局長
中華民國　年　月　日發
（一）此證為查工員檢驗公私建築工程之用
（二）查工員於施行檢驗時需攜帶此證
（三）查有建築工程與原報做法圖樣或本局限制辦法不符時查工員得令其停工或拆改

北平市房基線規則

民國二十一年二月二十五日公佈

第一條　本市為改良市內交通及整齊臨街建築起見依建築規則第三條規定房基綫規則

第二條　本規則所稱房基綫係指臨街建築物不得越過之綫而言此項房基綫由工務局就各街巷交通情形分別測勘繪製房基綫圖呈經市政府核定公佈施行

第三條　凡測定公佈之房基綫如因市政計劃或交通關係有改訂之必要時得由工務局聲敘理由呈請市政府修正

第四條　各街巷之兩房基綫間不得有建築物但關於古蹟紀念及其他另有規定之建築物（如汽油泵廣告物臨時喜棚祭棚等）不在此限

第五條　越過房基綫之原有建築物遇有興修左列工程時應

即照綫退讓

一、房屋改造或翻修

二、接蓋樓房

三、添砌或修改門樓

四、增高牆垣至距地面二公尺五公寸以上

五、就原有住房改爲舖房或就原有舖房改爲住房

六、改造牆壁闌欄但僅在牆壁上添闢或改修隨牆門窗者不在此限民國二十二年一月七日修正公布

七、修理山牆簷牆院牆坎牆闌欄至距地面上一公尺以內部分民國二十二年一月十四日修正公布

八、門面前簷拆改鉄門者或原有上窗下牆改換格扇或原有格扇改換上窗下牆但僅以格扇換格扇及修理原有貨格不動坎框者不在此限民國二十二年一月七日修正公布

九、房屋挑頂換箔或更換樑柱

十、修造房頂天窗

十一、拆砌門前磚石台階

臨街房屋牆垣或闌欄以內之建築物越過房基綫者遇興工時無論其臨街之房屋牆垣闌欄有無改造拆動應依前項規定一律退讓

第六條　前條各款工程僅涉及臨街原建築物之一部者得先就施工部份退讓

第七條　凡越過房基綫之空地如新建牆垣闌欄或房屋應照線退讓

第八條　凡新建改建工程呈報人在所呈地盤圖內標註退讓尺寸由局派員覆勘其修理或雜項工程經局查明有礙房基線時發給該戶房基線圖飭令照圖退讓

第九條　凡屬於建築規則第二十六條所列各項工程如越過房基綫時得暫緩退讓

第十條　房基線餘地得由毗連之房地所有人備價向財政局承領

第十一條　越過房基線之建築物或地基本市如有需用時得由財政局依法評價照綫收用其房地全部越過房基綫因所有人興工須完全退讓者亦同

第十二條　依本規則退讓之餘地不敷使用時所有人得聲敍理由請按全部房地評價收用

第十三條　本規則未盡事宜得隨時修正

第十四條　本規則自市政府公佈之日施行

建築新工具介紹

標準小型電力吊車

〔圖一〕 電綫工廠用以起卸出品之吊車四具，每具各能攜重四分之一噸。

近來高度建築繁興，崇樓峻廈，一時矗立，鋼架構築，全用起重機輸送，故此機在建築工具中，實佔一重要之地位。往時起重機常架置於軌道之上，循軌而行，不便良多。現在則本埠江西路一三八號謙信機器有限公司所經理台麥格廠出品之電力吊車，使用簡單，工作敏捷，而所需開支，又極低廉，實爲起重及運輸之利器。該種吊車，可裝置爲固定者或能移動者。兩俱便利，而尤以用於各種吊重，及屋面行動吊車爲適宜。故使用此車後，已往關於起重機之難題，至此迎刃而解矣。爰樂爲介紹，以備建築界之採擇。該公司對於經售各種吊車，常備現貨。如欲索閱樣本或說明書，逕函該公司、當卽寄奉不悞。聞最經濟之吊車，能力自四分之一噸至九噸不等云。

〔圖二,三〕 行駛吊車之軌轍

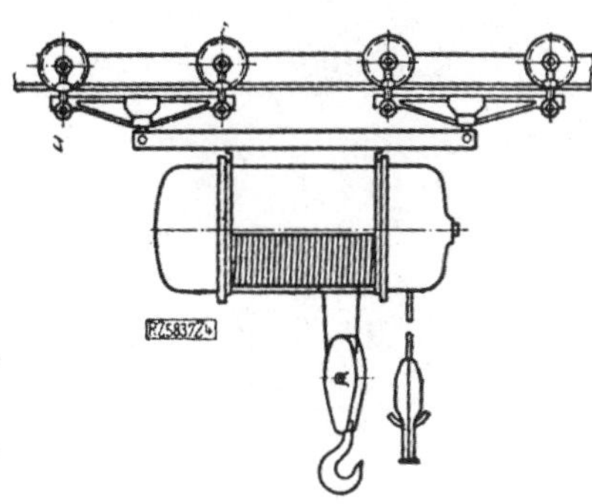

〔圖四〕 懸垂之轆轤

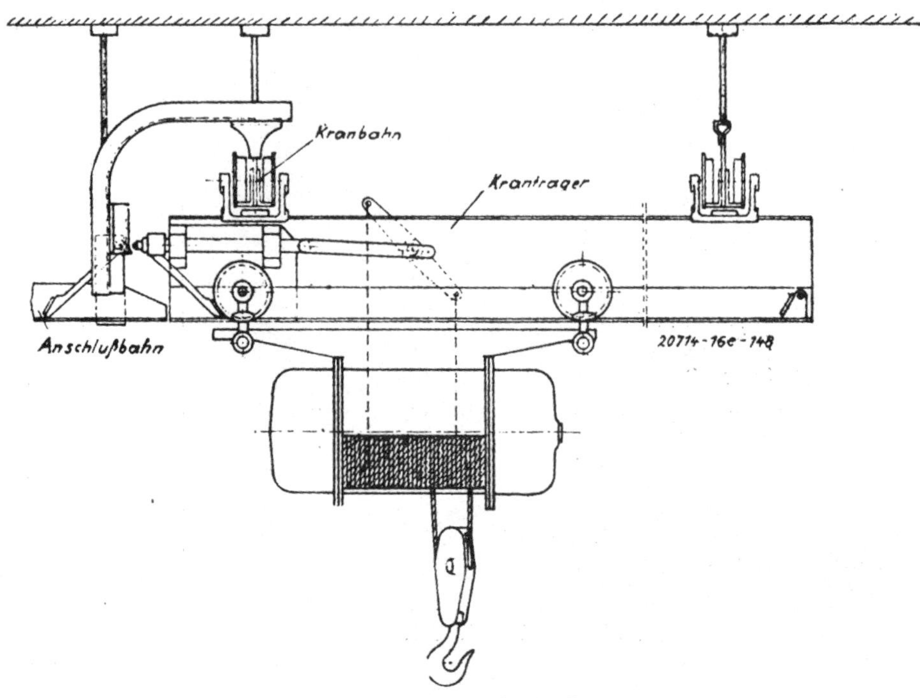

〔圖五〕 懸垂吊車轉至接軌處之設計

〔圖六〕 起卸棉花包之吊車，每具擔重一噸。

中華郵政特准掛號認爲新聞紙類

建築月刊
THE BUILDER

內政部登記證警字第二五五四號

第三卷 第一號

民國二十四年一月發行

刊務委員會 竺泉通 江長庚 陳松齡

主編 杜彥耿

廣告 藍克生 (A. O. Lacson)

發行 上海市建築協會 南京路大陸商場六二〇號 電話 九二〇〇九號

印刷 新光印書館 上海聖母院路聖達里三一號 電話 七四六三五號

定價

每月一冊 全年十二冊

訂購辦法	價目	零售	預定全年
價目		五角	五元
郵費	本埠	二分	二角四分
	外埠及日本	五分	六角
	香港澳門	一角八分	二元一角六分
	國外	三角	三元六角

廣告刊例 Advertising Rates Per Issue

地位 Position	全面 Full Page	半面 Half Page	四分之一 One Quarter
底封面外面 Outside back cover.	七十五元 $75.00		
封面及底面之裏面 Inside front & back cover	六十元 $60.00	三十五元 $35.00	
封面裏面及底面裏面之對面 Opposite of inside front & back cover.	五十元 $50.00	三十元 $30.00	
普通地位 Ordinary page	四十五元 $45.00	三十元 $30.00	二十元 $20.00

小廣告 每期每格一寸高三寸半闊洋四元
Classified Advertisements - $4.00 per column

廣告槪用白紙黑墨印刷，倘須彩色，價目另議；鑄版彫刻，費用另加。
Designs, blocks to be charged extra.
Advertisements inserted in two or more colors to be charged extra.

本期特大號每冊零售壹元

活動製圖檯

UNIVERSAL DRAWING TABLE

中華鐵工廠股份有限公司

THE CHUNG HWA MACHINE WORKS LTD.

活動製圖枱之優點

(一) 式樣美觀　此種活動製圖檯。除選料嚴密。工作精確外。力求構造整潔。形式美觀。凡各大打樣間。一經購置應用。精神爲之大振。

(二) 活動圖板　用普通圖檯製圖往往使工作人員。無形中養成曲背，近視，肺弱等種種病態。良以圖檯呆笨。不能應用自如。身體爲其拘束所致。此種製圖檯。係活動裝置。故圖板之或高或低或平或斜。得隨心所欲。其於工作人員因身心之舒適。而致效能增加。自不待言。

(三) 並行推尺　凡於普通圖檯上工作者。在在須以左手按住丁字尺。殊覺麻煩費力。此種活動圖檯。板面裝有並行推尺一支。用細鋼絲繫於圖板下面之滑輪上。上下推行。絕對並行。尺之上面並有木槽。凡橡皮，鉛筆及儀品之放置或取用。甚爲便利。

(四) 器具抽屜　圖板之下裝有抽屜一具。凡裝圖所需一切用具。儘夠藏置。

(五) 升降坐櫈　配製立體三角形，螺絲升降之凹圓坐櫈。可使工作人員。安坐櫈上。泰然工作。

(六) 廉價推廣　活動製圖檯之種種優點。既如上述。並經本廠長時期之使用。尤覺便利美滿。實有推廣之價值。爲特研究改良。大批製造。力求成本之減低。以供國人之同好。願各建設關機，各打樣間，各工廠，各學校，甚至各私人辦事室。購置數具或數十具。從此振作精神。努力建設。

高低平斜　隨心所欲

坐立咸宜　省力便利

…………有不可思議之功效

建築打樣　機器製圖

建設機關　設計部份

…………不可不備之新工具

營業部　上海江西路三九六號　電話一三七六〇

OFFICE 396 KIANGSE ROAD. SHANGHAI. TEL. 13760

製造廠　上海小西門外陸家浜路　電話二二九三四

FACTORY LO-CA-PANG. WEST GATE. S'HAI. TEL.. 22934

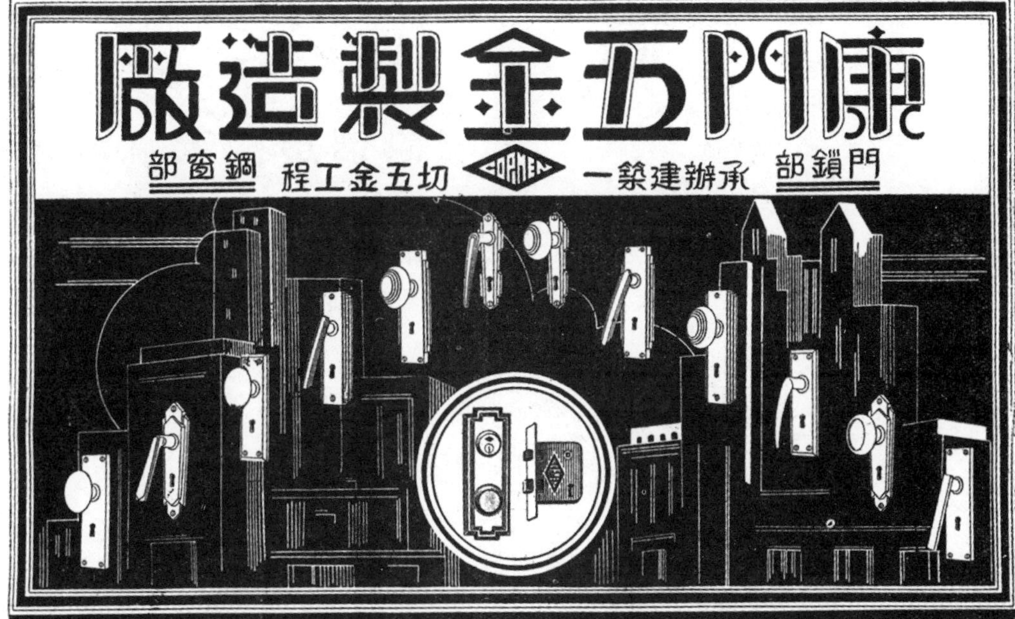

康門五金製造廠
門鎖部
承辦建築一切五金工程
鋼窗部

民國十一年創辦
絲釘工業之鼻祖
公勤鐵廠股份有限公司出品
三戟牌
註冊商標
REGISTERED
釘
釘
頭圓整
身堅挺
尖鋒利
網
以作籬
可禦侮
家庭生趣社會安寧胥以是賴
總廠
上海楊樹浦臨青路五十三號
電話
五〇二一四 營業課
五〇一六七 經理室
分廠
廣州河南南華中路六十六號
電話
五〇四一二
備有樣本
承索即寄

新仁記營造廠

總賬房

愛文義路一四二三號

電話三〇五三一

事務所

江西路一七〇號二樓二五八號

電話一〇八八九

本廠承造工程之一斑：

沙遜大樓　南京路

漢彌爾登大廈　江西路

都城飯店　江西路

二十層百老匯大廈　本廠最近承造工程之一

Broadway Mansions

Sin Jin Kee & Company

Head office: 1423 Avenue Road Tel. 30531

Town office: Hamilton House, Room No. 258, 170 Kiangse Road Tel. 10889

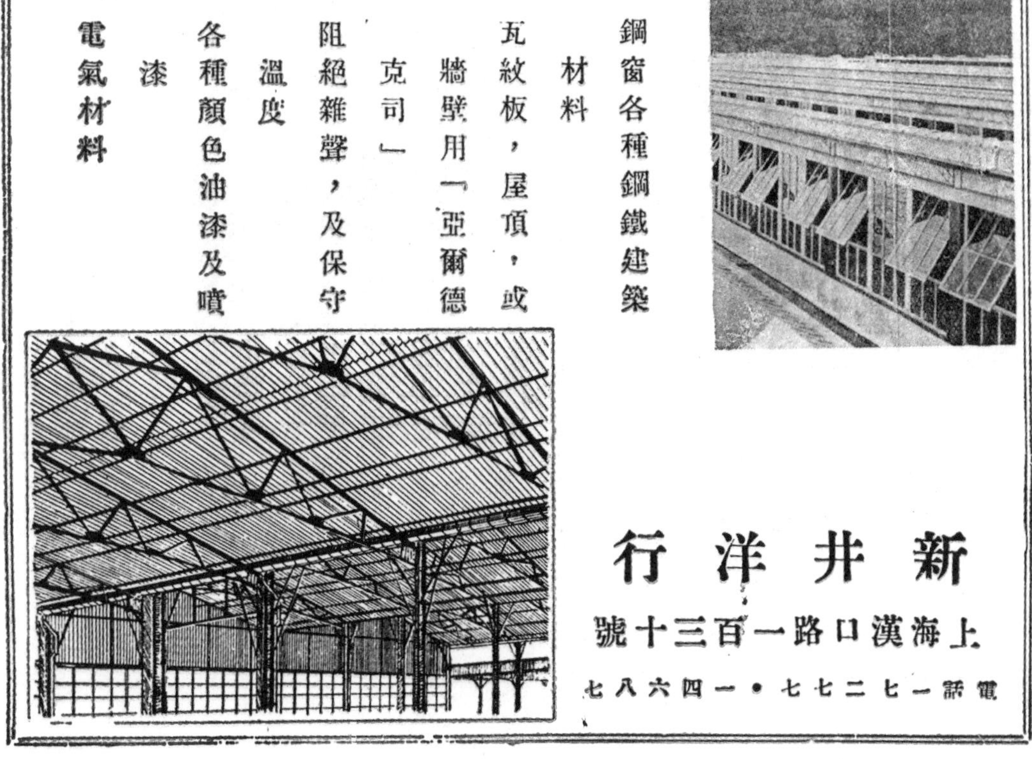
鋼窗各種鋼鐵建築材料
瓦紋板，屋頂，或牆壁用「亞爾德克司」阻絕雜聲，及保守溫度
各種顏色油漆及噴漆
電氣材料
新井洋行
上海漢口路一百三十號
電話一七二七七・一四六八七

VOH KEE CONSTRUCTION CO.

馥記營造廠

本廠承造各埠建築達數十處都千萬餘金略舉如下備資參考

本埠工程

公和祥碼頭及棧房……浦東
交通大學工程館……徐家匯
四行念二層大樓……跑馬廳
西式住宅市房……梅白格路
儉德儲蓄會……福生路
上海牛皮廠……白利南路
義泰興碼頭……浦東董家渡
公和祥碼頭……兆豐路
寶隆醫院……白克路
公共宿舍……聖母院路
七層公寓……國富門路
七層公寓……海格路
中華碼頭……浦東周家渡
劉公館……亞爾培路

外埠工程

總理陵墓第三部工程……南京
陣亡將士公墓全部……南京
財政部辦公處……南京
中山紀念堂……廣州
宋部長官邸……南京
新村合作社……南京
美領事署……廈門
中國銀行……南京
海軍船塢……青島

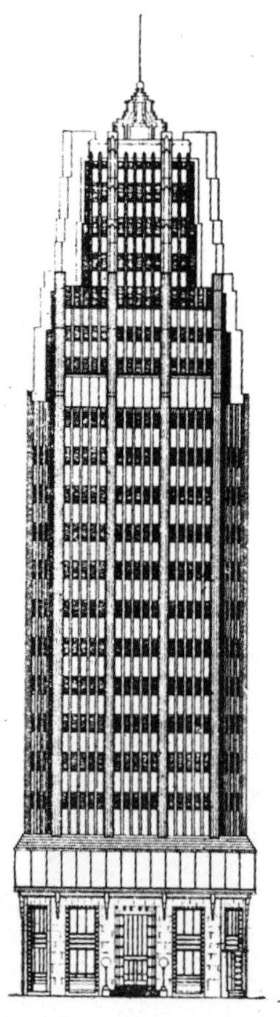

總事務所 上海四川路三三號 電話 一七三三六 一七三三七 電報掛號一五二七

分事務所 南京 南昌勵志社 馥記大樓 陶園新村 重慶新街口

分廠 河南 重慶 九江 廣州 杭州 青島 南京 貴溪 鎮江 邵伯 淮陰 劉潤 等處

第二堆棧 上海閘北廣林街 上海浦東慶甯寺

分事務所分廠電報掛號七四五〇

唐山
啓新磁廠

專製各種陶器衛生器皿應用各樣隔電磁以及舖地磚等無不堅固精良如蒙賜顧無任歡迎

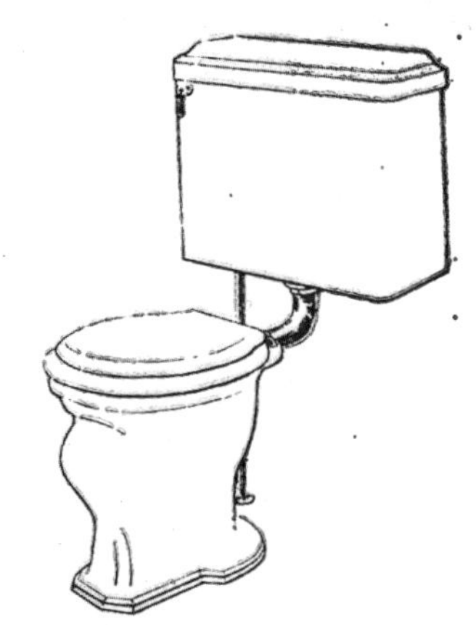

駐滬批發所

上海江西路一七〇號　電話一九九一七

CHEE HSIN POTTERY

SANITARY—APPLIANCES, QUARRY—TILES, MOSAIC—TILES
Big improvement regarding quality.
Quick delivery either from stock or Factory at Tangshan. North China.
For Particulars please apply to:
CHEE HSIN POTTERY—Shanghai Agency
170 Kiangse Road, Hamilton House
1st. floor R. 128—129
Tel. 19917

FAGAN & CO. LTD. U.S.A. SHANGHAI, CHINA

Hong Name **"Mei Woo"**

Brunswick-Balke-Collender Co.
Bowling Alleys & Billiard Tables
Certain-Teed Products Corporation
Roofing & Wallboard
The Celotex Company
Insulating & Accoustic Board
California Stucco Products Co.
Interior & Exterior Stucco
E. I. Du Pont De Nemours & Co., Inc.
Duco, Dulux Paints
Insulite Products Company
Insulite Mastic Flooring
L'Invulnerabile
Rolling Door
Mundet & Company, Ltd.
Cork Insulation & Cork Tile

Newalis Insulation Company
Industrial & Domestic Insulation
Specialties for Boilers, Steam
& Hot Water Pipe, Etc.
Boizenburg
Floor, Wall & Coloured Tiles
Schlage Lock Company
Locks & Hardware
Simplex Gypsum Products Company
Plaster of Paris & Fibrous Plaster
Toch Brothers Inc.
Industrial Paint & Waterproofing
Compound
Wheeling Steel Corporation
Expanded Metal Lath

Large stock carried locally.
Agents for Central China

FAGAN & COMPANY, LTD.

Telephone
18020 & 18029

261 Kiangse Road

Cable Address
KASFAG

美商
美和洋行

承辦屋頂及地板工程并經理石膏粉石膏板甘蔗板避水漿噴漆鋼絲網鐵門磁磚牆粉門鎖等各種建築材料備有大宗現貨如蒙垂詢請接電話一八〇二〇或駕臨江西路二六一號接洽爲荷

中國近代建築史料匯編（第一輯）

建築月刊

第三卷　第二期

刊月築建

THE BUILDER

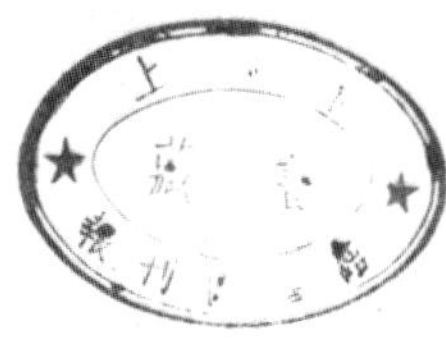

VOL. 3 NO. 2 期二第 卷三

大中機製磚瓦股份有限公司

製造廠浦東南匯縣下沙鎮

本公司因鑒於建築事業日新月異材料選擇尤關重要特聘專門技師購置德國最新式機器精製各種青紅磚瓦及空心磚等品質堅韌色澤鮮明自應銷以來已蒙各界推爲上乘予採購茲略舉一二以資參攷其他惠顧諸君因限於篇幅不克一一備載諸希鑒諒是幸

大中磚瓦公司附啟

曾經購用敝公司出品各戶台銜列后

本埠

工部局平涼路巡捕房　新蓀記承造
國立中央實驗館　兆豐花園　和興公司承造
四行儲蓄會　英大馬路　陶馥記承造
鹽業銀行　北京路　趙新泰承造
南京飯店　山西路　新金記祥號承造
開成造酸公司　軍工路　王鏡記承造
四海銀行　北京路　惠記興承造
麵粉交易所　民國路　元和興記承造
廣業公司　歐嘉路　陳馨記承造
法教堂　勞神父路　吳仁記承造
七層公寓　霞飛路　吳仁記承造

外埠

中央飯店　南京　新金記承造
金陵大學　南京　利源建築公司承造
航空學校　杭州　新金記康號承造

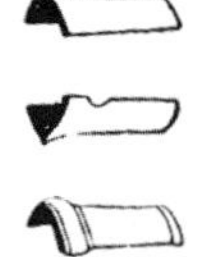

所出各品儲有大批現貨以備各界採用如蒙定製各色異樣磚瓦亦可照辦備有樣品如蒙索閱卽當送奉

駐滬批發所

英租界牛莊路德興里四號　電話九〇三一一

DAH CHUNG TILE & BRICK MAN'F WORKS.

Sales Dept. 4 Tuh Shing Lee, Newchwang Road, Shanghai.

TELEPHONE 90311

本公司所出各種油漆光亮耐久如汽車漆綱品漆木器漆以及建築房屋及牆頭所用之各種油漆一一俱備存貨豐富如欲色樣及價目請投函下列地址卽班郵奉

Mr. Berger made Fine Colours in London in 1760

英國北嘉油漆公司

總經理上海五馬路十七號

老公茂洋行

Lewis Berger & Sons, Ltd.

HOMERTON :: LONDON, E.9

PARIS DURBAN SYDNEY WELLINGTON

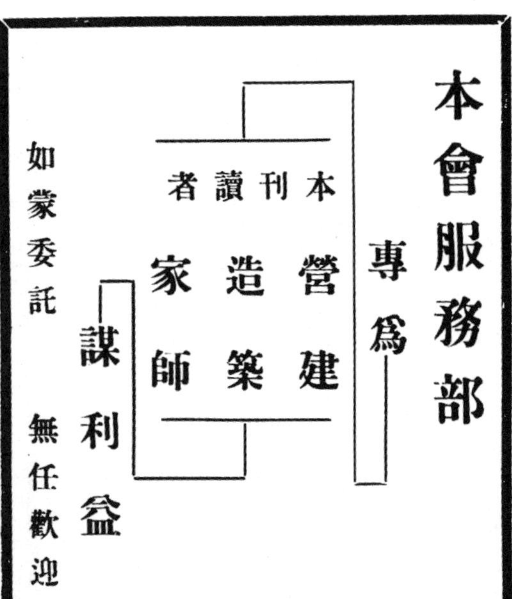

本會服務部
專為
本刊讀者
營造家
建築師
謀利益
如蒙委託　無任歡迎

亞特利 ARDALMETALS 亞特利

堅固·質輕·耐久·柔韌

"亞特利"爲一種分量極輕之混合金屬，具有特殊性質，現時用於下列用途，得有極大成功，如：

飛行機製造，建築及裝飾工程，造船及馬達引擎範型，活塞子及彎軸範型，櫥窗，構架及鐵板；艙面甲板及馬達原動機，管形用具，路標及各式壓機印機等。

"亞特利"並可用金屬噴漆法，使用於一切材料之上。絕無多空之弊，故無滲水之虞。

本廠出品，均由專家管理製造，蒙囑估價，無不竭誠歡迎。

英商亞達金屬有限公司

中國總經理

平和洋行

上海北京路四號　　電話一一一五九

TUNG NAN BRICK & TILE CO

396 KIANGSE RD.,
TELEPHONE 13760

WE MANUFACTURE:—
FACING BRICKS
PAVING BRICKS
STEP TILES NOSING
RED TILES
& FIRE BRICKS

東南磚瓦公司

事務所　江西路三百九十六號
電話　一三七六〇

出品

牆面磚
地缸磚
踏步磚
耐火磚
紅平瓦

顏色鮮豔尺寸整齊毫不灣曲
花樣繁多貼於牆面華麗維壯
性質堅硬毫不吸水平面光滑
不染污垢花紋種類聽憑選擇
品質優良式樣美麗
面有條紋不易滑跌
泥料細膩火力勻透
耐用經久永不滲漏
原料上等製造精密
能耐極高熱度

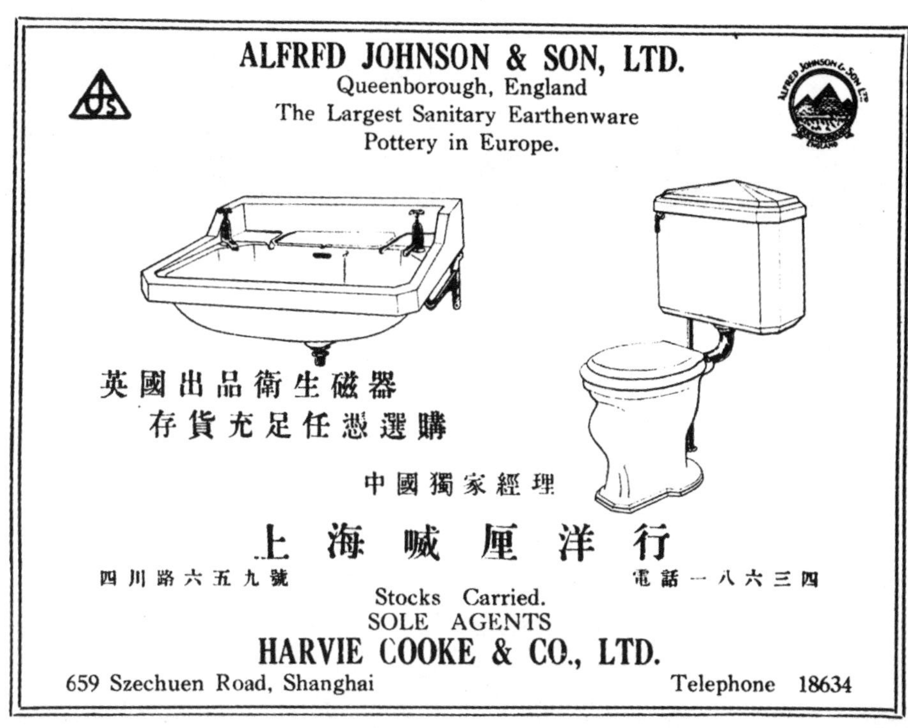
ALFRED JOHNSON & SON, LTD.
Queenborough, England
The Largest Sanitary Earthenware
Pottery in Europe.
英國出品衛生磁器
存貨充足任憑選購
中國獨家經理
上海嘁厘洋行
四川路六五九號
電話一八六三四
Stocks Carried.
SOLE AGENTS
HARVIE COOKE & CO., LTD.
659 Szechuen Road, Shanghai
Telephone 18634

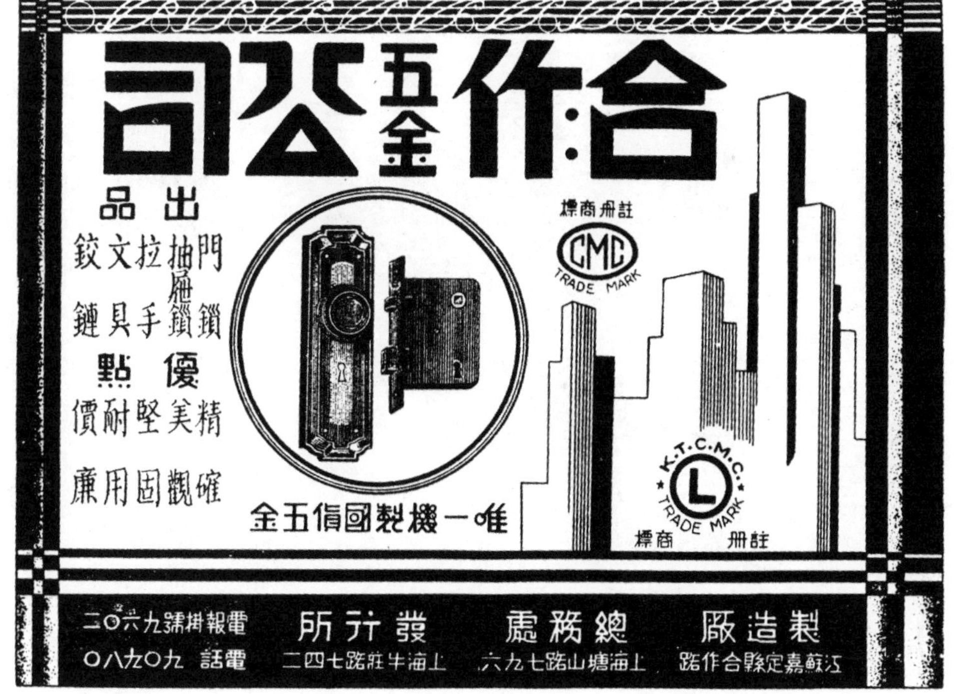
合作五金公司
出品
門鎖 抽屜鎖 拉手 文具 鉸鏈
優點
精確 美觀 堅固 耐用 價廉
註冊商標
CMC
TRADE MARK
K.T.C.M.C.
L
TRADE MARK
註冊商標
唯一機製國貨五金
製造廠 江蘇嘉定縣合作路
總務處 上海塘山路七九六
發行所 上海牛莊路七四二
電報掛號九六〇二
電話 九〇九八〇

唐山

啓新磁廠

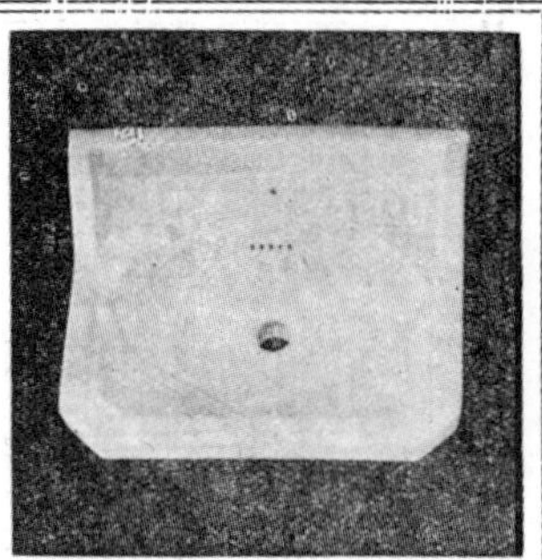

專製各種陶器衛生器皿應用各様隔電磁以及舖地磚等無不堅固精良如蒙賜顧毋任歡迎

駐滬批發所

上海江西路一七〇號　電話一九九一七

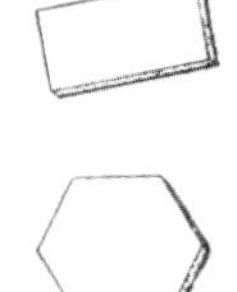

CHEE HSIN POTTERY

SANITARY—APPLIANCES, QUARRY—TILES, MOSAIC—TILES
Big improvement regardinqg quality.
Quick delivery either from stock or Factory at Tangshan. North China.
For Particulars please apply to:
CHEE HSIN POTTERY—Shanghai Agency
170 Kiangse Road, Hamilton House
1st floor R. 128—129
Tel. 19917

新成鋼管製造股份有限公司

HSIN CHENG CONDUITS MFG. CO., LTD.

專製各種黑白鋼管

大小灣頭及鋼板

本埠存貨充足

俾供各界需求

價目函索即寄

MANUFACTURERS OF HIGH GRADE BLACK & GALVANIZED CONDUITS OF VARIOUS SIZES
STOCK CARRIED
SAMPLES AND PRICE LIST SUPPLIED ON REQUEST.

總事務所及製造廠
設在閘北東橫浜路德培里十八號
閘北電話四一二四六

營業所
利泰電料行
有恆路口吳淞路三百七十五號
電話四三四七九號

MAIN OFFICE AND FACTORY:
No. 18 EAST WOUNG PANG ROAD
CHAPEI, SHANGHAI.
TEL. 41246

BRANCH OFFICE:
LEE TAI ELECTRIC CO.
375 WOOSUNG ROAD
Telephone 43479
SHANGHAI

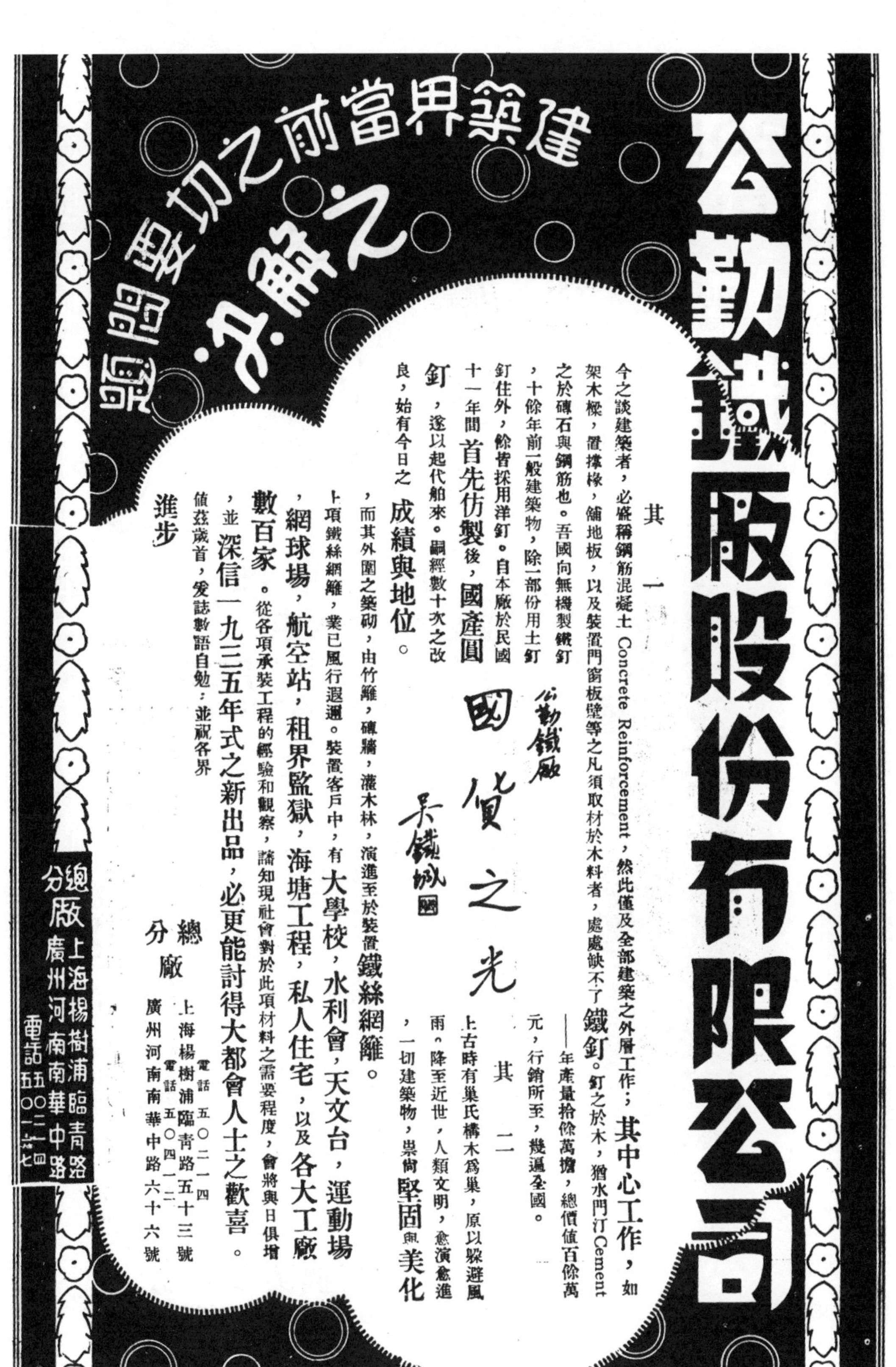
公勤鐵廠股份有限公司
建築界當前之切要問題之解決
其一
今之談建築者，必稱鋼筋混凝土 Concrete Reinforcement，然此僅及全部建築之外層工作；其中心工作，如架木樑，置撐椽，舖地板，以及裝置門窗板壁等之凡須取材於木料者，處處缺不了鐵釘。釘之於木，猶水門汀 Cement 之於磚石與鋼筋也。吾國向無機製鐵釘，十餘年前一般建築物，除一部份用土釘釘住外，餘皆採用洋釘。自本廠於民國十一年間首先仿製後，國產圓釘，遂以起代舶來。嗣經數十次之改良，始有今日之成績與地位。
——年產量拾餘萬擔，總價值百餘萬元，行銷所至，幾遍全國。
公勤鐵廠
國貨之光
吳鐵城
其二
上古時有巢氏構木爲巢，原以躲避風雨，降至近世，人類文明，愈演愈進，一切建築物，崇尚堅固與美化，而其外圍之築砌，由竹籬，磚牆，灌木林，演進至於裝置鐵絲網籬。上項鐵絲網籬，業已風行遐邇。裝置客戶中，有大學校，水利會，天文台，運動場，網球場，航空站，租界監獄，海塘工程，私人住宅，以及各大工廠數百家。從各項承裝工程的經驗和觀察，諳知現社會對於此項材料之需要程度，會將與日俱增，並深信一九三五年式之新出品，必更能討得大都會人士之歡喜。值茲歲首，爰誌數語自勉；並祝各界進步
總廠 上海楊樹浦臨青路五十三號 電話五〇二一四
分廠 廣州河南南華中路六十六號 電話五〇四一二
總廠 上海楊樹浦臨青路
分廠 廣州河南南華中路
電話 五〇二一四 五〇一六七

POMONA PUMPS

凡裝自流井而欲求最經濟之水源請採用最新式「普摩那」電機抽水機

最新式之抽水設備

PUMPING WATER

THE MODERN WAY

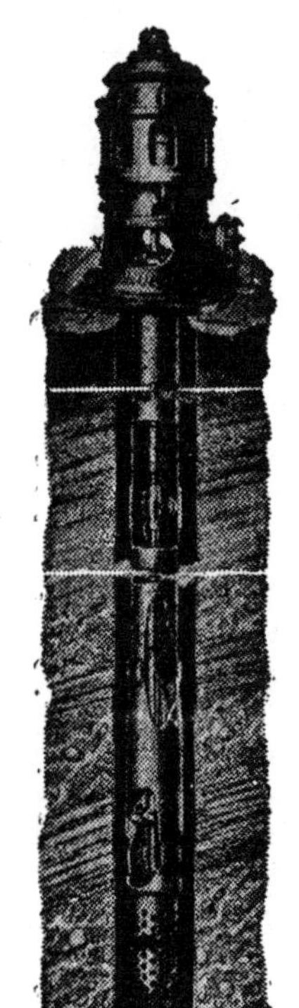

「普摩那」透平式抽水邦浦。利用機械與水壓原理製成。適得其宜者。

「普摩那」透平邦浦。絕對可靠。費用儉省。而出水量較多。

常年運用。幾無需耗費管理或修理等費。

時間減少。出水量增多。無需裝置價格昂貴之壓氣機等設備。大小邦浦。皆可裝置自動機件。

出水量。每分鐘自十五伽倫至五千伽倫。大小俱備。

抽水機軸。每隔十尺。裝有橡皮軸承。用水潤滑。靈便。可靠。

所佔裝置地位極小。

用美國威斯汀好司廠馬達發動之。

滬上各處裝置。成績優良。咸皆贊美。

總經理美商茂和公司

上海圓明園路一八五號　電話一一三一〇

(第三卷第二號)

目錄

廣告索引

上海市建築協會鳴謝啟事

本會茲承

孫德水委員（余洪記營造廠）特助　營業成數萬分之五　計銀元八十九元六角五分正

陳壽芝
盧松華
湯景賢　委員（友聯建築公司）特助　營業成數萬分之五　計銀元十九元七角六分正

除已掣奉收據外特此彙誌如右以鳴謝忱

中華民國二十四年三月　日

建築叢書之一

英華 華英 合解建築辭典發售預約

杜彥耿編

▲樣本備索

建築辭典初稿，曾在本刊連續登載兩年。現應讀者要求，全部重行整理，並增補遺漏，刊印單行本。為國內唯一之建築名詞營造術語大辭彙，建築師，工程師，營造人員，土木專科教授及學生等，均應人手一冊。茲將預約辦法列下：

預約辦法

一、本書用上等道林紙精印，以布面燙金裝訂。書長七吋半，闊五吋半，厚計四百餘頁。內容除文字外，並有三色版銅鋅版附圖及表格等，不及備述。

二、本書預約每冊售價八元，出版後每冊實售十元；外埠函購，寄費每冊八角。

三、凡預約諸君，均發給預約單收執。出版後函購者依照單上地址發寄，自取者憑單領書。

四、本書在出版前十日，當登載申新兩報，通知預約諸君，準備領書。

五、預約處上海南京路大陸商場六樓六二〇號

The Newly Completed Giant Apartment "Broadway Mansion", Shanghai.

Sin Jin Kee, General Building Contractors.

最近完成之上海百老滙大廈

新仁記營造廠承造

National Quarantine Service, Woosung.

Mr. Poy G. Lee, Architect.

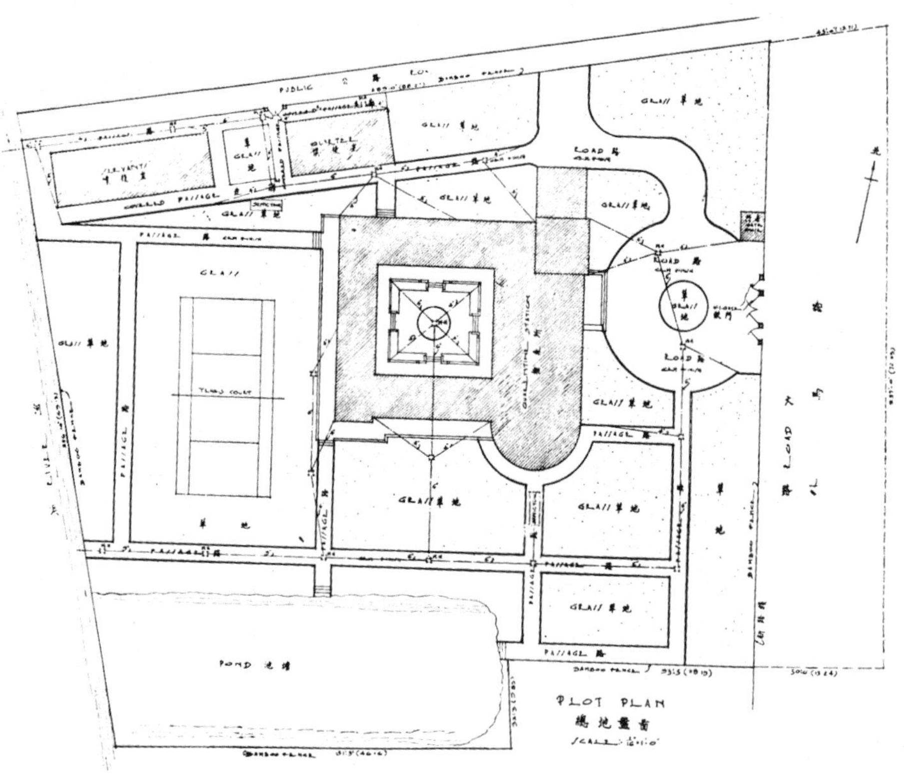

吳淞海港檢疫所

李錦沛建築師設計

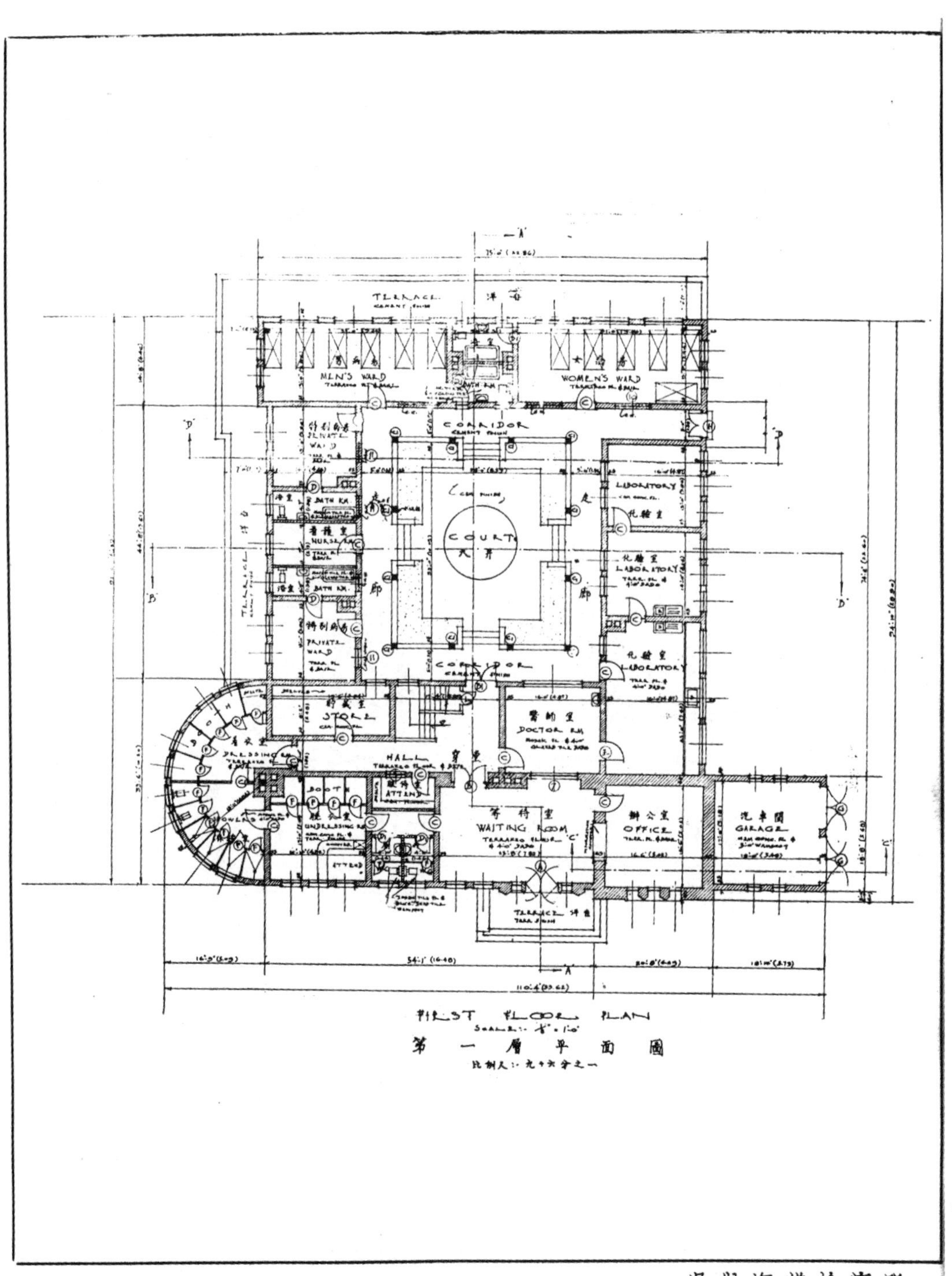

National Quarantine Service, Woosung.

吳淞海港檢疫所

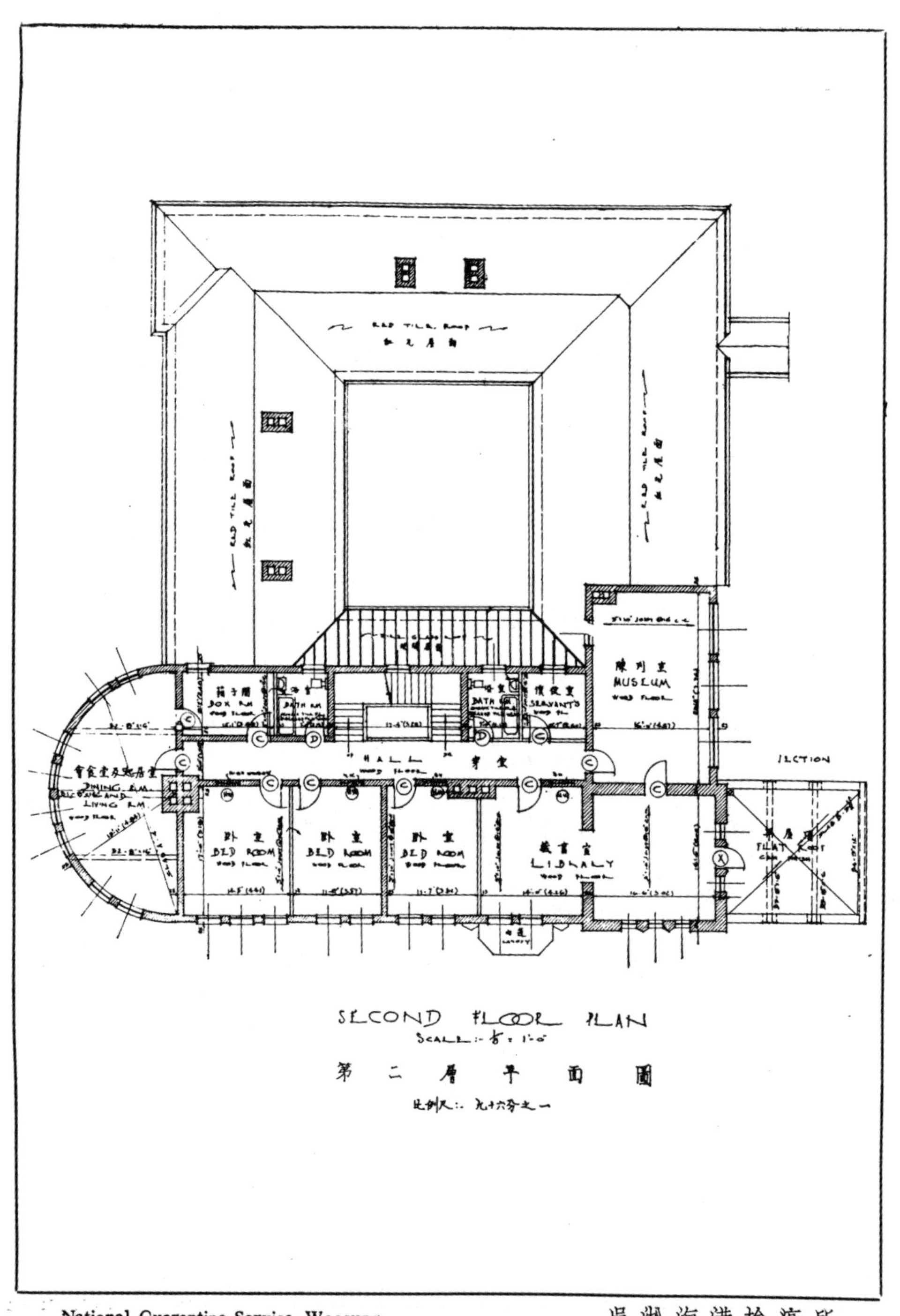

National Quarantine Service, Woosung.　　吳淞海港檢疫所

4

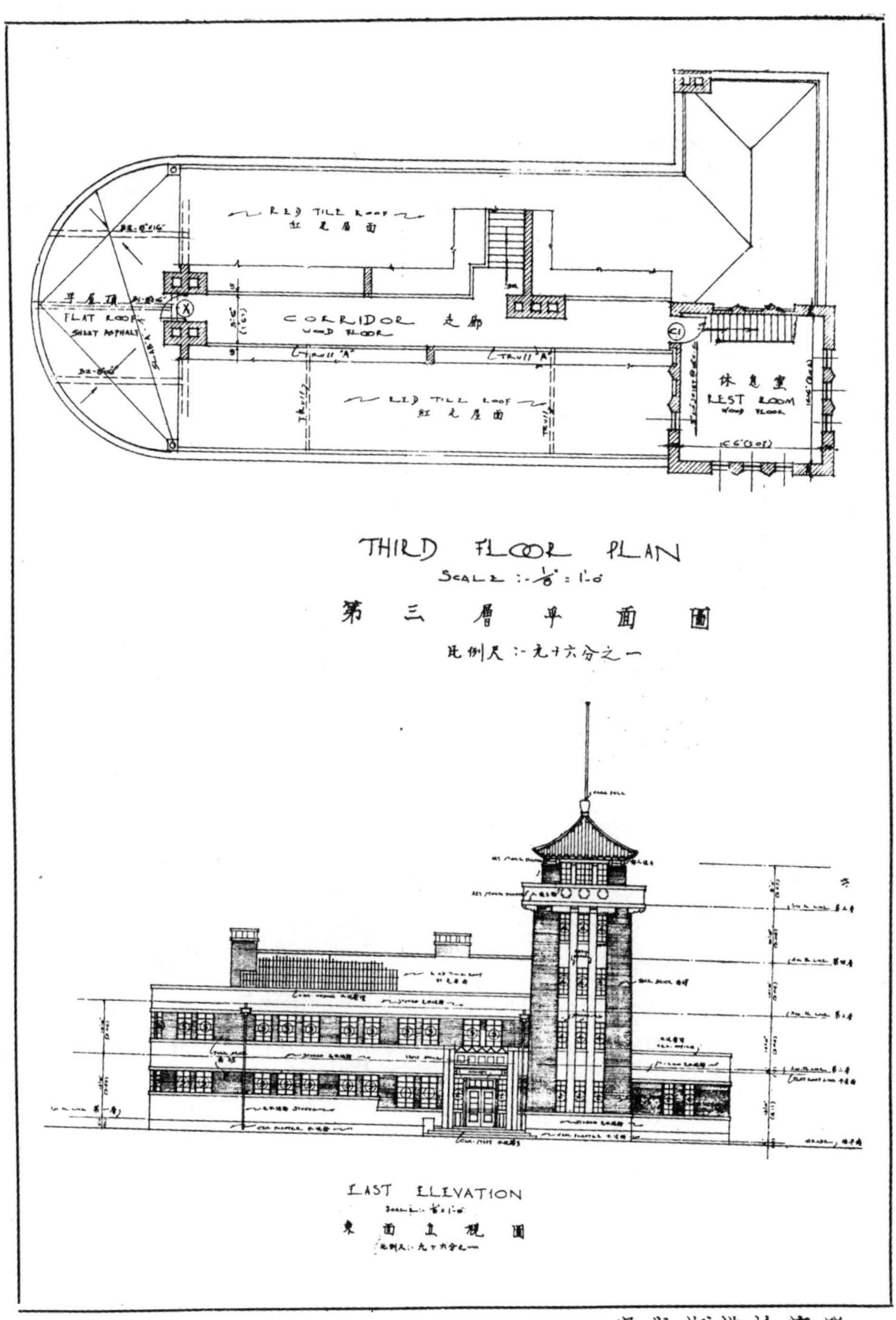

National Quarantine Service, Woosung. 吳淞海港檢疫所

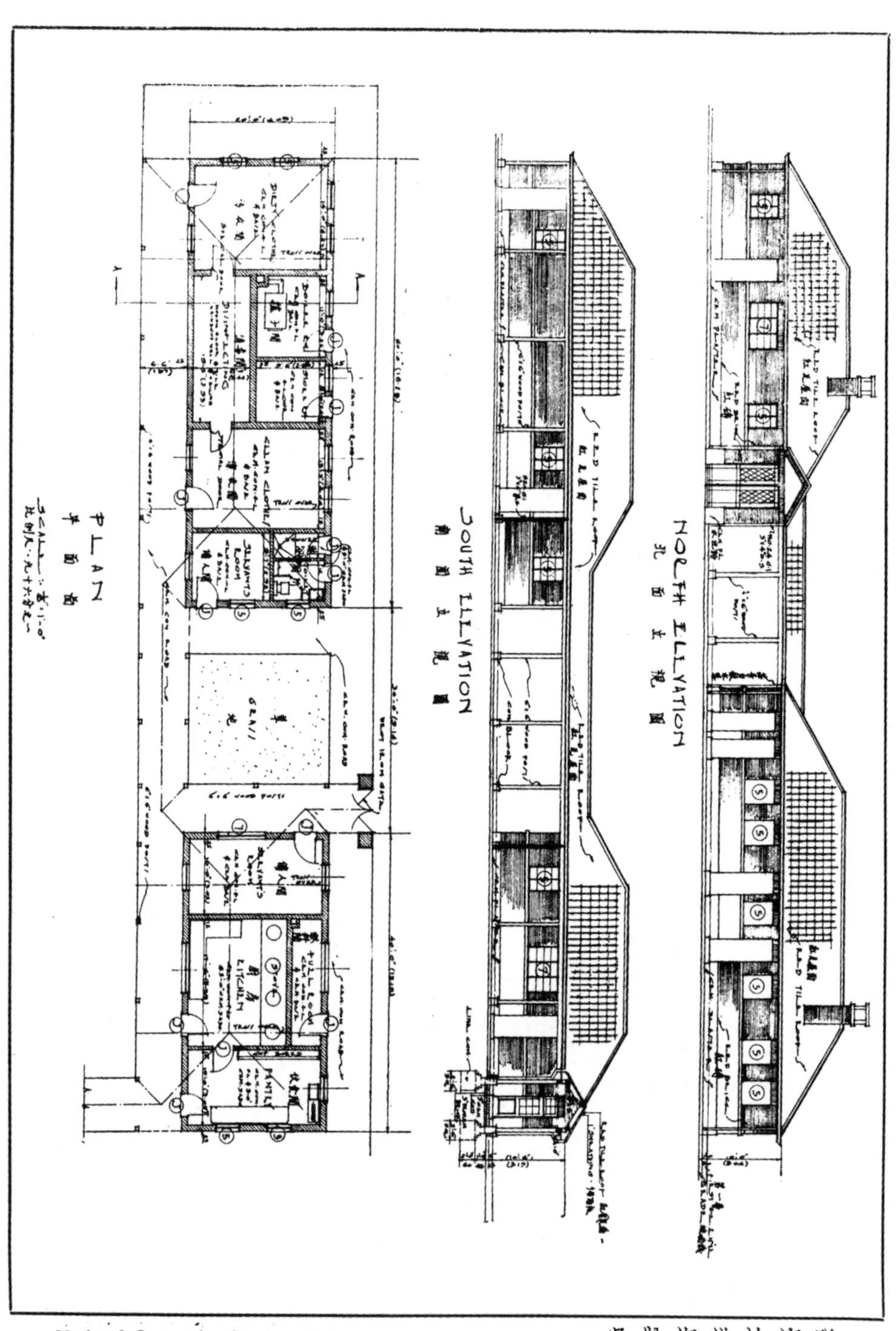

National Quarantine Service, Woosung.　吳淞海港檢疫所

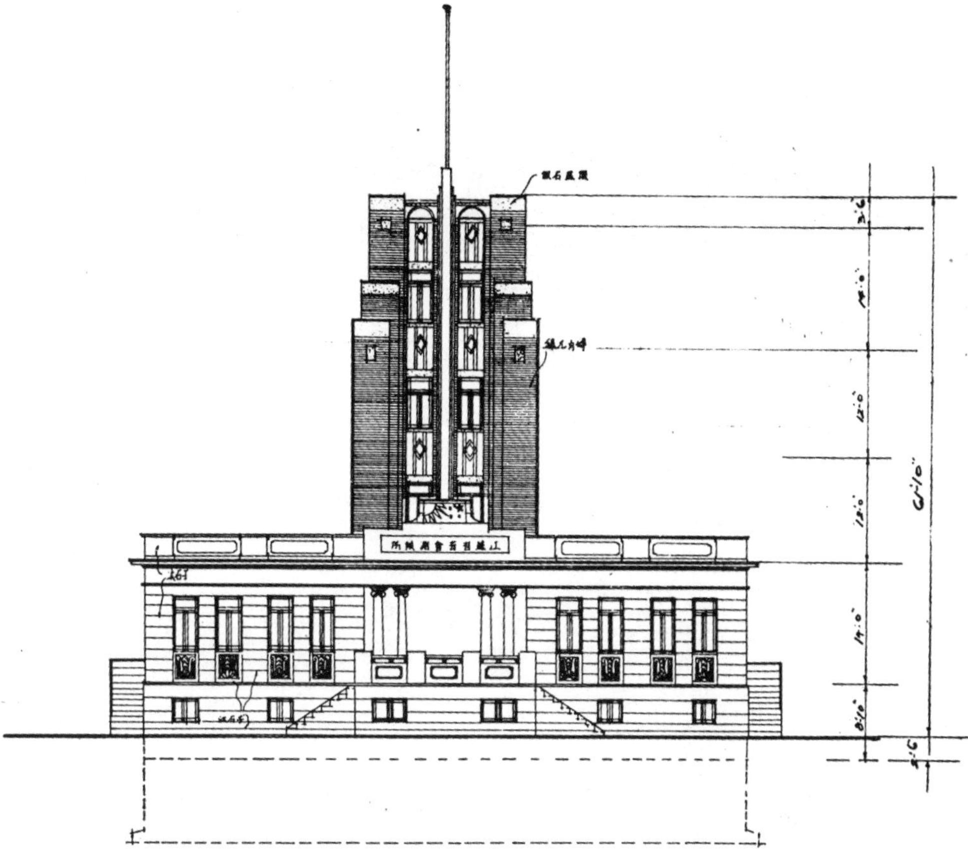

Kiangsu Provincial Observatory, Chinkiang.

江蘇省會測候所

S. Tse. Architect.

朱熙設計

鎮江北固山氣象台工程經過

朱熙

江蘇省會測候所，本附設於建設廳內，規模甚小。自二十三年所長顧世楫氏蒞任以來，添置儀器，力加擴充；並擇定北固山中峯，建築氣象台及測候所辦公室。同時鎮江自來水公司爲調濟水壓，改善給水起見，亦擬在該山山巔建築容量二十萬加侖之蓄水池一座。遂連合設計，規定地面下建築蓄水池；池上第一層爲職員宿舍，第二層爲辦公室，第三，四，五層爲氣象台。全部用鋼骨水泥建築，外粉汰石子，由倪玉記營造廠承造，於二十三年九月開工，至今年一月工竣，全部建築費四萬八千餘元。自該台落成後，挹江仰矚，聳立雲端，不僅爲江蘇省會之新設施，亦一點綴名勝之建築也。

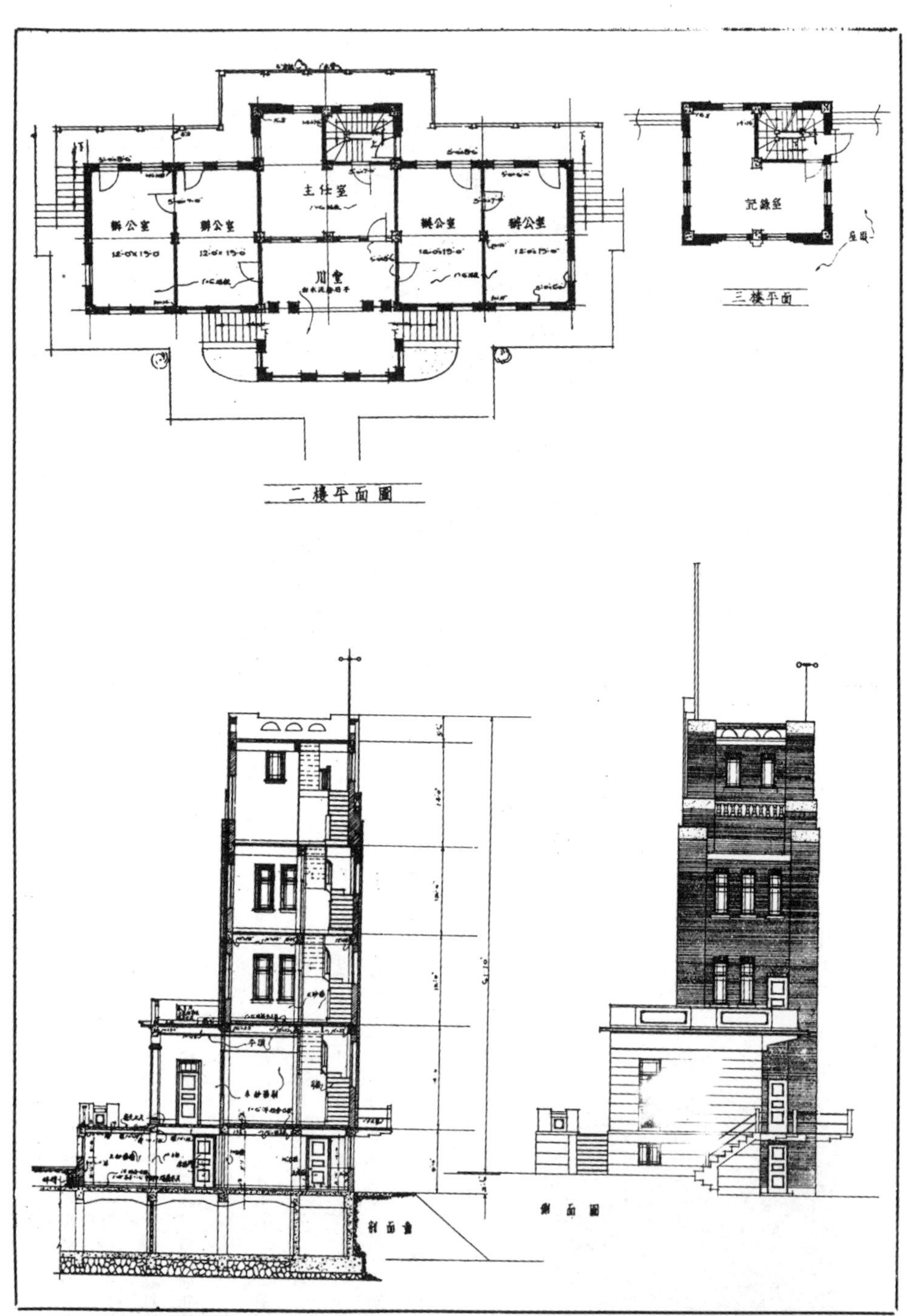

Kiangsn Provincial Observatory Chinkiang.

江蘇省會測候所

紐約華盛頓紀念橋

林同棪

哈德孫河 (Hudson River) 上之第一大懸橋，跨度三五〇〇呎，執世界長橋之牛耳，(前此跨度之最長者爲Ambassador Bridge, Datroit, 長一，八五〇呎。)是橋自一九二三年動工，經四年之久。乃全部告竣。橋之本身，工料約合美金三千餘萬。連地產及引橋工程，截止通車日止，共用約五千五百萬。尋常每輛汽車，過橋收費半元，計可在二十五年之內，將本利還清。

按此橋之計劃，始自五十年前，經數四之變遷，而卒實現於今日。雖賴美國之財力富強，然非其歷來工程師之奮鬬不爲功。記者於民國二十二年夏遊紐約，承總工程師 O. H. Ammann 之指導，得以詳細觀察。驚歎之餘，愈感我國交通之缺乏，橋梁技術之落後焉。

此橋之特點，不一而足。有志研究者，可參看"George Washington Bridge Across the Hudson River at New York, N. Y." Transactions, A. S. C. E., Vol. 97, 1933。其最可注意者有以下各點：

(一)此橋之設計，完全以科學爲基礎。故一切設施，皆可如預算而實行，不至臨時措手。且主持者，富有研究精神。研究之結果，乃獲得安全，經濟與美觀。

(二)橋上現只敷設車道兩條，寬各二十九呎；人行道一，寬十呎。將來車輛增加，可添一卅呎車道，一十尺人行道；並安裝特快電車四軌於下層。故一切計劃，均須爲現在與將來兩種之設計。

(三)過橋汽車，每小時可多至一萬餘輛：全年可有二千餘萬輛。該橋兩端道路，須能疏暢之而無使其停滯；故其設計，頗費苦思。

(四)尋常懸橋之加硬桁梁(Stiffening truss)，其高度約爲跨度六十分之一。此橋則只爲百二十分之一。蓋本橋跨度特長，呆重特大。用撓度理論(deflection theory)計算之，則可知懸索之自隱潛力，遠過於他橋。故幾可不用架硬桁梁。況抗風桁梁，亦因此而減輕，故得省去美金一千萬元焉。

(五)橋上有實際量應力之設備，以證計算之準確，並供將來之參考。

1

2

4

5

3

1 紐約華盛頓紀念橋之全景。

2 紐約方面之鋼塔，拉錨，並引橋附拱橋 (Steel tower, anchorage, approach arch span)

3 塔之下部及橋之下面。

4 紐約方面拉錨之建築。

5 塔之露於橋面之部。

6 每塔有兩腿，此為其一。每腿係由八柱組成。

7 塔柱之詳影，每柱約五呎見方。

8 塔中柱與其他桿件之一交點，計有桿件九個相遇於此，其複雜可想。

10 懸索將近橋端，穿橋面而至拉錨。

12 紐約方面之趨附拱橋，係雙層式，下層備將來之用。橋之跨度為一九六呎，其載重每呎二三五〇〇〇磅。

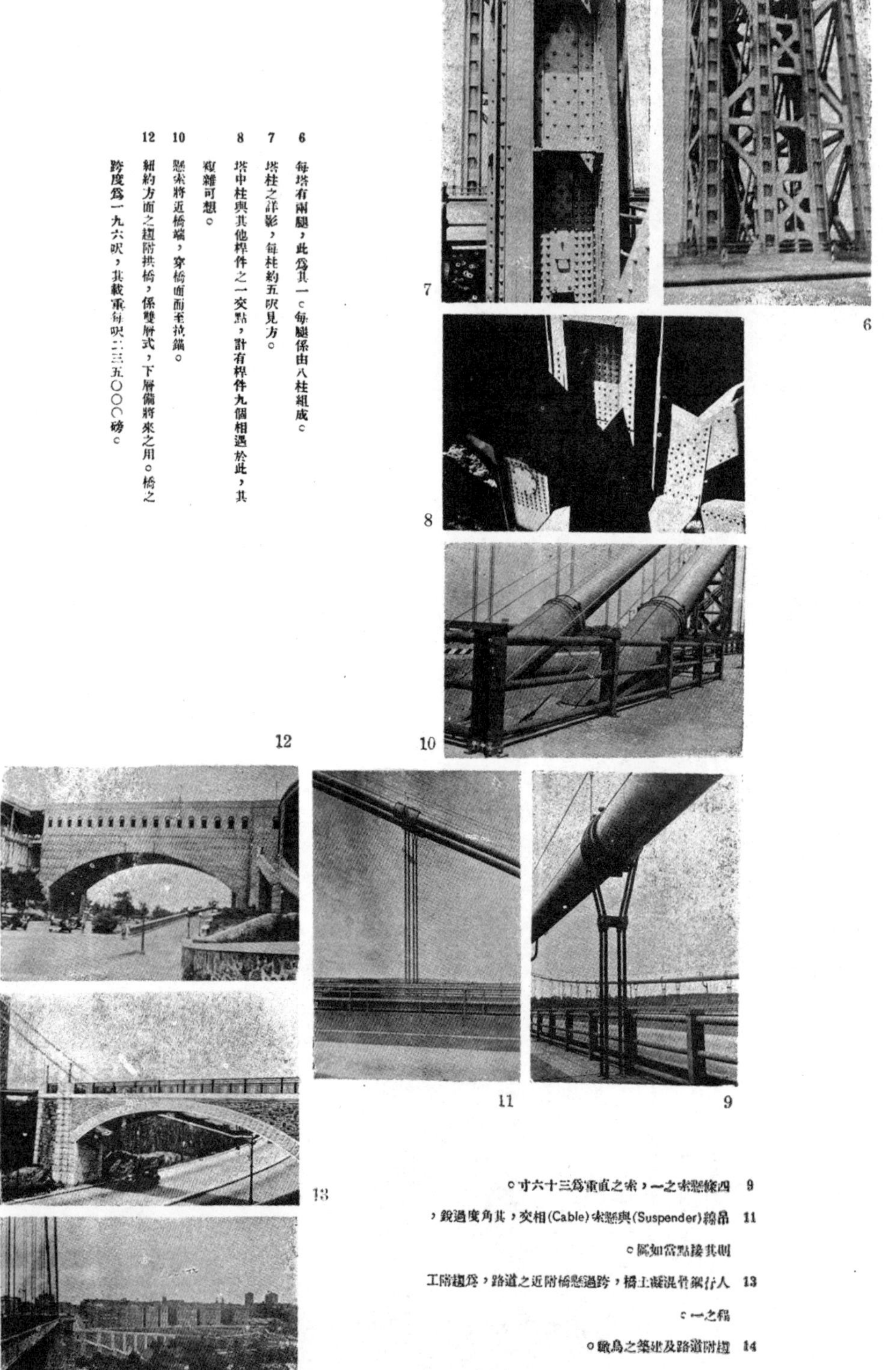

9 四條懸索之一，索之直重為三十六寸。

11 吊線(Suspender)與懸索(Cable)相交，其角度過銳，則其接點當如圖。

13 人行鋼骨混凝土橋，跨過懸橋附近之道路，為趨附工程之一。

14 趨附道路及建築之鳥瞰。

小住宅設計之一　　本會服務部

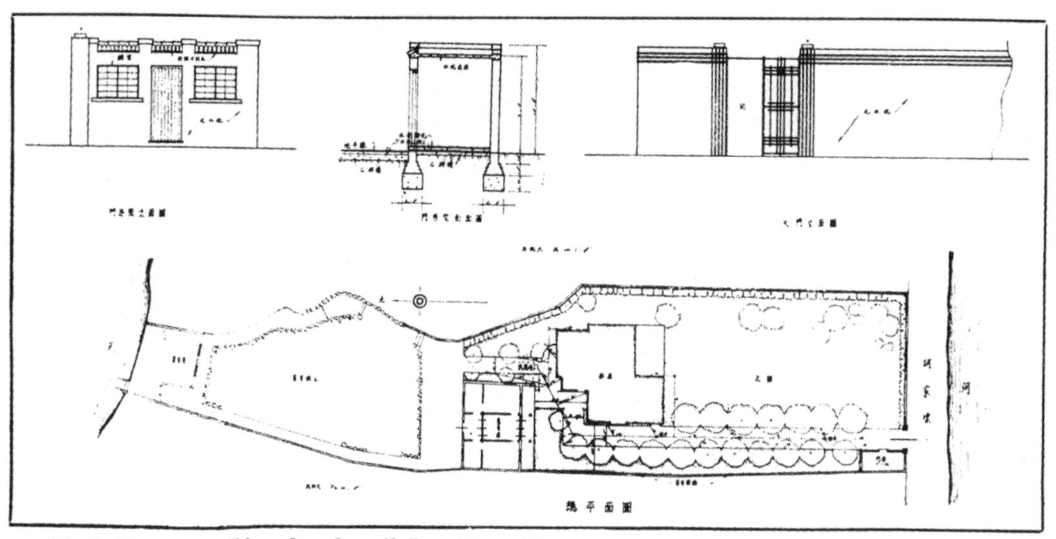

Block Plan **Plan for Small Dwelling House.**

S. B. A. Service Dept., Architects.

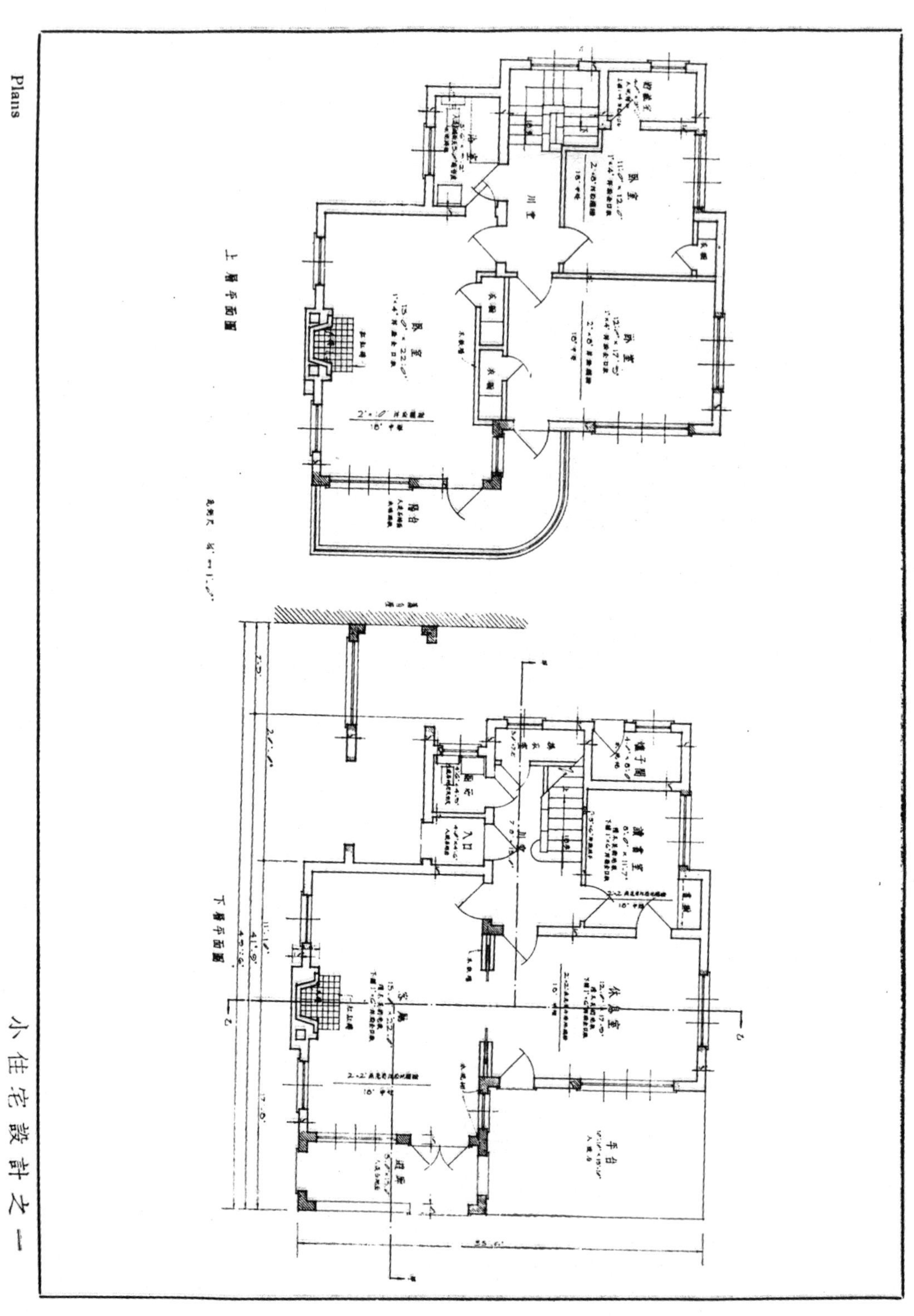

Plans

小住宅設計之一

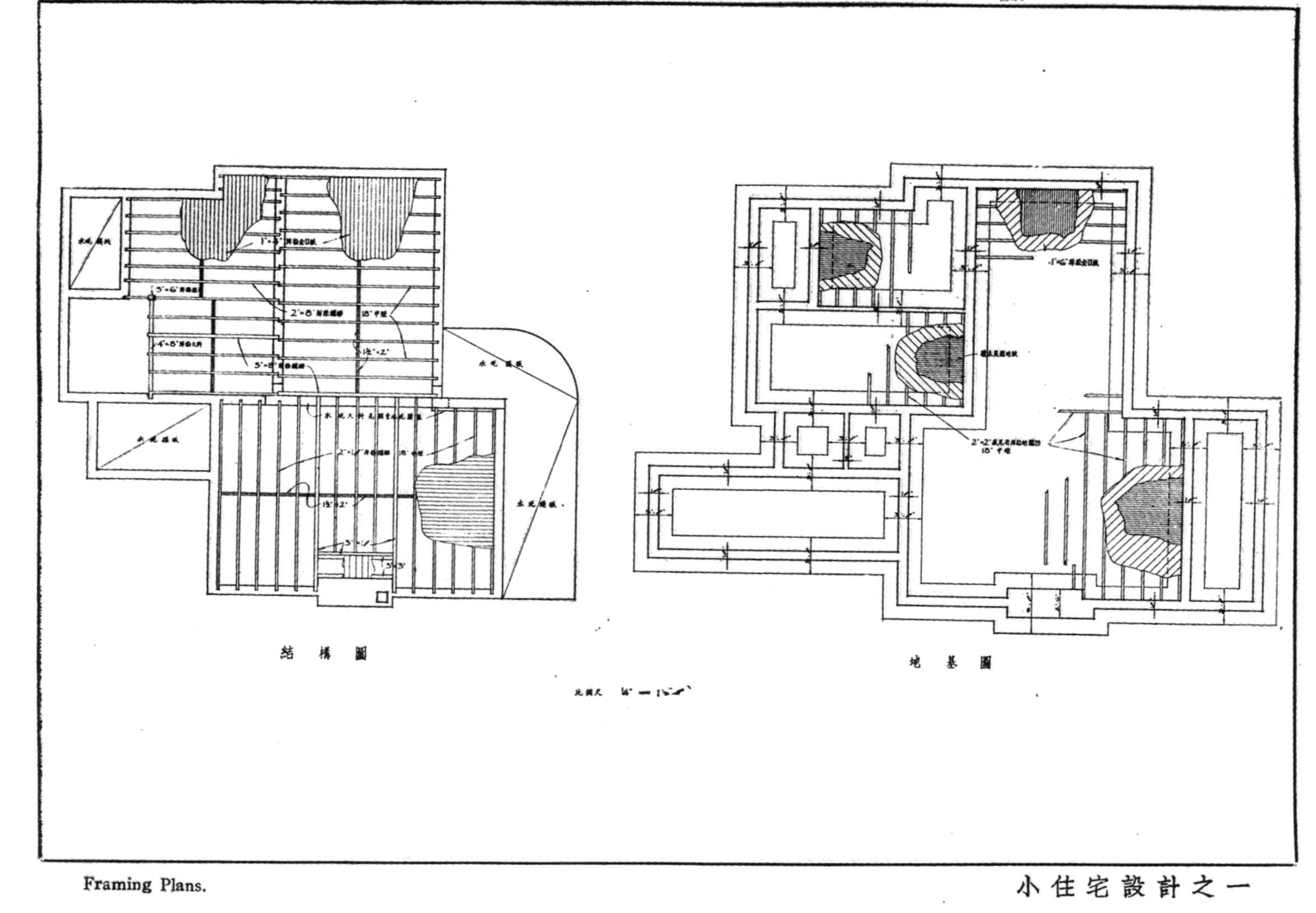

Framing Plans.

小住宅設計之一

小住宅設計之一

Front and Side Elevation.

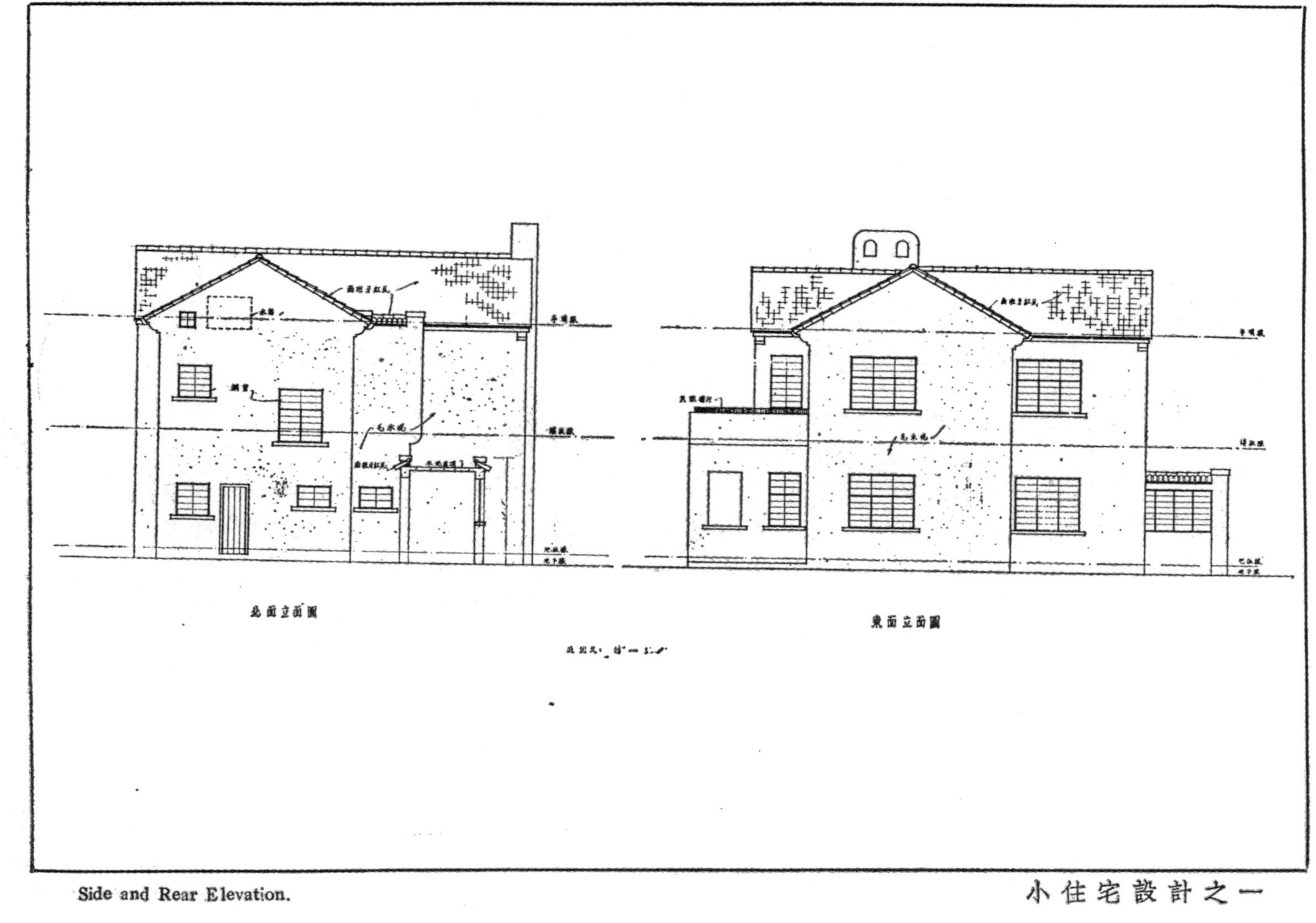

Side and Rear Elevation.

小住宅設計之一

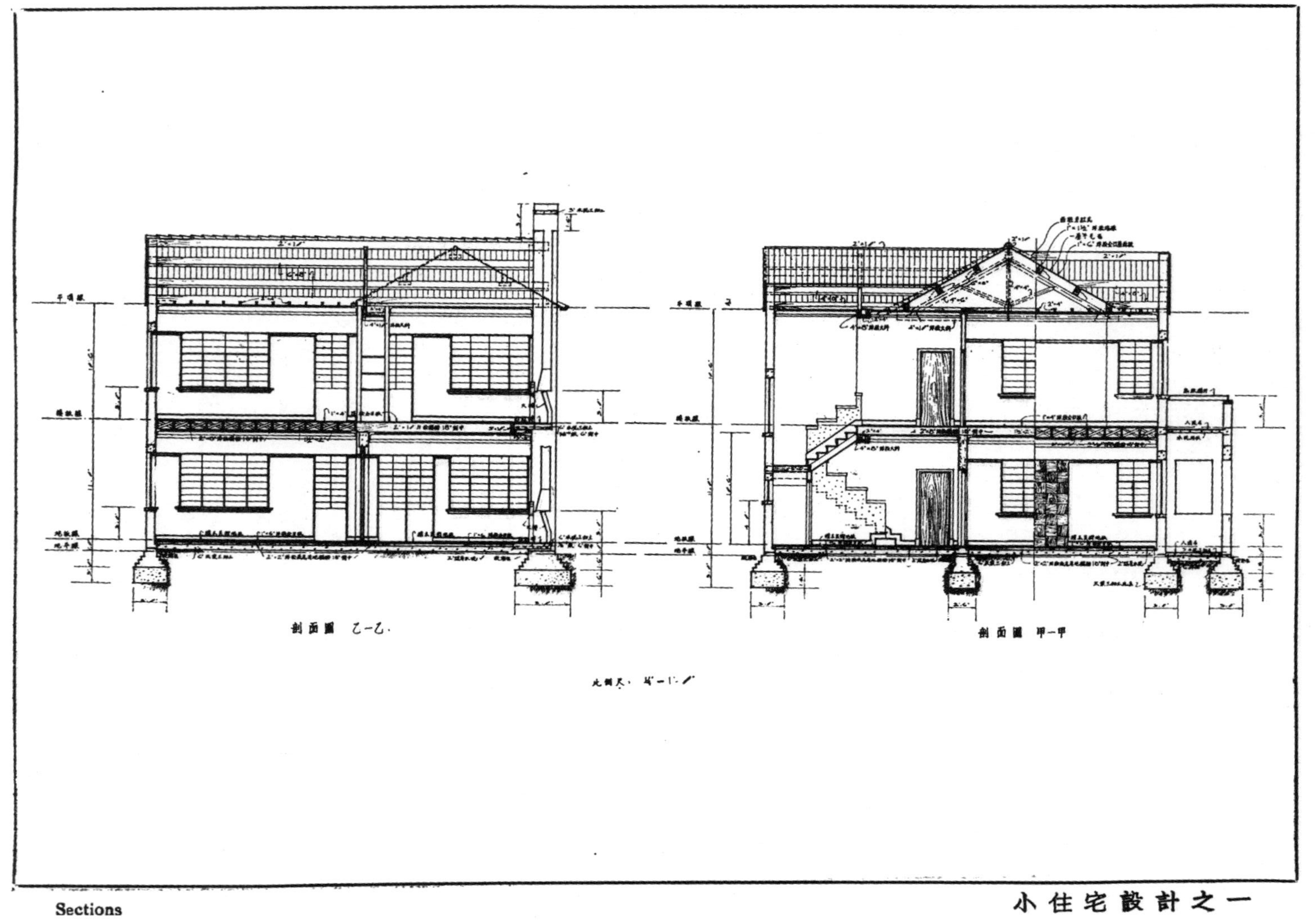

Sections

小住宅設計之一

By Mr. Chong Yee

Small Dwelling House.

小住宅設計之二

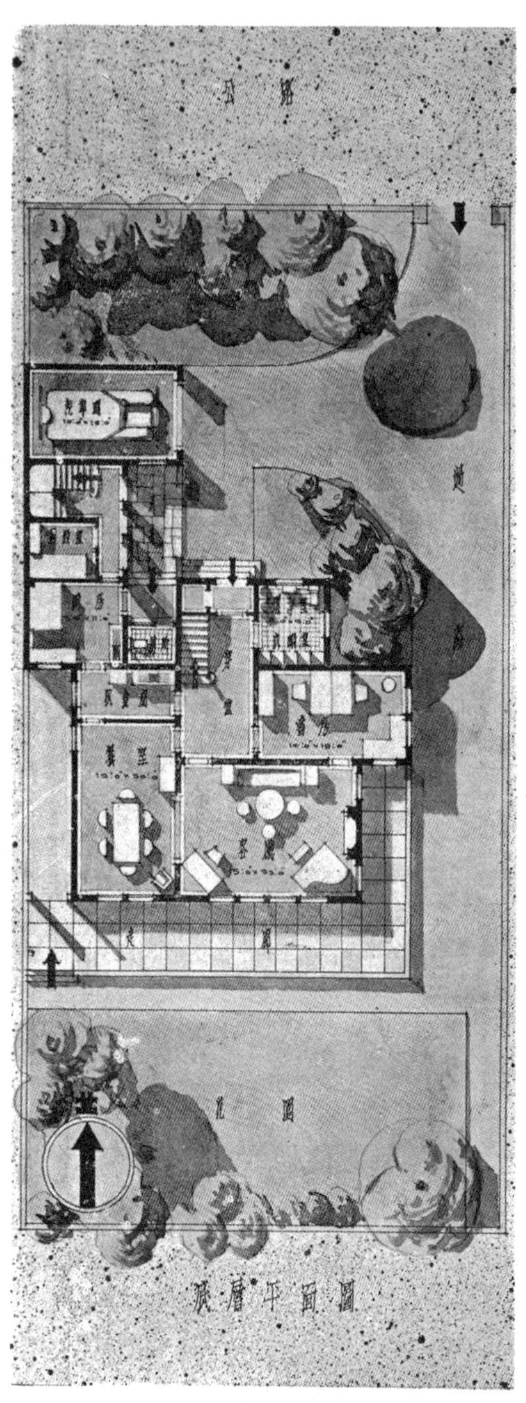

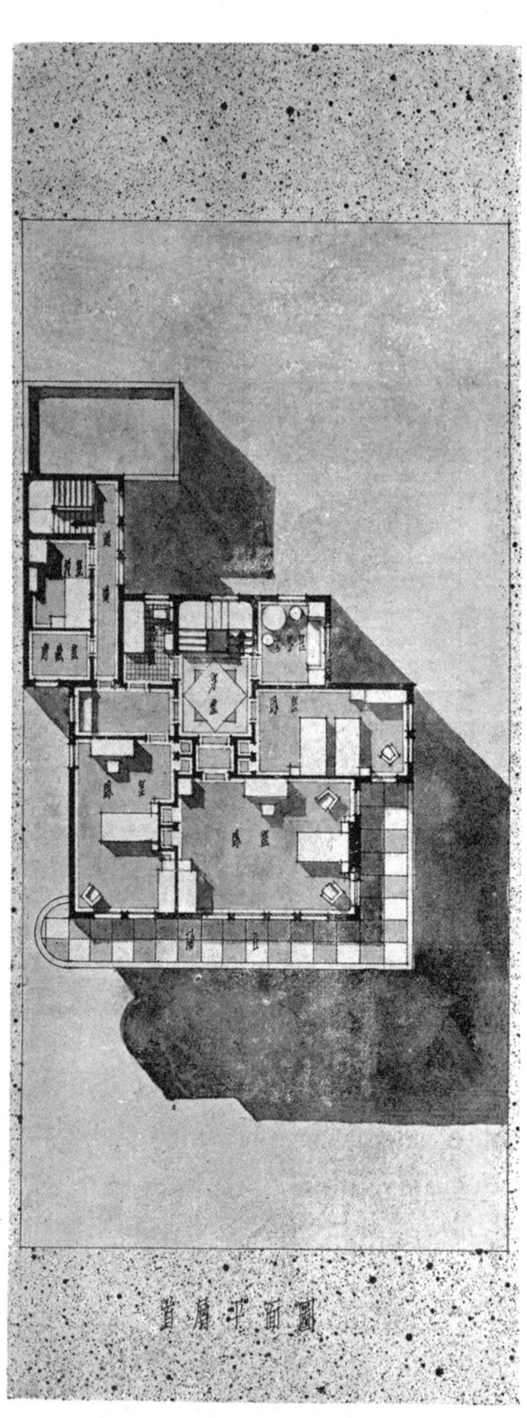

Ground and First Floor Plans.

小住宅設計之二

Italian Club, Tientsin.

天津意大利俱樂部

Paul C. Chelazzi, Architect.

開臘齊建築師設計

本會服務部

代{建築師印繪各種圖樣
　{營造廠撰中英文文件等

取費極廉

如蒙委託　無任歡迎

工程估價（二十一續）

杜彥耿

第十節 雜項

釘爲建築中之必需品，其種類大別可分方與圓兩種。普通所用者，咸爲圓絲釘，方釘用者殊鮮。茲將釘之重量，每磅只數，及價格列左：

各種圓釘價格表

長度	每磅約計只數	每桶價格	備註
一寸	876	$ 8.40	每桶內含淨釘一百磅，每桶之價係連送力在內。
一寸二分	568	$ 7.90	
一寸半	316	$ 7.20	
一寸六分	271	$ 7.10	
二寸	181	$ 6.70	
二寸二分	161	$ 6.70	
二寸半	106	$ 6.40	
二寸六分	96	$ 6.40	
三寸	69	$ 6.30	
三寸半	49	$ 6.30	
四寸	31	$ 6.20	
四寸半	26	$ 6.10	
五寸	20	$ 5.70	
五寸半	14	$ 5.70	
六寸	12	$ 5.70	

各種螺絲釘價格表

釘長及粗	每包只數	每包價格	備註
半寸四號	144	$ 0.20	螺絲釘之釘蒂，以號數表示蒂之粗細，號數益大，則釘益粗。
五分五號	,,	$ 0.22	
六分六號	,,	$ 0.26	
七分六號	,,	$ 0.29	
一寸八號	,,	$ 0.33	
1寸2分8號	,,	$ 0.38	
1寸半八號	,,	$ 0.44	
1寸6分8號	,,	$ 0.52	
二寸八號	,,	$ 0.54	
二寸九號	,,	$ 0.56	
二寸十號	,,	$ 0.58	

各種線脚釘價格表

長度	每包只數	每包價格	備註
二分	4105	$ 0.90	包釘線脚，以普通圓釘之釘蒂太大，應用線脚釘。
五分	2792	$ 0.80	
六分	1815	$ 0.75	
七分	1403	$ 0.70	
一寸	1013	$ 0.70	
一寸二分	590	$ 0.65	
一寸半	490	$ 0.65	
一寸六分	370	$ 0.60	
二寸	276	$ 0.60	

裝吊門窗之鉸鏈，有鐵鉸，銅鉸，泡銅鉸，抽心鉸，長鉸，方鉸，馬鞍鉸，彈簧鉸等種種類別。玆將最普通應用之鐵鉸，價格列下：

名稱	價格	備註
二寸長鐵鉸	每打洋六角六分	每打二十四塊，蓋鉸鏈每十二副作一打。
二寸方鐵鉸	每打洋九角	
二寸半長鐵鉸	每打洋四角半	
二寸半方鐵鉸	每打洋壹元一角	
三寸長鐵鉸	每打洋六角一分	
三寸方鐵鉸	每打洋一元一角	
三寸半方鐵鉸	每打洋二元	
四寸長鐵鉸	每打洋一元二角半	
四寸方鐵鉸	每打洋二元八角	

鐵質之彈簧鉸鏈，每塊每寸洋三角半，例如四寸鉸鏈 4"×35cts.＝$1.40 一塊，此係指鉸鏈之長自三寸至六寸言；若係六寸以上至八寸，則每寸須洋五角，如八寸長之彈簧鉸鏈，每塊須洋四元。

銅質之彈簧鉸鏈，自三寸至六寸，每寸洋五角五分。六寸以上，每寸洋八角。

地板彈簧，最昂者每雙洋七十元；最廉者每只洋三十五元。

門鎖普通每副自一元至五元。

大門鎖每副自十元至二十五元。

紙柏搓門葫蘆連鐵梗每套洋六十五元。（註：搓門移動時無聲息）

普通鐵搓門葫蘆每套洋十二元；惟此種葫蘆，移動時發出聲響，殊惹人厭。

鐵插筲	每打寸洋九分
銅插筲	每打寸洋四角

每打寸者，如三寸長之鐵插筲一打，每寸九分，每打計洋二角七分。又如三寸長之銅插筲，每寸四角，每打計洋一元二角。

三寸白鐵鈎子	每籮洋二元三角	每一四四只爲一籮
四寸白鐵鈎子	每籮洋三元三角	
五寸白鐵鈎子	每籮洋四元八角	
六寸白鐵鈎子	每籮洋五元二角	
八寸白鐵鈎子	每籮洋七元二角	
十寸白鐵鈎子	每籮洋九元二角	
十二寸白鐵鈎子	每籮洋十一元	
銅鈎子	每打寸洋四角	

▲各種玻璃價目

名稱	大小	數量	價格
厚白片	十八寸十二寸	每塊	洋一元五角
厚白片	二十四寸九寸	每塊	洋一元五角
厚白片	二十寸十五寸	每塊	洋二元五角
厚白片	二十四寸十八寸	每塊	洋三元五角
厚白片	三十寸二十寸	每塊	洋五元八角
厚白片	三十六寸二十四寸	每塊	洋九元八角

名稱	大小	數量	價格
厚白片	四十寸十五寸	每塊	洋五元八角
厚白片	三十六寸十三寸	每塊	洋四元八角
厚白片	四十寸三十寸	每塊	洋十四元七角半
厚白片	四十二寸二十八寸	每塊	洋十四元七角半
厚白片	四十八寸十八寸	每塊	洋九元八角
厚白片	四十八寸三十六寸	每塊	洋二十三元五角
厚白片	五十寸三十六寸	每塊	洋二十四元
厚白片	六十寸四十寸	每塊	洋三十八元
厚白片	七十寸五十寸	每塊	洋五十元
厚白片	八十寸六十寸	每塊	洋七十元
厚白片	九十寸七十寸	每塊	洋九十八元
厚白片	一百寸八十寸	每塊	洋一百三十元
厚白片	一百寸方	每塊	洋一百六十五元
厚白片	一百卅寸八十寸	每塊	洋一百六十元
厚白片	一百卅寸一百寸	每塊	洋二百元
哈夫片	十八寸十二寸	每塊	洋三角半
哈夫片	二十寸十四寸	每塊	洋四角半
哈夫片	卅六寸廿四寸	每塊	洋二元四角
哈夫片	四十二寸廿八寸	每塊	洋三元七角
哈夫片	五十寸卅六寸	每塊	洋五元八角
哈夫片	六十寸四十寸	每塊	洋八元五角

名稱	大小	數量	價格
哈夫片	七十寸五十寸	每塊	洋十二元
哈夫片	八十寸六十寸	每塊	洋十七元五角
哈夫片	九十寸七十寸	每塊	洋二十四元
哈夫片	八十寸方	每塊	洋卅七元五角
哈夫片	一百寸六十寸	每塊	洋廿三元五角
正號車邊銀光	十八寸十二寸	每塊	洋二元一角
正號車邊銀光	二十寸十五寸	每塊	洋三元二角
正號車邊銀光	三十寸二十寸	每塊	洋七元
正號車邊銀光	四十寸十五寸	每塊	洋七元
正號車邊銀光	四十八寸十八寸	每塊	洋十一元四角
正號車邊銀光	六十寸二十寸	每塊	洋十七元
哈夫車邊銀光片	十八寸十二寸	每塊	洋八角五分
哈夫車邊銀光片	二十寸十五寸	每塊	洋一元二角半
哈夫車邊銀光片	三十寸二十寸	每塊	洋二元五角
哈夫車邊銀光片	四十寸十五寸	每塊	洋二元五角
哈夫車邊銀光片	四十八寸十八寸	每塊	洋三元七角
哈夫車邊銀光片	六十寸二十寸	每塊	洋五元四角
卅二項子車邊銀光	十八寸十二寸	每塊	洋七角
卅二項子車邊銀光	二十四寸九寸	每塊	洋七角
卅二項子車邊銀光	三十寸二十寸	每塊	洋一元八角半
卅二項子車邊銀光	四十寸十五寸	每塊	洋一元八角半

名稱	大小	數量	價格
卅二項子車邊銀光	四十八寸十八寸	每塊	洋二元八角半
卅二項子車邊銀光	六十寸二十寸	每塊	洋四元五角
白冰梅		每百方尺	洋十九元
色冰梅		每百方尺	洋廿八元四角
鉛絲片	十八寸十二寸或二十寸十四寸	每百方尺	洋三十六元
鉛絲片	三十六寸十八寸或四十二寸十八寸	每百方尺	洋三十八元
鉛絲片	八十四寸三十六寸	每百方尺	洋四十三元
耀華大片	四十二寸三十六寸或四十八寸十八寸	每百方尺	洋八元五角
耀華大片	四十八寸三十六寸或六十寸三十寸	每百方尺	洋八元五角
耀華大片	五十寸三十寸或六十二寸十八寸	每百方尺	洋十元五角
耀華大片	六十寸四十寸或六十八寸三十二寸	每百方尺	洋十三元
耀華大片	七十寸四十寸或七十二寸三十八寸	每百方尺	洋十四元
四色片		每百方尺	洋六十元
白磁片		每百方尺	洋六十元
耀華廿四項子片	長闊二合四十寸	每百方尺	洋十元
耀華廿四項子片	長闊二合五十寸	每百方尺	洋十一元
耀華廿四項子片	長闊二合六十寸	每百方尺	洋十二元
耀華廿四項子片	長潤二合七十寸	每百方尺	洋十三元

名稱	大小	數量	價格
耀華廿四項子片	長闊二合八十寸	每百方尺	洋十四元
八寸瓦片		每張	洋四分
九寸瓦片		每張	洋五分
一尺瓦片		每張	洋六分二厘
金鋼鑽		每打	洋五十四元

上列玻璃價目，係玻璃業同行中之大市面；若欲零星裝配，則每方尺須加油灰及配工約洋三分。倘因所需玻璃之尺寸與原來尺寸劃開，損蝕較大，則玻璃價格，自須提高。再者，零配玻璃，每以十英寸方作爲一方尺，一寸若超出一分，便當作二寸計算。故凡精明之營造廠，事前先行核算，需用玻璃若干，躉購原箱玻璃，自較便宜。蓋僅就尺寸一項而論，原箱玻璃咸以十二英寸方作爲一方尺，較諸零配以十英寸方作爲一方尺，幾相差三十六分之十一。

▲木材之量算

木材之量算，頗費時間；簡便方法，惟有預製一表，則計算時，核閱表中長尺與厚闊尺寸，即知板尺多少，既省時間，而尤正確。倘無此表核閱，則每一尺寸，必須分別計算，中間難免錯誤。特將該表列下，讀者可依式製備，便利良多。

木材量算表

厚 闊 (吋 數)	長 度 （尺 數）											
	10	12	14	16	18	20	22	24	26	28	30	32
2" × 4"	6 2/3	8	9 1/3	10 2/3	12	13 1/3	14 2/3	16	17 1/3	18 2/3	20	21 1/3
2" × 6"	10	12	14	16	18	20	22	24	26	28	30	32
2" × 8"	13 1/3	16	18 2/3	21 1/3	24	26 2/3	29 1/3	32	34 2/3	37 1/3	40	42 2/3
2" × 10"	16 2/3	20	23 1/3	26 2/3	30	33 1/3	36 2/3	40	43 1/3	46 2/3	50	53 1/3
2" × 12"	20	24	28	32	36	40	44	48	52	56	60	64
2" × 14"	23 1/3	28	32 2/3	37 1/3	42	46 2/3	51 1/3	56	60 2/3	65 1/3	70	74 2/3
2" × 16"	26 2/3	32	37 1/3	42 2/3	48	53 1/3	58 2/3	64	69 1/3	74 2/3	80	85 1/3
2½" × 12"	25	30	35	40	45	50	55	60	65	70	75	80
2½" × 14"	29 1/6	35	40 5/6	46 2/3	52½	58 1/3	64 1/6	70	75 5/6	81 2/3	87½	93 1/3
2½" × 16"	33 1/3	40	46 2/3	53 1/3	60	66 2/3	73 1/3	80	86 2/3	93 1/3	100	106 2/3
3" × 6"	15	18	21	24	27	30	33	36	39	42	45	48
3" × 8"	20	24	28	32	36	40	44	48	52	56	60	64
3" × 10"	25	30	35	40	45	50	55	60	65	70	75	80
3" × 12"	30	36	42	48	54	60	66	72	78	84	90	96
3" × 14"	35	42	49	56	63	70	77	84	91	98	105	112
3" × 16"	40	48	56	64	72	80	88	96	104	112	120	128
4" × 4"	13 1/3	16	18 2/3	21 1/3	24	26 2/3	29 1/3	32	34 2/3	37 1/3	40	42 2/3
4" × 6"	20	24	28	32	36	40	44	48	52	56	60	64
4" × 8"	26 2/3	32	37 1/3	42 2/3	48	53 1/3	58 2/3	64	69 1/3	74 1/3	80	85 1/3
4" × 10"	33 1/3	40	46 2/3	53 1/3	60	66 2/3	73 1/3	80	86 2/3	93 2/3	100	106 2/3
4" × 12"	40	48	56	64	72	80	88	96	104	112	120	128
4" × 14"	46 2/3	56	65 1/3	74 2/3	84	93 1/3	102 2/3	112	121 1/3	130 2/3	140	149 1/3
6" × 6"	30	36	42	48	54	60	66	72	78	84	90	96
6" × 8"	40	48	56	64	72	80	88	96	104	112	120	128
6" × 10"	50	60	70	80	90	100	110	120	130	140	150	160
6" × 12"	60	72	84	96	108	120	132	144	156	168	180	192
6" × 14"	70	84	98	112	126	140	154	168	182	196	210	224
6" × 16"	80	96	112	128	144	160	176	192	208	224	240	256
8" × 8"	53 1/3	64	74 2/3	85 1/3	96	106 2/3	117 1/3	128	138 2/3	149 1/3	160	170 2/3
8" × 10"	66 2/3	80	93 1/3	106 2/3	120	133 1/3	146 2/3	160	173 1/3	186 2/3	200	213 1/3
8" × 12"	80	96	112	128	144	160	176	192	208	224	240	256
8" × 14"	93 1/3	112	130 2/3	149 1/3	168	186 2/3	205 1/3	224	242 2/3	261 1/3	230	298 2/3
10" × 10"	83 1/3	100	116 2/3	133 1/3	150	166 2/3	183 1/3	200	216 2/3	233 1/3	250	266 2/3
10" × 12"	100	120	140	160	180	200	220	240	260	280	300	320
10" × 14"	116 2/3	140	163 1/3	186 2/3	210	233 1/3	256 2/3	280	303 1/3	320 2/3	350	373 1/3
10" × 16"	133 1/3	160	186 2/3	213 1/3	240	266 2/3	293 1/3	320	346 2/3	373 1/3	400	426 2/3
12" × 12"	120	144	168	192	216	240	264	288	312	336	360	384
12" × 14"	140	168	196	224	252	280	308	336	364	392	420	448
12" × 16"	160	192	224	256	288	320	352	384	416	448	480	512
14" × 14"	163 1/3	196	228 2/3	261 1/3	294	326 2/3	359 1/3	392	424 2/3	457 1/3	490	522 2/3
14" × 16"	186 2/3	224	261 1/3	298 2/3	336	373 1/3	410 2/3	448	485 1/3	522 2/3	560	597 1/3

拱架係數計算法

林同棪

Distribution and Load Factors for Arches

By T. Y. Lin

第一節　緒論

前文(註一)述及最新連拱計算法，係以單拱與柱爲單位。單拱之兩半相等者　(Symmetrical arch)，其係數算法，能氏已在其文中(註二)提及。本文則根據回氏不等單拱(Unsymmetrical arch)算法(註三)，以之應用於連拱。讀者如欲作各種算法之比較，可參看各構造書籍(註四)。

第二節　正負號

本文所用之正負號，其意義如下：—

(1)力量

橫力 H，向右爲正，向左爲負。

竪力 V，向上爲正，向下爲負。

動率 M，順鐘向爲正，反鐘向爲負。

拱與柱之應力以外來力量爲標準。

(2)軸距

橫軸 X，向右爲正

竪軸 y，向上爲正。

(3)坡度撓度

橫撓度 △X，向右爲正

竪撓度 △y，向上爲正

坡度 △φ，順鐘向爲正。

第三節　普通理論

設任何單拱AB，第一圖。在拱端A將其割𣃁，使與拱座脫離關係。設X', Y' 兩軸之原點O' 於

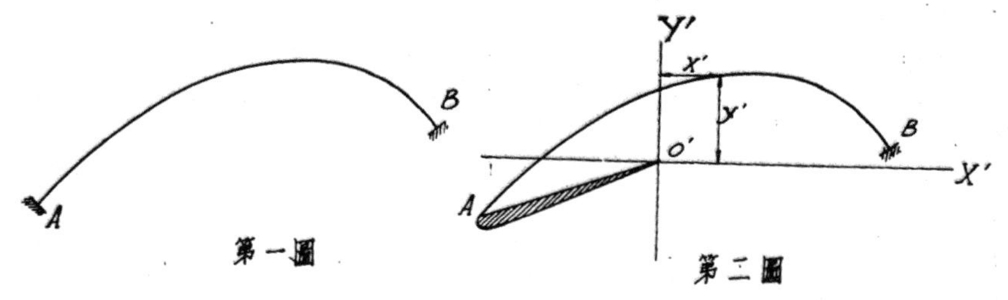

第一圖　　第二圖

(註一)　"連拱計算法"林同棪，建築月刊第三卷第一號

(註二)　"Analysis of Multiple Arches", by Alexander Hrennikoff, Proceedings, A. S. C. E., Dec. 1934.

(註三)　"Analysis of Unsymmetrical Concrete Arches", By Charles S. Whitney, Transactions, A. S. C. E. 1934.

(註四)　"Elastic Arch Bridges" McCullough and Thayer.

任何一點。以硬构(Rigid bracket) AO'將A,O'兩點聯起。(硬构係一不變形之桿件)。

設在O'點加以力量H_o',V_o',M_o'使O'點發生撓度坡度$\triangle y_o'$,$\triangle X_o'$,$\triangle \varphi_o'$,則O'AB 拱內任何一點之動率當爲,

$$M' = M_o' - H_o'y' + V_o'X' \cdots\cdots (1)$$

設只計AB因動率所生之變形(不計剪力與直接應力之影響)則,(註五)(簡寫$\frac{ds}{EI}$爲dw).

$$\triangle \varphi_o' = \int M'\frac{ds}{EI} = M_o'\int dw - H_o'\int y'dw + V_o'\int x'dw \cdots\cdots (2)$$

$$\triangle X_o' = -\int M'y'\frac{ds}{EI} = -M_o'\int y'dw + H_o'\int y'^2dw - V_o'\int x'y'dw \cdots\cdots (3)$$

$$\triangle y_o' = \int M'x'\frac{ds}{EI} = M_o'\int x'dw - H_o'\int x'y'dw + V_o'\int x'^2dw \cdots\cdots (4)$$

第四節　彈性重心之理論(Elastic Center)

爲計算上之便利起見,O'點之位置可移至dw之重心點O。求O與O'之距離如下(第三圖),

$$X_o = \frac{\int x'dw}{\int dw} \cdots\cdots (5)$$

$$y_o = \frac{\int y'dw}{\int dw} \cdots\cdots (6)$$

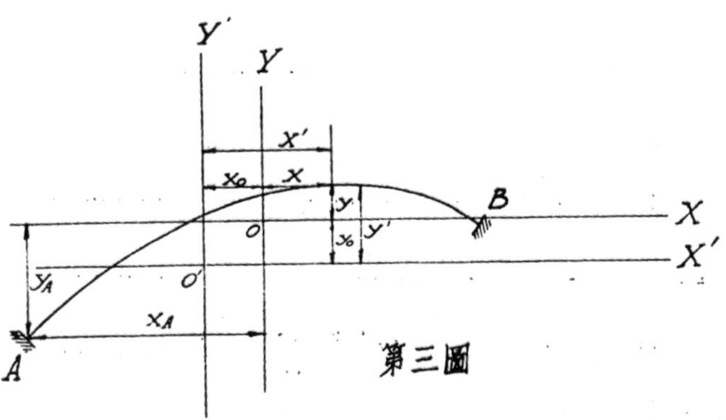

第三圖

以O爲原點,X,Y,爲軸,則$\int ydw=0$,$\int xdw=0$,而公式(2),(3),(4)可簡化之如下:—

$$\triangle \varphi_o = M_o\int dw \cdots\cdots (7)$$

$$\triangle X_o = H_o\int y^2dw - V_o\int xydw \cdots\cdots (8)$$

$$\triangle y_o = -H_o\int xydw + V_o\int x^2dw \cdots\cdots (9)$$

由此三公式可算出O點所應用之力量,

$$M_o = \frac{\triangle \varphi_o}{\int dw} \cdots\cdots (10)$$

$$H_o = \frac{\triangle x_o\int x^2dw + \triangle y_o\int xydw}{\int x^2dw\int y^2dw - \int xydw\int xydw} = \frac{\triangle X_o\int X^2dw + y_o\int xydw}{G} \cdots\cdots (11)$$

(註五) "Reinforced Concrete Construction", Vol. III, Hool.

(將$\int x^2dw\int y^2dw-\int xydw\int xydw$簡寫爲G)

$$V_o=\frac{\triangle X_o\int xydw+\triangle y_o\int y^2dw}{G} \quad\cdots\cdots(12)$$

因$x=x'-x_o, y=y'-y_o$,故$\int x^2dw$各微積數與$\int x'^2dw$各數之關係如下:—

$$\int x^2dw=\int x'^2dw-2x_o\int x'dw+{}_ox^2\int dw$$

$$=\int x'^2dw-x_o^2\int dw \quad\cdots\cdots(13)$$

$$\int xydw=\int x'y'dw-x_oy_o\int dw \quad\cdots\cdots(14)$$

$$\int y^2dw=\int y'^2dw-y_o^2\int dw \quad\cdots\cdots(15)$$

第五節　係數之公式

(1)設A點發生$\triangle X_A=1$,而$\triangle y_A=\triangle\varphi_A=O$,則O點之$\triangle X_o=1$,

$\triangle y_o=\triangle\varphi_o=O$;故O點所應用之力量當如下—:(公式(10),(11)(12)

$$\therefore M_{ox}=O\text{(註六)} \quad\cdots\cdots(16)$$

$$H_{ox}=\frac{\int x^2dw}{G} \quad\cdots\cdots(17)$$

$$V_{ox}=\frac{\int xydw}{G} \quad\cdots\cdots(18)$$

而A點之力量如下‥—

$$\therefore H_{Ax}=H_{ox}=\frac{\int x^2dw}{G} \quad\cdots\cdots(19)$$

$$V_{Ax}=V_{ox}=\frac{\int x^2dw}{G} \quad\cdots\cdots(20)$$

$$M_{Ax}=-H_{ox}y_A+V_{ox}X_A=\frac{-y_A\int x^2dw+x_A\int x^2dw}{G} \quad\cdots\cdots(21)$$

(2)設$\triangle y_A=1$,則$\triangle y_o=1$,而

$$M_{oy}=O \quad\cdots\cdots(22)$$

$$H_{oy}=\frac{\int xydw}{G}=H_{Ay} \quad\cdots\cdots(23)$$

$$V_{oy}=\frac{\int y^2dw}{G}=V_{Ay} \quad\cdots\cdots(24)$$

$$M_{Ay}=-H_{oy}y_A+V_{oy}X_A \quad\cdots\cdots(25)$$

(3)設$\triangle\varphi_A=1$,則$\triangle\varphi_o=1$,而$\triangle X_o=-y_A$,$\triangle=y_oX_A$

(註六)"連拱計算法"文中之符號,與本文略不同。本文之$H_{A\varphi}$卽其$h_{N\alpha}$;$M_{A\varphi}$卽其$m_{N\alpha}$;H_{Ax}卽其$h_{N\triangle}$;M_{Ax}卽其$m_{N\triangle}$。希讀者注意並原諒。

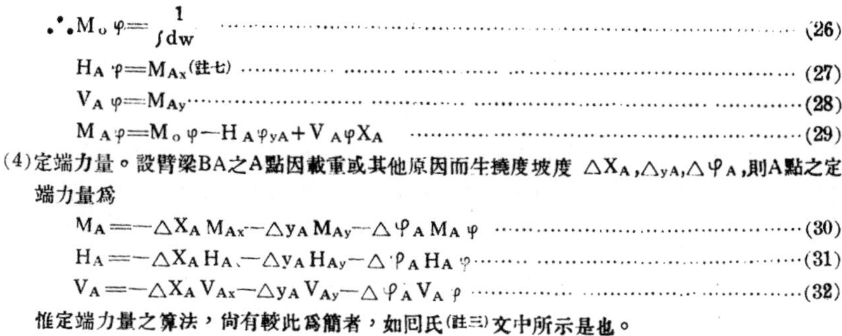

$$\therefore M_o\varphi = \frac{1}{\int dw} \quad \cdots\cdots (26)$$

$$H_A\varphi = M_{Ax} \text{(註七)} \quad \cdots\cdots (27)$$

$$V_A\varphi = M_{Ay} \quad \cdots\cdots (28)$$

$$M_A\varphi = M_o\varphi - H_A\varphi_{yA} + V_A\varphi X_A \quad \cdots\cdots (29)$$

(4)定端力量。設臂梁BA之A點因載重或其他原因而生撓度坡度 $\triangle X_A, \triangle y_A, \triangle \varphi_A$，則A點之定端力量爲

$$M_A = -\triangle X_A M_{Ax} - \triangle y_A M_{Ay} - \triangle \varphi_A M_{A\varphi} \quad \cdots\cdots (30)$$

$$H_A = -\triangle X_A H_{Ax} - \triangle y_A H_{Ay} - \triangle \varphi_A H_{A\varphi} \quad \cdots\cdots (31)$$

$$V_A = -\triangle X_A V_{Ax} - \triangle y_A V_{Ay} - \triangle \varphi_A V_{A\varphi} \quad \cdots\cdots (32)$$

惟定端力量之算法，尚有較此爲簡者，如同氏(註三)文中所示是也。

第六節　附論

如係等拱，則重心點O在中線上，且$\int xydw = O$，上列各公式，自可更爲簡化之。

柱之係數，算法尤簡(註八)。第四第五兩圖示其公式之推算法：

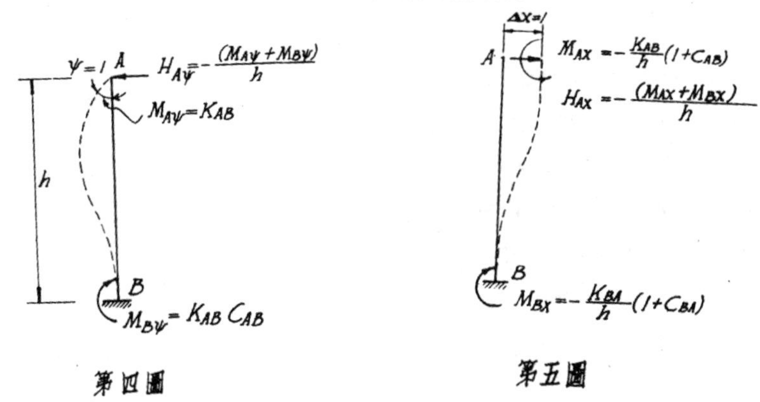

第四圖　　第五圖

第七節　實例

(例一)設不等單拱如第六圖，並已知其以拱頂O'爲原點之微積各數如第一表(註九)。求其A端係數。

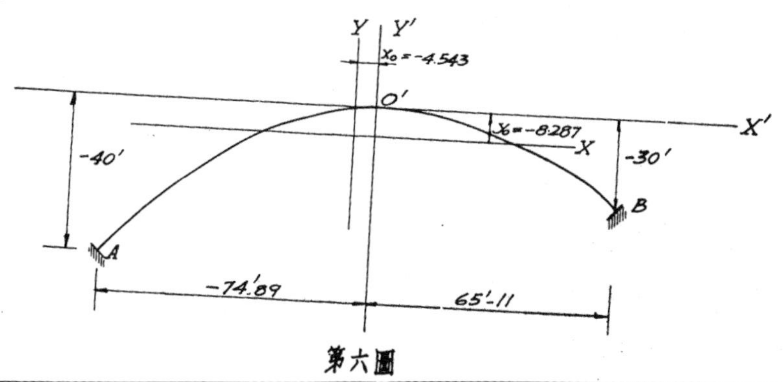

第六圖

(註七)參看"高等構造學定理數則"林同棪，建築月刊第二卷第十一號。

(註八)參看"桿件C,K,F之計算法"，林同棪，建築月刊第二卷第二號。

(註九)微積各數之求法，可參看本刊第二卷第二號"桿件各性質C,K,F之計算法"，文中第五節之表，並註三之一文。

〇二五八一

	拱之左半AO'	拱之右半O'B	拱之全部AB
$\int dw$	50.177	42.713	92.89
$\int x'dw$	—1570.0	1148	—422
$\int x'^2 dw$	70690	44520	115210
$\int y'dw$	— 473.3	—296.51	—769.81
$\int y'^2 dw$	9874	4588	14462
$\int x'y'dw$	25100	—13600	11500

第　一　表

用公式(5),(6)，求重心點O,

$X_o = \frac{-422}{92.89} = -4.543$ ， $X_A = -74.89 + 4.543 = -70.347$

$y_o = \frac{-769.81}{92.89} = -8.287$ 　　$y_A = -40 + 8.287 = -31.713$

用公式(13),(14),(15)求微積各數如下：

$\int x^2 dw = 115210 - 4.543^2 \times 92.89 = 113.293$

$\int xydw = 11500 - 4.543 \times 8.287 \times 92.89 = 8003$

$\int y^2 dw = 14462 - 8.287^2 \times 92.89 = 8082$

$G = 11293 \times 8082 - 8003^2 = 851,586,000$

如$\triangle X_A = 1$,用公式(16)至(21),

$H_{ox} = \frac{113293}{G}$ 133.0÷10^6

$V_{ox} = \frac{8003}{G}$ 9.40÷10^6

$M_{Ax} = (-133.0x - 31.713 + 9.40x - 70.347) \div 10^5$

$= 3556 \div 10^6$

如$\triangle y_A = 1$,用公式(22)至(25),

$H_{oy} = 9.40 \div 10^6$

$V_{oy} = \frac{8082}{G} = 9.50 \div 10^6$

$M_{Ay} = -9.40x - 31.713 + 9.50x - 70.347 = -370 \div 10^6$

如$\triangle \varphi_A = 1$,用公式(26)至(29)

$M_o \varphi = \frac{1}{92.89} = 10765 \div 10^6$

$H_A \varphi = 3556 \div 10^6$

$V_A \varphi = -370 \div 10^6$

$M_A \varphi = 10765 - 3556x - 31.713 - 370x - 70.347 = 148140 \div 10^6$

(例二)設等拱如第七圖，其在O'點之$\int y'dw=-4.73,\int x'dw=O$,
$\int dw=0.1252,\ \int X'^2dw=11354,\ \int y^2dw=426.9,\ \int x'y'dw=O$.

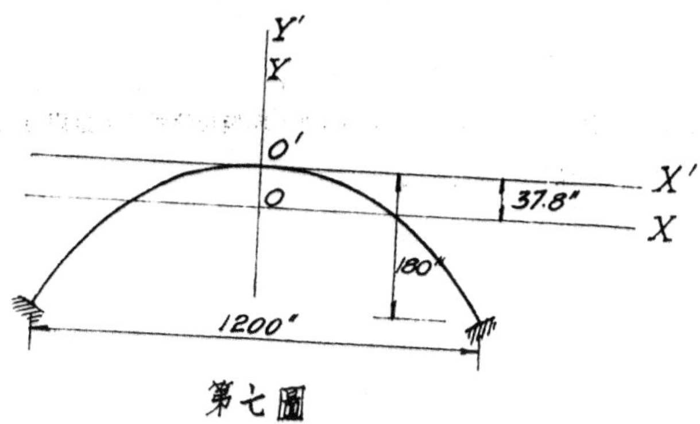

第七圖

將X'軸移至X,使之通過重心點O,

$$y_o=\frac{\int y'dw}{\int dw}=\frac{4.73}{.1252}=-37.8"$$

$$\int y^2dw=426.9-37.8^2\times0.1252=247.9$$

其他各微積數並無改變。

公式(7),(8),(9)可簡化爲，

$$\triangle\varphi_o=M_o\int dw$$

$$\triangle X_o=H_o\int y^2dw$$

$$\triangle y_o=V_o\int x^2dw$$

$$\therefore V_{ox}=O$$

$$H_{ox}=\frac{1}{\int y^2dw}=\frac{1}{247.9}=0.00403$$

$$M_{Ax}=-H_{ox}(-180+37.8)=0.574$$

$$H_{oy}=O$$

$$V_{oy}=\frac{1}{\int x^2dw}=\frac{1}{11354}=0.000088$$

$$M_{Ay}=V_{oy}(-600)=-.0528$$

$$M_o\varphi=\frac{1}{\int dw}=\frac{1}{.1252}=7.99$$

$$H_A\varphi=M_{Ax}=0.574$$

$$V_A\varphi=M_{Ay}=-0.0528$$

$$M_A\varphi=7.99-.574x-142.2-.0528x-600=121.3$$

(例三)設柱如第八圖,其$K_{AB}=7370,\ K_{BA}=13.650\ C_{AB}=0.680,\ C_{BA}=0.366$。

則可算出，(用四,五兩圖)，

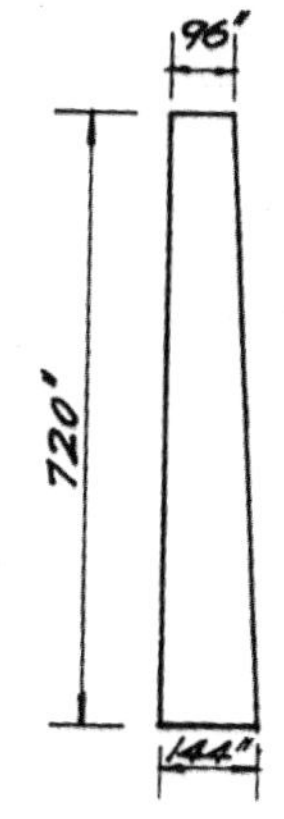

第八圖

$$M_A\varphi=7370$$

$$H_A\varphi=\frac{-7370(1.680)}{720}=-17.20$$

$$M_{Ax}=H_A\varphi=-17.20,\quad M_{Bx}=-\frac{13650}{720}(1.366)=-26.00$$

$$H_A\,\varphi=\frac{26.00+17.20}{720}=0,0600$$

第八節　結　論

不等單拱之影響線計算法，以同氏文爲最妙。惟以之應用於連拱，與能氏法併用，則尚有研究之餘地。至於拱端係數之計算法。本文之範圍，似爲最廣焉。

陳向誠　倪子卿
朱月亭　周桂生
周鬮端　錢屏九
諸君均鑒：

本刊按期依照所開尊址由郵寄奉，近被退回，無法投遞；即希示知現在通信處，俾便更正，而免誤遞。爲盼。

本刊發行部啓

住宅中之電燈佈置

鍾靈

住宅中之燈光支配，雖無一定之規則；然欲得滿意之結果，必須合於下列各基本條件：

第一點——光線須柔和，不可過於閃亮，以免眼睛受過分之刺激而不適，及發生強烈之明暗差別。

第二點——燈具除供給光亮外，並可作幃幕、地毯與傢具等裝飾之用；故燈具除切合實用外，更須合乎藝術原理；簡明輕便之設計，較繁複粗重之設計為可愛。

第三點——為適合現代之需要，色彩配合以採用有色光源較為可愛，惟須與室內色彩相配合；因現代科學進化，有色光源之佈置並不過費。

關於住宅中主要房間之燈光配置，簡述於后：

起居室

(甲)理論——起居室，會客室及書房等，為人類日常生活之中心點，故燈光支配須特別注意；因其用途之變化不定，故其組合與安置，亦因之而異。

(一)如為普通用途，其最舒適而有用之安置，為用和諧強度之總燈；另置強度之燈光，以供專用。

(二)如為大衆集合者，則用光力較強之分佈燈光。

(三)如為一二人私用者，可不用總燈，而用個別燈具。

(乙)實施——普通直接燈光，間接發光，半間接發光之吊燈頂燈，用作總燈之用。其中以間接發光者為最佳，直接發光者為最廉；可移動之燈則作特種用途，壁燈，檯燈，座燈可作裝飾用品。

(一)頂燈如寶蓮燈，半間接發光等，應遮蔽直射燈光，使光線柔和，平均分佈於室內各部。

(二)可移動之燈——檯燈與柱立於地板上之座燈，種類繁多，以適合於讀者，辦法，縫紉，遊戲及玩弄音樂等等。在揀選此種燈具時，不可因裝飾而忘實用，並須遮蔽，以免直接閃光。

(三)壁燈及其他裝飾用小燈，祇限於作裝飾之用。

餐室

(甲)理論——餐室內之需要極為一致：

(一)桌上須有充分之亮光。

(二)須有柔和之光線，常照於食者之臉部。

(三)對於室內其他部分，可用較弱之光線普照。

(乙)實施——後列各則，單用或合用均可。

(一)用半球形燈罩，以遮蔽光線之直射於食者之眼睛。

(二)因發光燈泡，須遮蔽，以免光線之直射，故用寶蓮燈之效率極微。

(三)吊燈如高度裝置適宜，與遮去直射光線，極爲適用。

(四)半透明之半球形燈罩，能使人舒服，惟無光亮與陰影之差別，故有損藝術化明暗之分。

(五)可移動之燈具，如遮蔽完美，可供各種不同之需要。

(六)壁燈祇能作裝飾之用，直射光線須完全遮蔽，以免煩擾食者。

廚房

(甲)理論——因室內有不同工作，故以能普照室內如日光狀者爲佳。

(乙)實施——燈具之大小，依室之面積而定。

(一)在普通大小之廚內，可用一球形散光燈，置於天花板中央，故牆壁及天花板須用淡色。

(二)如在大廚房內，須用二盞以上之頂燈，並各部專用燈；於水槽與爐灶之上，另加遮蔽之壁燈。

臥室

(甲)理論——用一中等光度之總燈，並用强度之專用燈。

(乙)實施：

(一)總燈須用半透明之半球形燈罩，或燈之直射光遮蔽完善者，如此可免强光之射於臥者眼睛。

(二)於梳粧檯衣櫥之一旁，須加壁燈，此種壁燈可裝於傢具之上。

(三)檯燈極通用於梳粧檯與床旁之小桌上。

浴室

(甲)理論——普通大小之浴室，第一問題爲鏡旁燈盞。

(乙)實施——合適之方法，爲置二壁燈於鏡之兩旁，在天花板置一總燈亦可。

舊有裝置之改良

普通住宅中燈光之不佳，固無可諱言；以其不依照燈光裝置進步而改善之故，於是相形之下，自然成拙。按此種事實，於租居之房屋爲尤多，因固定之裝置，於搬家時不便攜走也。惟此種舊有裝置，亦可改善，如此則物主可隨便移走。關於裝就之燈盞，可用下列二法改善之：

(一)用玻璃質反光體或遮蔽物，以減低直射光之强度，俾免耀眼。

(二)增加檯燈，可移動之燈與裝飾用之燈具。

美國意利諾州工程師學會五十週紀念會紀詳

朗琴

美國意利諾州工程師學會，於本年一月三十一日至二月二日，在東聖路易（East St. Louis）舉行五十週紀念會。出席會員三百九十四人，會長為意利諾大學四克爾教授。會期三日，召集會議共六次，討論案件，多屬有關公共之工程問題，尤以給水與溝渠等項，加以深切注意。茲將會議經過，概誌如后：

登記法之商討

關於意利諾州工程師登記之立法問題。該會曾組織小組委員會，加以研究。該項法規係根據現行鋼架工程師(Structural Engineer)登記法而訂，現時則將鋼架工程師字樣修改為土木工程師（Civil Engineer）。凡已執有構架工程師證明書者，另給土木技師執照。該會授權此小組會與其他有關團體商討修改，以不背立法主旨為原則。在討論此案時，支加哥立法委員凱特爾氏(Mr. A. M. Kaindl)曾謂全國(指美國)二十八州中，均有工程師登記法；而意利諾州之工程師，有顯然之不利，蓋不能至他州執業，而他州登記之工程師，可至意州執行職務也。

給水問題

據州工程師奧斯朋君宣稱：意利諾州居民向工務管理處請求補助者，計五百十起，經華盛頓當局核准者，計二百四十五起，金額六九，三八二，〇〇〇元。內一四四起建築計劃已經許可，六十八處在進行中，三十一處已經完成，其他則在準備中。在此二百四十五起之計劃中，給水工程佔百分之四十，學校佔百分之二十二，溝渠佔百分之十八。在九十七起給水計劃中，供給人口為五三九，二〇〇人，材料估值四，七五〇，〇〇〇元。此九十七起給水計劃，新設置者四十一起，改善及擴展者五十六起。每一給水計劃，平均供給一千二百人，三十四起之水係得自井中，七起為地面之水。總計估值二，八〇六，五〇〇元，平均每起需費六八，四〇〇元，每一人口佔五十七元。該州居民之大半均仰給於密歇根湖。現在該湖之水，在質與量方面，漸覺不能滿意，蓋該州中心部份之地下，沙牀與石層並不連續，亟待另圖開發，現已由化學專家多人，從事研究云。

公共用水使軟法

萬國沙濾器公司克蘭君，曾擬具以石灰炭酸鈉屑等，使水具柔軟之法。（卽不含鑛性鹽類）。化學界先進克蘭姆君，謂在公用儲水之處，應先投以石灰，然後再和以炭酸屑等；在較小之儲水池，則此兩者可同時拌和後投入。水中各種混凝物，惟有用實驗方法改善之。丹佛(Denver)卽爲用鈉礬土之主要城市。

溝渠流通空氣法

地下溝渠使流通空氣，變濁爲淨，極關重要。意利諾大學倍別脫(Prof. Babbitt)教授謂空氣傳播法(Air diffusion)與機械激盪法(mechanical agitation)兩法中，後者之採用者較前者爲多，蓋因空氣傳播法常需設備及人工維持等費，同時傳播器常受阻塞，尤感最大困難也。補救之法，惟有採用比較簡單之機械流通空氣設備。此種機械需用動力較少，使用較久時間而不需注意，雖不熟練者亦能操縱自如。此機設計分爲三部，爲槳葉(Paddle)放氣器(Aspirator)，及混合槳葉與放氣器。且若用機械，淤泥之回波亦較少，然其理由殊不可解也。但某種激盪器，因需淺槽，故須佔較大地位，小型機器佔地既少，使用亦便也。

印第那之密歇根城，因經費有限，故用一混合蓄水池與一澄清池，以代替通常之複式水池，但另備用以調節之水管，俾水重復回入澄清池中。

據白羅明登城(Bloomington)公用事業監督威爾遜君報告，在五年中之沙濾器及溝渠改善費用，每月平均數爲二百八十四元。平均約自一九一元至四〇五元。另加監督費二千六百元，及化學師之薪給一，一〇四元，平均每年約需費一〇，七二四元。

公路與捐稅

意利諾大學教授惠來氏(Prof Wiley)，曾謂駕駛汽車者應注意築路之問題，俾其所付捐稅得達於最高之效能。意利諾州每年所得捐稅，數達一千八百萬美金，其中之半數係充撥道路公債之息金，及其他維持費用等。五百萬金用於擴充及改善之費。若提議執照費減爲三元，則收入僅及五百萬元，尚不足應付公債息金。但法律規定若遇此種情形，則須徵收財產稅，亦僅得四百萬元。同時擴充及維持費用，亦將無着矣！彼並謂現時低價之執照稅與汽油費，實足阻礙現時路政之進行云。

關於駛行高速度汽車之路面，惠氏認爲現時每小時駛行四十五英里者，其設計不必每小時超過六十里者。但因速度關係，其半徑亦不能小於二千尺也。斜度之變更，應留有垂直之彎曲形，俾駕駛者得有良好之視線也。

(一)

杜彥耿

緒言

著者於二十年前，閱讀英國麥却爾所編『Building Construction and Drawing』一書，鑒於我國建築學校之課本，及從事建築工業者之參考書，咸感極度缺乏；有之，惟採用西文書籍耳。觀乎我國一般高級專門學校，咸用西文課本，尤以土木與建築兩課為最；蓋西文課本，姑不論其內容之如何完善，其不能適合我國建築工程之實際情形，則無可諱言者也。今僅就建築工人所用之器械，及建築材料兩者而言，國外與國內已感枘鑿，一般學子，為西文書本所朦蔽，以為書中所言，必與工場中相同；迨畢業後，至工場實地工作，始知所學盡非所用，弊害之鉅，可以想見。然此間尚有一困難之問題，即中文課本，少如鳳毛麟角，倘學校不用西文課本，則勢必無書可授；是則求其次，又不得不假用西書焉。遑論國人之腦海中深印科學書必用西文之原則，與夫國人編著科學書籍之不力乎！不學如余，除勉力編著本書外，尚望高明，共起指敎，俾匡不逮。爰細繹各方心理，謹將管見數則列后。

一、科學書之最重要條件，厥為實用；蓋書中所述，必須切合實際。

一、科學書重實際，已如上述。故凡切合於他國之書本，不能遽加翻譯，祇能作為參考，至書中主材，仍須賴實地蒐集。

一、余蓄意編著此書，已二十年於玆矣。顧所以遲遲至今者，實因當時尚無關於建築之文化團體，故雖蘊此志，自思尚非其時，更佐以學力之不足，祇能作為準備時期。迨建築協會設立，繼以建築月刊問世，余乃先將初步工作——建築辭典，逐期發表於月刊。蓋「營造學」書內，建築名詞繁多，我國建築名詞之不一致；為統一名詞計，為編著本書計，此余不得不先從事於建築辭典之編著也。現在辭典行將出版，名詞既經統一，「營造學」亦得從事編著矣。

一、本書所述尺度，亦為難題之一，蓋公尺與英尺，兩者孰取孰捨？倘依照法令，自應採用公尺制；惟依照目下實際情形，則多用英尺制，建築材料如木料，現在普通用者為洋松柳安等，又如鋼幹，鋼條，鐵板，鐵條，磚瓦等，均用英尺。著者處於法令與現實兩者之下，初不能遽行決定；竊思本書既重實際，自當採取英尺制，況公尺之命名，業經行政院第二〇二次會議提出討論，尚有加以修改之考慮。職是之故，現決暫用英尺，幸本書陸續在月刊刊佈，迨將來全書告竣，發行單行本時，倘須改用公尺之必要，自可以時更改。

一、余誇知我國需要建築書籍之不可或緩，然鑒於一般人深中『科學書中文本不如西文本』觀念，處此現象之下，著者惟有分外努力，不求躁切，但求完善，無論一字一圖，均求切合實用；同時亦望國人能將忽視中文本之觀念加以轉移也。

一、余編著此書，對於個人見聞，容或有限，掛一漏萬，在所不免。希望讀者諸君，隨時加以指教與督責，俾此書得臻於完善之境。

第一章

第一節 建築工業

建築工業，在 先總理所著『建國方略』中，謂為『國際計劃中之最大企業』，此語誠然，蓋建築工業確較其他任何工業為扼要偉大也，茲姑舉其理由如下：

建築之於居室 吾國貧民，類多蟄居草屋陋室，甚有穴居者；其原因自屬以若輩經濟力之薄弱所致。試觀此種陋室，外面既無排洩污水之溝渠，又乏暢亮之窗牖；至於高爽之地板，不滲雨水之屋面，不透風雪之牆垣，更無論矣。而貧民偈居於此種不良之環境中，其生活幾等於牲畜，影響其智慧康健，自不待言！加以嚴冬時風雪交加，夏令蚊蚋翔集，疾病以起，死亡相繼，尤不堪設想。此種禍害，自表面觀之，貧民固首當其衝；然國家元氣，亦蒙受重大之喪失。補救之責，捨建築人其誰！蓋建築人如建築師，工程師，營造商，建築工人暨建築材料商，均應克盡厥職，以謀人類居住的幸福。

反觀內地富人居室，莫不以龐大是尚，九開間以及數進深之房屋，不足為奇；以是人少屋大，室內清潔，自不能顧及，而蛛網密結，蛇鼠匿居；此種住屋，有礙於家庭衞生者殊大。考其癥結所在，搆築此種房屋之原因，無非為紅白事計，非圖居住之安適也，祇求喜慶喪葬時之鋪張揚大也。至若通都大邑，雖不乏西式住宅，但仍有西式其外表，而內部依然牢守三間二廂與五開間中間一大廳等之設置者，不中不西，非驢非馬，殊屬貽笑大方！更有房屋蠢大，中間藏垢納污者，尤不一而足，此皆設計不完善，有以致之。由是以觀，建築師遇設計房屋時，須認定建築人之職責，非供人趨使，為謀人類居住幸福也。

建築之於工商業 建築之於工商業，有密切之關係也。夫存諸原料，須有避潮及不受損害之倉廩以護藏之；搬運原料至廠中製造，又須有完備之廠房；待工業品製成，自必裝箱存棧，俟船輸出，或運送市塲銷售，則店舖房屋，勢不可缺；更有建築大商塲或商舖，以資推銷商品者。商品轉輾買賣，爲預防不測計，勢必保險；加以商品買賣，賬務與書函必繁；發生糾葛，又需律師，故凡保險商，會計師，律師等等，在在需極大之事務室，用以辦公，因之有事務院銀行等之建築。他如醫人疾病者，有醫院之建築；供人消遣者，有戲院與娛樂場所之建築；供人運動者，有運動場之建築；上自國府行政立法監察等院，下至任何棚舍，在在均需建築人之服務。再者，建築材料之製造工業，實佔握工業界之絕大權威，如鋼鐵廠之製造鋼幹，鋼筋，鋼板，鐵條以及其他種種建築材料之製造，不勝枚舉。由上述觀之，可知建築於工商業之重要，我人奚可自視低落乎？

建築之於交通　鐵路公路等之交通網，猶人體上之脈絡；脈絡不通，勢必影響於人之生存；國家之幅員廣大，亦必有鐵路公路等交通，以資連絡。吾國雖地大物博，然交通不便；行動阻滯；同一貨物，舶來品反較國貨爲廉，究其原由，皆受交通不便之影響也。爲亡羊補牢計，惟有急起從事交通之整修。故築路造橋，開山洞，鑿地道，斯又不得不仰賴建築人之努力也。不甯惟是，黃河之築堤導川，運河渭河之疏濬，商港之開闢，以及擴展飛機塲，構架無線電台等，凡茲種種，咸爲建築人應負之任務也。

建築之於國防　際茲竊倡強權，湮沒公理之秋，吾人姑不談侵略他邦，至國土之防禦，則不可少者也。吾國海岸線之綿長，加以強鄰四接，眈眈虎視，設無各種強固之炮步等陣地之建設，以爲自衞，勢必外侮以乘，民不安生矣。他若海軍軍港，要塞炮壘，地下交通等之建築，靡不惟建築人之努力是賴也！

建築之於歷史　建築與歷史，關係綦切。我人攷查史蹟，最可靠者，厥惟覘之於建築物；蓋前代之建築，可供今人作史實之參考；今代之建築，又可留諸後人之借鑑。萬里長城之堅固雄偉，於此可知漢代之築以禦外侮也。現在一般攷古家，四出蒐覓古蹟，無非欲於斷碑殘碣中，作攷查歷史之資料。又如吾人初臨異國，亟欲參觀有悠久歷史之建築物；若我國北平故宮與長城等，均爲各國攷古家所不惜遠涉重洋，以一覩爲快者也。

建築之於文化　一國文化之表徵，有藉書籍圖畫者，有藉戲劇音樂者；然其表顯也，終不及建築物之偉大，蓋建築物中之一磚一瓦，無不爲文化的組合；他如雕刻彩繪等，在在顯示建築物爲文化之結晶。是以建築之進步，亦須藉文化之力量以推進之。

× × × × ×

總之，建築之關係，不獨上述數種。試以戲院一項而論，係容集電氣，冷熱氣，聲，美術，土木，溝渠，水管，光線，衞生及安全等等各種學術工業而成，於此可見建築事業之偉大。故凡已從事於建築者，及將入建築業者，均應慶幸自己爲偉大事業之一員，方不辱其使命也！

（待續）

建築材料介紹

快燥水泥（原名西門放塗）

快燥水泥，爲建築材料中之最新出品。用以拌製混凝土，一經舖澆，在二十四小時後，其堅韌之程度，與普通水泥澆後三個月者，其牢固正復相同。按此種水泥之製造，係以石灰及鋁屬鑛物鎔解於高熱度之爐中。然後將其傾倒而出，盛於陶器之中，一如溶解之鋼鐵。迨凝結後將其擣成粉狀即可。自此種水泥發明後，在鋼骨水泥建築史上，實開一新紀元。此種材料用於房屋及隄防道路等建築，尤爲適宜。而不受海水及硫礦質水性之溶解，尤爲其特殊之點。本埠總經理處爲北京路二號立興洋行云。

建築材料價目
本刊所載材料價目，力求正確；惟市價瞬息變動，漲落不一，集稿與出版時難免出入。讀者如欲知正確之市價者，希隨時來函詢問，本刊當代為探詢詳告。

磚瓦

△大中磚瓦公司出品

名稱	大小	價格	備註
空心磚	十二寸方十寸六孔	每千洋二百三十元	
空心磚	十二寸方九寸六孔	每千洋二百十元	
空心磚	十二寸方八寸六孔	每千洋一百八十元	
空心磚	十二寸方六寸六孔	每千洋一百三十五元	
空心磚	十二寸方四寸四孔	每千洋九十二元	
空心磚	十二寸方三寸三孔	每千洋七十二元	
空心磚	九寸二分方六寸六孔	每千洋七十二元	
空心磚	九寸二分方四寸半三孔	每千洋五十五元	
空心磚	九寸二分方三寸三孔	每千洋四十五元	
空心磚	四寸半方九寸二分四孔	每千洋三十五元	
空心磚	九寸二分四寸半三寸二孔	每千洋二十二元	
空心磚	九寸三分·四寸半·二寸半·二孔	每千洋廿一元	
空心磚	九寸三分·四寸半·二寸·二孔	每千洋廿元	
八角式樓板空心磚	十二寸方八寸四孔	每千洋二百元	
八角式樓板空心磚	十二寸方六寸三孔	每千洋一百五十元	
八角式樓板空心磚	十二寸方四寸三孔	每千洋一百元	
深綫毛縫空心磚	十二寸方十寸六孔	每千洋二百五十元	
深綫毛縫空心磚	十二寸方八寸半六孔	每千洋二百十元	
深綫毛縫空心磚	十二寸方八寸六孔	每千洋二百元	
深綫毛縫空心磚	十二寸方六寸六孔	每千洋一百五十元	
深綫毛縫空心磚	十二寸方四寸四孔	每千洋一百元	
深綫毛縫空心磚	十二寸方三寸三孔	每千洋八十元	
深綫毛縫空心磚	九寸三分方四寸半三孔	每千洋六十元	
實心磚	九寸四寸三分二寸半紅磚	每萬洋一百四十元	
實心磚	八寸半四寸一分二寸半紅磚	每萬洋一百三十二元	
實心磚	十寸·五寸·二寸紅磚	每萬洋一百二十七元	
實心磚	九寸四寸三分二寸紅磚	每萬洋一百〇六元	
實心磚	九寸四寸三分二寸三分紅磚	每萬洋一百廿元	
實心磚	九寸四寸三分二寸三分拉縫紅磚	每萬洋一百八十元	以上統係外力
一號紅平瓦		每千洋六十五元	
二號紅平瓦		每千洋六十元	
三號紅平瓦		每千洋五十元	
一號青平瓦		每千洋七〇元	
二號青平瓦		每千洋六十五元	
三號青平瓦		每千洋五十五元	
西班牙式紅瓦		每千洋五十元	
西班牙式青瓦		每千洋五十三元	
英國式灣瓦		每千洋四十元	
古式元筒青瓦		每千洋六十五元	以上統係連力

鋼條

名稱	大小	價格	備註
鋼條	四十尺二分光圓	每噸一一八元	德國或比國貨

名稱	大小	價格	備註
鋼條	四十尺二分半光圓	每噸一一八元	仝前
鋼條	四十尺三分光圓	每噸一一八元	仝前
鋼條	四十尺三分圓竹節	每噸一一六元	仝前
鋼條	四十尺普通花色	每噸一〇七元	自四分至一寸方或圓
鋼條	盤圓絲	每市擔四元六角	

水泥

名稱	數量	價格
象牌	每桶	洋六元三角
泰山	每桶	洋六元二角五分
馬牌	每桶	洋六元二角
英國"Atlas"	每桶	洋三十二元
法國麒麟牌白水泥	每桶	洋二十八元
意國紅獅牌白水泥	每桶	洋二十七元

木材

◀上海市木材業同業公會公議價目

名稱	標記	價格	備註
洋松	八尺至卅二尺再長照加	每千尺洋九十元	下列木材價目以普通貨為準
一寸洋松		每千尺洋九十二元	揀貨及特種鋸
寸半洋松		每千尺洋九十三元	貨另定價目
洋松二寸光板		每千尺洋七十六元	
四尺洋松條子		每萬根洋一百二十五元	
一寸四寸洋松一號企口板		每千尺洋一百十元	
一寸四寸洋松副頭號企口板		每千尺洋九十四元	
一寸四寸洋松二號企口板		每千尺洋八十元	

名稱	標記	價格	備註
一寸六寸洋松一號企口板		每千尺洋一百二十元	
一寸六寸洋松副頭號企口板		每千尺洋九十八元	
一寸六寸洋松二號企口板		每千尺洋八十四元	
一二五四寸一號洋松企口板		每千尺洋一百五十元	
一二五四寸二號洋松企口板		每千尺洋一百元	
一二五六寸一號洋松企口板		每千尺洋一百六十五元	
一二五六寸二號洋松企口板		每千尺洋一百十五元	
柚木（頭號）	僧帽牌	每千尺洋五百四十元	
柚木（甲種）	龍牌	每千尺洋四百六十元	
柚木（乙種）	龍牌	每千尺洋四百三十元	
柚木段	龍牌	每千尺洋三百六十元	
柚木	旗牌	每千尺洋四百元	
柚木	盾牌	每千尺洋三百六十元	
硬木		每千尺洋二百元	
硬木	火介方	每千尺洋一百五十元	
柳安		每千尺洋二百元	
紅板		每千尺洋一百三十元	
抄板		每千尺洋一百四十元	
一二尺三寸六八皖松		每千尺洋六十五元	
一二尺二寸皖松		每千尺洋六十五元	
一二五四寸柳安企口板		每千尺洋一百八十五元	

名稱	標記	價格	備註
一寸六寸柳安企口板		每千尺洋二百八十五元	
一二五四寸企口紅板		每千尺洋一百四十元	
建松片		市尺每千尺洋七十元	
九尺四分建松板		市尺每丈洋四元七角	
九尺八分建松板		市尺每丈洋八元	
六尺半五分青山板		市尺每丈洋四元三角	
本松毛板		市尺每塊二角六分	
本松企口板		市尺每塊洋二角七分	
六尺半二分杭松板		市尺每丈洋三元三角	
七尺半二分甌松板		市尺每丈洋二元	
六尺半八分皖板板		市尺每丈洋四元四角	
九尺八分皖松板		市尺每丈洋五元五角	
六尺半五分皖松板		市尺每丈洋四元三角	
台松板		市尺每丈洋四元二角	
七尺半四分坦戶板		市尺每丈洋三元	
七尺半三分坦戶板		市尺每丈洋三元八角	
六尺二分機鋸紅柳板		市尺每丈洋三元五角	
六尺三分毛邊紅柳板		市尺每丈洋三元三角	
六尺二分俄松板		市尺每丈洋三元三角	

名稱	標記	價格	備註
六尺半二分俄松板		市尺每丈洋三元八角	
七尺半毛邊二分坦戶板		市尺每丈洋二元	
六尺半五分機介杭松		市尺每丈洋四元四角	
六分一寸俄紅松板		每千尺洋七十八元	
一寸二分一寸俄白松板		每千尺洋七十六元	
一寸二分四寸俄紅松板		每千尺洋七十四元	
一寸二分四寸俄白松板		每千尺洋七十二元	
俄紅松方		每千尺洋八十元	
一寸四寸俄紅白松企口板		每千尺洋七十九元	
一寸六寸俄紅白松企口板		每千尺洋七十九元	
俄麻栗光邊板		每千洋一百三十元	
俄麻栗毛邊板		每千洋一百二十元	
六分一寸俄黃花松板		每千尺洋七十八元	
一寸二分四分俄黃花松板		每千尺洋七十四元	
四分俄條子板		每萬根洋一百三十元	
一寸五分杭桶木		每根洋三角	以下市尺
一寸九分杭桶木		每根洋四角	
二寸三分杭桶木		每根洋五角七分	
二寸七分杭桶木		每根洋六角七分	
三寸杭桶木		每根洋八角	
三寸四分杭桶木		每根洋九角五分	

名稱	標記	價格	備註
三寸八分杭桶木		每根洋一元一角五分	
二寸三分連半		每根洋六角八分	
二寸七分連半		每根洋八角三分	
三寸連半		每根洋一元	
三寸四分連半		每根洋一元二角	
三寸八分連半		每根洋一元四角五分	
二寸三分雙連		每根洋八角五分	
二寸七分雙連		每根洋一元三角五分	
三寸雙連		每根洋一元三角五分	
三寸四分雙連		每根洋一元五角	
三寸八分雙連		每根洋一元八角	
三尺半寸半杉木條子		每萬大洋八十五元 每萬小洋五十五元	

五金

（一）鐵皮

號數	張數	重量	價格
二二號英白鐵	每箱二一張	四二〇斤	洋五十八元八角
二四號英白鐵	每箱二五張	四二〇斤	洋五十八元八角
二六號英白鐵	每箱三三張	四二〇斤	洋六十三元
二八號英白鐵	每箱三八張	四二〇斤	洋六十七元二角
二二號英瓦鐵	每箱二一張	四二〇斤	洋六十九元三角
二四號英瓦鐵	每箱二五張	四二〇斤	洋六十九元三角
二六號英瓦鐵	每箱三三張	四二〇斤	洋六十三元
二八號英瓦鐵	每箱三八張	四二〇斤	洋六十七元二角

（二）釘

名稱	標記	價格	備註
美方釘		每桶洋十六元〇九分	
平頭釘		每桶洋十六元八角	
中國貨元釘		每桶洋六元五角	

（三）牛毛毡

名稱	標記	價格	備註
五方紙牛毛毡		每捲洋二元八角	
半號牛毛毡	馬牌	每捲洋二元八角	
一號牛毛毡	馬牌	每捲洋三元九角	
二號牛毛毡	馬牌	每捲洋五元一角	
三號牛毛毡	馬牌	每捲洋七元	

（四）門鎖

名稱	標記	價格	備註
洋門套鎖	中國鎖廠出品黃銅或古銅式	每打洋十六元	
洋門套鎖	德國或美國貨	每打洋十八元	
彈弓門鎖	中國鎖廠出品	每打洋三十元	
彈弓門鎖	外貨	每打洋五十元	
彈子門鎖	三寸七分古銅色	每打洋四十元	以下合作五金公司出品
彈子門鎖	三寸七分黑色	每打洋三十八元	
明螺絲彈子門鎖	三寸五分古黑色	每打洋三十三元	
明螺絲彈子門鎖	三寸五分黑色	每打洋三十二元	
執手插鎖	六寸六分（金色）	每打洋二十六元	
執手插鎖	古銅色	每打洋二十六元	
執手插鎖	克羅米	每打洋三十二元	
彈弓門鎖	三寸黑色	每打洋十元	
彈弓門鎖	三寸古銅色	每打洋十元	
迴紋花板插鎖	四寸五分金色	每打洋二十五元	
迴紋花板插鎖	四寸五分黃古色	每打洋二十五元	
迴絞花板插鎖	四寸五分古銅色	每打洋二十五元	
細花板插鎖	六寸四分金色	每打洋十八元	
細花板插鎖	六寸四分黃古色	每打洋十八元	

名稱	標記	價格	備註
細花板插鎖	六寸四分古銅色	每打洋十八元	
鐵質細花板插鎖	六寸四分古色	每打洋十五元五角	
瓷執手插鎖	三寸四分(各色)	每打洋十五元	
瓷執手靠式插鎖	三寸四分(各色)	每打洋十五元	

(五)其他

名稱	標記	價格	備註
鋼絲網	27"×96" 2¼lb.	每方洋四元	德國或美國貨
鋼版網	8"×12" 六分 一寸半眼	每張洋卅四元	
水落鐵	六分	每千尺五十五元	每根長二十尺
牆角線		每千尺九十五元	每根長十二尺
踏步鐵		每千尺五十五元	每根長十尺或十二尺
鉛絲布		每捲二十三元	闊三尺長一百尺
綠鉛紗		每捲洋十七元	同上
銅絲布		每捲四十元	同上

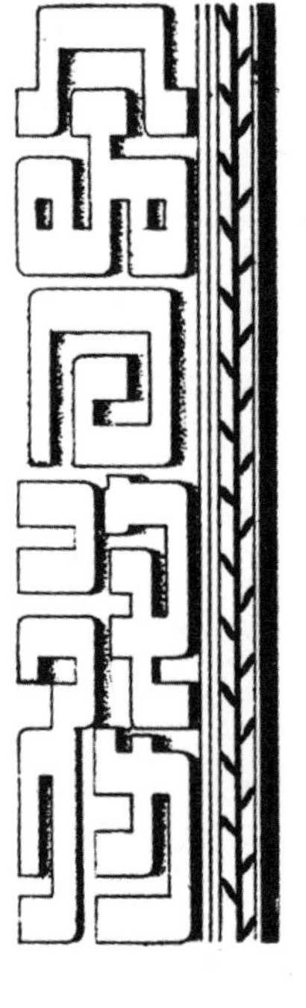

本會為依照議決徵集營業成數萬分之五特助致各會員函

敬啓者：本會成立五載，平時經費收入，全賴會員會費，故每遇預算不敷，輒感難以應付，捉襟見肘，未遑專一於會務之進展。本屆執監委員，受命於會務經濟極度困難之秋。歷次會議，鑒於會中每遇經費支絀，即暫借告助，以圖補救於一時，輾轉籌措，終非根本辦法。茲為謀久遠安定之策起見，經由二月十九日第五次執監委員會常會，及三月五日第六次執監委員會常會，兩次慎重議決，自本年度起，本會委員，各以營業成數萬分之五，撥助本會經費，（即每萬元捐助五元）同時通函，並在建築月刊公告各從事營造業之會員，請其依照此議，自動補助，予以實力上之贊護；俾所辦夜校及月刊，工作不致因缺乏經費而中輟。現在此項辦法，已切實推行，各委員均已陸續按數照繳，以示倡導。竊以集腋成裘，衆擎易舉，此數在繳納者之負担尚輕，而本會受惠實大。素仰 貴會員贊翼本會，久具熱忱，為此備函，懇請依照前議，源源撥助，會務進展，實利賴之。收得款項，除隨時掣奉收據外，並按月在建築月刊登載報告，以示激勸。專此奉達。請即

貴會員 台鑒

三月二十二日

本會會員達昌建築公司殷信之君為與意商天津回力球場涉訟具呈本會文

呈為天津回力球場假藉領事裁判權，違迕營造通例，肆意悔約，抑留造價，請求主持公道，賜予援助；並懇據情轉陳上海市政府，市黨部，市商會，乞予救濟事。

緣民國廿二年六月間，有津滬意僑，聯合華商，集資籌辦回力球場於津門，置地籌建球場一所。由該場董事會委託意商包內梯建築師，主持建築事宜，規劃造價，招標承建。並委中美建築公司工程師開司勒氏，繪製圖說，設計工事，以為投標準鵠。並定明投標人應具萬元保證，以資徵信。會員平素經營，專重滬地一隅；維時為拓展外埠業務起見，殊有意承攬。因即照章投標，估計造價為卅七萬四千元。同時中美公司亦為投標人之一，標價為卅二萬七千元，係最低之估價。顧是項標價，均超出業主限額，遂由中美公司開氏修改圖樣，再度招標。迨二次投標，會員力抱薄利主旨，低減標價為廿八萬六千元，而中美標價，較為高昂。按業主招標規例，固不以標價多寡定取還。孰得孰失，於未開標前自無從逆覩。旋於同年十月，由該場董事會召集具呈人，暨中美負責人員，雙方公開會敘。席間該董事向中美徵詢同意，即以會員標價為備取標準。中美亦即表示，願以同樣價格承攬。業主以雙方標價相同，因提高保證金額．易萬元為五萬元之地契保證，以為取捨之限制。具呈人為維持業務信譽，當即照數妥備，復因預計承造期限較短於中美，於是此項

球場工程，遂爲具呈人所全權承攬。此具呈人得標之經過情形也。具呈人既經得標承攬，中美勢歸落選。當時爲妥具手續計，會員即與球場董事會正式簽訂承攬合同，俾得進行動工。詎意中美公司與球場當局既同屬洋商，對秉柄諸董事，復別具淵源。球場工程設計，由中美開氏獨攬大權，其職責優惠，舉足勢關輕重。故當雙方締約之際，具呈人遂在在受其牽掣，業主方面，亦卽利用特殊機會，極盡苛求能事。該合同中最關重要之撥付造價一層，遂成前所未見之畸形契約。爲規定第六期造價七萬九千元，須俟全部工竣，始行撥付，而末期付款五萬元，竟遠在落成一載以後，連同地契擔保五萬元，合共十八萬元。衡諸造價總額，幾達三分之二；是不啻由承攬人預代業主墊付巨量資金，亦卽業主以微數負擔，易此龐大工程。其間資金之拆息，與延遲之利率，其損失更無論矣！

按是項工程，會員與中美同屬投標人，自不可得而兼之；而彼此商業競爭，初不免因利鈍而生隱隙。揆諸常情，中美公司對於球場總工程師一席，應自行規避，以杜徇私之嫌。然事實固不能悉遂人意者，中美開氏，因事先業主授權主秉設計，所擬圖說，大率模稜兩可，極富伸縮性。臨事牽强傅會，悖出悖入，不過反掌之勞。蓋雙方投標時，均隱以敵體相埒，一旦相值，甯能盡釋芥蒂。迨會員開始建築工事，中美遂挾其職權，而恣意脅制。不惜利用圖說不淸，上下其手，而具呈人則爲桎梏在躬，勢實無所措手足矣。玆將該工程師留難掣肘之事實，舉其犖犖大者如左：

關於建築材料之置備，其品類尺寸，原約無縝密說明。會員於採辦之際，遂不得不悉遵工程師之指示。而開氏以有機可乘，乃不惜任意提高品類、務使應用材料，均非鄰屬各區所得購置。會員以地位關係，自無表示異議餘地。於是竹頭木屑之微，均不得不遠託異域，轉輾購辦。其間運輸之耗費，既屬不貲，而途程迢遞，費時尤久；影響於建築限期，殊難計核。而延遲之愆，會員既委咎無從，在業主則嫁罪有詞。此其居心叵測豈待辭費歟。

是項工程，式樣悉採歐化，形質尤重堅鞏，故所需石子，自倍蓰於尋常。實知此項巨量石子，亦繫有殊異之苛約，蓋據工程師指定，用石必需經過洗滌也。年來建築一業，勃興殊盛。鉅大工程，殆以漚漬爲尾閭。然而用機洗石之說，尙屬寡聞，卽徵諸歐美先進，殆亦非必要之設施。顧會員以工程師所命，惟有勉爲其難耳。惟洗滌石子，必需置備特種機器，而此項機器，祇有中美獨家經售。會員廣徵不獲，僅有逕向中美購置之一途。乃中美以奇貨可居，大肆要挾，索値竟超越原售價十倍以上。（按該機價値不及六百元，而中美竟增至六千元。）嗣經球場董事出任調處，着會員向之租貸，幾度折衡，始獲中美首肯，而所計租貸期限，僅二閱月，租金價額達一千五百元之多，逾售價二倍有奇。試問此種優惠條件，會員詎堪置喙耶。

球場房屋爲力求堅實計，約定須建鐵質屋頂。會員以此項工程，雖僅局部，而所需造價，殊匪微尠。爲審愼起見，亦舉行部份之招標。其時投標者亦有十數家，平均估値一萬二千元。而中美公司亦爲投標人之一，其標價獨高計一萬八千五百元。會員以全部造價所限，自不得不權衡多寡，以定甄選。乃中美開氏蓄意把持，明示其旨，會員因徵詢於球場當局，其時董事裴歐拉君以與開氏素具淵源，亦表示屬意於中美。於是具呈人遂不得不捨輕就重，以六千元之差額，供無形之犧牲矣。返觀中美承攬戲頂工程，其所締合同，極盡優渥能事。對撥付造價一項，與具呈人承建球場之約定，適成一極端之反比。兩兩相較，其爲偏頗徇私，誠不言而喻矣。

復按承攬人建築工事，無論鳩工採料，應悉以工程師之圖說爲唯一準繩。蓋體用相關，難容隔閡。顧開氏挾隙未釋，在在俟機與會員以牽掣。於是每屆交圖之期，往往故事留難，蓄意稽延。會員迫於限期，如芒刺背，不得不仰承鼻息，曲爲求懇。其間函牘頻馳，積案盈尺。（往返函件均可呈證）其爲多方刁難，尤屬無可諱言。他如業主撥付造價，依約本明定期限。乃每屆付款日期，輒藉故遷延，與原約多所扞格。會員欲罷不能，惟有坐視虧折而已。

總之，會員承攬是項工程，即墮入莫大危機，直接間接所蒙損失，殆已不可勝計。顧會員爲維護自身營業信譽，殊不欲中輟其事。故仍積極鳩工，忍痛督造。至去年冬間，即全部告竣。在會員純抱犧牲精神，甯知該場當局得寸進尺，居心叵測。以工程完成，有恃無恐，竟聯絡建築師設詞挑剔，圖淆視聽。對於應付造價，復假藉洋商威勢，任意悔約，抑留不付。會員疊向交涉，概置罔聞。蓋該場託庇於領事裁判權翼下，會員殊無法援引我國律例，訴諸我國法院。所謂投鼠忌器，會員踟躕莫決，惟有多方挽人斡旋，冀得轉圜。奈該場態度頑强，仗勢欺人，稽延迄今，終無效果。會員迫不獲已，祇有委請外籍律師，具狀呈控於駐滬意國領署，以求法理保障。惟念本案標的既鉅，牽涉尤繁，會員一己之成敗事小，我營造業前途安危事大。設若事態擴大，是不僅影響及於國際貿易，抑且有礙於中意邦交。因敢瀝陳顛末，懇切具呈，伏乞

鈞會鑒核下情，賜予援助。現本案已由意領署指定本年三月廿六日上午十時開庭集訊，屆時務懇

鈞會派員列席旁聽，鼎力匡護，並祈據情轉呈

上海市政府，

市黨部，暨

市商會，請求主持公道，以維國交，而恤商艱，實紉公誼。謹呈

上海市建築協會。

會員殷信之謹呈

二十四年三月十八日

按該案已如期作初度審訊，本會曾請袁景唐律師及杜彥耿先生等列席旁聽，現展期三星期再審云。

中華郵政特准掛號認為新聞紙類

建築月刊
THE BUILDER

內政部登記證警字第二五五四號

第三卷第二號

民國二十四年二月發行

刊務委員會 竺泉通 江長庚 陳松齡

主編 杜彥耿

廣告 藍克生 (A. O. Lacson)

發行 上海市建築協會 南京路大陸商場六二〇號 電話 九二〇〇九號

印刷 新光印書館 上海聖母院路聖達里三一號 電話 七四六三五號

定價

訂購辦法		零售	預定全年
價目		五角	五元
郵費	本埠	二分	二角四分
	外埠及日本	五分	六角
	香港澳門	一角八分	二元一角六分
	國外	三角	三元六角

每月一冊　全年十二冊

廣告刊例
Advertising Rates Per Issue

地位 Position	全面 Full Page	半面 Half Page	四分之一 One Quarter
底封面外面 Outside back cover.	七十五元 $75.00		
封面及底面之裏面 Inside front & back cover	六十元 $60.00	三十五元 $35.00	
封面裏面及底面裏面之對面 Opposite of inside front & back cover.	五十元 $50.00	三十元 $30.00	
普通地位 Ordinary page	四十五元 $45.00	三十元 $30.00	二十元 $20.00

小廣告 每期每格一寸高三寸半闊洋四元

Classified Advertisements - $4.00 per column

廣告概用白紙黑墨印刷，倘須彩色，價目另議；鑄版彫刻，費用另加。

Designs, blocks to be charged extra.

Advertisements inserted in two or more colors to be charged extra.

The Robert Dollar Co.,

Wholesale Importers of Oregon Pine Lumber, Piling and Philippine Lauan.

美商

大來洋行

本行專售大宗洋松椿木及
菲律濱柳安烘乾企口板等

各種裝修如門窗等以及考究器具請
貴主顧須要認明大來洋行獨家經理
之菲律濱柳安有I.L.CO.標記者爲最優
美並請勿貪價廉而採購其他不合用
之劣貨統希
貴主顧注意爲荷

大來洋行木部謹啓

新仁記營造廠

總賬房
愛文義路一四二三號
電話三〇五三一

事務所
江西路一七〇號二樓二五八號
電話一〇八八九

二十層百老匯大廈　本廠最近承造工程之一

Broadway Mansions

本廠承造工程之一斑：

沙遜大樓　南京路
漢彌爾登大廈　江西路
都城飯店　江西路

Sin Jin Kee & Company

Head office: 1423 Avenue Road Tel. 30531

Town office: Hamilton House
Room No. 258　Tel.10889
170 Kiangse Road

FAR EASTERN DECORA, LTD.

遠東雲石股份有限公司

ew invented artificial marble

"DECORA"

德國專家新發明之

"德高拉"

雲石。已爲歐西各國建築界所一致公認之最優美而最經濟的石料。故現代建築。咸多樂用之。

現經本公司購得祕密製造方法。獨家出品。在中國全部及南洋各埠有專銷權。凡欲求建築之富麗雄壯。合用而經濟者。誠不可不採用焉。

for FLOORING,
DADO,
PANELLING WALL
EXTERIOR & INTERIOR

Permanent,
Durable,
Weather Proof including
Sun Proof.

Low Cost and
Economical.

Samples and quotations
supplied on request.

"德高拉'雲石之特點，列下：

（一）石質　堅固耐久　不畏冰霜烈日

（二）顏色　各色皆有　任隨指定製造

（三）光彩　永遠不變　不忌磨擦污垢

（四）代價　極端低廉　適合時代經濟

Temporary Office:

169 Rue Port de l'Ouest, Shanghai, Tel. 85691

地　址

上海法租界西門路西成里一六九號

電話　八五六九一

上海北京路第二號
立興洋行
電話一一六二零號
快燥水泥
（原名西門放塗）
最合海塘及緊急工程之用因其能於念四小時內乾燥普通水泥則需四星期之多
立興快燥水泥爲法屬印度支那海防之拉發其水泥廠所特製
世界各國無不聞名爲最佳最快燥之礬土水泥雖海水侵襲決無絲毫影響打樁・造橋・基礎・碼頭・機器底脚及汽車間地板最爲合用如荷垂詢無任歡迎
CIMENT FONDU
CIMENT FONDU LAFARGE
INDO-CHINA LAFARGE ALUMINOUS CEMENT CO.
HAIPHONG

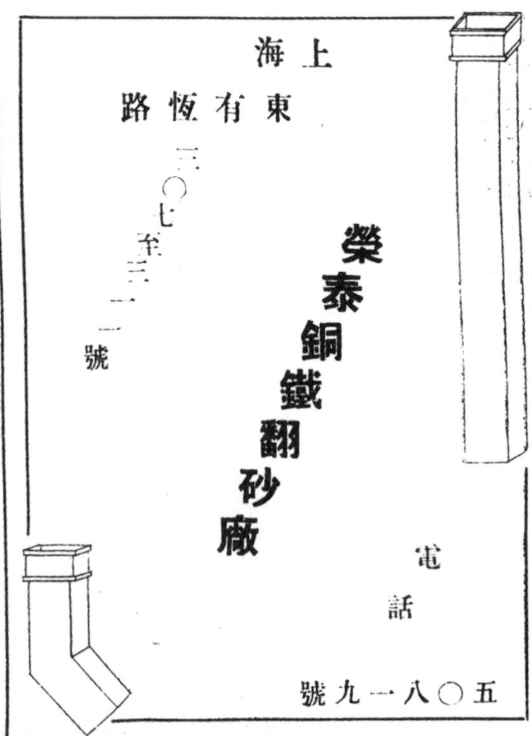
上海東有恆路
三〇七至三一一號
榮泰銅鐵翻砂廠
電話五〇八一九號

康益洋行

專門承辦各種

三和土椿
洋松木椿
底脚工程
港務工程
橋樑工程
鋼骨水泥
工程
鋼鐵工程

本行承包工程：

四行儲蓄會 廿二層大廈
中國通商銀行 十八層新廈
華懋地產公司 峻嶺寄廬十八層公寓
萬國儲蓄會 霞飛路十四層公寓
法商電車公司 盧家灣新電廠
蕪乍鐵路 廿四架橋梁工程
中國銀行 十二層堆棧及辦事處
永安公司 十七層新屋
業廣地產公司 十七層百老匯大廈
中匯銀行 九層新屋
法工董局 福履理路營房
亞洲電氣公司 河間路新廠

備有大宗現貨椿木 如
蒙垂詢各種估價無不竭
誠歡迎

事務所 上海江西路二七八號
電話一四四六六

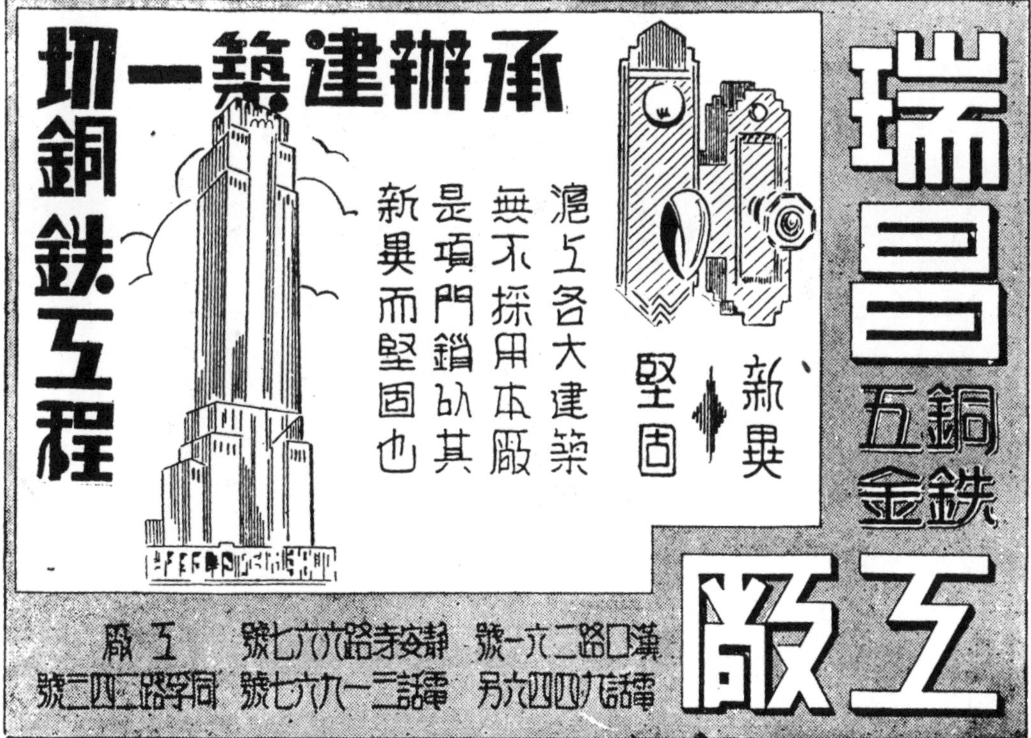
瑞昌銅鐵五金工廠
承辦建築一切銅鐵工程
滬上各大建築無不採用本廠是項門鎖以其新異而堅固也
新異
堅固
漢口路二六一號 電話九四四六號
靜安寺路六六七號 電話三一九六七號
工廠 同孚路二四二號

中華郵政特准掛號認爲新聞紙類

英商吉星洋行油漆服務部

上海四川路三二〇號　電話一九一五四〇

香港——上海——天津

中國近代建築史料匯編（第一輯）

建築月刊

第三卷　第三期

建築月刊

THE BUILDER

VOL. 3 NO. 3 第三卷 第三期

ELGIN AVENUE BRITISH CONCESSION
TIENTSIN
SURFACED WITH K.M.A. PAVING BRICKS

SLOANE·BLABON

司隆百拉彭

印花油毛氈毯

此爲美國名廠之出品。今歸秀登第公司獨家行銷。中國經理則爲敝行。特設一部。專門爲客計劃估價及舖設。備有大宗現貨。花樣顏色。種類甚多。尺寸大小不一。

司隆百拉彭印花油毛氈毯。質細耐久。終年光潔。既省費。又美觀。室內舖用。遠勝毛織地毯。

美商 美和洋行

上海江西路二六一號

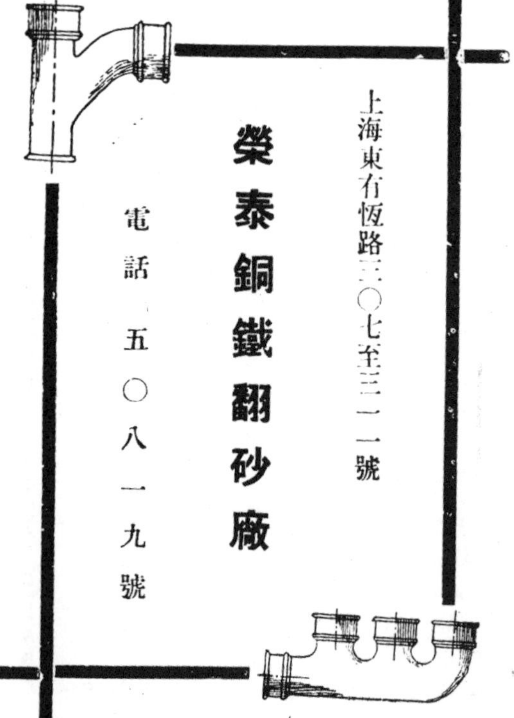

木材乾腐 如何可以防止

凡木材之易於感受乾腐者。祇須用「阿脫拉司A」護木水治之。便可使其完全免去此患。使用之法。或將木材浸入水中。或用刷子塗施木面。如用之於木材之已經乾腐者。則足以滅絕滋生之木耳及其細菌。無論土產或外洋輸入之木材。一受此水。便可永保安全。不生菌類。其力之强。爲他種殺滅木耳之藥物所莫及。此在倫敦帝國大學格羅姆Percy Groom敎授之種種試驗中已經充分證明。蓋彼屢在「阿脫拉司A」治過之木段上。試植木耳。即Coniophora cerebella與Merulius lacrymans。而結果全屬負性。故「阿脫拉司A」者。乃世界上最有効而經濟之護木水也。

如蒙來函索閱格羅姆敎授之報告書及敍述「阿脫拉司A」之其他說明。不勝歡迎。

阿脫拉司A防腐劑有限公司獨家製造

愛立士 康德 英格蘭

中國經理處 孔士洋行 上海四川路一一〇號

裝聽：一加侖及五加侖兩種

水質濃厚 十分經濟

長城機製磚瓦
股份有限公司
註冊商標
TRADE MARK
價比普通磚廉
貨品較任何機器磚高
總公司
製造廠 騰越路一四四號 電話五一一七九
事務所 牛莊路七四二號 電話九〇九八〇
出品
堅韌硬磚
輕硬空心磚
瀉水瓦片
如蒙垂詢價格及索閱貨樣請電話通知即當送奉
証明
壓力、吸水量、耐久性均經上海工部局詳細化驗負責証明成績超越一切磚瓦
合作五金
股份有限公司
出品
優點
精確 美觀 堅固 價廉
出品
門鎖 抽屜鎖 拉手 文具 鉸鏈
CMC
TRADE MARK
註冊商標
K.T.C.H.C.
L
TRADE MARK
註冊商標
MARCH
製造廠
總務處 上海塘山路七九六
發行所 上海牛莊路七四二
電報掛號九六〇二
電話 九〇九八〇

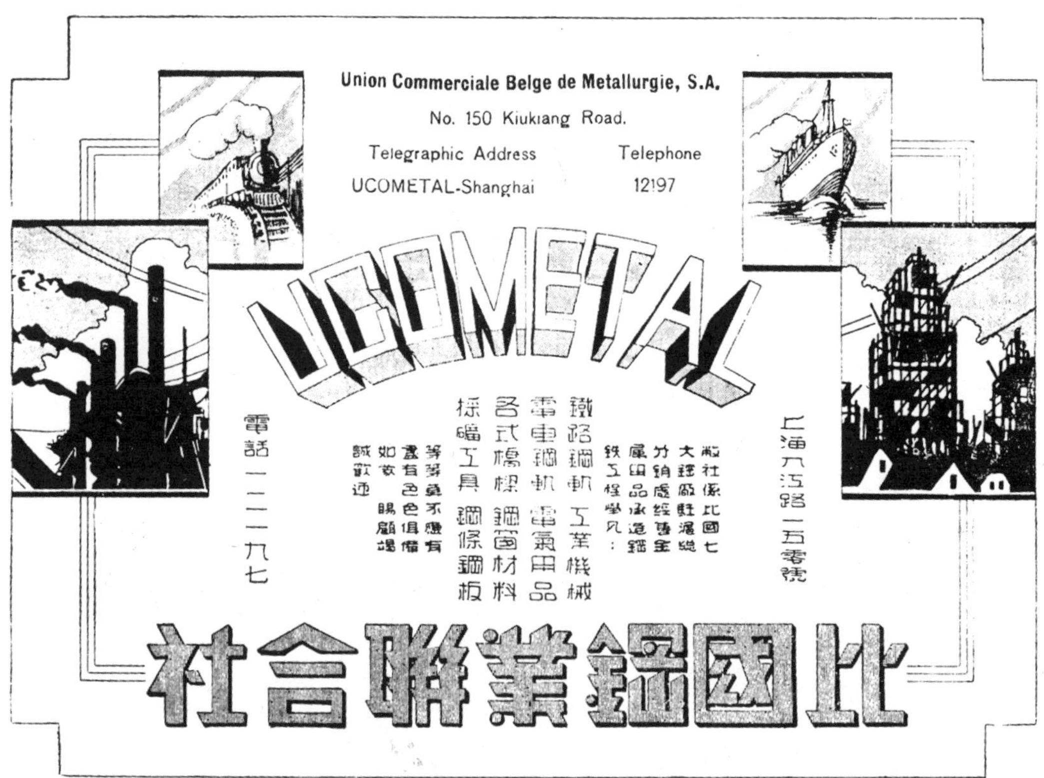
Union Commerciale Belge de Metallurgie, S.A.
No. 150 Kiukiang Road.
Telegraphic Address　Telephone
UCOMETAL-Shanghai　12197
UCOMETAL
上海九江路一五零號
電話一二一九七
鐵路鋼軌　工業機械
電車鋼軌　電氣用品
各式橋樑　鋼窗材料
採礦工具　鋼條鋼板
敝社係比國七大鋼廠駐滬總分銷處經售全廠出品承造鋼鐵工程舉凡：
等等莫不應有盡有色色俱備如蒙賜顧竭誠歡迎
比國鋼業聯合社

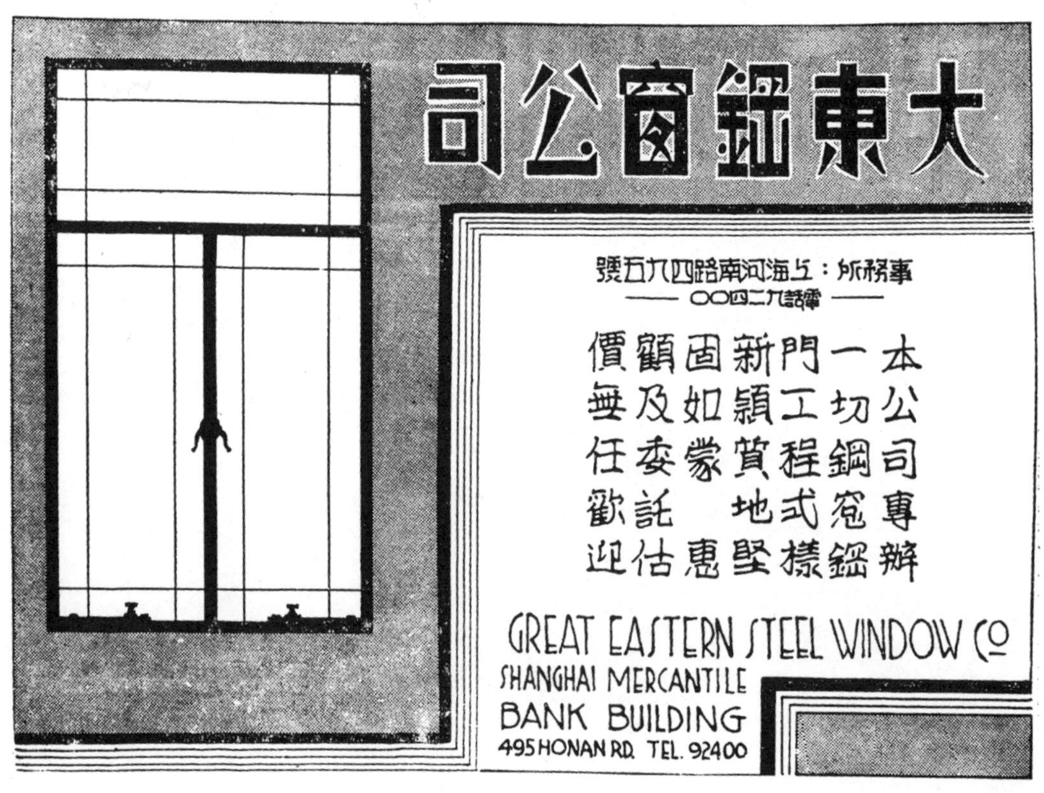
大東鋼窗公司
事務所：上海河南路四九五號
電話九二四〇〇
本公司專辦一切鋼窗鋼門工程式樣新穎質地堅固如蒙惠顧及委託估價無任歡迎
GREAT EASTERN STEEL WINDOW CO
SHANGHAI MERCANTILE
BANK BUILDING
495 HONAN RD. TEL. 92400

目錄

第三卷第三號

插圖

論著

廣告索引

本會建築叢書之一

英華華英合解建築辭典發售預約

▲備有樣本　函索卽寄▼

英華華英合解建築辭典

建築界之顧問

英華華英合解建築辭典，是『建築』之從業者・研究者・學習者之顧問，指示「名詞」「術語」之疑義，解決「工程」「業務」之困難。爲

建築師及土木工程師所必備　藉供擬訂建築章程承攬契約之參考，及探索建築術語之釋義。

營造廠及營造人員所必備　倘簽訂建築章程承攬契約而發現疑難名辭時，可以檢閱，藉明含義，如以供練習生閱讀，尤能增進學識。

土木專科學校教授及學生所必備　學校課本，輒遇冷僻名辭，不易獲得適當定義，無論教員學生，均同此感，倘備本書一册，自可迎刃而解。

公路建設人員及鐵路工程人員所必備　公路建設倘發軔於近年，鐵路工程則係特殊建築，兩者所用術語，類多艱澀，從事者苦之；本書對於此種名詞，亦蒐羅詳盡，以應所需。

律師事務所所必備　人事日繁，因建築工程之糾葛而涉訟者亦日多，律師承辦此種訟案，非購置本書，殊難順利。

此外如「地產商」，「翻譯人員」，「著作家」，以及其他有關建築事業之人員　均宜手置一册。蓋建築名詞及術語，普通辭典掛一漏萬，卽或有之，解釋亦多未詳，英華華英合解建築辭典則彌補此項缺憾之最完備之專門辭典也。

預約辦法

一、本書用上等道林紙精印，以布面燙金裝訂。書長七吋半，闊五吋半，厚計四百餘頁。內容除文字外，並有銅鋅版附圖及表格等，不及備述。

二、本書在預約期內，每册售價八元，出版後每册實售十元，外埠函購，寄費依照書價加一收取。

三、凡預約諸君，均發給預約單收執。出版後函購者依照單上地址發寄，自取者憑單領書，

四、本書在出版前十日，當登載申新兩報，通知預約諸君，準備領書。

五、本書成本昂貴，所費極鉅，凡書店同業批購，或用圖書館學校等名義購取者，均照上述辦理。恕難另給折扣。

六、預約在上海本埠本處爲限，他埠及他處暫不代理。

七、預約處上海南京路大陸商場六樓六二〇號。

"Picardie Apartment", Shanghai.

Messrs. Minutti & Co., Architects.

Lee Yuen Construction Co., Contractors.

上海萬國儲蓄會新建之"Picardie"公寓，位於貝當路及汶林路之角。設計者爲法商營造公司，承造者爲利源建築公司。本刊下期准將詳細建築圖樣刊出。

New Apartment House on Route Fergusson, Shanghai.

Mr. G. Rabinovich, Architect.

建築中之上海福開森路一公寓

羅平建築師設計

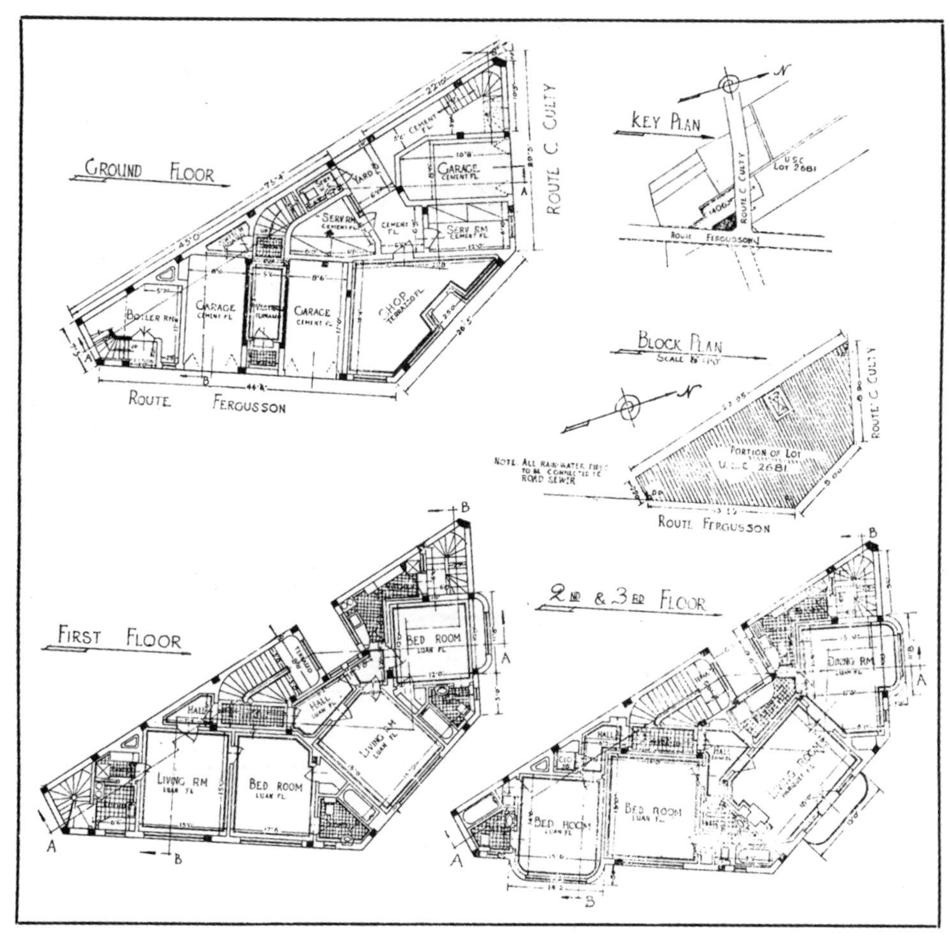

New Apartment House on Route Fergusson, Shanghai.

福開森路一公寓平面圖

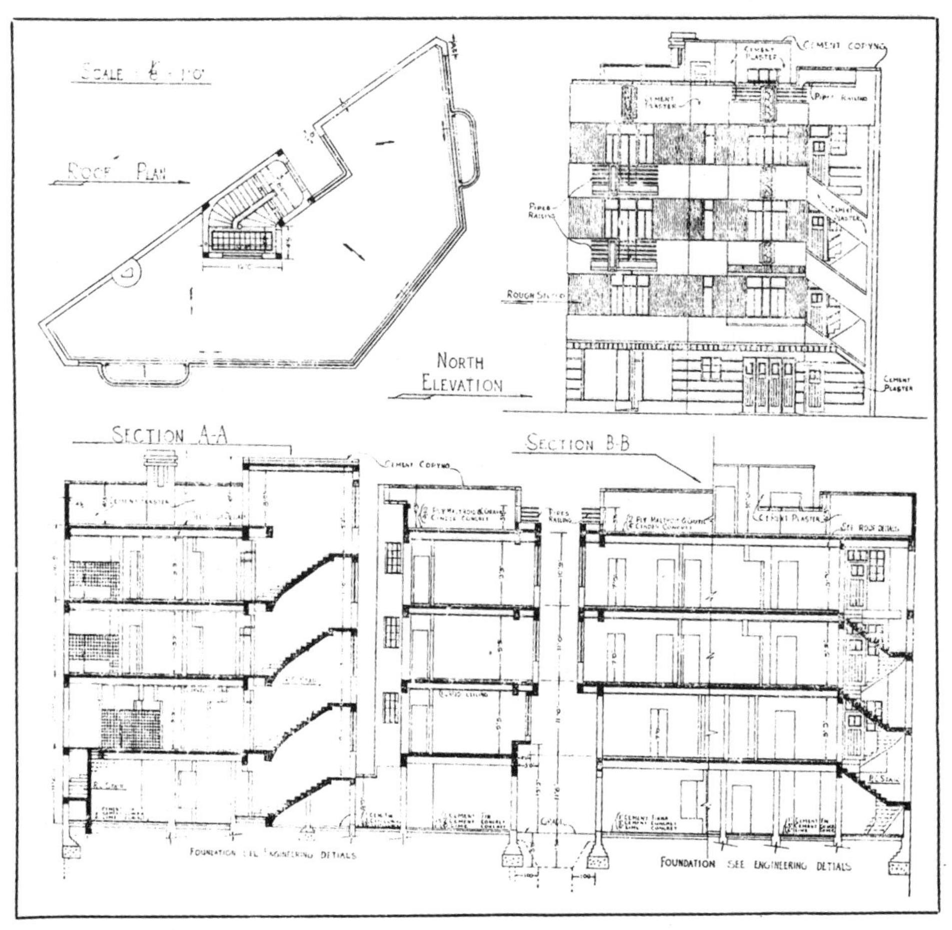

New Apartment House on Route Fergusson, Shanghai.

福開森路一公寓立面圖及剖面圖

紐約之橋梁

林同棪

紐約人口繁盛，各河上舟楫，往來復多，故其橋梁，跨度均頗長，茲繪圖示橋之位置並分述之如下：—

(1)Harlem River Bridges (圖1-10)。哈冷河上，有旋轉橋數座(圖1-4)，其建築均較舊，無善足述。外有拱橋兩座。一爲華盛頓(圖5-8)，跨度509'。一爲高橋，係載水管者，建造較新焉。

(2) East River Bridges (圖11-17)。東河之上，有大橋四座。一曰金斯保勞橋(圖11-13)，爲臂式鋼橋，最大之跨度1182', 成於1909年。餘均爲懸橋，曰部克林橋(圖14)跨度 1595'6", 成於1883年，曰威廉斯勃橋(圖15)，跨度1600'，成於1904年。曰曼哈滕橋(圖16-17)，跨度1470'，成於1909年。皆世界名橋也。

(3)Hudson River Bridge (圖18)。華盛頓紀念橋，跨度3500'，爲世界之冠。(參看本刊第三卷第二號)。

(4)Hell Gate Bridge鬼門橋(圖19)。此爲二鉸鏈鋼架拱橋，跨度977'6"，載古柏氏E-60共四軌，成於1917年。用款約美金一千二百萬元。

(5)Bayonne Bridge北安橋(圖20)。跨度1652'，爲世界最長之拱橋，工款一千六百萬美金，成於1932年。

(6)Authur Kill Bridges，一爲外渡橋(圖21)，其主要橋梁爲臂式；中孔長750'。一爲各鎖橋，中孔長672'。均成於1928年，共用一千四百萬元。

(7) Triborough Bridge三區橋。正在建造中，全橋長 17710 呎，含有各種橋式。跨度最長者，爲一1380'之懸橋。預算用欵四千四百萬元。

(8)Liberty Bridge自由橋，或建議造此懸橋，跨度 4500'，預算六千萬元焉。

1

2

3

4

(1)Willis Bridge·哈冷河上之旋轉橋，成於 1901 年。

(2)Third Avenue Bridge ·此旋轉橋計有桁梁四架。

(3)鐵路旋轉橋。

(4)Madison Avenue Bridge·旋轉橋之護橋設備。

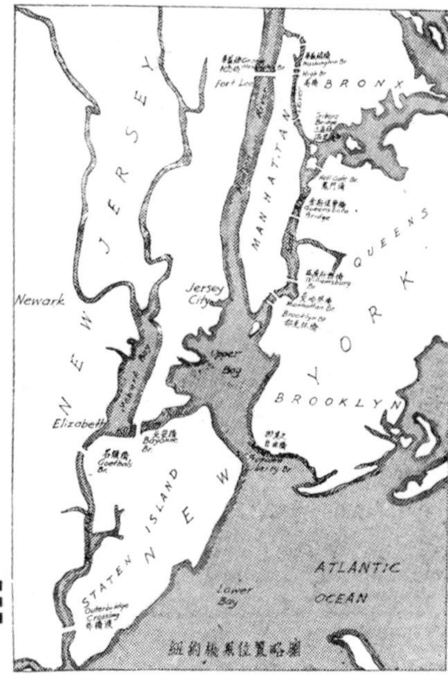

紐約橋梁位置略圖

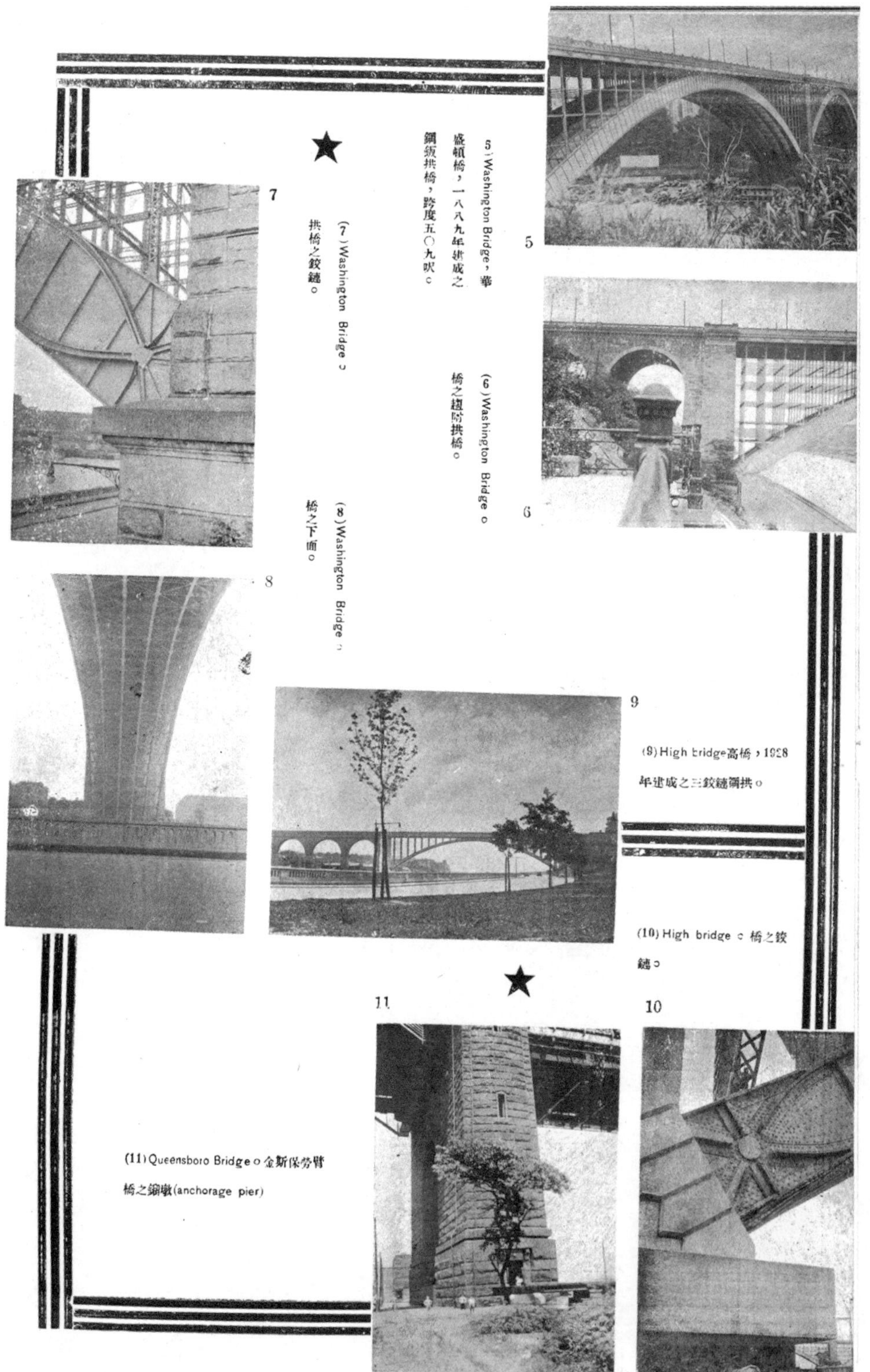

(5) Washington Bridge，華盛頓橋，一八八九年建成之鋼鈑拱橋，跨度五〇九呎。

(6) Washington Bridge 橋之趨附拱橋。

(7) Washington Bridge 拱橋之鉸鏈。

(8) Washington Bridge 橋之下面。

(9) High bridge高橋，1928年建成之三鉸鏈鋼拱。

(10) High bridge。橋之鉸鏈。

(11) Queensboro Bridge。金斯保勞臂橋之錨墩(anchorage pier)

(13) Queensboro Bridge。橋之趨附工程。

15

(15) Williamsburg Bridge 威廉斯勃懸橋之鋼塔，懸索及加硬桁梁。

(12) Queensboro Bridge。係雙層橋。

12

14

(14) Brooklyn Bridge。部克林橋之塔。

(16) Manhattan Bridge。曼哈滕橋之一半。

16

(17) Manhattan Bridge。橋之一端。

7

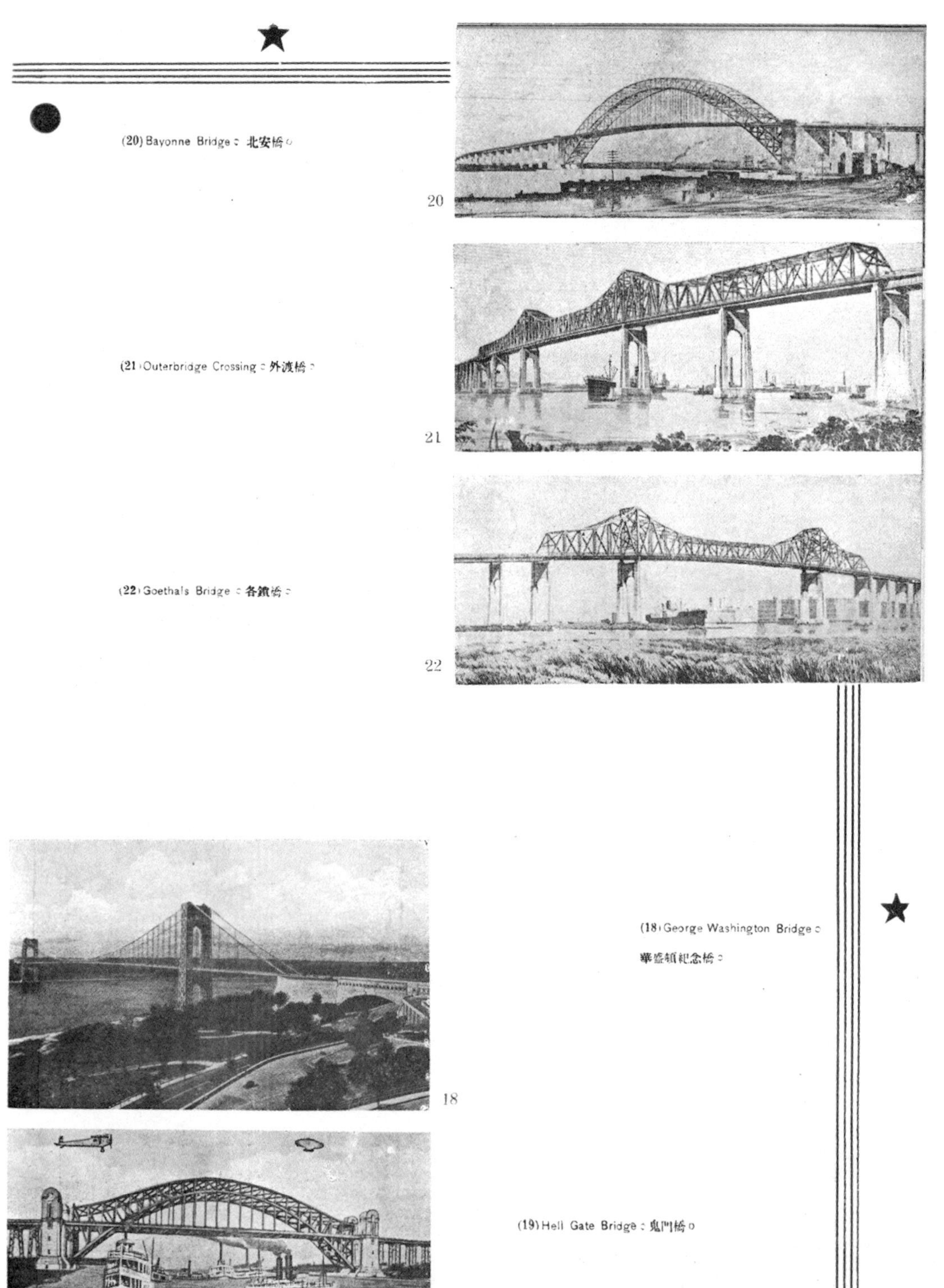

(20) Bayonne Bridge。北安橋。

(21) Outerbridge Crossing。外渡橋。

(22) Goethals Bridge。各鐵橋。

(18) George Washington Bridge。華盛頓紀念橋。

(19) Hell Gate Bridge。鬼門橋。

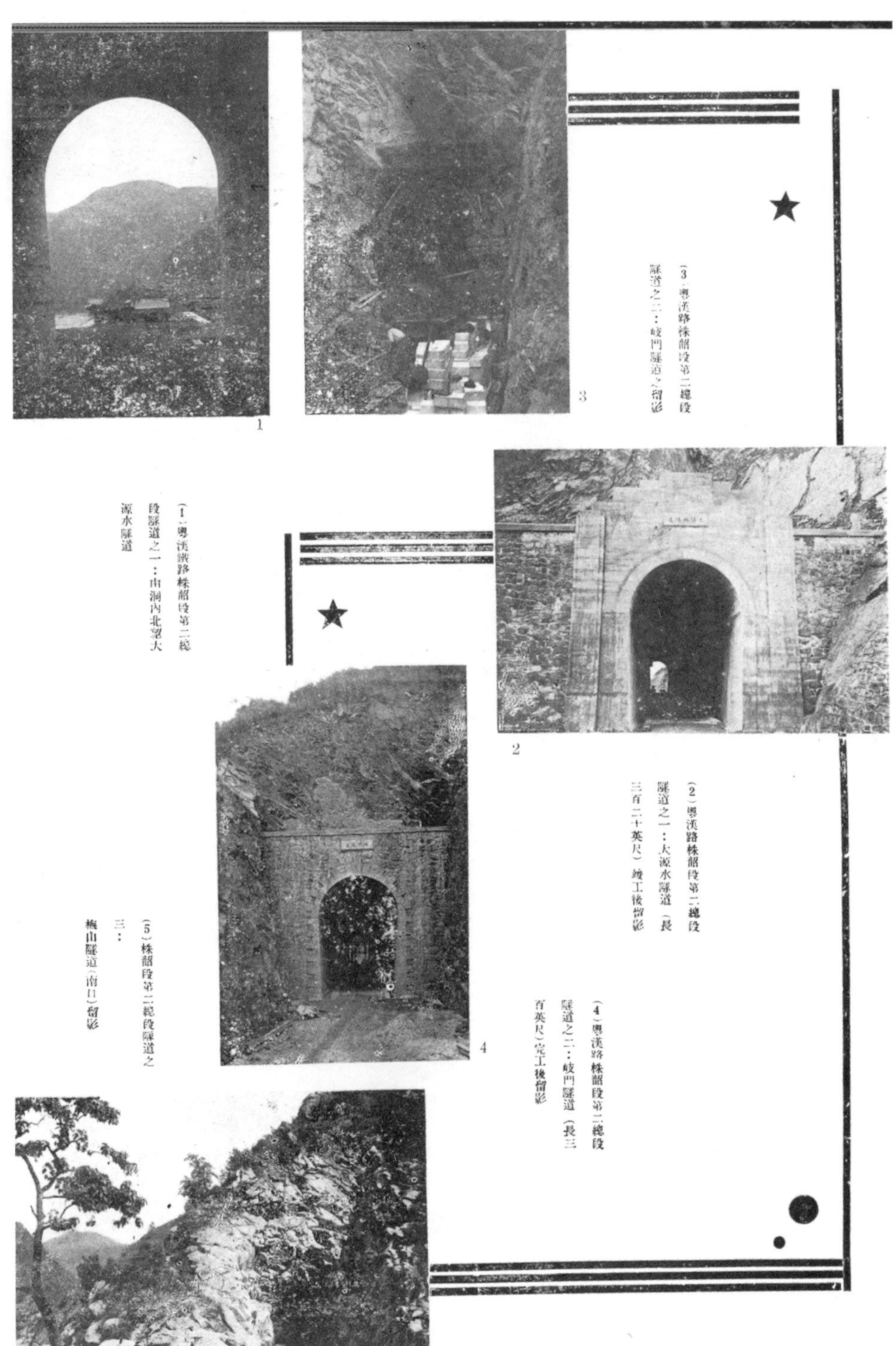

（1）粵漢鐵路株韶段第二總段隧道之一：由洞內北望大源水隧道

（2）粵漢路株韶段第二總段隧道之一：大源水隧道（長三百二十英尺）竣工後留影

（3）粵漢路株韶段第二總段隧道之二：岐門隧道之留影

（4）粵漢路株韶段第二總段隧道之二：岐門隧道（長三百英尺）完工後留影

（5）株韶段第二總段隧道之三：梅山隧道（南口）留影

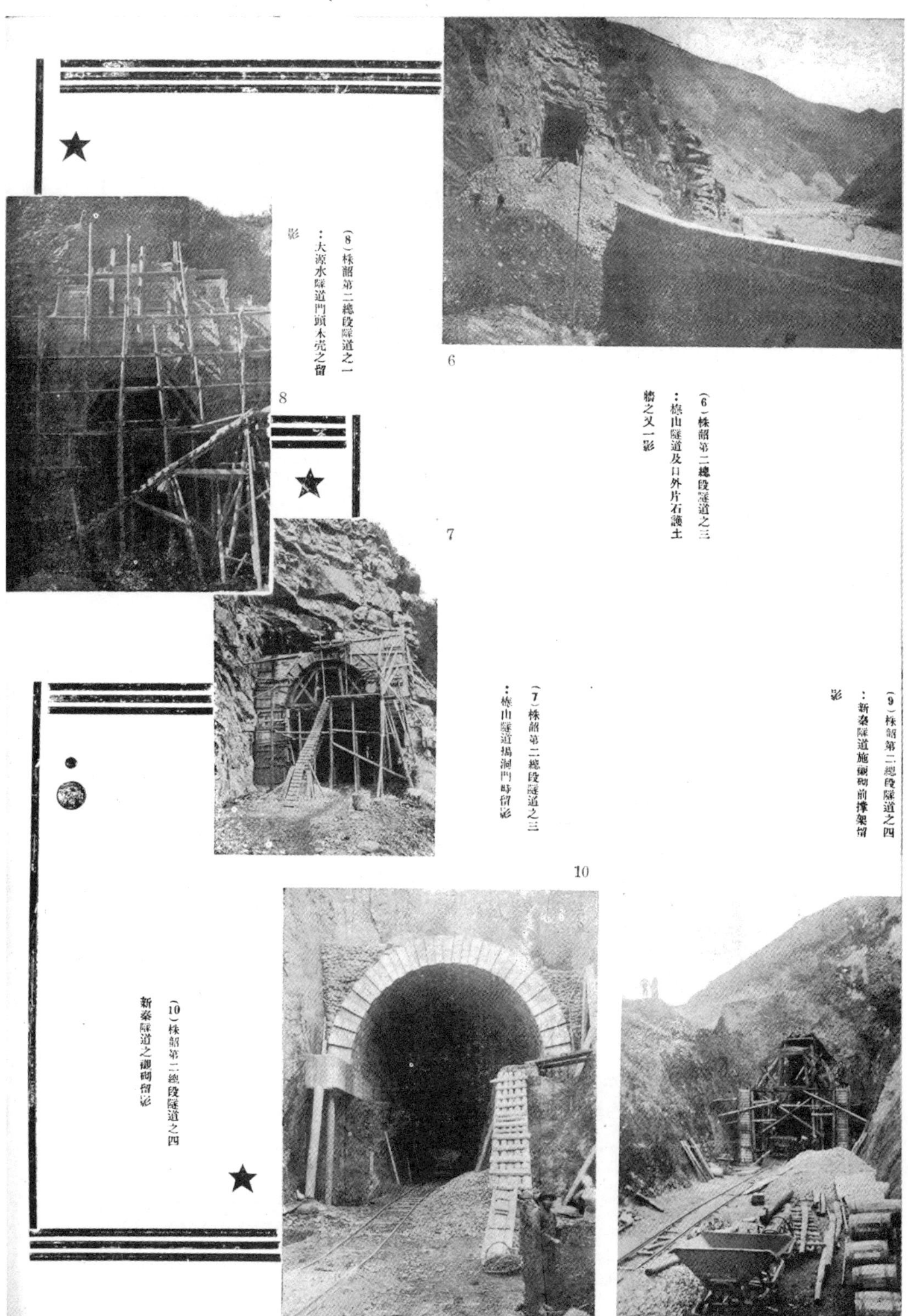

（6）株韶第二總段隧道之三：樵山隧道及口外片石護土牆之又一影

（7）株韶第二總段隧道之三：樵山隧道揭洞門時留影

（8）株韶第二總段隧道之一：大源水隧道門頭木壳之留影

（9）株韶第二總段隧道之四：新秦隧道施𥖄砌前撐架留影

（10）株韶第二總段隧道之四：新秦隧道之𥖄砌留影

11

12

14

(11)粵漢鐵路株韶第二總段隧道之四：新秦隧道（長二百五十英尺）

(12)株韶第二總段隧道之五：蝴蝶角隧道(長七五〇英尺)完工後南洞口留影

(13)株韶第二總段護土牆留影之二（按此種護土牆每座短者數十英尺，長者七八百尺）

(14)株韶第二總段護土牆留影之一（按第二總段路全綫沿粵北武水(即北江)而行，全段護土牆有二百座之譜

薔薇園新村建築情形

Yuen Yuen Farm Building, Lincoln Road, Shanghai.

Mr. T. P. Chang, Architect.

To be erected during summer, 1935.

上海林肯路將建之元元煉乳農場

張宗佩建築師設計

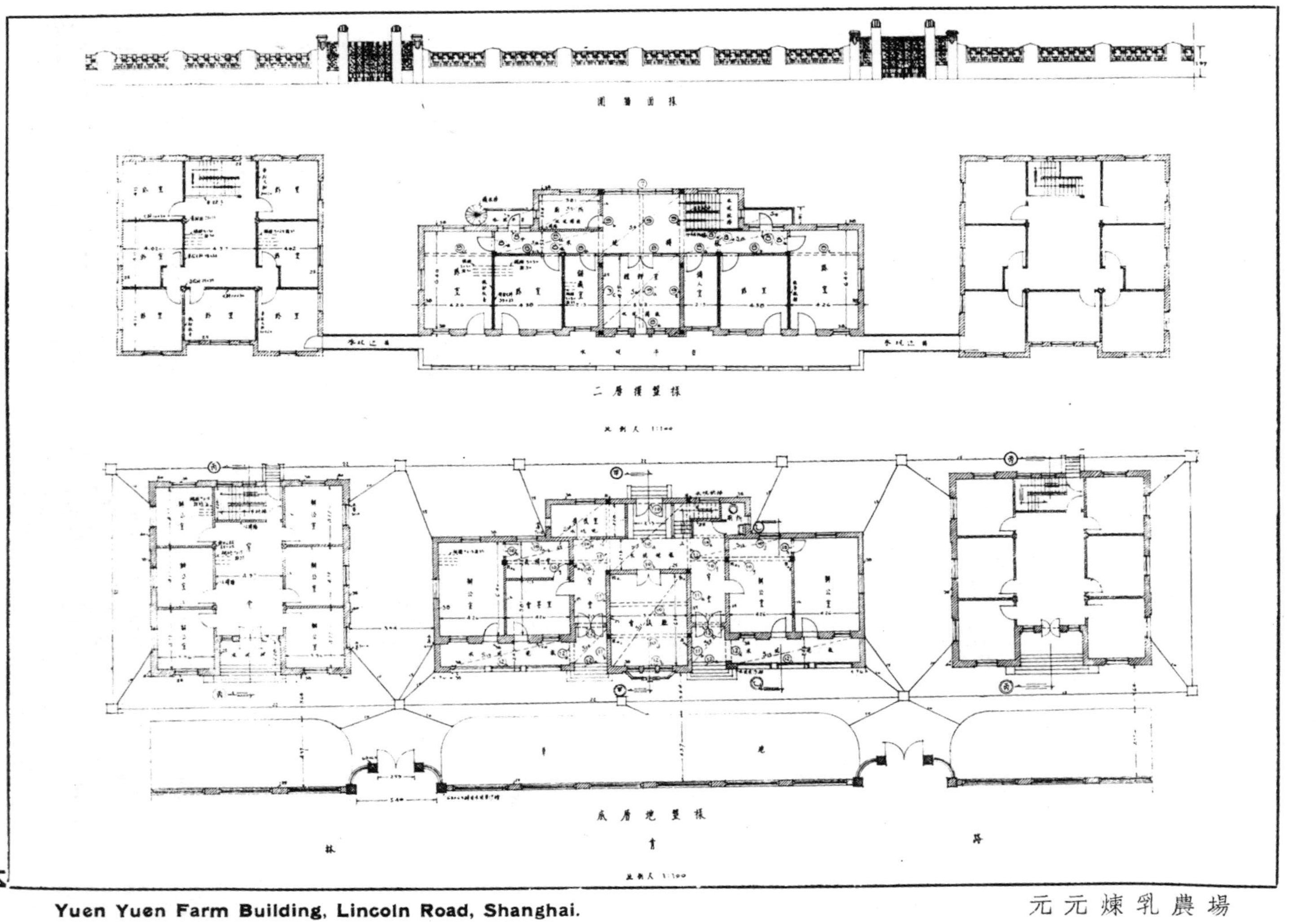

Yuen Yuen Farm Building, Lincoln Road, Shanghai.

Ground and first floor plans

元元煉乳農場

A Residence on Yu Yuen Road, Shanghai. (Block A)

Wah Sing, Architects.

Kow Kee Construction Co., Contractors.

上海愚園路人和地產公司新建之小住宅房屋（甲種）

華信建築師設計　　久記營造廠承造

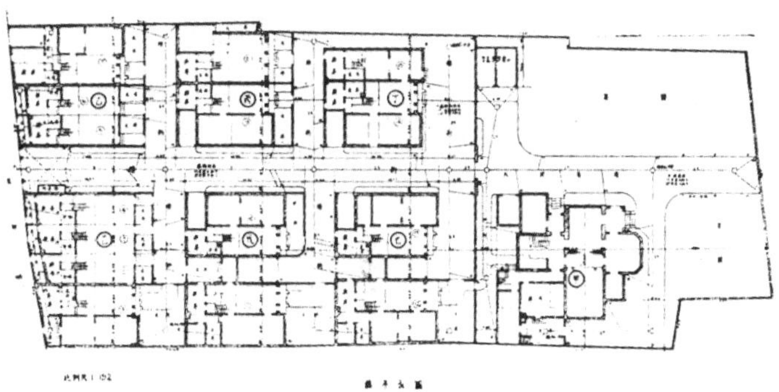

Block Plan.

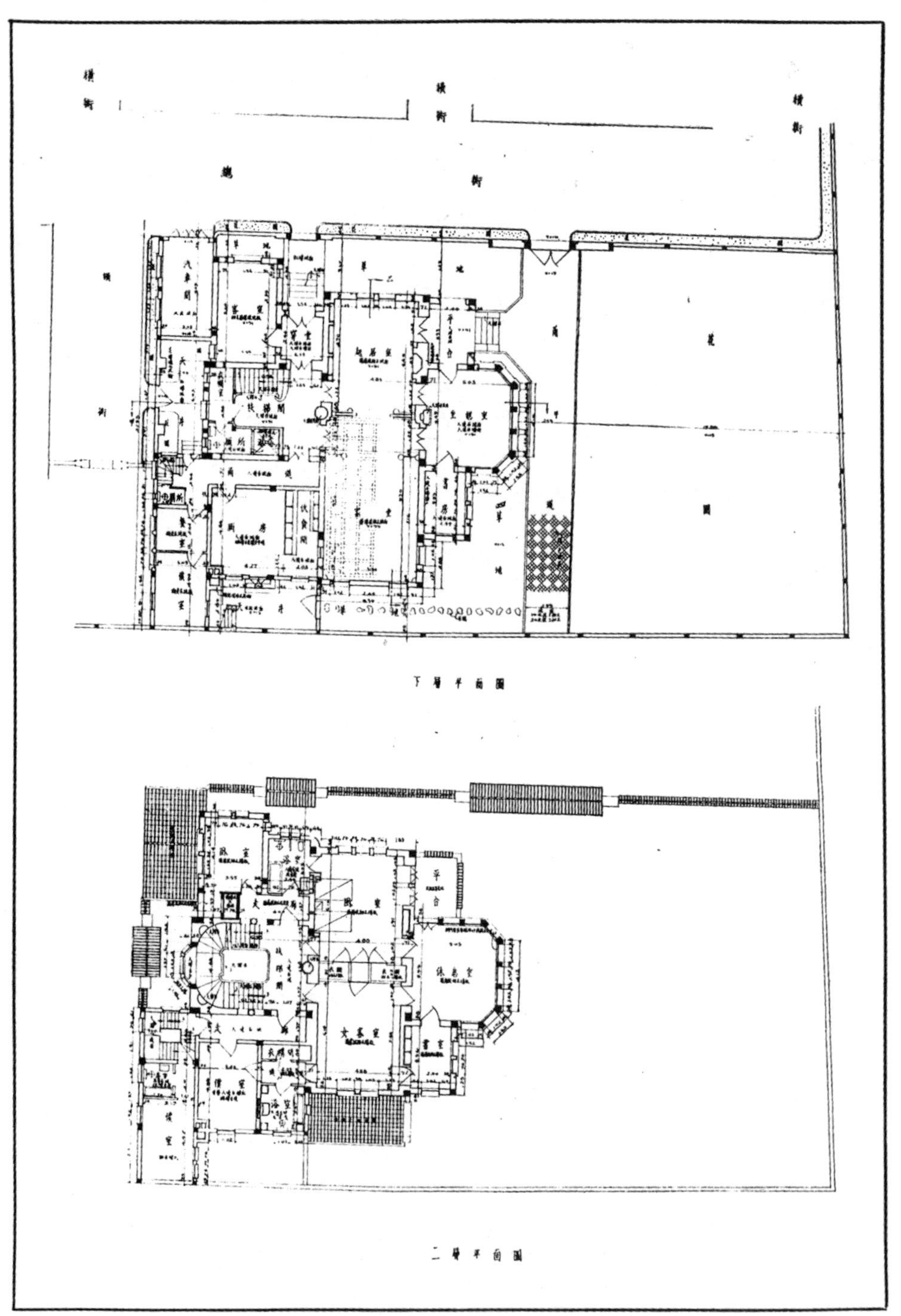

下層平面圖

二層平面圖

A Residence on Yu Yuen Road, Shanghai.

愚園路——住宅

Ground and First Floor Plans.

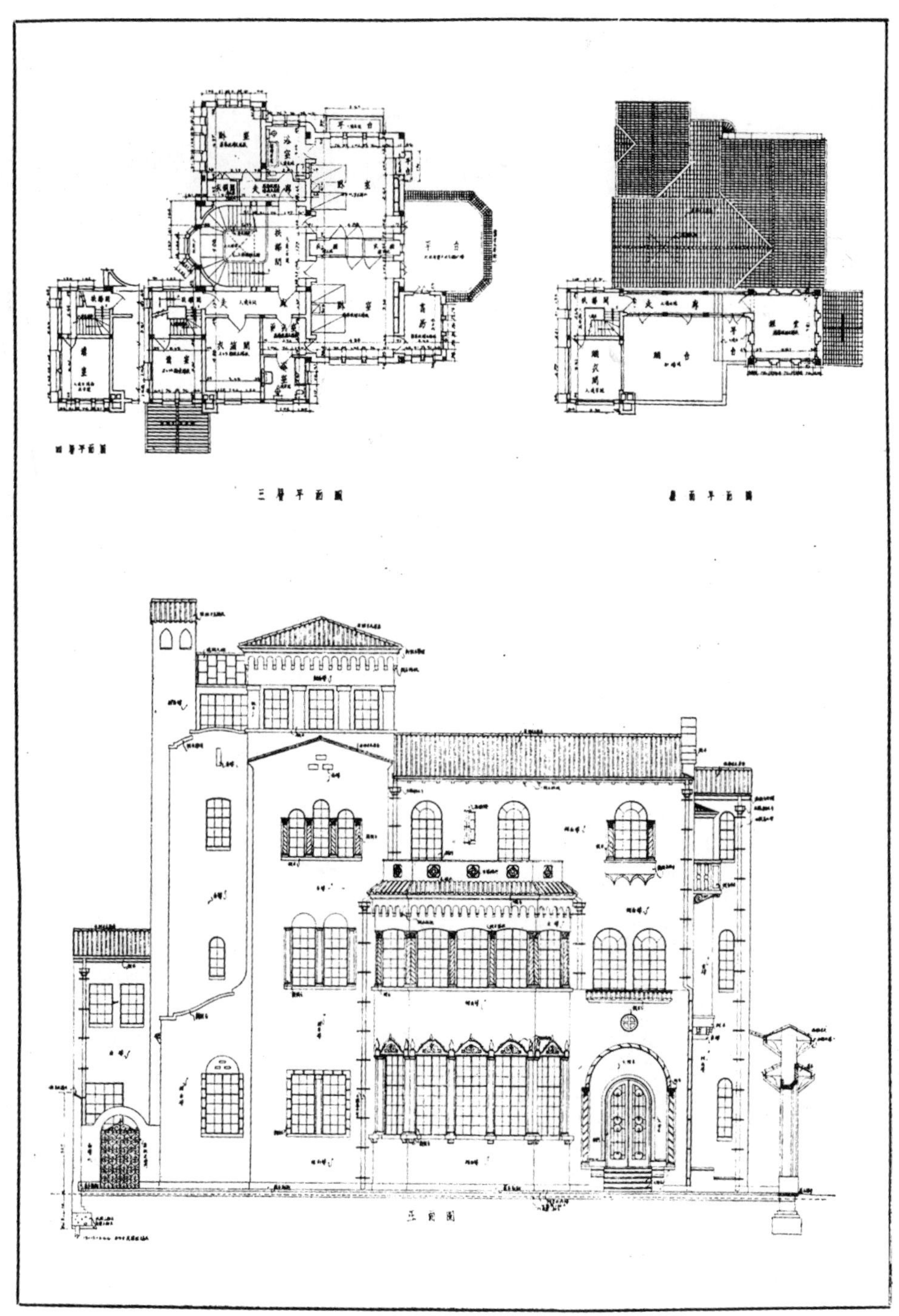

A Residence on Yu Yuen Road, Shanghai.

愚園路——住宅

Elevation, Second Floor and Roof Plans.

A Residence on Yu Yuen Road, Shanghai.

Side Elevations.

愚園路一住宅

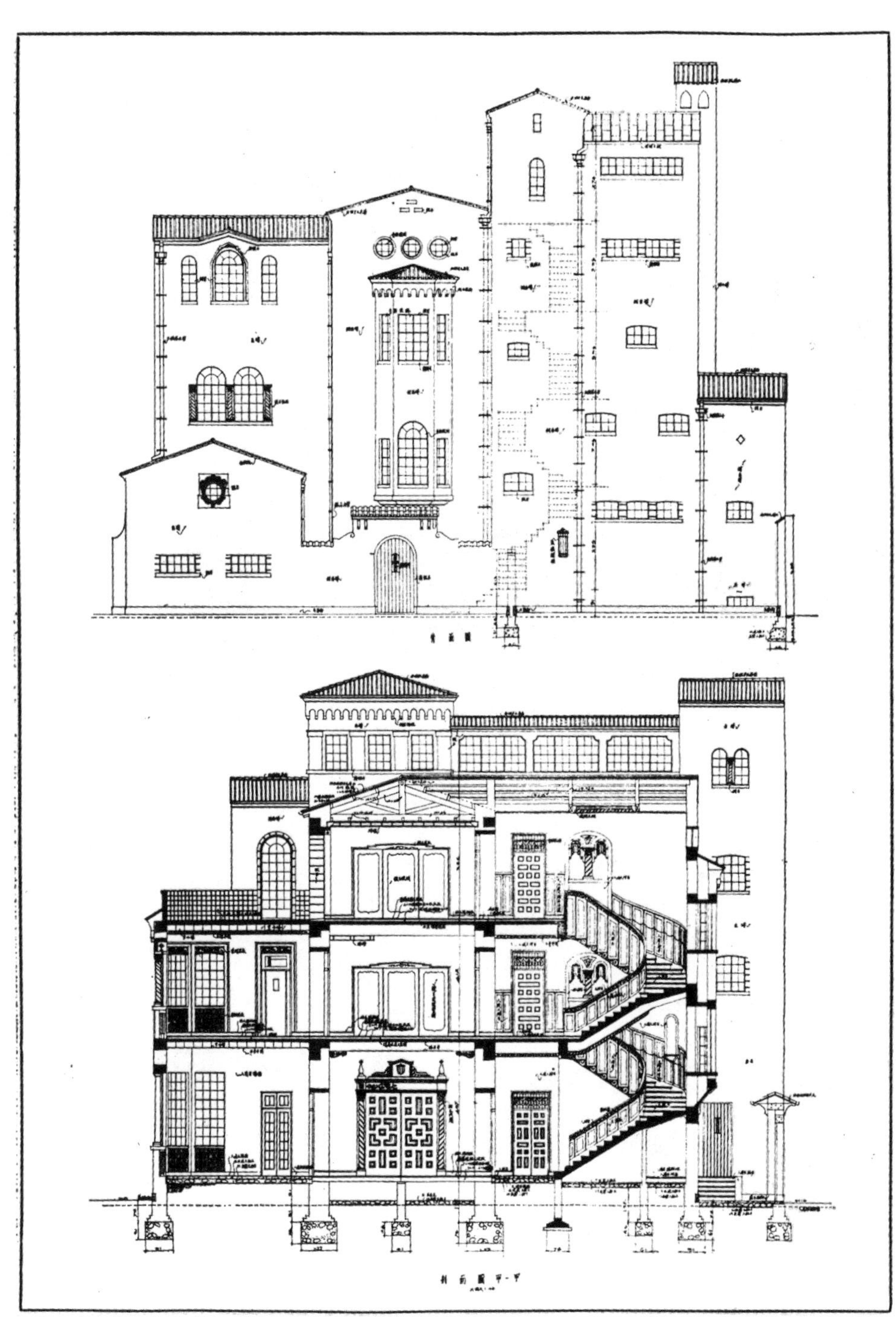

A Residence on Yu Yuen Road, Shanghai.　　愚園路——住宅

Back Elevation and Section.

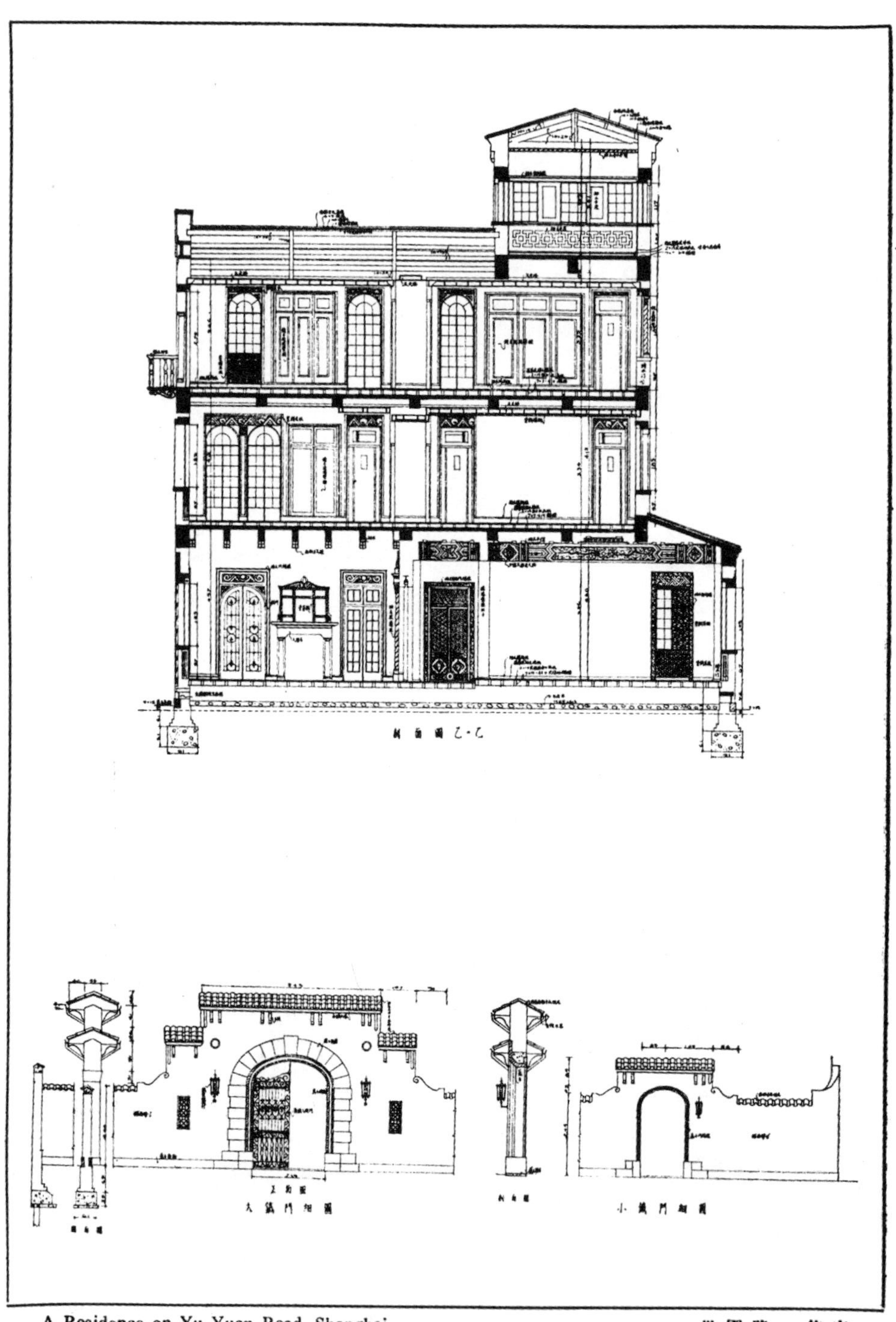

A Residence on Yu Yuen Road, Shanghai.　　愚園路——住宅

Section-Entrance Gate

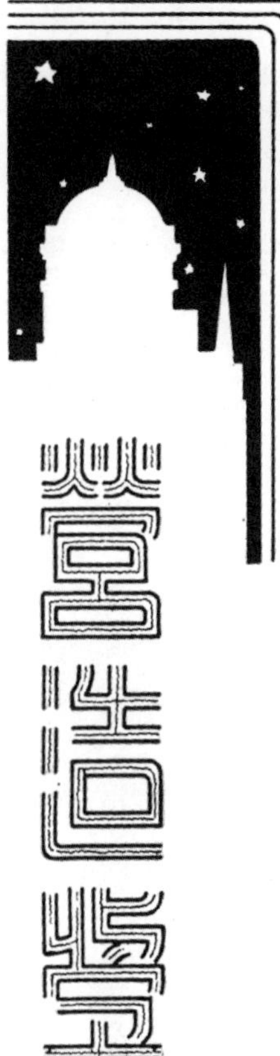

(二)

杜彥耿

第一章

第二節　建築分類

建築物之種類，材料之品質，樓板之負重，荷重量之規定，以及其他種種，舉凡關於房屋建築上之必要章則，重要市區，均有建築章程之規訂。故凡在各該市區境內，建築必須遵循該區之章程。

重要市區，人煙稠密，故必須有建築章程之規訂；其原意不外公共路綫寬度之限制，建築物之安全，空氣及光線之通暢，與衛生之設備等。蓋若無章程與工務機關之管轄，則市中路政勢必紊亂；如內地城鎭之街道狹溢，平時交通已感不便，設遇火患，則更不堪設想矣。是故必有統轄路政之機關，頒訂章程，以資遵循；然章程之修訂，在經濟力不甚充裕之市區，不可太嚴，茲將房屋之種類，依照建築用料，分別如下：

一、木架房屋

二、不耐火建築

甲、普通建築

乙、半耐火建築

三、耐火建築

木架房屋　房屋外牆之全部或一部用木或竹；亦有用木柱子間砌單壁，疊石；或製泥壁外粉粉刷，毛粉刷或釘鐵皮。

不耐火建築　房屋外牆全用磚石所砌，樓板與分間牆之全部或一部係用木者。此種房屋之內部木樓板與分間牆，容易着火，謂之普通建築。內部樓板擱柵及大料等，如經詳爲設計，且用灰幔平頂，不易着火者，謂之半耐火建築。

耐火建築　房屋之用磚石，鋼鐵或鋼筋水泥構架者，爲耐火建築。然此中亦有少數木料需用者，如門，門堂子，踢脚板，門頭線，度頭板與釘線脚之木甋甎等。亦有完全摒棄木料者，則門窗全用鋼製，樓地板亦用耐火材料。所謂耐火材料者，其建築材料如鋼大料，梁架，柱子及鋼筋等，應加蓋護；因鋼鐵如遇强烈火燄之炙逼，即易失去鋼之堅强力，故須用泥凝土等材料，將其遮護，俾互依爲用，而構成完全之耐火建築。

房屋如依照構造方法之不同，亦可分別之爲牆垣建築與構架建築。蓋牆垣建築者，重量由牆垣負擔而傳至牆基者也。構架建築者，重量由連絡組成之鋼架或鋼筋混凝土傳至礎基，而每一層之外牆或內部分間牆，均建着於每一層大料之上。

除上述以材料分類與式別分類外，更有以用途之不同，而分類者，如下：

一、公共建築

二、住宅建築

三、營業建築

公共建築　房屋之爲公衆所用者，包含內務，政治，教育，宗教，娛樂及運輸等，例如屋之用以教育，佈道，保安，刑罰，檢驗，管理等者，若學校，廟宇，警察署，戲院，醫院，法院，車站等，皆爲公共建築。

住宅建築　屋之供作住宿者，如私人住宅，出租住房，公寓，旅館。

營業建築　屋之用以經營商業，設廠製造，關畜牲口，或其他實業所需者　如廠房，營業事務所，飯館，棧房，工場及發電廠等。

第三節　建築製圖

凡一建築，必先有建築圖樣之繪製。蓋圖樣之規劃，對於當地市區建築章程之附合，屋主人之需用滿足，與夫美觀及經濟，均須顧及。且能示建築工人以建造方針。因知圖樣之於建築，至爲重要。茲將關於繪圖所用之儀器，紙張及顏色等，分述如下。

儀器　在購置儀器時，唯一經濟辦法，即爲選擇應用之數件，不必整盒購買；因原盒全套儀器，有數件並不適用，故可向著名製造廠家或經售商店選購數件即足。若以零件儀器攜帶不便，則可將羚羊皮或雞皮製成皮套，分夾儲藏，在攜帶時自覺便利。

應購備之幾種儀器　六寸圓規一具，伸長桿，分度針，鉛筆頭與墨筆頭都須齊全，如：（圖一）墨線筆（圖二）及分度儀（圖三）。

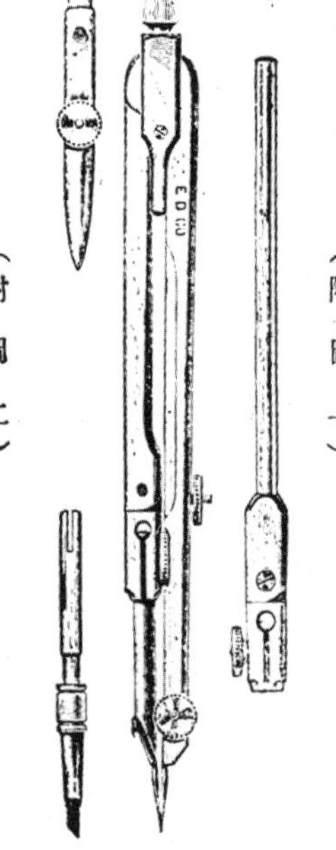

（附圖一）

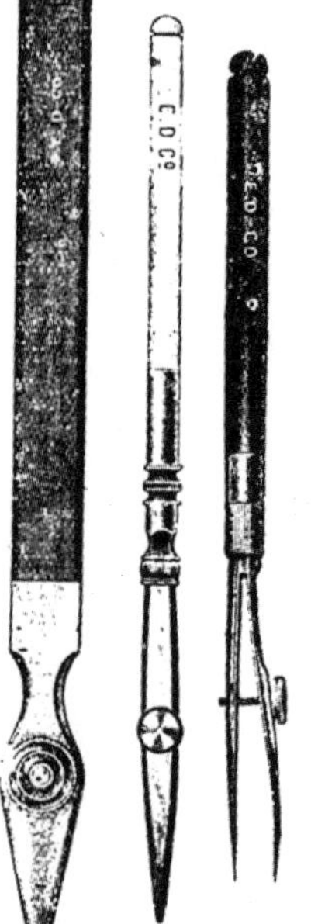

（附圖二）

(附圖三)

三角板二塊，一爲四十五度，一爲六十度。三角板以木板，雪羅魯特(Celluloid)及樹膠等製者爲最佳。堅實之木不易收縮，雪羅魯特平正不曲。凡製圖者大概均採用此種三角板，因其體質透明，利於視線也。樹膠製者雖屬平正，但並不透明，故爲用較狹。小彈弓規一副(分度針，墨筆頭及鉛筆頭。)(圖四)

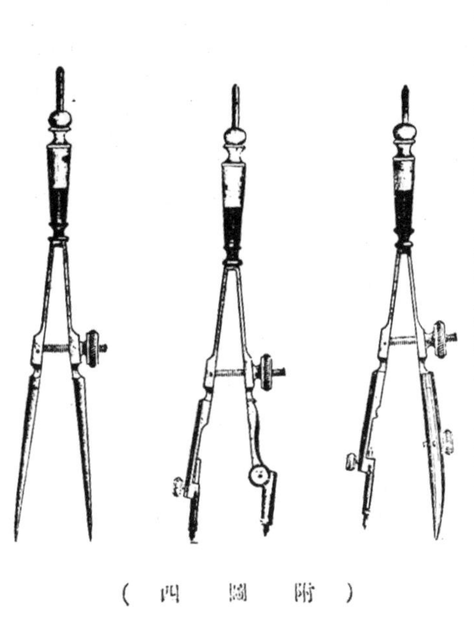

(附圖四)

此種儀器雖云爲非必需物，但在繪製細圖時，爲用亦巨。因若採用大號規儀，針眼粗大，以致正確中點不能辨別；若用小彈弓規便無此種弊病。上項儀器用後務須揩擦清潔，妥爲保藏，以防損銹。

畫圖板以黃松木製者爲佳。大小大概以二十四吋×八吋厚六分爲最普通。板後用木條釘搭，以防收縮離縫。(圖五)

(附圖五)

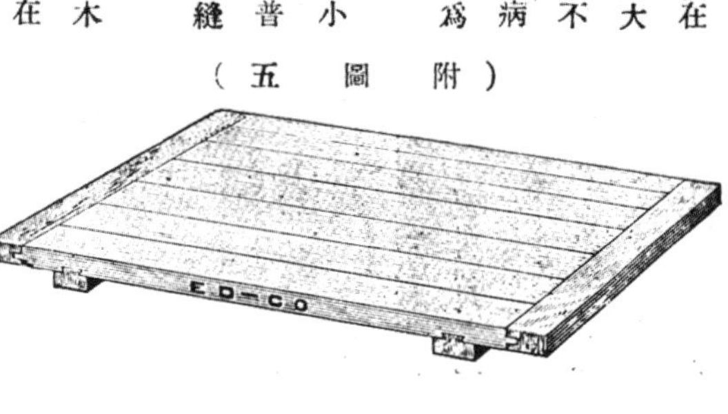

丁字尺長二十四吋。邊鑲黑檀木或雪羅魯特，蓋取其準直滑潤也。在製圖時將三角板擱置丁字尺邊口，俾移動時輕捷便利。(圖六)

(附圖六)

比例尺一副，若用黃楊木製者，其價嫌貴，可用紙製者代之。且紙製之比例尺每邊只有一種比例，較爲清晰。常見一般初學製圖者，購用黃楊木製之比例尺，一邊有數種比例，頗爲繁複，在使用時每易錯誤。下列圖七爲木製者，圖八爲紙製者。

（附圖七）

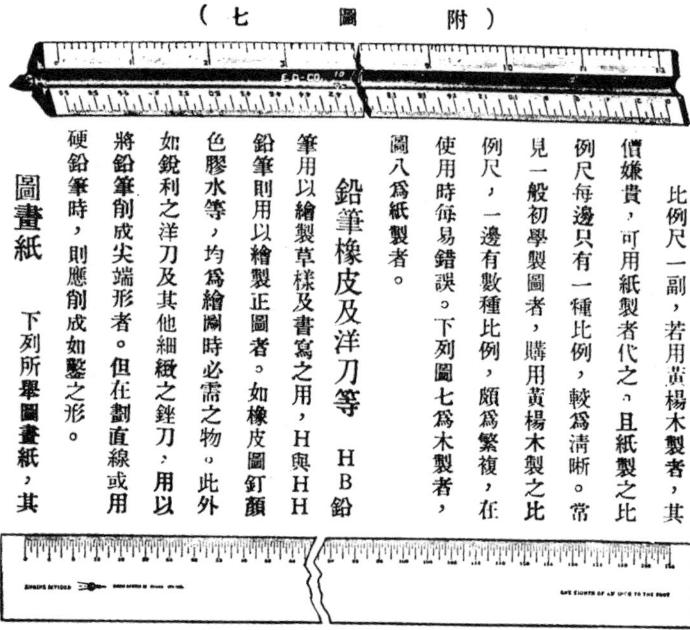

（附圖八）

鉛筆橡皮及洋刀等

HB鉛筆用以繪製草樣及書寫之用，H與HH鉛筆則用以繪製正圖者。如橡皮圖釘顏色膠水等，均爲繪圖時必需之物。此外如銳利之洋刀及其他細緻之銼刀，用以將鉛筆削成尖端形者。但在劃直線或用硬鉛筆時，則應削成如鑿之形。

圖畫紙

下列所舉圖畫紙，其大小尺寸，均爲普通所用者：

天章造紙廠出品之繪圖紙，其尺寸爲二十三寸×三十寸，分弔、民、伐、罪、周、發各號，每令磅份自四十五磅至九十磅。

若以鉛筆作草圖或正圖者，可用透明紙（Tracing Paper）。此種透明紙均爲原捲，每捲二十碼或五十碼，闊有三十六寸，四十二寸及五十七寸。

中線及地平線

繪製圖樣時首應注意之點，即爲設置中線問題。此爲凡百工程之開始點，此後佈置門窗柱子等地位，或別種建築物之向別，均以此線爲根據。此外與中線有同等重要者則爲地板線沿柚木線等。若建築物並無以上所述之重要線面時，則可虛設一線，或想像一集點，使各種尺寸均得根據此線進行。此重要平面或線，即係地平面或泥皮線。及中線在圖樣上著色時大都用深紅色，以求醒目。（圖九）

剖面線即川宮線

在描繪建築物中部之跡象時，應以墨線繪之。

中線
尺寸”
3'-6½"
剖面”
-A-
虛界”

（附圖九）

建築比例尺

當繪一建築物時，若其大小尺度不便照樣繪於紙上時，可將大小縮成至相當比例，代表其本體之眞實大小。試將二吋半當作五尺之比例條說解釋如下：

先劃一直綫自A至B，另劃一直線自A至C，註明其長度爲二吋。另繪一D線，一端接於A，而他端懸於直線下

（附圖十）

2"
0 1 2 3 4 5 6 feet
A B C D E F G H K

比例尺

，成一任何度之三角形。再將分度儀平均分爲五格，成AEFGHK，A至E之首格再平均分爲十二格，將KC平行銜接。其A至C亦平均分爲五格，使F與1，G與2相聯接，比例已成。（見圖十）

若於繪製圖樣時採用此法分劃，非但不拘原有尺度之大小，而分段亦可不用分度儀矣。

任何圖樣製就後，應於左下角或下方任何空白處繪一比例尺圖，以求明白。繪圖樣收縮，尺寸不準，可於此比例尺圖內重復審核，以免錯誤。

墨及墨線之繪劃　繪圖時所用之墨，亦應注意及之。用上等徽墨磨成墨汁，須求勻淨；若用毛筆繪畫黑影，墨汁應宜稀淡，不可太濃。現在市上有已製成之墨汁出售，使用時極稱便利，惟用後須將瓶塞緊蓋，否則墨汁容易乾燥。平常所用之次等墨汁，性質易燥，蘸至筆頭時易於滯阻，頗不便利。

若顏色圖樣在水漬未乾時，切勿以墨汁繪劃其上，不然則墨漬勢必至於融化汚損，有礙瞻觀。此時應速以清水洗之，再以潔淨未用過之吸墨水紙將水漬吸乾。

繪墨線時應將墨筆握緊，略靠偏面；若係太直，則墨線曲折不一，易汚圖紙。在繪劃墨線時非但宜小心從事，而且應加注意下列二事：

（一）原瓶墨汁雖係上品，若價格嫌貴，可用墨自磨墨汁。

（二）每劃一線，亟應謹愼小心，不使中斷；墨汁濃淡，亦宜平勻，隨勢下流，若一停滯，線即粗汚不勻。若筆內墨汁不足，劃至中段時墨即告罄，在添加墨汁繼續劃下時，其銜接處必現曲折。筆內若含墨汁太多，則易於外溢，弄汚圖樣。故筆內應含之墨汁分量，宜酌量線之長短而注意及之。

刪除不用之墨線法　墨線若有錯誤，應當刪去者，可取紙一方，中裂一縫，其大小與欲刪去之線相等，覆置圖上。另用清潔之海綿，蘸水從所覆之紙上慢慢揩擦，使其他部份不致受損。或用銳利之刀鋒，將不用之墨線輕輕括去，或用硬橡皮擦去。但用第二法者，在紙面發毛處應用光滑之骨或象牙擦抹平潔，然後劃線其上，或於其上塗繪顏色。若用軟橡皮擦去圖上之鉛筆線時，切勿來回擦拭，否則圖樣易受損壞也。

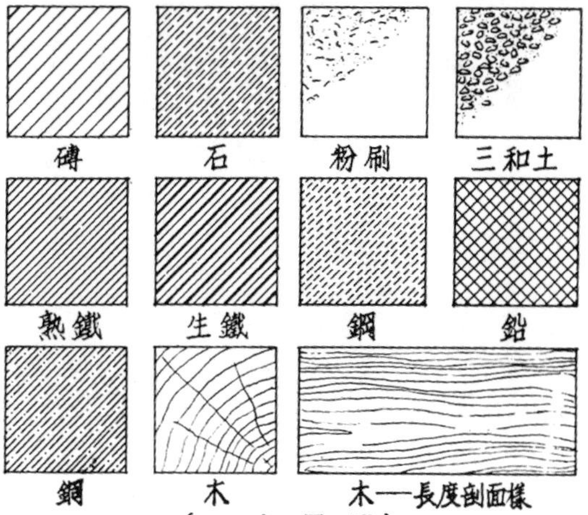

（附圖十一）

剖面分別線　圖樣剖面若不以顏色分別其應用之材料時，可以線劃分別之。（圖十一）

顏　色　若圖樣分著顏色者，自無線劃區別之必要；其剖面之顏色，應較面樣（Elevation）之色加深。現在將應用之顏料，列舉如下：

主要顏料

老　黃(Gamboge)

生　黃(Raw Sienna)

焦　黃(Burnt Sienna)

焦　茶(Burnt Umber)

濃焦茶((Vandyke Brown)

煤青色(Sepia)

赤茶色(Venetian Red)

深紅色(Crimson Lake)

金青色(Cobalt)

錠青色(Indigo)

藍　色(Prussian Blue)

青灰色(Neutral Tint)

磚牆：面樣用赤茶色，或鼻烟色；剖面樣用深紅色。

石料：斬光者用煤青色，粗燥者或硬石則塗着藍色。

粉刷：面樣用深青色，剖面用青灰色。

三和土：用青灰色。

熟鐵：青色。

生鐵：碧色。

鋼：紫色。（深紅與藍青合）

青鉛：藍色。

銅：老黃。

亞克木：煤青與淡黃合。

松木與樓板：淡黃色。川宮用深黃色，畧帶焦色。

磁磚：粉紅色。

瓦片：紅茶色或淡墨色，隨所用瓦片之色而定。

玻璃之裝置在裏面者：淡青色。

玻璃之裝置在外面者：淡墨色或淡藍色。

總略：面樣着色應淡，川宮較面樣顏色稍深，惟色別則與面樣同。

在配合顏料時，應估量是否足敷應用？否則中途若有缺少，再行配合，則恐不能與第一次所配合者完全相同。顏色在配成後，如後試看濃淡，可用毛筆醮沾，塗於其他紙上。用後若有餘多，便儲於畫碟，以備不時之需，若所餘不多卽可洗去。

下述各種顏料，均係配和顏色之原墨：焦茶色，焦黃色，印度黃，老黃，白焦黃，霍克綠（繪玻璃側面用），普魯青，品灰，藍，印度黑，大紅。

塗着顏色及用筆　在墨線之建築圖樣塗着顏色時，切勿在線上頻加揩擦，不然墨線受過分之潮濕，反使全圖汚損，糢糊不清。故最好在顏色乾後，再將墨線劃蓋其上，使可免除上述弊病。再者，著色時應先用淡色，若嫌太淡，再行塡着深色。

毛筆之選擇，要以貂毛爲最佳，其價亦最貴；此外如狼毛羊毛駝毛製者均可，惟應擇其筆端之尖銳者。

尺 寸 尺寸之大小，應於圖樣上詳細註明。每見一圖樣因未將詳細尺寸註明，致有鑄成大錯者。此點宜加注意。其註示尺寸處，應於其兩端繪一箭形針，再劃一藍色直線，使其中斷，於斷處塡寫尺碼。其字碼與排列應同一方向，不宜亂置，否則閱覽時殊不便當。

開間之大小，當以牆身至牆身，或石面至石面爲準則，其擱面亦以地板至樓板，樓板至平頂爲簽訂尺碼之標準。

字 體 築築圖樣上之字體，種類繁多。現姑舉數種，以爲例樣。(圖十二)

尺度之符號 圖樣上普通所用之符號，計有三種，卽以(，)代表尺數，以(〃)代表吋數，以(0)表表度數。

地盤樣 設有一地，四週爲界線，於界線之中下端劃一直線，縱線直立於此線之上，並分劃其他多數應需之線，縱橫交錯，表明開間之大小，牆身之厚度，庭院之位置；何處爲客廳，何處爲書室等，名之曰地盤樣。照此則有樓盤樣屋頂樣及地窖樣等，種類頗多。

面 樣 圖之顯示門窗之大小寬闊，及其位置，並示建築物之高低及式樣等者曰面樣。照此則有正面樣後面樣及側面樣等。

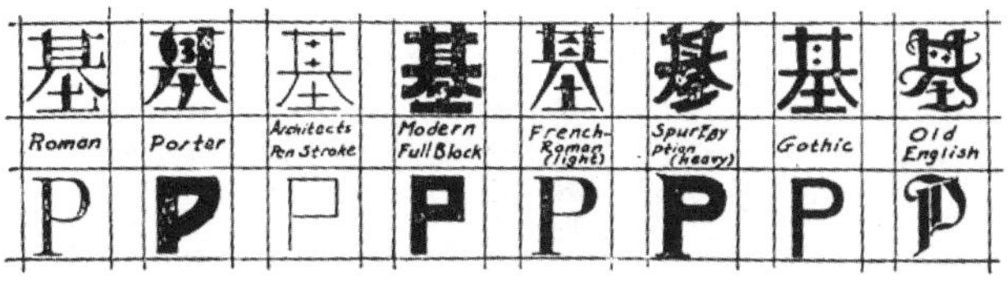

川宮樣 圖之示建築物之內部門窗，踢脚板，畫鏡線，樓地板，擱柵，扶梯，及屋頂等之結構者曰川宮樣。照此則有進深川宮橫稜川宮等。

Roman　Poster　Architects Pen Stroke　Modern Full Block　French-Roman (light)　Spur Egyption (heavy)　Gothic　Old English

(附圖十二)

川宮及面樣 圖之一部示內部剖面，而另一圖示面樣者，曰川宮及面樣。

內部裝修於面樣上不能顯示而屬必須顯示者，則劃虛線於面樣，以顯內部裝修之地位，如扶梯踏脚步烟囪眼等。

透視或鳥瞰圖 此種圖樣係示建築物完成後之式 者。圖內充分表現建築物之如何偉觀，使與鄰近屋宇作一比較。此外並略加點綴樹木車馬等，成一美術圖樣。故繪畫藝術在建築學上亦佔重要之地位。

複 印 正式圖樣繪製完成後，若需用多張同樣之圖樣時，可於正張上照樣晒印，或晒白線藍樣，或黑線白紙。

繪製建築圖樣，手續至繁，需用印繪紙 (Tracing Paper) 亦夥。但有許多重要工程，均以蠟布印繪圖樣，以其保存耐久，不易破碎也。此種蠟布在其光滑之面繪劃黑線，若欲着色，須塗於布之後面。若布面光滑如玻片者，墨線不易着筆，可於墨汁中加置牛膽少許；或用細布做袋，中貯白粉，在布面上拭抹，使粉質粘凝，則玻光自減，在繪劃墨線時自可免除溜滑之弊。

印晒墨線白底圖樣 既用印繪紙或蠟布從草圖上印繪墨線後，卽可將此墨線紙印晒；不拘多少，均可照樣印晒。其法用黃色照相紙舖放預置晒圖箱上，將墨線正樣放於黃紙之下，背面裝以厚絨呢，再裝彈弓木板等，不使鬆動。然後再行移置日光下，俟黃紙漸變白色時，開啓箱子，將照相紙用水冲洗，則墨線自現，而黃色漸變白色矣。

感光之久暫，要視日光之强弱爲依歸。在烈日下約需時一分至五分鐘，若在陰濕天氣則需一小時左右。雖然時間之長久僅爲一種參攷，而圖樣晒成後淸晰與否，全視晒圖者之經驗也。

印晒圖樣，現在均採用上述方法。現更有專替他人印晒圖樣之晒圖者，其辦法殊爲便利。蓋一建築師或工程師在其墨線正樣繪成後，勢須複印副張多紙，以備應用。若購選照相紙自行晒洗，則以照相紙在購買時以原捲起購，是故少則不敷應用，多則擱置過久，必致走光耗損。且自行晒圖，並須備置晒圖箱水盤之類，及日光强烈之地位；時間經濟，兩不便利，至於專門晒圖者，其應用器具既已齊備，同時不拘於天氣陰晴關係，蓋其晒洗冲烘均藉電力也。

（待續）

建築師與小住宅建築

蔡寶昌

按本文原著者爲美國哥倫比亞大學建築學院講師薩克斯氏(Alexander T. Saxe)。薩氏爲紐傑賽州註冊建築師，並爲該州房產顧問會會員。此文所述，胥爲其經驗之談，故亟譯之。

建築師能專一於小住宅之工作，以獲得經濟上之成功，此實與一般建築師之意見相左。余（薩氏自稱下倣此）就已往三年經驗言，在此時期中專心致一於小住宅之工作，實覺此業發展之範圍甚廣，獲得成功之機會極多，而建築師又爲最適宜於此項工作者也。

但僅從事於住宅之工作，亦不能獲得事業上之成功。爲欲謀此途之進展計，建築師應知其作品及作風如何始能獲得外界之好評。彼不僅應有優良之設計學識，對於工程造價，材料等級與質地，建築用具，與全部設計之觀感，均應熟習者也。

適應(Adaptability)與選擇(Selectivity)爲現今建築師謀進業務之兩大主旨。建築師因具有豐富學識與高深訓練，若能全部發揮，對於工程事宜，自可應付裕如。就余之經驗言，余在住宅事業之創造工作，即在指示業主，意謂建築師有職業上及顧問之專才，代表業主，最堪勝任。並指導其自開工以至完成，如何撙節費用，力求經濟。總之，務期博得其信仰心而後已也。

因欲進行工作不受阻礙起見，故一人同時兼任兩職，即爲業主購買材料之代理人，與設計監工之建築師是。建築法規對於建築師職務之限制，解釋頗廣，故建築師在權限上足可有伸縮之餘地。就余之情形言，迨圖樣及說明書完成後，並不召集總承包商估價投標，逕請業主核定，而將一切所需者，分給小包商(Sub-contractor)投標。迨將標價齊集後，逕送業主取決，將各個得標者之數，加以本人服務費，即成爲「保證的」全部造價矣。

建築師本身地位之重要，果如齒之於輪乎？回溯已往，建築師之責任，殊見平平；現時除其本身能掌握全權外，不然亦僅爲建築商之僱員而已！現時各種連貫性之職務及營業，漸向建築師之園地侵佔，如工程師，營造商，承包商，小包商，甚至業主等，視之固屬一建築師也。此種競爭，實由於建築師習於固守職務，拘束一隅所致。一旦建築師除單純的繪製圖樣與厘訂說明書外，能兼顧其他，則其職務範圍將隨之擴大，外界之需求亦廣矣。試觀現在之建築師，所貢獻於業主之職務，較其友人承包商固有不同乎？

余自就業爲建築師職務以來，即立志竭盡我力，自建築工程之開始以至完成，繼續行使其職務。在往昔建築師在工程進行時所處地位，猶如「山羊」(Goat)，此或因建築師認爲繪製圖樣或草訂說明書已畢，工作可告一段落；或以承包商在工程中機警能幹，耐勞工作，以博得業主之信仰。余深信現時建築師應卽取代「工頭」(boss)之地位，自設計開始以及工程完成，始終從事，親歷指導。彼具有職業上之顧問才幹，自應自始至終，取得業主之信仰，不宜中途輕離，致予他人涉足庖代之機也。

業主與小包商所生直接關係，利益頗多。試就造價而言，其數確定限制，並無加賬制(Cost-plus System)之麻煩，不知造價總數，究有若干者。其次則既無總承包商獨人承攬，信用危險分散於各小包商間，自覺穩妥可靠。往昔承包商似爲一居間人，在工程上每易引起經濟上之糾紛，爭議結果，業主常拒予照付。觀夫小包商每遇經濟上之爭執，輒越承包商之手，直接向業主交涉照付，此卽足資明證者也。且業主與小包商一經直接發生關係，實可撙節造價不少，此實因小包商既與業主接近，願以較低之利潤，盡其服務之職也。此外總承包商之利潤及雜項費用既可免除，所省亦屬不貲也。

此種業主與小承包商直接聯絡之結果，在採用建築材料與用具，頗感自由。此蓋因建築師連續其職務，以至於工程之完成，其間彼充任業主代表，直接與各承包人接洽，免被居間人操縱，可省利潤之外溢。由建築師全部管理之結果，以其經驗學識，應付工作，自可將建築材料及工具，使用得宜，無懈可擊。而業主在工程進行中，可將式樣酌改，不需增加費用，尤覺便利也。在此種工程制度之下，業主直接支付費用於小承包商，不經總承包商之手，如此可免總承包商抑留應予轉付之貨價，致使業主受無謂之糾紛。此種工程手續，一切經濟責任，由各個小包商分散負担，故頗穩妥可靠，不若歸集於一承包商之手，營業失敗，破產隨之，其危機殊不堪設想也。

建築師如能適應環境，參照上述方法，經營住宅建築，前途必具無限厚望。多數之人最後必信住屋建築爲安全之投資，非爲冒險之嘗試。現時之視爲投機觀念者，將來必摒除無遺；蓋視住屋建築爲投機事業者，此種惡魔絕對不許其存在者也。試就余最近主持之一住宅言，若將投機者之出售價格，與自住者之造價兩相比較，爲數懸殊，相差甚多。茲列表如左，以證余言之不謬：

出售者	費用項目	自住者
$900	基地	$750
4,850	工料及造價	4,500
200	第一次押款	160
750	第二次押款	175
110	建築過程中之拆息	100
300	空租	········
75	出售廣告	········
450	出售佣金	········
100	建築師公費	675
1,200	利潤及雜項	········
$8,935	投資總數	$6,360

上述表格，吾人須加注意者，卽在自用者之住宅建築中，購置工料，係由業主直接辦理，並未經過任何人之手，此卽與造成後投機出售者不同之點。蓋投機商人每擬將最少數之現金，購入多數之材料，不足之數則記賬宕欠，俾將餘資週轉。若彼有一萬元現金，必能分配於十所住宅之建築工程，獲利可得十倍；若將此現金投資於一二住宅，則得益必不可觀矣！此外尤須注意者，卽在自用者之住宅中，建築師之公費佔數頗巨，進益甚豐。依余之已往三年經驗言，始終負責於工事之設計及進行，所得公費常能在百分之十二至十五也。

框架用撓角分配法之解法

趙 國 華

第 一 節　本計算法之基本意義

解析框架之問題中，怔因剪力等所起之影響較彎冪(Bending Moment)所起者爲微，故從撓角式出發之種種解法以求框架中諸不靜定量時，頗多簡易特性可以發揮。玆篇所述爲用撓角分配法*。就彎冪所起之影響爲主體以求框架中諸不靜定量之解法。玆爲求讀者充分明瞭起見，先用具有直線材框架(Rigid Framed Structure of straight members)，由撓度而誘起之撓角(Slope)之解法加以說明。至于非對稱性框架及曲材框架以及受有水平載重等之計算方法暫不列入，容後再講。

凡框架與連架(Contunous beam)等構造物受有載重時，應用彈性理論以求諸不靜定量，其方法全同。例如第一圖之一爲一框架，之二爲一連梁，將兩者之間取出AB梁，設兩端所起之彎冪爲Mab, Mba,一若在第一圖之三中之兩端固定梁所起者然。唯所異者，前兩者之A,B兩點皆具撓角，後者則撓角爲零耳。爲圖之四。因此凡框架及連梁中AB梁之節點彎冪Mba或Mab,乃爲兩端固定梁之端彎冪(普通以C_{ba}或C_{ab}表示之)附加或減去由撓角所誘起之若干彎冪$\triangle M_{ba}$而已。

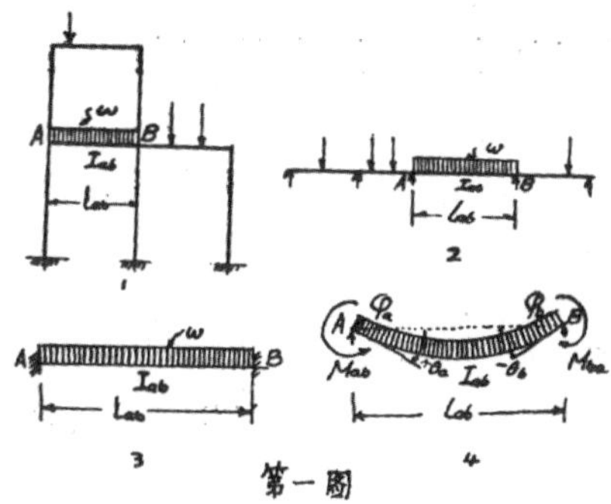

第一圖

凡習過撓角撓度之解法(Slope-deflection mothod)者皆所習知之撓角方程式爲

$$M_{ba}=\frac{2I_{ab}}{l_{ab}}E(2\theta b+\theta a)+C_{ba}.$$

如置

$$\frac{I_{ab}}{l_{ab}}=K_{ab},\qquad \varphi_a=2E\theta_a,\qquad \varphi_b=2E\theta_b$$

則上式改寫成　$M_{ba}=K_{ab}(2\varphi_b+\varphi_a)+C_{ba}=\triangle M_{ba}+C_{ba}.$

同樣得　$M_{ab}=\triangle M_{ab}=C_{ab}.$

但　$\triangle M_{ab}=K_{ab}(2\varphi_a+\varphi_b).$

上式中之C_{ab},C_{ba}諸值，依載重之不同及跨度之長短其値各異 。惟常遇者不過數種形式，如第一表所示。

附表一

C	H
$C_{cd}=\frac{Pab^2}{l^2}$ $C_{dc}=\frac{Pa^2b}{l^2}$	$H_{cd}=\frac{Pab}{2l^2}(a+2b)$ $H_{dc}=\frac{Pab}{2l^2}(2a+b)$
$C_{cd}=C_{dc}=\frac{pl^2}{32}$	$H_{cd}=H_{dc}=\frac{3}{64}pl^2$
$C_{cd}=C_{dc}=\frac{pl^2}{12}$	$H_{cd}=H_{dc}=\frac{pl^2}{8}$
$C_{cd}=C_{dc}=\frac{2pl}{9}$	$H_{cd}=H_{dc}=\frac{pl}{3}$
$C_{cd}=C_{dc}=\frac{5pl^2}{96}$	$H_{cd}=H_{dc}=\frac{5}{64}pl^2$

* 英文曰 Method of Slope distribution.

M_{ab}, M_{ba} 之第一近似值爲$-C_{ab}$, C_{ba}, 其正確值，則需另從 A, B 兩點所起之撓角，用以上兩式求之，既因φ_a ,φ_b 皆依環境之載重，材之長度及其斷面二次冪等而異，並非爲一定之常數。苟各值求得，則M_{ba}, M_{ab}皆得之矣。此即框架，連梁等解法之根基。

爲求明晰起見，並表示其重要性，再將以上兩式重錄如次。

$$M_{ab}=K_{ab}(2\varphi_a+\varphi_b)-C_{ab}$$

$$M_{ba}=K_{ab}(2\varphi_b+\varphi_b)+C_{ba}.$$

凡φ及M皆依時針之方向爲正，不依時針進行方向者爲負。

$2E\theta_a$,$2E\theta_b$ 簡稱之曰撓角。

第二節　固定端框架算法

茲在說明撓角分配法之前，先將四端固定特殊框架說起。第二圖所示爲一四固定端之框架，設中央節點A之撓角爲 ${}_o\varphi_a$ 。此種 ${}_o\varphi_a$ 之意義乃係集于節點A之各材之他端皆爲固定節點，亦即各端之撓角爲零，致中央節點所起撓角之值。(見第二圖)

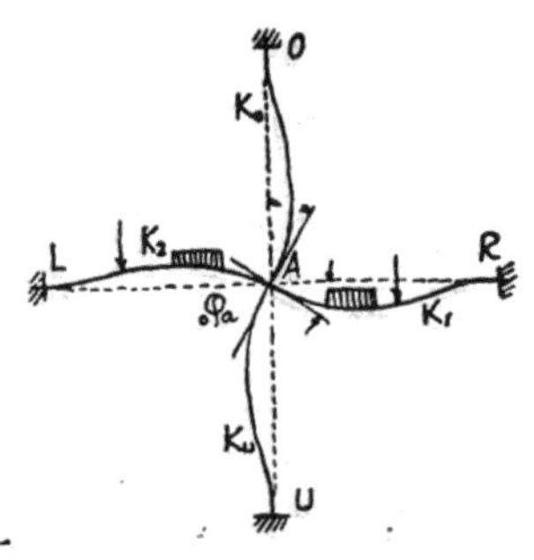

第二圖

節點A之彎冪式，皆爲通常所習知者

$$M_{ar}=2\,{}_o\varphi_a K_r-C_{ar}$$
$$M_{al}=2\,{}_o\varphi_a K_l+C_{al}\qquad(2)$$
$$M_{ao}=2\,{}_o\varphi_a K_o$$
$$M_{au}=2\,{}_o\varphi_a K_u$$

以上各式之來源，茲略爲說明如次。

由第(2)圖得AR材對于A點成時針方向作用，故用 (1) 式之第一式將M_{ar}代M_{ab},K_{ab}代K ,φ_b因爲固定端之撓角爲零,即φ 爲零，φ^a爲A端之撓角，茲以 ${}_o\varphi_a$,表示之,C_{ab}以C_{ar}代之即得(2)式中之第一式。

同樣寫出其他三式。

四材會合于A點既成平衡則必成立次式

$$\Sigma M=0=M_{ar}+M_{al}+M_{ao}+M_{au}$$

將(2)式中之各值代入上式即得

$$2(K_r+K_l+K_o+K_u)\,{}_o\varphi_a=C_{ar}-C_{al}=P_a=2\,{}_o\varphi_a\,p_a$$

$$\varphi_a=\frac{P_a}{p_a}\qquad(3)$$

但 $P_a=2\Sigma K$=兩倍集合節點上各K值之和$=2(K_{上}+K_{下}+K_{左}+K_{右})$

P_a =載重項$=C_{ar}-C_{al}=C_{a右}-C_{a左}$=固定梁兩端彎冪之總和。

P_a ,p_a 之值，皆可由已知之框架尺寸，及載重之大小，預先算得。結果由 (3) 式即可定出 ${}_o\varphi_a$ 值。

如固定端框架中之一固定端知其撓角之量，對于中央節點 A 上所起撓角之影響如何 。亦應知道。

設在第(3) 圖中之固定端R已知其正量撓角爲φ_r 結果中央節點上所起之撓角φ_a 因之變動，(見第三圖)

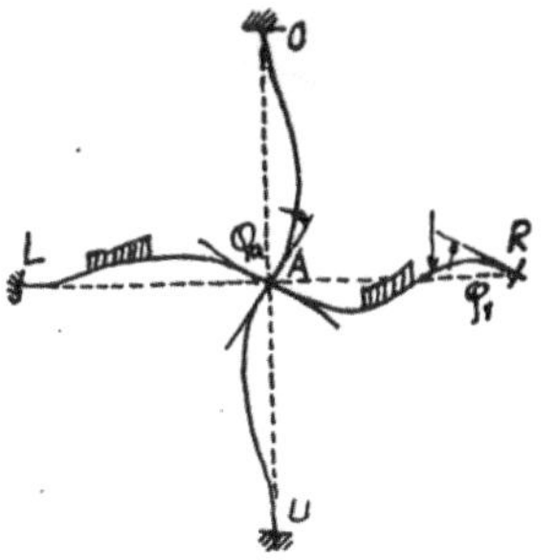

今節點A之各彎冪式由(1)式得

$$M_{ar} = K_r\,(2\varphi_a + \varphi_r) - C_{ar}$$

$$M_{al} = 2\varphi_a K_l + C_{al}.$$

$$M_{ao} = 2\varphi_a K_o$$

$$M_{au} = 2\varphi_a K_u.$$

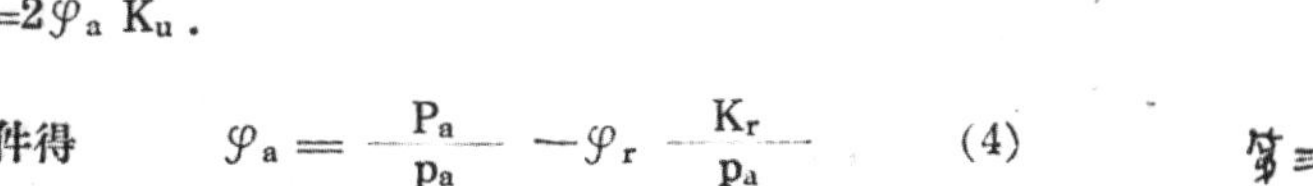

依平衡條件得 $\varphi_a = \frac{P_a}{p_a} - \varphi_r \frac{K_r}{p_a}$ (4)

第三圖

(卽 $2\varphi_a (K_r + K_l + K_a + K_u) + C_{al} - C_{ar} + K_r\ \varphi_r = o$。

$\varphi_a = \frac{C_{ar} - C_{al}}{p_a} - K_r\ \frac{\varphi_r}{p_a}$.)。

(4)式之意義，用語言表示之，卽凡已知節點R 之正量撓角φ_r ，對于中央節點A 所起之影響爲負，其值爲已知撓角之 $\frac{K_r}{p_a}$ 倍。 如已知之撓角爲負則節點A所起之影響爲正量撓角。

如若固定端框架中之全部固定端之撓角爲已知時，對于中央節點A所起撓角之影響如何，在本計算法中亦需知道。

設節點A之上下左右諸固定端之撓角爲已知，其値爲φ_o, φ_u, φ_r, φ_l, 其量爲正。與求 (4) 式之方法同様。此時置 A 點撓角之值以表${}_n\varphi_a$ 示之 。 見(第四圖)。

$${}_n\varphi_a = {}_o\varphi_a - (\varphi_o\ y_o + \varphi_r\ y_x + \varphi_u\ y_u + \varphi_l\ y_l)\ (5)$$

上式中之

${}_o\varphi_a$ 爲四端完全固定時之A點撓角。而

$y_o = \frac{K_o}{p_a}$, $y = \frac{K_r}{p_a}$, $y_u = \frac{K_u}{p_a}$, $y_l = \frac{K_l}{p_a}$,

$p_a = 2(K_o + K_r + K_u + K_l)$。

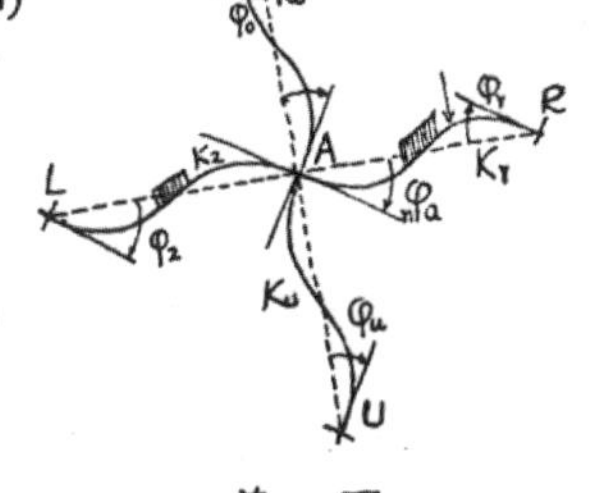

上式中之y爲各材之撓角分配率。

第四圖

如是，由固定端框架出發，用正量撓角φ_o, φ_r, φ_l, φ_u 乘以相當之撓角分配率 ， 得中央節點A之撓角影響，其量爲負，再與固定端所起之撓角而總和之卽得。

第 三 節　　有 階 (Hinge) 框 架 算 法

設材端R爲一有階節點見(第五圖)。

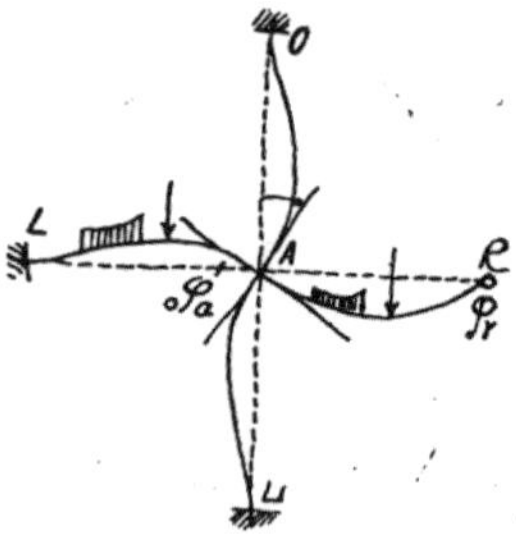

則 $M_{ra}=K_r\left(2\varphi_r+{}_0\varphi'_a\right)+C_{ra}=0$

∴ $\varphi_r=-\dfrac{{}_0\varphi'_a}{2}-\dfrac{C_{ra}}{2K_r}$

又 $M_{ar}=K_r\left(2\,{}_0\varphi'_a+\varphi_r\right)-C_{ar}$

將φ_r值代入得

$$M_{ar}=K_r\left(2\,{}_0\varphi'_a-\frac{1}{2}\,{}_0\varphi'_a\right)-\left(C_{ar}+\frac{C_{ra}}{2}\right).$$

置 $H_{ar}=C_{ar}+\dfrac{C_{ra}}{2}$

第五圖

則得 $M_{ar}=\dfrac{3}{2}\,{}_0\varphi'_a\,K_r-H_{ar}$

又 $M_{ao}=2\,{}_0\varphi'_a\,K_o$

$M_{au}=2\,{}_0\varphi'_a\,K_u$

$M_{al}=2\,{}_0\varphi'_a\,K_l+C_{al}$

由節點之平衡條件得

$${}_0\varphi'_a=\frac{P'_a}{p'_a}\qquad(6)$$

但 $P'_a=H_{ar}-C_{al}$.

$p'_a=p_a-\dfrac{K_r}{2}$.

本式爲求固定端框架中有一階節點構造對于中心節點之撓角所起之影響値。

如一階節點框架中之周圍各節點之撓角爲已知，其對于中央節點所起撓角之影響，在本解法中，甚爲要緊。見(第六圖)。

設材端R爲一有階之節點，其他爲固定，各材之撓角皆爲已知，

與以上所述之方法同樣得

$${}_1\varphi'_a=\frac{P'}{p'_a}-\left(\varphi_o\,y'_o+\varphi_u\,y'_u+\varphi_l\,y_l\right).$$

今 $y'_o=\dfrac{K_o}{p'_a},\ y'_u=\dfrac{K_u}{p'_a},\ y'_l=\dfrac{K_l}{p'_a},\qquad(7)$

$p'_a=2\left(K_o+K_r+K_u+K_l\right)=\dfrac{K_r}{2}$

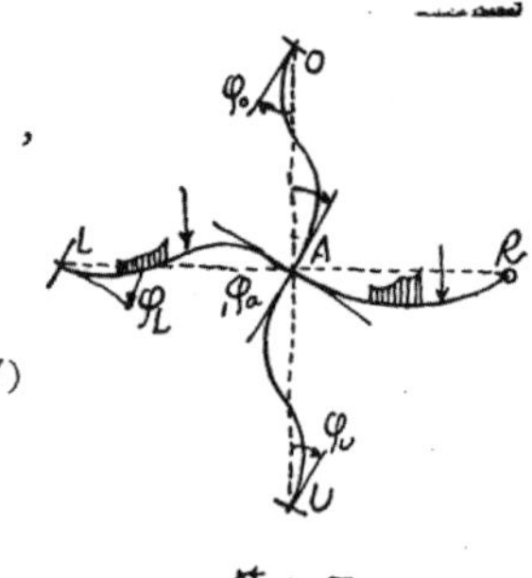

第六圖

第四節 對稱性框架之修正算法。

普通框架之構造，恆與其中心軸成對稱的關係。凡中心軸通過中央跨度之中心點，亦卽具有奇數跨度之構造物，而各梁所負之載重具對稱性者，可用本節所述之方法。

設材端R之撓角φ_r與節點A之撓角${}_0\varphi_a$間之關係爲$\varphi_r=-{}_0\varphi_a$(見第七圖)

則得 $M_{ar}=K_r\left(2\,{}_0\varphi_a-{}_0\varphi_a\right)-C_{ar}$

與求(6)式同法得

$${}_0\varphi_a=\frac{P_a}{(p_a)}.\qquad(8)$$

但 $P_a=C_{ar}-C_{al}$.

$(p_a)=p_a-K_r$.

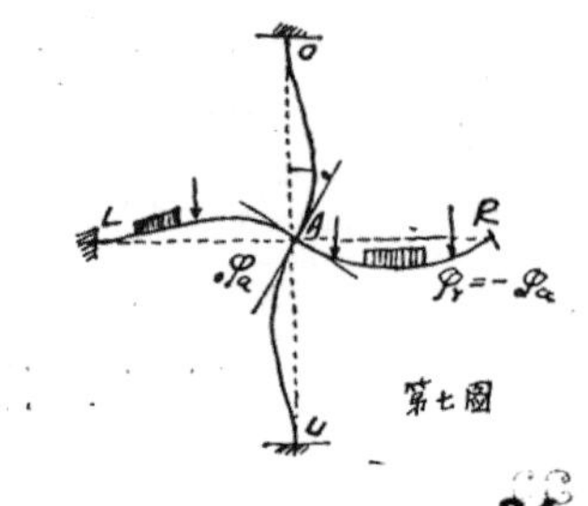

第七圖

又如鄰接一節點之撓角其大相等，方向相反，且四週各節點之撓角皆爲已知時，其修正方法如次。

設材端R之撓角 φ_r 與節點 A 之撓角 φ_a 間之關係爲 $\varphi_r=-\varphi_a$，見（第八圖）且假定其他各節點之撓角爲已知，照以前所述之方法同樣求出

$$\varphi_a=\frac{P_a}{(p_a)}-\{\varphi_a(y_o)+\varphi_u(y_u)+\varphi_l(y_l)\}$$

但 $P_a=C_{ar}-C_{al}$,

$$(p_a)=p_a-K_r, \qquad (9)$$

$$(y_o)=\frac{K_o}{(p_a)}, \quad (y_u)=\frac{K_u}{(p_a)}, \quad (y_l)=\frac{K_l}{(p_a)},$$

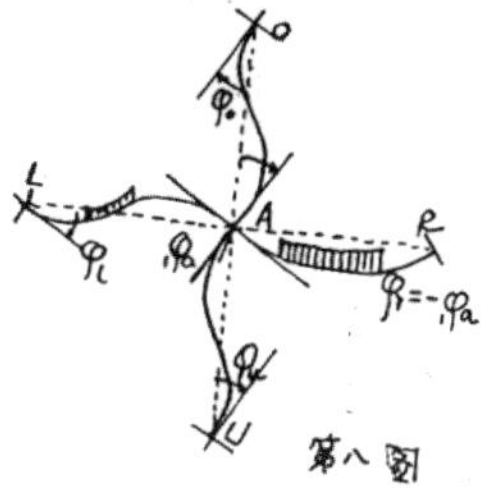

第八圖

第　五　節　　撓角分配法之特徵與其計算之方法及順序。

本方法之特徵甚多，茲先述之，以明其計算方法之根基。

(1). 凡含有未知數之聯立方程式，可以完全不用。以上各式不過爲本法理論之根據，計算時只消依照前式在圖上用一定規則，機械式的逐步進行可也。

(2). 解時僅須將框架圖載重項，與撓角分配率記上，作爲計算之準備。

(3). 計算時，卽在框架圖上行之，只用加減乘計算之。乘法又可利用計算尺。

(4). 計算所用之節點，從任何處開始皆可。普通可從左側最下之偶節點開始向上行之。

(5). 框架圖中不見一方程式，僅見載重項，與撓角分配率諸值用乘法，加減法，卽可求得各節點之撓角而在圖中記入之。此項計算之値，卽作爲逐次計算之資料，使不平衡之撓角 (Unbalanced slope)逐次保持平衡而後已。

(6). 此種方法不受聯立方程式之聯立的解法之束縛，至多在特別節點上對于他節點重複多算幾次而已。

(7). 中途計算如發生差誤時，可立卽看出，凡同行之內如爲不發現正負號者卽屬差誤。極小數之差誤在計算途程中發生時，儘可繼續進行。

(8). 計算之最初目的爲撓角之決定，再由己經決定之撓角用撓角式(1)求出各節點之彎冪，乃得最終之目的。

(9). 查驗計算之正確與否及正確之程度，將可各節點上之彎冪依平衡條件以試驗之。

本法之計算方法如次。

設如第九圖所示之對稱性框架其中節點O之周圍四節點假定爲固定端。如是用固定框架中央點所起之撓角式(卽由(2)式求之)求得 ${}_0\varphi_o$。

卽 ${}_0\varphi_o=P_o/p_o$

同樣以節點R作固定框架之中央點求出 ${}_0\varphi_r\ (=\frac{P_r}{p_r})$.

係次求出L,R,等節點之撓角。如是A節點之四周節點O,U,L,R之撓角皆爲已知卽由次列各式定出。

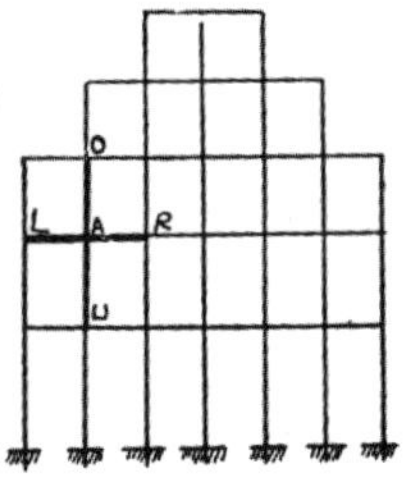

第九圖

$${}_0\varphi_o=\frac{P_o}{p_o}, \quad {}_0\varphi_r=\frac{P_r}{p_r}, \quad {}_0\varphi_u=\frac{P_u}{p_u}, \quad {}_0\varphi_l=\frac{P_l}{p_l},$$

此種數値皆爲所負之載重，構造之狀態等之函數。故可直接求出之。

今己知四週各節點O,R,U,L撓角之大，卽用以代入(5)式而得節點A所生之撓角，卽

$$ {}_1\varphi_a = {}_0\varphi_a - ({}_0\varphi_o\, y_o + {}_0\varphi_r\, y_r + {}_0\varphi_u\, y_u + {}_0\varphi_l\, y_l) $$

設若四節點中有一或二或三個節點己經算出其較正確値，例如 ${}_1\varphi_u$，${}_1\varphi_l$，則于上式中之 ${}_0\varphi_u$ ${}_0\varphi_l$ 逕可代以較正確値計算之，卽

$$ {}_1\varphi_a = {}_0\varphi_a - ({}_0\varphi_o\, y_o + {}_0\varphi_r\, y_r + {}_1\varphi_u\, y_u + {}_1\varphi_l\, y_l). $$

如是則所得之 ${}_1\varphi_a$ 値愈眞。從 ${}_0\varphi$ 値算出 ${}_1\varphi$，再由 ${}_1\varphi$ 値算出 ${}_2\varphi$，則撓角之離眞値亦愈近，在實用上求至 ${}_3\varphi$ 時己極接近。

以上所述之方法，其計算之步驟如次。

(1). 將己知框架中之長度，高度及佈置逐一正確繪出，留其空白處作爲計算草稿之用。

(2). 在各節點處將 $\frac{P}{p}$ $(= {}_0\varphi)$ 値分別記上。

(3). 將各材之撓角分配率y値記上，此値卽在各材之兩端(卽各材節點之上下左右)記上。

(4). 計算時可由左側下首開始用(5)式求φ値。

(5). 由以上計算所得之 ${}_1\varphi$ 與其他各節點之 ${}_0\varphi$，求出其直上節點之 ${}_1\varphi$。

(6). 同樣計算其他各節點之φ値。約三四次卽得。

(7). 由各節點上己定得之撓角用(1)式卽可算出各節點上諸彎冪。

第六節 計算例題

本節所示之例題盡將步驟加以說明，故不免冗長，但對于習者可以完全明瞭其方法。學貴致用，故應存之不删。

例題1. 求框架橋之節點B,C諸彎冪。(見第十圖之一)

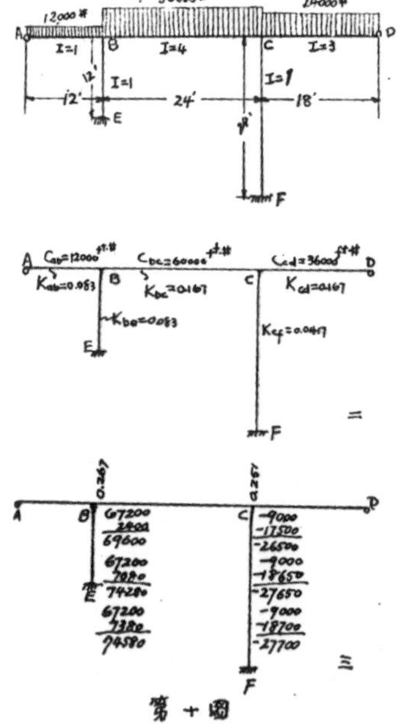

第十圖

(1) 計算之準備。

先就框架之各材之 K值分別求出得$\left(K=\frac{I}{l}\text{ 及 }\frac{I}{h}\right)$

$$K_{ab}=\frac{1}{12}=0.833,\qquad K_{bc}=\frac{4}{24}=0.167\quad(\text{免寫單位})$$

$$K_{cd}=\frac{3}{18}=0.167,\qquad K_{be}=\frac{1}{12}=0.083\qquad K_{cf}=\frac{1}{24}=0.0417$$

其次就載重項求出各材之C值如次

$$C_{bc}=C_{cb}=\frac{wl^2}{12}=\frac{30000\times 24}{12}=60,000\text{ft.※}.\ (\because\ \frac{wl^2}{12}=\frac{wl}{12},\ W=30,000,\ l=24)$$

$$C_{ba}=C_{ab}=\frac{wl^2}{12}=12,000\text{ft.※}$$

$$C_{cd}=C_{dc}=36,000\text{ft.※}$$

又 $p_b=2(K_{ab}+K_{bc}+K_{be})=2(0.083+0.167+0.083)=0.666$。

$\therefore$ $p'_b=p_b-\frac{K_{ab}}{2}=0.666-\frac{0.083}{2}=0.625$

$$p_c=2(K_{bc}+K_{cd}+K_{cf})=2(0.167+0.167+0.0417)=0.75$$

$p'_c=p_c-\frac{K_{cd}}{2}=0.75-\frac{0.167}{2}=0.666$。

A,D兩節點爲蚧構造，故各材之C値如次

$$P'_b=C_{be}-H_{ba}=C_{bc}-(C_{ba}+\tfrac{1}{2}C_{ab})=60000-(12000+6000)=42000\text{ft.#}$$

$$P'_c=H_{cd}-C_{cb}=(C_{cd}+\tfrac{1}{2}C_{dc})-C_{cb}=(36000+18000)-60000=-6000\text{ft.#}$$

將以上所得之C,K等値寫在各材之左近如第十圖之二所示。此種數字直至求各節點彎冪時尙需應用，在此圖上卽可一索卽得，甚爲便利。

今用計算尺先求 $_c\varphi$,因節點B&C之他端爲蚧構造，故應用 $_0\varphi'$式計算之。卽

$$_0\varphi'_b=\frac{P'_b}{p'_b}=\frac{42000}{0.625}=67200\text{#}/\text{ft}^2$$

$$_0\varphi'_c=\frac{P'_c}{p'_c},=-\frac{6000}{0.666}=-9000\text{#}/\text{ft}^2$$

又撓角分配率，亦因爲有蚧構造，故用r^1 之値，其値如次

$$y'_{bc}=\frac{K_{bc}}{p'_b}\ \frac{0.167}{0.625}=0.267$$

$y'_{cb}=\frac{K_{bc}}{p'_c}=\frac{0.167}{0.666}=0.251$。

各材如AB,CD,BE,CF等之y'値，因其材端有蚧或爲固定故可不必計算。

再將 $_0\varphi'$及y'等値寫入框架中圖，作爲決定撓角之資料如第十圖之三所示。

(2) 圖上計算之順序。

于第十圖之三節點B記上 67200($_0\varphi'_b$),節點C 記上－9000)°φ'_c) 。BC材之 B 點記上0·267

(y'_{bc})，C點記上0.251(y'_{cb})。以後卽可開始機械式的計算。

先從節點 B 開始以0.267乘—9000之積換其符號，寫于67200之下。卽 0.267 ×（—9000）＝—2400,換其符號得＋2400,在67200下記上而求其和，卽爲求(5)式之 $_1\varphi_b$ 之法。但可不必用算式，逕用機械式的手續在圖上行之而已。

其次卽移至 C 點將 0.251 乘以 69600 而換其符號得— 17500，卽在—9000下寫入而求其和得—26500。

依此方法，重覆計算數次卽得。例于B點上將

0.267×(—26500)＝—7080變其符號與67200求其和爲74280.

又于C點上將

0.251×74280＝18650變其符號與—9000求其和爲—27,650.

更行重覆求B點上將0.267×(—276500)＝—7380變其符號與67200求其和爲74580。

C點上將　　0.251×74580＝18700變其符號與—9000求其和爲—27700

從以上之結果，可知最後之二約略相同，卽可不必計算矣。

普通用以上之算法計算，大致算至三次所得之結果在實用上並無差池矣。

(3)　節點諸彎冪之計算。

由以上計算得諸φ值如次

$$\varphi_b=74580\text{#}/ft.^2 \qquad \varphi_c=-27700\text{#}/ft.^2$$

用此以求各節點之彎冪，其法如次。

于節點B上

$$M_{bc}=K_{bc}(2\varphi_b+\varphi_c)-C_{bc}=0.167[2\times74580+(-27700)]-60000=-39700ft.\text{#}.$$

$$M_{bc}=K_{ab}(2\varphi_b-\tfrac{1}{2}\varphi_b)+C_{ba}+\tfrac{1}{2}C_{ab}=0.083\times74580\times1.5+12000+0.5\times12000=27300ft.\text{#}$$

$$M_{be}=K_{ba}(2\varphi_b)=0.083\times2\times74580=12400ft.\text{#}.$$

而　$M_{bc}+M_{ba}+M_{ba}=-39700+27300+12400=0.$

如若所得之結果不能等于零時，爲求更行精確起見再在圖上重行計算一次。

又于節點C上

$M_{cd}=K_{cd}(2\varphi_c-\tfrac{1}{2}\varphi_c)-(C_{cd}+\tfrac{1}{2}C_{dc})=0.167\times1.5\times2\times(-27700)-(36000+\tfrac{1}{2}\times36000)=-60900ft.\text{#}$

同樣求得　$M_{cb}=63200ft.\text{#}$

$M_{cf}=-2300ft.\text{#}.$

而　$M_{cd}+M_{cb}+M_{cf}=-60900+63200-2300=0.$

可知以上之計算，可謂適宜。

例題2。設一四層三跨度之對稱性框架，其最上層之垂直均佈載重爲0.8W，其他各層爲W之均佈載重。求各節點之彎冪。(見第十一圖之一及二)，

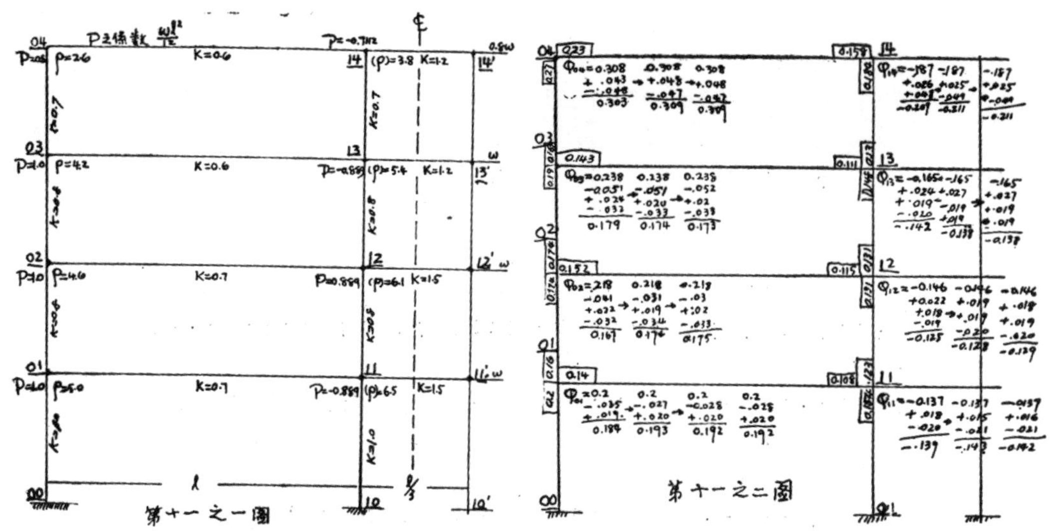

第十一之一圖　第十一之二圖

〔解〕.(1)先將框架圖按照長度高度用比例尺繪出，尺寸最好大些，以便用其空白地位，作爲登入計算數字。凡乘法可用計算尺，加減用心算。

計算應自何點開始，並無一定次序，任何皆可。今設在框架之左下側起向上而進。如第十一圖之一所示。先自節點01起，再向02，03，04，等點而行。再從最下層之節點11，12，13，14，而上。其次可算出各C值，再由各C值而得P，再由P以求 $\frac{P}{p}$ 諸值。

先得　$C_{10-11}=C_{11-01}=C_{02-12}=C_{12-02}=C_{03-13}=C_{13-03}=\frac{wl^2}{12}$.

$$C_{04-14}=C_{14-04}=\frac{08wl^2}{12}$$

$$C_{11-11'}=C_{12-12'}=C_{13-13'}=\frac{w\left(\frac{1}{3}\right)^2}{12}=\frac{0.111wl^2}{12}.$$

$$C_{14-14'}=\frac{0.8w\left(\frac{1}{3}\right)}{12}=\frac{0.0888wl^2}{12}.$$

∴　$P_{01}=P_{02}=P_{03}=\frac{wl^2}{12}$.

$$P_{04}=\frac{0.8wl^2}{12}.$$

$$P_{11}=P_{12}=P_{13}=\frac{(0.111-1.0)wl^2}{12}=\frac{-0.889wl^2}{12}.$$

$$P_{14}=\frac{(0.0888-0.8)wl^2}{12}=-\frac{0.7112wl^2}{12}.$$

再行算出p與(p')諸值如次。

$p_{01}=2(0.8+0.7+1.0)=5$ （免寫單位）

$p_{02}=2(0.8+0.7+0.8)=4.6$

$p_{03}=2(0.6+0.7)=2.6$

$(p_{11})=2(0.8+1.5+1.0+0.7)-1.5=6.5$

$(p_{12})=2(0.8+1.5+0.8+0.7)-1.5=6.1$

$(p_{13})=2(0.7+1.2+0.8+0.6)-1.5=5.4$

$(p_{14})=2(1.2+0.7+0.6)-1.2=3.8$

以上所得諸值爲求撓角分配率時之必要數字。應與K值同時記在各節點之左近如第十一圖之二所示。

其次用第十一圖之二所示之各節點上之P及p之商以計算 $_0\varphi$ 諸值。此時可用計算尺得。即

$$\frac{P_{01}}{p_{01}}=\frac{1}{5.0}=0.2 \quad （略寫\ \frac{wl^2}{12}\ 之數）$$

$$\frac{P_{02}}{p_{02}}=\frac{1}{4.6}=0.218, \quad \frac{P_{03}}{p_{03}}=\frac{1}{4.2}=0.238, \quad \frac{P_{04}}{p_{04}}=\frac{0.8}{2.6}=0.308,$$

$$\frac{P_{11}}{(p_{11})}=-\frac{0.889}{6.5}=-0.137, \quad \frac{P_{12}}{(p_{12})}=-\frac{0.889}{6.1}=-0.146, \quad \frac{P_{13}}{(p_{13})}=-\frac{0.889}{5.4}=-0.165,$$

$$\frac{P_{14}}{(p_{14})}=-\frac{0.7112}{3.8}=-0.817,$$

將以上各值分別計入第十一圖之二之上。

再次將各材之撓角分配率y逐一記上。此值可記在各材之兩端。如第十一圖之二所示。

於節點01上之y值（$y_{01\text{-}02}$），

$$y_o=\frac{K_o}{p_{01}}=\frac{0.8}{5.0}=0.16, \quad y_r=\frac{K_r}{p_{01}}=\frac{0.7}{5.0}=0.14, \quad y_u=\frac{K_u}{p_{01}}=\frac{1.0}{5.0}=0.20$$

于節點02上之y值（$y_{02\text{-}03}$）。

$$y_o=\frac{K_o}{p_{02}}=\frac{0.8}{4.6}=0.174, \quad y_r=\frac{K_r}{p_{02}}=\frac{0.7}{4.6}=0.152, \quad y_u=\frac{K_u}{p_{02}}=\frac{0.8}{4.6}=0.174,$$

同樣求出其他各值。

又于節點11上之y值（$y_{11\text{-}12}$），

$$(y_o)=\frac{K_o}{(p_{11})}=\frac{0.8}{6.5}=0.123, \quad (y_u)=\frac{K_u}{(p_{11})}=\frac{1.0}{6.5}=0.154,$$

$$(y_e)=\frac{K_e}{(p_{11})}=\frac{0.7}{6.5}=0.108,$$

但此時不必將（y_r）計算。

分別將y，與（y）之結果在第十一圖之二上。各節點之上下左右記上。

如是已將各節點之撓角所需之基本數值預備清楚，即可開始從最下層之左下節點01出發用（5）式計算$_1\varphi$值，在計算該節點之撓角時，可先從節點之上下左右各節點上之撓角$_0\varphi$與其相當之撓

角分配率乘之，並將其結果計入圖上，以便計算，卽自節點01起算

$${}_1\varphi_{o1}={}_o\varphi_{o1}-({}_o\varphi_{o2}\,y_{o1\text{-}o2}+{}_o\varphi_{11}\,y_{o1\text{-}11})=0.2-[0.218\times0.16+(-0.137)\times0.14]=0.2-0.035+0.019=0.184,$$

以上之計算，可用心算及計算尺算出，將其結果直接記上。卽將-0.035，0.019縱列記入而計算之得0.184。不必如現在說明用之繁雜手續。

次向節點02移動而求${}_1\varphi_{o2}$之値。卽

$${}_1\varphi_{o2}={}_o\varphi_{o2}-({}_o\varphi_{o3}\,y_{o2\text{-}o3}+{}_o\varphi_{12}\,y_{o2\text{-}12}+{}_1\varphi_{o1}\,y_{o2\text{-}o1})=0.218-[0.238\times0.174+(-0.146)\times0.152+0.184\times0.174]=0.218-0.041+0.022-0.032=0.167$$

此時計算中所用之φ_{o1}可用${}_1\varphi_{o1}$而不用${}_o\varphi_{o1}$，較爲接近。

同様依次向上求出各節點之撓角，

${}_1\varphi_{o3}=0.179$，　${}_1\varphi_{o4}=0.303$，　${}_1\varphi_{11}=-0.139$，　${}_1\varphi_{12}=-0.125$

${}_1\varphi_{13}=-0.142$　${}_1\varphi_{14}=-0.209$　（見第十一圖之二所示）。

第一度各節點諸撓角，已經算出，卽可重覆再算${}_2\varphi$諸値。

例如　$${}_2\varphi_{o1}={}_o\varphi_{o1}-({}_1\varphi_{o2}y_{o1\text{-}o2}+{}_1\varphi_{11}y_{o1\text{-}11})=0.2-[0.167\times0.16+(-0.139)\times0.14]=0.2-0.027+0.02=0.193.$$

同樣得　${}_2\varphi_{o2}=0.172$，　${}_2\varphi_{o3}=0.174$，　${}_2\varphi_{o4}=0.309$，　${}_2\varphi_{11}=-0.143$，

${}_2\varphi_{12}=-0.128$，　${}_2\varphi_{13}=-0.138$　${}_2\varphi_{14}=-0.211$，

如逕用第二度計算所得各節點諸撓角以求各節點之彎冪，在實用上可無大差。

如爲更求精確，可再算${}_3\varphi$，其結果如次

${}_3\varphi_{o1}=0.192$，　${}_3\varphi_{o2}=0.175$，　${}_3\varphi_{o3}=0.173$　${}_3\varphi_{o4}=0.309$

${}_3\varphi_{11}=-0.142$，　${}_3\varphi_{12}=-0.129$，　${}_3\varphi_{13}=-0.138$，　${}_3\varphi_{14}=-0.211$，

以上所述之${}_1\varphi$，${}_2\varphi$，等値之計算皆可用心算算出。可常將撓角分配率先置于計算尺上然後將該材材端之撓角乘之較爲便利。而其順序則先以上材，右材，下材而至左材依一定之規則進行之。此種圖上計計算法可參覵第十一圖之二所示。

撓角既經決定，則代入習知之算式

$$M_{ab}=K_{ab}(2\varphi_a+\varphi_b)\pm C_{ab}$$

以求各節點諸彎冪。此地省去不講。

例題3.　求四等跨度連續梁諸支點之彎冪。（見第十二圖之一及＝）。

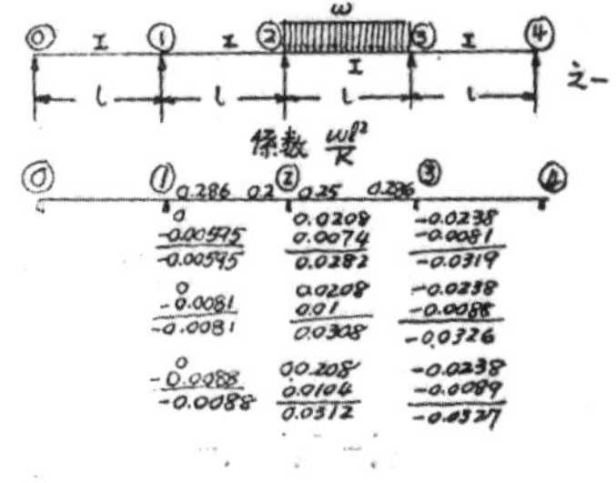

第十＝圖之＝

如連續梁之跨度相等，斷面及其二次冪(Second moment)等亦假定相等則

$$p_1=p_2=p_3=2(K+K)=4K.$$

$$p_1'=p_1-\frac{K}{2}=4K-0.5K=3.5K.$$

$$p_3'=p_3-\frac{K}{2}=4K-0.5K=3.5K.$$

又載重在2—3之跨度上。故C值如次

$$C_{23}=C_{32}=\frac{wl^2}{12}$$

隨而 $P_2=C_{23}=\frac{wl^2}{12}$， $P_3'=-C_{32}=-\frac{wl^2}{12}$， $P^1=O$

$${}_0\varphi_1'=\frac{P_1'}{p_1}=O,\quad {}_0\varphi_2'=\frac{P^2}{p^2}=\frac{wl^2}{48K}=0.0208\frac{wl^2}{K},$$

$${}_0\varphi_3'=\frac{P_3'}{p'}=\frac{-wl^2}{42K}=-0.0238\frac{wl^2}{K}。$$

又撓角分配率

$$y'_{1\cdot2}=\frac{K}{p_1'}=\frac{1}{3.5}=0.2861,\qquad y^1{}_{2\cdot1}=y_{2\cdot3}=\frac{K}{p_2}=\frac{1}{4}=0.25。$$

$$y'_{3\cdot2}=\frac{K}{3.5K}=0.286,$$

將以上所得之${}_0$y及y 諸値載入連續梁圖之上，以備計算撓角之用。（見第十二圖之一）。支點1上之${}_1\varphi_1$計算方法如下(使用計算尺，免寫$\frac{wl^2}{K}$僅寫其係數)

$$0-0.286\times0.0208=-0.00595.$$

支點2上之 ${}_1\varphi_2=0.0208-0.25\times(-0.00595)-0.25\times(-0.0208)=0.0208+0.25$

$$(0.00595+0.0238)=0.0208+0.0074=0.0282.$$

同樣得支點3上之 ${}_1\varphi_3=-0.0238-0.286\times0.0282=-0.0238-0.0081=-0.0319.$

再還至支點1得 ${}_2\varphi_1=0-0.286\times0.0282=0-0.0081=-0.0061.$

再還至支點2得 ${}_2\varphi_2=0.0208-0.25(-0.0081-0.0319)=0.0208+0.01=0.0308.$

同樣至支點3得 ${}_2\varphi_3=-0.0238-0.286\times0.0308=-0.0238-0.0088=-0.0326.$

如法泡製得 ${}_3\varphi_1=0.0088$， ${}_3\varphi_2=0.0312$， ${}_3\varphi_3=-0.0327.$

以上計算之結果，乃爲一係數，實際應另乘$\frac{wl^2}{K}$方爲φ之値。即

$$\varphi_1=-0.0088\frac{wl^2}{K},\quad \varphi_2=0.0312\frac{wl^2}{K},\quad \varphi_3=-0.0327\frac{wl^2}{K}。$$

其次可求各支點之彎冪。

在支點1上 $M_{1\cdot0}=K(2\varphi_1-\frac{1}{2}\varphi_1)=1.5K(-0.0088\frac{wl^2}{K})=-0.013wl^2$

$M_{1\cdot2}=K(2\varphi_1+\varphi_2)=K\left\{2(-0.0088\frac{wl^2}{K})+0.0312\frac{wl^2}{K}\right\}=0.013wl^2$

在支點2上 $M_{2\cdot1}=K(2\varphi_2+\varphi_1)=K\left\{2(0.0312\frac{wl^2}{K}-0.0088\frac{wl^2}{K}\right\}=0.054wl^2$

$M_{3\cdot2}=K(2\varphi_2+\varphi_3)-C_{23}=K\left\{2(0.0312\frac{wl^2}{K}-0.0327\frac{wl^2}{K}\right\}-\frac{wl^2}{12}=$

$0.054wl^2$

在支點3上 $M_{3\cdot2}=K(2\varphi_3+\varphi_2)+C_{32}=K\left\{2(-0.0327\frac{wl_2}{K}+0.0312\frac{wl^2}{K}\right\}+\frac{wl^2}{12}=$

$-0.049wl^2$

$M_{3\cdot4}=K(2\varphi_3-\frac{1}{2}\varphi_3)=1.5K(-0.0327\frac{wl^2}{K})=-0.049wl^2$

以上計算之結果，再加以檢查是否平衡，結果

$\Sigma M^1=-0.013wl^2+0.013wl^2=0$

$\Sigma M^2=0.054wl^2-0.054wl^2=0$

$\Sigma M^3=0.049wl^2-0.049wl^2=0$

可稱滿足。

工程估價

附全部建築估價表

（二十二續）

杜彥耿

本書以前所估算者，均爲單項，即每一節內專論一種材料之價格是。茲復將全部建築物之造價，估出如下：

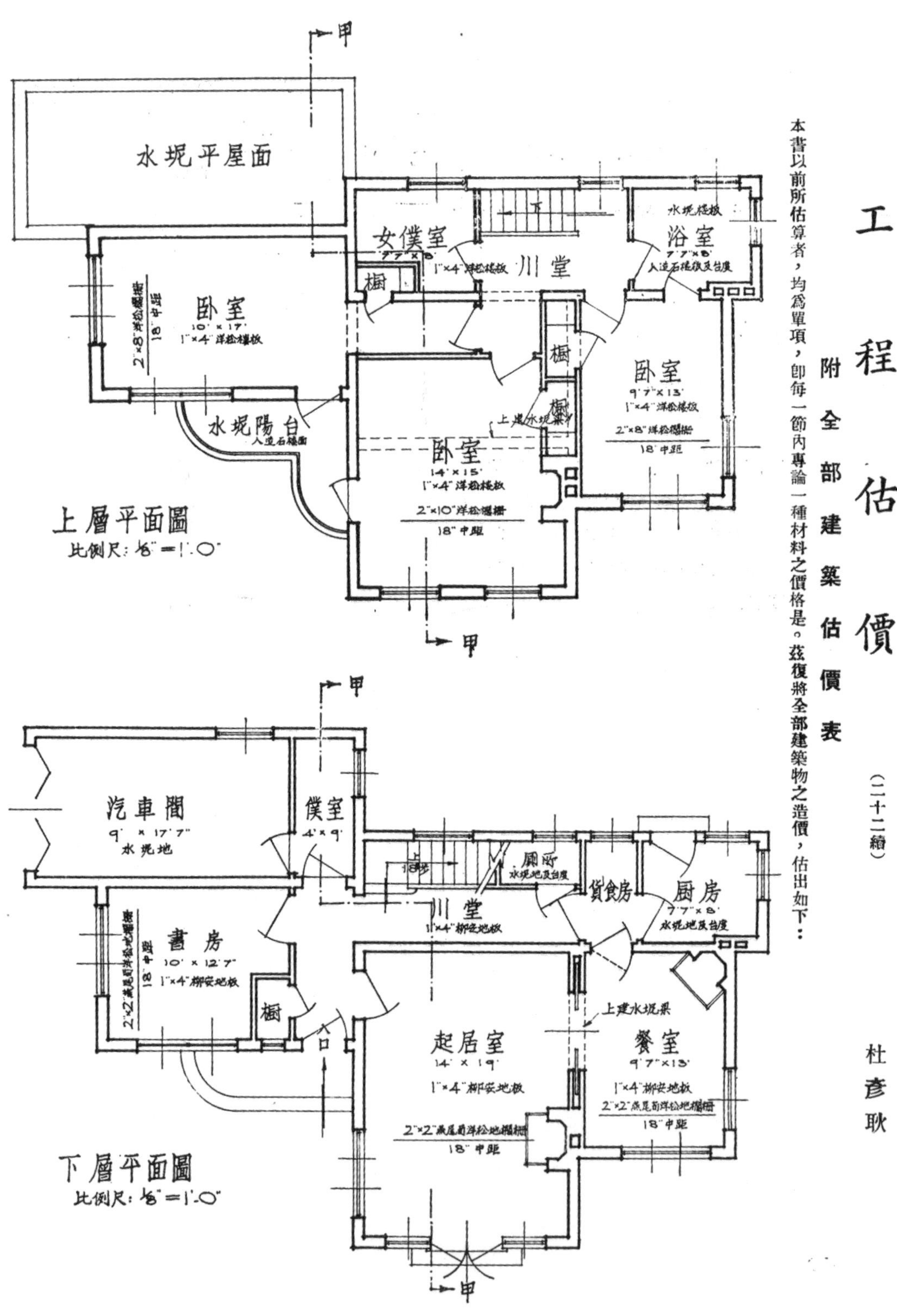

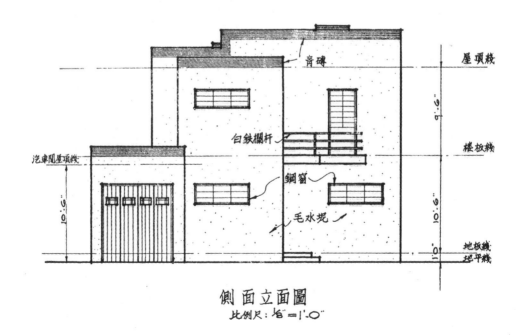

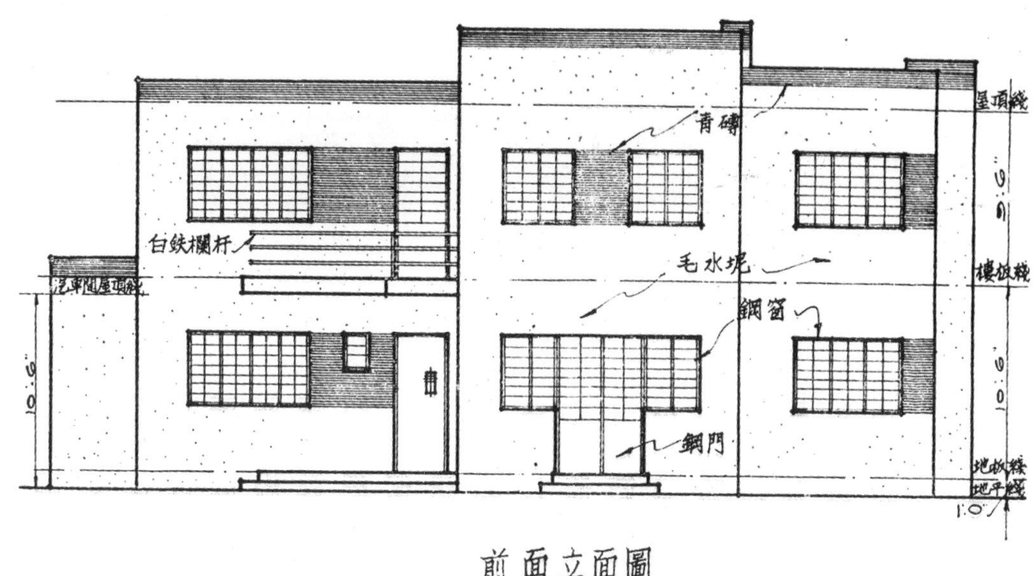

前面立面圖
比例尺：1/8"=1'-0"

青磚
屋頂綫
白鉄欄杆
樓板綫
汽車間屋頂綫
鋼窗
毛水坭
地板綫
地平綫
9'-6"
10'-6"
10'-6"
1'-0"

側面立面圖
比例尺：1/8"=1'-0"

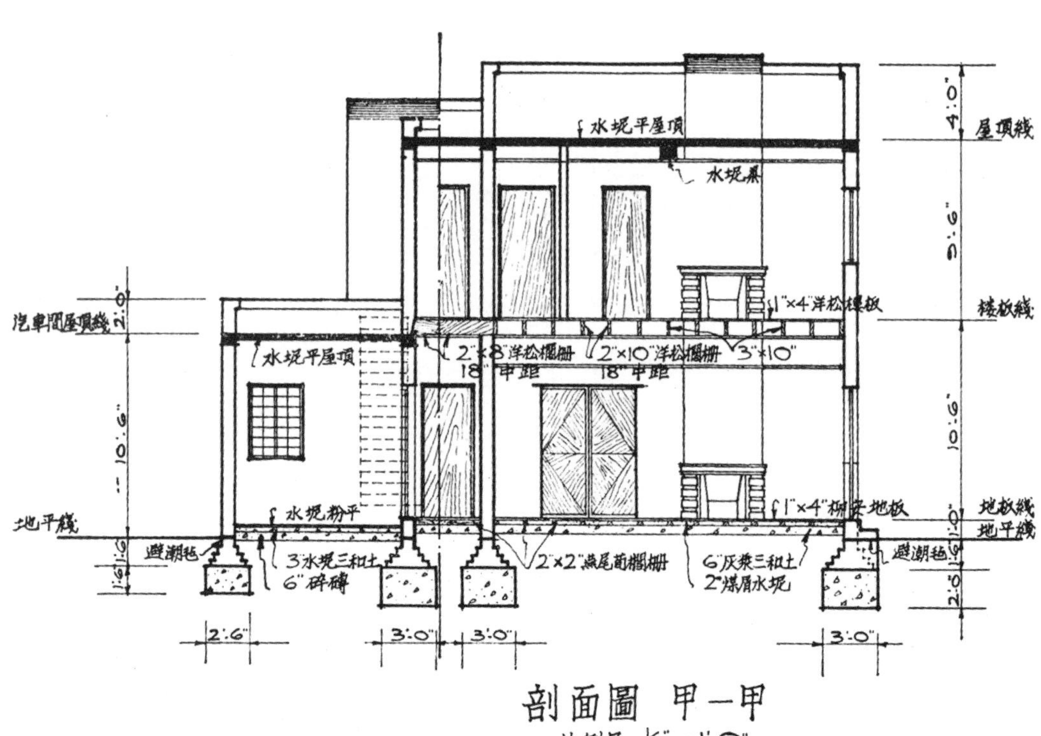

剖面圖 甲—甲

比例尺：1/8"＝1'-0"

上列最新式住宅一所，屋面用鋼筋水泥澆製，裏部之門，均係平面，窗爲鋼窗，地板用柳安，樓板則用洋松。按此屋之設計，廚房如嫌太小，不合我國家庭需用；但著者之意，我國廚房每不整潔，其不潔之原由，雖亦有由於主婦之不勤，足跡少履廚下所致，然於設計方面，亦不無關係；蓋一般建築師，大都以爲我國人所用之廚房，必尚寬大；殊不知因其寬大故，中國式之三眼灶砌矣，灶下之柴草，遂爲散佈垢灰之淵藪，他如平時不甚需要之瓶甏及畚箒等，均錯雜堆置廚中，以致不便逐日清除。故於其廚房大而不能求其整潔，不如將面積收縮，則兼可減輕造價。或曰：此屋樓上臥室有三，而浴室祗一間；此則無他，全因求減低造價耳。再者，浴室倘感不敷，則汽車間平屋面上，有餘隙地位，可資添闢浴室。

總之，此圖之繪製，專爲估價之根據；至住宅建築設計之專門討論，則不在本書範圍之內，茲姑不贅。

（按：本刊將另闢家庭築園一欄，專刊有關住宅建築之改善，及庭園佈置之探討等。）

計開平屋面住宅一所，材料估計單列後：

材料估計單

住宅

註〔估價分二種手續，先將材料估出，然後加註價格總數，由此可知造價。〕

條項	名稱	地位	說明	尺寸 闊	高或厚	長	數量	合計			總計		
1	灰漿三和土	底脚	外牆及腰牆下	3'0"	2'0"	194'0"	1	11	6	4			
2	,, ,,	,, ,,	汽車間外牆下	2'6"	1'6"	40'0"	1	1	5	0			
3	,, ,,	,, ,,	五寸分間牆下	2'0"	1'0"	48'0"	1		9	6			
4	,, ,,	滿堂	地板下	44'0"	6"	28'0"	1	6	1	6			
5	,, ,,	底脚	火坑下	2'0"	2'0"	10'0"	1		4	0	20	6	6
6	十五寸大方脚	牆脚	外牆及腰牆下青磚灰沙砌		2'6"	196'0"	1	4	9	0			
7	,, ,,	,, ,,	汽車間外牆青磚灰沙砌		1'6"	40'0"	1		6	0			
8	十寸大方脚	,, ,,	五寸分間牆下,, ,,		1'6"	48'0"	1		7	2			
9	十寸牆	牆身	外牆及腰牆,, ,,		20'0"	194'0"	1	38	8	0			
10	,, ,,	,, ,,	汽車間,, ,,		10'6"	40'0"	1	4	2	0	49	2	2
11	下層五寸牆	入口廚貨房	青磚水泥砌		10'6"	30'0"	1	3	1	5			
12	,, ,,	汽車間	,, ,,		10'0"	9'0"	1		9	0			
13	,, ,,	扶梯下			6'0"	16'0"	1		9	6			
14	十寸壓簷牆	前面正中	青磚水泥砌		4'0"	42'0"	1	1	6	8			
15	,, ,,	前右及後	,, ,,		2'0"	70'0"	1	1	4	0			
16	,, ,,	前左及後	,, ,,		1'3"	44'0"	1	5	5	0			
17	,, ,,	汽車間	,, ,,		2'0"	46'0"	1		9	2	14	5	1
18	五寸板牆	上層	二寸四寸板牆筋雙面鋼絲網		9'0"	77'0"	1	6	9	3	6	9	3
19	地板	起居室	二寸方擱柵一寸 四寸柳安企口板	19'0"		14'0"	1	2	6	6			
20	,, ,,	餐室	,, ,,	13'0"		9'6"	1	1	2	3			
21	,, ,,	書房	,, ,,	10'0"		12'6"	1	1	2	5			
22	,, ,,	川堂	,, ,,	15'0"		3'6"	1		5	2			
23	,, ,,	入口	,, ,,	10'0"		4'0"	1		4	0	6	0	6
24	水泥地	廚房貨房	二寸水泥上加細砂粉光	12'0"		7'6"	1		9	0			
25	,, ,,	廁所	,, ,,	5'6"		3'0"	1		1	6	1	0	6
26	,, ,,	汽車間	三寸水泥上加細砂粉光	22'0"		9'0"	1	1	9	8			
27	, ,,	大門口	,, ,,	12'0"		2'0"	1		2	4	2	2	2
28	水泥踏步	,, ,,		1'0"	6"	14'0"	2		1	4			
29	水泥撑檔	汽車間		1'0"	6"	9'0"	1			5		1	9
30	樓板	中臥室	二寸十寸擱柵一寸 四寸洋松企口板	14'0"		15'0"	1	2	1	0	2	1	0
31	,, ,,	右臥室	二寸八寸擱柵一寸 四寸洋松口企板	9'6"		13'0"	1	1	4	1			
32	,, ,,	左臥室	,, ,,	10'0"		17'0"	1	1	7	0			
33	,, ,,	女僕室	,, ,,	7'6"		8'0"	1		6	0			
34	,, ,,	外川堂	,, ,,	3'6"		10'0"	1		3	5			
35	,, ,,	裏川堂	,, ,,	3'6"		12'6"	1		4	4	4	5	0
36	人造石地	浴室	白水泥白石子	7'6"		8'0"	1		6	0			
37	,, ,,	陽台	青水泥白石子連 四寸厚鋼筋水泥	4'0"		16'0"	1		5	4		5	4

材料估計單

（二）

條項	名稱	地位	說明	尺寸			數量	合計			總計		
				闊	高或厚	長							
38	平屋面	右半	鋼筋水泥連大料統算五寸	25'0"	5"	24'0"	1	2	5	0			
39	,, ,,	左半		21'0"	5"	[illegible]0'0"	1	1	[illegible]	5			
40	大料	中臥室上		1'0"	1'0"	15'0"	1		1	5			
41	過梁	起居與餐室間	鋼筋水泥	10"	1'0"	10'0"	1			8			
42	,, ,,	起居室正面	,, ,,	10"	1'0"	12'0"	1		1	0			
43	,, ,,	起居室左	鋼筋水泥(在起居室左邊窗上)	10"	8"	8'0"	1			5			
44	,, ,,	餐室正面及右邊		10"	8"	14'0"	1			8			
45	,, ,,	書房正面及左邊		10"	10'	20'0"	1		1	4			
46	,, ,,	汽車間門上		10"	10"	10'0"	1			7			
47	,, ,,	後面		10"	8"	4'6"	12		3	0			
48	,, ,,	各處門上		10"	8"	4'0"	11		2	5			
49	,, ,,	,, ,,		5"	8"	4'0"	5			5			
50	,, ,,	中臥室		10"	8"	5'0"	2			6			
51	,, ,,	右臥室		10"	8"	14'0"	1			8			
52	,, ,,	左臥室		10"	8"	15'0"	1			8	5	7	4
53	外粉刷	外牆	黃砂水泥打底面上粉光		21'0"	124'0"	1	26	0	4			
54	,, ,,	汽車間外牆	,, ,,		11'6"	40'0"	1	4	6	0			
55	,, ,,	壓簷牆	,, ,,		3'0"	42'0"	1	1	2	6			
56	,, ,,	,, ,,	,, ,,		1'0"	68'0"	1		6	8	32	5	8
57	裏粉刷	起居室	柴泥水沙		9'6"	66'0"	1	6	2	7			
58	,, ,,	餐室	,, ,,		9'6"	45'0"	1	4	2	7			
59	,, ,,	書房	,, ,,		9'6"	45'0"	1	4	2	7			
60	,, ,,	川堂	,, ,,		9'6"	32'0"	1	3	0	4			
61	,, ,,	入口	,, ,,		9'6"	28'0"	1	2	6	6			
62	,, ,,	伙食房	,, ,,		10'0"	21'0"	1	2	1	0			
63	,, ,,	廚房	,, ,,		5'0"	30'0"	1	1	5	0			
64	,, ,,	廁所	,, ,,		5'0"	16'0"	1		8	0			
65	,, ,,	中臥室	,, ,,		9'0"	58'0"	1	5	2	2			
66	,, ,,	右臥室	,, ,,		9'0"	44'6"	1	4	0	0			
67	,, ,,	左臥室	,, ,,		9'0"	54'6"	1	4	8	6			
68	,, ,,	外川堂	,, ,,		9'0"	28'0"	1	2	5	2			
69	,, ,,	裏川堂	,, ,,		9'0"	32'0"	1	2	8	8			
70	,, ,,	女僕室	,, ,,		9'0"	31'0"	1	2	7	9			
71	,, ,,	櫥	,, ,,		9'0"	36'0"	1	3	2	4			
72	,, ,,	浴室	,, ,,		5'0"	31'0"	1	1	5	5			
73	,, ,,	扶梯衖	,, ,,		18'0"	26'0"	1	4	6	8	56	6	5
74	平頂	下層	在擱柵底釘板條粉紙筋灰					6	3	7	6	3	7
75	,, ,,	上下層	在水泥樓板底粉紙筋灰					10	0	3	10	0	3

材料估計單

（三）

條項	名稱	地位	說明	尺寸			數量	合計			總計		
				闊	高或厚	長							
76	裏粉刷	汽車間	紙筋石灰		4'0"	53'0"	1	2	1	2			
77	,, ,,	僕室	,, ,,		9'0"	26'0"	1	2	3	4	4	4	6
78	台度	廚房	黃砂水泥粉一寸厚		5'0"	31'0"	1	1	5	5			
79	,, ,,	廁 ,	,, ,,		4'0"	17'0"	1		6	8			
80	,, ,,	汽車間	,, ,,		5'0"	53'0"	1	2	6	5	4	8	8
81	,, ,,	浴室	白水泥白石子人造石		5'0"	31'0"	1	1	5	5	1	5	5
82	大門		用柳安裝彈簧鎖					1					
83	單扇洋門		用洋松裝插鎖					14					
84	櫥門		用洋松裝櫥門鎖					4					
85	後門		用柳安					1					
86	汽車門		用柳安四扇摺叠					1					
87	雙扇搓門	起居與餐室中	用洋松克羅米拉手及紙柏葫蘆					1					
88	雙扇鋼門		計三十七方尺半					1					
89	單扇鋼門		每堂計二十一方尺					2					
90	鋼窗		計二十五堂					374'					
91	火斗	起居及臥室	水泥假石火斗連鐵柵					2					
92	踢脚板	各室內	用洋松		6"			437'					
93	畫鏡線		,, ,,		2"			437'					
94	扶梯		計十八步	3'0"				1					
95	櫥擱扳		用洋松	1'6"	1"	2'0"		12					
96	陽台欄杆	上層正面	用二寸白鐵圓管			19'0"		3					
97	落水管子	外面	用二十四號白鐵		20'0"			5					
98	,, ,,	,, ,,	,, ,,		10'0"			1					
99	明溝	沿外牆脚		10"				14	5	0			
100	十三號							6					
101	壓頂		屋頂壓簷牆上水泥壓頂	1'0"	4"	145'0"	1		4	8			
102	踏步	起居室外		1'0"	6"	8'0"	1			4			
103	,, ,,	後門口		1'0"	6"	5'0"	1			3			
104	窗盤	外皮窗下		1'0"	4"	104'0"	1		3	5		9	0

（待續）

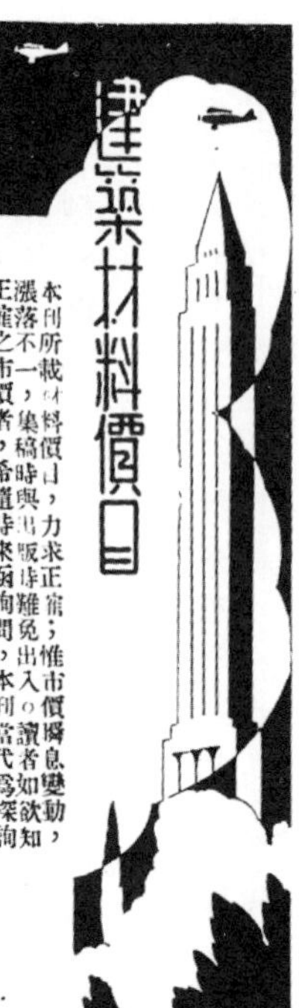

本刊所載材料價目，力求正確；惟市價瞬息變動，漲落不一，集稿時與出版時難免出入。讀者如欲知正確之市價者，希隨時來函詢問，本刊當代為探詢詳告。

磚瓦

△大中磚瓦公司出品

名稱	大小	價格	備註
空心磚	十二寸方十寸六孔	每千洋二百三十元	
空心磚	十二寸方九寸六孔	每千洋二百十元	
空心磚	十二寸方八寸六孔	每千洋一百八十元	
空心磚	十二寸方六寸六孔	每千洋一百三十五元	
空心磚	十二寸方四寸四孔	每千洋九十二元	
空心磚	十二寸方三寸三孔	每千洋七十二元	
空心磚	九寸二分方六寸六孔	每千洋七十二元	
空心磚	九寸二分方四寸半三孔	每千洋五十五元	
空心磚	九寸二分方三寸三孔	每千洋四十五元	
空心磚	四寸半方九寸二分四孔	每千洋三十五元	
空心磚	九寸二分四寸半三寸二孔	每千洋二十二元	
空心磚	九寸三分·四寸半·三寸半·二孔	每千洋廿一元	
空心磚	九寸三分·四寸半·二寸·二孔	每千洋廿元	
八角式樓板空心磚	十二寸方八寸四孔	每千洋二百元	
八角式樓板空心磚	十二寸方六寸三孔	每千洋一百五十元	
八角式樓板空心磚	十二寸方四寸三孔	每千洋一百元	
深綫毛縫空心磚	十二寸方十寸六孔	每千洋二百五十元	
深綫毛縫空心磚	十二寸方八寸半六孔	每千洋二百十元	
深綫毛縫空心磚	十二寸方八寸六孔	每千洋二百元	
深綫毛縫空心磚	十二寸方六寸六孔	每千洋一百五十元	
深綫毛縫空心磚	十二寸方四寸四孔	每千洋一百元	
深綫毛縫空心磚	十二寸方三寸三孔	每千洋八十元	
深綫毛縫空心磚	九寸三分方四寸半三孔	每千洋六十元	
實心磚	九寸四寸三分二寸半紅磚	每萬洋一百四十元	
實心磚	八寸半四寸一分二寸半紅磚	每萬洋一百三十二元	
實心磚	十寸·五寸·二寸紅磚	每萬洋一百二十七元	
實心磚	九寸四寸三分二寸紅磚	每萬洋一百〇六元	
實心磚	九寸四寸三分二寸三分紅磚	每萬洋一百廿元	
實心磚	九寸四寸三分二寸三分拉縫紅磚	每萬洋一百六十元	以上統係外力
一號紅平瓦		每千洋六十五元	
二號紅平瓦		每千洋六十元	
三號紅平瓦		每千洋五十元	
一號青平瓦		每千洋七〇元	
二號青平瓦		每千洋六十五元	
三號青平瓦		每千洋五十五元	
西班牙式紅瓦		每千洋五十元	
西班牙式青瓦		每千洋五十三元	
英國式灣瓦		每千洋四十元	
古式元筒青瓦		每千洋六十五元	以上統係連力

鋼條

名稱	大小	價格	備註
鋼條	四十尺二分光圓	每噸一一八元	德國或比國貨

名稱	大小	價格	備註
鋼條	四十尺二分半光圓	每噸一一八元	仝前
鋼條	四十尺三分光圓	每噸一一八元	仝前
鋼條	四十尺三分圓竹節	每噸一一六元	仝前
鋼條	四十尺普通花色	每噸一〇七元	自四分至一寸
鋼條	盤圓絲	每市擔四元六角	方或圓

水泥

名稱	數量	價格
象牌	每桶	洋六元三角
泰山	每桶	洋六元二角五分
馬牌	每桶	洋六元二角
英國"Atlas"	每桶	洋三十二元
法國麒麟牌白水泥	每桶	洋二十八元
意國紅獅牌白水泥	每桶	洋二十七元

木材

(上海市木材業同業公會公議價目)

名稱	標記	價格	備註
洋松	八尺至卅二尺再長照加	每千尺洋七十八元	下列木材價目以普通貨爲準
一寸洋松		每千尺洋八十元	揀貨及特種鋸
寸半洋松		每千尺洋八十一元	貨另定價目
洋松二寸光板		每千尺洋六十四元	
四尺洋松條子		每萬根洋一百四十五元	
一寸四寸洋松一號企口板		每千尺洋九十元	
一寸四寸洋松副頭號企口板		每千尺洋八十元	
一寸四寸洋松二號企口板		每千尺洋七十元	
一寸六寸洋松一號企口板		每千尺洋九十八元	
一寸六寸洋松副頭號企口板		每千尺洋八十五元	
一寸六寸洋松二號企口板		每千尺洋七十五元	
一二五四寸一號洋松企口板		每千尺洋一百三十元	
一二五四寸二號洋松企口板		每千尺洋九十元	
一二五六寸一號洋松企口板		每千尺洋一百四十元	
一二五六寸二號洋松企口板		每千尺洋九十五元	
柚木(頭號)	僧帽牌	每千尺洋五百元	
柚木(甲種)	龍牌	每千尺洋四百二十元	
柚木(乙種)	龍牌	每千尺洋四百元	
柚木段	龍牌	無市	
柚木	旗牌	每千尺洋四百元	
柚木	盾牌	每千尺洋三百六十元	
硬木		每千尺洋一百五十元	
硬木	火介方	每千尺洋一百四十元	
柳安		每千尺洋一百六十五元	
紅板		每千尺洋一百十五元	
抄板		每千尺洋一百四十元	
一二尺三寸六八皖松		每千尺洋六十元	
一二尺二寸皖松		每千尺洋六十元	
一二五四寸柳安企口板		每千尺洋一百八十元	

名稱標記	價格	備註
一寸六寸柳安企口板	每千尺洋一百八十元	
一二五四寸企口紅板	每千尺洋一百四十元	
建松片	市尺每千尺洋六十元	
九尺四分建松板	市尺每丈洋四元二角	
九尺八分建松板	市尺每丈洋七元五角	
六尺半五分青山板	市尺每丈洋四元	
本松毛板	市尺每塊二角四分	
本松企口板	市尺每塊洋二角六分	
六尺半二分杭松板	市尺每丈洋二元	
七尺半二分甌松板	市尺每丈洋二元	
六尺半八分皖松板	市尺每丈洋四元四角	
九尺八分皖松板	市尺每丈洋五元三角	
六尺半五分皖松板	市尺每丈洋四元二角	
台松板	市尺每丈洋四元	
七尺半四分坦戶板	市尺每丈洋三元六角	
七尺半三分坦戶板	市尺每丈洋三元二角	
六尺二分機鋸紅柳板	市尺每丈洋三元三角	
六尺三分毛邊紅柳板	市尺每丈洋三元三角	
六尺二分俄松板	市尺每丈洋三元五角	

名稱標記	價格	備註
六尺半二分俄松板	市尺每丈洋三元	
七尺半毛邊二分坦戶板	市尺每丈洋三元一角	
六尺半五分機介杭松	市尺每丈洋四元六角	
六分一寸俄紅松板	每千尺洋七十八元	
六分一寸俄白松板	每千尺洋七十六元	
一寸二分四寸俄紅松板	每千尺洋七十四元	
一寸二分四寸俄白松板	每千尺洋七十二元	
俄紅松方	每千尺洋一百十五元	
一寸四寸俄紅白松企口板	每千尺洋七十九元	
一寸六寸俄紅白松企口板	每千尺洋七十九元	
俄麻栗方	每千洋一百三十元	
俄啞克方	每千洋一百三十元	
六分一寸俄黃花松板	每千尺洋七十八元	
一寸二分四分俄黃花松板	每千尺洋七十四元	
四尺俄條子板	每萬根洋一百二十元	
一寸五分杭桶木	每根洋三角	以下市尺
一寸九分杭桶木	每根洋四角	
二寸三分杭桶木	每根洋五角七分	
二寸七分杭桶木	每根洋六角七分	
三寸杭桶木	每根洋八角	
三寸四分杭	每根洋九角五分	

名稱	標記	價格	備註
三寸八分杭桶木		每根洋二元一角五分	
二寸三分連半		每根洋六角八分	
二寸七分連半		每根洋八角三分	
三寸連半		每根洋一元	
三寸四分連半		每根洋一元二角	
三寸八分連半		每根洋一元四角五分	
二寸三分雙連		每根洋八角五分	
二寸七分雙連		每根洋一元二角五分	
三寸雙連		每根洋一元三角五分	
三寸四分雙連		每根洋一元五角	
三寸八分雙連		每根洋一元八角	
三尺半寸半 杉木條子		每萬 大洋八十五元 小洋五十五元	

五金

(一)鐵皮

號數	張數	重量	價格
二二號英白鐵	每箱二一張	四二〇斤	洋五十八元八角
二四號英白鐵	每箱二五張	四二〇斤	洋五十八元八角
二六號英白鐵	每箱三三張	四二〇斤	洋六十三元
二八號英白鐵	每箱三八張	四二〇斤	洋六十七元二角
二二號英瓦鐵	每箱二一張	四二〇斤	洋六十九元三角
二四號英瓦鐵	每箱二五張	四二〇斤	洋六十九元三角
二六號英瓦鐵	每箱三三張	四二〇斤	洋六十三元
二八號英瓦鐵	每箱三八張	四二〇斤	洋六十七元二角

(二)釘

名稱	標記	價格	備註
美方釘		每桶洋十六元〇九分	
平頭釘		每桶洋十六元八角	
中國貨元釘		每桶洋六元五角	

(三)牛毛毡

名稱	標記	價格	備註
五方紙牛毛毡		每捲洋二元八角	
半號牛毛毡	馬牌	每捲洋二元八角	
一號牛毛毡	馬牌	每捲洋三元九角	
二號牛毛毡	馬牌	每捲洋五元一角	
三號牛毛毡	馬牌	每捲洋七元	

(四)門鎖

名稱	標記	價格	備註
洋門套鎖	中國鎖廠出品 黃銅或古銅式	每打洋十六元	
洋門套鎖	德國或美國貨	每打洋十八元	
彈弓門鎖	中國鎖廠出品	每打洋三十元	
彈弓門鎖	外貨	每打洋五十元	
彈子門鎖	三寸七分古銅色	每打洋四十元	以下合作五金公司出品
彈子門鎖	三寸七分黑色	每打洋三十八元	
明螺絲彈子門鎖	三寸五分古黑色	每打洋三十三元	
明螺絲彈子門鎖	三寸五分黑色	每打洋三十二元	
執手插鎖	六寸六分(金色)	每打洋二十六元	
執手插鎖	古銅色	每打洋二十六元	
執手插鎖	克羅米	每打洋三十二元	
彈弓門鎖	三寸黑色	每打洋十元	
彈弓門鎖	三寸古銅色	每打洋十元	
迴紋花板插鎖	四寸五分金色	每打洋二十五元	
迴紋花板插鎖	四寸五分黃古色	每打洋二十五元	
迴紋花板插鎖	四寸五分古銅色	每打洋二十五元	
細花板插鎖	六寸四分金色	每打洋十八元	
細花板插鎖	六寸四分黃古色	每打洋十八元	

名稱	標記	價格	備註
細花板插鎖	六寸四分古銅色	每打洋十八元	
鐵質細花板插鎖	六寸四分古色	每打洋十五元五角	
瓷執手插鎖	三寸四分（各色）	每打洋十五元	
瓷執手靠式插鎖	三寸四分（各色）	每打洋十五元	

（五）其他

名稱	標記	價格	備註
鋼絲網	22"×96" 2¼lb.	每方洋四元	德國或美國貨
鋼版網	8"×12" 六分一寸半眼	每張洋卅四元	
水落鐵	六分	每千尺五十五元	每根長二十尺
牆角線		每千尺九十五元	每根長十二尺
踏步鐵		每千尺五十五元	每根長十尺或十二尺
鉛絲布		每捲二十三元	闊三尺長一百尺
綠鉛紗		每捲洋十七元	同上
銅絲布		每捲四十元	同上

廢物利用

垃圾可製建築材料

德國柏林消息：該處有人發明利用垃圾以製造建築材料；其法將平常各種垃圾，經特別製煉，造成堅韌之纖維，用以製造牆磚地板等，其質堅固，而富於彈性；既不傳電，復不易燃燒，故極合建築之用云。

建築月刊
THE BUILDER

中華郵政特准掛號認為新聞紙類

內政部登記證警字第二五五四號

第三卷 第三號

民國二十四年三月發行

廣告刊例
Advertising Rates Per Issue

地位 Position	全面 Full Page	半面 Half Page	四分之一 One Quarter
底封面外面 Outside back cover.	七十五元 $75.00		
封面及底面之裏面 Inside front & back cover	六十元 $60.00	三十五元 $35.00	
封面裏面及底面裏面之對面 Opposite of inside front & back cover.	五十元 $50.00	三十元 $30.00	
普通地位 Ordinary page	四十五元 $45.00	三十元 $30.00	二十元 $20.00
小廣告 Classified Advertisements	每期每格 一寸高 三寸半闊 洋四元 – $4.00 per column		

廣告概用白紙黑墨印刷，倘須彩色，價目另議；鑄版彫刻，費用另加。

Designs, blocks to be charged extra.

Advertisements inserted in two or more colors to be charged extra.

刊務委員會 竺泉通 江長庚 陳松齡

主編 杜彥耿

廣告 藍克生 (A. O. Lacson)

發行 上海市建築協會 南京路大陸商場六二〇號 電話 九二〇〇九

印刷 新光印書館 上海聖母院路聖達里三一號 電話 七四六三五

定價

每月一冊　全年十二冊

訂購辦法	價目	郵費 本埠	郵費 外埠及日本	郵費 香港澳門	郵費 國外
零售	五角	二分	五分	一角八分	三角
預定全年	五元	二角四分	六角	二元一角六分	三元六角

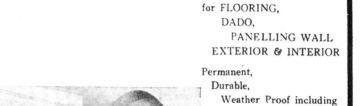

錢榮創營造廠

地址：上海南京路大陸商場四樓四三五號

上海江灣開林油漆公司廠屋……………由本廠承造

本廠專造各式中西房屋以及銀行堆棧廠房橋梁水泥壩岸碼頭鉄道等一切大小鋼骨水泥工程

電話：九五二八三號

上海北京路第二號
立興洋行
電話一一六二一零號
快燥水泥
（原名西門放塗）
最合海塘及緊急工程之用因其能於念四小時內乾燥普通水泥則需四星期之多
立興快燥水泥爲法屬印度支那海防之拉發其水泥廠所特製
世界各國無不聞名爲最佳最快燥之礬土水泥雖海水侵襲決無絲毫影響打樁・造橋・基礎・碼頭・機器底脚及汽車間地板最爲合用如荷垂詢無任歡迎
CIMENT FONDU
CIMENT FONDU LAFARGE
INDO-CHINA LAFARGE ALUMINOUS CEMENT Co.
INDO-CHINA LAFARGE ALUMINOUS CEMENT Co. Ltd.
HAIPHONG

STEEL SASH FACTORY
TEL 15557
製造中之工程
中國通商銀行大樓
市中心博物館
市中心圖書館
辦事處 外灘七號中國通商銀行三樓
製造廠 昆明路九十號 電話五一〇六四號
本廠出品各種鋼窗鋼門普及全國製造原料悉向歐美定購精工固益零件鋼器等素推究討式樣新穎俾委託者滿意也

美化住宅之園藝佈置
1935
公勤鐵廠股份有限公司之新貢獻
園藝籬：網籬工程之二十
吾國習俗，通常富有之家，對於園藝一道，幾乎沒有一家不歡喜去講究的。假使吾們肯深入社會去看看一般清寒人家的園藝佈置，除掉了寸金田地的大上海限制使能從容點綴外，他們也有他們的辦法。
要證明上項說數之非虛，少不了要來一回鑑古論今的老調兒。
春秋時代——「樊遲請學稼，子曰，吾不如老農。請學圃，子曰，吾不如老圃」。（登論）
東　晉——「歸去來兮，田園將蕪胡不歸」。（陶淵明）
總之，凡是有藝術頭腦的人們，他的思想，言論，以及一切行動，處處滿含着藝術意味，你看陶淵明的戀念家園及其憑空虛構之桃花源洞記，他的思想言論是多麼美麗啊！
那位孔二先生，只因懊恨着當時大道之不行，一切學問功夫，都有卷而藏之之意，所以他也無心將園藝獨得之祕，授給他的門徒了。這來却是苦惱了樊遲的腦子——要想學，不得學這種今之所謂園藝學。（按美國西北省有數處大學設有此Landscape Gordening專科）
上圖係一幅私人住宅園藝佈置之攝眞。所植草木，圍以網籬，因此種網籬，既不阻礙空氣之流通，復不遮掩陽光之射入，花木之滋長發育，蒸然向榮，其理似此，每屆花朝，屋主人偕其賢伉儷，躑躅名葩芳草間，爭看百花怒放，悟及造物意旨時，試問他倆彼此心坎中作何如想？
總廠　上海楊樹浦臨青路　電話　五〇二一四
分廠　廣州河南南華中路　電話　五〇四一二
總廠上海楊樹浦臨青路　電話五〇二一四
分廠廣州河南南華中路　電話五〇一六七

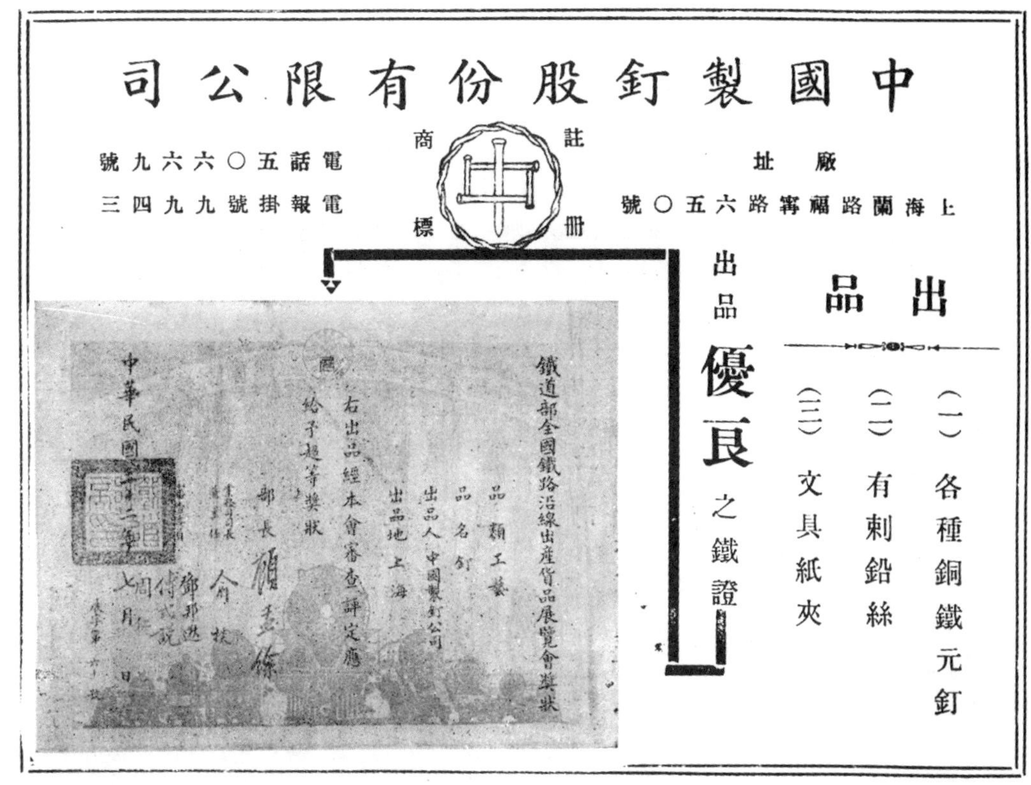
中國製釘股份有限公司
電話五〇六六九號
電報掛號九九四三
註冊商標
廠址
上海蘭路福寧路六五〇號
出品
(一)各種銅鐵元釘
(二)有刺鉛絲
(三)文具紙夾
出品優良之鐵證
鐵道部全國鐵路沿線出產貨品展覽會獎狀
品類 工藝
品名 釘
出品人 中國製釘公司
出品地 上海
右出品經本會審查評定應給予超等獎狀
部長 顧孟餘
中華民國二十二年七月 日

瑞昌銅鐵五金工廠
承辦建築一切銅鐵工程
滬上各大建築無不採用本廠是項門鎖以其新異而堅固也
新異
堅固
漢口路二六一號
電話九四四六號
靜安寺路六〇六七號
電話三一九六七號
工廠
同孚路二四三號

LEAD AND ANTIMONY PRODUCTS

各種鉛銻出品

英國聯合鉛丹製造公司製造

紅白鉛丹

各種成份，各種質地，（乾粉，厚質及調合）

黃鉛養粉（俗名金爐底）

質地清潔，並無混雜他物。

活字鉛

「磨耐」「力耐」「司的了」等，合任何各種用途。

鉛片及鉛管

用化學方法提淨，合種種用途。

鉛線

合鋼管接連處釬錫等用。

硫化銻（養化鉛）

合膠廠家等用。

如蒙垂詢詳情及價目等請駕臨

中國總經理處

英商吉星洋行

四川路三二〇號

WILKINSON, HEYWOOD & CLARK

SHANGHAI – TIENTSIN – HONGKONG

中國近代建築史料匯編（第一輯）

建築月刊

第三卷 第四期

建築月刊

THE BUILDER

VOL 3 NO. 4 第三卷 第四期

大中機製磚瓦股份有限公司

製造廠浦東南匯縣下沙鎮

本公司因鑒於建築事業日新月異材料選擇尤關重要特聘專門技師購置德國最新式機器精製各種青紅磚瓦及空心磚等品質堅韌色澤鮮明自應銷以來已蒙各界推爲上乘樂予採購茲略舉一二以資參攷其他惠顧諸君因限於篇幅不克一一備載諸希鑒諒是幸

大中磚瓦公司附啟

曾經購用敝公司出品各戶台銜列后：

本埠

台銜	地址	承造
國立上海商學院	西體育會路	陸根記承造
博德運絨線廠	定海路	創新承造
海港驗疫所	吳淞	陶記承造
正廣和汽水廠	培開爾路	方瑞記承造
百老匯大廈	百老匯路	新仁記承造
錦興大廈	河南路	新森泰承造
雷斯德工藝學院	熙華德路	久泰錦記承造
揚子飯店	雲南路	潘榮記承造
中新第九廠	東京路	協盛承造
南成都路工部局	南成都路	新蓀記承造
四行儲蓄會	靜安寺路	馥記承造
工部局巡捕房	平涼路	新蓀記承造
國立中央實驗館	兆豐花園	和興公司承造
墾業銀行	北京路	趙新泰承造
南京飯店	山西路	新金記祥號承造
開成造酸公司	軍工路	王錦記承造
四海銀行	北京路	惠記興承造
麵粉交易所	民國路	元和興記承造
業廣公司	歐嘉路	陳馨記承造
法教堂	勞神父路	吳仁記承造
七層公寓	霞飛路	吳仁記承造

外埠

台銜	地址	承造
中央政治學校	南京	大昌公司
太古堆棧	廈門	啢嘞治港公司
中國銀行	青島	錦生記承造
中央飯店	南京	新金記承造
金陵大學	南京	利源建築公司承造
航空學校	杭州	新金記康號承造

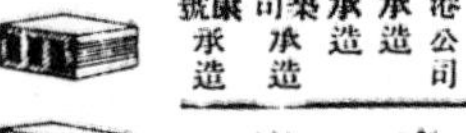

所出各品儲有大批現貨以備各界採用如蒙定製各色異樣磚瓦亦可照辦備有樣品如蒙索閱卽當送奉

駐滬批發所

英租界牛莊路德興里四號　電話九〇三一一

DAH CHUNG TILE & BRICK MAN'F WORKS.

Sales Dept. 4 Tuh Shing Lee, Newchwang Road, Shanghai.

TELEPHONE 90311

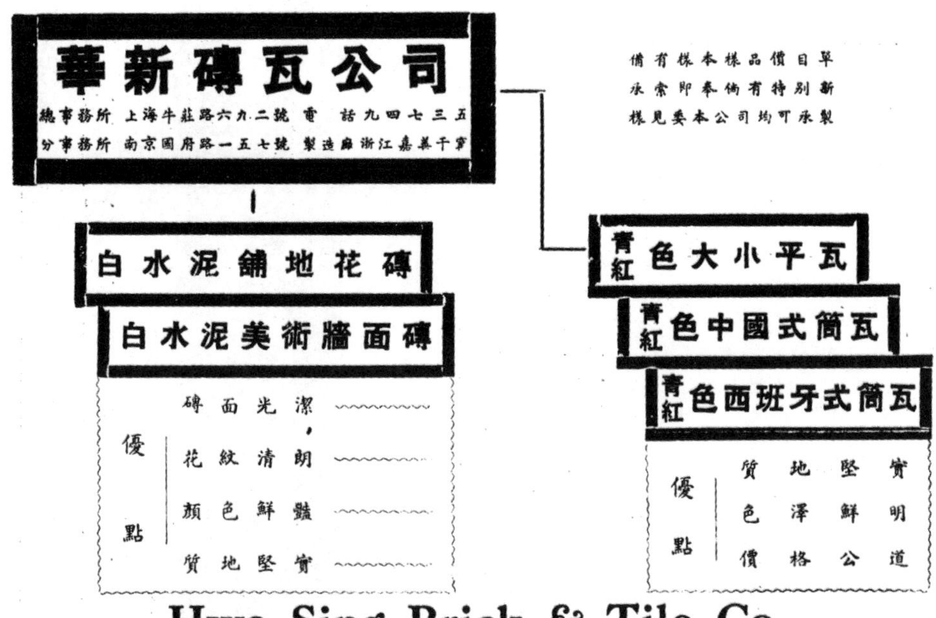

華新磚瓦公司
總事務所 上海牛莊路六九二號 電話 九四七三五
分事務所 南京國府路一五七號 製造廠 浙江嘉善千窰
備有樣本樣品價目單承索即奉倘有特別新樣見委本公司均可承製
白水泥鋪地花磚
白水泥美術牆面磚
優點
磚面光潔，花紋清朗，顏色鮮豔，質地堅實
青紅色大小平瓦
青紅色中國式筒瓦
青紅色西班牙式筒瓦
優點
質地堅實 色澤鮮明 價格公道

〇二六九六

敬啓者下列一書久已名聞世界爲 建築師，土木工程師，營造人員，公路建設人員及鐵路工程人員不可缺少之參考書籍也蓋當從事之際每感無完備書籍足供參考本書自卷一至卷六互相連軌决非單置一本或數本所能窺其全豹惟原版書異常昂貴普通人往往無力購置以致影響事業前途實非淺鮮 敝社爲服務社會起見用將該書全部翻印書價力求減低以輕讀者負擔惟册頁浩繁成本極巨約需叁個月始能全部出齊（每月出二册）現徵求預約（預約期民國廿四年七月十五日截止） 敝 社此次祇印二百部售完提前截止决不再印如蒙訂購尙希從速以免向隅茲將預約辦法列下

中國通藝社圖書部謹啓

上海北京路三七八號

電話九五二七七

Hool & Kinne: Structural Engineers' Handbook Series

Editors in Chief: A. Hool, formerly professor of structural engineering, University of Wisconsin and W. S. Kinne, professor of structural engineering. University of Wisconsin, assisted by a large staff of specialists. A series of six volumes designed to provide the engineer in practice and the engineering student with a complete treatment of the design and construction of the principal kinds and types of modern civil engineering structures. The books present much information hitherto unpublished-data from the files of Engineers in practice.

	(原版書價)	(敝社出版後定價)	(預約價)
Vol. 1 Hool & Kinne: Foundations, Abutments and Footings Contents. - Soil Investigation. Excavation. Foundations. Spread Footings. Underpinning. Foundations requiring special consideration. Bridge pers & Abutments. Legal Provisions regarding foundations & Footings.	$12.00	$4.50	$3,60
Vol. 2 Hool & Kinne: Structural Members & Connections Contents. - General theory. Design of steel & cast-iron members. Splices & connections for steel members. Design of Wooden Members. Splices & connections for wooden members. Design of Reinforced concrete members.	13.00	6.75	5.40
Vol. 3 Hool & Kinne: Steel and Timber Structures Section Headings. - Roof Trusses. Short span steel bridges. Timber bridges & trestles. Steel tanks. Chimneys. Structural steel detailing. Fabrication of structural steel. steel erection. Estimating steel-work. Materials.	13.00	6.75	5.40
Vol. 4 Hool & Kinne: Reinforced concrete & Masonry Structures. Section Headings. - preparation and placing of con-crete. Forms for concrete. Bending & placing concrete reinforcement. Finishing concrete surfaces and waterproofing. Reinforced concrete Building. Retaining wall design slab & Girder bridges. Arches. Hydraulic structures Chimneys. concrete detailing. Estimating Concrete Costs.	13.00	6.75	5.40
Vol. 5 Hool & Kinne: Stresses in Framed Structures. Contents. - General theory. Roof Trusses. Bridge Trusses. Lateral Trusses & Portal Bracing. Deflection of Trusses. Redundant Members & secondary Stresses. Statically Inderterminate frames. Wind stresses in High buildings. Rectangular Tower Structures.	15.00	5.63	4.50
Vol. 6 Hool & Kinne: Movable and Long-Span Bridges. Contents. - Bascule bridges. Swing bridges. Continuous bridges. Cantilever bridges. Suspension bridges. Steel arch bridges. Analysis of Three- hinged arch bridges. Analysis of fixed arches. Analysis of two-hinged arch bridges.	15.00	5.63	4.50
	96.00	$36.00	$28.81

敝社爲特別優待讀者起見凡一次付款者祇收二十五元九角三分

分期付款 第一次預約時先付十二元八角一分

第二次七月前付八元

第三次出書時付八元

外埠另加寄費一元二角

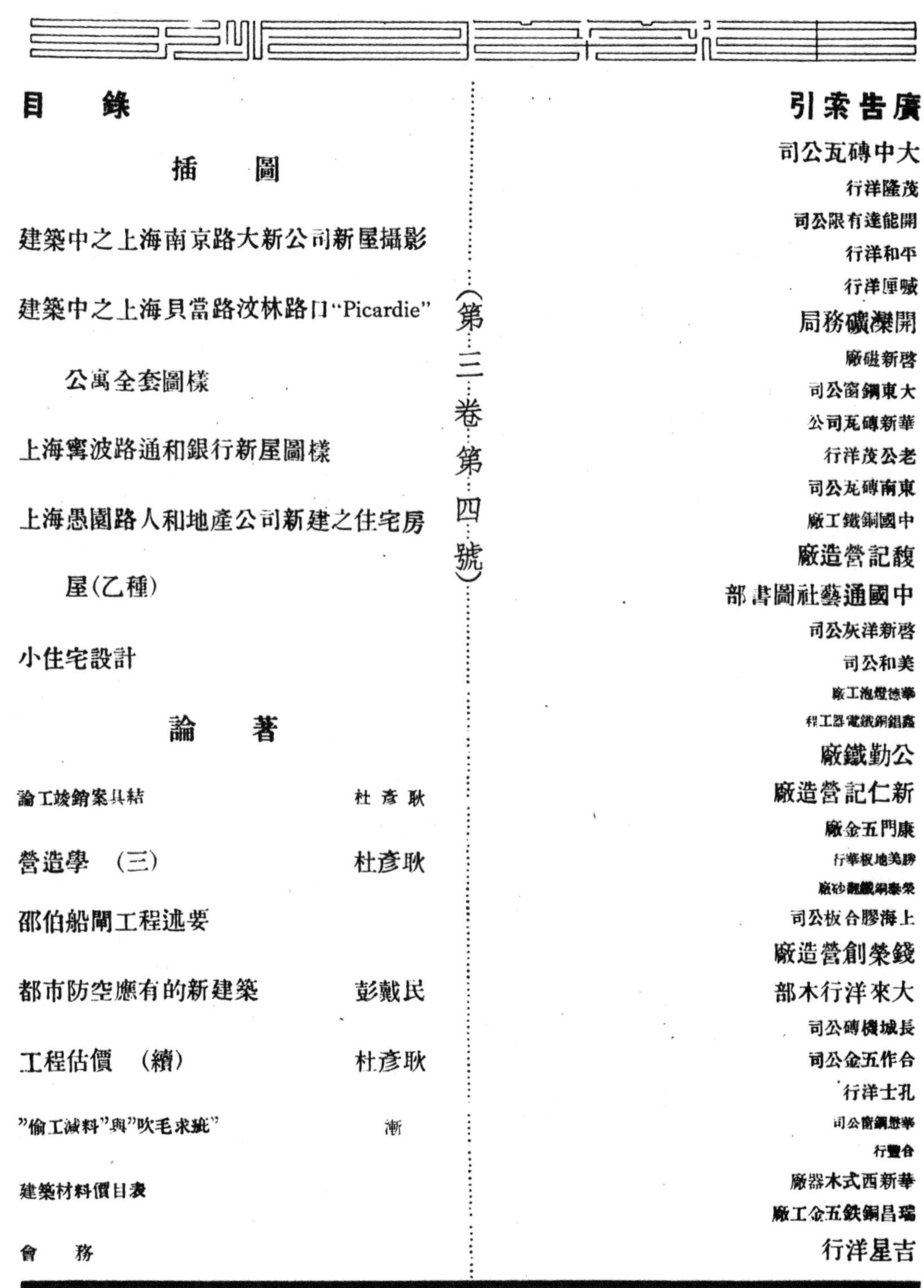

（第三卷第四號）

目錄

插圖

論著

廣告索引

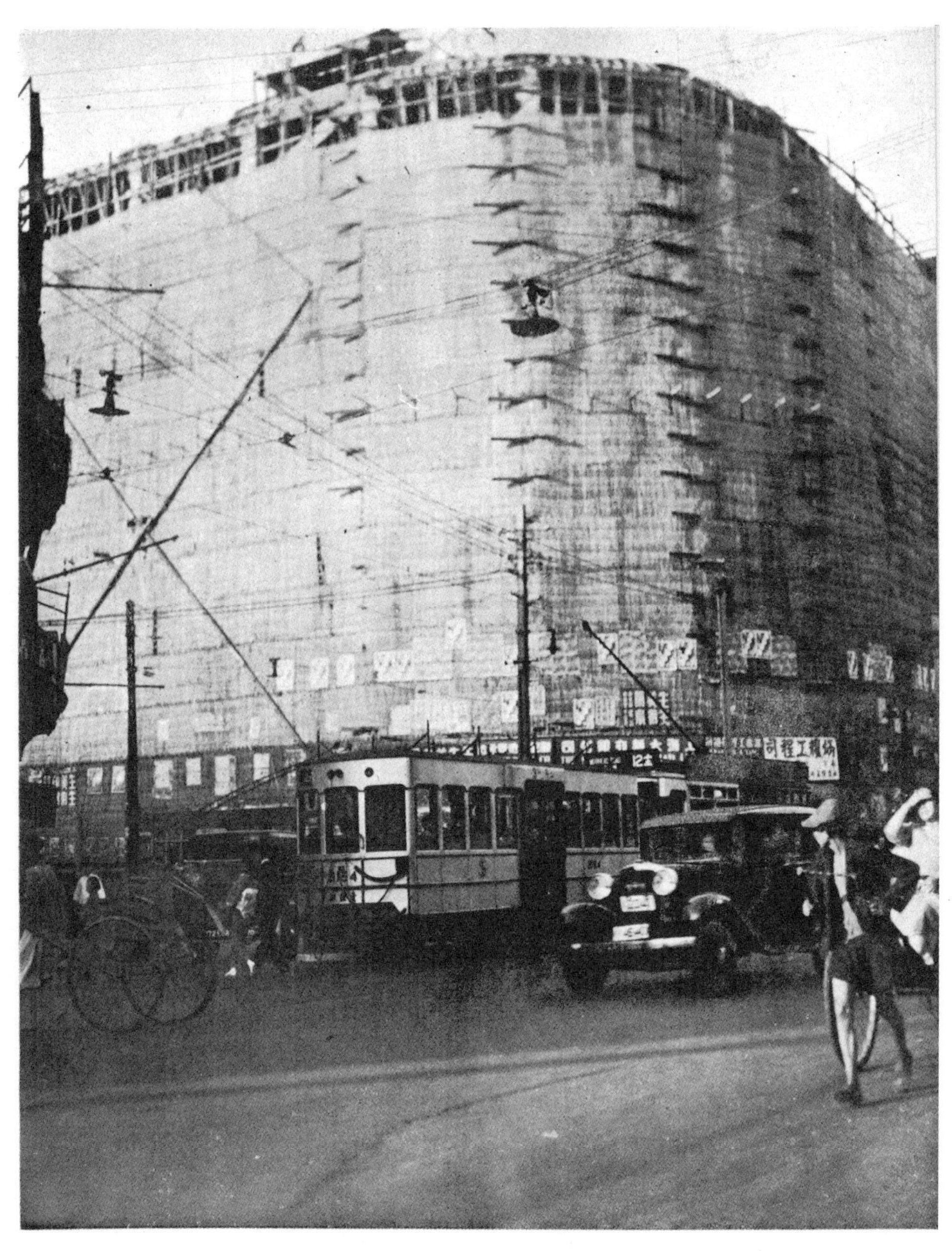

建築中之上海南京路大新公司新屋

基泰工程師設計　　　　馥記營造廠承造

The Sun Co. (Shanghai) Ltd., Now Under Construction.

Kwan Chu & Yang, Architects.　　　　Voh Kee Construction Co., Contractors.

論工竣銷案具結

杜彥耿

南京市工務局近有工竣銷案具結之規定。其具結格式爲：

工竣銷案具結式

爲出具切結事竊 包工人 前報建字第　號工程均係遵照核定圖樣（及計算書等）辦理已於　月　日竣工並無偷工減料情事如將來發生損壞傾倒事項負修理賠償之責所具切結是實此上

南京市工務局存查

中華民國　年　月　日　包工人　具名蓋章

證明人　具名蓋章

（附註）證明人應爲業主

讀上述具結式後，有不得已於言者。查包工人之承攬工程，必依工程圖樣說明書及合同爲根據。此外應予遵守者，卽爲各該地工務機關所頒之建築章程。故承攬人所應負責者，惟對圖樣說明書合同及建築章程，至若房屋塌圮，其原因或由於設計者之技術不良，與工務局之審核不愼，承攬人當然不能負責。更或因天災而致房屋傾塌，其責任自亦不能由承攬人担負。今承攬人（或稱包工人但法定名稱爲承攬人業主曰定作人）於工竣時須向工務局切結，是明以命承攬人負不應負之責任，此所不由不疑者一。切結格式中並無日期之限制，是則承攬人於其所包工程完竣具切結後，應負永久責任。設工程於百年後發生不良問題，亦須命原承包人負責乎？此所不由不疑者二。切結格式中謂「工程均係遵照核定圖樣（及計算書等）辦理」按計算書係工程師計算建築物之壓擠力，與需用材料之抗力之對等計算書，因此計算而知應用材料之巨細，便卽繪成圖樣，請求工務局核發營造執照。故工務局於審核時，必須將計算書與圖樣同時核閱。惟承攬人則祇照圖樣所標尺寸構造，無權過問工程師之計算書是否正確。故承攬人之與計算書根本未見其詳，今欲其對計算書亦須負責，此所不由不疑者三。切結格式中又謂「並無偷工減料情事」。不知偷工減料究何所指。若就嚴格而言，所謂偷工減料者，則凡甎作砌牆，某一塊磚於砌時未砌端正，形式歪斜，此卽偷工。砌牆時兩甎相並之甎縫中灰沙並未置足，此卽減料。是則余可謂爲全世界之建築，均有偷工減料之弊。故此偷工減料四字之是否適當，此所不由不疑者四。附註中證明人應爲業主。按業主多爲非建築工程之專家，今不以建築師或工程師爲證明人，而令業主爲之。因業主既不諳習建築工程，所證又何有效，雖有錯誤，亦不易察覺也。此所不由不疑者五。或曰南京市工務局因鑒於颶風之塌屋也，故特製此切結以防覆轍。此更不由不使人生疑者六。蓋颶風之吹塌房屋也，其塌圮之緣由，是否出於承包者之偷工減料，抑係設計者之技術不良，或其他原因所致，當以爲考查之主要問題，絕對不能專於承包人。是故與其事後具結，致有挽救嫌晚之弊，莫如先行由各工務局對於計算書圖樣等愼重考慮，斯爲合宜，決不能以房屋傾圮，貿然認爲承包者之責任也。若一俟房屋塌圮，再謀法律上之處分，則雖有切結，亦無補於事實。故工務局欲避免前轍計，宜羅致專家，修訂建築章程，則以後凡有建築，欲請營造執照者，悉依新章，作爲審核之根據，似已足矣，又何必多此切結之舉，徒令羣疑莫釋也！

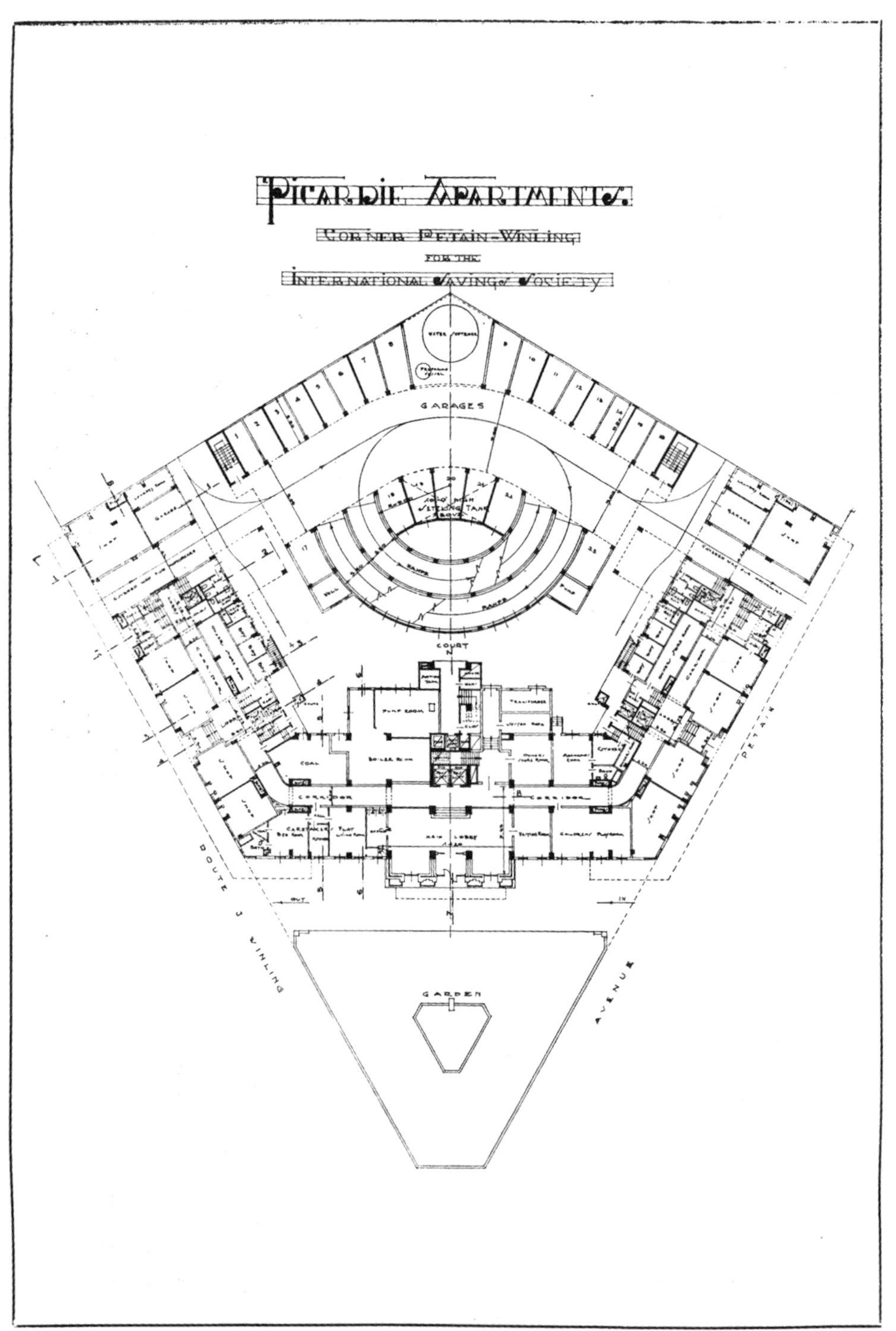

建築中之上海貝當路汶林路口 "Picardie" 公寓

設計者 法商營造公司 　　承造者 利源建築公司

Messrs. Minutti & Co., Architects. 　　Lee Yuen Construction Co., Contractors.

上海 'Picardie' 公寓

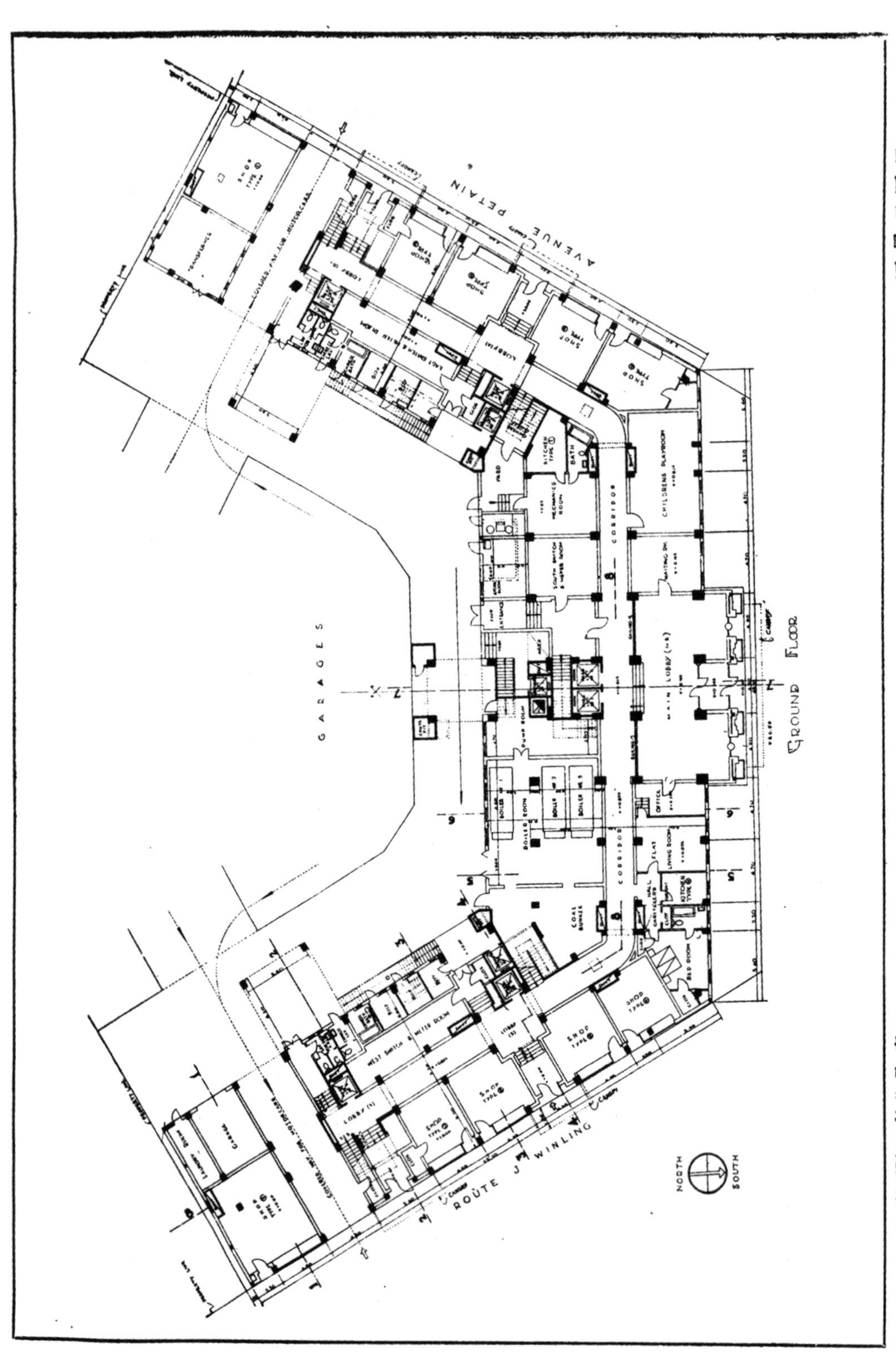

上海"Picardie"公寓 下層平面圖

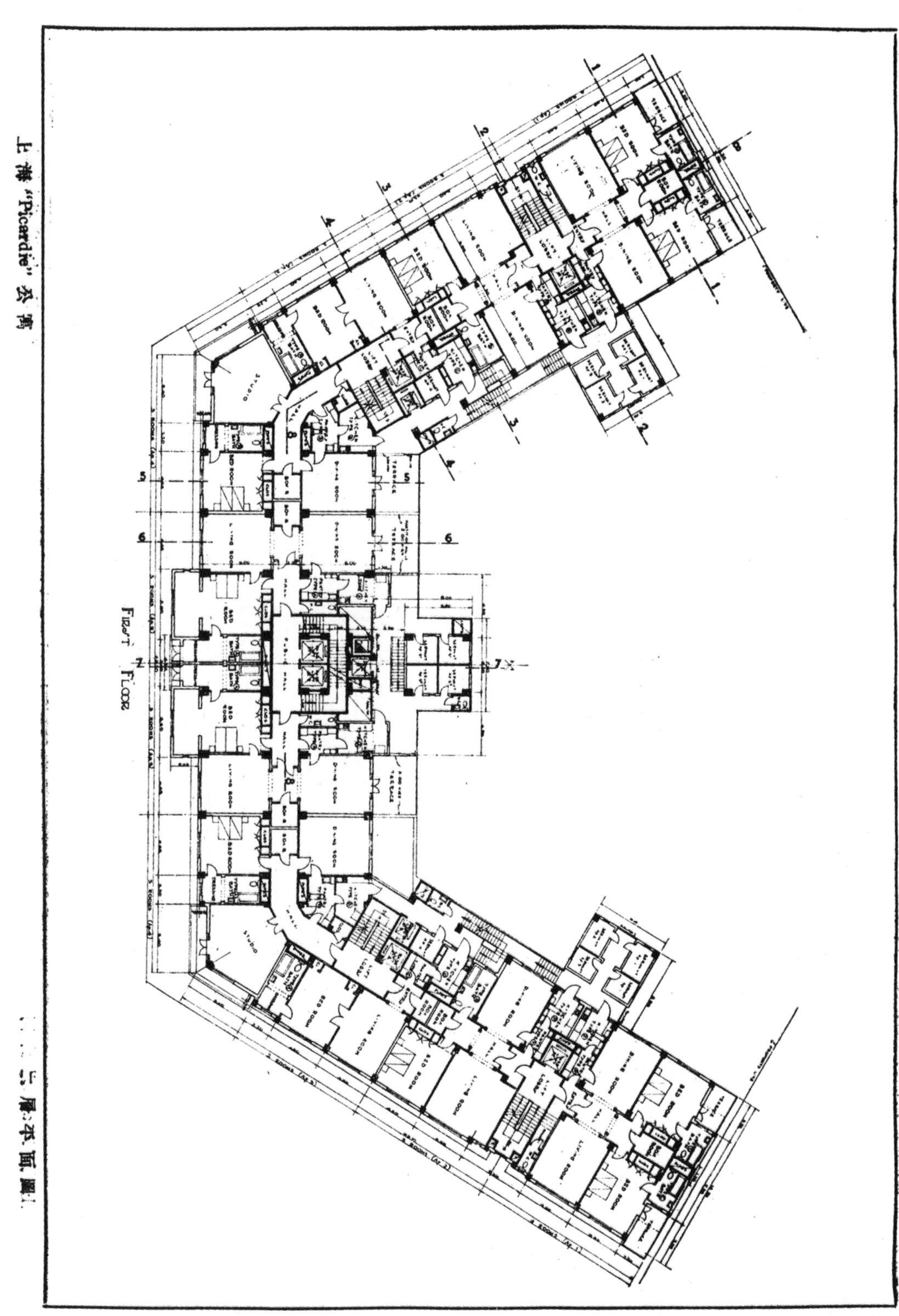

上海"Picardie"公寓 三層平面圖

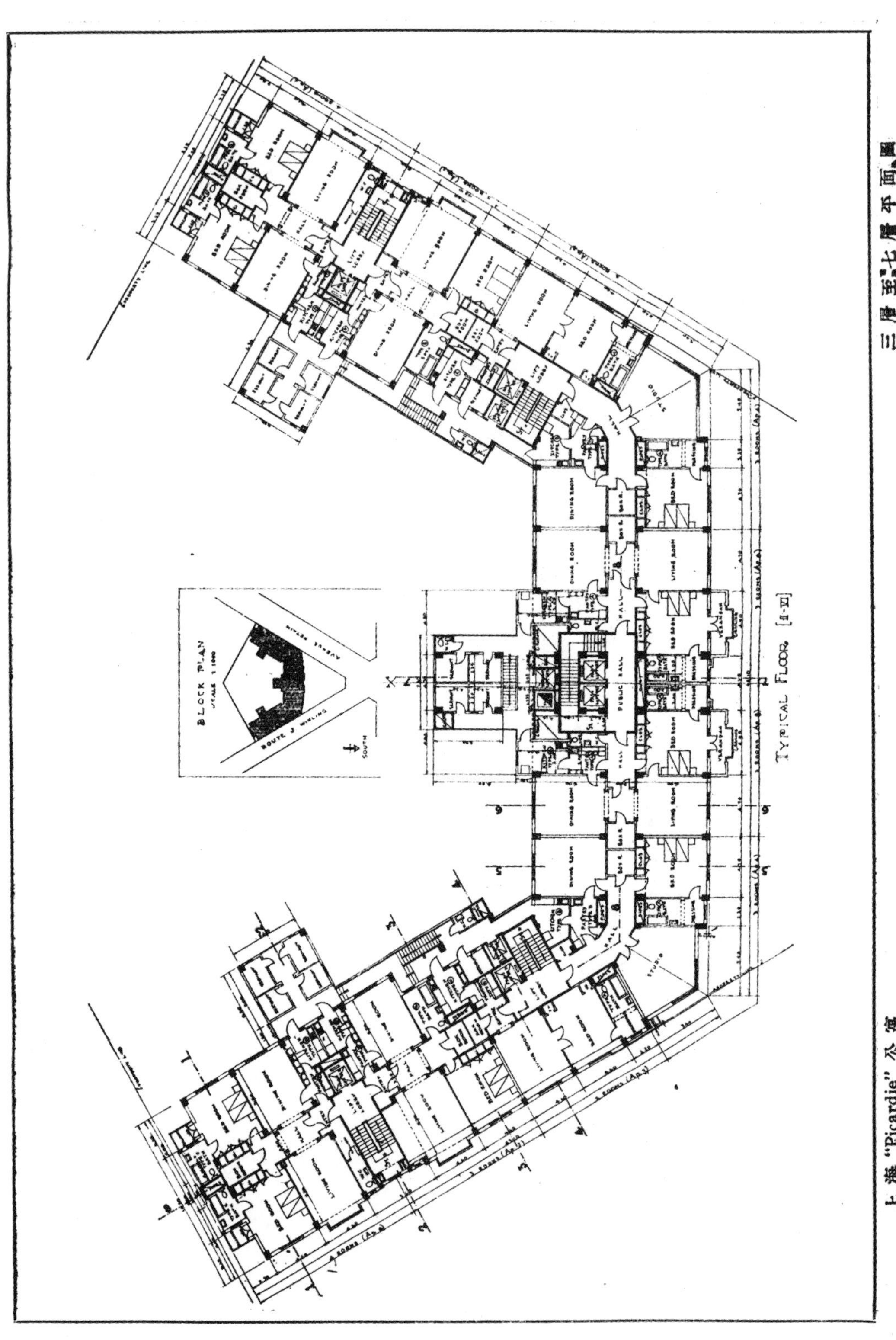

上海"Picardie"公寓　三層至七層平面圖

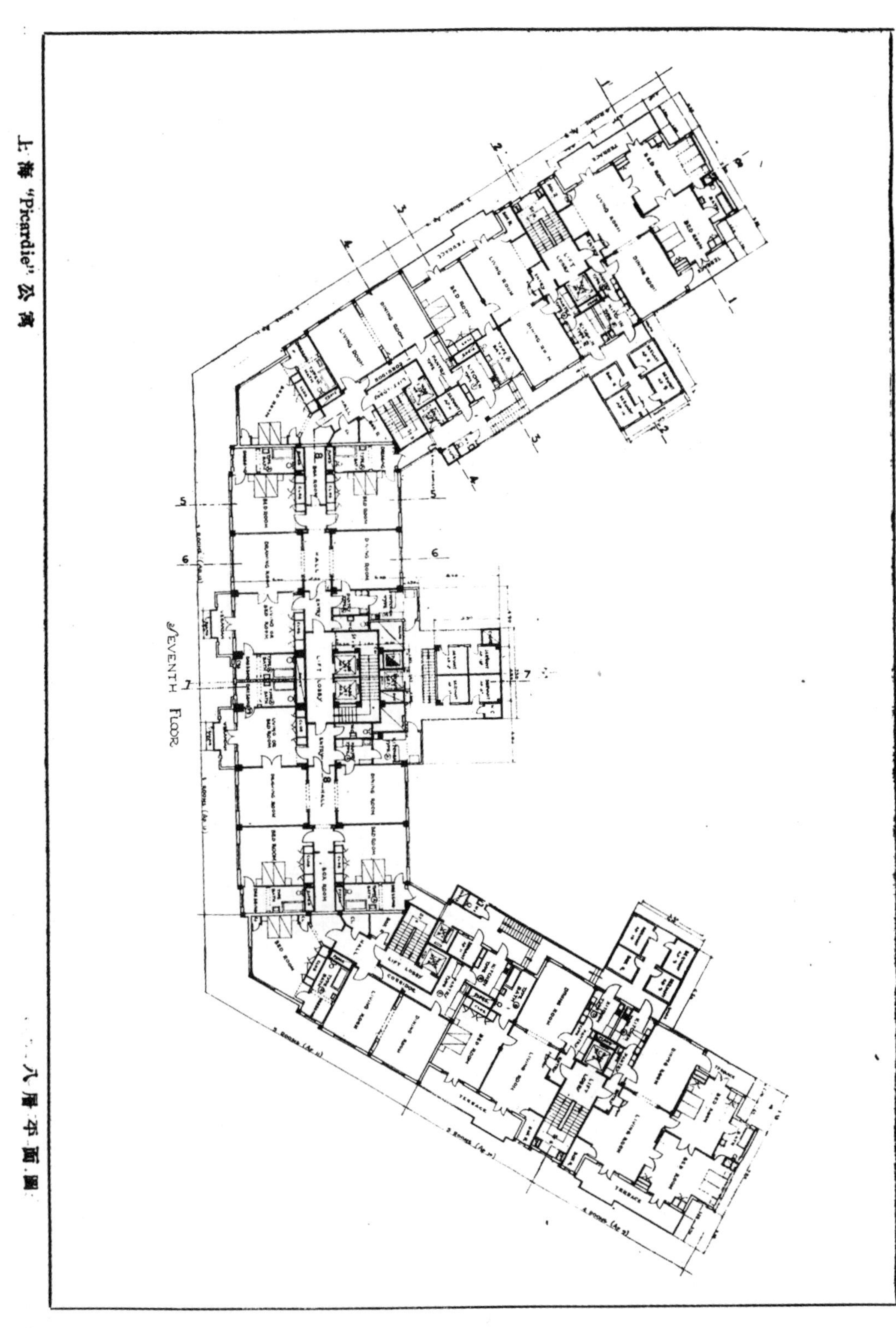

上海"Picardie"公寓 八層平面圖

上海"Picardie"公寓……九層平面圖

EIGHTH FLOOR

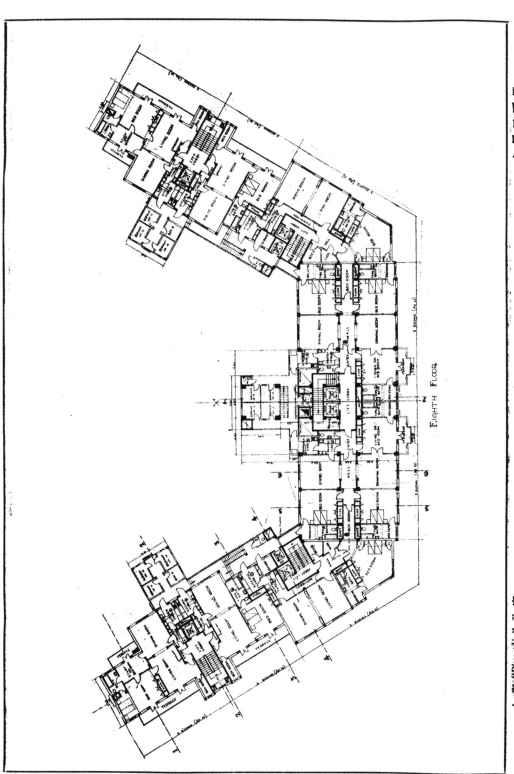

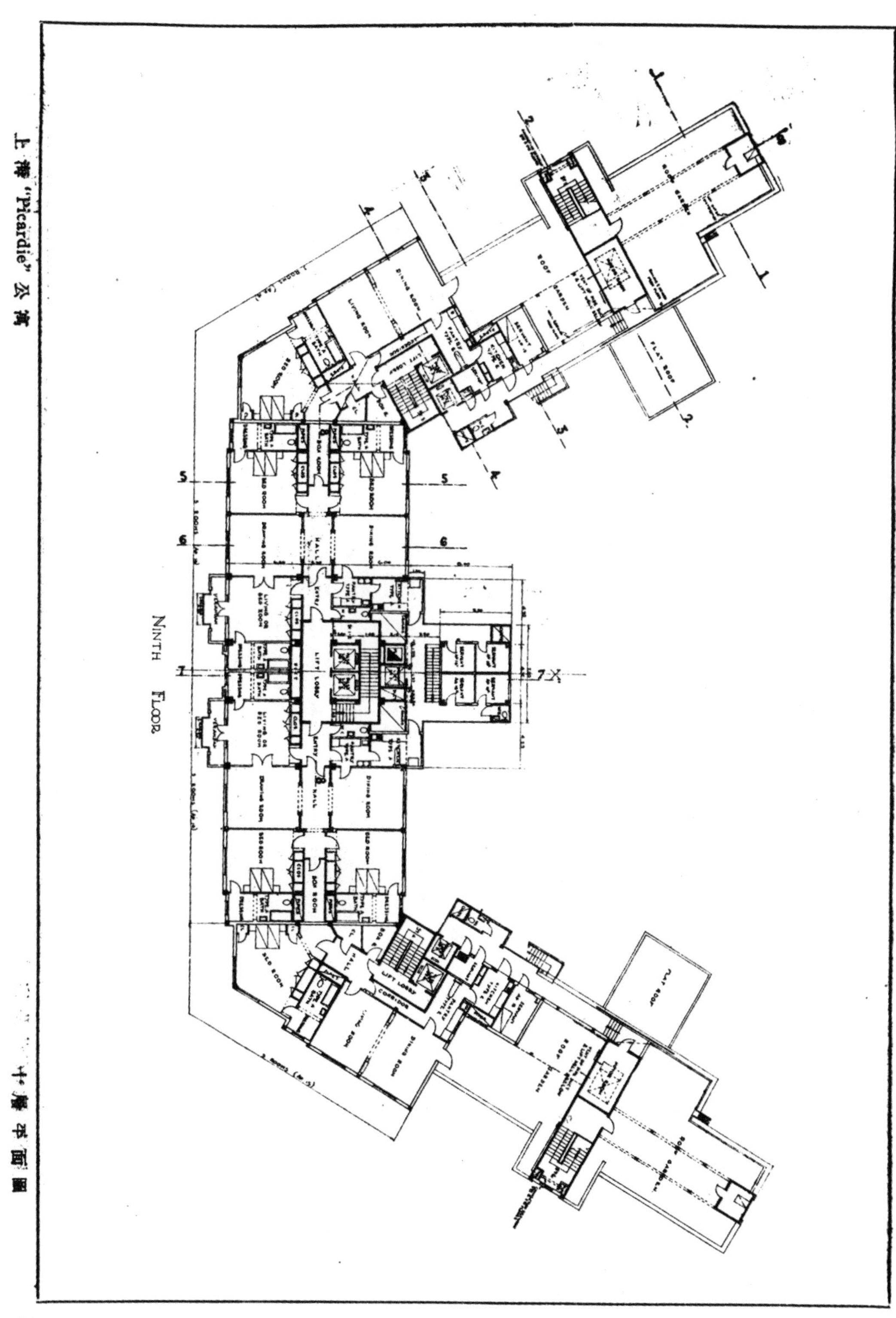

上海"Picardie"公寓十層平面圖

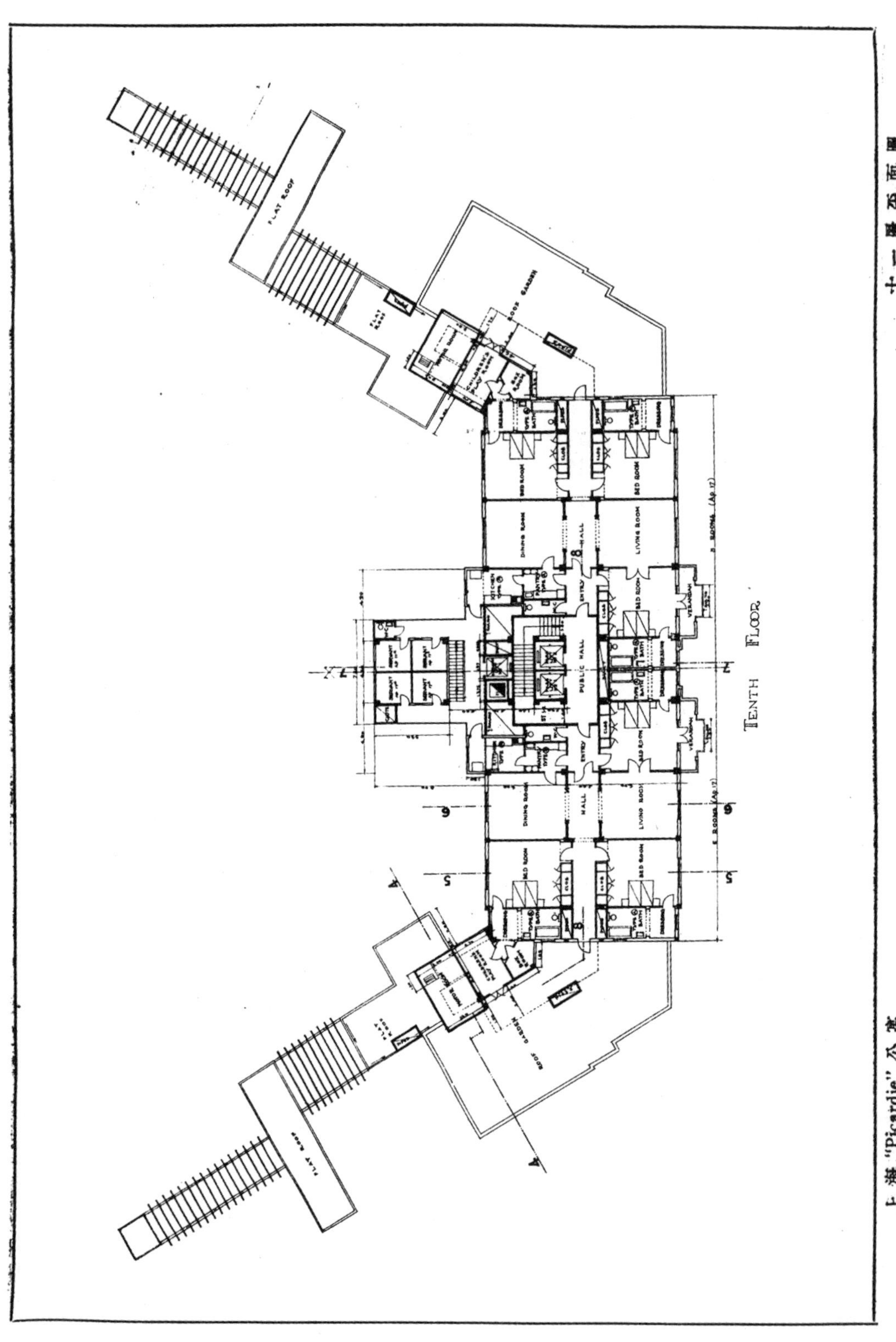

上海"Picardie"公寓 十一層平面圖

上海"Picardie"公寓

十二層至屋頂平面圖

ELEVENTH FLOOR

TWELFTH FLOOR

THIRTEENTH FLOOR (Ap 20)

FOURTEENTH FLOOR (Ap 20)

ROOF PLAN

FIFTEENTH FLOOR

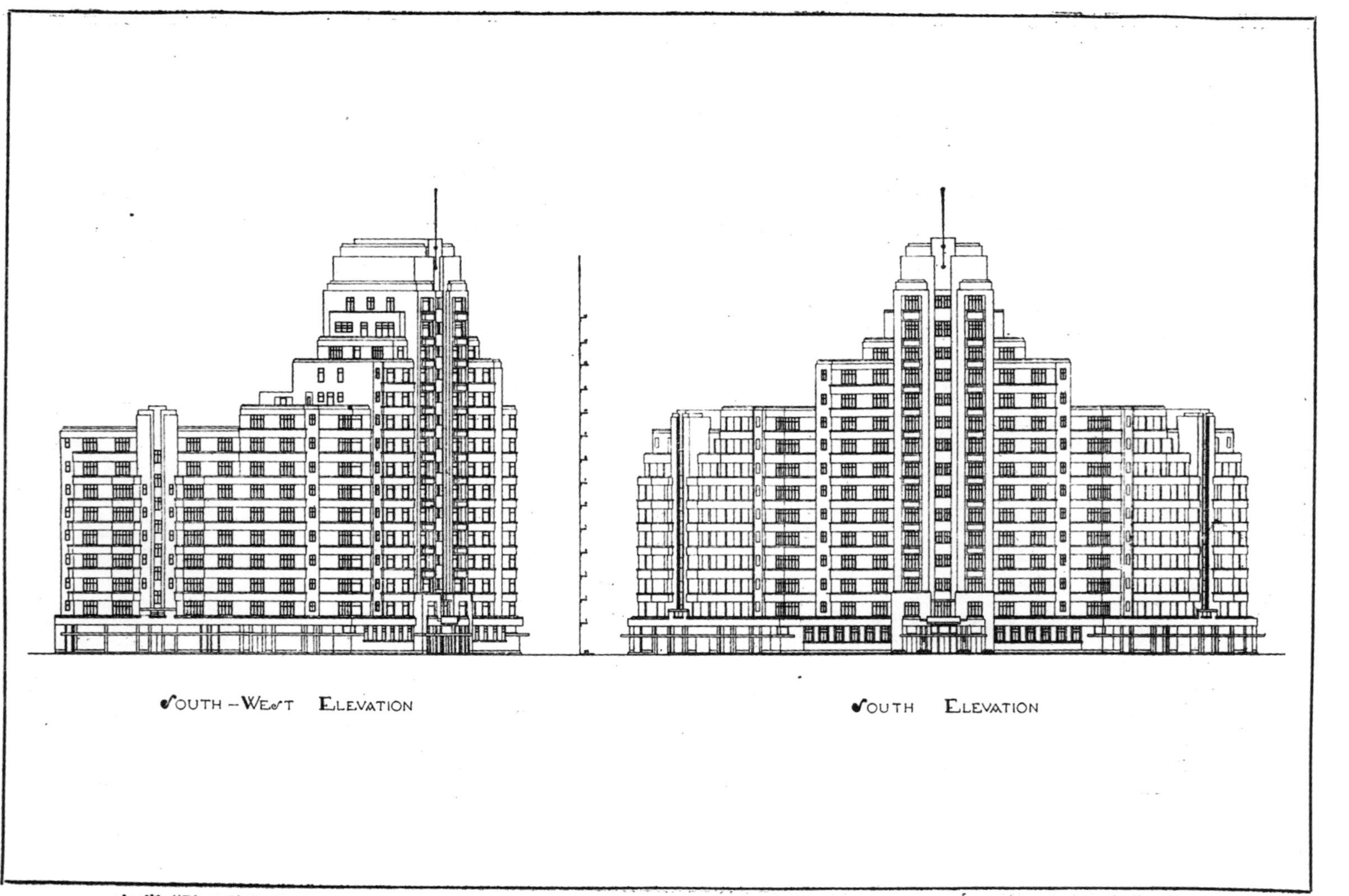

上海"Picardie"公寓立面圖

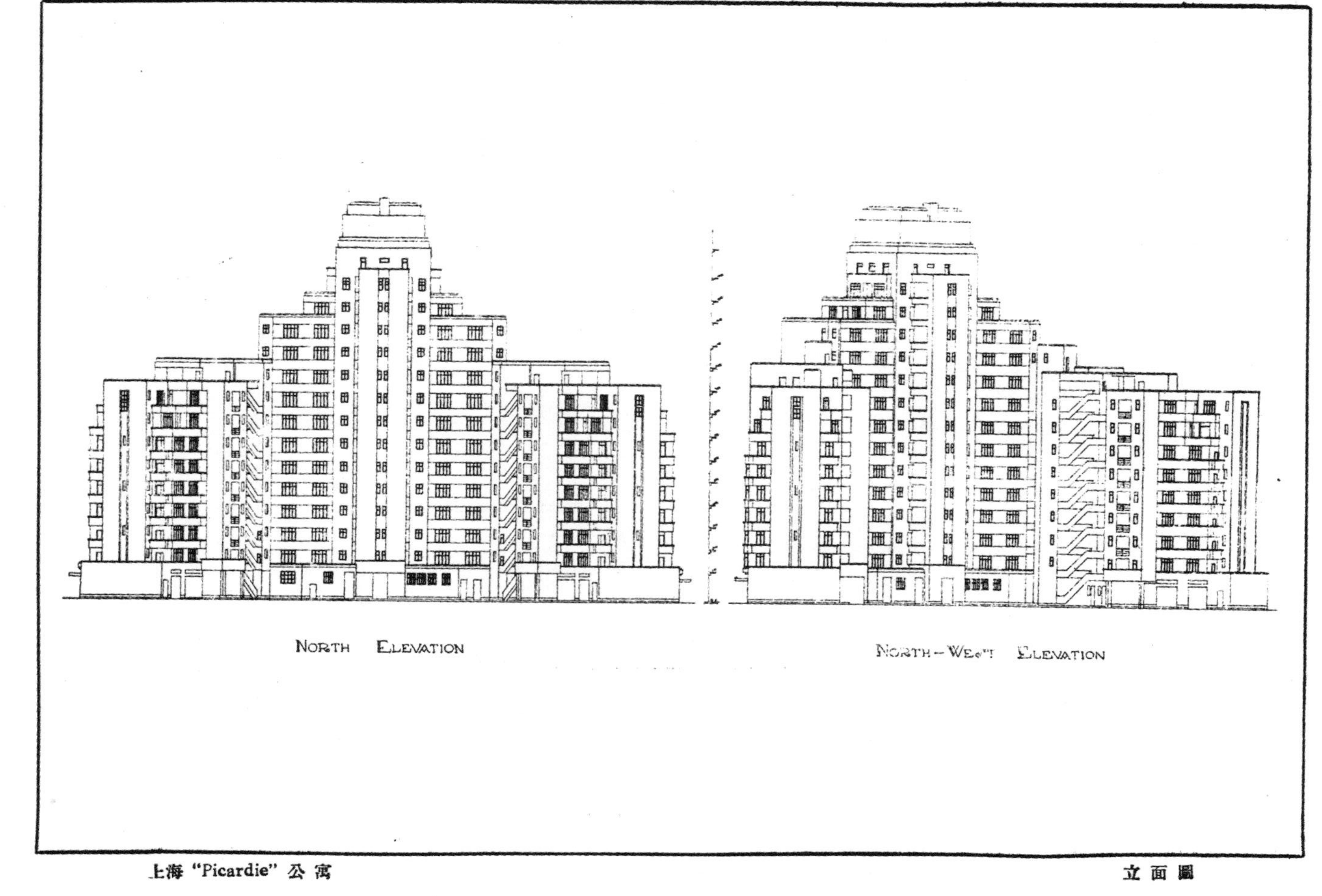

上海 "Picardie" 公寓 立面圖

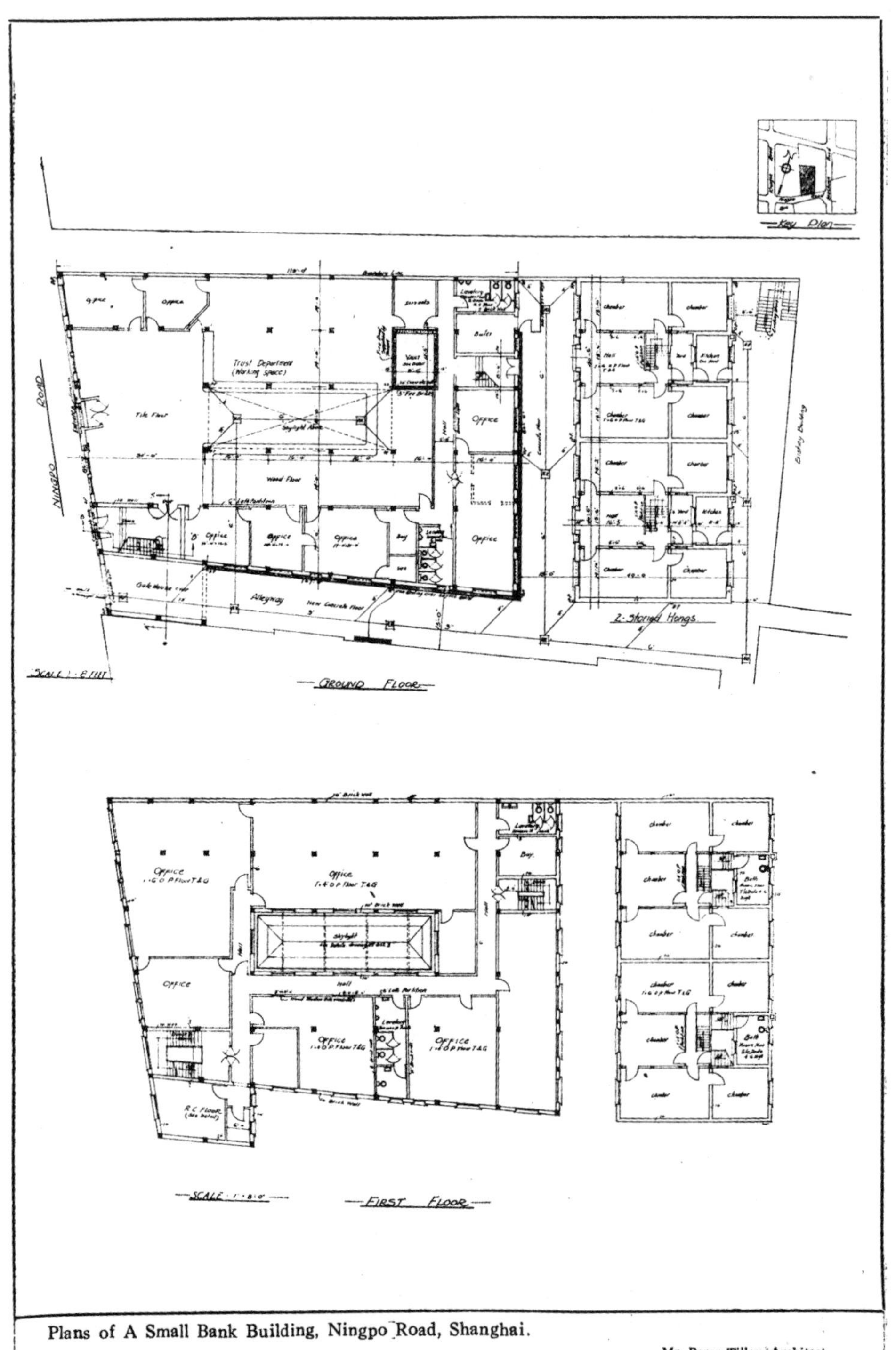

Plans of A Small Bank Building, Ningpo Road, Shanghai.

Mr. Percy Tilley, Architect.

上海寧波路通和銀行新屋樓地盤圖

德利洋行設計

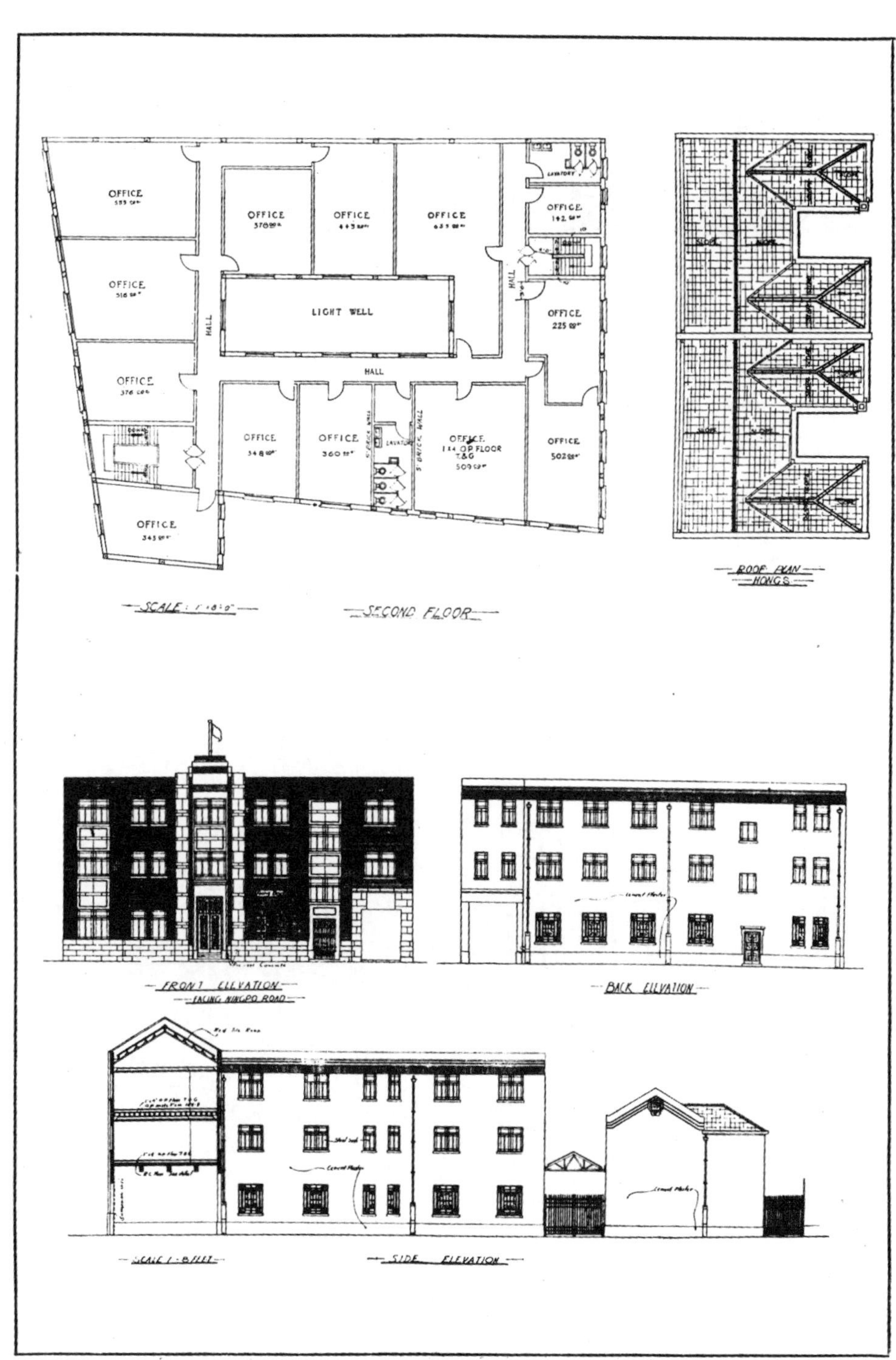

Plans and Elevation of A Small Bank Building, Ningpo Road, Shanghai.

上海寧波路通和銀行新屋樓盤圖及立面圖

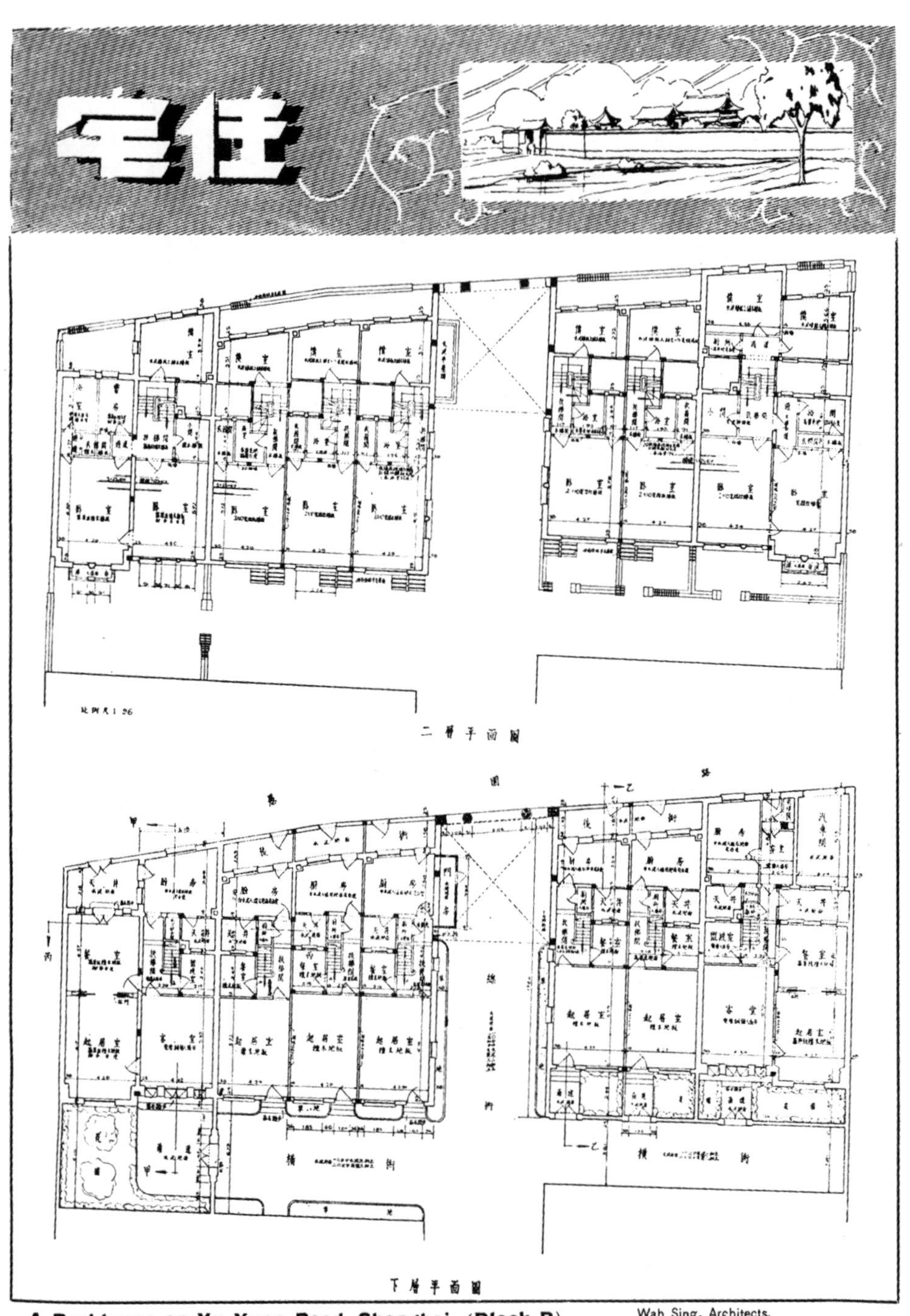

A Residence on Yu Yuen Road, Shanghai. (Block B)

Wah Sing, Architects.
Kow Kee Construction Co., Contractors.

上海愚園路人和地產公司新建之住宅房屋（乙種）

華信建築師設計　　久記營造廠承造

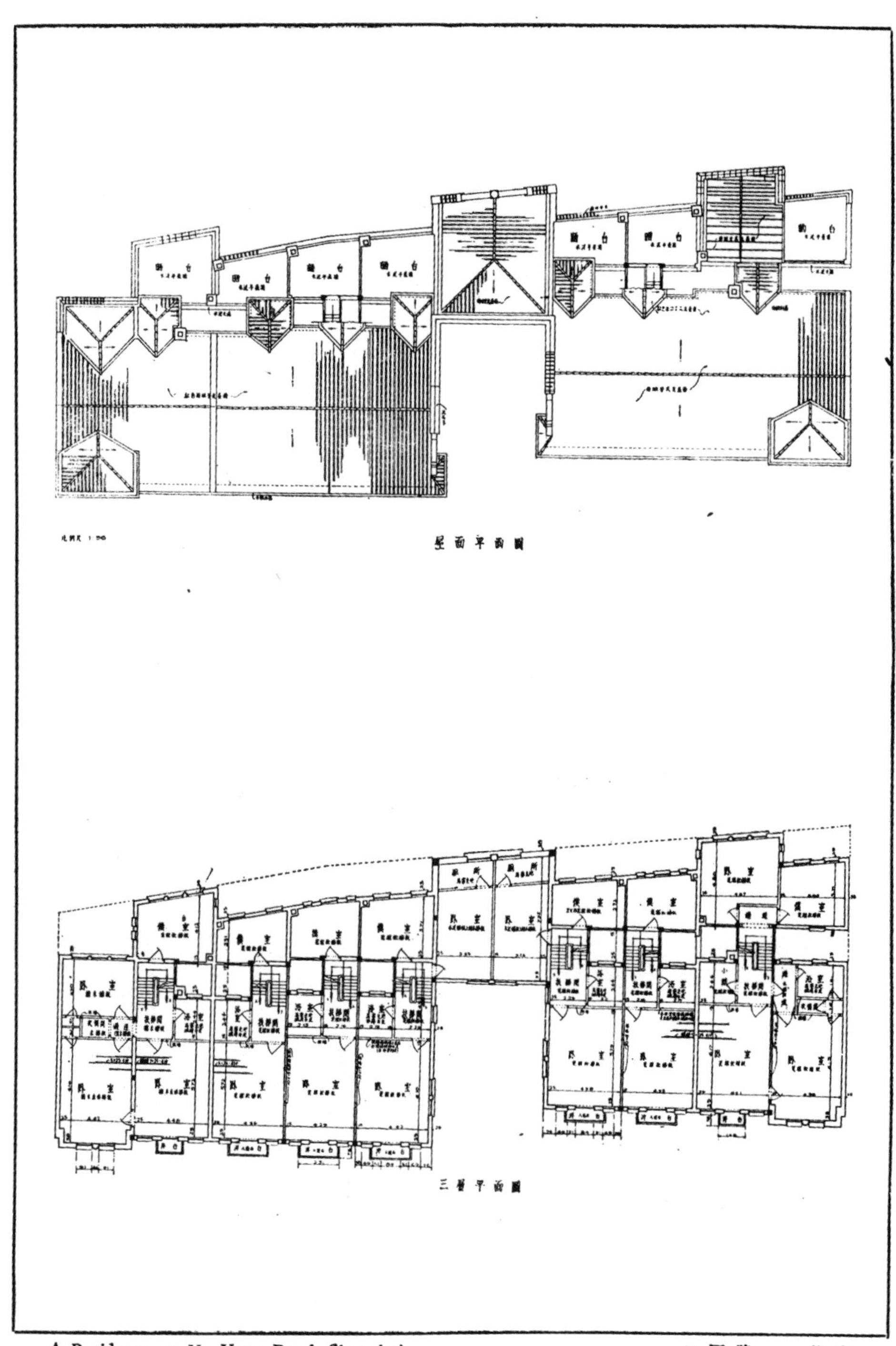

A Residence on Yu Yuen Road, Shanghai. 愚園路——住宅

Second Floor and Roof Plans.

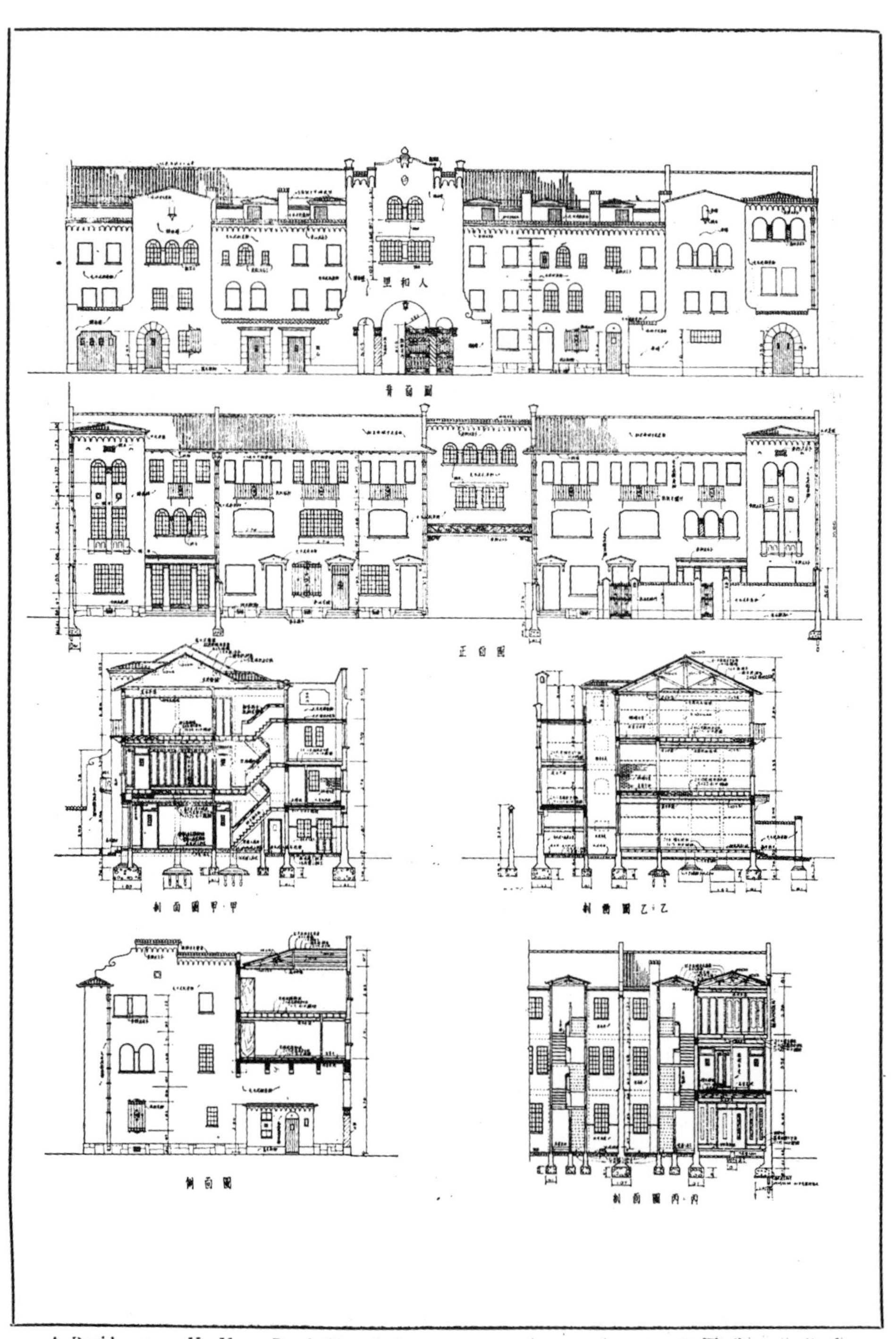

A Residence on Yu Yuen Road, Shanghai. 愚園路——住宅

Elevations and Sections.

Plan for Small Dwelling House.

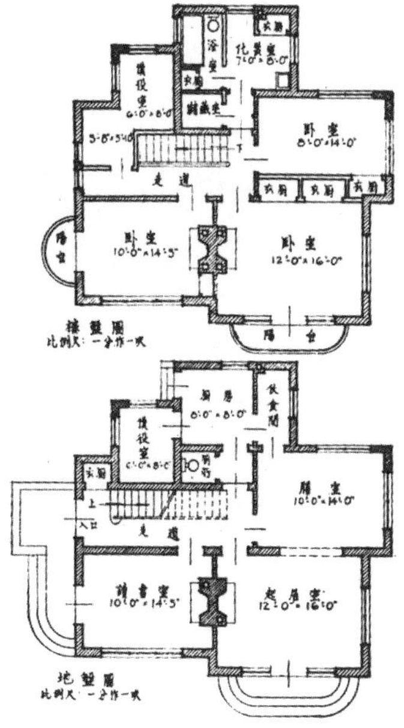

本頁透視圖係爲本刊美術部彭伯剛先生所繪，設計者爲本會附設正基建築工業補習學校本屆畢業生王成熹。此作雖偏重光線方面，忽略傢具等陳設地位；然大體尚屬可取。

本刊第三卷第三號"框架用撓角分配法之解法"一文勘誤

頁數	行數	誤	正
32	6	$(2\varphi_b+\varphi_b)$	$(2\varphi_b+\varphi_a)$
32	20	K_{ab}代K	K_{ab}代K_r
32	20	卽φ爲零	卽φ_r爲零
32	27	$\varphi_a=\frac{P_a}{p_a}$	$O\varphi_a=\frac{P_a}{p_a}$
32	28	但P_a	但p_a
33	19	$\varphi_r y_x$	$\varphi_r y_r$
33	22	$y=\frac{K_r}{p_a}$	$y_r=\frac{K_r}{p_a}$
34	15	$P'_a=p_a-\frac{K_r}{2}$	$p'_a=p_a-\frac{K_r}{2}$
35	25	將可各節點	可將各節點
35	27	對稱性框架其中節點O	對稱性框架，其中節點O
35	31	係次	依次
36	7	雖眞值	離眞值
36	13	求φ值	求$_1\varphi$值
37	3	0.833	0.083
37	6	$\frac{wl}{12}$	$\frac{Wl}{12}$
37	21	故用r^1	故用y'
37	25	中圖	圖中
37	27	$-9000)_o\varphi_c)$	$-9000(_o\varphi'_c)$
38	13	之二約略	之二值約略
38	22	K_{ba}	K_{be}
38	23	m_{ba}	m_{be}
40	10	計算尺得	計算尺算得
42	11	0.2861	0.286
42	11	$y^1{}_{2\text{-}1}$	$y_{2\text{-}1}$
42	13	$_oy$及y	$_o\varphi$及y
43	3	$m_{3\text{-}2}$	$m_{2\text{-}3}$

營造學

（三）

杜彥耿

第二章

第一節 甎瓦

甎之發明時期綦早，最早者，係用土製之塊，在日光下曬乾後施用。現在我國內地，如沿津浦鐵路綫兩旁村舍，咸用土塊。（附圖十三）攷製甎最早之史蹟，據日本工業大辭典第九冊第三九九五頁載煉瓦沿革：『煉瓦之起源頗古，攷古家曾於尼羅河深處，發掘煉瓦碎片，推其年代，遠在西曆紀元前一萬年。又巴比倫之宮殿，希臘，羅馬等之建築物，咸用煉瓦。印度上古亦有良好煉瓦之製造。中國朝鮮，自古即用煉瓦，搆築城堡。』又據亞狄氏著：Audels Masons and Builders Guide 第一冊內載：『製甎之技工，其淵源殊早；日下曬乾土塊之施用，更遠在最早史實之前數千年。關於造甎年表，當西曆紀元前三千八百年，亞凱特（巴比倫之前薩宮時代人類濱幼芬蘭與泰葛利斯（Euphrate河在亞洲土耳其，長一千八百英里。Tigris河，自德維嶺東南向，一千一百五十英里，相近波斯灣，溝通幼芬蘭河者。）兩大江居處，因在該江兩岸覓得殊不整齊之土塊，譜知該種土塊，可以築牆建屋；嗣後進一步，即有煉甎之製造，以建巴比倫塔。』

用土塊築成之村舍

在紀元前六〇四至五六二年，巴比倫王尼培嘉尼尉（Nebuchadnezzer）時代，巴比倫與亞敍利亞（Babylonians and Assyrians），非特嫻於煉甎，並於甎面燒出美麗之磁光。

據中國人之申述，謂

（附圖十四）

甎坯製成，置於露天使乾，俟乾燥後入窰燒煉，或將甎坯售與窰主。

中國爲發明甎工之最早者，此說蓋有疑焉。煉甎之法，恐自巴比倫逐漸東傳，而抵達全亞細亞洲；蓋中國之長城，雖有大部材料，係用甎者；然考其時代實遲在紀元前二百十年。故於巴比倫煉甎已趨成熟之時期，中國並無實證，可資確定中國煉甎技能有早於巴比倫者。

（附圖十五）

圖係專運窰貨之帆船，岸上有煙囪者即爲甎窰。

尼羅河畔，仍有如古時之在日下曝製土塊者。法係用低淺之土池或盤，將泥土及截短之稻草，和水傾入池或盤中，搗爛使之柔韌，取出裝入甎之模型，或用手捻成甎狀，置日下曝乾便成。

吾國史乘，關於甎之製作，據世本作篇，謂堯使禹作宮室，論語謂禹卑宮室，而盡力乎溝洫。惟時宮室皆以土築成，迨後桀作瓦屋（世本），烏曹作甎（古史考），甎瓦之屋，始流傳於後世。紀年謂桀作瓊室，立玉門。尸子謂桀作瓊室，瑤臺，象廊，玉床。

（附圖十六）

茅屋內爲製甎坯之所，河旁小池則爲採踏泥土者；樹下二行黑影，即爲已成之甎坯，陰於樹下者。

考據上述引證，以『烏曹作甎』最有探討之價值。查烏曹係夏末人，與桀同時；夏桀元年爲西曆紀元前一八一八年，烏曹已有煉甎之製，似與西籍所傳煉甎之期，不相上下。著者之意，甎之發明，非由近東傳達全亞；亦非由中土流傳西域，蓋在同時期內，兩地或各地互有發明耳。

對於我國造甎，最古之實證，尚無發掘之前，僅恃『烏曹作甎』一語，似屬空洞，未能遽以爲證。故必須有待於考古家再作進一步之搜查，提出實證，方可據爲信史。今證之甲骨文不無使人發生懷疑處，因甲骨文中，以巫占徙居爲最夥，蓋商時居於河套，黃河常有發水改流之厄，須時遷居；況彼時尚屬游牧時期，自無瓦屋之建築，人民均皆穴居野處。而在商前之夏時，桀已有瓊室，瑤臺，象廊及玉床之作，此又不能不令人懷疑者也。

降至今日，甎之製作，既甚發達，甎之品類亦多。至造甎之手續，兼有手工與機器兩種；方法更有手工，軟泥，乾壓與堅泥四種。

手工　手工製甎，吾國最爲普遍，以其工値低廉故也。惟於工業發達之國，已視爲落伍；而廢棄不用；或因特殊情形，及甎數不多，間用手工製坯。其法將黏土在池槽中，和以水，使牛或人工踐踏，俾水與坭勻和柔韌，隨後將此柔潤之坭，置入木或金屬製之模型（上下皆空，無底無面。）模型之大小，依甎之大小與式樣爲轉移；然模型須較甎塊略大，蓋甎坯自模中擠出，經風乾煉燒後，勢必收縮也。

（附圖十七）

圖爲手工甎型刮泥鐵絲。模型既無底，又無面；鐵絲則攀於竹片，成一弓形，用以括去模上餘坭。

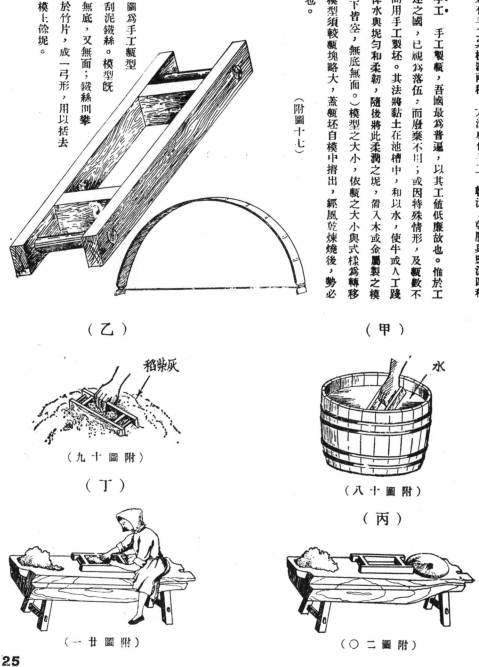

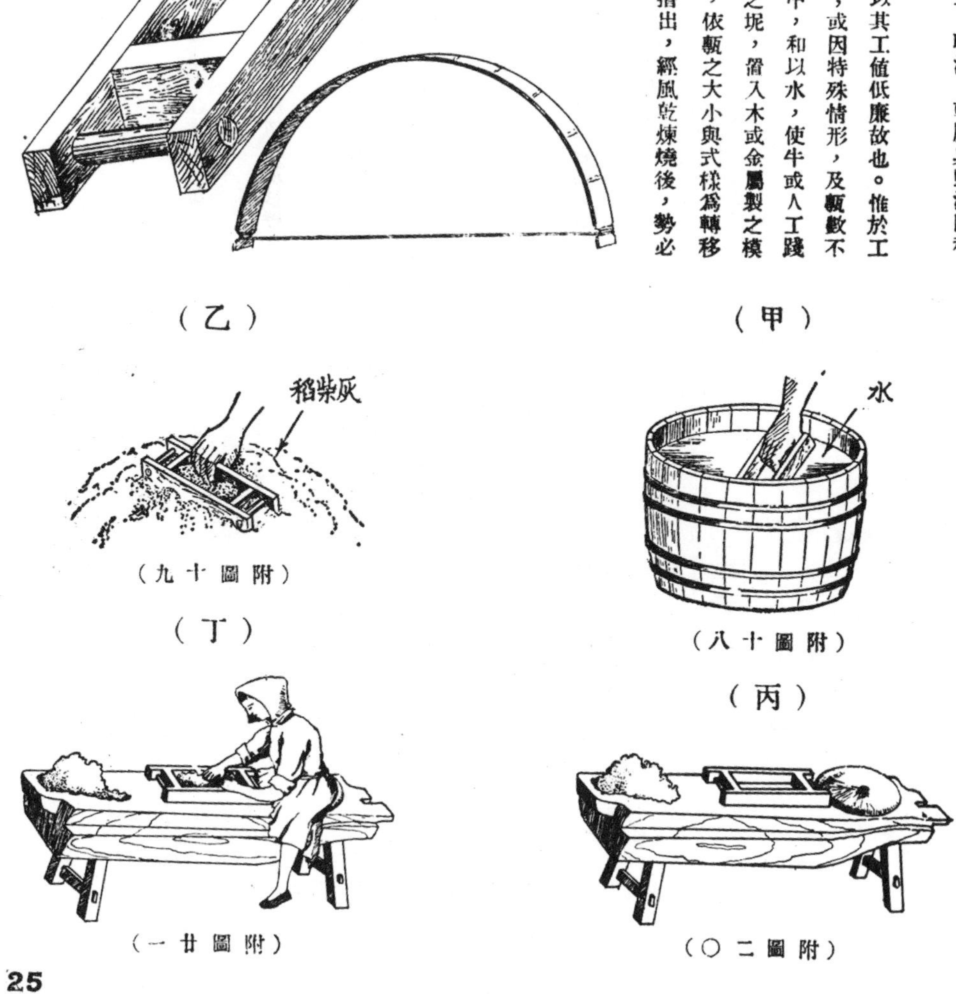

（甲）　（乙）

（附圖十八）
（丙）

（附圖十九）
（丁）

（附圖二十）　（附圖廿一）

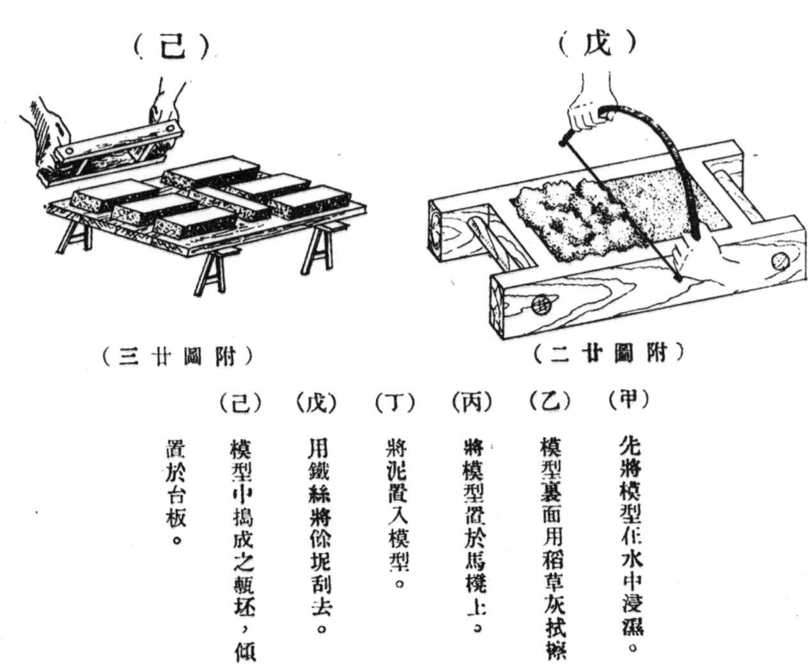

（附圖廿二）　（附圖廿三）

（甲）先將模型在水中浸濕。

（乙）模型裏面用稻草灰拭擦。

（丙）將模型置於馬櫈上。

（丁）將泥置入模型。

（戊）用鐵絲將餘坭刮去。

（己）模型中搗成之甎坯，傾出置於台板。

軟泥法　此種手續，係將揉韌之黏土，放入模型，壓出倒置於台板，擱去風乾。至坭之加水揉韌，一如手工者；惟一用牛或人工踐踏，一則用機器壓製耳。

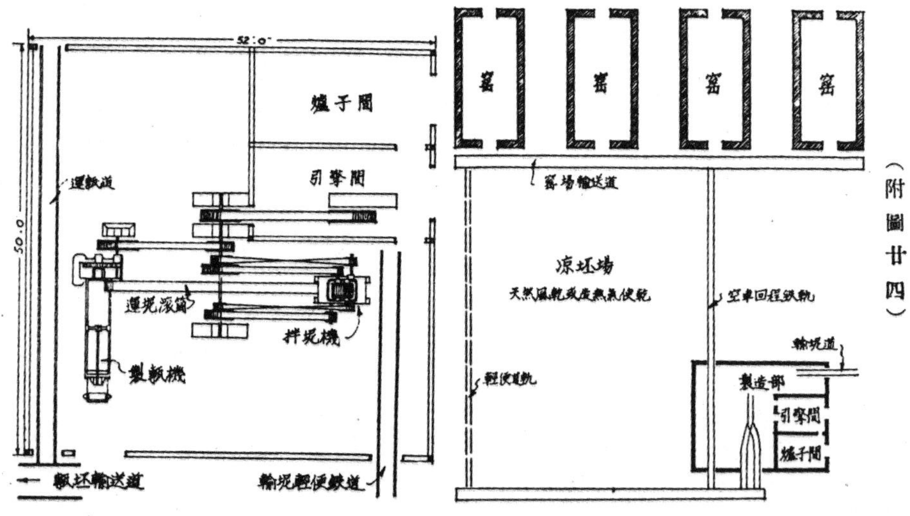

（附圖廿四）

用軟泥法製甎，窰場佈置之平面圖。

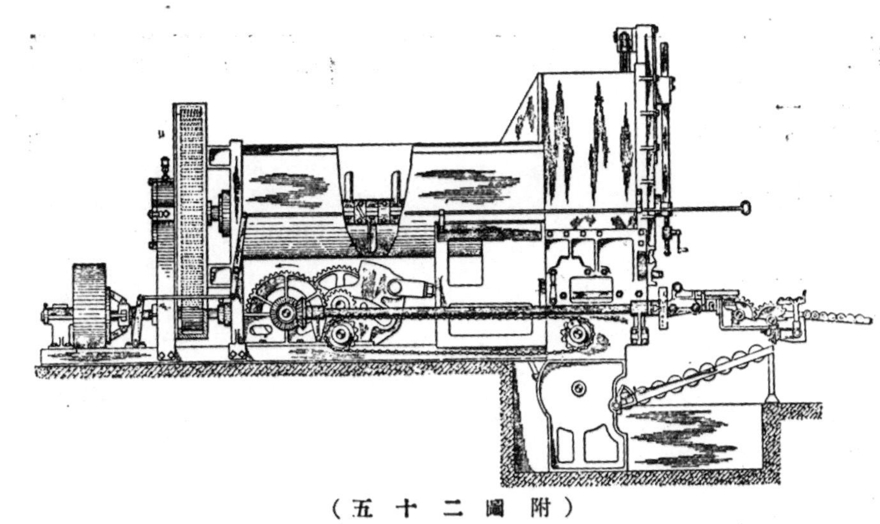

（附圖二十五）

上圖為用軟坭煉製甎坯之機。機能自動將坭揉和，壓製甎坯，將坯面餘坭刮去後，坯即脫離模型，翻置台板或置活動滾道上，自動輸送至風棚涼乾或送煖房烘乾。機中模型自一批甎坯製出後，即能自將空模在沙中拭擦整潔。俾免濕泥留黏模上，隨後繼續壓製，動作極速，故其出品，較諸手工遠勝；且光潔堅實，故工業發達之國，與我國重要城市，漸利用機製甎以代手工製矣。

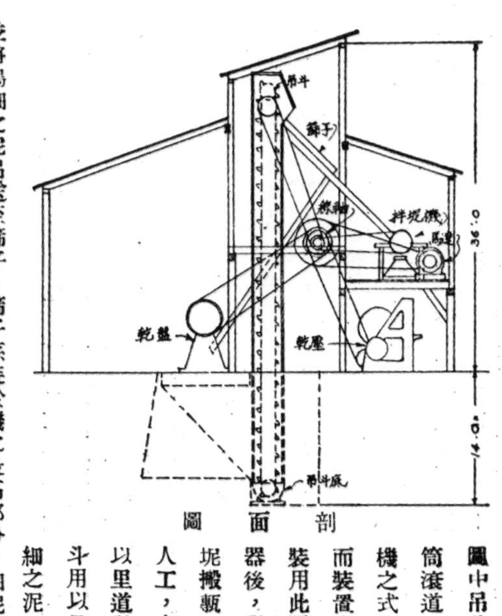

剖面圖

（附圖廿六）

圖中吊斗與圓筒滾道。係隨機之式別高低而裝置者。因裝用此兩種利器後，舉凡運坭搬甎，所省人工，自不可以里道計。吊斗用以吊送搗細之泥，吊斗並將搗細之坭吊送至篩子，篩子係裝於機之最高部份，細坭經篩子篩過後，即直接輸送至揉坭機。

（待續）

邵伯船閘工程述要

一、引言

導淮委員會整理運河航道計劃中之邵伯，淮陰，劉老澗三處船閘工程，現已同時興工。三閘完成以後，自揚子江三江營口沿運河直至隴海鐵路交點之運河站，凡三百五十公里，吃水深二公尺載重九百噸之船隻可以終年通航無阻，沿途經過重要城鎮如邵伯，高郵，寶應，淮安，淮陰，宿遷，等地均爲江北繁庶之區。

The engineering work now under way for the construction of water sluices and locks along the Huai Ho (River).

建築中之邵伯船閘

依據目前之調查，運河中通行之船隻吃水深度最大不過一公尺餘，載重不及百噸。一九三二年四月經過邵伯鎮運河內運輸之紀錄，向上游運輸者爲八一零五四噸，向下游運輸者爲四五零六三噸，上行貨船計三七四六隻，下游貨船則爲二四一三隻，每船之載重量多爲三十噸左右，除載重船隻外尚有二九二零隻空船經過該鎮。同年十一月淮陰運河內運輸之紀錄，上行貨物計七八七五噸，下行貨物計三六〇〇〇噸，上行貨船計四六一隻，下行貨船計一七八五隻，空船經過計四三四五隻。可知運河內通年之運輸量，雖無確切之統計，但至多亦恐不及一百萬噸。

航道整理以後，運輸自必增繁，據德教授方修斯之推測，五年以後每年運輸量可達五百萬噸，十五年以後則可增至二千萬噸，蓋以運河經過區域之廣大，航道路線之適宜，運輸費用之廉省，其前途之發展，固屬當然之事。

二、邵伯船閘計劃

邵伯船閘之建築所以維持邵伯至淮陰間運河之水位，使其最低水深爲二公尺半，則吃水二公尺之船隻，自可通行無礙，船閘上下游水位差度最大極限爲七公尺七公寸。閘室寬十公尺，長一百公尺。三十噸之般每次可容十五隻，四十噸之船，則可容十隻，六十噸之船可容八隻，一百噸之船，可容六隻，三百噸之船，每次可容四隻，九百噸之船，每次猶能通過一隻而無阻礙。

閘室兩側爲斜坡式，底部及兩坡上均用塊石嵌砌，此項計劃所以節省工費，每次開閘需用之水量雖較多，但因輸水管計劃之適宜，每次開閘之時間並不過分延長。如船隻自上游來必先由輸水管放水入閘，使閘室水面與上游相平，而後開啓上閘門，船隻始能進閘，同時已在閘室守候上行之船隻，即可出閘，再將上閘門關閉，洩水外出，使閘室內之水面與下游相平，而後開啓下閘門，下行船隻於是可以出閘下駛，同時上行船隻即可進閘。復將下閘門關閉，如此周復一次所需之時間，在上下游水面相差最大之時，至多不過一小時。

上下閘門處兩側之閘牆，係與底部連成一片，全用鋼筋混凝土澆製之，與普通設計，兩側獨立之重力式迥然不同，此乃一特異之點。

閘門以鋼料製成，附開關機，以四人之力即可開閉自如。輸水管置於閘室兩側，另設有開關井內置輸水管啓閉之機關。所有閘門及各項啓閉機件，均係向英國工場定製。

基礎下基樁與鋼板樁之佈置，以及關於閘工各項詳細結構，導淮委員會製有計劃詳圖，備載無遺，茲不贅述。

運河東堤原有涵閘甚多，可以洩水供給運東裏下河一帶農田灌溉之需。自應一律照舊應用，惟須逐漸加以改良，使其啓閉靈便，在農田不需灌溉而水位甚低之時，則可嚴閉之以維持運河之航運。

運河西堤方面原有涵閘缺口，亦須分別修理及堵塞之，俾使與高寶諸湖隔絕。淮陰至淮安一段河身深度尙嫌不足，則擬浚深之。邵伯閘之下游一段航道，全恃江水供給，亦有略需浚渫之處。凡此浚深河槽，堵塞缺口，修理涵閘等事，則又爲船閘工程之外完成航運計劃之重要工作，均已分別舉辦，期與船閘同時完工也。

三、施工概況

甲 船閘工程

導淮委員會於二十三年二月間設立邵伯船閘工程局於江都邵伯鎭，專負辦理邵伯船閘工程之責。嗣以運河西堤堵塞缺口，修理涵閘，關係重要，亟須同時興工。遂亦指定由局兼辦。

工程局成立伊始，即行拓工開挖船閘基址，及第一期引河並築堤各項工程。工既竣，船閘工程由本會招標選定交由馥記營造廠承包建築。遂繼續興工。

邵伯閘自二十三年九月開工以來，進行原甚迅速，惟因國外材料運輸稍遲，以致完工時日，不能不稍爲延展，基樁部份施工費時最久，良以邵伯土質堅硬，困難較多，安置樁位，注重準確，鐵錘擊打，尤防偏斜。上下游及閘室兩側輸水道下大小木樁，共計一千三百九十七隻，已於本年三月全數打竣。至鋼板樁之打入土中，尤爲艱難之工作，土質堅硬，鋼板甚薄，長度特殊，緣此三因，遂感棘手。幸從其事者尙能謹愼小心，本局監工尤嚴，工具屢易，方法迭更，總計長短鋼樁五百九十二塊，現已大部份打入土中，計其成數已完成百分之九十。木樁及鋼板樁數目，施工時因實際需要已較原定計劃，略為增加。基礎既竣，其餘工事，均能計日成功，澆做混凝土前所應預備各事，均已完全就緒，材料方面，如水泥黃沙石子，均已到工，鋼筋多已灣折如式，如拌和機連同引擎及輸送車各件亦已預備齊全，下游石灰三和土一、三、六混凝土均已澆製完竣。

茲將船閘工程內數種重要工料數量開列於後，以示梗概。

一、木樁長八公尺至十六公尺不等計一三九七根

二、鋼板樁長五・四公尺至二十一公尺不等計五九二塊

三、一・二・四混凝土計三九四一公方

四、一・三・六混凝土計九八〇公方

五、亂塊石子計三〇五八公方

六、各項灌砌塊石等工計三五三八公方

七、鋼筋及各項鋼料計九九二噸

所用鋼板樁及鋼筋，鐵門等件均係英國訂購，水泥採用啓新馬牌國貨，樁料均係美松，石料係向龍潭及老子山運來，黃沙採用大通及宿遷出產，各項材料現正分途趕運。包工自備輪船四隻，往來鎮江邵伯間晝夜運輸不輟，工場上並已裝置電燈，日夜工作，數月以來，未稍鬆懈。

邵閘全部工程，已由包工方面承認趕工，期於本年六月內完成，照目前進展情形，已能如期竣工。

船閘工程竣工以後，邵伯原有運河，擬即築壩一道堵閉之，並將船閘兩端引河原留之堵水壩挖開，開始通航，此項土工列為第二期引河工程辦理之。

乙　整理西堤

裏運河既在淮陰邵伯兩處，各建築船閘一座，終年水位，可為兩閘操縱使運河絕對航渠化，惟運河西堤閘洞缺口甚多，湖河通疏，非加堵築仍不足以操縱自如，本局曾於二十三年四月組織測量隊，分別調查測勘，計自淮安境程宅洞起，共有八洞八閘十一缺口，總計二十七處，其中程宅洞，劉洞，閻宅洞，劉宅洞，楊宅洞，洞後均為水田，須賴以輸水灌溉，各洞有完整者，有淤滯者，分別修理，加配洞門，以嚴啓閉，葉雲洞，王鼎洞，梁淮洞，洞後均旱田，且早經廢弛，遂加以堵塞。

各閘如葉雲閘通湖閘雙孔閘，閘後河道淤塞，兩岸均為旱作物，土人早已堵閉，決計堵塞，北閘南閘為寶應湖西各處通河要道，閘身多有損壞，閘板不齊，加以修理，配置閘門，以便啓閉，下游七里閘六安閘清安閘已圮壞不堪，於交通無甚關係，一律加以堵塞。

各缺口除高郵越河港，為三河皖北與高郵交通要道，湖西農產品，均由此港集中高郵不能堵塞，擬在該處建築小船閘一座外，餘如救生，賈家，陳家，四汊，車邏，水廟，黃泥，三溝閘，鰤魚，會館各港，均一律堵塞，以完成運河航渠化。

整理西堤工程，由邵伯工程局兼辦，以工段綿長，分設工程事務所三處，以便管理。第一所設寶應，管理七里閘以上修理及堵塞工程。第二所設高郵，管理六安閘越水廟港止堵築工程，第三所設昭關壩，管理黃泥港以下三處堵築工程，均已於二十三年十二月間，先後開工。

各港深淺不一，底有淤泥，爲愼重起見，決採用圍埝治水清淤辦法，以資妥實，堤身高度與舊堤相仿，規定爲眞高九公尺，頂寬爲八公尺，蓋預備爲將來加高計也，兩坡湖坡一比三，河坡眞高六公尺以下爲一比三，六公尺以上爲一比二。間有事實上不能做到時，酌量變更，自開工以來，築圍埝費時最久，清淤尤爲困難之事，淤最深處有四公尺餘，質稀軟不經重壓，不去則築堤高後，有蟄陷脫坡之虞，去則費款費時，惟有酌量情形以處之，今幸大致清淤完竣，已全部開始築堤，如天時晴明，冀能如期完工矣。工程費約計總數爲二十五萬元。

國人發明之銀光泡

上海華德工廠協理兼總工程師李慶祥君，向抱實業救國宗旨，對於光學電學，素極研究，富有經驗，每思以國貨而與外貨抗衡，爲實業界闢一新紀錄，藉以挽回外溢漏卮。前爲力求深造計，曾進安迪生駐華電燈泡廠，服務十有餘年，歷任工程技術職務，並由該廠派往總廠實習製泡工程，深得其祕。爰於民國十九年創辦華德工廠，以協理兼任總工程師，所出華德老牌燈泡，實爲其精心製造之結晶，因之深得各界嘉許，聲譽日隆，行銷日廣。近更本其學力，發明一種銀光泡，其省電耐用，及發光加倍之成績，確爲任何燈泡所不及，此項銀光泡業已奉實業部批准專利云。

都市防空應有的新建築

彭戴民

編者按：未來的戰爭，勝負誰屬，決於凌空一擊。在空戰時首當其衝者，厥爲大地之一切建築。經之營之，隳於一旦；未雨綢繆，此其時矣。故特轉載本文，以供參閱。

昔日國圉和都市的防護，重在堡壘或城牆，如萬里長城，及現在各城市尚遺留的城廓碉堡，此即古代特以爲防衛的屏幛，時至今日，以飛機出現，此等防禦設施已如紙畫的老虎，失其效用，因爲近代飛機的進展，和炸彈效力的偉大，憑你金城湯池，敵人也會由空中來施行襲擊的。從前能保全領土領海便算達到國防的任務，而今還須保全領空方稱國防無憾，國防的方式，既因飛機而變遷，都市防衛亦以空襲而改進了，所以現代的都市建築，須具有防空的條件，須顧慮遭空襲時，有抵抗炸彈燃燒彈毒氣彈的能力或設施，方適於近代的要求，玆將近代都市計劃及其建築法之一例，略爲申述，以供參攷，在民窮財困建築工業落後的我國，對此似屬理想，然欲達都市防空的目的，非若是不足以奏其功。

（甲）都市計劃

在防空立場上，計劃近代都市的建設，須特別顧慮燃燒彈的起火，炸彈的爆炸，及毒氣彈的毒化，現就防火防彈及防毒三者，於建築計劃上應注意的要項分述如后；

一、防火　爲使敵機投彈的命中率小，而少引起火災計，必使全市的建築面積小於全市地區的面積，且建築物間均須互相間隔相當的距離，則雖起火亦不致延燒不止。

二、防彈　亦如前項除使建築面積比全市面積小而外，且須使公務築物，住宅，工廠，道路等，各別分離不同時同地爲一爆彈所害，并建築物不宜緊接道路，以免坍塌後阻塞通衢，有礙防空部隊的行動。

三、防毒　風與水乃對毒氣爲有效的防禦物，因風可吹散毒氣，水可吸收或溶解毒氣，故凡建築物須絕對避免妨礙通風之設施，且於市中各處宜多設水池。

總上三項，現代都市的建築，宜具如左的條件：

1. 建築面積務盡量比全市面積小，現在一般都市的建築，概爲五〇%，宜將之約縮爲一〇%。
2. 建築物須互相分離建築之。
3. 建築物須不接近道路而建築之。
4. 都市内須多設水池。

（乙）都市建築法

一、防彈建築　一般對於防彈建築多構築

地下室，以爲防彈之用，但地下室頂面所覆之鐵筋混凝土、非有能抵抗最大炸彈之厚度不可，現在一噸炸彈可貫穿一米達深的鐵筋混凝土層，爆炸時尚有半徑三米的破壞威力，故鐵筋混凝土的厚度，至少須四米達。（參看次圖）

第一圖　地下室

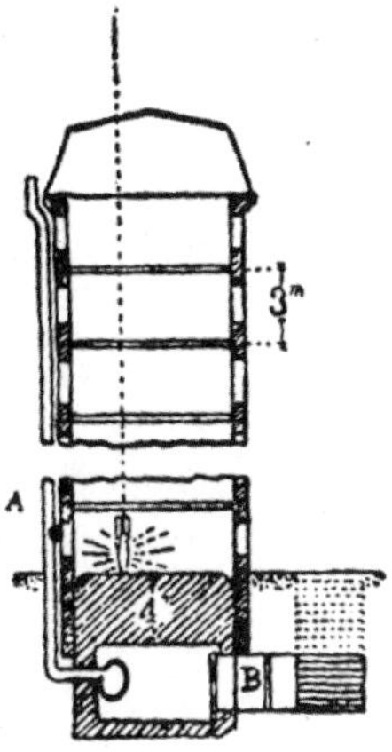

上圖乃現在普通建築物所構築的地下室，A爲換氣裝置，B爲出入口，但此地下室，只能防護避難其中的人員，對於建築物自身的保護，則不可能，因其牆壁密着骨柱，週圍堅固異常，若其室頂一度被炸彈貫穿，則彈在室爆裂，牆壁必爲破壞，建築物亦因而崩倒，故欲既能防護避難人員，而又能保存建築物，必須於建築的最上層有「空中防護」的設備，「空中防護」的設備，其構造亦甚簡單，茲將其屋頂，骨柱，牆壁及其經始法上應具的條件略述如次：

（1）屋頂　宜採取使炸彈容易跳飛的形狀，如左圖：

第二圖　能使炸彈跳飛的屋頂

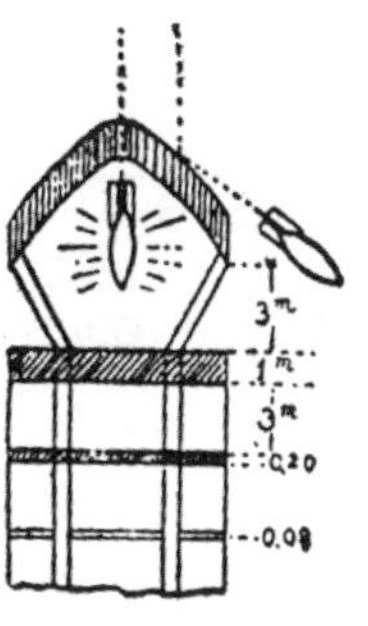

但對大型爆彈以其使之不能貫穿，不如對貫穿後的爆彈，講求適當的處置爲宜，普通一噸爆彈能貫穿一米達的鐵筋混凝土，且能在建築物內爆裂，故欲不使其在建築物內發生爆裂現象，只須使最上層樓屋的四壁不具有引起爆裂現象的抵抗力卽可。

欲防止爆彈之貫穿只要在最上層樓與次樓之間，多築置二〇公分厚之混凝土一層便能充分抵抗，故對於一噸爆彈，若在地下室必要四米厚之混凝土，對「空中防護」只須一米二〇生的厚度便能防護，若更加一米厚之一層，則雖對異常强烈的爆彈亦可保無慮，其圖案如左：

第三圖　防禦轟炸之新建築法

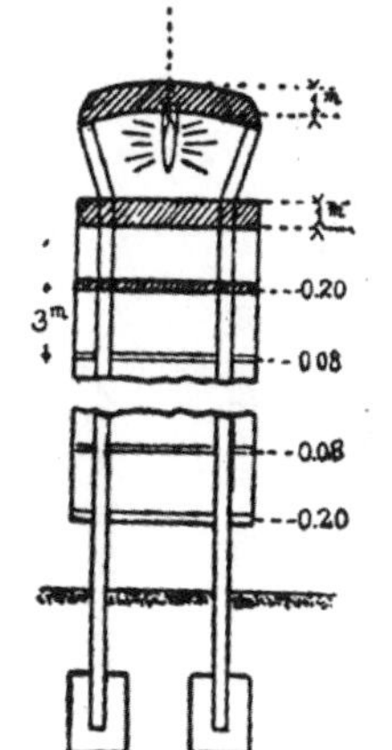

（2）骨柱　本建築物的骨柱，以鋼材爲宜，因鋼材比其他材料細而能負担重量，且有充分的抵抗力，樓柱若使用鋼材，則因柱之斷面積小，其所受爆彈的破片亦少，但此柱須能支持前述含有防護層的建築物的全重量。

地面至第一層樓間爲避免爆彈破裂的爆風計，完全不裝置牆壁，只用骨柱支着，恰如建築物上附以脚一樣。

（參照第三，四，五圖）

第四圖　防護幕之設置要領

A爲網製者

B爲以袋盛土編製者

（3）牆壁　壁與骨柱不可固結，使壁不致增加建築物的堅牢程度為宜，如此則壁雖受爆片的損傷而崩壞，而建築物仍能巍然不倒，即最上樓雖被爆彈侵入而破裂，亦只壁窗崩壞而已，建築物本身不致起爆裂現象。在房外地上爆發的爆彈，亦只壁受其影響，建築物本身的基礎不致搖動，並於窗的外面，掛設防護幕以阻止炸彈之破片，則防護尤為安全，其要領如第四第五圖。

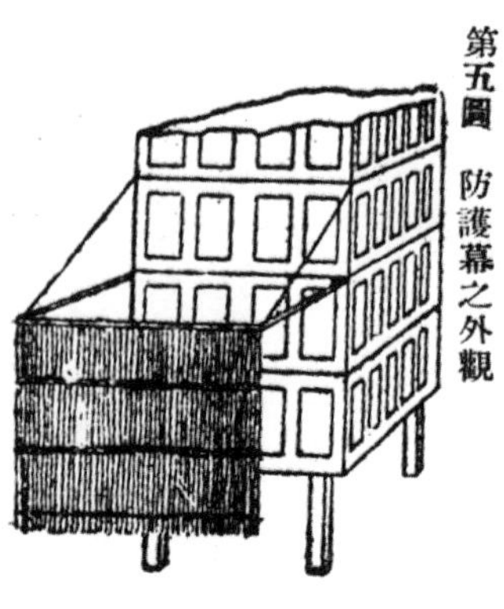

第五圖　防護幕之外觀

（4）經始　其法以炸彈雖在基礎附近爆裂，而建築物仍不致崩倒為原則，如第七圖中之甲為十字型的經始法，以普通建築而論，此法似屬堅固，但炸彈若落在十字中心A之附近爆裂，則必受強大的爆炸力，故防空建築的經始以有一百二十度的開角，如乙Y字型者較為安全，又在經始時須顧慮跳彈不致飛他部或傷及鄰近建築物，對於此點須依照前述建築物與建築物之間不可接近的原則。

乙

甲

第七圖　建築物之經始要領

第八圖　上圖乙之細部及其外規

二、防毒建築　無論何種防毒建築均以能補充新鮮空氣，排出污濁空氣，且不致浸水為原則。故地下室須構築不致浸水的牆壁，室的上方須有濾過裝置的設備，以便吸換新鮮空氣（參照第一圖），且須裝置輕壓力的機械，對室內的空氣加以輕微的壓力，使毒氣不致由外部侵入。毒氣的比重，通常較空氣為重，故多流沉於地面上，大概距地表面二十五至十米的高處便可不必施以防護的設備，如第四第五圖所示地面至第一層樓之間，只架柱不裝壁，意在易使毒氣逸散，若週圍築有圍牆的內庭，則不易消毒，故於建築設計之初，不可不深加注意。

三、防火建築　屋頂宜作圓錐形（如第一圖），使裝置慢性信管的燃燒彈落於其上，自能跳飛而下，銳敏信管的燃燒彈落於其上，亦能有十分的抵抗力，其建築以防火建築爲宜。

綜上所述，約而言之，都市建築物，除須用防火建築外，尙須依照次之二種建築法中的一種以建築之，方合防空上的要求。

A.如現在大部分的建築物，於屋頂無特別的「防護設備」者，須構築地下室。

B.摩天樓式的高層建築物，屋頂宜施行防護設備，屋柱間輕着以壁，使爆裂破片，雖將牆壁冲倒，而屋柱仍不致於大壞，並其經始須照Y字型的經始法。

以上所述的建築法，不只專對空中攻擊而已，卽在衞生，居住，交通方面而言，亦有相當的改進，惟防護屋頂，乃專以對空防禦爲目的，其建築費甚昂，一般小房屋多無力設備，但如於高九十米三十層樓的大建築物上，構造防護屋頂，必甚合算，因建築物大，建築經費亦必大，能避免空襲之禍，雖多費數萬，以作對空防護設備，亦不爲損，普通三十層樓的建築物，只須於易受轟炸的第一至第七樓第二十八至第三十樓之間講求避難的處置，其他的部分可以不必顧慮，因有防護屋頂的設施，可以對付炸彈和燃燒彈的轟炸，離地面有充分高度，可以不怕毒氣的攻擊，但這種處置雖好，無奈我國人民，多住的是平房小屋，既少高樓大層，且非堅固建築，無論由樓上而言，或樓下而論，對於空襲的防護，都沒辦法，這是今後要想法改良的。

本文所述的理論和計劃，雖不易實現，但能一部分一部分的逐漸着手，亦非絕對不可能的事。

歸納本文的主張，現代的都市計劃與建築，須按左列原則：

一，建築面積盡量小於市區面積

二，建築物須互相分離

三，建築物須用防火建築

四，牆壁與樓柱不可固着

【轉載上海防空一卷二期】

工程估價 (續三十二)

杜彥耿

工程估價總額單

住宅

名稱	說明	數量		單價		金額		總額		
灰漿三和土	底脚包括掘泥	20	6 6	16	0 0	3 3 0	5 6			
十五寸大方脚	青磚灰沙砌	5	5 0	30	0 0	1 6 5	0 0			
十寸大方脚	,, ,, ,, ,,		7 2	20	0 0	1 4	4 0			
十寸牆	,, ,, ,, ,,	43	0 0	22	0 0	9 4 6	0 0			
五寸牆	青磚水泥砌	5	0 1	18	0 0	9 0	1 8			
十寸壓簷牆	,, ,, ,, ,,	9	5 0	27	0 0	2 5 6	5 0			
五寸板牆	洋松板牆筋雙面鋼絲網	6	9 3	28	0 0	1 9 4	0 4			
地板	二寸方擱柵一寸四寸柳安企口板	6	0 6	47	0 0	2 8 4	8 2			
水泥地	二寸水泥上加細沙	1	0 6	16	0 0	1 6	9 6			
,, ,, ,,	三寸水泥上加細沙	2	2 2	20	0 0	4 4	4 0			
水泥踏步撑檔	大門口及汽車間		1 9	60	0 0	1 1	4 0			
樓板	二寸十寸擱柵一寸四寸洋松企口板	2	1 0	26	0 0	5 4	6 0			
,, ,, ,,	二寸八寸擱柵一寸四寸洋松企口板	4	5 0	25	0 0	1 1 2	5 0			
人造石地	白水泥白石子		6 0	30	0 0	1 8	0 0			
,, ,, ,,	青水泥白石子連四寸厚鋼筋水泥		6 4	60	0 0	3 8	4 0			
鋼筋水泥		5	7 4	115	0 0	6 6 0	1 0			
外粉刷	黃沙水泥	32	5 8	17	0 0	5 5 3	8 6			
裏粉刷	柴泥水沙	56	6 5	4	0 0	2 2 6	6 0			
,, ,, ,,	紙筋石灰	4	4 6	2	5 0	1 1	1 5			
台度	黃砂水泥一寸厚	4	8 8	11	0 0	5 3	6 8			
,, ,, ,,	白水泥白石子人造石	1	5 5	30	0 0	4 6	5 0			
大門	用柳安裝彈簧鎖	1	0 0	50	0 0	5 0	0 0			
單扇洋門	用洋松裝插鎖	14	0 0	30	0 0	4 2 0	0 0			
	接下頁							4	679	65

工程估價總額單

（二）

住宅

名稱	說明	數量		單價		金額		總額		
	承上頁							4	679	65
樹門	用洋松裝樹門鎖	4	00	20	00	80	00			
後門	用柳安	1		25	00	25	00			
汽車門	用柳安門扇摺叠	1		100	00	100	00			
雙扇搓門	用洋松及紙柏葫蘆	1		140	00	140	00			
雙扇鋼門		1		56	00	56	00			
單扇鋼門		2		31	50	63	00			
鋼窗		25		16	00	450	00			
火斗		2		80	00	160	00			
踢脚板	用洋松	437尺			6	26	22			
畫鏡線	,, ,, ,, ,,	437尺			5	21	85			
扶梯	,, ,, ,, ,,	1		45	00	45	00			
樹欄板	,, ,, ,, ,,	12			50	6	00			
洋台欄杆	用二寸白鐵管	57			20	11	40			
落水管子	用二十四號白鐵	11丈		3	50	38	50			
明溝		14.5丈		3	00	43	50			
十三號		6		1	80	10	80			
壓頂			48	80	00	38	40			
踏步	起居室外		4	80	00	3	20			
,, ,, ,,	後門口		3	80	00	2	40			
窗盤			35	80	00	36	00			
								5	956	92

『偷工減料』與『吹毛求疵』

漸

最近南昌省立醫院工程，承攬人派在該處管理工程之工事長與建築師派駐之監工員發生嚴重慘劇，事實眞相，現尙未明白；然記者驀聽得這消息，不覺勾起了九年前親自遭受的非難，挹挹已久，現在趁這機會，把以前的積鬱傾吐出來。其實，此事已成過去陳迹，不說也能！但我想偌大的建築界，與記者蒙受同樣的遭遇，弄得走頭無路，呼籲無門的，也必大有人在。因此記者不惜浪費筆墨，把它記載下來，俾築建師或工程師能明瞭營造人的處境；營造人也要履行合同上的義務，要看透建築師工程師的本來面目，不要戴之若財神，也不要懼之若魔鬼。

『偷工減料』這個名辭；好像是業主或他的代表人用來對付營造人的一件法寶，也幾成爲一句時令的口頭禪。所以凡營造人被打着這件法寶，便也一聲不響地屈服下去；其實，這豈是眞正的屈服，眞正的被法寶鎮住了呢！不過礙着放法寶者的面子罷了。有句話說得好：不要『小不愼』，『致亂大謀』，並不是眞怕那件法寶有三頭六臂樣的利害；若是識時務的，偶然用用，尙無問題；若遇不識時務的朋友，他以爲一計已售，不妨像壽星唱曲般來個老調，結果太使人過不過去，那時，你準備着回報罷。要知回報不來便罷，來時便得湊個成雙，第一炮照例是『故意刁難』，接着又轟下了個『吹毛求疵』。諸位不要以爲這轟轟的都不是實彈，是空心炮；像首都靈谷寺建築將士墓的時候，有位副工程師是被這兩顆炸彈轟走的；而營造人在這所工程上也賠了不少血本。這就是强有力的事實證明。

建築師，工程師與營造人，根本談不到孰尊孰卑；便是業主與營造人，也同商店與主顧一樣，一個有的是錢，一個有的是貨，做交易彼此客客氣氣，用不着神氣活現，擺出做東家的樣子。說句澈底的話：建築師是一所房屋的設計者，是一個依理想畫在紙上的人；可是人們終不能鑽進畫在紙上的圖案裏去住，必須經過營造人的斧斤之後，纔有眞正的房屋築成，可供居住。設無營造人替人建起高廳大屋，那麽，，那輩自以爲天之驕子者，祇能像野狗般的穴居，也決計擺不起架子來！人是互助的動物，決不是誰養活誰的；只有那些無意識的人，才喜歡擺架子，用高壓的手段。

記者在民國十六年十月，承攬一處工程，是一所七層高的辦事院和七層高的棧房，面積計四十方（四千方尺），辦事院在前，面臨馬路，棧房在後，中間一個天井，寬十七尺，把辦事院與棧房分開前後二部。房屋的一邊，貼靠鄰屋，一邊留一備衖，寬十七尺。建築師與工程師都屬西人，這家打樣行，開辦已有多年，在上海也可算是有數的老行，大班卽屬建築師，是一個生長在上海的外僑；起初在這行裏是學習打樣的學徒，嗣後兩個『老打樣』，因了年老相繼退職回國，他就繼任下來。可是他對於建築學識，沒有深邃的研討，所以雖名爲建築師，其實終年沒有一張圖樣出自他手；生性倒很爽直，人格也還不錯，什麽鬼鬼祟祟的勾當，他是絕對沒有的：但可惜他有時有些流氓脾氣，因爲他是老上海，孰識的人很多，更兼他是個善於交際的人，又喜運動，在馬上打得一手好球，每逢比賽，他總是名列前茅；但他的浪漫程度，也狠夠人意味。曾記得有一年，上海發生了一樁非常事件，頓時宣告戒嚴；在這戒嚴期內，他却挾着美婆自駕汽車，駛向戒嚴區域去；這時候，駐在那裏站崗的團員，當然攔住去路，不准他通過，那時他便申言是團中的高級軍官，他當着他的愛人說這一番話，滿想那個團員聽了，霎時行禮道歉，准他通過；詎料那個團員偏是個捉狹鬼，對他身上一瞧，見他沒穿制服，仍是堅持着不放過去。這一來，他不由的怒從心起，他的牛性立刻便發作起來，竟把那站崗的團員，親自拘入車中，直駛司令部，把他押入看守所裏，他便攜着愛人大踏步的走進團本部去了，後來不知怎的竟把那團員遺忘了，沒把他發落，因此引起其他團員的非難，他也算識機，便悄然地辭退了與他有十多年歷史的團部。關於這件事，外間言之鑿鑿，不知是否事實，橫是與本文沒多大的關係，也不庸喋喋了。

我曾說過他對於建築學識沒有深邃的涵養的，但他對於地產，却狠熟悉，故他也是地產委員會委員之一。設計建築規畫圖樣，係由二班担任。（即是他的合夥人）此君爲人忠厚，建築學術的程度也很高超，畫幾張透視圖頗有意味。他的作風完全具着英格蘭的式調，愼守着他的典型，不隨流俗。任憑摩登的潮流喧囂一時，他終依然保守着紳士的步調。他的個性非常鎭靜，嘴裏終日含着烟斗，烟絲在室中繚繞，他的思潮也由腦海直輸到圖畫紙上。釘在圖畫板上的白紙，經過一陣鉛筆在紙上蔌蔌作響，便繪成一張建築圖案。這是二班每天的工作。工餘之暇，同他夫人並轡郊外，其樂無藝。他並喜杯中物，能盡白蘭地一瓶。在席間說幾句幽默話，頗足耐人尋味。他有一次被汽車碾傷足趾，不良於行者凡二個多月。當時他並不報告街捕，也未將汽車號碼抄錄，事後亦不控訴，即此一端，便可見其爲人之一斑，但是因他太好了，故只能一天到晚埋頭在圖畫板上，做着一架設計圖畫的工具。

除他兩人外，還有一個僱用的工程師。此人生成像一懶蝦蟆般，故多叫他懶團。（滬人稱懶蝦蟆爲懶團）彼係歐洲某小國人，一舉一動都表顯出一種小的派氣。不論談講何事，他都充作內行。這種怪僻的脾氣，誠使人感到不快。他若在黃沙內找到一段草根，便得揚言這是某種植物，在中國藥物內當什麼用的。曾有一次他說蜈蚣係中國十二生肖之一，並自命爲一古董家。我在他家所見，所謂古董，祇是些銅關公銅彌勒佛像與銅觀音等，不知在何處舊貨攤搜羅而得。他並大談其關公歷史，說來都是牛頭不對馬嘴，令人噴飯。聽了想要指正，他便不以爲然。人家曉得他有此種怪癖，也都唯唯否否，加以竊笑。在他却自鳴得意，以「支那通」自居。寫至此處，又回憶到有一西人，以善說山東話自詡。在歐戰時他便領着一批山東華工赴歐。他對山東人說的山東話，山東人聽了好像吃麥冬般。一懂也不懂。他反說山東人蹺不曉事，連山東話也不懂。此公與懶團君可說無獨有偶的一對「支那通」了。

開始工程的第一步，是把沿路的一段地，用竹笆攔起，在備衖的盡端，架起三間樓料房，預備做辦事處及木匠間翻樣儲放重要儀器等用。天井的一塊隙地，也搭了一排樓料房。上層備作小工住宿，兼儲洋釘草繩竹籮等器具。下層分一大部份堆置水泥，另一部份是用來裝置馬達拖曳拌水泥的機器及吊斗。在這種寸金之地，建築人最感困苦，因爲沒有餘地可資棧儲材料，同工人做工的地位。不知連這些地位還都要發生問題，是因備衖那邊的業主，寫信要求把那靠着他們的三間棧料房，都要拆去。其理由是恐防起火延燒。無何，只得拆去辦事處木匠間，祇好都擠向天井中幾間料房，鄰人方無話說。一波方平，一波又起，工部局的衞生處派員來問爲何沒有工人的廁所。答以沒有地位，又問那末工人若要排洩呢？答以到附近公坑去的，衞生處的人員聽了便說，沒有這樣誠實的工人罷！無論如何，得在此處設法一個廁所。於是只得預備一個木桶，上面用蓋蓋起，放在一角，聊以應命，其實並不使用。

在鬧市中的工程，雖感沒有餘地的困難。但是工人的徵僱與材料的購配，都極便利。祇要一個電話，材料便卽送來。若在窮鄉僻壤，雖有很大的原野，所感到的不便，却有什百倍於城市者。建築人好比軍人一樣。不管城市鄉僻，無論什麼地方，只要有工程可做，他們都不避艱辛，不顧危險，奮往工作。他們不慮生活不便或地方不靖，帶着應用器具和粗糙糧食出發。比如現在有人到首都瞻仰總理陵園，都同聲贊歎莊嚴偉大，却不連想到這都是建築人的精神氣力所造成的。應該在陵旁造一所紀念亭或紀念碑，以資紀念建築人的功績。建築人確如建設軍。自古以來，關於破壞軍到有詳實的紀載及紀念物的建樹。獨建設軍却默默無聞。這是因建築人自己不爭氣，始終站在被動的地位，自己不去直接負起建設的責任，反去仰賴別人。若聞某處有了新的工程，便趨之若鶩。因此人家都臨時定出許多苛律，若取圖樣，要有押圖費，另外更須手續費等。取了圖來，精密估賬，平常工程至少三天五天，較大的要需一二個星期，白白費了這許多工夫，倒反要貼出手續費，事之不平，無過於此者。但雖在那種苛例之下，仍然爭相謀奪，投標估賬，咸用低價相競逐。承攬得包工權後，又都施出偷偷摸摸的手段，無怪要被人家看不起。這些事體，實在是有損建築軍的軍譽。是故參與建築軍伍的人，都得急起直追，整頓軍容，向那市面不景氣的陣地攻去。不要依舊彼此相見，互道生意清淡，如何是好。袖着手只顧嘆息，抬着頭癡癡的希冀市面的轉好。

營造地的南鄰是一所四十多年的破舊洋房，大有傾圮之勢，那裏經得起我們打樁工程的震動。外牆與腰牆本來是齒接着的，現在却因此而有了三寸多寬的離縫。牆也向外傾撲，呈着極危險的狀態。於是急忙施以支撑，一面寫信給建築師陳述鄰屋的危險。打樁工程在進行時，設有意外情事，不能負責。建築師接信後，便致函鄰屋業主，欲把那危險的牆拆去，否則倒塌下來傷及工人，是要向他請求賠償損失的。

那地方已是缺乏餘地，不能堆儲應用的材料。故凡底基內要用的鋼筋同木型，都在自己廠裏預備舒齊，再行轉輸到營造地去建立。水泥已有地方可以堆置。惟獨黃沙石子却沒有地方堆放。幸而這營造地離開河道尚近，故將黃沙石子預備在河岸灘基。俟需用時隨用隨車。一切步序妥貼，便把辦事院同棧房的底基木型撑起，鋼條紮舒。只要請工程師檢驗一過，便可澆搗混凝土了。一天，工程師來了，問水泥在什麼地方，便卽引去視察，檢閱水泥的牌子及計點桶數，復問黃沙石子何在，常以儲在外面河岸灘基對。他說不可，定要把應用材料安置在場地之內，經逐一驗看後，方得動工澆製水泥。因對說這裏地位不敷堆存。他說可以單獨先做棧房底基，若先做棧房底基，黃沙石子不是可以堆在辦事院的地位了麽？當答以語雖不錯，若早說了，自無問題。現在兩邊木型都已立舒，鋼條也都紮下。況且兩邊底脚分作兩次做，日期方面也多損失。他却堅執不允。無何，祇得把辦事院方面的底基木型重行加撑，面舖以板，備置黃沙石子。俟將棧房底基做舒，將板卸去，畧加整理，也可澆搗水泥。不知以後檯板倒塌，鋼條生銹，所費工夫，何啻十倍！

黃沙石子便用小車從灘基車至營造地，堆放在檯面板上後，重將棧房方面的木型同鋼條，都整理妥了。復請工程師來看，又以石子中夾雜着有少數石灰石子，必須一起車出。那末夾雜着的少數石灰石子，可以命工人檢去。況現在是做底基，火燒決不會燒到底下的。便是夾雜些極少數的石灰石子，也無妨礙。他却又堅持着必要車去。無何，只得車去，在灘基上把石灰石子檢去後，重又車返營造地。又說石子不潔，於是再用清水洗濯。

那天預備妥了一天工夫，要把棧房底基的水泥澆完。故自清晨開車先澆滿堂，隨卽插柱子短鐵。待鐵插妥，便緊接着澆搗地大料。直至下午三時左右，工作既已過半，工程師翩然蒞至，見兩個紮鐵的正把插鐵提着鎯頭，向適才搗好的滿堂裏打送下去。急趨上前，三拳兩脚，把這兩個工人打走。返過身來，對着常駐在營造地的副工程師大發雷霆之怒。說今天所做的水泥尚未凝妥，全被插鐵搗損，都得撤去。這問題非比以前洗濯石子等問題關係尙輕。現在要把澆成了的水泥撤去那有這樣的道理。況且鐵匠插鐵用錘打送，是因底基大料的鋼鐵太密，不欲插下，因此用錘鎚送。更加滿堂水泥一邊澆下，鐵匠跟着趁水泥尙如漿狀的時候插去，根本沒有傷及水泥的理由。但他決意非要撤去不可。

要撤去既已澆成的水泥，不比以前幾個問題尙可勉允。故此不同工程師講話，僅與建築師交涉。結果驗探鋼條頂端，若受錘擊而現平光之狀者，下面已澆成的水泥必須鑿去重澆，頂端仍呈毛銳。受錘不重，下面的水泥可以不動。檢查結果，有三根柱子下的地大料，應須鑿掉重做。那還勉强認忍。這件事情終算得到了轉圜的餘地。否則是已打定主意，情願犧牲。也不顧到自從開工以來化了數萬本錢，一個錢尙未收到的利害。現在既已有了折衷的辦法，便卽繼續下去。先把指定的三段地大料開始鑿去。要知混凝土搗時尙稱容易，現要鑿去，眞是萬難。說也肉痛，那水泥雖相隔沒有幾天，但其堅硬程度，已達極點。石匠的錐子鑿去，火星直射。一直鑿到插鐵底下，並沒有那位工程師的玄說，所謂插鐵經錘鎚打，鋼條頂端底下的水泥，必已損裂。現見水泥十分完好，沒有一些裂痕。那時心中眞不舒服，便去建築師那裏說，底下鑿開並不豁裂，要請建築師自已去看。建築師也明知我的意思，他去看了自知不能下台，故說要待完全鑿去了方去檢看。

我們在把地大料開鑿的時候，有一天業主適亦到來。他問爲何要把它鑿去，於是便將事由申述一遍，他搖着頭連稱可惜，意思深不爲然。但是歐人建屋，既已委託專家，自己便不過問。這種精神，我很佩服。常聽人說中國的專家不容易做。不容易的原因，常要召受外界的干涉。這話我也很贊同。比如一個醫生，他的精神對付病人尙屬有限，最難對付的還是病人的家屬。其實對付病人家屬的話都是廢話，於病人實在無益。建築師亦然。比如一個業主要造一所住宅，必要提出許多不合邏輯的問題，你得一件一件替他解說。如福建有一個過去的紅人，他要造一所住宅，必須造成同字形，而必要各處皆通。試想同字外面一個冂，那能與裏面的一與口相接起來。建築師當然要説不能連接，使各處暢通。他却把手在檯上一拍說道：我有的是錢，你有的是技能。你得想個方法，非要把同字形的房屋連接起來不可。那位建築師只得唯唯，回去同助手商量。後便往答復說，可以造的，只要同字外框底下的一勾略高，與口字接着，便能各處暢通了。不過照這樣造起來，房屋很多。你現在尚不需要這麼多房屋，不如先造同字的外圈，待人多了不敷的時候，加添建築，接在預留着的一個勾貼之上，便可完成一個同字。這位業主聽了倒很得意，便如法興建。後來同字外圈的房屋造成，住了不到二年，這屋主人便失敗了，棄着半個同字的房屋逃跑。有人去問那建築師，若這房屋要接成同字，是如何接法。那建築師很寫意的說道：我早知他住不長久，沒有接合的機會，所以勸他先造一個外圈，落得做一筆現成生意！

（待續）

本刊所載材料價目，力求正確；惟市價瞬息變動，漲落不一，集稿時與出版時難免出入。讀者如欲知正確之市價者，希隨時來函詢問，本刊當代爲探詢詳告。

磚瓦

▲大中磚瓦公司出品

名稱	大小	價格	備註
空心磚	十二寸方十寸六孔	每千洋二百三十元	
空心磚	十二寸方九寸六孔	每千洋二百十元	
空心磚	十二寸方八寸六孔	每千洋一百八十元	
空心磚	十二寸方六寸六孔	每千洋一百三十五元	
空心磚	十二寸方四寸四孔	每千洋九十二元	
空心磚	十二寸方三寸三孔	每千洋七十二元	
空心磚	九寸二分方六寸六孔	每千洋七十二元	
空心磚	九寸二分方四寸半三孔	每千洋五十五元	
空心磚	九寸二分方三寸三孔	每千洋四十五元	
空心磚	四寸半方九寸二分四孔	每千洋三十五元	
空心磚	九寸二分四寸半三寸二孔	每千洋二十二元	
空心磚	九寸二分·四寸半·二寸半·二孔	每千洋廿一元	
空心磚	九寸二分·四寸半·二寸·二孔	每千洋廿元	
八角式樓板空心磚	十二寸方八寸四孔	每千洋二百元	
八角式樓板空心磚	十二寸方六寸三孔	每千洋一百五十元	
八角式樓板空心磚	十二寸方四寸三孔	每千洋一百元	
深綫毛縫空心磚	十二寸方十寸六孔	每千洋二百五十元	
深綫毛縫空心磚	十二寸方八寸半六孔	每千洋二百十元	
深綫毛縫空心磚	十二寸方八寸六孔	每千洋二百元	
深綫毛縫空心磚	十二寸方六寸六孔	每千洋一百五十元	
深綫毛縫空心磚	十二寸方四寸四孔	每千洋一百元	
深綫毛縫空心磚	十二寸方三寸三孔	每千洋八十元	
深綫毛縫空心磚	九寸二分方四寸半三孔	每千洋六十元	
實心磚	九寸四寸三分二寸半紅磚	每萬洋一百四十元	
實心磚	八寸半四寸一分二寸半紅磚	每萬洋一百三十二元	
實心磚	十寸·五寸·二寸紅磚	每萬洋一百二十七元	
實心磚	九寸四寸三分二寸紅磚	每萬洋一百〇六元	
實心磚	九寸四寸三分二寸二分紅磚	每萬洋一百廿元	
實心磚	九寸四寸三分二寸二分拉縫紅磚	每萬洋一百八十元	以上統係外力
一號紅平瓦		每千洋六十五元	
二號紅平瓦		每千洋六十元	
三號紅平瓦		每千洋五十元	
一號青平瓦		每千洋七〇元	
二號青平瓦		每千洋六十五元	
三號青平瓦		每千洋五十五元	
西班牙式紅瓦		每千洋五十元	
西班牙式青瓦		每千洋五十三元	
英國式灣瓦		每千洋四十元	
古式元筒青瓦		每千洋六十五元	以上統係連力

鋼條

名稱	大小	價格	備註
鋼條	四十尺二分光圓	每噸一一八元	德國或比國貨

名稱	大小	價格	備註
鋼條	四十尺二分半光圓	每噸一一八元	仝前
鋼條	四十尺三分光圓	每噸一一八元	仝前
鋼條	四十尺三分圓竹節	每噸一一六元	仝前
鋼條	四十尺普通花色	每噸一〇七元	自四分至一寸
鋼條	盤圓絲	每市擔四元六角	方或圓

水泥

名稱	數量	價格
象牌	每桶	洋六元三角
泰山	每桶	洋六元二角五分
馬牌	每桶	洋六元二角
英國"Atlas"	每桶	洋三十二元
法國麒麟牌白水泥	每桶	洋二十八元
意國紅獅牌白水泥	每桶	洋二十七元

木材

▲上海市木材業同業公會公議價目

名稱	標記	價格	備註
洋松	八尺至卅二尺再長照加	每千尺洋七十八元	下列木材價目以普通貨爲準揀貨及特種鋸貨另定價目
一寸洋松		每千尺洋八十元	
寸半洋松		每千尺洋八十一元	
洋松二寸光板		每千尺洋六十四元	
四尺洋松條子		每萬根洋一百四十五元	
一寸四寸洋松一號企口板		每千尺洋九十元	
一寸四寸洋松副頭號企口板		每千尺洋八十元	
一寸四寸洋松二號企口板		每千尺洋七十元	
一寸六寸洋松一號企口板		每千尺洋九十八元	
一寸六寸洋松副頭號企口板		每千尺洋八十五元	
一寸六寸洋松二號企口板		每千尺洋七十五元	
一二五四寸一號洋松企口板		每千尺洋一百三十元	
一二五四寸二號洋松企口板		每千尺洋九十元	
一二五六寸一號洋松企口板		每千尺洋一百四十元	
一二五六寸二號洋松企口板		每千尺洋九十五元	
柚木(頭號)	僧帽牌	每千尺洋五百元	
柚木(甲種)	龍牌	每千尺洋四百二十元	
柚木(乙種)	龍牌	每千尺洋四百元	
柚木段	龍牌	無市	
柚木	旗牌	每千尺洋四百元	
柚木	盾牌	每千尺洋三百六十元	
硬木		每千尺洋一百五十元	
硬木	火介方	每千尺洋一百四十元	
柳安		每千尺洋一百六十五元	
紅板		每千尺洋一百十五元	
抄板		每千尺洋一百四十元	
一二尺三寸六八皖松		每千尺洋六十元	
一二尺二寸皖松		每千尺洋六十元	
一二五四寸柳安企口板		每千尺洋一百八十元	

名稱	標記	價格	備註
一寸六寸柳安企口板		每千尺洋一百八十元	
一二五四寸企口紅板		每千尺洋一百四十元	
建松片		市尺每千尺洋六十元	
九尺四分建松板		市尺每丈洋四元二角	
九尺八分建松板		市尺每丈洋七元五角	
六尺半五分青山板		市尺每丈洋四元	
本松毛板		市尺每塊二角四分	
本松企口板		市尺每塊洋二角六分	
六尺半二分杭松板		市尺每丈洋二元	
七尺半二分甌松板		市尺每丈洋二元	
六尺半八分皖松板		市尺每丈洋四元四角	
九尺八分皖松板		市尺每丈洋五元三角	
六尺半五分皖松板		市尺每丈洋四元二角	
台松板		市尺每丈洋四元	
七尺半四分坦戶板		市尺每丈洋三元六角	
七尺半三分坦戶板		市尺每丈洋三元二角	
六尺二分機鋸紅柳板		市尺每丈洋三元三角	
六尺三分毛邊紅柳板		市尺每丈洋二元三角	
六尺二分俄松板		市尺每丈洋三元五角	

名稱	標記	價格	備註
六尺半二分俄松板		市尺每丈洋三元	
七尺半毛邊二分坦戶板		市尺每丈洋三元一角	
六尺半五分機介杭松		市尺每丈洋四元六角	
六分一寸俄紅松板		每千尺洋七十八元	
六分一寸俄白松板		每千尺洋七十六元	
一寸二分四寸俄紅松板		每千尺洋七十四元	
一寸二分四寸俄白松板		每千尺洋七十二元	
俄紅松方		每千尺洋一百十五元	
一寸四寸俄紅白松企口板		每千尺洋七十九元	
一寸六寸俄紅白松企口板		每千尺洋七十九元	
俄麻栗方		每千洋一百三十元	
俄啞克方		每千洋一百三十元	
六分一寸俄黃花松板		每千尺洋七十八元	
一寸二分四分俄黃花松板		每千尺洋七十四元	
四尺俄條子板		每萬根洋一百二十元	
一寸五分杭桶木		每根洋三角	以下市尺
一寸九分杭桶木		每根洋四角	
二寸三分杭桶木		每根洋五角七分	
二寸七分杭桶木		每根洋六角七分	
三寸杭桶木		每根洋八角	
三寸四分杭桶木		每根洋九角五分	

名稱	標記	價格	備註
三寸八分杭桶木		每根洋二元一角五分	
二寸三分連半		每根洋六角八分	
二寸七分連半		每根洋八角三分	
三寸連半		每根洋一元	
三寸四分連半		每根洋一元二角	
三寸八分連半		每根洋一元四角五分	
二寸三分雙連		每根洋八角五分	
二寸七分雙連		每根洋一元三角五分	
三寸雙連		每根洋一元三角五分	
三寸四分雙連		每根洋一元五角	
三寸八分雙連		每根洋一元八角	
三尺半寸半杉木條子		每萬大洋八十五元 小洋五十五元	

五　金

（一）鐵皮

號數	張數	重量	價格
二二號英白鐵	每箱二一張	四二〇斤	洋五十八元八角
二四號英白鐵	每箱二五張	四二〇斤	洋五十八元八角
二六號英白鐵	每箱三三張	四二〇斤	洋六十三元
二八號英白鐵	每箱三八張	四二〇斤	洋六十七元二角
二二號英瓦鐵	每箱二一張	四二〇斤	洋六十九元三角
二四號英瓦鐵	每箱二五張	四二〇斤	洋六十九元三角
二六號英瓦鐵	每箱三三張	四二〇斤	洋六十三元
二八號英瓦鐵	每箱三八張	四二〇斤	洋六十七元二角

（二）釘

名稱	標記	價格	備註
美方釘		每桶洋十六元〇九分	
平頭釘		每桶洋十六元八角	
中國貨元釘		每桶洋六元五角	

（三）牛毛毡

名稱	標記	價格	備註
五方紙牛毛毡		每捲洋二元八角	
半號牛毛毡	馬牌	每捲洋二元八角	
一號牛毛毡	馬牌	每捲洋三元九角	
二號牛毛毡	馬牌	每捲洋五元一角	
三號牛毛毡	馬牌	每捲洋七元	

（四）門鎖

名稱	標記	價格	備註
洋門套鎖	中國鎖廠出品黃銅或古銅式	每打洋十六元	
洋門套鎖	德國或美國貨	每打洋十八元	
匣弓門鎖	中國鎖廠出品	每打洋三十元	
彈弓門鎖	外　貨	每打洋五十元	
彈子門鎖	三寸七分古銅色	每打洋四十元	以下合作五金公司出品
彈子門鎖	三寸七分黑色	每打洋三十八元	
明螺絲彈子門鎖	三寸五分古黑色	每打洋三十三元	
明螺絲彈子門鎖	三寸五分黑色	每打洋三十二元	
執手插鎖	六寸六分（金色）	每打洋二十六元	
執手插鎖	古銅色	每打洋二十六元	
執手插鎖	克羅米	每打洋三十二元	
彈弓門鎖	三寸黑色	每打洋十元	
彈弓門鎖	三寸古銅色	每打洋十元	
迴紋花板插鎖	四寸五分金色	每打洋二十五元	
迴紋花板插鎖	四寸五分黃古色	每打洋二十五元	
迴紋花板插鎖	四寸五分古銅色	每打洋二十五元	
細花板插鎖	六寸四分金色	每打洋十八元	
細花板插鎖	六寸四分黃古色	每打洋十八元	

名稱	標記	價格	備註
細花板插鎖	六寸四分古銅色	每打洋十八元	
鐵質細花板插鎖	六寸四分古色	每打洋十五元五角	
瓷執手插鎖	三寸四分(各色)	每打洋十五元	
瓷執手靠式插鎖	三寸四分(各色)	每打洋十五元	
暗螺絲彈子門鎖	三寸七分古銅色	每打三十六元	以下康門五金廠出品
暗螺絲彈子門鎖	三寸七分(黑色)	每打三十二元	
明螺絲彈子門鎖	三寸七分古銅色	每打三十四元	
明螺絲彈子門鎖	三寸七分(黑色)	每打三十元	
鐵執手插鎖	六寸六分古銅色	每打十五元	執手與門板細邊細花迴紋美術配合
銅執手插鎖	六寸六分金古色	每打十八元	
全銅執手插鎖	七寸七分黃古色	每打三十四元	
全銅執手插鎖	七寸七分(金色)	每打三十二元	
全銅執手插鎖	七寸七分克羅米	每打三十八元	
全銅執手插鎖	七寸七分(銀色)	每打四十二元	
全銅執手插鎖	三寸四分(金色)	每打二十四元	
全銅執手插鎖	三寸四分克羅米	每打二十八元	
單面彈子頭插鎖	四寸六分(金色)	每打三十八元	
雙面彈子頭插鎖	四寸六分金古色	每打四十六元	
雙面彈子頭插鎖	四寸六分克羅米	每打四十八元	
大門彈子插鎖	十寸四分(金色)	每打五十六元	
大門彈子插鎖	十寸四分克羅米	每打六十四元	
瓷執手插鎖	三寸四分(棕色)	每打十四元	
瓷執手插鎖	三寸四分(白色)	每打十四元	

(五)其他

名稱	標記	價格	備註
鋼絲網	22"×96" 2¼lb.	每方洋四元	德國或美國貨
鋼版網	8"×12" 六分一寸半眼	每張洋卅四元	

水落鐵	六分	每千尺五十五元	每根長二十尺
牆角線		每千尺九十五元	每根長十二尺
踏步鐵		每千尺五十五元	每根長十尺或十二尺
鉛絲布		每捲二十三元	闊三尺長一百尺
綠鉛紗		每捲洋十七元	同上
銅絲布		每捲四十元	同上

夏輝庭 徐嘉星 許梁公 錢屏九 湯瑞鈞 俞福記 諸君均鑒：

本刊按期依照所開尊址由郵寄奉，近被退回，無法投遞；卽希示知現在通信處，俾便更正，而免誤遞，爲盼。

本刊發行部啓

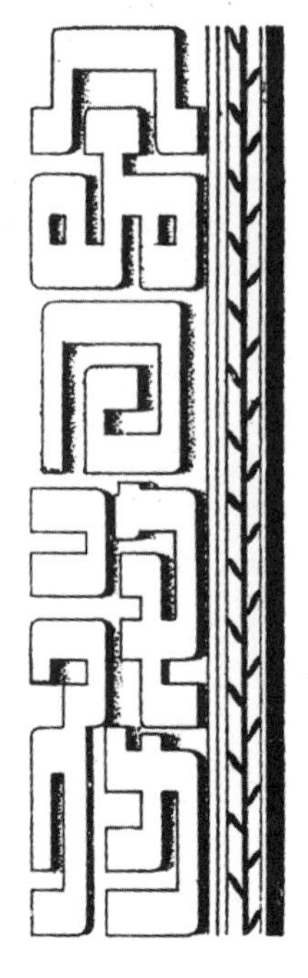

教育部訓令

令上海市建築協會

案准行政院秘書處密牋開：

「查中國物理學會請求改訂度量衡標準制單位名稱與定義一案，業於三月一日二日由院召集貴部暨實業部兵工署，中國物理學會，中國工程師學會開會審查，并函邀中央研究院派專家代表參加討論旋經報告審查意見，提出本院第二〇二次會議，決議：『照審查意見通過，交教育實業兩部轉發各有關係之學術團體簽註意見。』除分函外，相應抄同審查會紀錄，函達查照。」等由，附抄審查會紀錄一份過部。合行抄發原紀錄及現行度量衡法，物理學會請求原案，令仰該會簽註意見，於本年四月底以前送部，以憑彙轉。此令。

計抄發審查會紀錄及現行度量衡法，物理學會請求原案各一份。

部長 王世杰

中華民國二十四年三月二十二日

度量衡標準制單位名稱與定義審查會紀錄

時間：廿四年三月二日上午九時

地點：行政院

出席：中央研究院 丁燮林

教育部 陳可忠 孫國封

實業部 劉蔭茀 吳承洛

兵工署 嚴順章 江大杓

中國物理學會 楊肇燫 胡剛復

中國工程師學會 惲震

行政院 岑德彰

紀錄：任樹嘉

審查意見：

（一）關于度量衡標準制之名稱者：

度量衡標準制之名稱，似有修正之必要，擬請 行政院將現行度量衡法，及物理學會所擬方案，連同本會審查意見，送交全國有關係之政府機關及學術團體，儘于本年五月半以前，簽註意見送院，以便再行召集審查會，從事研究。

（二）關于度量衡標準制之定義者：

度量衡標準制各單位之規定，似應予以修正，其主要之點如下：

（一）以長度及質量為度量衡基本項目。

（二）以面積體積（容量）為導出項目。

（三）以Meter為長度之主單位，規定1 Meter等於Meter原器，溫度為百度溫度計零度時，兩端兩中線間之距離。

（四）以Kilogramme 為質量之主單位，規定1 Kilogramme 等

于Kilogramme原器之質量。

(五)以平方Meter為面積之單位。

(六)以立方Meter為體積(容量)之單位。

(七)以Liter為容量之應用單位，規定一Liter等於在標準大氣壓下，一Kilogramme純水密度最高所佔之體積，在所需要之精密度，無須超過三萬分之一時，一Liter得認為等於一立方Meter之千分之一。

度量衡法 十八年二月十六日公布

第一條 中華民國度量衡以萬國權度公會所製定鉑銥公尺公斤原器為標準

第二條 中華民國度量衡採萬國公制為標準制并暫設輔制稱曰市用制

第三條 標準制長度以公尺為單位重量以公斤為單位容量以公升為單位一公尺等於原器在百度寒暑表零度時首尾兩標點間之距離一公斤等於公斤原器之重量一公升等於一公斤純水在其最高密度七百六十公厘氣壓時之容積此容積尋常適用即作為一立方公寸

第四條 標準制之名稱及定位法如左

長度

公厘 等於公尺千分之一 (0·001公尺)

公分 等於公尺百分之一即十公厘 (0·01公尺)

公寸 等於公尺十分之一即十公分 (0·1公尺)

公尺 單位即十公寸

公丈 等於十公尺 (10公尺)

公引 等於百公尺即十公丈 (10公丈)

公里 等於十公尺即十公引 (10公引)

地積

公厘 等於公畝百分之一 (0·01公畝)

公畝 單位即一百平方公尺

公頃 等於一百公畝 (100公畝)

容量

公撮 等於公升千分之一 (0·001公升)

公勺 等於公升百分之一即十公撮 (0·01公升)

公合 等於公升十分之一即十公勺 (0·1公升)

公升 單位即一立方寸

公斗 等於十公升 (10公升)

公石 等於百公升即十公斗 (100公升)

公秉 等於千公升即十公石 (1000公升)

重量

公絲 等於公斤百萬分之一 (0·000001公斤)

公毫 等於公斤十萬分之一即十公絲 (0·00001公斤)

公厘 等於公斤萬分之一即十公毫 (0·0001公斤)

公分 等於公斤千分之一即十公厘 (0·001公斤)

公錢 等於公斤百分之一即十公分 (0·01公斤)

公兩 等於公斤十分之一即十公錢 (0·1公斤)

公斤 單位即十公兩

公衡　等於十公斤（10　公斤）
公擔　等於百公斤即十公衡（100　公斤）
公噸　等於千公斤即十公石（1000　公斤）

第五條　市用制長度以公尺三分之一爲市尺（簡作尺）重量以公斤二分之一爲市斤（簡作斤）容量以公升爲市升（簡作升）一斤分爲十六兩一千五百尺定爲一里六千平方尺定爲一畝其餘均以十進

第六條　市用制之名稱及定位法如左

長度
毫　等於尺萬分之一（0·000一尺）
厘　等於尺千分之一即十公毫（0·00一尺）
分　等於尺百分之一即十公厘（0·0一尺）
寸　等於尺十分之一即十公分（0·一尺）
尺單位
丈　等於十尺（10　尺）
引　等於百尺（100　尺）
里　等於一千五百尺（1500　尺）

地積
毫　等於畝千分之一（0·00一畝）
厘　等於畝百分之一（0·0一畝）
分　等於畝十分之一（0·一畝）
畝單位
頃　等於一百畝（100　畝）

容量　與萬國公制相等
撮　等於升千分之一（0·00一升）
勺　等於升百分之一即十撮（0·0一升）
合　等於升十分之一即十勺（0·一升）
升單位即十合
斗　等於十升（10　升）
石　等於百升即十斗（100　升）

重量
絲　等於斤一百六十萬分之一（0·000000六二五斤）
毫　等於斤十六萬分之一即十絲（0·00000六二五斤）
厘　等於斤一萬六千分之一即十毫（0·0000六二五斤）
分　等於斤一千六百分之一即十厘（0·000六二五斤）
錢　等於斤一百六十分之一即十分（0·00六二五斤）
兩　等於斤十六分之一即十錢（0·0六二五斤）
斤　單位即十六兩
擔　等於百斤（100　斤）

第七條　中華民國度量衡原器由工商部保管之

第八條　工商部依原器製造副原器分呈國民政府各院部會及各特別市政府

第九條　工商部依副原器製造地方標準器經由各省及各特別市頒發各縣各市爲地方檢定或製造之用

第十條　副原器每屆十年須照原器檢定一次地方標準器每屆五年須照副原器檢定一次

第十一條　凡有關度量衡之事項除私人負責交易得暫行市用制外均應用標準制

第十二條　劃一度量衡應由工商部設立全國度量衡局掌理之各省及各特別市得設度量衡檢定所各縣及各市得設度量衡檢定分所處理檢定事務全國度量衡局度量衡檢定所及分所規程另定之

第十三條　度量衡原器及標準器應由工商部全國度量衡局設立度量衡製造所製造之度量衡製造所規程另定之

第十四條　度量衡器具之種類式樣物質公差及其使用之限制由工商部以部令定之

第十五條　度量衡器具非依法檢定附有印證者不得販賣使用

度量衡檢定規則由工商部另定之

第十六條　全國公私使用之度量衡器具須受檢查

度量衡檢查執行規則由工商部另定之

第十七條　凡以製造販賣及修理度量衡器具爲業者須得地方主管機關之許可

度量衡器具營業條例另定之

第十八條　凡係許可製造販賣或修理度量衡器具之營業者有違背本法之行爲時該管機關得取消或停止其營業

第十九條　違反第十五條或第十八條之規定不受檢定或拒絕檢查者處二十元以下之罰金

第二十條　本法施行細則另定之

第廿一條　本法公布後施行日期由工商部以部令定之

中國物理學會呈教育部文

爲我國現行度量衡標準制中各項單位之名稱定義未臻妥善，條文亦欠準確，有背科學精神，誠恐礙及科學教育之進展及科學實用之發達，用特臚舉理由，陳述得失，並擬具補救辦法，謹向

鈞部請願，轉呈

行政院迅予召集科學專家，開修改度量衡法規會議，並成立永久組織，從事於規定權度容量以外各項物理量之標準單位名稱及定義，以促吾國全部科學事業之合理化，而利國家之進步，理合具呈仰祈

鑒核事

竊查吾國現行度量衡法規，規定以米制爲標準制，並暫設與米制容量權度標準成一、二、三比率之市用制，以爲過渡時代之輔制。輔制既係暫設，終當廢止，雖未能盡善，影響不至及於久遠，故可存而不論。若夫標準制之制定，乃國家之大經大法，所以永垂來業，關係極爲重大，自應求其完備美善，合乎科學原理。今現行度量衡法規，採用最科學之米制爲標準制，以躋我國家於大同，用意至善，本會同人，絕對贊同。惟夷考其所加於各單位之定義，頗有疏於檢點之處，而其所規定各單位之名稱，又復狃於成見，不但未能貫澈其主張，且極易發生不良之影響。本會爲全國物理學家所組織，深維度量衡制度，於國計民生有深切之關係，又爲一切純粹及應用物理科學之基本，苟欠完善，本會在天職上應負指正之責任，爰經迭次開會討論，認爲現行度量衡標準制各項名稱及定義，非重行改訂不可：謹就犖犖大端立論，爲

鈞部陳之：

（一）度量衡法規定義之不準確及條文之疏誤。

查十七年七月　國民政府公布之中華民國權度標準方案載：

『（一）標準制　定萬國公制（卽米突制）爲中華民國權度之標準制

長度　以一公尺（卽一米突尺）爲標準尺

容量　以一公升（卽一立特或一千立方生的米突）爲標準升

重量　以公斤（一千格蘭姆）爲標準斤』

案上錄方案爲度量衡法之基本，乃其中一條之定義顯然不準確，一條之條文有疏誤，茲分別指正於下。

（甲）規定容量標準定義之不準確　查方案中容量一條於「公升」下，加定義於括弧中，文爲：「卽一立特或一千立方生的米突」，此語極爲不妥。依照原條文之意，則一「立特」卽等於一千「立方生的米突」，而實際上一「立特」並不等於一千「立方生的米突」。（參考西曆一九一四年美國國立標準局報告第四七號）依國際權度局一九二九年之報告一「立特」實等於一〇〇〇・〇二八「立方生的米突」。（見附件一）故方案中僅能規定一「公升」等於二種容量中之一種，卽或等於一「立特」，或等於一千「立方生的米突」；決不能規定其與兩種容量均相等。此兩種容量相差雖微，然在基本方案之中，固不應有此含混之規定也。

又查民國十八年二月公布之度量衡法第三條末段云：「一公升等於一公斤純水在其最高密度七百六十公釐气壓時之容積此容積尋常適用時卽作爲一立方公寸」。是明明規定以「公升」爲「立特」，在尋常僅須近似值時，始作爲一「立方公寸」也。然何以不將方案所作斬釘截鐵之兩歧規定，加以修正而聽其自相矛盾？不特此也，試再查度量衡法第四條，其規定標準制及定位法各條中有一項爲：「公升單位卽一立方公寸」：第三條中之「卽作爲」三字與此處之「卽」字，其意義決不相當，同法之中，條文之歧出如此，意義之抵觸如此，是度量衡法不特未能彌補方案之不準確，其本身亦不合論理也。

（乙）規定「重量」標準條文之疏誤，度量衡制中之基本單位，除長度外，其應行規定者爲「質量」而非「重量」。各國法規皆作「質量」之規定（見附件二三）。良以質量與重量爲判然不同之兩種物理量，表示物質之多寡者爲質量，而重量乃地球對於質量之引力，同一物體，此引力因其所處之地而異，故重量絕不宜用作基本單位之一。今方案中曰：「重量以公斤（一千格蘭姆）爲標準斤」度量衡法第三條中又曰：「一公斤等於公斤原器之重量」，是明明規定「公斤」爲重量之單位，而方案公斤下加註「（一千格蘭姆）」，夫「格蘭姆」固質量之單位也，然則所謂「公斤」者爲「一千格蘭姆」在南京之重量乎，抑在巴黎之重量乎？且卽令聲明一定之地點，尚須假定該地之重力加速度永久不變，是終不如規定質量之可免疵議也。若謂原意在規定質量，不過稱謂不同，條文中之「重量」卽是吾人所謂之「質量」，則其如與通常習知重字之意義大相逕庭何！孰若逕用「質量」，反不至發生誤會之爲愈乎？

（二）度量衡法規所定各單位名稱之不妥　查法規所採用各種單位之名詞，長度單位詞根用「尺」，其十進倍數用「丈」，「引」，「里」，十退小數用「寸」，「分」，「厘」，等容量單位用「升」，其十進倍數用「斗」，「石」，十退小數用「合」，「勺」，

「撮」，等；重量(應作質量)單位用「斤」其十進倍數用「衡」，「擔」，「噸」，其十退小數用「兩」，「錢」，「分」，「厘」，「毫」，「絲」等；復於名詞根上，一律冠一「公」字，以勉强示其與舊名含義有別。此種沿襲辦法，過於附會遷就，因之困難與流弊隨之而起，竊期期以爲不可，請列舉理由於下：

(子)度量衡各單位名稱之規定，在採用十進制之條件下，最合理之辦法，厥爲先定主單位之名，然後規定大小數命名法，所有其他輔單位之命名，亦卽迎刃而解。米制之命名，卽完全採用此辦法者也。吾國舊制，既非純粹十進，而長度，容量、質量又各自分別命名，故度有丈，尺，寸；容有斗，升，合，權有斤，兩，錢，間於最小單位之下，其須更小之數值者，卽不爲另立專名，而竟用「分」，「厘」，「毫」，等不名數，以爲最小有名單位之十分一，百分一，千分一等小數，初無意於成一整齊劃一之系統，令各量於數值上具有毫無疑義之唯一單位，今我國權度標準制，既毅然擯棄舊制，而採用國際制。此兩制原屬根本不侔，爲免除誤會及表示革新精神起見，卽應悉爲制定新名，以正觀聽。或謂採用吾國原有名詞，卽有以表示不忘國本。其實不然，米制本身已成國際制，爲趨於大同起見，卽應制度與命名一律採用。所以米制雖創自法蘭西，而其他國家一經採用米制莫不沿用法文之「Metre」「Gramme」「Litre」等名詞，而未聞有用各該國原有之名詞，加字首以代替之者。我國因文字之構造懸殊，既不能採用原文，則於無可如何時，採取最近似之譯音法方爲合理。查米制各單位本有極妥善之定義，各國均已通行，載在典籍，斑斑可考。是以若逕用Metre, Gramme, Litre等名之譯音簡稱，卽不煩自出心裁，重加定義。反之，若必欲保留舊名，遂至不得不冠以「公」字，更不得不加定義，因此遂發生上述(一)項所改正之錯誤。由此可見「尺」，「升」，「斤」等等名詞實無襲用之必要。不寧惟是，沿襲舊名，更發生直覺想像之困難。例如今告人曰：現有一「立方公尺」之水或一「公畝」之地。聽者之聯想、必將先及於舊日之立方尺與畝，旋自覺其有誤而自行糾正，又不免惴惴於市尺公尺及市畝公畝之混淆，此其在應用上徒耗之精力時間爲何如？卽在譯書，有時尙恐闌入不需要之涵義而引起誤解，不得不徵引原文，則吾人對於度量衡標準名詞之制定，更應如何審愼，方不貽害來玆耶？

(丑)「公尺」非「尺」，「公升」非「升」，「公斤」非「斤」，徒然引起錯覺，已屬自尋煩惱，而最大之不便，厥爲「公尺」與「公斤」之小數命名。何則？既用「尺」矣、「尺」以下之「寸」，「分」，「厘」等卽不得不隨之而存在。既用「斤」矣，「斤」以下之「兩」，「錢」、「分」，「厘」，等亦不得不隨之而存在。其結果遂至取原有不相關連之名稱冠「公」字，以代表厘然自具系統之米制各單位，牽强實達極點亦何怪其流弊之叢生也，夫「公斤」非「斤」，「公兩」非「兩」已嫌多事；今如依舊制命名法，十六兩原爲一斤，市用制中亦定十六「市兩」爲一「市斤」，而標準制中又不得不規定十「公兩」爲一「公斤」，豈非益增紊亂？此其一。舊制「畝」，「尺」，「斤」等之小數命名，多相同者。「畝」之小數有「分」，「尺」之小數有「分」，「斤」之小數亦有「分」。故新制，「公畝」，「公尺」，「公斤」之小數，亦有「公分」，「公分」，「公分」之稱，然「

公畝」之「公分」為其十之一，「公尺」之「公分」為其百之一，而「公斤」之「公分」又為其千之一。雖同為十退，然其召致混淆之程度，較之十六兩為斤與十「公兩」為「公斤」尤有甚焉。此其二。不甯惟是，長度，面積與質量之小數既皆有相同之名，例如，「分」，則凡言若干「分」時，指長度乎？指面積乎？抑指質量乎？其在平日譚話或尋常文字中多牢一時抵言一量，又往往可申言長若干「分」，地若干「分」，質若干「分」，故尚不致引甚大之誤會。但一旦用及科學之導出單位時，往往須將數種單位聯合用之。例如言密度，則須聯合質量與體積；倘依現行度量衡制之命名，今言某種物質之密度為「每立方公分若干公分」，則詞意顯然不清，若必言某物質之密度為「每立方公分有質若干公分」，豈不繁瑣生厭？再如言運動量，須聯合質量及速度之單位，若依現行度量衡制，則必謂某物體之運動量為「每秒若干公分公分」，辭意尤為混茫；若必言「每秒若干公分長公分質」，則眞累贅不堪矣！凡上所指陳之缺點即在積學有素者，猶為之頭昏目眩，何況方在求學之青年，更何況髫齡之童稚，腦力未允足，經驗未成熟，方今學校課程，已甚繁重，乃復橫加以此可避免之苛制，遂令教學兩方皆廢日耗精以赴之，佔據學習重要知識之寶貴時力。吾國科學本已落後，急起直追，猶虞不及，今乃自成障礙，作繭自縛，寗不痛心！全國度量衡局亦已深感此種流弊所至為害之烈也，則倡議凡長度，面積質量小數之同名者，加偏旁以資識別，長度之「公分」書作「公⿸广分」面積之「公分」書作「公坋」，質量之「公分」書作「公份」其他仿此，姑無論此種頭痛醫頭脚痛醫脚之辦法，決不能絲毫救濟根本之不妥，即就導出單位一端而言，既加偏旁，筆之於紙者固可目察，然傳之於口者，又將何以直辨乎？如讀音仍舊，勢須乞靈於筆談，是猶劣於畫蛇之添足！如讀者非舊，則⿸广分，坋，份皆須異讀，是根本上與法規採用分，厘，毫之原意相違矣。

（寅）標準制既襲用舊名而冠以「公」字，全國度量衡局復有「特種單位標準及名稱草案」之作，舉凡一切導出單位名稱，皆譯音節取首音而又一律冠以「公」字。該草案未妥之處已有較詳之批評（見附件四）茲不具論但言冠「公」字之不當。查「公」字本為牽就舊有名詞而來，曰，「公尺」，所以示其「尺」或「市尺」也；曰「公斤」，所以示其非「斤」或「市斤」也。為求表示區別起見而冠一「公」字，猶可說也。又何取於任意推而廣之，將「公」字加諸一切厘米克秒制之導出單位之上乎？例如：力之厘米克秒單位，音譯為「達因」，依照草案之原則，則定名為「公達」矣！試問既諄諄告誡青年學生以「公尺」，「市尺」，「公斤」、「市斤」，之迥然有別，將毋引起其疑於「公達」之外尚有其他非「公」之「達因」乎？是不妥之甚矣！復次厘米克秒制之導出單位，乃由基本單位推演而出之理論單位。其中多種，除此理論之單位外，尚有所謂國際制單位，國際制單位者，乃為應用起見，根據厘米克秒單位之理論，所製成之具體的應用單位也。此具體單位造成之後，往往與理論的厘米克秒單位，有微小之差別；但為應用起見，祇得依然保存，經國際之認可而別名曰國際單位。例如：「安培」為厘米克秒制中實用電流單位，而「國際安培」則為實際應用之國際電流單位。（案一國際安培等於〇・九九九九七厘米克秒安培。）今草案定電流單位之名曰「公安」，不知究何所指？厘米克秒制之安培乎？抑國際之安培乎？若謂「公」字僅指國際制，則厘米克秒制實國際制之所從出，將反爲非「公」，豈非數典而忘祖乎？若謂兩制皆冠「公」字，則有別者反無別，人方孜孜于精密量度以測定兩制之差別，而我乃隨意混而同之，得無抹殺事實過甚乎，凡此疵累之生，皆可溯源於標準制之襲用舊名而冠「公」字，誠哉創始者之不可不愼也！

總觀上陳諸端，現行度量衡法規關於標準制所作之規定，在根本上已發生嚴重問題，容量定義不準確，重量條文犯疏誤，而所採命名方法在教學及應用上，發生極有害而影響及於久遠之困難，其應急予修正，已無猶豫之餘地，竊維修正應循之途徑，初非曲奥，爰標舉於下，以供採擇：

（一）絕對保持原定國際權度制爲我國權度標準制之精神。

理由　國際權度制係經各國專家悉心規定之制度，最合科學精神，其應完全採用，已無疑義。

（二）標準制命名方法，悉予改訂，最簡當之改訂辦法可分兩層：

（甲）　根據民國二十三年四月教育部所召集之天文數學物理討論會決議案規定「Metre」之名稱爲「米」，「Gramme」之名稱爲「克」，「Litre」之名稱爲「升」。

理由　「公寸」，「公分」，「公錢」，「公分」等名之不妥，前已詳言，自應廢棄。此三量在各國通行之名稱，均採自法文，惟略變拚法而已。今師其意取音譯，但嫌累贅，故節取首音。至於「Litre」之仍用「升」字者，一因「升」之上下皆以十進退，「斗」，「合」等名無「公分」等名之害；二因「市升」與「Litre」之比爲一：一；三因法國規定之容量單位爲立方米，吾國如仿行之，則Litre無關重要也。

（乙）　規定大小數之命名法：大數命名，個以上十進，爲十，百，千，萬，億，兆；兆以上以六位進，爲十兆，百兆，千兆，萬兆，億兆，京，十京，百京，千京，萬京，億京，垓等；而十萬，百萬，千萬，萬萬，得與億，兆，十兆，百兆並用。小數命名，個以下以十退，爲分，厘，毫，絲，忽，微，微以下以六位退，爲分微，厘微，毫微，絲微，忽微，纖或微微。

理由　大小數之命名，應守二原則；一爲須不背各國通行之三位或六位進節制，一爲須與吾國習慣不相差過甚。吾國大數，萬及億，兆等本有十進，萬進，萬萬進。自乘進諸說，迄未有一說通行，並無定論。十進字數有限，不敷應用。萬進，萬萬進及自乘進皆不合第一原則，後二者尤嫌冗長，故不取。三位進節，則應以千千爲萬，與日常所用萬字意義懸絕。今取六位進節，萬，億兆，以十進，兆以上以兆進，億，兆仍不失其原意之一，復聽十萬，百萬等並存，並無與習慣相戾之處。雖京，垓之意義非舊，然爲用本罕，並無一定習慣，不好稍爲變通，以達六位進節之旨也。至于小數，則分，厘，毫，絲，忽，微本經習用，大數命名之辦法已如上定，則小數亦隨之而定矣。

各主單位之名稱既定爲「米」，「克」，「升」，復採（乙）項大小數命名之規定，則一切十進十退輔單位之名稱已迎刃而解，但須列表，卽朗若列眉矣。例如：

（子）長度單位名稱表

仟米	佰米	什米	米	分米	厘米	毫米
Kilometre	Hectometre	Decametre	Metre	Decimetre	Centimetre	Millimetre

（丑）質量單位名稱表

仟克	佰克	什克	克	分克	厘克	毫克
Kilogramme	Hectogramme	Decagramme	Gramme	Decigramme	Centigramme	Milligramme

（三）度量衡法規中標準單位定義之不準確及條文之疏誤者，悉予改訂。

理由　條文中之不妥者，已如上述，其須改訂，了無疑義。

（四）原定市用制與標準制之比率，及原定市用制諸單位之名稱與定位法，不好仍舊。

理由　現行市用制雖未愜人意，然因係暫設輔制（見度量衡法第二條）僅供過渡，故仍採用；且既有（二），（三）兩項之修訂，原定市用制諸單位名稱及定位法，尙不至有引起誤會混淆之弊，故亦可予以保留。

以上修改度量衡法規之建議，事體重大。應請

鈞部轉呈

行政院於短期內召集修改度量衡法規會議，作詳審澈底之修正，以昭矜愼。猶有應爲

鈞部鄭重言之者，現代度量衡標準制度之釐定，實係科學之事業應以科學專家之意見爲準繩。查米制之制定與改進，以及各國之審訂採用與國際之合作，無不出諸物理學家之手。最近關於特種單位之增訂，亦由世界物理協會組織委員會主持之。本會爲全國物理學者之集團，在國際上又爲世界物理協會之會員以爲度量衡標準及命名，關係吾國科學教育及科學事業者，至遠且大，對于吾國度量衡標準及命名之釐訂及其如何增修改善，應由 政府廣延科學專家，悉心考量，庶權度大法，獲歸於至當。至於基本單位似以外之各種導出單位，在學術及應用上，均有重要之關係，其標準，單位及名稱之規定，非可於短期內從事，應卽由該會議產生一純粹專家之永久組織從長規劃，以期制定之法規燦然美備。

本會對於度量衡法規，業經再三考慮確認爲有修改之必要；對於各種導出單位之規定，亦認爲宜循正當之途徑，着手進行，責任所在，不得不剴切上陳，倘蒙採納施行，吾國科學教育及其他一切科學事業發展之前途，實利賴之。謹呈

教育部部長

中國物理學會　會　長李書華

副會長葉企孫

（待續）

建築月刊 THE BUILDER

內政部登記證警字第二五五四號

中華郵政特准掛號認為新聞紙類

第三卷 第四號

民國二十四年四月發行

刊務委員會：竺泉通　江長庚　陳松齡

主編：杜彥耿

廣告：藍克生 (A. O. Lacson)

發行：上海市建築協會　南京路大陸商場六二〇號　電話九二〇〇九

印刷：新光印書館　上海聖母院路聖達里三一號　電話七四六三五

定價

每月一冊　全年十二冊

訂購辦法	價目	郵費 本埠	郵費 外埠及日本	郵費 香港澳門	郵費 國外
零售	五角	二分	五分	一角八分	三角
預定全年	五元	二角四分	六角	二元一角六分	三元六角

廣告刊例 Advertising Rates Per Issue

地位 Position	全面 Full Page	半面 Half Page	四分之一 One Quarter
底封面外面 Outside back cover.	七十五元 $75.00		
封面及底面之裏面 Inside front & back cover	六十元 $60.00	三十五元 $35.00	
封面裏面及底面裏面之對面 Opposite of inside front & back cover.	五十元 $50.00	三十元 $30.00	
普通地位 Ordinary page	四十五元 $45.00	三十元 $30.00	二十元 $20.00

小廣告 每期每格三寸半闊一寸高洋四元

Classified Advertisements — $4.00 per column

廣告概用白紙黑墨印刷，倘須彩色，價目另議；鑄版彫刻，費用另加。

Designs, blocks to be charged extra.

Advertisements inserted in two or more colors to be charged extra.

FAGAN & CO. LTD. U.S.A. SHANGHAI, CHINA

Hong Name "Mei Woo"

Brunswick-Balke-Collender Co.
Bowling Alleys & Billiard Tables
California Stucco Products Co.
Interior & Exterior Stucco
Celotex Company, The
Insulating & Accoustic Board
Certain-teed Products Corporation
Roofing & Wallboard
De Vivanco & Co.
"Boizenburg" Floor, Wall & Coloured Tiles
Du Pont De Nemours & Co., Inc., E. I.
Duco, Culux Paints
Insulite Products Company
Insulite Mastic Flooring

Kennedy Co., David E.
Asphalt Flooring
Mundet & Company, Ltd.,
Cork Insulation & Cork Tile
Newalls Insulation Company
Industrial & Domestic Insulation
Specialties for Boilers, Steam & Hot Water Pipe, etc.
Schlage Lock Company
Lock & Hardware
Simplex Gypsum Products Company
Plaster of Paris & Fibrous Plaster
Wheeling Steel Corporation
Expanded Matal Lath

Large stock carried locally.
Agents for Central China

FAGAN & COMPANY, LTD.

Telephone 18020 & 18029

261 Kiangse Road

Cable Address KASFAG

美商 **美和洋行**

承辦屋頂及地板工程并經理石膏粉石膏板甘蔗板噴漆鐵絲網鐵門磁磚牆粉門鎖等及建築冷熱氣等材料備有大宗現貨如蒙垂詢請接電話一八〇二〇或駕臨江西路二六一號接洽為荷

Hsing Chong & Co.

93 Avenue Road.

Tel. 91803

We manufacturer lighting equipments and metal products of modern design.

鑫錩銅鐵電器工程

愛文義路長沙路口九十三號

電話九一八〇三

專造各種銅鐵電器精製新式電燈廣告美術招牌異樣欄杆兼修馬達及一切電料開關名目繁多不及細載如蒙惠顧定價克己

（定閱月刊）

茲定閱貴會出版之建築月刊自第　　卷第　　號起至第　　卷第　　號止計大洋　　元　　角　　分外加郵費　　元　　角　　分一併匯上請將月刊按期寄下列地址爲荷此致

上海市建築協會建築月刊發行部

　　　　啓　　年　　月　　日

地址

（更改地址）

啓者前於　　年　　月　　日在

貴會訂閱建築月刊一份執有第　　號定單原寄

　　　　收現因地址遷移請即改寄

　　　　收爲荷此致

上海市建築協會建築月刊發行部

　　　　啓　　年　　月　　日

（查詢月刊）

啓者前於　　年　　月　　日

訂閱建築月刊一份執有第　　號定單寄

　　　　收茲查第　　卷第　　號

尙未收到祈即查復爲荷此致

上海市建築協會建築月刊發行部

　　　　啓　　年　　月　　日

1935
公勤鐵廠股份有限公司之新貢獻
美化住宅之園藝佈置
園藝籬：網籬工程之二十
吾國習俗，通常富有之家，對於園藝一道，幾乎沒有一家不歡喜去講究的。假使吾們肯深入社會去看看一般清寒人家的園藝佈置，除掉了寸金田地的大上海限制使能從容點綴外，他們也有他們的辦法。
要證明上項說數之非虛，少不了要來一回鑒古論今的老調兒。
春秋時代——「樊遲請學稼，子曰，吾不如老農。請學圃，子曰，吾不如老圃」。（語論）
東晉——「歸去來兮，田園將蕪胡不歸」。（陶淵明）
總之，凡是有藝術頭腦的人們，他的思想，言論，以及一切行動，處處滿含着藝術意味，你看陶淵明的戀念家園及其懸空虛構之桃花源澗記，他的思想言論是多麼美麗啊！
那位孔二先生，只因懷恨着當時大道之不行，一切學問功夫，都有卷而藏之之意，所以他也無心將園藝獨得之秘，授給他的門徒了。這來卻是苦懷了樊遲的腦子——要想學，不得學這種今之所謂園藝學。（按美國西北省有數處大學設有此Landscape Gardening專科）
上圖係一幅私人住宅園藝佈置之攝真。所植草木，圍以網籬，因此種網籬，既不阻礙空氣之流通，復不遮掩陽光之射入，花木之滋長發育，蒸然向榮，其理似此，每屆花朝，屋主人偕其賢伉儷，躑躅名葩芳草間，爭看百花怒放，悟及造物意旨時，試問他倆彼此心坎中作何如想？
總廠 上海楊樹浦臨青路 電話 五〇二一四
分廠 廣州河南南華中路 電話 五〇四一二
總廠 上海楊樹浦臨青路
分廠 廣州河南南華中路
電話 五〇二一四
五〇一六七

新仁記營造廠

總賬房
愛文義路一四二三號
電話三〇五三一

事務所
江西路一七〇號二樓二五八號
電話一〇八八九

本廠承造工程之一斑：

沙遜大樓　南京路
漢彌爾登大廈　江西路
都城飯店　江西路

二十層百老匯大廈　本廠最近承造工程之一

Broadway Mansions

Sin Jin Kee & Company

Head office: 1423 Avenue Road Tel. 30531

Town office: Hamilton House Room No. 258 170 Kiangse Road Tel.10889

上海市建築協會附設

私立正基建築工業補習學校暑期補習班招生簡章

宗旨　利用暑期光陰補修應用數學

科目　暫設「代數」「幾何」兩科

入學　凡有初中程度執有學歷證明文件者經呈驗及格均可入學

期間　補習期間六星期（七月八日至八月十七日）授課時間爲每星期一二四五日下午七時至九時（内星期一四講授代數星期二五講授幾何）

繳費　學費五元雜費一元共六元正

用書　代數：Schultze: Elements of Algebra
幾何：Hall & Stevens: A School Geometry (Part I-VI)

附告　凡在本校暑期班修習及格如下屆繼續入學在新生考試時數學一科准予免考

中華民國二十四年六月

本會服務部

代｛營造廠撰中英文文件
　｛建築師印繪各種圖樣

取費極廉

如蒙委託　毋任歡迎

長城機製磚瓦
股份有限公司
註冊商標
TRADE MARK
貨價比普通磚廉
貨品較任何機器磚高
總公司
製造廠 騰越路一四四號 電話五一一七九
事務所 牛莊路七四二號 電話九〇九八〇
證明
壓力、吸水量、耐久性
均經上海工部局
詳細化驗負責證明
成績超越一切磚瓦
出品
堅韌硬磚
輕硬空心磚
瀉水瓦片
如蒙垂詢價格及索閱貨樣請電話通知即當送奉
優點
精確 美觀 堅固 價廉
合作五金
股份有限公司
出品
出品
門鎖 抽屜鎖 拉手 文具 鉸鏈
CMC
商標 註冊
TRADE MARK
K.T.C.M.C.
L
TRADE MARK
註冊商標
02
MARCH
製造廠 上海康定路合作路
總務處 上海塘山路七九六
發行所 上海牛莊路七四二
電報掛號九六〇二
電話九〇九八〇

合豐行

總經理

上海甯波路四十七號

國貨天棚玻璃磚

承包

- 馬路柏油工程
- 屋頂油毡工程
- 柏油沙工程
- 磁磚瓷磚工程

經理

- 油毛毡，柏油
- 各色磁磚
- 衛生器具
- 紙柏隔音板
- 各種鋼絲網

HAH FOONG & CO.

BUILDING SUPPLIES

ROAD & ROOFING

CONTRACTORS

47 NINGPO ROAD, Shanghai.

Tel. 18254

「阿脫拉司A」護木水治過之木材

必不致形成如此火災

如圖所示之大火災。其木材如先用『阿脫拉司A』護木水治過。必可遇火不燬。蓋就免受火災言。據正式嚴密之試驗。此種護木水。確能使木材禦火。此種試驗報告書。函索卽寄。不取分文。須知『阿脫拉司A』對於木材確有充分之保護力。除避免火災而外。且能驅除白蟻蛀樹鑽蟲。防止木材乾腐，木耳滋生。又可使木質纖維堅硬。耐用經久。施用甚易。因其十分濃厚。和水而用。殊爲經濟。『阿脫拉司A』毫無臭味。且有無色者。以便木材治過後。其表面可以任意施油髹漆。關於此種兼禦火災之護木水。請卽日來函詢問詳細情形可也。

阿脫拉司A防腐劑有限公司獨家製造

愛立士 康德 英格蘭

中國經理處 孔士洋行 上海四川路一一〇號

裝聽：一分一加侖及五加侖兩種

水質濃厚 十分經濟

瑞昌銅鐵五金工廠
承辦建築一切銅鐵工程
滬上各大建築無不採用本廠是項門鎖以其新異而堅固也
新異
堅固
漢口路二六一號　電話九四四六號
靜安寺路六六七號　電話三一九六七號
工廠　同孚路二四二號

英商吉星洋行
建築上用之
各種油漆及凡立水
偉大之建築。內部之壯觀。仰油漆之裝璜者。十居其九。惟欲求良佳成績。則須採用適當油漆。此點建築界恆視爲極重要之問題。
敝行爲世界最大油漆製造廠。凡建築上所用之油漆，磁漆，水牆粉，木光油，凡立水，以及各種理想中之新式油漆。莫不經驗宏富。研究精到。可稱並世無匹。凡此種種材料。分爲次第等級。便於選擇。價格低廉。無論數量多寡。承蒙通知。立卽發奉。請察下列種種用法！
刷法　流法　浸法　滾法　噴法　乾法
敝行之研究化驗室。嘗爲建築界解決種種特別油漆問題。不一而足。此種隨事應付之能力。隨時可以爲君服務。請卽將君之困難問題寄至下列地址。以便研究奉覆也。
英商吉星洋行油漆服務部
上海四川路三二〇號　電話一九五四〇
香港——上海——天津